Richard Courant
Ex-Diretor do Instituto Courant de Ciências Matemáticas
Universidade de Nova Iorque

&

Herbert Robbins
Universidade de Columbia

O que é Matemática?
Uma abordagem elementar de métodos e conceitos

Tradução
Adalberto da Silva Brito

Revisão Técnica
Professor João Bosco Pitombeira de Carvalho

Do original
What is Mathematics?

Copyright© *1941 by Richard Courant*
Copyright© *Renewed 1969 by Richard Courant*
Copyright© *Editora Ciência Moderna Ltda.*, *2000*
Todos os direitos para a língua portuguesa reservados pela EDITORA CIÊNCIA MODERNA LTDA.
De acordo com a Lei 9.610 de 19/2/1998, nenhuma parte deste livro poderá ser reproduzida, transmitida e gravada, por qualquer meio eletrônico, mecânico, por fotocópia e outros, sem a prévia autorização, por escrito, da Editora.

Editor: Paulo André P. Marques
Produção Editorial: Camila Cabete Machado
Assistente Editorial: Aline Vieira Marques
Capa e Layout: Renato Martins
Diagramação: Janaína Salgueiro
Arte – Final: Equipe ECM
Tradução: Adalberto da Silva Brito
Revisão Técnica: Prof. João Bosco Pitombeira de Carvalho
Copidesque: Márcia Macedo da Graça
Indexação: Elisa dos Santos da Silva

Várias **Marcas Registradas** aparecem no decorrer deste livro. Mais do que simplesmente listar esses nomes e informar quem possui seus direitos de exploração, ou ainda imprimir os logotipos das mesmas, o editor declara estar utilizando tais nomes apenas para fins editoriais, em benefício exclusivo do dono da Marca Registrada, sem intenção de infringir as regras de sua utilização. Qualquer semelhança em nomes próprios e acontecimentos será mera coincidência.

FICHA CATALOGRÁFICA

COURANT, Richard e ROBBINS, Herbert. *O que é Matemática ?* Rio de Janeiro: Editora Ciência Moderna Ltda., 2000.
1. Matemática. I — Título
ISBN: 85-7393-021-7   CDD 510

Editora Ciência Moderna Ltda.
R. Alice Figueiredo, 46 – Riachuelo
Rio de Janeiro, RJ – Brasil   CEP: 20.950-150
Tel: (21) 2201-6662/ Fax: (21) 2201-6896
LCM@LCM.COM.BR
WWW.LCM.COM.BR

DEDICADO A
ERNEST, GERTRUDE, HANS
E LEONORE COURANT

Prefácio à primeira edição

Por mais de dois mil anos, alguma familiaridade com a Matemática foi considerada parte indispensável da bagagem intelectual de todas as pessoas cultas. Hoje o lugar tradicional da Matemática na educação encontra-se em sério risco. Infelizmente, alguns profissionais da Matemática são em parte responsáveis. O ensino da Matemática tem algumas vezes degenerado em exercício repetitivo e vazio de solução de problemas, o que pode desenvolver capacitação formal mas não conduz a uma real compreensão ou maior independência intelectual. A pesquisa matemática tem mostrado uma tendência no sentido da superespecialização e da ênfase excessiva na abstração. Aplicações e ligações com outros campos têm sido negligenciadas. Contudo, estas condições não justificam, na pior das hipóteses, uma política de omissão. Ao contrário, a reação oposta deve e efetivamente surge a partir daqueles que têm consciência do valor da disciplina intelectual. Professores, estudantes, e o público culto exigem reforma construtiva, e não resignação ao longo da linha de menor resistência. A meta é a compreensão genuína da Matemática como um todo orgânico e como base para o pensar e o agir científicos.

Alguns esplêndidos livros sobre biografia e história e alguns escritos populares provocativos têm estimulado o interesse geral latente. No entanto, conhecimentos não podem ser obtidos apenas por meios indiretos. A compreensão da Matemática não pode ser transmitida por entretenimento suave mais do que o conhecimento da música pode ser trazida pelo mais brilhante jornalismo àqueles que nunca a escutaram freqüentemente. O contato efetivo com o conteúdo da Matemática viva é necessário. Não obstante, tecnicidade e digressões devem ser evitadas, e a apresentação da Matemática deve ser tão livre de ênfase na rotina quanto na proibição do dogmatismo que recusa a revelar motivos ou metas e que constitui um obstáculo injusto ao esforço honesto. É possível trilhar um caminho reto desde os elementos fundamentais até pontos elevados dos quais a substância e as forças impulsionadoras da moderna Matemática podem ser contempladas.

Este livro é uma tentativa de caminhar nesta direção. Na medida em que ele pressupõe apenas conhecimentos que um bom curso secundário poderia proporcionar, pode ser considerado como popular. Não é porém uma concessão à perigosa tendência no sentido de contornar todas as dificuldades. Ele requer um certo grau de maturidade intelectual e uma disposição para desenvolver algumas reflexões próprias. O livro é escrito para iniciantes e eruditos, estudantes e professores, filósofos e engenheiros, salas de aula e bibliotecas. Talvez seja uma intenção muito ambiciosa. Sob a pressão de outros trabalhos, algumas concessões tiveram de ser feitas para publicar o livro após muitos anos de preparação, mesmo antes de estar realmente terminado. Os autores agradecem críticas e sugestões.

De qualquer forma, espera-se que o livro possa atender a uma finalidade útil como uma contribuição à educação superior norte-americana de alguém que é profundamente grato pelas oportunidades que lhe foram oferecidas neste país. Embora a responsabilidade pelo plano e pela filosofia desta publicação seja assumida pelo signatário, qualquer crédito por méritos que possa ter deve ser compartilhado com Herbert Robbins. Desde que se envolveu com a tarefa, ele a transformou desprendidamente em sua própria causa, e sua colaboração teve um papel decisivo na conclusão do trabalho em sua presente forma.

A ajuda de muitos amigos merece grato reconhecimento. Os debates com Niels Bohr, Kurt Friedrichs e Otto Neugebauer influenciaram a atitude filosófica e histórica; Edna Kramer ofereceu muitas críticas construtivas do ponto de vista dos professores; David Gilbarg preparou as primeiras anotações de aulas das quais o livro se originou; Ernest Courant, Norman Davids, Charles de Prima, Alfred Horn, Herbert Mintzer, Wolfgang Wasow e outros ajudaram na interminável tarefa de escrever e reescrever o manuscrito e contribuíram muito para melhorar os detalhes; Donald Flanders trouxe muitas sugestões valiosas e revisou minuciosamente o manuscrito para a impressão; John Knudsen, Hertha von Gumppenberg, Irving Ritter e Otto Neugebauer prepararam as ilustrações; H. Whitney contribuiu para a coleta dos exercícios do apêndice. O Conselho Geral de Educação da Fundação Rockefeller deu apoio ao desenvolvimento dos cursos e anotações que se tornaram a base do livro. Devem-se também agradecimentos à Waverly Press, e em particular a Grover C. Orth, por seu trabalho extremamente competente; e à Oxford University Press, em particular a Philip Vaudrin e a W. Oman, por sua iniciativa encorajadora e cooperação.

New Rochelle, NY, 22 de agosto de 1941.

R. Courant

Prefácio à segunda, terceira e quarta edições

Durante os últimos anos, a força dos eventos conduziram a uma crescente demanda de informações e treinamento em Matemática. Agora, mais do que nunca, existe o perigo de frustração e desilusão, a menos que estudantes e professores tentem olhar para além do formalismo e da manipulação matemática e apreender a verdadeira essência da Matemática. O presente livro foi escrito para estes estudantes e professores, e a reação à primeira edição encoraja os autores na esperança de que ele será útil.

Críticas recebidas de muitos leitores conduziram a numerosas correções e aperfeiçoamentos. Pela generosa ajuda na preparação da quarta edição, agradecimentos cordiais são devidos a Natascha Artin.

New Rochelle, NY, 18 de março de 1943.
10 de outubro de 1945.
R. Courant   28 de outubro de 1947.

COMO UTILIZAR ESTE LIVRO

Este livro está escrito em ordem sistemática, mas não é de forma alguma necessário que o leitor o percorra página a página e capítulo a capítulo. Por exemplo, pode ser melhor adiar a introdução histórica e filosófica para depois de ler o restante do livro. Os diferentes capítulos são em sua maioria independentes uns dos outros. Muitas vezes o início de uma seção será de fácil compreensão. O caminho ascende então gradualmente, tornando-se mais íngreme à medida que se aproxima do final de um capítulo e de seus suplementos. Assim, o leitor que deseja informações gerais ao invés de conhecimentos específicos pode ficar satisfeito com uma seleção de material que pode ser feita evitando-se discussões mais detalhadas.

O estudante com poucos conhecimentos anteriores de Matemática terá que fazer uma opção. Os asteriscos e as letras miúdas indicam partes que podem ser omitidas em uma primeira leitura sem comprometer seriamente a compreensão das partes subseqüentes. Além disso, não haverá nenhum prejuízo se o estudo do livro ficar confinado àquelas seções ou capítulos nos quais o leitor estiver mais interessado. A maior parte dos exercícios não são de natureza rotineira; os mais difíceis estão marcados com asterisco. O leitor não deve se alarmar se não conseguir resolver muitos deles.

Professores do curso secundário podem encontrar material útil para clubes ou grupos selecionados de alunos nos capítulos sobre construções geométricas e sobre máximos e mínimos.

Espera-se que o livro atenda às necessidades tanto de estudantes secundários quanto universitários, e também de profissionais que estejam genuinamente interessados em Ciência. Além disso, pode servir de base para cursos superiores não convencionais sobre os conceitos fundamentais da Matemática. Os Capítulos III, IV e V poderiam ser usados para um curso de Geometria, enquanto que os Capítulos VI e VIII formam juntos uma apresentação independente do Cálculo com ênfase na compreensão e não na rotina. Eles poderiam ser usados como um texto introdutório por um professor interessado em complementá-los segundo suas necessidades específicas e, especialmente, incluindo mais exemplos numéricos. Numerosos exercícios espalhados por todo o texto e um conjunto adicional na parte final deverão facilitar a utilização do livro em sala de aula.

Espera-se ainda que o leitor erudito encontre algo de interesse em detalhes e em certas discussões elementares que contêm o embrião de desenvolvimentos mais amplos.

O QUE É MATEMÁTICA?

A Matemática, como expressão da mente humana, reflete a vontade ativa, a razão contemplativa, e o desejo da perfeição estética. Seus elementos básicos são a lógica e a intuição, a análise e a construção, a generalidade e a individualidade. Embora diferentes tradições possam enfatizar diferentes aspectos, é somente a influência recíproca destas forças antitéticas e a luta por sua síntese que constituem a vida, a utilidade, e o supremo valor da Ciência Matemática.

Sem dúvida alguma, todo o desenvolvimento da Matemática tem suas raízes psicológicas em exigências mais ou menos práticas. No entanto, uma vez desencadeado pela pressão de aplicações necessárias, inevitavelmente ganha impulso por si e transcende os confins da utilidade imediata. Esta tendência da ciência aplicada para a teórica aparece na História Antiga e também em muitas contribuições à Matemática moderna por engenheiros e físicos.

A Matemática registrada inicia-se no Oriente, onde, por volta de 2000 a.C., os babilônios colecionaram uma grande quantidade de material que hoje classificaríamos como Álgebra Elementar. Contudo, como ciência no sentido moderno, a Matemática emergiu somente mais tarde, em solo grego, nos séculos V e VI a.C. O contato cada vez maior entre o Oriente e os gregos, começando na época do Império Persa e alcançando o auge no período que se seguiu às expedições de Alexandre, tornaram os gregos familiarizados com as realizações da Matemática e da Astronomia babilônias. A Matemática foi logo submetida à discussão filosófica que florescia nas cidades-estados gregas. Dessa forma, os pensadores tomaram consciência das grandes dificuldades inerentes aos conceitos matemáticos de continuidade, movimento, e infinito, e ao problema de medir quantidades arbitrárias com unidades dadas. Em um esforço admirável o desafio foi enfrentado, e o resultado, a teoria de Eudóxio do contínuo geométrico, é uma realização que só teve paralelo mais de dois mil anos depois com a moderna teoria dos números irracionais. A tendência postulacional-dedutiva na Matemática originou-se na época de Eudóxio e foi cristalizada nos Elementos de Euclides.

Contudo, embora a tendência teórica e postulacional da Matemática grega permaneça uma de suas características importantes e tenha exercido uma enorme influência, não se pode enfatizar de forma muito vigorosa que a aplicação e a conexão com a realidade física desempenhou um papel igualmente importante na Matemática da Antigüidade, e de que uma forma de apresentação menos rígida que a de Euclides era muitas vezes preferida.

Talvez a antiga descoberta das dificuldades associadas a quantidades "incomensuráveis" impediram que os gregos desenvolvessem a arte do cálculo numérico alcançada antes no Oriente. Ao invés disso, eles forçaram seu caminho através da intricada

Geometria axiomática pura. Assim, um dos estranhos desvios da História da Ciência começou, e talvez uma grande oportunidade foi desperdiçada. Por quase dois mil anos, o peso da tradição geométrica grega retardou a inevitável evolução do conceito de número e da manipulação algébrica, que mais tarde constituiu a base da Ciência moderna.

Após um período de lenta preparação, a revolução na Matemática e na Ciência iniciou sua vigorosa fase no século XVII com a Geometria Analítica e o Cálculo Diferencial e Integral. Embora a Geometria grega retivesse um lugar importante, o ideal grego de cristalização axiomática e dedução sistemática desapareceu nos séculos XVII e XVIII. Raciocínios logicamente precisos, começando com definições claras e não contraditórias, axiomas "evidentes", pareciam irrelevantes aos novos pioneiros da Ciência Matemática. Em um autêntico processo de trabalho de advinhação intuitivo, de raciocínio irrefutável entremeado de misticismo sem sentido, com uma confiança cega no poder sobre-humano do procedimento formal, eles conquistaram um mundo matemático de imensas riquezas. Gradualmente, o êxtase do progresso deu lugar a um espírito de autocontrole crítico. No século XIX, a imanente necessidade de consolidação e o desejo de maior segurança na extensão de conhecimentos mais avançados que foi desencadeado pela Revolução Francesa, inevitavelmente reconduziu a uma revisão dos fundamentos da nova Matemática, em particular do Cálculo Diferencial e Integral e o conceito subjacente de limite. Assim, o século XIX não apenas se tornou um período de novos avanços, mas foi também caracterizado por um retorno bem sucedido ao ideal clássico da precisão e da prova rigorosa. A este respeito inclusive, ultrapassou o modelo da Ciência grega. Uma vez mais o pêndulo inclinou-se para o lado da pureza lógica e da abstração. No momento ainda parecemos estar neste período, embora seja de se esperar que a resultante separação infeliz entre a Matemática pura e as aplicações vitais, talvez inevitável em tempos de revisão crítica, será seguida por uma era de unidade mais estreita. A força interior recuperada e, acima de tudo, a enorme simplificação alcançada com base na compreensão mais clara, torna hoje possível dominar a teoria matemática sem perder de vista as aplicações. Estabelecer uma vez mais uma união orgânica entre Ciência pura e aplicada e um sólido equilíbrio entre generalidade abstrata e individualidade colorida pode muito bem ser a tarefa suprema da Matemática no futuro imediato.

Não cabe aqui uma análise filosófica ou psicológica detalhada da Matemática. Apenas alguns pontos devem ser enfatizados. Parece haver um grande perigo na ênfase exagerada que prevalece sobre o caráter postulacional-dedutivo da Matemática. É verdade que o elemento de invenção construtiva, de direcionar e motivar a intuição, é propenso a se esquivar de uma simples formulação filosófica; porém ela permanece o núcleo de qualquer realização matemática, mesmo nos campos mais abstratos. Se a forma dedutiva cristalizada é a meta, a intuição e a construção são pelo menos as forças propulsoras. Uma grave ameaça à própria vida da Ciência está implícita na asserção de que a Matemática é nada mais do que um sistema de conclusões extraídas de definições e postulados que devem ser consistentes, mas que sob outros aspectos podem ser criados pela livre vontade dos matemáticos. Se esta descrição fosse exata, a Matemática não poderia atrair qualquer pessoa inteligente. Seria um jogo com definições, regras e silogismos, sem motivo ou meta. A noção de que o intelecto pode, por seu capricho, criar sistemas postulacionais com significado é uma meia-verdade. Somente sob a disciplina da responsabilidade para com o todo orgânico, somente guiado pela necessidade intrínseca, pode a mente livre alcançar resultados de valor científico.

Embora a tendência contemplativa da análise lógica não represente tudo da Matemática, ela tem conduzido a uma compreensão mais profunda dos fatos matemáticos e de sua interdependência e a uma compreensão mais clara da essência dos conceitos matemáticos. A partir dela evoluiu um ponto de vista moderno na Matemática típico de uma atitude científica universal.

Qualquer que venha a ser nosso ponto de vista filosófico, para todas as finalidades da observação científica um objeto se exaure na totalidade de relações possíveis entre ele e o observador ou instrumento. Naturalmente, a mera percepção não constitui conhecimento e perspicácia; ela deve ser coordenada e interpretada por referência a alguma entidade subjacente, uma "coisa em si", que não é objeto de observação física direta, mas pertence à Metafísica. Contudo, para procedimento científico, é importante rejeitar elementos de caráter metafísico e considerar fatos observáveis sempre como o último recurso de noções e construções. Renunciar à meta de compreender a "coisa em si", de conhecer a "verdade última", de decifrar a essência mais profunda do mundo, pode ser um sofrimento psicológico para os entusiastas ingênuos, mas de fato foi uma das mais frutíferas viradas no pensamento moderno.

Algumas das maiores realizações na Física vieram como uma recompensa para o apego corajoso ao princípio de eliminação da Metafísica. Quando Einstein tentou reduzir a noção de "eventos simultâneos ocorrendo em diferentes lugares" a fenômenos observáveis, quando desmascarou como um preconceito metafísico a crença de que este conceito deve ter um significado científico em si mesmo, ele havia encontrado a chave para sua teoria da relatividade. Quando Niels Bohr e seus discípulos analisaram o fato de que qualquer observação física deveria ser acompanhada por um efeito do instrumento de observação sobre o objeto observado, ficou claro que a fixação precisa e simultânea da posição e da velocidade de uma partícula não era possível no sentido da Física. As profundas conseqüências desta descoberta, incorporadas à moderna teoria da Mecânica quântica, são agora familiares a todos os físicos. No século XIX, prevalecia a idéia de que forças mecânicas e movimentos de partículas no espaço são coisas em si mesmas, enquanto que eletricidade, luz e magnetismo deveriam ser reduzidos a fenômenos mecânicos, ou como tais "explicados", da mesma forma como havia sido feito com o calor. O éter" foi inventado como um meio hipotético capaz de não explicar inteiramente movimentos mecânicos que nos parecem como luz ou eletricidade. Lentamente, compreendeu-se que o éter é, por necessidade inobservável; que ele pertence à Metafísica e não à Física. Com tristeza em alguns grupos, e alívio em outros, as explicações mecânicas da luz e da eletricidade, e com elas o éter, foram finalmente abandonadas.

Situação semelhante, e até mesmo mais acentuada, existe na Matemática. Através dos tempos, os matemáticos têm considerado seus objetos, tais como números, pontos, etc., como coisas substanciais em si. Uma vez que estas entidades sempre tinham desafiado tentativas de uma descrição adequada, manifestou-se corretamente nos matemáticos do século XIX a convicção de que a questão do significado destes objetos como coisas substanciais não fazia sentido dentro da Matemática, ou mesmo em geral. As únicas asserções relativas a eles não se referem à realidade substancial; elas enunciam apenas as inter-relações entre "objetos indefinidos" matematicamente e as regras governando operações com eles. O que pontos, retas, números "efetivamente" são não pode e não precisa ser discutido na Ciência Matemática. O que importa e o que corresponde a fatos "verificáveis" é a estrutura e as relações entre objetos; que dois pontos determinem uma reta, que números se combinam de acordo com certas regras para formar outros números, etc. Uma clara percepção da necessidade de uma dissubstanciação de conceitos de Matemática elementar tem sido um dos mais importantes e úteis resultados do desenvolvimento postulacional moderno.

Felizmente, mentes criativas esquecem crenças filosóficas dogmáticas sempre que o apego a elas impede realizações construtivas. Tanto para eruditos quanto para leigos não é a Filosofia, mas a experiência ativa na própria Matemática que unicamente pode responder à questão: o que é Matemática?

Sumário

Capítulo I - Os números naturais 1
Introdução 1
  §1. Cálculos com inteiros 2
    1. Leis da Aritmética 2
    2. A representação dos inteiros 5
    3. O cálculo numérico em outros sistemas 8
  §2. A infinidade do sistema numérico. Indução matemática 11
    1. O princípio da indução matemática 11
    2. As progressões aritméticas 13
    3. A progressão geométrica 14
    4. A soma dos primeiros quadrados de n 16
    5. Uma desigualdade importante 17
    6. O binômio de Newton 18
    7. Outras observações sobre a indução matemática 21

Suplemento ao Capítulo I - A teoria dos números 25
Introdução 25
  §1. Os números primos 25
    1. Fatos fundamentais 25
    2. A distribuição dos números primos 30
  §2. Congruências 36
    1. Conceitos gerais 36
    2. Teorema de Fermat 42
    3. Resíduos quadráticos 44
  §3. Os números pitagóricos e o último Teorema de Fermat 46
  §4. O algoritmo de Euclides 49
    1. Teoria geral 49
    2. Aplicação ao teorema fundamental da Aritmética 54
    3. A função φ de Euler. Novamente o Teorema de Fermat 55
    4. Frações contínuas. Equações diofantinas 57

Capítulo II - O sistema numérico da matemática 61
Introdução 61
  §1. Os números racionais 61
    1. Números racionais como dispositivo de medida 61
    2. Necessidade intrínseca dos números racionais.
       Princípio da generalização 63
    3. Interpretação geométrica dos números racionais 66

§2. Segmentos incomensuráveis, números irracionais e o conceito de limite......67
 1. Introdução 67
 2. Frações decimais. Decimais infinitas 70
 3. Limites. Série geométrica infinita 73
 4. Números racionais e dízimas periódicas 77
 5. Definição geral dos números irracionais por intervalos aninhados 79
 6. Métodos alternativos para definição de números irracionais. Cortes de Dedekind 82
§3. Comentários Sobre Geometria Analítica† 83
 1. O princípio básico 83
 2. Equações de retas e de curvas 85
§4. A análise matemática do infinito 89
 1. Conceitos fundamentais 89
 2. A enumerabilidade dos números racionais e a não-enumerabilidade do contínuo 91
 3. Os "números cardinais" de Cantor 96
 4. O método indireto de prova 99
 5. Os paradoxos do infinito 100
 6. Os fundamentos da Matemática 100
§5. Números complexos 101
 1. A origem dos números complexos 101
 2. A interpretação geométrica dos números complexos 105
 3. A fórmula de de Moivre e as raízes de unidade 113
 4. O teorema fundamental da álgebra 117
§6. Números algébricos e transcendentes 120
 1. Definição e existência 120
 2. O teorema de Liouville e a construção dos números transcendentes 121

Suplemento ao Capítulo II - A álgebra dos conjuntos 127
 1. Teoria geral 127
 2. Aplicação à lógica matemática 132
 3. Uma aplicação à teoria das probabilidades 134

Capítulo III - Construções geométricas. A álgebra dos corpos numéricos 139
 Introdução 139
 Parte I - Provas de impossibilidade e álgebra 142
 §1. Construções geométricas fundamentais 142
  1. A construção de corpos e a extração de raízes quadradas 142
  2. Polígonos regulares 144

3. O problema de Apolônio 147
§2. Números construtíveis e corpos numéricos 150
  1. Teoria geral 150
  2. Todos os números construtíveis são algébricos 158
§3. A insolubilidade dos três problemas gregos 159
  1. A duplicação do cubo 159
  2. Um teorema sobre equações cúbicas 161
  3. A trisseção do ângulo 163
  4. O heptágono regular 165
  5. Observações sobre o problema da quadratura do círculo 166
Parte II - Diferentes métodos para realizar construções 167
§4. Transformações geométricas. inversão 167
  1. Observações gerais 167
  2. Propriedades da inversão 169
  3. Construção geométrica de pontos inversos 170
  4. Como fazer a bisseção de um segmento e encontrar o
     centro de um círculo utilizando apenas o compasso 173
§5. Construções com outros instrumentos.
    Construções de mascheroni apenas por compasso 173
  1. Uma construção clássica para duplicar o cubo 173
  2. Restrições ao uso apenas do compasso 174
  3. Desenho com instrumentos mecânicos. Curvas mecânicas. Ciclóides 180
  4. Articulações. Inversores de Peaucellier e de Hart 183
§6. Observações complementares sobre a inversão e suas aplicações 186
  1. Invariância de ângulos. Famílias de círculos 186
  2. Aplicação ao problema de Apolônio 189
  3. Reflexões repetidas 190

Capítulo IV - Geometria projetiva. A axiomática. Geometrias não-euclidianas 195
  §Introdução 195
    1. Classificação das propriedades geométricas.
       Invariância sob transformações 195
    2. Transformações projetivas 197
  §2. Conceitos fundamentais 198
    1. O grupo das transformações projetivas 198
    2. Teorema de Desargues 200
  §3. Razão anarmônica 202
    1. Definição e prova da invariância 202
    2. Aplicação ao quadrilátero completo 209

§4. Paralelismo e infinito 211
  1. Pontos no infinito como "pontos ideais" 211
  2. Elementos ideais e projeções 214
  3. Razão anarmônica com elementos no infinito 215
§5. Aplicações 216
  1. Observações preliminares 216
  2. Prova do teorema de Desargues no plano 218
  3. O teorema de Pascal† 219
  4. Teorema de Brianchon 221
  5. Observação sobre a dualidade 223
§6. Representação analítica 224
  1. Observações introdutórias 224
  2. Coordenadas homogêneas. A base algébrica da dualidade ... 225
§7. Problemas de construções apenas com a régua 230
§8. Superfícies cônicas e quádricas 233
  1. Geometria métrica elementar das cônicas 233
  2. Propriedades projetivas das cônicas 236
  3. Cônicas como curvas de retas 240
  4. Teoremas gerais de Pascal e de Brianchon para cônicas ... 244
  5. O hiperbolóide 247
§9. A axiomática e a geometria não-euclidiana 249
  1. O método axiomático 249
  2. Geometria não-euclidiana hiperbólica 253
  3. Geometria e realidade 258
  4. Modelo de Poincaré 259
  5. Geometria Elíptica ou Riemanniana 260
Apêndice - Geometria em mais de três dimensões 263
  1. Introdução 263
  2. Abordagem analítica 263
  3. Abordagem geométrica ou combinatória 266

Capítulo V - Topologia 271
  Introdução 271
  §1. A fórmula de euler para poliedros 272
  §2. Propriedades topológicas de figuras 277
    1. Propriedades topológicas 277
    2. Conexão 280
  §3. Outros exemplos de teoremas topológicos 281
    1. O teorema da curva de Jordan 281

2. O problema das quatro cores 283
3. O conceito de dimensão 285
4. Um teorema de ponto fixo 289
5. Os nós 293
§4. A classificação topológica de superfícies 294
   1. O gênus de uma superfície. 294
   2. A característica de Euler de uma superfície 296
   3. Superfícies unilaterais. 297
Apêndice 303
   1. O teorema das cinco cores 303
   2. O teorema da curva de Jordan para polígonos 306
   3. O teorema fundamental da Álgebra 308

Capítulo VI - Funções e Limites 313
Introdução 313
§1. Variável e função 314
   1. Definições e exemplos 314
   2. Medida de ângulos em radianos 319
   3. O gráfico de uma função. Funções inversas 320
   4. Funções compostas 324
   5. Continuidade 326
   6. Funções de múltiplas variáveis 329
   7. Funções e transformações 332
§2. Limites 333
   1. O limite de uma seqüência a_n 333
   2. Seqüências monótonas 339
   3. O número e de Euler 342
   4. O número π 344
   5. Frações contínuas 346
§3. Limites por aproximação contínua 349
   1. Introdução. Definição geral 349
   2. Observações sobre o conceito de limite 352
   3. O limite de $\frac{\operatorname{sen} x}{x}$ 354
   4. Limites quando $x \to 0$ 356
§4. Definição precisa de continuidade 358
§5. Dois teoremas fundamentais sobre funções contínuas 360
   1. O teorema de Bolzano 360
   2. Prova do teorema de Bolzano 361

XX ▶ O QUE É MATEMÁTICA?

    3. O teorema de Weierstrass sobre valores extremos...................... 362
    4. Um teorema sobre seqüências. Conjuntos compactos.................... 364
  §6. Algumas aplicações do teorema de bolzano.. 366
    1. Aplicações geométricas... 366
    2. Aplicação a um problema de Mecânica.. 369

Suplemento ao Capítulo VI - Outros exemplos sobre limites e continuidade . 371
  §1. Exemplos de limites.. 371
    1. Observações gerais... 371
    2. O limite de q^n... 372
    3. O limite de $\sqrt[n]{p}$ 373
    4. Funções descontínuas como limites de funções contínuas............ 375
    5. Limites por iteração... 376
  §2. Exemplo sobre continuidade... 378

Capítulo VII - Máximos e mínimos... 381
  Introdução... 381
  §1. Problemas de geometria elementar... 382
    1. Área máxima de um triângulo com dois lados dados.................... 382
    2. O teorema de Héron. Propriedade extrema dos raios luminosos...... 382
    3. Aplicações a problemas sobre triângulos..................................... 384
    4. Propriedades das tangentes à elipse e à hipérbole.
        Propriedades extremas correspondentes..................................... 385
    5. Distâncias extremas a uma determinada curva............................ 388
  §2. Um princípio geral sobre problemas de valores extremos.................... 391
    1. O princípio.. 391
    2. Exemplos... 392
  §3. Pontos estacionários e o cálculo diferencial... 394
    1. Pontos extremos e estacionários... 394
    2. Máximos e mínimos de funções de diversas variáveis.
        Pontos de sela 395
    3. Pontos minimax e Topologia... 397
    4. A distância de um ponto a uma superfície................................... 397
  §4. Problema do triângulo de schwarz.. 398
    1. A prova de Schwarz... 398
    2. Uma outra prova... 400
    3. Triângulos obtusos.. 403
    4. Triângulos formados por raios luminosos................................... 404

5. Observações relativas a problemas de reflexão
  e movimento ergódico 405
§5. O problema de steiner 407
  1. O problema e sua solução 407
  2. Análise das alternativas 408
  3. Um problema complementar 410
  4. Observações e exercícios 411
  5. Generalização do problema da rede viária 412
§6. Extremos e desigualdades 414
  1. A média aritmética e geométrica de duas quantidades positivas 414
  2. Generalização para *n* variáveis 416
  3. O método dos mínimos quadrados 418
§7. A existência de um extremo. o princípio de dirichlet 420
  1. Observações gerais 420
  2. Exemplos 422
  3. Problemas elementares de extremos 424
  4. Dificuldades em casos mais complicados 426
§8. O problema isoperimétrico 427
§9. Problemas de extremos com condições de contorno.
  Relação entre o problema de steiner e o problema isoperimétrico. 431
§10. O cálculo de variações 434
  1. Introdução 434
  2. O cálculo de variações. O princípio de Fermat na Óptica 435
  3. A abordagem de Bernoulli ao problema da braquistócrona 437
  4. As geodésicas em uma esfera. Geodésicas e máximos-mínimos 439
§11. Soluções experimentais para problemas de mínimos.
  Experimentos com películas de sabão 440
  1. Introdução 440
  2. Experimentos com películas de sabão 441
  3. Novos experimentos sobre o problema de Plateau 442
  4. Soluções experimentais de outros problemas matemáticos 446

Capítulo VIII - O cálculo 453
Introdução 453
  §1. A integral 454
    1. A área como limite 454
    2. A integral 456
    3. Observações gerais sobre o conceito de integral. Definição geral 459
    4. Exemplos de integração. Integração de x^r 461

5. Regras para o "cálculo integral" 468
§2. A derivada 472
   1. A derivada como inclinação 472
   2. A derivada como limite 473
   3. Exemplos 476
   4. Derivadas das funções trigonométricas 481
   5. Diferenciação e continuidade 482
   6. Derivada e velocidade. Segunda derivada e aceleração 483
   7. Significado geométrico da segunda derivada 486
   8. Máximos e mínimos 487
§3. A técnica da diferenciação 488
§4. A notação de leibniz e o "infinitamente pequeno" 496
§5. O teorema fundamental do cálculo 499
   1. O teorema fundamental 499
   2. Primeiras aplicações. Integração de x^r, cos x, sen x. Arc tg x 503
   3. A fórmula de Leibniz para π 505
§6. A função exponencial e o logaritmo 507
   1. Definições e propriedades do logaritmo. O número e de Euler 507
   2. A função exponencial 511
   3. Fórmulas para a diferenciação de e, a^x, x^s 514
   4. Expressões explícitas para e, e^x, e *log x* como limites 515
   5. Série infinita para o logaritmo. Cálculo numérico 519
§7. Equações diferenciais 522
   1. Definição 522
   2. A equação diferencial da função exponencial. Desintegração radioativa. Lei do crescimento. Juros compostos 523
   3. Outros exemplos. As vibrações mais simples 528
   4. A lei da Dinâmica de Newton 530

Suplemento ao Capítulo VIII 533
   §1. Questões fundamentais 533
      1. Diferenciabilidade 533
      2. A integral 536
      3. Outras aplicações do conceito de integral. Trabalho. Comprimento . 537
   §2. Ordens de grandeza 540
      1. A função exponencial e potências de x 540
      2. Ordem de grandeza de log (***n***!) 543
   §3. Séries e produtos infinitos 545
      1. Séries infinitas de funções 545

2. A fórmula de Euler, $\cos x + i \,\text{sen}\, x = e^{ix}$ 552
3. A série harmônica e a função zeta. O produto de Euler para o seno .. 555
§4. O teorema do número primo obtido por métodos estatísticos 559

Apêndice - Observações suplementares, problemas e exercícios 563
Aritmética e Álgebra 563
Geometria Analítica 565
Construções geométricas 571
Geometria Projetiva e não-euclidiana 572
Topologia 573
Funções, limites e continuidade 576
Máximos e mínimos 577
O Cálculo 580
Técnicas de integração 582

Sugestões para leituras adicionais 591
Referências gerais 591

Índice Remissivo 595

Capítulo I
Os números naturais

Introdução

Os números são a base da Matemática moderna. Mas, o que é número? O que significa afirmar que $\frac{1}{2}+\frac{1}{2}=1, \frac{1}{2}\cdot\frac{1}{2}=\frac{1}{4}$ e que $(-1)(-1) = 1$? Aprendemos na escola a mecânica de lidar com frações e números negativos; mas para uma verdadeira compreensão do sistema numérico, devemos retornar a elementos mais simples. Enquanto os gregos elegiam os conceitos geométricos de ponto e reta como a base de sua matemática, admite-se modernamente como princípio orientador que todas as proposições matemáticas deveriam ser redutíveis, em última instância, a proposições sobre os *números naturais*, 1, 2, 3, ... "Deus criou os números naturais; tudo o mais é produto da mão do homem". Com estas palavras, Leopold Kronecker (1823-1891) indicou o terreno seguro sobre o qual a estrutura da Matemática pode ser edificada.

Criados pela mente humana para contar objetos em coleções diversas, os números não contêm qualquer referência às características individuais dos objetos contados. O número seis é uma abstração de todos os conjuntos contendo seis coisas; não depende de quaisquer qualidades específicas destas coisas ou dos símbolos utilizados. Somente em um estágio bastante avançado de desenvolvimento intelectual é que o caráter abstrato da idéia de número torna-se claro. Para as crianças, os números estão sempre vinculados a objetos tangíveis, tais como dedos ou contas, e as línguas primitivas exibem um sentido de número concreto oferecendo conjuntos de palavras distintas correspondendo a números para diferentes tipos de objetos.

Felizmente, os matemáticos não têm que se ocupar com a natureza filosófica envolvendo a transição das coleções de objetos concretos ao conceito de número abstrato. Devemos, portanto, aceitar os números naturais como dados, juntamente com as duas operações fundamentais - adição e multiplicação - por meio das quais podem ser combinados.

§1. Cálculos com inteiros

1. Leis da Aritmética

A teoria matemática dos números naturais ou *inteiros positivos* é conhecida como *Aritmética*. Baseia-se no fato de que a adição e a multiplicação de inteiros obedecem a certas leis. Para enunciar estas leis em toda sua generalidade, não podemos utilizar símbolos como 1, 2, 3 que se referem a inteiros específicos. A proposição

$$1 + 2 = 2 + 1$$

é apenas um exemplo particular da lei geral de que a soma de dois inteiros é a mesma, não importando a ordem em que são considerados. Portanto, quando queremos expressar o fato de que uma certa relação entre inteiros é válida, independentemente dos valores dos inteiros envolvidos, devemos representar simbolicamente os inteiros pelas letras a, b, c, ... Dessa forma, podemos enunciar as cinco leis fundamentais da Aritmética com as quais os leitores estão familiarizados:

1) $a + b = b + a$,
2) $ab = ba$,
3) $a + (b + c) = (a + b) + c$,
4) $a(bc) = (ab)c$,
5) $a(b + c) = ab + ac$

As duas primeiras - as leis *comutativas* da adição e da multiplicação - indicam que se pode alterar a ordem dos elementos envolvidos na adição e na multiplicação. A terceira - a lei *associativa* da adição - afirma que a adição de três números produz o mesmo resultado, quer adicionemos ao primeiro a soma do segundo e do terceiro, ou ao terceiro a soma do primeiro e do segundo. A quarta é a lei associativa da multiplicação. E a última - a lei *distributiva* - expressa o fato de que, para multiplicar uma soma por um inteiro, podemos multiplicar cada termo da soma por este inteiro e depois adicionar os produtos.

Estas leis da Aritmética são muito simples e podem parecer óbvias. Mas elas podem não ser aplicáveis a entidades diferentes dos números inteiros. Se *a* e *b* são símbolos não para inteiros mas para substâncias químicas, e se a "adição" for utilizada em um sentido corrente, é evidente que a lei comutativa nem sempre se aplicará. Por exemplo, se alguém adicionar ácido sulfúrico à água, obterá uma solução diluída, enquanto que a adição de água a ácido sulfúrico puro pode resultar em acidente para o experimentador. Ilustrações semelhantes vão mostrar que, neste tipo de "aritmética" química, as leis associativa e distributiva da adição podem resultar incorretas. Assim, pode-se imaginar tipos de aritmética nos quais uma ou mais de uma das leis 1)-5) não são válidas. Estes sistemas têm sido efetivamente estudados na Matemática moderna.

Um modelo concreto para o conceito abstrato de inteiro vai indicar a base intuitiva em que repousam as leis 1)-5). Ao invés de utilizarmos os símbolos comuns 1, 2, 3, etc., representemos o inteiro que dá o número de objetos em um dado conjunto (digamos, o conjunto de maçãs em uma determinada macieira) por um conjunto de pontos colocados em um retângulo, um ponto correspondendo a cada objeto. Operando com estes retângulos podemos investigar as leis da Aritmética de inteiros. Para adicionar dois inteiros a e b, colocamos os retângulos correspondentes lado a lado e eliminamos a divisória.

$$\boxed{\cdot\ \cdot\ \cdot\ \cdot\ \cdot} + \boxed{\cdot\ \cdot\ \cdot\ \cdot} = \boxed{\cdot\ \cdot\ \cdot\ \cdot\ \cdot\ \cdot\ \cdot\ \cdot\ \cdot}$$

Figura 1: Adição.

Para multiplicar a e b, colocamos os pontos em dois retângulos enfileirados e formamos um novo retângulo com a linhas e b colunas de pontos. As regras 1)-5) corresponderão agora a propriedades intuitivamente óbvias destas duas operações com retângulos.

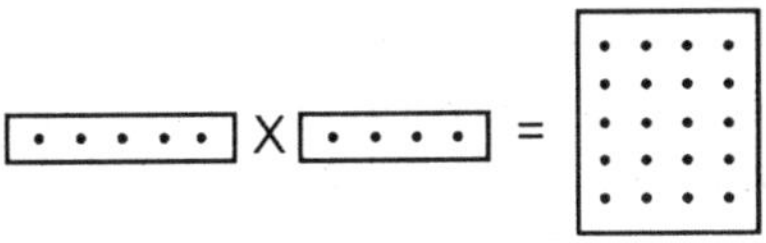

$$\boxed{\cdot\ \cdot\ \cdot\ \cdot\ \cdot} \times \boxed{\cdot\ \cdot\ \cdot\ \cdot} = \boxed{\begin{matrix}\cdot\ \cdot\ \cdot\ \cdot\\\cdot\ \cdot\ \cdot\ \cdot\\\cdot\ \cdot\ \cdot\ \cdot\\\cdot\ \cdot\ \cdot\ \cdot\\\cdot\ \cdot\ \cdot\ \cdot\end{matrix}}$$

Figura 2: Multiplicação.

Com base na definição de adição de dois inteiros, podemos definir a relação de desigualdade. Cada uma das proposições equivalentes, $a < b$ (leia-se, "a é menor que b") e $b > a$ (leia-se, "b é maior que a"), significa que o retângulo b pode ser obtido do retângulo a pela adição de um terceiro retângulo c adequadamente escolhido, de modo que $b = a + c$.

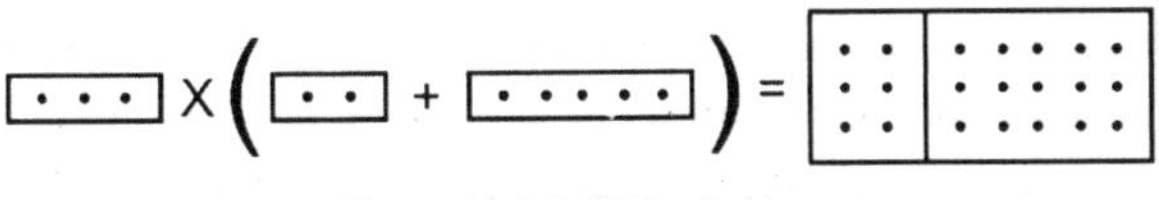

$$\boxed{\cdot\ \cdot\ \cdot\ \cdot} \times \left(\boxed{\cdot\ \cdot} + \boxed{\cdot\ \cdot\ \cdot\ \cdot\ \cdot} \right) = \boxed{\begin{matrix}\cdot\ \cdot\\\cdot\ \cdot\\\cdot\ \cdot\end{matrix}\ \begin{matrix}\cdot\ \cdot\ \cdot\ \cdot\ \cdot\\\cdot\ \cdot\ \cdot\ \cdot\ \cdot\\\cdot\ \cdot\ \cdot\ \cdot\ \cdot\end{matrix}}$$

Figura 3: A Lei Distributiva.

Quando isto acontece, escrevemos,

$$c = b - a,$$

que define a operação de *subtração*.

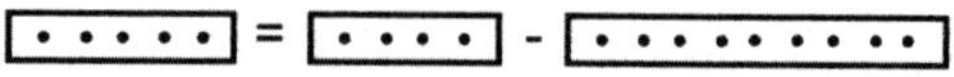

```
[• • • • •] = [• • • •] - [• • • • • • • • •]
```
Figura 4: Subtração.

Diz-se que a adição e a subtração são *operações inversas*, uma vez que, se a adição do inteiro d ao inteiro a for seguida da subtração do inteiro d, o resultado será o inteiro original a:

$$(a + d) - d = a.$$

Deve-se notar que o inteiro $b - a$ foi definido somente quando $b > a$. A interpretação do símbolo $b - a$ como um *inteiro negativo* quando $b < a$ será discutida mais adiante (página___ e seguintes).

É sempre conveniente utilizar uma das notações, $b \geq a$ (leia-se, "b é maior ou igual a a") ou $a \leq b$ (leia-se, "a é menor ou igual b"), para expressar a negação da proposição, a > b. Desse modo, $2 \geq 2$ e $3 \geq 2$.

Podemos estender ligeiramente o domínio dos inteiros positivos representados por retângulos com pontos, introduzindo o inteiro *zero*, representado por um retângulo completamente vazio. Se representarmos o retângulo vazio pelo símbolo usual 0, então, de acordo com nossa definição de adição e multiplicação,

$$a + 0 = a$$
$$a \cdot 0 = 0,$$

para cada inteiro a. Com efeito, $a + 0$ representa a adição de um retângulo vazio ao retângulo a, enquanto que $a \cdot 0$ representa um retângulo sem colunas, isto é, um retângulo vazio. É então natural estender a definição de subtração definindo

$$a - a = 0$$

para todo inteiro a. Estas são as propriedades aritméticas características de zero.

Modelos geométricos como estes de retângulos com pontos, da mesma forma que o antigo ábaco, eram amplamente utilizados para cálculos numéricos até fins da Idade Média, quando foram progressivamente substituídos por métodos simbólicos muito superiores baseados no sistema decimal.

2. A representação dos inteiros

Devemos distinguir cuidadosamente entre um inteiro e o símbolo, 5, V, ... , etc., utilizado para representá-lo. No sistema decimal, os dez símbolos de dígitos, 0, 1, 2, 3, ..., 9, são usados para representar o zero e os nove primeiros inteiros positivos. Um inteiro maior, como "trezentos e setenta e dois", pode ser expresso na forma

$$300 + 70 + 2 = 3 \cdot 10^2 + 7 \cdot 10 + 2,$$

e é representado no sistema decimal pelo símbolo 372. Neste caso, o ponto importante é que o significado dos algarismos 3, 7, 2 depende de sua *posição* na casa das unidades, dezenas ou centenas. Com esta "notação posicional" podemos representar qualquer inteiro utilizando apenas os dez algarismos em diferentes combinações. A regra geral consiste em expressar um inteiro na forma ilustrada por

$$z = a \cdot 10^3 + b \cdot 10^2 + c \cdot 10 + d,$$

onde os dígitos a, b, c, d, são inteiros de zero a nove. O inteiro z é então representado pelo símbolo abreviado

abcd.

Notamos de passagem que os coeficientes d, c, b, a são os restos deixados após sucessivas divisões de z por 10. Assim,

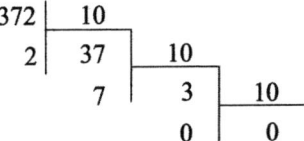

A representação acima para z pode apenas representar inteiros menores do que dez mil, uma vez que inteiros maiores vão necessitar de cinco ou mais algarismos. Se z for um inteiro entre dez mil e cem mil, podemos expressá-lo na forma

$$z = a \cdot 10^4 + b \cdot 10^3 + c \cdot 10^2 + d \cdot 10 + e,$$

e representá-lo pelo símbolo *abcde*. Proposição semelhante é válida para inteiros entre cem mil, um milhão, etc. É muito útil ter-se uma maneira de indicar o resultado, de modo geral, por uma única fórmula. Podemos fazer isto se representarmos os diferentes coeficientes, *e, d, c, ...*, pela única letra a com diferentes "subscritos", a_0, a_1, a_2, a_3, ..., e indicar o fato de que as potências de dez podem ser tão altas quanto o necessário representando a maior potência, não por 10^3 ou 10^4, como nos exemplos acima, mas por 10^n, onde n deve ser interpretado como um inteiro arbitrário. Assim, o método geral para representar um inteiro z no sistema decimal consiste em expressar z na forma

(1) $$z = a_n \cdot 10^n + a_{n-1} \cdot 10^{n-1} + \cdots + a_1 \cdot 10 + a_0,$$

e representá-lo pelo símbolo

$$a_n a_{n-1} a_{n-2} \cdots a_1 a_0.$$

Como no caso especial acima, observamos que os dígitos $a_0, a_1, a_2, ..., a_n$ são simplesmente os restos sucessivos quando z é repetidamente dividido por 10.

No sistema decimal, o número dez é especialmente destacado para servir de base. O leigo talvez não compreenda que a escolha de 10 não é essencial, e que qualquer inteiro maior do que um serviria à mesma finalidade. Por exemplo, o sistema *setimal* (base 7) poderia ser utilizado. Neste sistema, um inteiro seria expresso como

(2) $$b_n \cdot 7^n + b_{n-1} \cdot 7^{n-1} + \cdots + b_1 \cdot 7 + b_0,$$

onde as letras b são dígitos de zero a seis, e representado pelo símbolo

$$b_n b_{n-1} \cdots b_1 b_0.$$

Dessa forma, "cento e nove" seria representado no sistema setimal pelo símbolo 214, significando

$$2 \cdot 7^2 + 1 \cdot 7 + 4.$$

A título de exercício, o leitor poderá provar que a regra geral para passar da base dez para qualquer outra base B consiste em realizar sucessivas divisões do número z por B; os restos serão os dígitos do número no sistema de base B. Por exemplo:

```
109 | 7
  4 | 15 | 7
     |  1 |  2 | 7
            |  2 | 0
```

109 (sistema decimal) = 214 (sistema setimal).

É natural indagar se qualquer escolha particular de base seria a mais desejável. Veremos que uma base muito pequena apresenta desvantagens, enquanto que uma base maior requer a aprendizagem de muitos algarismos e uma tabela de multiplicação ampliada. A escolha de doze como base tem sido defendida, uma vez que doze é divisível exatamente por dois, três, quatro e seis e, como resultado, o trabalho envolvendo divisão e frações seria muitas vezes simplificado. Para escrever qualquer inteiro em termos da base doze (sistema duodecimal), necessita-se de dois novos algarismos para dez e onze. Escrevamos α para dez e β para onze. No sistema duodecimal, "doze" seria escrito 10, "vinte e dois" seria 1α, "vinte e três" seria 1β, e "cento e trinta e um" seria $\alpha\beta$.

A invenção da "notação posicional" atribuída aos sumérios ou aos babilônios e desenvolvida pelos hindus, foi de uma enorme importância para a civilização. Os sistemas anteriores de numeração eram baseados em um princípio puramente aditivo. No simbolismo romano, por exemplo, escrevia-se

$$CXVIII = cem + dez + cinco + um + um + um.$$

Os sistemas de numeração egípcio, hebraico e grego encontravam-se no mesmo nível. Uma desvantagem de qualquer notação puramente aditiva é de que uma quantidade cada vez maior de novos símbolos é necessária à medida que os números se tornam maiores. (Naturalmente, os antigos cientistas não se preocupavam com as magnitudes astronômicas ou atômicas modernas.) Mas a falha principal dos sistemas antigos, como o dos romanos, consistia no fato de que a computação com números era tão difícil que somente os especialistas podiam lidar com problemas que não fossem os mais simples. Isto é bastante diferente com o sistema posicional hindu agora em uso. Ele foi introduzido na Europa medieval pelos mercadores da Itália, que o aprenderam com os muçulmanos.

O sistema posicional possui a agradável propriedade de que todos os números, quer sejam grandes ou pequenos, podem ser representados utilizando-se um reduzido conjunto de diferentes algarismos (no sistema decimal, são os "algarismos arábicos" 0, 1, 2, ..., 9). A isto se agrega a vantagem mais importante, que é a facilidade de cálculo. As regras para calcular com números representados em notação posicional podem ser dadas sob a forma de tabelas de adição e de multiplicação para os números com um só algarismo, as quais podem ser memorizadas de uma vez por todas. A antiga arte do cálculo, antes confinada a uns poucos adeptos, é agora ensinada no curso primário. Não existem muitas situações em que o progresso científico tenha influenciado e facilitado tão profundamente o dia a dia das pessoas.

3. O cálculo numérico em outros sistemas

A utilização de dez como base remonta ao início da civilização, e é sem dúvida alguma devido ao fato de que temos dez dedos com os quais podemos contar. Mas as palavras que servem para designar alguns números em muitas línguas indicam vestígios da utilização de outras bases, notadamente doze e vinte. Em inglês e em alemão as palavras para 11 e 12 não são construídas usando o princípio decimal de combinar 10 com os dígitos, como acontece com os "teens", e são lingüisticamente independentes dos nomes dados a 10. Em francês, os nomes "vingt" e "quatre-vingt", para 20 e 80, sugerem que para algumas finalidades um sistema com base 20 pode ter sido utilizado. Em dinamarquês, a palavra para 70, "halvfirsindstyve" significa o meio do caminho entre três vezes vinte e quatro vezes vinte. Os astrônomos babilônios possuíam um sistema de notação que era parcialmente sexagesimal (base 60), e acredita-se que isto correspondia à divisão usual da hora e do grau angular em 60 minutos.

Em um sistema diferente do decimal, as regras de Aritmética são as mesmas, mas deve-se usar diferentes tabelas para a adição e a multiplicação de dígitos. Acostumados ao sistema decimal e vinculados a ele pelos nomes dados aos números em nossa língua, podemos inicialmente achar isto um pouco confuso. Vamos tentar um exemplo de multiplicação no sistema setimal. Antes de prosseguir, é aconselhável anotar as tabelas que deveremos utilizar:

Adição						
	1	2	3	4	5	6
1	2	3	4	5	6	10
2	3	4	5	6	10	11
3	4	5	6	10	11	12
4	5	6	10	11	12	13
5	6	10	11	12	13	14
6	10	11	12	13	14	15

Multiplicação						
	1	2	3	4	5	6
1	1	2	3	4	5	6
2	2	4	6	11	13	15
3	3	5	12	15	21	24
4	4	11	15	22	26	33
5	5	13	21	26	34	42
6	6	15	24	33	42	51

Multipliquemos agora 265 por 24, onde estes dígitos estão escritos no sistema setimal. (No sistema decimal isto seria equivalente a multiplicar 145 por 18.) As regras de multiplicação são as mesmas que as do sistema decimal.) Começamos multiplicando 5 por 4, que é 26, conforme mostrado na tabela de multiplicação.

$$\begin{array}{r} 265 \\ \underline{24} \\ 1456 \\ \underline{563} \\ 10416 \end{array}$$

Escrevemos 6 na casa das unidades, "levando" o 2 para a casa seguinte. Encontramos então 4.6 = 33, e 33 + 2 = 35. Escrevemos 5, prosseguimos dessa forma até que tudo tenha sido multiplicado. Adicionando 1.456 + 5.630, obtemos 6 + 0 = 6 na casa das unidades, 5 + 3 = 11 na casa dos sete. Novamente, escrevemos 1 e mantemos 1 para a casa dos quarenta e nove, onde temos 1 + 6 + 4 = 14. O resultado final é 265.24 = 10.416.

Para conferir este resultado, podemos multiplicar os mesmos números no sistema decimal. 10.416 (sistema setimal) pode ser escrito no sistema decimal encontrando-se as potências de sete até a quarta: $7^2 = 49$, $7^3 = 343$, $7^4 = 2.401$. Portanto, 10.416 = 2.401 + 4 . 49 +7 + 6, sendo este cálculo feito no sistema decimal. Adicionando estes números, verificamos que 10.416 no sistema setimal é igual a 2.610 no sistema decimal. Multiplicamos agora 145 por 18 no sistema decimal; o resultado é 2.610 e, portanto, os cálculos conferem.

Exercícios: 1) Elabore as tabelas de adição e de multiplicação no sistema duodecimal e desenvolva alguns exemplos do mesmo tipo.

2) Expresse "trinta" e "cento e trinta e três" nos sistemas de bases 5, 7, 11 e 12.

3) O que os símbolos 11111 21212 significam nestes sistemas?

4) Forme as tabelas de adição e de multiplicação para as bases 5, 11 e 13.

Do ponto de vista teórico, o sistema posicional de base 2 é destacado como o de menor base possível. Os únicos dígitos neste "sistema diádico" são 0 e 1; qualquer número z é representado por uma lista destes símbolos. As tabelas de adição e de multiplicação consistem meramente das regras $1 + 1 = 10$ e $1.1 = 1$. Porém a desvantagem deste sistema é óbvia: são necessárias expressões longas para representar números pequenos. Assim, setenta e nove, que pode ser expresso como $1 \cdot 2^6 + 0 \cdot 2^5 + 0 \cdot 2^4 + 1 \cdot 2^3 + 1 \cdot 2^2 + 1 \cdot 2 + 1$, é escrito no sistema diádico como 1.001.111.

Como ilustração da simplicidade de multiplicação no sistema diádico, multipliquemos sete e cinco, que são, respectivamente, 111 e 101. Lembrando que $1 + 1 = 10$ neste sistema, temos

$$\begin{array}{r} 111 \\ 101 \\ \hline 111 \\ 111 \\ \hline 100011 \end{array} = 2^5 + 2 + 1,$$

que é trinta e cinco, como deveria ser.

Gottfried Wilhelm Leibniz (1646-1716), um dos maiores intelectos de sua época, apreciava o sistema diádico. Segundo Laplace, "Leibniz via em sua aritmética binária a imagem da criação. Ele imaginava que a Unidade representava Deus, e zero o vazio; que o Ser Supremo extraiu todos os seres do vazio, da mesma forma como a unidade e o zero expressam todos os números em seu sistema de numeração."

Exercício: Considere a questão de representar inteiros na base a. Para dar nome aos inteiros neste sistema precisamos de palavras para os dígitos 0, 1, ..., $a - 1$ e para as diferentes potências de a: a, a^2, a^3, ... Quantas palavras diferentes são necessárias para dar nome a todos os números de zero a mil, para $a = 2, 3, 4, 5, ..., 15$? Qual base requer a menor quantidade? (Exemplos: Se $a = 10$, necessitamos de dez palavras para os dígitos, além de palavras para 10, 100 e 1000, perfazendo um total de 13. Para $a = 20$, necessitamos de vinte palavras para os dígitos, além de palavras para 20 e 400, perfazendo um total de 22. Se $a = 100$, necessitamos de 100 mais 1.)

*§2. A INFINIDADE DO SISTEMA NUMÉRICO.
INDUÇÃO MATEMÁTICA

1. O princípio da indução matemática

Não existe fim para a seqüência de inteiros 1, 2, 3, 4, ...; isto porque, após qualquer inteiro n ter sido alcançado podemos escrever o inteiro seguinte, $n + 1$. Expressamos esta sucessão de inteiros afirmando que *existem infinitos inteiros*. A seqüência de inteiros representa o exemplo mais simples e natural do infinito matemático, que desempenha um papel dominante na Matemática moderna. Por toda parte neste livro teremos que lidar com coleções ou "conjuntos" contendo uma infinidade de objetos matemáticos, como o conjunto de todos os pontos de uma reta, ou o conjunto de todos os triângulos de um plano. A seqüência infinita de inteiros é o exemplo mais simples de um conjunto infinito.

O procedimento de passar de n para $n + 1$ etapa por etapa, que gera a seqüência infinita de inteiros, também constitui a base de um dos padrões mais fundamentais do raciocínio matemático: o princípio da indução matemática. A "indução empírica" nas Ciências Naturais procede de uma série particular de observações de um certo fenômeno até o enunciado de uma lei geral que regula todas as ocorrências deste fenômeno. O grau de certeza com o qual a lei é assim estabelecida depende do número de observações e confirmações isoladas. Este tipo de raciocínio indutivo é com frequência inteiramente convincente; a previsão de que o sol nascerá amanhã no leste é tão correta como qualquer coisa possa ser, mas o caráter desta afirmativa não é o mesmo que o de um teorema provado pela lógica estrita ou pelo raciocínio matemático.

De um modo bastante diferente, a *indução matemática* é utilizada para demonstrar a veracidade de um teorema matemático em uma seqüência infinita de casos, o primeiro, o segundo, o terceiro, e assim por diante sem exceção. Representemos por A uma asserção que envolva um inteiro arbitrário n. Por exemplo, A pode ser a afirmação: "A soma dos ângulos em um polígono convexo de $n + 2$ lados é n vezes 180 graus". Ou A' pode ser a asserção: "Traçando-se n retas em um plano, não podemos dividi-lo em mais de $2n$ partes". Para provar este teorema para *todos* os inteiros n, não é suficiente prová-lo separadamente para os primeiros 10, 100 ou mesmo 1000 valores de n. Isto na verdade corresponderia à atitude da indução empírica. Ao invés disso, devemos utilizar um método de raciocínio estritamente matemático e não empírico, cujo caráter será indicado pelas seguintes provas para os exemplos especiais A e A'. No caso de A, sabemos que para $n = 1$ o polígono é um triângulo e, a partir da Geometria Elementar, que a soma dos ângulos é de 1 . $180°$. Para um quadrilátero $n = 2$, traçamos uma diagonal que o divide em dois triângulos. Isto mostra imediatamente que a soma dos ângulos do quadrilátero é igual à soma dos ângulos nos dois triângulos. ou seja, $180°$

+ 180° = 2 . 180°. Prosseguindo-se para o caso de um pentágono de cinco lados $n = 3$, o decompomos em um triângulo e um quadrilátero. Uma vez que a soma dos ângulos deste último é de 2 . 180°, conforme acabamos de provar, e como no triângulo a soma dos ângulos é de 180°, obtemos 3 . 180 graus para o pentágono. Agora, torna-se claro que podemos prosseguir indefinidamente da mesma forma, provando o teorema para $n = 4$, depois para $n = 5$, e assim por diante. Todas as proposições demonstram-se da mesma forma que a precedente, de modo que o teorema geral A pode ser demonstrado para todos os n.

De modo análogo podemos provar o teorema A'. Para $n = 1$ é obviamente verdadeiro, uma vez que uma só reta divide o plano em duas partes. Acrescentemos agora uma segunda reta. Cada uma das partes anteriores será dividida em duas novas partes, a menos que a nova reta seja paralela à primeira. Em qualquer dos casos, para $n = 2$, temos não mais que $4 = 2^2$ partes. Agora, acrescentamos uma terceira reta. Cada uma das regiões anteriores será cortada em duas partes ou permanecerão intocadas. Assim, a soma de partes não é maior do que $2^2 . 2 = 2^3$. Sabendo que isto é verdadeiro, podemos provar o caso seguinte do mesmo modo, e assim por diante, indefinidamente.

A idéia essencial nos argumentos anteriores consiste em demonstrar um teorema geral A para todos os valores de n provando sucessivamente uma seqüência de casos especiais $A_1, A_2, \ldots$. A probabilidade de se fazer isto depende de du as coisas: a) Existe um método geral para mostrar que se qualquer proposição A_r é verdadeira, então a proposição seguinte, A_{r+1}, *também o será*.

b) Sabe-se que a primeira proposição A_1 é *verdadeira*. O fato de estas duas condições serem suficientes para demonstrar a veracidade de todas as proposições $A_1, A_2, A_3, \ldots$ é um princípio lógico tão fundamental à Matemática quanto as regras clássicas da lógica aristotélica. Assim, o formulamos do seguinte modo:

Suponhamos que se queira estabelecer uma seqüência infinita inteira de proposições matemáticas

$$A_1, A_2, A_3, \ldots$$

que, juntas, constituem a proposição geral A. Suponhamos: a) *que por meio de um raciocínio matemático seja possível demonstrar que se r é um inteiro qualquer e a validade da asserção A_r acarreta a validade da asserção A_{r+1}; e que b) sabe-se que a primeira proposição A_1 é verdadeira. Então, todas as proposições da seqüência devem ser verdadeiras e A fica provado.*

Não devemos hesitar em aceitar isto, do mesmo modo como aceitamos as regras simples da lógica corrente, como um princípio básico do raciocínio matemático, uma vez que podemos provar a veracidade de qualquer das proposições A_n, partindo da asserção b) de que A_1 é verdadeiro, e prosseguindo por uso repetido da asserção a) para demonstrar sucessivamente a veracidade de A_2, A_3, A_4, e assim por diante, até alcançarmos a proposição A_n. O princípio da indução matemática repousa, portanto, no fato de que após qualquer inteiro r existe um seguinte, $r + 1$, e que qualquer inteiro n desejado pode ser alcançado por um número finito de tais etapas, a partir do inteiro 1.

Muitas vezes, o princípio da indução matemática é aplicado sem menção explícita, ou é indicado simplesmente por um casual "etc." ou "e assim por diante". Isto é especialmente freqüente no ensino básico. Mas o uso explícito de um raciocínio indutivo é indispensável em provas mais sutis. Vamos apresentar algumas ilustrações de caráter simples porém não trivial.

2. As progressões aritméticas

Para todo valor de n, a soma $1 + 2 + 3 + \ldots + n$ dos primeiros inteiros n é igual a $\dfrac{n(n+1)}{2}$. Para provar este teorema por indução matemática, devemos demonstrar que para todo valor de n a asserção A_n:

(1) $$1+2+3+\cdots+n = \frac{n(n+1)}{2}$$

é verdadeira. a) Observamos que se r é um inteiro e se sabemos que a proposição A_r é verdadeira, isto é, se sabemos que

$$1+2+3+\cdots+r = \frac{r(r+1)}{2}$$

então, adicionando o número $(r + 1)$ a ambos os membros desta equação, obtemos a equação

$$1+2+3+\cdots+r+(r+1) = \frac{r(r+1)}{2}+(r+1)$$
$$= \frac{r(r+1)+2(r+1)}{2} = \frac{(r+1)(r+2)}{2},$$

que é precisamente a proposição A_r+1. b) A proposição A_1 é obviamente verdadeira, uma vez que $= \dfrac{1 \cdot 2}{2}$. Portanto, pelo princípio da indução matemática, a proposição A_n é verdadeira para todo n, como se queria demonstrar.

Normalmente, isto é mostrado escrevendo-se a soma 1 + 2 + 3 + ... + n de duas formas:

$$S_n = 1 + 2 + \ldots + (n-1) + n$$

e

$$S_n = n + (n-1) + \ldots + 2 + 1.$$

Ao adicionarmos, vemos que cada par de números na mesma coluna produz a soma $n + 1$ e, uma vez que existem ao todo n colunas, segue-se que

$$2S_n = n(n+1),$$

que prova o resultado desejado.

A partir de (1) podemos imediatamente obter a fórmula para a soma dos primeiros $(n + 1)$ termos de qualquer *progressão aritmética*,

$$(2)\, P_n = a + (a+d) + (a+2d) + \cdots + (a+nd) = \frac{(n+1)(2a+nd)}{2}.$$

Com efeito,

$$P_n = (n+1)a + (1+2+\cdots+n)d = (n+1)a + \frac{n(n+1)d}{2}$$
$$= \frac{2(n+1)a + n(n+1)d}{2} = \frac{(n+1)(2a+nd)}{2}.$$

Para o caso de $a = 0$, $d = 1$, isto é equivalente a (1).

3. A progressão geométrica

A progressão geométrica geral pode ser tratada de maneira semelhante. Provaremos que para todo valor de n

$$(3)\, G_n = a + aq + aq^2 + \cdots + aq^n = a\frac{1-q^{n+1}}{1-q}.$$

(Suponhamos que $q \neq 1$, uma vez que, de outra forma, o lado direito de (3) não tem qualquer significado.)

Certamente esta asserção é verdadeira para $n = 1$, porque então ela afirma que

$$G_1 = a + aq = \frac{a(1-q^2)}{1-q} = \frac{a(1+q)(1-q)}{(1-q)} = a(1+q).$$

E se supusermos que

$$G_r = a + aq + \cdots + aq^r = a\frac{1-q^{r+1}}{1-q},$$

então verificaremos como conseqüência que

$$G_r + 1 = (a + aq + \cdots + aq^r) + aq^{r+1} = G_r + aq^{r+1} = a\frac{1-q^{r+1}}{1-q} + aq^{r+1}$$

$$= a\frac{(1-q^{r+1}) + q^{r+1}(1-q)}{1-q} = a\frac{1-q^{r+1}+q^{r+1}-q^{r+2}}{1-q} = a\frac{1-q^{r+2}}{1-q}.$$

Mas isto é precisamente a asserção (3) para o caso de $n = r + 1$. Assim conclui-se a prova.

Nos livros de ensino secundário, a prova usual se efetua como segue. Desenvolvamos

$$G_n = a + aq + \ldots + aq^n,$$

e multipliquemos ambos os membros por q, obtendo

$$qG_n = aq + aq^2 + \ldots + aq^{n+1}.$$

Agora, subtraímos membros correspondentes desta equação a partir da equação anterior, obtendo

$$G_n - qG_n = a - aq^{n+1}$$
$$(1-q)G_n = a(1-q^{n+1}),$$
$$G_n = a\frac{1-q^{n+1}}{1-q}.$$

4. A soma dos primeiros quadrados de *n*

Uma aplicação mais interessante do princípio da indução matemática diz respeito à soma dos primeiros quadrados de *n*. Mediante tentativas diretas, verificamos que, pelo menos para valores pequenos de *n*,

(4) $$1^2 + 2^2 + 3^2 + \cdots + n^2 = \frac{n(n+1)(2n+1)}{6},$$

e pode-se supor que esta fórmula notável é válida para *todos os inteiros n*. Para *provar* isto, devemos novamente utilizar o princípio da indução matemática. Comecemos por observar que se a asserção A_n, que neste caso é a equação (4), for verdadeira para o caso de $n = r$, de modo que

$$1^2 + 2^2 + 3^2 + \cdots + r^2 = \frac{r(r+1)(2r+1)}{6},$$

então, ao adicionarmos $(r + 1)^2$ a ambos os membros desta equação, obtemos

$$1^2 + 2^2 + 3^2 + \cdots + r^2 + (r+1)^2 = \frac{r(r+1)(2r+1)}{6} + (r+1)^2$$

$$= \frac{r(r+1)(2r+1) + 6(r+1)^2}{6} = \frac{(r+1)[r(2r+1) + 6(r+1)]}{6}$$

$$= \frac{(r+1)(2r^2 + 7r + 6)}{6} = \frac{(r+1)(r+2)(2r+3)}{6},$$

que é precisamente a asserção A_{r+1} neste caso, uma vez que ela é obtida substituindo-se $r + 1$ por *n* em (4). Para completar a prova, necessitamos apenas observar a asserção A_1, neste caso a equação

$$1^2 = \frac{1(1+1)(2+1)}{6},$$

é obviamente verdadeira. Portanto, a equação (4) é verdadeira para todo *n*.

Fórmulas análogas podem ser encontradas para potências mais elevadas dos inteiros, $1^k + 2^k + 3^k + \ldots + n^k$, onde *k* é qualquer inteiro positivo. A título de exercício, o leitor poderá provar, utilizando indução matemática, que

(5) $$1^3 + 2^3 + 3^3 + \cdots + n^3 = \left[\frac{n(n+1)}{2}\right]^2.$$

Deve-se destacar que embora o princípio da indução matemática seja suficiente para provar a fórmula (5), desde que esta fórmula seja conhecida, a prova não oferece qualquer indicação de como se chegou à fórmula; ou seja, por que deve-se aplicar o princípio da indução matemática precisamente à expressão $[n(n + 1)/2]2$, ao invés de escolher $[n(n + 1)/3]2$ ou $(19n^2 - 41n + 24)/2$ ou quaisquer outras das infinitas expressões semelhantes que poderiam ter sido consideradas. O fato de que a prova de um teorema consiste na aplicação de certas regras simples de Lógica não diminui o valor do elemento criativo na Matemática, que reside na escolha das possibilidades a serem examinadas. A questão da origem da *hipótese* (5) pertence a um domínio no qual regras não muito gerais podem ser oferecidas; experimento, analogia, e intuição construtiva desempenham aqui seu papel. Mas uma vez que a hipótese correta tenha sido formulada, o princípio da indução matemática é com frequência suficiente para fornecer a prova. Visto que esta prova não oferece uma pista para o ato de descoberta, deve ser mais apropriadamente denominada de *verificação*.

*5. Uma desigualdade importante

Em um capítulo subseqüente utilizaremos a desigualdade

(6) $$(1+p)^n \geq 1 + np,$$

que é válida para qualquer número $p > -1$ e qualquer inteiro positivo n. (Para fins de generalidade, antecipamos aqui a utilização de números negativos e não-inteiros, permitindo que p seja qualquer número maior do que -1. A prova para o caso geral é exatamente a mesma que a do caso em que *p* é um inteiro positivo.) Mais uma vez vamos utilizar a indução matemática.

a) Se é verdadeiro que $(1 + p)^r \geq 1 + rp$, então, multiplicando-se ambos os membros desta desigualdade pelo número positivo $1 + p$, obtemos

$$(1 + p)^{r+1} \geq 1 + rp + p + rp^2.$$

Eliminar o termo positivo rp^2 apenas fortalece esta desigualdade, de modo que

$$(1 + p)^{r+1} \geq 1 + (r + 1)p,$$

que mostra que a desigualdade (6) também é válida para o inteiro seguinte $r + 1$.

b) É obviamente verdadeiro que $(1 + p)^1 \geq 1 + p$. Isto completa a prova de que (6) é verdadeiro para todo n. A restrição a números $p > -1$ é essencial. Se $p < -1$, então $1 + p$ será negativo e o raciocínio em a) será invalidado, uma vez que, se ambos os membros de uma desigualdade são multiplicados por uma quantidade negativa, o sentido da desigualdade é invertido. (Por exemplo, se multiplicarmos ambos os membros da desigualdade $3 > 2$ por -1, obteremos $-3 > -2$, que é falso.)

*6. O binômio de Newton

Com frequência, é importante termos uma expressão explícita para a n-ésima potência de um binômio $(a + b)^n$. Obtém-se mediante cálculo explícito que

para $n = 1$, $(a + b)^1 = a + b$,

para $n = 2$, $(a + b)^2 = (a + b)(a + b) = a(a + b) + b(a + b) = a^2 + 2ab + b^2$

para $n = 3$, $(a + b)^3 = (a + b)(a + b)^2 = a(a^2 + 2ab + b^2)$
$+ b(a^2 + 2ab + b^2) = a^3 + 3a^2b + 3ab^2 + b^3$,

e assim por diante. Que lei geral de formação está por trás das palavras "e assim por diante"? Examinemos o processo por meio do qual $(a + b)^2$ foi calculado. Uma vez que $(a + b)^2 = (a + b)(a + b)$, obtivemos a expressão para $(a + b)^2$ multiplicando cada termo na expressão $a + b$ por a, depois por b, somando-se em seguida. O mesmo procedimento foi utilizado para calcular $(a + b)^3 = (a + b)(a + b)^2$. Podemos prosseguir do mesmo modo para calcular $(a + b)^4$, $(a + b)^5$ e assim por diante, indefinidamente. A expressão para $(a + b)^n$ será obtida multiplicando-se cada termo da expressão previamente obtida para $(a + b)^{n-1}$ - 1, por a, depois por b, somando em seguida. Isto conduz ao seguinte diagrama:

$$a + b =$$
$$(a+b)^2 = a^2 + 2ab + b^2$$
$$(a+b)^3 = a^3 + 3a^2b + 3ab^2 + b^3$$
$$(a+b)^4 = a^4 + 4a^3b + 6a^2b + 4ab^3 + b^4$$

que fornece imediatamente a regra geral para formar os coeficientes do desenvolvimento de $(a + b)^n$. Construímos um esquema triangular de números, começando com os coeficientes 1, 1 de $a + b$, e de tal forma que cada número do triângulo seja a soma dos dois números imediatos a ele na linha precedente. Este esquema é conhecido como *Triângulo de Pascal*.

```
                    1
                  1   1
                1   2   1
              1   3   3   1
            1   4   6   4   1
          1   5   10  10  5   1
        1   6   15  20  15  6   1
      1   7   21  35  35  21  7   1
```

A *n-ésima linha deste esquema produz os coeficientes do desenvolvimento de $(a + b)^n$ em potências decrescentes de a e potências crescentes de b;* assim

$$(a + b)^7 = a^7 + 7a^6b + 21a^5b^2 + 35a^4b^3 + 35a^3b^4 + 21a^2b^5 + 7ab^6 + b^7.$$

Utilizando uma notação concisa com subscritos e sobrescritos, podemos representar os números na n-ésima linha do Triângulo de Pascal por

$$C_0^n = 1, C_1^n, C_2^n, C_3^n, \ldots, C_{n-1}^n, C_n^n = 1$$

Então, a fórmula geral para $(a+b)^n$ pode ser escrita

(7) $\quad (a+b)^n = a^n + C_1^n a^{n-1}b + C_2^n a^{n-2}b^2 + \cdots + C_{n-1}^n ab^{n-1} + b^n.$

De acordo com a lei de formação do Triângulo de Pascal, temos

(8) $\quad C_i^n = C_{i-1}^{n-1} + C_i^{n-1}.$

Como exercício, o leitor com experiência pode utilizar esta relação, juntamente com o fato de que $C_0^1 = C_1^1 = 1$, para demonstrar, pela indução matemática, que

(9) $\quad C_i^n = \dfrac{n(n-1)(n-2)\cdots(n-i+1)}{1\cdot 2\cdot 3\cdots i} = \dfrac{n!}{i!(n-i)!}.$

(Para todo inteiro n positivo, o símbolo $n!$ (leia-se, "fatorial" de n) representa o produto dos n primeiros inteiros: $n! = 1.2.3 \ldots n$. É conveniente também definir $0! = 1$, de modo que (9) seja válido para $i = 0$ e $i = n$.) Esta fórmula explícita para os coeficientes no desenvolvimento do binômio é algumas vezes denominada de *binômio de Newton*. (Veja Suplemento ao Capítulo VIII____.)

Exercícios: Prove por indução matemática:

1) $\dfrac{1}{1\cdot 2} + \dfrac{1}{2\cdot 3} + \cdots + \dfrac{1}{n(n+1)} = \dfrac{n}{n+1}.$

2) $\dfrac{1}{2} + \dfrac{2}{2^2} + \dfrac{3}{2^3} + \cdots + \dfrac{n}{2^n} = 2 - \dfrac{n+2}{2^n}.$

*3) $1 + 2q + 3q^2 + \cdots + nq^{n-1} = \dfrac{1-(n+1)q^n + nq^{n+1}}{(1-q)^2}.$

*4) $(1+q)(1+q^2)(1+q^4)\cdots(1+q^{2^n}) = \dfrac{1-q^{2^{n+1}}}{1-q}.$

Encontre a soma das seguintes progressões geométricas:

5) $\dfrac{1}{1+x^2} + \dfrac{1}{(1+x^2)^2} + \cdots + \dfrac{1}{(1+x^2)^n}$.

6) $1 + \dfrac{x}{1+x^2} + \dfrac{x^2}{(1+x^2)^2} + \cdots + \dfrac{x^n}{(1+x^2)^n}$.

7) $\dfrac{x^2-y^2}{x^2+y^2} + \left(\dfrac{x^2-y^2}{x^2+y^2}\right)^2 + \cdots + \left(\dfrac{x^2-y^2}{x^2+y^2}\right)^n$.

Utilizando as fórmulas (4) e (5), prove:

*8) $1^2 + 3^2 + \cdots + (2n+1)^2 = \dfrac{(n+1)(2n+1)(2n+3)}{3}$.

*9) $1^3 + 3^3 + \cdots + (2n+1)^3 = (n+1)^2(2n^2+4n+1)$.

10) Prove os mesmos resultados diretamente por indução matemática.

*7. Outras observações sobre a indução matemática

O princípio da indução matemática pode ser ligeiramente generalizado nos seguintes termos: "Se uma seqüência de asserções $A_s, A_{s+1}, A_{s+2}, \ldots$ é dada, onde s é algum inteiro positivo, e se

a) Para todo valor de $r \geq s$, a veracidade de A_{r+1} se seguirá a partir da veracidade de A_r, e

b) Sabe-se que A_s é verdadeiro,

então, todas as proposições $A_s, A_{s+1}, A_{s+2} \ldots$ são verdadeiras; isto significa que A_n é verdadeiro para todo $n \geq s$. Precisamente o mesmo raciocínio utilizado para provar a veracidade do princípio usual da indução matemática aplica-se aqui, com a seqüência 1,2,3, ... substituída pela seqüência análoga $s, s+1, s+2, s+3$ .... Utilizando o princípio nesta forma podemos fortalecer um pouco a desigualdade da página 17, eliminando a possibilidade do sinal "=". Afirmamos: *Para todo $p \neq 0$ e > -1 e todo inteiro $n \geq 2$*,

$$(1+p)^n > 1 + np.$$

A prova ficará a cargo do leitor.

Intimamente ligado ao princípio da indução matemática encontra-se o "princípio da boa ordenação", que afirma que *todo conjunto C, não-vazio, de inteiros positivos possui um menor elemento*. Um conjunto é vazio quando não possui nenhum elemento; por exemplo, o conjunto de circunferências retilíneas ou o conjunto de inteiros n tais que $n > n$. Por motivos óbvios, excluímos estes conjuntos no enunciado do princípio. O conjunto C pode ser finito, como o conjunto 1, 2, 3, 4, 5; ou infinito, como o conjunto de todos os números pares 2, 4, 6, 8, 10, ... Qualquer conjunto C não-vazio deve conter pelo menos um inteiro, digamos, n, e o menor dos inteiros 1, 2, 3, ... n, que pertence a C será o menor inteiro em C.

A única maneira de compreender a relevância deste princípio consiste em observar que ele não se aplica a todos os conjuntos C de números não inteiros; por exemplo: o conjunto de frações positivas $1, \frac{1}{2}, \frac{1}{3}, \frac{1}{4}, ...$ não contém um elemento menor que os demais.

Do ponto de vista da Lógica, é interessante observar que o princípio da boa ordenação pode ser utilizado para *provar* o princípio da indução matemática como um teorema. Com este objetivo, consideremos qualquer seqüência de proposições $A_1, A_2, A_3, ...$ de modo que

a) Para qualquer inteiro r positivo seguir-se-á a veracidade de A_{r+1} a partir da de A_r.

b) Sabe-se que A_1 é verdadeira.

Devemos demonstrar que a hipótese de qualquer A ser falso é absurda. Isto porque, mesmo que um único dos A fosse falso, o conjunto C de todos os inteiros positivos n para os quais A_n fosse falso seria não-vazio. Segundo o princípio da boa ordenação, C conteria um inteiro p menor que todos os demais, que deve ser > 1 em razão de b). Logo A_p seria falso, porém A_{p-1} seria verdadeiro. Isto contradiz a).

Mais uma vez enfatizamos que o princípio da indução matemática é bastante distinto da indução empírica aplicada nas Ciências Naturais. A confirmação de uma lei geral em qualquer número finito de casos, independentemente de sua extensão, não pode oferecer uma prova para a lei, no sentido rigorosamente matemático do termo, mesmo que nenhuma exceção seja conhecida na ocasião. Esta lei permaneceria apenas como uma *hipótese* muito razoável, sujeita a modificações por resultados de experiências futuras. Em Matemática, uma lei ou um teorema é provado somente se ele puder ser demonstrado como uma conseqüência lógica necessária de certas hipóteses aceitas como válidas. Há muitos exemplos de asserções matemáticas que têm sido verificadas em cada caso particular considerado até agora, mas que ainda não foram provadas em termos de sua validade geral (veja Suplemento ao Capítulo I). Pode-se *suspeitar* que um teorema é verdadeiro em toda a sua generalidade observando sua veracidade em uma série de exemplos; pode-se então tentar *prová-lo* por indução matemática. Se a tentativa for bem sucedida, o teorema será reconhecido como verdadeiro; se a tentativa fracassar, o teorema poderá ser verdadeiro ou falso, e pode algum dia ser provado ou refutado por outros métodos.

Ao utilizar o princípio da indução matemática, deve-se ter sempre a certeza de que as condições a) e b) estão sendo realmente satisfeitas. Negligenciar esta precaução pode levar a absurdos como o seguinte, em que o leitor é convidado a descobrir a falácia. Devemos "provar" que dois inteiros positivos quaisquer são iguais; por exemplo: que $5 = 10$.

Em primeiro lugar, uma definição: se a e b são dois inteiros positivos desiguais, definimos max (a, b) como sendo a ou b, qualquer que seja o maior; se $a = b$ definimos max $(a, b) = a = b$. Assim, max $(3, 5) =$ max $(5, 3) = 5$, enquanto que max $(4, 4) = 4$. Agora, seja A_n a asserção: "Se a e b são dois inteiros positivos quaisquer, tais que max $(a, b) = n$, então, $a = b$."

a) Suponhamos que Ar seja verdadeira. Sejam a e b dois inteiros positivos quaisquer, tais que max (a, b) = r + 1. Considere os dois inteiros

$$\alpha = a - 1$$
$$\beta = b - 1;$$

então, max $(\alpha, \beta) = r$. Logo, $\alpha = \beta$, pois estamos supondo que A_r seja verdadeira. Segue-se que $a = b$; portanto, A_{r+1} é verdadeira.

b) A_1 é obviamente verdadeira, porque se max $(a, b) = 1$, então, uma vez que a e b são por hipótese inteiros positivos, ambos devem ser iguais a 1. Portanto, pelo princípio da indução matemática, A_n é verdadeira para todo n.

Se a e b são dois inteiros positivos quaisquer, representemos max (a, b) por r. Uma vez que se demonstrou que A_n era verdadeira para todo n, em particular A_r é verdadeira. Portanto, $a = b$.

Suplemento ao Capítulo I
A teoria dos números

Introdução

Os números inteiros foram gradualmente perdendo sua associação à superstição e ao misticismo, mas seu interesse para os matemáticos nunca diminuiu. Euclides (circa 300 a.C.), cuja fama repousa na parte de seus *Elementos*, que formam a base da Geometria estudada no curso secundário (segundo grau), parece ter feito contribuições originais à teoria dos números, embora sua geometria fosse amplamente uma compilação de resultados anteriores. Diofanto de Alexandria (circa 275 d.C.), um dos primeiros algebristas, deixou sua marca na teoria dos números. Pierre de Fermat (1601-1665), um jurista de Toulouse e um dos maiores matemáticos de sua época, iniciou o trabalho moderno neste campo. Euler (1707-1783), o mais prolífero dos matemáticos, incluiu muito da teoria dos números em suas pesquisas. Outros nomes destacados na história da Matemática podem ser incluídos na lista: Legendre, Dirichlet, Riemann. Gauss (1777-1855), o maior matemático dos tempos modernos, dedicou-se a muitos ramos diferentes da Matemática; diz-se que ele expressou sua opinião sobre a teoria dos números na seguinte observação: "A Matemática é a rainha das ciências e a teoria dos números é a rainha da Matemática."

§1. Os números primos

1. Fatos fundamentais

A maioria das proposições na teoria dos números, da mesma forma que na Matemática como um todo, estão relacionadas não a um objeto isolado - o número 5 ou o número 32 - mas a toda uma classe de objetos com alguma propriedade comum, como a classe de todos os inteiros pares,

$$2, 4, 6, 8, \ldots,$$

ou a classe de todos os inteiros divisíveis por 3,

$$3, 6, 9, 12, \ldots,$$

ou a classe de todos os quadrados de números inteiros,

$$1, 4, 9, 16, \ldots,$$

e assim por diante.

A classe de todos os números primos é de fundamental importância na teoria dos números. A maioria dos inteiros pode ser decomposta em fatores menores: $10 = 2.5$, $111 = 3.37$, $144 = 3.3.2.2.2.2$, etc. Números que não podem ser decompostos são conhecidos como números primos ou simplesmente primos. Mais precisamente, *um número primo é um inteiro p, maior do que um, que não tem nenhum fator diferente dele próprio e de um. (Diz-se que um inteiro a é um fator ou divisor de um inteiro b, se houver algum inteiro c de modo que b = ac.)* Os números $2, 3, 5, 7, 11, 13, 17, \ldots$ são primos, enquanto que 12, por exemplo, não o é, uma vez que $12 = 3.4$. A importância da classe dos primos é devida ao fato de que qualquer inteiro pode ser expresso como um *produto de primos*: se um número não é primo, pode ser sucessivamente decomposto até que todos os fatores sejam primos; assim, $360 = 3 \cdot 120 = 3.30.4 = 3.3.10.2.2 = 3.3.5.2.2.2 = 23.32.5$. Um inteiro (diferente de 0 ou 1) que não seja primo é chamado de *composto*.

Uma das primeiras questões que surgem no que diz respeito à classe dos primos é se existe apenas um número finito de primos diferentes ou se a classe de primos contém infinitos elementos, como a classe de todos os inteiros, da qual faz parte. A resposta é: *existem infinitos números primos.*

A prova da infinidade da classe dos primos conforme fornecida por Euclides, permanece como um modelo de raciocínio matemático. Ela utiliza o "método indireto". Partimos da hipótese de que o teorema é falso. Isto significa que haveria apenas um número finito de primos, talvez uma quantidade muito grande - cerca de um bilhão - ou, expresso de um modo geral e vago, n. Utilizando a notação de subscrito, podemos representar estes primos por $p_1, p_2, \ldots, p_n$. Qualquer outro número será composto, e deve ser divisível por pelo menos um dos primos $p_1, p_2, \ldots, p_n$. Chegaremos agora a uma contradição construindo um número A que difere de cada um dos primos $p_1, p_2, \ldots, p_n$ por ser maior do que qualquer um deles, e que no entanto não é divisível por qualquer deles. Este número é

$$A = p_1 p_2 \ldots p_n + 1,$$

isto é, 1 mais o produto de todos os números primos, cujo número foi suposto ser finito. *A* é maior do que qualquer dos *p* e, portanto, deve ser composto. Porém, A dividido por p_1 ou por p_2, etc., sempre deixará o resto 1; portanto, *A* não tem qualquer dos *p* como divisor. Uma vez que nossa hipótese inicial de que existe apenas um número finito de primos leva a esta contradição, percebemos que a hipótese é absurda, e portanto seu contrário deve ser verdadeiro. Isto prova o teorema.

Embora esta prova seja indireta, pode ser facilmente modificada para fornecer um método de construção, pelo menos em teoria, de uma seqüência infinita de primos. Começando com qualquer número primo, como $p_1 = 2$, suponha que encontramos n primos $p_1, p_2, ..., p_n$; observamos então que o número $p_1, p_2 ... p_n + 1$ ou é um primo, ou contém como fator um primo que difere daqueles já encontrados. Uma vez que este fator sempre pode ser encontrado por tentativa direta, temos certeza, de qualquer forma, de encontrar pelo menos um novo primo $p_n + 1$; prosseguindo desta forma, vemos que a seqüência de primos construtíveis nunca pode terminar.

Exercício: Elabore esta construção começando com $p_1 = 2$, $p_2 = 3$ e encontre cinco outros números primos.

Quando um número foi expresso como um produto de primos, podemos dispor estes fatores primos em qualquer ordem. Um pouco de experiência mostra que, exceto por esta arbitrariedade na ordem, a decomposição de um número N em primos é única: *Todo inteiro N maior do que 1 pode ser fatorado em um produto de primos em uma única maneira.* Esta proposição parece ser à primeira vista tão óbvia que o leigo se sente inclinado a aceitá-la sem discussão. Mas ela não é de forma alguma uma trivialidade, e a prova, embora perfeitamente elementar, requer um raciocínio sutil. A prova clássica apresentada por Euclides deste "teorema fundamental da Aritmética" é baseada em um método ou "algoritmo" para encontrar o máximo divisor comum entre dois números. Por enquanto, ofereceremos uma prova mais atualizada, até certo ponto mais abreviada e talvez mais sofisticada que a de Euclides. É um exemplo típico de prova indireta. Devemos supor a existência de um inteiro capaz de duas decomposições em primos essencialmente diferentes, e a partir dessa hipótese deduzir uma contradição. Esta contradição mostrará que a hipótese de que existe um inteiro com duas decomposições em primos essencialmente diferentes é insustentável, e portanto, de que a decomposição em primos de qualquer inteiro é única.

*Se existir um inteiro positivo capaz de decomposição em dois produtos de primos essencialmente diferentes, haverá um inteiro *menor* que todos (veja no Capítulo1),

(1) $$m = p_1 p_2 ... p_r = q_1 q_2 ... q_s,$$

onde os p e os q são primos. Reordenando os p e os q se necessário, podemos supor que

$$p_1 \leq p_2 \leq ... \leq p_r, \qquad q_1 \leq q_2 \leq ... \leq q_s.$$

Ora, p_1 não pode ser igual a q_1, porque, se o fosse, cancelaríamos o primeiro fator de cada termo da equação (1) e obteríamos duas decomposições em primos essencialmente diferentes de um inteiro menor que m, contradizendo a escolha de m como o menor inteiro para o qual isto é possível. Portanto, $p_1 < q_1$ ou $q_1 < p_1$. Suponhamos que $p_1 < q_1$. (Se $q_1 < p_1$, simplesmente intercambiamos as letras p e q no que se segue.) Formamos o inteiro

(2) $$m' = m - (p_1 q_2 q_3 \cdots q_s).$$

Substituindo por m as duas expressões da equação (1) podemos escrever o inteiro m' em uma das duas formas

(3) $$m' = (p_1 p_2 \cdots p_r) - (p_1 q_2 \cdots q_s) = p_1 (p_2 p_3 \cdots p_r - q_2 q_3 \cdots q_s)$$

(4) $$m' = (q_1 q_2 \cdots q_s) - (p_1 q_2 \cdots q_s) = (q_1 - p_1)(q_2 q_3 \cdots q_s)$$

Uma vez que $p_1 < q_1$, segue-se a partir de (4), que m' é um inteiro positivo, enquanto que a partir de (2) segue-se que m' é menor do que m. Portanto, a decomposição em primos de m' deve ser única, além da ordem dos fatores. Porém, a partir de (3) fica aparente que o primo p_1 é um fator de m', portanto, a partir de (4) tem-se que p_1 é um fator de $(q_1 - p_1)$ ou de $(q_2 q_3 \ldots q_s)$. (Isto decorre da hipótese da unicidade da decomposição em primos de m'; veja o raciocínio no item seguinte.) O último caso é impossível, uma vez que todos os q são maiores do que p_1. Portanto, p_1 deve ser um fator de $q_1 - p_1$, de modo que para algum inteiro h,

$$q_1 - p_1 = p_1 . h \quad \text{ou} \quad q_1 = p_1 (h + 1).$$

Mas isto mostra que p_1 é um fator de q_1, contrariamente ao fato de que q_1 é um número primo. Esta contradição mostra que nossa hipótese inicial é insustentável e portanto completa a prova do teorema fundamental da Aritmética.

Uma importante dedução do teorema fundamental é a seguinte: Se um primo p é um fator do produto ab, então p deve ser um fator de a ou de b. Isto porque se p não fosse um fator nem de a nem de b, então o produto das decomposições em primos de a e de b produziria uma decomposição em primos do inteiro ab sem conter p. Por outro lado, uma vez que se supõe que p é um fator de ab, existe um inteiro t tal que

$$ab = pt.$$

Portanto, o produto de p por uma decomposição em primos de t produziria uma decomposição em primos do inteiro ab contendo p, contrariamente ao fato de que a decomposição em primos de ab é única.

Exemplos: Se foi verificado que 13 é um fator de 2652, e que $2652 = 6 \cdot 442$, pode-se concluir que 13 é um fator de 442. Por outro lado, 6 é um fator de 240, e $240 = 15 \cdot 16$, mas 6 não é um fator nem de 15 nem de 16. Isto mostra que a hipótese de que p é primo é essencial.

Exercício: Para encontrar todos os divisores de um número a qualquer, precisamos apenas decompor a em um produto

$$a = p_1^{\alpha_1} \cdot p_2^{\alpha_2} \cdots p_r^{\alpha_r},$$

onde os valores p são primos distintos, cada um elevado a uma certa potência. Todos os divisores de a são os números

$$b = p_1^{\beta_1} \cdot p_2^{\beta_2} \cdots p_r^{\beta_r},$$

onde os β's são quaisquer inteiros satisfazendo as desigualdades

$$0 \leq \beta_1 \leq \alpha_1, 0 \leq \beta_2 \leq \alpha_2, \ldots, 0 \leq \beta_r \leq \alpha_r.$$

Prove esta proposição. Como conseqüência, demonstre que o número de divisores diferentes de a (incluindo os divisores de a e de 1) é dado pelo produto

$$(\alpha_1 + 1)(\alpha_2 + 1) \cdots (\alpha_r + 1).$$

Por exemplo,

$$144 = 2^4 \cdot 3^2$$

possui $5 \cdot 3$ divisores. São eles: 1, 2, 4, 8, 16, 3, 6, 12, 24, 48, 9, 18, 36, 72, 144.

2. A distribuição dos números primos

Uma lista de todos os primos até qualquer inteiro N dado pode ser elaborada escrevendo-se na ordem todos os inteiros menores do que N, assinalando todos os múltiplos de 2, depois todos os restantes múltiplos de 3, e assim por diante até que todos os múltiplos tenham sido eliminados. Este processo, conhecido como "crivo de Eratóstenes" reterá em suas malhas os primos até N. Tabelas completas de primos até cerca de 10.000.000 têm sido gradualmente calculadas por refinamentos deste método, e fornecem uma enorme quantidade de dados empíricos a respeito da distribuição e das propriedades dos primos. Com base nestas tabelas, podemos fazer conjecturas bastante plausíveis (como se a teoria dos números fosse uma ciência experimental) que são com frequência extremamente difíceis de provar.

a. Fórmulas que geram números primos

Muitas tentativas têm sido realizadas para encontrar fórmulas aritméticas simples que forneçam somente primos, embora não possam fornecer todos eles. Fermat fez sua famosa conjectura (porém não a asserção definitiva) de que todos os números na forma

$$F(n) = 2^{2^n} + 1$$

são primos. Na verdade, para $n = 1, 2, 3, 4$ obtemos

$$F(1) = 2^2 + 1 = 5,$$
$$F(2) = 2^{2^2} + 1 = 2^4 + 1 = 17,$$
$$F(3) = 2^{2^3} + 1 = 2^8 + 1 = 257,$$
$$F(4) = 2^{2^4} + 1 = 2^{16} + 1 = 65.537,$$

todos primos. Porém em 1732, Euler descobriu a fatoração $2^{2^5} + 1 = 641 \cdot 6.700.417$; portanto, $F(5)$ não é primo. Mais tarde, descobriu-se que outros destes "números de Fermat" são compostos; métodos mais aprofundados da teoria dos números foram exigidos em cada caso, em razão da dificuldade intransponível de aplicar a experiência direta. Até esta data não foi sequer provado que qualquer dos números $F(n)$ seja primo para $n > 4$.

Uma outra notável e simples expressão que produz muitos primos é

$$f(n) = n^2 - n + 41.$$

Para $n = 1, 2, 3, \ldots, 40$, $f(n)$ é primo; mas para $n = 41$, temos $f(n) = 412$, que não é primo. A expressão

$$n^2 - 79n + 1601$$

produz primos para todos os n até 79, mas falha quando $n = 80$. Em resumo, pode-se afirmar que tem sido um tarefa inútil buscar expressões simples que produzam apenas primos. Menos promissora ainda é a tentativa de encontrar uma fórmula algébrica que venha a fornecer todos os primos.

b. Primos em progressões aritméticas

Embora fosse simples provar que havia infinitos primos na seqüência de todos os inteiros 1, 2, 3, 4, ..., a generalização para seqüências tais como 1, 4, 7, 10, 13, ... ou 3, 7, 11, 15, 19, ..., ou, de forma mais geral, para qualquer progressão aritmética, a, $a + d$, $a + 2d,\ldots a + nd$, $+ \ldots$, onde a e d não possuem fator comum, foi muito mais difícil. Todas as observações apontavam para o fato de que *em cada uma destas progressões há infinitos primos*, da mesma forma que na progressão mais simples, 1, 2, 3, ... Um enorme esforço foi exigido para provar este teorema geral. Lejeune Dirichlet (1805-1859), um dos mais destacados matemáticos do século XIX, obteve completo sucesso aplicando os instrumentos mais avançados da análise matemática então conhecidos. Seus trabalhos originais sobre o tema classificam-se até hoje entre as realizações mais importantes da Matemática e, passados cem anos, a prova não foi ainda suficientemente simplificada para se tornar acessível a estudantes que ainda não receberam treinamento aprofundado nas técnicas do cálculo e da teoria de funções.

Embora não possamos provar o teorema geral de Dirichlet, é fácil generalizar a prova de Euclides da infinidade dos primos para abranger algumas progressões aritméticas *especiais*, tais como $4n + 3$ e $6n + 5$. Para lidar com a primeira delas, observamos que qualquer primo maior do que 2 é ímpar (uma vez que de outra forma seria divisível por 2) e, portanto, tem a forma $4n + 1$ ou $4n + 3$, para algum inteiro n. Além disso, o produto de dois números da forma $4n + 1$ é de novo daquela forma, uma vez que

$$(4a+1)(4b+1) = 16ab + 4a + 4b + 1 = 4(4ab + a + b) + 1.$$

Suponhamos agora que houvesse apenas um número finito de primos, $p_1, p_2, \ldots p_n$, da forma $4n+3$, e consideremos o número

$$N = 4(p_1 p_2 \cdots p_n) - 1 = 4(p_1 \cdots p_n - 1) + 3.$$

Neste caso, ou N é primo, ou pode ser decomposto em um produto de primos, nenhum deles podendo ser $p_1, \ldots, p_n$, uma vez que estes dividem N com resto -1. Além disso, todos os fatores primos de N não podem ser da forma $4n + 1$, porque N não é daquela forma e, como já vimos, o produto de números da forma $4n + 1$ é novamente daquela forma. Portanto, pelo menos um fator primo deve ser da forma $4n + 3$, o que é impossível, pois já vimos que nenhum dos p, que supusemos serem todos os primos da forma $4n + 3$, pode ser um fator de N. Assim, a hipótese de que o número de primos da forma $4n + 3$ é finito levou a uma contradição e, portanto, o número destes primos deve ser infinito.

Exercício: Prove o teorema correspondente para a progressão $6n + 5$.

c. O teorema dos números primos

Na busca de uma lei que governasse a distribuição dos primos, o passo decisivo foi dado quando os matemáticos desistiram das tentativas inúteis de encontrar uma fórmula matemática simples que produzisse todos os primos ou fornecesse o número exato de primos contidos entre os n primeiros inteiros, e procurassem ao invés disso informações relativas à distribuição média dos primos entre os inteiros.

Para qualquer inteiro n chamemos de A_n o número de primos entre os inteiros 1, 2, 3, ..., n. Se sublinharmos os primos na seqüência constituída pelos primeiros inteiros: 1, 2, 3, 4, 5, 6, 7, 8, 9, 10, 11, 12, 13, 14, 15, 16, 17, 18, 19, ... podemos calcular os primeiros valores de A_n:

$A_1 = 0$, $A_2 = 1$, $A_3 = A_4 = 2$, $A_5 = A_6 = 3$, $A_7 = A_8 = A_9 =$
$A_{10} = 4$, $A_{11} = A_{12} = 5$, $A_{13} = A_{14} = A_{15} = A_{16} = 6$, $A_{17} = A_{18} = 7$,
$A_{19} = 8$. etc.

Se tomarmos agora qualquer seqüência de valores para n que aumente sem limite, digamos,

$$n = 10, 10^2, 10^3, 10^4, \ldots,$$

então os valores correspondentes de A_n,

$$A_{10}, A_{10^2}, A_{10^3}, A_{10^4}, \ldots,.$$

também aumentarão sem limite (embora mais lentamente). Como sabemos que existem infinitos primos, então os valores de A_n mais cedo ou mais tarde excederão qualquer número finito. A "densidade" dos primos entre os n primeiros inteiros é dada pela razão A_n/n e, a partir de uma tabela de primos, os valores de A_n/n podem ser calculados empiricamente para valores de n razoavelmente grandes:

n	A_n/n
10^3	0,168
10^6	0,078498
10^9	0,050847478
...	....

O último número decimal nesta tabela pode ser considerado como o que fornece a probabilidade de que um inteiro escolhido ao acaso dentre os 10^9 primeiros inteiros seja primo, uma vez que há 10^9 escolhas possíveis, das quais $A10^9$ são primos.

A distribuição dos primos individuais entre os inteiros é extremamente irregular. Porém, esta irregularidade "em pequena escala" desaparece quando fixamos nossa atenção na distribuição média dos primos conforme apresentado pela razão A_n/n. A simples lei que governa o comportamento desta razão é uma das descobertas mais notáveis de toda a Matemática. Para enunciar o *teorema dos números primos*, devemos definir o "logaritmo natural" de um inteiro n. Para fazer isto, tomamos dois eixos perpendiculares em um plano, e consideramos o local geométrico de todos os pontos do plano o produto cujas distâncias x e y dos eixos seja igual a um. Em termos das coordenadas x e y, este local, uma hipérbole eqüilátera, é definida pela equação $xy = 1$. Definimos agora como $\log n$ a área na Figura 5 limitada pela hipérbole, pelo eixo dos x, e pelas duas retas verticais $x = 1$ e $x = n$. (Uma discussão mais detalhada do logaritmo será encontrada no Capítulo VIII.) Com base em um estudo empírico de tabelas de números primos, Gauss observou que a razão A_n/n é aproximadamente igual a $1/\log n$, e que esta aproximação parece melhorar à medida que n aumenta. A qualidade da aproximação é dada pela razão $\dfrac{A_n/n}{1/\log n}$, , cujos valores para $n = 1000, 1.000.000, 1.000.000.000$ são mostrados na tabela seguinte:

n	A_n/n	$1/\log n$	$\dfrac{A_n/n}{1/\log n}$
10^3	0,168	0,145	1,159
10^6	0,078498	0,072382	1,084
10^9	0,050847478	0,048254942	1,053
...	....	....	....

Com base nesta evidência empírica, Gauss fez a conjectura de que a razão A_n/n é "assintoticamente igual" a $1/\log n$. Isto quer dizer que, se tomarmos uma seqüência de valores cada vez maiores de n, digamos, n igual a

$$10, 10^2, 10^3, 10^4, ...$$

como anteriormente, então a razão de A_n/n por $1/\log n$,

$$\frac{A_n/n}{1/\log n},$$

calculada para estes valores sucessivos de n, se tornará cada vez mais próxima de 1, e que a diferença entre esta razão e 1 pode ser tornada tão pequena quanto se quiser confinando-nos a valores suficientemente grandes de n. Esta asserção é simbolicamente expressa pelo sinal $\sim$:

$$\frac{A_n}{n} \sim \frac{1}{\log n} \quad \text{significa} \quad \frac{A_n/n}{1/\log n} \quad \text{tende para 1 à medida que } n \text{ aumenta.}$$

Fica claro que $\sim$ não pode ser substituído pelo sinal comum $=$ de igualdade porque, embora A_n seja sempre um inteiro, $n/\log n$ não o é.

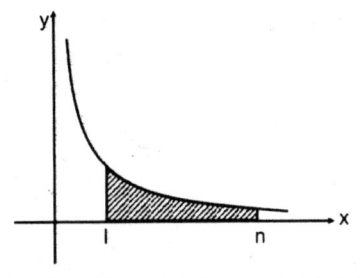

Figura 5: A área da região sombreada sob a hipérbole define log n.

O fato de que o comportamento médio da distribuição dos números primos pode ser descrito pela função logarítmica é uma descoberta muito importante, porque é surpreendente que dois conceitos matemáticos que parecem tão desvinculados estejam na realidade tão intimamente ligados.

Embora o enunciado da conjectura de Gauss seja de simples compreensão, uma prova matemática rigorosa estava muito distante dos recursos da ciência matemática de sua época. Para provar este teorema, que diz respeito apenas aos conceitos mais elementares, é necessário utilizar os métodos mais poderosos da Matemática moderna. Passaram-se quase cem anos até que a análise matemática se desenvolvesse ao ponto em que Hadamard (1896) em Paris e de la Vallée Poussin (1896) em Louvain pudessem oferecer uma prova completa do teorema dos números primos. Simplificações e modificações importantes foram apresentadas por v. Mangoldt e Landau. Muito antes de Hadamard, um trabalho pioneiro decisivo tinha sido desenvolvido por Riemann (1826-1866) em um famoso trabalho no qual as linhas estratégicas para a abordagem foram demonstradas. Recentemente, o matemático norte-americano Norbert Wiener conseguiu modificar a prova de modo a evitar a utilização de números complexos em uma importante etapa do raciocínio. Porém, a prova do teorema dos números primos ainda não é assunto fácil, mesmo para um aluno avançado. Retornaremos a este tema no Suplemento ao Capítulo 8.

d. Dois problemas não resolvidos referentes aos números primos

Embora o problema da distribuição média de primos esteja satisfatoriamente resolvido, há muitas outras conjecturas que têm o apoio de toda a evidência empírica mas que não foram ainda provadas.

Uma delas é a famosa *conjectura de Goldbach*. Goldbach (1690-1764) não teve papel relevante na história da Matemática, exceto por este problema que propôs em 1742 em uma carta escrita a Euler. Ele observou que para cada caso que tentou resolver, qualquer número par (exceto 2, que é primo) podia ser representado como a soma de dois primos. Por exemplo:

$$4 = 2+2, 6 = 3+3, 8 = 5+3, 10 = 5+5, 12 = 5+7, 14 = 7+7,$$
$$16 = 13+3, 18 = 11+7, 20 = 13+7, \cdots, 48 = 29+19, \cdots, 100 = 97+3, etc.$$

Goldbach indagou se Euler poderia provar se isto era verdadeiro para todos os números pares, ou se poderia encontrar um exemplo que refutasse a conjectura. Euler jamais ofereceu uma resposta, nem qualquer uma foi dada até hoje. A evidência empírica em favor da hipótese de que todos os números pares podem ser assim representados é inteiramente convincente, conforme qualquer um pode verificar tentando resolver diversos exemplos. A origem da dificuldade está em que os primos são definidos em termos de *multiplicação*, enquanto que o problema envolve *adição*. De maneira geral, é difícil estabelecer uma ligação entre as propriedades multiplicativas e aditivas de números inteiros.

Até recentemente, uma prova da conjectura de Goldbach parecia completamente inacessível. Hoje, uma solução não parece muito distante. Um importante sucesso, totalmente imprevisto e surpreendente para todos os especialistas, foi alcançado em 1931 por um então desconhecido e jovem matemático russo, Schnirelmann (1905-1938), que provou que todo *inteiro positivo pode ser representado como a soma de não mais do que 300.000 números primos*. Embora este resultado pareça absurdo em comparação à meta original de provar a conjectura de Goldbach, foi, não obstante, um primeiro passo nessa direção. A prova é direta e construtiva, embora não forneça qualquer método prático para encontrar a decomposição em primos de um inteiro arbitrário. Mais recentemente, o matemático russo Vinogradoff, utilizando métodos atribuídos a Hardy, Littlewood e seu grande colaborador indiano Ramanujan, obteve sucesso em reduzir o número de 300.000 para 4. Isto se encontra muito mais próximo de uma solução para o problema de Goldbach. Existe porém uma acentuada diferença entre o resultado de Schnirelmann e o de Vinogradoff; mais significante, talvez, do que a diferença entre 300.000 e 4. O teorema de Vinogradoff foi provado somente para todos os inteiros "suficientemente grandes"; mais precisamente, Vinogradoff provou que existe um inteiro N tal que qualquer inteiro $n > N$ pode ser representado como a soma de no máximo quatro primos. A prova de Vinogradoff não nos permite calcular N; em contraste com o teorema de Schnirelmann, é essencialmente indireto e não-construtivo. O que Vinogradoff realmente provou foi que a hipótese de que infinitos inteiros não podem ser decompostos em parcelas de no máximo quatro primos conduz a um absurdo. Aqui temos um bom exemplo da profunda diferença entre os dois tipos de prova, direta e indireta. (Veja a discussão geral no Capítulo2.)

O problema a seguir, mais surpreendente que o de Goldbach, ainda se encontra distante de uma solução. Observou-se que os primos freqüentemente ocorrem em pares da forma p e $p + 2$; por exemplo, 3 e 5, 11 e 13, 29 e 31, etc. Acredita-se ser correta a afirmação de que existem infinitos pares deste tipo, mas até o momento nenhum passo significativo foi dado no sentido de resolver este problema.

§2. Congruências

1. Conceitos gerais

Sempre que surge a questão da divisibilidade de inteiros por um inteiro fixo d, o conceito e a notação de "congruência" (devida a Gauss) ajuda a esclarecer e a simplificar o raciocínio.

Para apresentar este conceito, examinaremos os restos deixados quando inteiros são divididos pelo número 5. Temos:

$$0 = 0 \cdot 5 + 0 \qquad 7 = 1 \cdot 5 + 2 \qquad -1 = -1 \cdot 5 + 4$$
$$1 = 0 \cdot 5 + 1 \qquad 8 = 1 \cdot 5 + 3 \qquad -2 = -1 \cdot 5 + 3$$
$$2 = 0 \cdot 5 + 2 \qquad 9 = 1 \cdot 5 + 4 \qquad -3 = -1 \cdot 5 + 2$$
$$3 = 0 \cdot 5 + 3 \qquad 10 = 2 \cdot 5 + 0 \qquad -4 = -1 \cdot 5 + 1$$
$$4 = 0 \cdot 5 + 4 \qquad 11 = 2 \cdot 5 + 1 \qquad -5 = -1 \cdot 5 + 0$$
$$5 = 1 \cdot 5 + 0 \qquad 12 = 2 \cdot 5 + 2 \qquad -6 = -2 \cdot 5 + 4$$
$$6 = 1 \cdot 5 + 1 \qquad etc. \qquad etc.$$

Observamos que o resto deixado quando qualquer inteiro é dividido por 5 é um dos cinco inteiros 0, 1, 2, 3, 4. Dizemos que dois inteiros a e b são "congruentes módulo 5" se deixarem o *mesmo resto* na divisão por 5. Assim, 2, 7, 12, 17, 22, ..., -3, -8, -13, -18, ... são todos congruentes módulo 5, uma vez que deixam o resto 2. Em geral, dizemos que dois inteiros a e b são *congruentes módulo d*, onde d é um inteiro fixo, se a e b deixarem o mesmo resto na divisão por d, isto é, se houver um inteiro n tal que $a - b = nd$. Por exemplo: 27 e 15 são congruentes módulo 4, uma vez que

$$27 = 6 \cdot 4 + 3, \qquad 15 = 3 \cdot 4 + 3.$$

O conceito de congruência é tão útil que é aconselhável ter uma breve notação para ele. Escrevemos:

$$a \equiv b \quad (\text{mod } d)$$

para expressar o fato de que a e b são congruentes módulo d. Se não houver qualquer dúvida concernente aos módulos, o "mod d" da fórmula pode ser omitido. (Se a não for congruente a b módulo d, devemos escrever $a \not\equiv b$ (mod d).)

Congruências ocorrem freqüentemente na vida diária. Por exemplo: os ponteiros de um relógio indicam a hora módulo 12, e o hodômetro de um automóvel registra o total de quilômetros percorridos módulo 100.000.

Antes de prosseguir com uma discussão detalhada sobre congruências, chamamos a atenção do leitor para o fato de que os seguintes enunciados são todos equivalentes.

1. a é congruente a b módulo d.
2. $a = b + nd$ para algum inteiro n.
3. d divide $a - b$.

A utilidade da notação de congruência de Gauss reside no fato de que a congruência, no que diz respeito a módulos fixos, possui muitas das propriedades formais da igualdade normal. As mais importantes propriedades formais da relação $a = b$ são as seguintes:

1) Sempre $a = a$.
2) Se $a = b$, então $b = a$.
3) Se $a = b$ e $b = c$, então $a = c$.

Além disso, se $a = a'$ e $b = b'$, então
4) $a + b = a' + b'$.
5) $a - b = a' - b'$.
6) $ab = a'b'$.

Estas propriedades permanecem verdadeiras quando a relação $a = b$ é substituída pela relação de congruência $a \equiv b \pmod{d}$. Assim,

1') Sempre $a \equiv a \pmod{d}$.
2') Se $a \equiv b \pmod{d}$ então $b \equiv a \pmod{d}$.
3') Se $a \equiv b \pmod{d}$ e $b \equiv c \pmod{d}$, então $a \equiv c \pmod{d}$.

A verificação trivial destes fatos é deixada para o leitor.
Além disso, se $a \equiv a' \pmod{d}$ e $b \equiv b' \pmod{d}$, então
4') $a + b \equiv a' + b' \pmod{d}$.
5') $a - b \equiv a' - b' \pmod{d}$.
6') $ab \equiv a'b' \pmod{d}$.

Assim, *congruências relacionadas ao mesmo módulo podem ser adicionadas, subtraídas e multiplicadas.* Para provar esta afirmação, precisamos apenas observar que se

$$a = a' + rd, \qquad b = b' + sd,$$

então

$$a+b = a'+b'+(r+s)d,$$
$$a-b = a'-b'+(r-s)d,$$
$$ab = a'b'+(a's+b'r+rsd)d,$$

de que se seguem as conclusões desejadas.

O conceito de congruência tem uma interpretação geométrica muito elucidativa. Usualmente, se queremos representar inteiros geometricamente, escolhemos um segmento de comprimento unitário e o estendemos por múltiplos de seu próprio comprimento em ambas as direções. Desta maneira, podemos encontrar um ponto sobre a reta correspondente a cada inteiro, como na Figura 6. Mas quando estamos lidando com os inteiros módulo d, quaisquer dois números congruentes são considerados o mesmo no que diz respeito a seu comportamento na divisão por a, uma vez que eles deixam o mesmo resto. Para mostrar isto geometricamente, utilizamos um círculo dividido em d partes iguais. Qualquer inteiro quando dividido por d deixa como resto um dos d números 0, 1, ..., d - 1, que são colocados em intervalos iguais sobre a circunferência do círculo. Qualquer inteiro é um congruente módulo d a um destes números, e portanto é representado geometricamente por um destes pontos; dois números são congruentes se são representados pelo mesmo ponto. a Figura 7 mostra o caso $d = 6$. O mostrador de um relógio é uma outra ilustração que encontramos em nosso dia a dia.

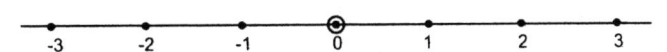

Figura 6: Representação geométrica dos inteiros.

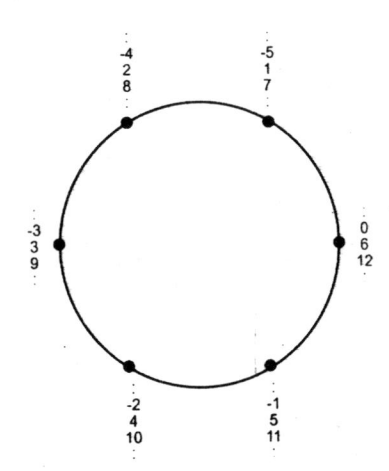

Figura 7: Representação geométrica dos inteiros módulo 6.

Como exemplo do uso da propriedade multiplicativa 6') das congruências, podemos determinar os restos deixados quando potências sucessivas de 10 são divididas por um número dado. Por exemplo:

$$10 \equiv -1 \pmod{11},$$

uma vez que $10 = -1 + 11$. Multiplicando-se sucessivamente esta congruência por si mesma, obtém-se:

$$10^2 \equiv (-1)(-1) = 1 \quad (mod\ 11)$$
$$10^3 \equiv -1 \quad \quad\quad\quad\quad " \ ,$$
$$10^4 \equiv 1 \quad\quad\quad\quad\quad\quad " \ , etc.$$

A partir deste desenvolvimento, podemos demonstrar que qualquer inteiro

$$z = a_0 + a_1 \cdot 10 + a_2 \cdot 10^2 + \cdots + a_n \cdot 10^n,$$

expresso no sistema decimal, deixa o mesmo resto na divisão por 11 que a soma de seus dígitos, tomados com sinais alternados,

$$t = a_0 - a_1 + a_2 - a_3 + \cdots.$$

Com efeito, podemos escrever

$$z - t = a_1 \cdot 11 + a_2 \left(10^2 - 1\right) + a_3 \left(10^3 + 1\right) + a_4 \left(10^4 - 1\right) + \cdots.$$

Uma vez que todos os números $11, 10^2 - 1, 10^3 + 1, \ldots$ são congruentes a 0 módulo 11, $z - t$ também o é, e portanto z deixa o mesmo resto que t na divisão por 11. Segue-se, em particular, que um número é divisível por 11 (isto é, deixa resto 0) se e somente se a soma alternada de seus dígitos for divisível por 11. Por exemplo: uma vez que $3 - 1 + 6 - 2 + 8 - 1 + 9 = 22$, o número $z = 3162819$ é divisível por 11. Encontrar um regra de divisibilidade por 3 ou por 9 é muito mais simples, já que $10 \equiv 1 \pmod{3\ ou\ 9}$, e portanto $10n \equiv 1 \pmod{3\ ou\ 9}$ para qualquer n. Segue-se que um número z é divisível por 3 ou por 9 se e somente se a soma de seus dígitos

$$s = a_0 + a_1 + a_2 + \cdots + a_n$$

for também divisível por 3 ou por 9, respectivamente.

Para congruências módulo 7, temos

$$10 \equiv 3, \quad 10^2 \equiv 2, \quad 10^3 \equiv -1, \quad 10^4 \equiv -3, \quad 10^5 \equiv -2, \quad 10^6 \equiv 1.$$

Os restos sucessivos então se repetem. Assim, z é divisível por 7 se e somente se a expressão

$$r = a_0 + 3_{a1} + 2_{a2} - _{a3} - 3_{a4} - 2_{a5} + _{a6} + 3_{a7} + \cdots$$

for divisível por 7.

Exercício: Encontre uma regra semelhante para a divisibilidade por 13.

Ao adicionar ou multiplicar congruências relativas a módulos fixos, digamos, $d = 5$, podemos evitar que os números envolvidos tornem-se muito grandes, sempre substituindo qualquer número a por um número do conjunto

$$0, 1, 2, 3, 4$$

ao qual seja congruente. Assim, para calcular somas e produtos de inteiros módulo 5, precisamos apenas utilizar as seguintes tabelas de adição e multiplicação:

$a+b$						$a \cdot b$					
$b \equiv$	0	1	2	3	4	$b \equiv$	0	1	2	3	4
$a \equiv 0$	0	1	2	3	4	$a \equiv 0$	0	0	0	0	0
1	1	2	3	4	0	1	0	1	2	3	4
2	2	3	4	0	1	2	0	2	4	1	3
3	3	4	0	1	2	3	0	3	1	4	2
4	4	0	1	2	3	4	0	4	3	2	1

Pela segunda tabela, parece que um produto ab é congruente a 0 (mod 5) somente se a ou b for $\equiv 0$ (mod 5). Isto sugere a lei geral

7) $ab \equiv 0$ (mod d) somente se $a \equiv 0$ ou $b \equiv 0$ (mod d),

que é uma extensão da lei comum para inteiros que afirma que $ab = 0$ somente se $a = 0$ ou $b = 0$. A lei 7) é válida apenas quando o módulo d é um número primo. Pois a congruência

$$ab \equiv 0 \quad (\text{mod } d)$$

significa que d divide ab, e vimos que um primo d divide um produto ab somente se dividir a ou b; isto é, somente se

$$a \equiv 0 \quad (\bmod d) \quad \text{ou} \quad b \equiv 0 \quad (\bmod d).$$

Se d não é primo, a lei não é aplicável; isto porque podemos escrever $d = r.s$, onde r e s são menores que d, de forma que

$$r \not\equiv 0 \quad (\bmod d), \quad s \not\equiv 0 \quad (\bmod d),$$

mas

$$rs \equiv d \equiv 0 \quad (\bmod d),$$

Por exemplo: $2 \not\equiv 0 \pmod 6$ e $3 \not\equiv 0 \pmod 6$, porém $2 . 3 = 6 \equiv 0 \pmod 6$.

Exercício: Demonstre que a seguinte *lei da simplificação* é válida para congruências referentes a um módulo primo:

Se $ab \equiv ac$ e $a \not\equiv 0$, então $b \equiv c$.

Exercícios: 1) A que número entre 0 e 6 inclusive, o produto $11 . 18 . 2322 . 13 . 19$ é congruente módulo 7?

2) A que número entre 0 e 12 inclusive, $3 . 7 . 11 . 17 . 19 . 23 . 29 . 113$ é congruente módulo 13?

3) A que número entre 0 e 4 inclusive, a soma $1 + 2 + 2^2 + \ldots + 2^{19}$ é congruente módulo 5?

2. Teorema de Fermat

No século XVII, Fermat, o fundador da moderna teoria dos números, descobriu um teorema muito importante: Se p é um número primo que não divide o inteiro a, então,

$$a^{p-1} \equiv 1 \pmod p.$$

Isto significa que a $(p - 1)$-ésima potência de a deixa resto 1 na divisão por p.

Alguns de nossos cálculos anteriores confirmam este teorema; por exemplo: encontramos que $10^6 \equiv 1 \pmod 7$, $10^2 \equiv 1 \pmod 3$, e $10^{10} \equiv 1 \pmod{11}$. Da mesma forma, podemos demonstrar que $2^{12} \equiv 1 \pmod{13}$ e $5^{10} \equiv 1 \pmod{11}$. Para verificar as últimas congruências, não precisamos efetivamente calcular potências tão altas, uma vez que podemos nos valer da propriedade multiplicativa das congruências:

$$2^4 = 16 \equiv 3$$
$$2^8 \equiv 9 \equiv -4 \quad (mod\ 13),$$
$$2^{12} \equiv -4 \cdot 3 = -12 \equiv 1$$

$$5^2 \equiv 3$$
$$5^4 \equiv 9 \equiv -2 \quad (mod\ 11),$$
$$5^8 \equiv 4$$
$$5^{10} \equiv 3 \cdot 4 = 12 \equiv 1$$

Para provar o teorema de Fermat, consideremos os múltiplos de a

$$m_1 =_a,\quad m_2 = 2_a,\quad m_3 = 3_a, \ldots, m_{p-1} = (p-1)a.$$

Nenhum par destes inteiros pode ser congruente módulo p, porque então p seria um fator de $m_r - m_s = (r-s)a$ para algum par de inteiros r, s tais que $1 \le r < s \le (p-1)$. Porém, a lei 7) mostra que isto não pode ocorrer; pois uma vez que $s - r$ é menor do que p, p não é um fator de $s - r$, enquanto que, por hipótese, p não é um fator de a. Da mesma forma, nenhum destes números pode ser congruente a 0. Portanto, os números m_1, m_2, ..., m_p-1 devem ser respectivamente congruentes aos números 1, 2, 3, ..., p -1, em alguma ordem. Segue-se então que

$$m_1 m_2 \cdots m_{p-1} = 1 \cdot 2 \cdot 3 \cdots (p-1)_a^{p-1} \equiv 1 \cdot 2 \cdot 3 \cdots (p-1)(mod\ p),$$

ou, se para abreviar, escrevermos K para representar 1 . 2 . 3 ... (p - 1),

$$K(a^{p-1} - 1) \equiv 0 \pmod p$$

Porém, K não é divisível por p, uma vez que isso não acontece com nenhum de seus fatores; portanto, pela lei 7), ($a^{p-1} - 1$) deve ser divisível por p, isto é,

$$a^{p-1} - 1 \equiv 0 \pmod p$$

Este é o teorema de Fermat.

Para verificar o teorema uma vez mais, tomemos $p = 23$ e $a = 5$. Tem-se então, todos módulo 23, $5^2 \equiv 2$, $5^4 \equiv 4$, $5^8 \equiv 16 \equiv -7$, $5^{16} \equiv 49 \equiv 3$, $5^{20} \equiv 12$, $5^{22} \equiv 24 \equiv 1$. Com $a = 4$ ao invés de 5, obtemos novamente módulo 23, $4^2 \equiv -7$, $4^3 \equiv -28 \equiv -5$, $4^4 \equiv -20 \equiv 3$, $4^8 \equiv 9$, $4^{11} \equiv -45 \equiv 1$, $4^{22} \equiv 1$.

No exemplo acima, com $a = 4$, $p = 23$, e em outros, observamos que não apenas a $(p - 1)$-ésima potência de a, mas também uma potência menor pode ser congruente a 1. É sempre verdadeiro que a menor destas potências, neste caso 11, é um divisor de $p - 1$. (Veja o Exercício 3 seguinte.)

Exercícios: 1) Demonstre por cálculo semelhante que

$$2^8 \equiv 1(mod\ 17); 3^8 \equiv -1(mod\ 17); 3^{14} \equiv -1(mod\ 29);$$
$$2^{14} \equiv -1(mod\ 29); 4^{14} \equiv 1(mod\ 29); 5^{14} \equiv 1(mod\ 29)$$

2) Verifique o teorema de Fermat para p = 5, 7, 11, 17 e 23 com diferentes valores de a.

3) Prove o teorema geral: o menor inteiro positivo e para o qual $a^e \equiv 1$ (mod p) deve ser um divisor de $p - 1$. (Sugestão: divida $p - 1$ por e, obtendo

$$p - 1 = ke + r,$$

onde $0 \leq r < e$, e utilize o fato de que $a^{p-1} \equiv a^e \equiv 1$ (mod p).)

3. Resíduos quadráticos

Pelos exemplos envolvendo o teorema de Fermat, verificamos que não apenas sempre $a_{p-1} \equiv 1$ (mod p), mas (se p for um primo diferente de 2, portanto ímpar e da forma $p = 2p' + 1$) que para alguns valores de a, $a^{p'} = a^{(p-1)/2} \equiv 1$ (mod p). Este fato sugere uma cadeia de investigações interessantes. Podemos escrever o teorema da seguinte forma:

$$a^{p-1} - 1 = a^{2p'} - 1 = \left(a^{p'} - 1\right)\left(a^{p'} + 1\right) \equiv 0 \qquad (mod\ p)$$

Uma vez que um produto será divisível por p somente se um dos fatores o for, fica imediatamente aparente que $a^{p'} - 1$ ou $a^{p'} + 1$ deve ser divisível por p, de modo que para qualquer primo $p > 2$ e qualquer número a não divisível por p, ou

$$a^{(p-1)/2} \equiv 1 \quad \text{ou} \quad a^{(p-1)/2} \equiv -1 \quad (mod\ p).$$

Desde o início da moderna teoria dos números, os matemáticos têm estado interessados em descobrir para que números a temos o primeiro caso e para que números temos o segundo. Suponhamos que a seja congruente módulo p ao quadrado de algum número x,

$$a \equiv x^2 \pmod{p}.$$

Então, $a^{(p-1)/2} \equiv x^{p-1}$, que, de acordo com o teorema de Fermat é congruente a 1 módulo p. Um número a, não múltiplo de p, que seja congruente módulo p ao quadrado de algum número é chamado de *resíduo quadrático de p*, enquanto que um número b, não múltiplo de p, que não seja congruente a qualquer quadrado é chamado de *não-resíduo quadrático de p*. Acabamos de ver que todo resíduo quadrático a de p satisfaz a congruência $a^{(p-1)/2} \equiv 1 \pmod{p}$. Sem grandes dificuldades, pode ser provado que para qualquer não-resíduo b temos a congruência $b^{(p-1)/2} \equiv -1 \pmod{p}$. Além disso, demonstraremos agora que entre os números 1, 2, 3, ..., p - 1 existem exatamente (p - 1)/2 resíduos quadráticos e (p - 1)/2 não-resíduos.

Embora fosse possível obter muitos dados empíricos por cálculo direto, não foi fácil a princípio descobrir regras gerais que governassem a distribuição de resíduos e de não-resíduos quadráticos. A primeira propriedade importante destes resíduos foi observada por Legendre (1752-1833), e mais tarde denominada por Gauss de *Lei da Reciprocidade Quadrática*. Esta lei se refere ao comportamento de dois números primos diferentes p e q, e afirma ser q um resíduo quadrático de p se e somente se p for um resíduo quadrático de q, desde que o produto $\left(\dfrac{p-1}{2}\right) \cdot \left(\dfrac{q-1}{2}\right)$ seja par. Caso este produto seja ímpar, a situação é invertida, de modo que p seja um resíduo de q se e somente se q for um não-resíduo de p. Uma das realizações do jovem Gauss foi a de apresentar a primeira prova rigorosa deste notável teorema, que há muito vinha sendo um desafio para os matemáticos. A primeira demonstração de Gauss não foi de forma alguma simples, e a lei da reciprocidade não é demasiadamente fácil de ser demonstrada nem mesmo atualmente, embora um grande número de provas diferentes tenha sido publicado. Seu verdadeiro significado veio à luz apenas recentemente em conexão com modernos desenvolvimentos da teoria dos números algébricos.

Como exemplo ilustrativo da distribuição dos resíduos quadráticos, escolhamos p = 7. Então, como,

$$0^2 \equiv 0, \quad 1^2 \equiv 1, \quad 2^2 \equiv 4, \quad 3^2 \equiv 2, \quad 4^2 \equiv 2, \quad 5^2 \equiv 4, \quad 6^2 \equiv 1,$$

todos módulo 7, e desde que os quadrados restantes repitam esta seqüência, os resíduos quadráticos de 7 são os números congruentes a 1, 2, ou 4, enquanto que os não-resíduos são congruentes a 3, 5, ou 6. No caso geral, os resíduos quadráticos de p consistem nos números congruentes a $1^2, 2^2, ..., (p-1)^2$. Porém estes são congruentes em pares, para

$$x^2 \equiv (p-x)^2 \quad (mod\ p) \quad (e.g., 2^2 \equiv 5^2 \quad (mod\ 7)),$$

desde que $(p-x)^2 = p^2 - 2px + x^2 \equiv x^2 \pmod{p}$. Portanto, metade dos números $1, 2, ..., p-1$ são resíduos quadráticos de p e metade são não-resíduos quadráticos.

Para ilustrar a lei da reciprocidade quadrática, escolhamos $p = 5$, $q = 11$. Uma vez que $11 \equiv 1^2 \pmod 5$, 11 é um resíduo quadrático (mod 5); como o produto $[(5-1)/2][(11-1)/2]$ é par, a lei da reciprocidade nos informa que 5 é um resíduo quadrático (mod 11). Em confirmação a isto, observamos que $5 \equiv 4^2 \pmod{11}$. Por outro lado, se $p = 7$, $q = 11$, o produto $[(7-1)/2][(11-1)/2]$ é ímpar, e na realidade 11 é um resíduo (mod 7) (uma vez que $11 \equiv 2^2 \pmod 7$) enquanto que 7 é um não-resíduo (mod 11).

Exercícios: 1) $6^2 = 36 \equiv 13 \pmod{23}$. O número 23 é um resíduo quadrático (mod 13)?

2) Vimos que $x^2 \equiv (p-x)^2 \pmod p$. Demonstre que estas são as únicas congruências entre os números $1^2, 2^2, 3^2, ..., (p-1)^2$.

§3. OS NÚMEROS PITAGÓRICOS E O ÚLTIMO TEOREMA DE FERMAT

Uma interessante questão da teoria dos números está relacionada ao teorema de Pitágoras. Os gregos sabiam que um triângulo com lados 3, 4, 5 é um triângulo retângulo. Isto sugere a questão geral: que outros triângulos retângulos têm lados cujos comprimentos sejam múltiplos inteiros de uma unidade de comprimento? O teorema de Pitágoras é expresso algebricamente pela equação:

(1) $$a^2 + b^2 = c^2,$$

onde a e b são os comprimentos dos catetos de um triângulo retângulo e c o comprimento da hipotenusa. O problema para encontrar todos os triângulos retângulos com lados de comprimento inteiros é portanto equivalente ao problema para encontrar todas as soluções inteiras (a, b, c) da equação (1). Qualquer terno de números deste tipo é chamado de *terno de números pitagóricos*.

O problema para encontrar todos os ternos de números pitagóricos pode ser solucionado de forma muito simples. Se a, b e c formam um terno de números pitagóricos, de modo que $a^2 + b^2 = c^2$, abreviemos $a/c = x$, $b/c = y$. Então x e y são números racionais para os quais $x^2 + y^2 = 1$. Temos então $y^2 = (1 - x)(1 + x)$ ou $y/(1 + x) = (1 - x)/y$. O valor comum dos dois lados desta equação é um número t que se pode expressar como quociente de dois inteiros, u/v. Podemos agora escrever $y = t(1 + x)$ e $(1 - x) = ty$, ou

$$tx - y = -t, \qquad x + ty = 1.$$

A partir destas equações simultâneas, verificamos imediatamente que

$$x = \frac{1-t^2}{1+t^2}, \qquad y = \frac{2t}{1+t^2}$$

Substituindo x, y e t, por seus valores, temos

$$\frac{a}{c} = \frac{v^2 - u^2}{u^2 + v^2}, \qquad \frac{b}{c} = \frac{2uv}{u^2 + v^2}.$$

Portanto,

(2)
$$a = \left(v^2 - u^2\right)r,$$
$$b = \left(2uv\right)r,$$
$$c = \left(u^2 + v^2\right)r,$$

para algum fator racional de proporcionalidade r. Isto demonstra que se (a, b, c) é um terno de números pitagóricos, então a, b, c são proporcionais a $v^2 - u^2$, $2uv$, $u^2 + v^2$, respectivamente. Inversamente, é fácil ver que qualquer terno (a, b, c) definido por (2) é um terno pitagórico, porque a partir de (2) obtemos

$$a^2 = \left(u^4 - 2u^2v^2 + v^4\right)r^2,$$
$$b^2 = \left(4u^2v^2\right)r^2,$$
$$c^2 = \left(u^4 + 2u^2v^2 + v^4\right)r^2,$$

de modo que $a^2 + b^2 = c^2$.

Este resultado pode ser de certo modo simplificado. A partir de qualquer terno de números pitagóricos (a, b, c) podemos obter infinitamente outros ternos pitagóricos (sa, sb, sc) para qualquer inteiro positivo s. Assim, a partir de (3, 4, 5) obtemos (6, 8, 10), (9, 12, 15), etc. Estes ternos não são essencialmente distintos, uma vez que correspondem a triângulos retângulos semelhantes. Devemos portanto definir um terno primitivo de números pitagóricos como aquele em que a, b, e c não têm fatores comuns. Pode ser então demonstrado que as *fórmulas*

$$a = v^2 - u^2,$$
$$b = 2uv,$$
$$c = u^2 + v^2,$$

para quaisquer inteiros positivos u e v com v > u, onde u e v não têm qualquer fator comum nem são ambos ímpares, produzem todos os ternos de números pitagóricos primitivos.

Exercício: Prove a última afirmação.

Como exemplos de ternos de números pitagóricos primitivos, temos

$$u = 2, v = 1 : (3, 4, 5), u = 3, v = 2 : (5, 12, 13), u = 4, v = 3 :$$
$$(7, 24, 25,), ..., u = 10, v = 7 : (51, 140, 149), \text{etc}$$

Este resultado sobre números pitagóricos naturalmente sugere o problema de saber se é possível obter inteiros a, b, c para os quais $a^3 + b^3 = c^3$ ou $a^4 + b^4 = c^4$ ou, de maneira geral, se para um dado expoente inteiro positivo $n > 2$, a equação

(3) $$a^n + b^n = c^n$$

pode ser resolvida com inteiros positivos a, b, c. Uma resposta foi dada por Fermat de maneira espetacular. Ele estudou o trabalho de Diofanto, que, entre os antigos, mais havia contribuído para a teoria dos números. Fermat estava acostumado a anotar comentários nas margens do texto; Embora nestes comentários ele tenha enunciado muitos teoremas sem se preocupar em oferecer provas, todos eles foram subseqüentemente provados, com apenas uma significativa exceção. Quando comentava sobre os números pitagóricos, Fermat afirmou que *a equação (3) não admitia soluções em inteiros para qualquer n > 2*, mas que a precisão da prova que havia encontrado era infelizmente muito longa para caber na margem onde fazia as anotações.

A afirmação geral de Fermat nunca foi provada ser verdadeira ou falsa, mesmo com os esforços de alguns dos maiores matemáticos desde sua época. O teorema foi na realidade provado para muitos valores de n, em particular, para $n > 619$, porém não para todos os n, embora nenhum contra-exemplo jamais tenha sido encontrado. Apesar de o teorema em si não ser tão importante matematicamente, as tentativas para prová-lo geraram muitas investigações importantes na teoria dos números. O problema também despertou muito interesse em círculos não-matemáticos, em parte devido a um prêmio de 100.000 marcos, confiado à guarda da Academia Real de Göttingen, a ser oferecido a quem primeiro apresentasse uma solução. Até a inflação do pós-guerra na Alemanha ter reduzido o valor do prêmio, um grande número de "soluções" incorretas era apresentado todos os anos à Academia. Inclusive matemáticos sérios algumas vezes apresentaram ou publicaram provas que se revelaram errôneas após a descoberta de algum erro superficial. O interesse geral pela questão parece ter se desvanecido desde a desvalorização do marco, embora de vez em quando a imprensa noticie que o problema foi resolvido por algum gênio até então desconhecido.

§4. O algoritmo de Euclides
1. Teoria geral

O leitor está familiarizado com o processo comum de divisão de um inteiro a por um outro inteiro b e sabe que este processo pode ser feito até que o resto seja menor do que o divisor. Portanto, se $a = 648$ e $b = 7$, temos um quociente $q = 92$ e um resto $r = 4$.

$$\begin{array}{r|l} 648 & 7 \\ \hline 63 & 92 \\ 18 & \\ 14 & \\ 4 & \end{array} \qquad 648 = 7 \cdot 92 + 4.$$

Podemos enunciar isto como um teorema geral: *Se a é qualquer inteiro e b é qualquer inteiro maior do que 0, então podemos sempre encontrar um inteiro q tal que*

(1) $$a = b.q + r,$$

onde r é um inteiro que satisfaz a desigualdade $0 \leq r < b$.

Para provar esta proposição sem utilizar o algoritmo da divisão, precisamos apenas observar que qualquer inteiro a é um múltiplo de b,

$$a = bq,$$

ou está situado entre dois múltiplos sucessivos de b,

$$bq < a < b(q+1) = bq + b.$$

No primeiro caso, a equação (1) é válida com $r = 0$. No segundo caso temos, a partir da primeira das desigualdades acima,

$$a - bq = r > 0,$$

enquanto que a partir da segunda desigualdade temos

$$a - bq = r < b,$$

de modo que $0 < r < b$ conforme requerido por (1).

A partir deste simples fato, deduziremos várias conseqüências importantes. A primeira delas é um método para encontrar o máximo divisor comum de dois inteiros.

Sejam a e b dois inteiros quaisquer, ambos diferentes de 0, e consideremos o conjunto de todos os inteiros positivos que dividem a e b. Este conjunto é certamente finito, uma vez que, se a, por exemplo, é $\neq 0$, então nenhum inteiro com valor absoluto maior do que a pode ser um divisor de a, e menos ainda de b. Portanto, pode haver apenas um número finito de divisores comuns de a e de b, e destes, seja d o maior. O inteiro d é denominado de *máximo divisor comum* de a e de b, e escrito $d = (a, b)$. Assim, para $a = 8$ e $b = 12$, encontramos por tentativa direta que $(8, 12) = 4$, enquanto que para $a = 5$ e $b = 9$ verificamos que $(5, 9) = 1$. Quando a e b têm valores altos, digamos, $a = 1804$ e $b = 328$, encontrar (a, b) por tentativas e erros seria bastante cansativo. Um método breve e seguro é proporcionado pelo *algoritmo de Euclides*. (Um algoritmo é um método sistemático de cálculo) e baseia-se no fato de que a partir de qualquer relação da forma

(2) $\qquad\qquad\qquad a = b.q + r$

segue-se que

(3) $\qquad\qquad\qquad (a, b) = (b, r).$

Como para qualquer número u que divide tanto a quanto b,

$$a = su, \quad b = tu,$$

também divide r, uma vez que $r = a - bq = su - qtu = (s - qt)u$; e, inversamente, todo o número v que divida b e r,

$$b = s'v, \quad r = t'v,$$

também divide a, uma vez que $a = bq + r = s\,'vq + t\,'v = (s\,'q + t\,')v$. Assim, todo divisor comum de a e de b é ao mesmo tempo um divisor comum de b e de r, e inversamente. Portanto, uma vez que o conjunto de todos os divisores comuns de a e de b é idêntico ao conjunto de todos os divisores comuns de b e de r, o máximo divisor comum de a e de b deve ser igual ao *máximo divisor comum* de b e de r, o que demonstra (3). A utilidade desta relação será vista imediatamente.

Retornemos à questão de encontrar o máximo divisor comum de 1804 e 328. Pelo algoritmo da divisão,

$$\begin{array}{r|l} 1804 & 328 \\ \hline 1640 & 5 \\ \hline 164 & \end{array}$$

verificamos que

$$1804 = 5 \cdot 328 + 164.$$

Portanto, a partir de (3) concluímos que

$$(1804, 328) = (328, 164).$$

Observe que o problema de encontrar (1804, 328) foi substituído por um problema envolvendo números menores. Podemos continuar o processo. Uma vez que

$$\begin{array}{r|l} 328 & 164 \\ \hline 328 & 2 \\ \hline 0 & \end{array}$$

temos $328 = 2 \cdot 164 + 0$, de modo que $(328, 164) = (164, 0) = 164$. Portanto, $(1804, 328) = (328, 164) = (164, 0) = 164$, que é o resultado desejado.

Este processo para encontrar o máximo divisor comum de dois números é apresentado de forma geométrica nos *Elementos* de Euclides. Para inteiros arbitrários a e b, ambos diferentes de 0, o processo pode ser descrito aritmeticamente da seguinte forma.

Podemos supor que $b \neq 0$, desde que $(a, 0) = a$. Em seguida, por divisões sucessivas, podemos escrever

(4)
$$a = bq_1 + r_1 \quad (0 < r_1 < b)$$
$$b = r_1 q_2 + r_2 \quad (0 < r_2 < r_1)$$
$$r_1 = q_3 + r_3 \quad (0 < r_3 < r_2)$$
$$r_2 = q_4 + r_4 \quad (0 < r_4 < r_3)$$
$$\cdots\cdots\cdots\cdots\cdots\cdots\cdots$$

desde que os restos $r_1, r_2, r_3, \ldots$ não sejam 0. A partir de um exame das desigualdades à direita, vemos que os restos sucessivos formam uma seqüência uniformemente decrescente de números positivos:

(5) $$b > r_1 > r_2 > r_3 > r_4 > \cdots > 0.$$

Portanto, após no máximo b etapas (muitas vezes bem menos, uma vez que a diferença entre dois r sucessivos é usualmente maior do que 1) o resto 0 deve aparecer:

$$r_{n-2} = r_{n-1} q_n + r_n$$
$$r_{n-1} = r_n q_{n+1} + 0.$$

Quando isto ocorre, sabemos que

$$(a, b) = r_n;$$

em outras palavras, (a, b) é o último resto positivo na seqüência (5). Isto resulta da aplicação sucessiva da igualdade (3) para as equações (4), uma vez que a partir das linhas sucessivas de (4) temos

$$(a,b) = (b, r_1), \quad (b, r_1) = (r_1, r_2), \quad (r_1, r_2) = (r_2, r_3),$$
$$(r_2, r_3) = (r_3, r_4), \cdots, (r_{n-1}, r_n) = (r_n, 0) = r_n.$$

Exercício: Utilizando o algoritmo de Euclides, encontre o máximo divisor comum de (a) 186, 77. (b) 105, 385. (c) 245, 193.

Uma propriedade extremamente importante de (a, b) pode ser deduzida a partir das equações (4). Se $d = (a, b)$, então podem ser encontrados inteiros k e l, positivos ou negativos, tais que

(6) $$d = ka + lb.$$

Para demonstrar isto, consideremos a seqüência (5) de restos sucessivos. A partir da primeira equação em (4)

$$r_1 = a - q_1^b,$$

de modo que r_1 pode ser escrito na forma $k_1 a + l_1 b$ (neste caso $k_1 = 1$, $l_1 = -q_z$). A partir da equação seguinte,

$$r_2 = b - q_2 r_1 = b - q_2 (k_1 a + l_1 b)$$
$$= (-q_2 k_1) a + (1 - q_2 l_1) b = k_2 a + l_2 b.$$

Fica claro que este processo pode ser repetido para os restos sucessivos r_3, r_4, ... até chegarmos a uma representação

$$r_n = ka + lb$$

conforme queríamos demonstrar.

Como exemplo, consideremos o algoritmo de Euclides para encontrar (61, 24); o máximo divisor comum é 1 e a representação desejada para 1 pode ser calculada a partir das equações

$$61 = 2 \cdot 24 + 13, \qquad 24 = 1 \cdot 13 + 11, \qquad 13 = 1 \cdot 11 + 2,$$
$$11 = 5 \cdot 2 + 1, \qquad 2 = 2 \cdot 1 + 0.$$

Temos, a partir da primeira destas equações

$$13 = 61 - 2 \cdot 24,$$

a partir da segunda,

$$11 = 24 - 13 = 24 - (61 - 2 \cdot 24) = -61 + 3 \cdot 24,$$

da terceira,

$$2 = 13 - 11 = (61 - 2 \cdot 24) - (-61 + 3 \cdot 24) = 2 \cdot 61 - 5 \cdot 24,$$

e da quarta,

$$1 = 11 - 5 \cdot 2 = (-61 + 3 \cdot 24) - 5(2 \cdot 61 - 5 \cdot 24) = -11 \cdot 61 + 28 \cdot 24.$$

2. Aplicação ao teorema fundamental da Aritmética

O fato de ser sempre possível escrever $d = (a, b)$ na forma de $d = ka + lb$ pode ser utilizado para oferecer uma prova do teorema fundamental da Aritmética que seja independente da prova dada no início do capítulo. Primeiro devemos provar, como lema, o resultado da página 63, e então a partir deste lema, devemos deduzir o teorema fundamental, revertendo assim a ordem anterior de prova.

Lema: Se um número primo p divide um produto ab, então p deve dividir a ou b.

Se um número primo p não divide o inteiro a, então $(a, p) = 1$, uma vez que os únicos divisores de p são p e 1. Portanto, podemos encontrar inteiros k e l tais como

$$1 = ka + lp.$$

Multiplicando ambos os lados desta equação por b, obtemos

$$b = kab + lpb.$$

Agora, se p divide ab, podemos escrever

$$ab = pr,$$

de modo que

$$b = kpr + lpb = p(kr + lb).$$

a partir do que fica evidente que p divide b. Assim, demonstramos que se p divide ab porém não divide a, então deve dividir b, de modo que, em qualquer caso, p deve dividir a ou b se dividir ab.

A extensão deste resultado a produtos de mais de dois inteiros é imediata. Por exemplo: se p divide abc, então aplicando-se duas vezes o lema podemos demonstrar que p deve dividir pelo menos um dos inteiros a, b e c. Isto porque se p não divide a, b ou c, então não pode dividir ab e portanto não pode dividir $(ab)c = abc$.

Exercício: A ampliação deste raciocínio a produtos de qualquer número n de inteiros requer o uso explícito ou implícito do princípio da indução matemática. Forneça os detalhes deste raciocínio.

A partir deste resultado, segue-se imediatamente o teorema fundamental da Aritmética. Suponhamos dadas duas decomposições quaisquer do inteiro positivo N em primos

$$N = p_1 p_2 \cdots p_r = q_1 q_2 \cdots q_s.$$

Uma vez que p_1 divide o lado esquerdo desta equação, ele também deve dividir o direito e, portanto, pelo exercício anterior, deve dividir um dos fatores q_k. Mas qk é primo, e portanto p1 deve ser igual a este qk. Após estes fatores iguais terem sido simplificados a partir da equação, segue-se que p2 deve dividir um dos fatores restantes q_l, e portanto deve ser igual a ele. Suprimindo-se p_2 e q_l, prosseguimos de forma semelhante com p3, ..., pr. Ao final deste processo, todos os p terão sido simplificados, deixando somente 1 do lado esquerdo. Nenhum q pode restar no lado direito, pois todos eles são maiores do que um. Assim, os p e os q se correspondem dois a dois, sendo iguais os elementos de cada par (p, q); isso prova que, talvez exceto quanto à ordem dos fatores, as duas decomposições são iguais.

3. A função φ de Euler. Novamente o Teorema de Fermat

Diz-se que dois inteiros a e b são relativamente primos quando seu máximo divisor comum é 1:

$$(a,b) = 1.$$

Por exemplo: 24 e 35 são relativamente primos, enquanto que 12 e 18 não o são. *Se a e b são relativamente primos, então para inteiros k e l positivos ou negativos adequadamente escolhidos, podemos escrever*

$$ka + lb = 1.$$

Isto se segue a partir das propriedades de (a, b) demonstradas na página 50.

Exercício: Prove o teorema: Se um inteiro r divide um produto ab e é relativamente primo a a, então r deve dividir b. (Indicação: se r é relativamente primo a a, então podemos encontrar inteiros k e l tais que

$$kr + la = 1.$$

Multiplique ambos os lados desta equação por b.) Este teorema inclui o lema da página 89 como um caso especial, uma vez que um primo p é relativamente primo a um inteiro a se e somente se p não dividir a.

Para qualquer inteiro positivo n, designe $\varphi(n)$ para representar o *número de inteiros de 1 a n que são relativamente primos a n*. Esta função $\varphi(n)$, apresentada por

Euler, é uma função de grande importância na teoria dos números. Os valores de $\varphi(n)$ para os primeiros valores de n são facilmente calculados:

$\varphi(1) = 1$, uma vez que 1 é relativamente primo a 1,
$\varphi(2) = 1$, uma vez que 1 é relativamente primo a 2,
$\varphi(3) = 2$, uma vez que 1 e 2 são relativamente primos a 3,
$\varphi(4) = 2$, uma vez que 1 e 3 são relativamente primos a 4,
$\varphi(5) = 4$, uma vez que 1, 2, 3, 4 são relativamente primos a 5,
$\varphi(6) = 2$, uma vez que 1, 5 são relativamente primos a 6,
$\varphi(7) = 6$, uma vez que 1, 2, 3, 4, 5, 6 são relativamente primos a 7
$\varphi(8) = 4$, uma vez que 1, 3, 5, 7 são relativamente primos a 8,
$\varphi(9) = 6$, uma vez que 1, 2, 4, 5, 7, 8 são relativamente primos a 9,
$\varphi(10) = 4$, uma vez que 1, 3, 7, 9 são relativamente primos a 10,
e assim por diante.

Observamos que $\varphi(p) = p - 1$ se p for primo; isto porque um primo p não tem qualquer outro divisor diferente dele próprio e de 1 e, portanto, é relativamente primo a todos os inteiros $1, 2, 3, ..., p - 1$. Se n é composto, com a decomposição em fatores primos,

$$n = p_1^{\alpha 1} . p_2^{\alpha 2} \cdots p_r^{\alpha r},$$

onde os p representam primos distintos, cada um elevado a uma certa potência, então

$$\varphi(n) = n\left(1 - \frac{1}{p_1}\right) \cdot \left(1 - \frac{1}{p_2}\right) \cdots \left(1 - \frac{1}{p_r}\right).$$

Por exemplo: uma vez que $12 = 2^2.3$,

$$\varphi(12) = 12\left(1 - \frac{1}{2}\right)\left(1 - \frac{1}{3}\right) = 12\left(\frac{1}{2}\right)\left(\frac{2}{3}\right) = 4,$$

como deveria ser. A prova é bastante elementar e será omitida aqui.

Exercício: Utilizando a função φ de Euler, generalize o teorema de Fermat. O teorema geral afirma: Se n é um inteiro qualquer, e a é relativamente primo a n, então

$$a^{\varphi(n)} \equiv 1 \quad (\text{mod } n).$$

4. Frações contínuas. Equações diofantinas

O algoritmo de Euclides para encontrar o máximo divisor comum de dois inteiros leva imediatamente a um importante método para representar o quociente de dois inteiros como uma fração composta.

Aplicado aos números 840 e 611, por exemplo, o algoritmo de Euclides gera uma série de equações,

$$840 = 1 \cdot 611 + 229. \qquad 611 = 2 \cdot 229 + 153.$$
$$229 = 1 \cdot 153 + 76. \qquad 153 = 2 \cdot 76 + 1.$$

que demonstram, aliás, que $(840, 611) = 1$. A partir destas equações, podemos deduzir as seguintes expressões:

$$\frac{840}{611} = 1 + \frac{229}{611} = 1 + \frac{1}{611/229},$$
$$\frac{611}{229} = 2 + \frac{153}{229} = 2 + \frac{1}{229/153},$$
$$\frac{229}{153} = 1 + \frac{76}{13} = 1 + \frac{1}{153/76},$$
$$\frac{153}{76} = 2 + \frac{1}{76}.$$

Combinando estas equações, obtemos o desenvolvimento do número racional $\frac{840}{611}$, na forma

$$\frac{840}{611} = 1 + \cfrac{1}{2 + \cfrac{1}{1 + \cfrac{1}{2 + \cfrac{1}{76}}}}$$

Uma expressão da forma

(7)
$$a = a_0 + \cfrac{1}{a_1 + \cfrac{1}{a_2 + \cfrac{\ddots}{ + \cfrac{1}{a_n}}}},$$

onde os a são inteiros positivos, é denominada de *fração contínua*. O algoritmo de Euclides nos fornece um método para expressar qualquer número racional nesta forma.

Exercício: Encontre os desenvolvimentos de fração contínua de

$$\frac{2}{5}, \frac{43}{30}, \frac{169}{70}.$$

* Frações contínuas são de grande importância no ramo da teoria dos números conhecido como análise diofantina. Uma *equação diofantina* é uma equação algébrica com uma ou mais incógnitas e coeficientes *inteiros*, para a qual são buscadas soluções *inteiras*. Uma equação deste tipo pode não ter solução, ou ter um número finito ou infinito de soluções. O caso mais simples é a equação diofantina linear com duas incógnitas,

(8) $\qquad ax + by = c,$

onde a, b e c são inteiros dados, e soluções inteiras x, y são desejadas. A solução completa de uma equação desta forma pode ser encontrada por meio do algoritmo de Euclides.

Para iniciar, encontremos $d = (a, b)$ pelo algoritmo de Euclides; depois com uma escolha adequada dos inteiros k e l,

(9) $\qquad ak + bl = d.$

Portanto, a equação (8) tem a solução $x = k$, $y = l$ para o caso $c = d$. De modo mais geral, se c é um múltiplo de d:

$$c = d.q,$$

então, a partir de (9), obtemos

$$a(kq) + b(lq) = dq = c,$$

de modo que (8) tem uma solução particular $x=x^*=kq$, $y=y^*=lq$. Inversamente, se (8) tem solução x, y para um dado c, então c deve ser um múltiplo de $d = (a, b)$; isto porque d divide tanto a quanto b, e portanto deve dividir c. Provamos portanto que a equação (8) tem uma solução se e somente se c for um múltiplo de (a, b).

Para determinar as outras soluções de (8), observemos que, se $x = x'$, $y = y'$ é qualquer solução distinta de $x = x^*$, $y = y^*$, encontrada acima pelo algoritmo de Euclides, então $x = x'- x^*$, $y = y'- y^*$ é uma solução da equação "homogênea"

(10) $$ax + by = 0.$$

Porque se

$$ax' + by' = c \quad e \quad ax^* + by^* = c,$$

então, ao subtrairmos a segunda equação da primeira verificamos que

$$a(x' - x^*) + b(y' - y^*) = 0.$$

Agora, a solução mais geral da equação (10) é $x=rb/(a,b)$, $y=-ra/(a,b)$, onde r é qualquer inteiro. (Deixamos a prova como um exercício. Indicação: divida por (a, b) e utilize o Exercício da página 92. Segue-se imediatamente que

$$x = x^* + rb/(a,b), \quad y = y^* - ra/(a,b),$$

Em resumo: a equação diofantina linear $ax + by = c$, onde a, b, e c são inteiros, tem uma solução em inteiros se e somente se c for um múltiplo de (a, b). No último caso, uma solução particular $x = x^*$, $y = y^*$ pode ser encontrada pelo algoritmo de Euclides, e a solução mais geral é da forma

$$x = x^* + rb/(a,b), \quad y = y^* - ra/(a,b),$$

onde r é qualquer inteiro.

Exemplos: A equação $3x + 6y = 22$ não tem solução inteira, uma vez que $(3, 6) = 3$, que não divide 22.

A equação $7x + 11y = 13$ tem a solução particular $x = -39$, $y = 26$, encontrada do seguinte modo:
$$11 = 1 \cdot 7 + 4, \quad 7 = 1 \cdot 4 +' \quad \cdot 3 + 1 \quad (7 \cdot 11) = 1$$
$$1 = 4 - 3 = 4 - (7 - 4),$$

Portanto,
$$7 \cdot (-3) + 11(2) = 1,$$
$$7 \cdot (-39) + 11(26) = 13.$$

As outras soluções são dadas por
$$x = -39 + 11r, y = 26 - 7r,$$

onde r é qualquer inteiro.

Exercício: Resolva as equações diofantinas (a) $3x - 4y = 29$. (b) $11x + 12y = 58$. (c) $153x - 34y = 51$.

Capítulo II
O SISTEMA NUMÉRICO DA MATEMÁTICA

INTRODUÇÃO

Devemos estender amplamente o conceito original de número, considerado como número natural, para criar um instrumento suficientemente poderoso para as necessidades da prática e da teoria. Em uma longa e hesitante evolução, o zero, os inteiros negativos e as frações foram gradualmente aceitos no mesmo nível de importância que os inteiros positivos, e hoje as regras de operação com estes números são dominadas pela média das crianças em idade escolar. Porém, para adquirir completa liberdade em operações algébricas, devemos ir além e incluir quantidades irracionais e complexas no conceito de número. Embora tais extensões do conceito de número natural tenham estado em uso por séculos e se encontrem na base de toda a Matemática moderna, apenas em época recente foram postas em bases logicamente seguras. No presente capítulo, faremos um relato deste desenvolvimento.

§1. OS NÚMEROS RACIONAIS
1. Números racionais como dispositivo de medida

Os inteiros são abstrações do processo de contar coleções finitas de objetos. Porém, na vida diária, precisamos não apenas contar *objetos* individuais, mas também *medir quantidades* tais como comprimentos, áreas, pesos e tempos. Se desejamos operar livremente com as medidas destas quantidades, que são capazes de subdivisões arbitrariamente pequenas, é necessário ampliar o domínio da Aritmética para além dos números inteiros. O primeiro passo consiste em *reduzir o problema de medir ao problema de contar*. Em primeiro lugar, escolhemos, de maneira bastante arbitrária, a *unidade de medida* - pé, jarda, polegada, libra, grama ou segundo, dependendo do caso - à qual atribuímos a medida 1. Em seguida, contamos o número destas unidades que, juntas, constituirão a quantidade a ser medida. Uma dada massa de chumbo pode pesar exatamente 54 quilos. De maneira geral, entretanto, o processo de contar unidades não é suficiente sempre que a quantidade dada não for exatamente mensurável em termos de múltiplos inteiros da unidade escolhida. O máximo que poderemos então dizer é que o peso da quantidade situa-se entre dois múltiplos sucessivos desta unidade, digamos, entre 53 e 54 quilos. Quando isto ocorre, damos um outro passo e introduzimos novas subunidades, obtidas mediante a divisão da unidade original em um número n de partes iguais. Em linguagem comum, estas novas subunidades têm nomes especiais; por exemplo: o pé é dividido em 12 polegadas, o metro em 100 centímetros, a libra em 16 onças, a hora em 60 minutos, o minuto em 60 segundos, etc. No simbolismo da Matemática, entretanto, uma subunidade obtida pela divisão da unidade original em n partes iguais é representada pelo símbolo $1/n$; e se uma determinada quantidade contém exatamente m destas subunidades, sua medida é representada pelo símbolo m/n. Este símbolo é denominado de *fração* ou *razão* (algumas vezes escrito $m{:}n$). O passo seguinte e decisivo foi dado conscientemente somente após séculos de tentativas: o símbolo m/n foi despojado de sua referência concreta ao processo de medir e às quantidades medidas e, ao invés disso, considerado como um puro *número*, uma entidade em si própria, no mesmo nível dos números naturais. Quando m e n são números naturais, o símbolo m/n é denominado de *número racional*.

A utilização da palavra número (originariamente significando apenas número natural) para estes novos símbolos é justificada pelo fato de que a adição e a multiplicação destes símbolos obedecem às mesmas leis que orientam as operações com números naturais. Para que isto possa ser mostrado, deve-se primeiro definir adição, multiplicação e igualdade de números racionais. Como todos sabem, estas definições são:

(1) $$\frac{a}{b}+\frac{c}{d}=\frac{ad+bc}{bd}, \quad \frac{a}{b}\cdot\frac{c}{d}=\frac{ac}{bd},$$
$$\frac{a}{a}=1, \quad \frac{a}{b}=\frac{c}{d} \text{ se } ad=bc,$$

para quaisquer inteiros a, b, c, d. Por exemplo:

$$\frac{2}{3}+\frac{4}{5}=\frac{2\cdot 5+3\cdot 4}{3\cdot 5}=\frac{10+12}{15}=\frac{22}{15}, \quad \frac{2}{3}\cdot\frac{4}{5}=\frac{2\cdot 4}{3\cdot 5}=\frac{8}{15},$$
$$\frac{3}{3}=1, \quad \frac{8}{12}=\frac{6}{9}=\frac{2}{3}.$$

Precisamente estas definições são impostas a nós se quisermos utilizar os números racionais como medidas de comprimento, área, etc. Porém, estritamente falando, estas regras para a adição, multiplicação e igualdade de nossos símbolos são estabelecidas por nossa própria definição, e não nos são impostas por outras necessidades que não sejam as de consistência e utilidade para aplicações. Com base nas definições (1) podemos mostrar que *as leis fundamentais da Aritmética dos números naturais continuam válidas no domínio dos números racionais:*

(2)
$$p + q = q + p \quad \text{(lei comutativa da adição)},$$
$$p + (q + r) = (p + q) + r \quad \text{(lei associativa da adição)},$$
$$pq = qp \quad \text{(lei comutativa da multiplicação)},$$
$$p(qr) = (pq)r \quad \text{(lei associativa da multiplicação)},$$
$$p(q + r) = pq + pr \quad \text{(lei distributiva)}.$$

Por exemplo: a prova da lei comutativa da adição para frações é apresentada pelas igualdades

$$\frac{a}{b} + \frac{c}{d} = \frac{ad + bc}{bd} = \frac{cb + da}{db} = \frac{c}{d} + \frac{a}{b},$$

das quais o primeiro e último sinais de igualdade correspondem à definição (1) da adição, enquanto o do meio é uma conseqüência das leis comutativas da adição e da multiplicação de números naturais. O leitor pode verificar as outras quatro leis do mesmo modo.

Para uma verdadeira compreensão destes fatos, deve-se enfatizar mais uma vez que os números racionais são criações nossas, e que as regras (1) são impostas por nossa vontade. Podemos, por capricho, decretar uma outra regra para a adição, como $\frac{a}{b} + \frac{c}{d} = \frac{a+c}{b+d}$, que, em particular, forneceria $\frac{1}{2} + \frac{1}{2} = 2/4$, um resultado absurdo do ponto de vista de medida. Regras deste tipo, embora logicamente permitidas, tornariam a aritmética de nossos símbolos um jogo sem sentido. O livre exercício do intelecto é orientado aqui pela necessidade de criar um instrumento adequado para lidar com medidas.

2. Necessidade intrínseca dos números racionais. Princípio da generalização

Além da razão "prática" para a introdução dos números racionais, há outra mais intrínseca, e de alguma forma até mesmo mais obrigatória, que discutiremos agora de maneira bastante independente do raciocínio anterior; é de caráter completamente aritmético, e típica de uma tendência dominante do procedimento matemático.

Na aritmética comum dos números naturais podemos sempre realizar as duas operações fundamentais, adição e multiplicação. Porém, as "operações inversas" de *subtração* e *divisão* nem sempre são possíveis. A diferença $b - a$ de dois inteiros a, b é um inteiro c de tal modo que $a + c = b$; isto é, trata-se da solução da equação $a + x = b$. Mas no domínio dos números naturais, o símbolo $b - a$ tem um significado apenas sob a restrição $b > a$, porque somente assim a equação $a + x = b$ tem um número natural x

como solução. Um grande passo foi dado no sentido de remover esta restrição quando se introduziu o símbolo 0, definindo-se $a - a = 0$. Mais importante ainda foi quando, graças à introdução dos símbolos -1, -2, -3, ..., juntamente com a definição

$$b - a = -(a - b)$$

para o caso de $b < a$, assegurou-se que a subtração poderia ser realizada sem restrições *no domínio dos inteiros positivos e negativos*. Para incluir os novos símbolos -1, -2, -3, ... em uma Aritmética ampliada que abrangesse tanto inteiros positivos como negativos, devemos naturalmente definir operações com eles de tal forma que *as regras originais de operações aritméticas sejam preservadas*. Por exemplo, a regra

(3) $\qquad (-1)(-1) = 1,$

definida para a multiplicação de inteiros negativos, é uma conseqüência do nosso desejo de preservar a lei distributiva $a(b + c) = ab + ac$. Porque se tivéssemos determinado que $(-1)(-1) = -1$, então, ao definirmos $a = -1, b = 1, c = -1$, deveríamos ter tido $-1(1 - 1) = -1 - 1 = -2$, enquanto que, por outro lado, temos efetivamente $-1(1 - 1) = -1 \cdot 0 = 0$. Os matemáticos levaram muito tempo para compreender que a "regra de sinais" (3), juntamente com todas as outras definições que se referem aos inteiros negativos e frações não pode ser "provada". Elas são criadas por nós para alcançarmos liberdade nas operações, preservando ao mesmo tempo as leis fundamentais da Aritmética. O que *pode* - e deve - ser provado é apenas que, com base nestas definições, as leis comutativa, associativa e distributiva da Aritmética são preservadas. Inclusive o grande Euler lançou mão de um raciocínio absolutamente não convincente para demonstrar que $(-1)(-1)$ "deve" ser igual a +1. Isto porque, argumentava ele, deve ser ou +1 ou -1, e não pode ser -1, uma vez que $-1 = (+1)(-1)$.

Da mesma forma que a introdução dos inteiros negativos e do zero abre o caminho para a subtração irrestrita, a introdução dos números fracionários remove o obstáculo aritmético análogo à divisão. O quociente $x = b/a$ de dois inteiros a e b, definido pela equação

(4) $\qquad ax = b,$

existe *como um inteiro* somente se a for um fator de b. Se este não for o caso, como por exemplo, quando $a = 2, b = 3$, simplesmente introduzimos um novo símbolo b/a, que chamamos de fração, sujeito à regra de que a(b/a) = a, de modo que b/a seja uma solução de (4) "por definição". A invenção das frações como novos símbolos numéricos torna a divisão possível sem restrições - exceto quanto à *divisão por zero*, que é *excluída de uma vez por todas*.

Expressões como 1/0, 3/0, 0/0, etc., serão para nós símbolos sem significado. Isto porque se a divisão por 0 fosse permitida, poderíamos deduzir a partir da equação verdadeira $0.1 = 0.2$ a conseqüência absurda de que $1 = 2$. É entretanto algumas vezes útil representar tais expressões pelo símbolo ∞ (leia-se, "infinito"), *desde que não se tente operar com o símbolo ∞ como se ele estivesse sujeito às regras comuns do cálculo com números*.

O significado puramente aritmético do sistema de *todos os números racionais* - inteiros e frações, positivos e negativos - fica agora evidente. Com efeito, neste domínio de número ampliado, não apenas as leis formais associativa, comutativa e distributiva prevalecem, mas as equações $a + x = b$ e $ax = b$ agora têm soluções, $x = b - a$ e $x = b/a$, sem restrição, desde que no último caso a $\neq 0$. Em outras palavras, no domínio dos números racionais as chamadas *operações racionais* - adição, subtração, multiplicação e divisão - podem ser realizadas sem restrições e jamais se sairá deste domínio. Este domínio fechado de números é denominado de *corpo*. Vamos encontrar outros exemplos de corpos mais adiante neste capítulo e também no Capítulo III.

Ampliar o domínio com a introdução de novos símbolos, de tal forma que as leis válidas para o domínio original prevaleçam no domínio maior, é um aspecto do processo matemático característico da *generalização*. A generalização dos números naturais aos racionais satisfaz tanto a necessidade teórica de afastar as restrições na subtração e na divisão, quanto a necessidade prática de números para expressar os resultados de medidas. O fato de que os números racionais satisfazem esta dupla necessidade é que lhes dá seu verdadeiro significado. Como vimos, esta ampliação do conceito de número tornou-se possível pela criação de novos números na forma de símbolos abstratos como 0, -2, e 3/4. Hoje em dia, quando lidamos com estes números normalmente, é difícil acreditar que até o século XVII não eram geralmente creditados com a mesma legitimidade que a dos inteiros positivos, e que eram utilizados, quando necessário, com uma certa dose de dúvida e apreensão. A inerente tendência humana a apegar-se ao "concreto", conforme exemplificado pelos números naturais, foi responsável por esta lentidão em dar um passo inevitável. Somente na esfera do abstrato um sistema satisfatório de aritmética pode ser criado.

3. Interpretação geométrica dos números racionais

Uma esclarecedora interpretação geométrica do sistema de números racionais é proporcionada pela seguinte construção.

Em uma reta - a "reta numérica" - demarquemos um segmento de 0 a 1, como na Figura 8. Definamos o comprimento deste segmento como unidade de comprimento, a qual podemos escolher à vontade. Os inteiros positivos e negativos são então representados como um conjunto de pontos eqüidistantes na reta numérica, com os números positivos à direita do ponto 0 e os negativos à esquerda. Para representar frações com o denominador n, dividimos cada um dos segmentos da unidade de comprimento em n partes iguais; os pontos de subdivisão então representam as frações com denominador n. Se fizermos isto para cada inteiro n, então todos os números racionais serão representados por pontos na reta numérica. Devemos chamar estes pontos de *pontos racionais*, e devemos utilizar os termos "número racional" e "ponto racional" alternativamente.

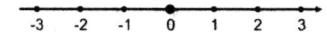

$$-3 \quad -2 \quad -1 \quad 0 \quad 1 \quad 2 \quad 3$$

Figura 8: A reta numérica.

No Capítulo I, §1, definimos a relação $A < B$ para os números naturais. Isto tem seu análogo na reta numérica no fato de que se o número natural A for menor do que o número natural B, então o ponto A ficará à esquerda do ponto B. Uma vez que a relação geométrica se mantém entre todos os pontos racionais, somos levados a tentar estender a relação aritmética de tal forma a preservar a ordem geométrica relativa dos pontos correspondentes. Isto é alcançado mediante a seguinte definição: diz-se que o número racional A *é menor do que* o número racional B ($A < B$), e diz-se que B é maior do que A ($B > A$), se $B - A$ for positivo. Segue-se então que, se $A < B$, os pontos (números) entre A e B serão aqueles que são ambos $> A$ e $< B$. Qualquer um destes pares de pontos distintos, juntamente com os pontos situados entre eles, é denominado de *segmento* ou *intervalo*, $[A, B]$.

A distância de um ponto, A, a partir da origem, considerada como positiva, é chamada de valor absoluto de A e é indicado pelo símbolo

$$|A|.$$

Em outras palavras, se $A \geq 0$, teremos $|A| = A$; se $A \leq 0$, teremos $|A| = -A$. Fica claro que se A e B tiverem o mesmo sinal, a equação $|A + B| = |A| + |B|$ será válida, enquanto que se A e B tiverem sinais diferentes, obteremos $|A + B| < |A| + |B|$. Portanto combinando estas duas afirmativas, temos a desigualdade geral

$$|A+B| \le |A|+|B|,$$

que é válida independentemente dos sinais de A e de B.

Um fato de importância fundamental é expresso na seguinte proposição: Os *pontos racionais são densos sobre a reta*. Com isto queremos dizer que, dentro de cada intervalo, por menor que seja, existem pontos racionais. Precisamos apenas tomar um denominador n suficientemente grande de modo que o intervalo $[0, 1/n]$ seja menor do que o intervalo $[A, B]$ em questão; assim, pelo menos uma das frações m/n deve ficar dentro do intervalo. Portanto, não existe qualquer intervalo na reta, por menor que seja, que não contenha pontos racionais. Segue-se, além disso, que deve haver infinitos pontos racionais em qualquer intervalo; isto porque, se houvesse apenas um número finito, o intervalo entre quaisquer dois pontos racionais adjacentes estaria destituído de pontos racionais, o que, acabamos de ver, é impossível.

§2. Segmentos incomensuráveis, números irracionais e o conceito de limite

1. Introdução

Ao comparar as magnitudes de dois segmentos de reta a e b, pode ocorrer que a esteja contido em b um número r, inteiro, exato de vezes. Neste caso, podemos expressar a medida do segmento b em termos da medida de a, afirmando que o comprimento de b é r vezes o de a. Ou pode resultar que embora nenhum múltiplo inteiro de a seja igual a b, podemos dividir a em, digamos, n segmentos iguais, cada um de comprimento a/n, de tal forma que algum múltiplo m inteiro do segmento a/n seja igual a b:

(1) $$b = \frac{m}{n} a.$$

Quando uma igualdade da forma (1) é válida, dizemos que os dois segmentos a e b são *comensuráveis*, uma vez que eles têm como medida comum o segmento a/n que está contido n vezes em a e m vezes em b. O conjunto de

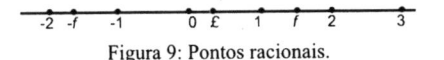

Figura 9: Pontos racionais.

todos os segmentos comensuráveis com a será constituído daqueles segmentos cuja medida possa ser expressa na forma (1) para alguma escolha de inteiros m e n ($n \ne 0$). Se escolhermos a como o segmento unitário, $[0, 1]$, na Figura 9, então os segmentos comensuráveis com o segmento unitário corresponderão a todos os pontos racionais *m/n* sobre a reta numérica. Para todas as finalidades práticas de medida, os números racionais são inteiramente suficientes. Mesmo do ponto de vista teórico, uma vez que o conjunto de pontos racionais cobre a reta densamente, pode parecer que todos os pontos sobre a reta são pontos racionais. Se isto fosse verdadeiro, então qualquer segmento seria comensurável com a unidade. Uma das mais surpreendentes descobertas dos antigos matemáticos gregos (a escola pitagórica) foi de que a situação não era de forma alguma assim tão simples. Existem *segmentos incomensuráveis* ou - se supusermos que a cada segmento corresponde um número que dá sua medida em termos da unidade - *números irracionais*. Esta revelação foi um acontecimento científico da maior importância. Muito possivelmente, ela marcou a origem do que consideramos ser a contribuição especificamente grega a procedimentos rigorosos na Matemática. Isto certamente afetou de modo profundo a Matemática e a Filosofia da época dos gregos até os dias atuais.

A teoria dos incomensuráveis de Eudóxio, apresentada em forma geométrica nos *Elementos* de Euclides, é uma obra-prima da Matemática grega, embora ela seja usualmente omitida das versões diluídas de curso secundário sobre este trabalho clássico. A teoria foi apreciada em sua totalidade somente em finais do século XIX, depois que Dedekind, Cantor e Weierstrass elaboraram uma rigorosa teoria dos números irracionais; vamos apresentá-la na forma aritmética moderna.

Primeiro mostramos: *A diagonal de um quadrado é incomensurável com seu lado.* Podemos supor que o lado de um quadrado seja escolhido como a unidade de medida, e que a diagonal tenha comprimento x. Então, pelo teorema de Pitágoras, temos

$$x^2 = 1^2 + 1^2 = 2.$$

(Podemos representar x pelo símbolo $\sqrt{2}$.) Ora, se x fosse comensurável com 1, poderíamos encontrar dois inteiros p e q tais que $x = p/q$ e

(2) $$p^2 = 2q^2.$$

Podemos supor que p/q é irredutível, uma vez que qualquer fator comum no numerador e no denominador poderia ser simplificado no início. Uma vez que 2 aparece como um fator do lado direito, p^2 é um número par, e portanto o próprio p é par, porque o quadrado de um número ímpar é ímpar. Podemos portanto escrever $p = 2r$. A equação (2) torna-se então

$$4r^2 = 2q^2, \text{ ou } 2r^2 = q^2.$$

Como 2 é um fator do lado esquerdo, q^2, e portanto q também deve ser par. Assim, p e q são ambos divisíveis por 2, o que contradiz a hipótese de que p e q não têm qualquer fator comum. Portanto, a igualdade (2) não pode ser válida, e x não pode ser um número racional.

Nosso resultado pode ser expresso pela assertiva de que não há qualquer número racional igual a $\sqrt{2}$.

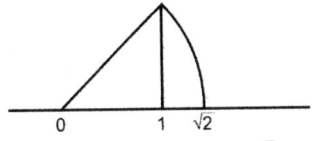

Figura 10: Construção de $\sqrt{2}$.

O raciocínio do item anterior demonstra que uma construção geométrica muito simples pode resultar em um segmento incomensurável com a unidade. Se este segmento é demarcado sobre a reta numérica por meio de um compasso, o ponto assim construído não pode coincidir com nenhum dos pontos racionais: O *sistema de pontos racionais*, embora seja denso sobre a reta, *não cobre toda a reta numérica*. Para uma pessoa ingênua, deve certamente parecer muito estranho e paradoxal que um conjunto denso de pontos racionais não cubra toda a reta. Nada em nossa "intuição" pode nos ajudar a "enxergar" os pontos irracionais como distintos dos racionais. Não constitui surpresa o fato de que a descoberta do incomensurável instigou os filósofos e matemáticos gregos, e que tenha retido até hoje seu efeito provocativo nas mentes especulativas.

Seria muito fácil construir tantos segmentos incomensuráveis quantos quiséssemos com a unidade. Os pontos extremos destes segmentos, quando demarcados a partir do ponto 0 sobre a reta numérica, são chamados de *pontos irracionais*. Ora, o princípio orientador para introduzir frações foi a *medida de comprimentos por números*, e gostaríamos de manter este princípio lidando com segmentos incomensuráveis com a unidade. Se exigirmos que deva haver *uma correspondência mútua entre números*, por um lado, e *pontos de uma reta por outro*, é necessário introduzir *números irracionais*.

Resumindo a situação até este ponto, podemos afirmar que um número irracional representa o comprimento de um segmento incomensurável com a unidade. Nas seções seguintes deveremos nos estender mais sobre esta definição de certo modo vaga e inteiramente geométrica, até chegarmos a uma outra mais satisfatória do ponto de vista do rigor lógico. Nossa primeira abordagem sobre o assunto será por meio das frações decimais.

Exercícios: 1) Prove que $\sqrt[3]{2}, \sqrt{3}, \sqrt{5}, \sqrt[3]{3}$ não são racionais. (Indicação: Utilize o lema da página 52).

2) Prove que $\sqrt{2} + \sqrt{3}$ e $\sqrt{2} + \sqrt[3]{2}$ não são racionais. (Indicação: se, por exemplo, o primeiro destes números fosse igual a um número racional r, então, escrevendo $\sqrt{3} = r - \sqrt{2}$ e elevando ao quadrado, $\sqrt{2}$ seria racional.)

3) Prove que $\sqrt{2} + \sqrt{3} + \sqrt{5}$ é irracional. Tente elaborar exemplos semelhantes e mais gerais.

2. Frações decimais. Decimais infinitas

Para cobrir a reta numérica com um conjunto de pontos denso, não precisamos de *todos* os números racionais; por exemplo, é suficiente considerar apenas aqueles números que se originam pela subdivisão de cada intervalo unitário em 10, depois em 100, 1000, etc. segmentos iguais. Os pontos assim obtidos correspondem às "frações decimais". Por exemplo: o ponto $0,12 = 1/10 + 2/100$ corresponde ao ponto situado no primeiro intervalo unitário, no segundo subintervalo do comprimento 10^{-1}, e no ponto inicial do terceiro "subsubintervalo" de comprimento 10^{-2}. (a^{-n} significa $1/a^n$.) Se esta fração decimal contiver n dígitos após o ponto decimal, terá a forma

$$f = z + a_1 10^{-1} + a_2 10^{-2} + a_3 10^{-3} + \cdots + a_n 10^{-n},$$

onde z é um inteiro e os a's são dígitos - 0, 1, 2, ..., 9 - indicando os décimos, os centésimos e assim por diante. O número f é representado no sistema decimal pelo símbolo abreviado $z \cdot a_1 a_2 a_3 \cdots a_n$. Observamos imediatamente que estas frações decimais podem ser escritas na forma comum de uma fração p/q onde $q = 10^n$; por exemplo: $f = 1,314 = 1 + 3/10 + 1/100 + 4/1000 = 1314/1000$. Se p e q têm um divisor comum, a fração decimal pode então ser reduzida a uma fração com um denominador que seja algum divisor de 10^n. Por outro lado, nenhuma fração irredutível cujo denominador não seja um divisor de alguma potência de 10 pode ser representado como uma fração decimal. Por exemplo: $\dfrac{1}{5} = \dfrac{2}{10} = 0,2$ e $\dfrac{1}{250} = \dfrac{4}{1000} = 0,004$; porém $\dfrac{1}{3}$ não pode ser escrita como uma fração decimal com um número n finito de casas decimais, por maior que seja o valor de n escolhido, porque para uma igualdade da forma

$$\frac{1}{3} = b/10^n$$

implicaria em

$$10^n = 3b,$$

o que é absurdo, uma vez que 3 não é um fator de qualquer potência de 10.

Escolhamos agora um ponto P qualquer sobre a reta numérica que não corresponda a uma fração decimal; por exemplo, o ponto racional $\frac{1}{3}$ ou o ponto irracional $\sqrt{2}$. Então, no processo de subdividir o intervalo unitário em dez partes iguais, e assim por diante, P nunca ocorrerá como ponto inicial de um subintervalo. Ainda assim, P pode ser incluído em intervalos cada vez menores da divisão decimal com qualquer grau de aproximação desejado. O processo de aproximação pode ser descrito da seguinte forma.

Suponhamos que P esteja situado no primeiro intervalo unitário. Subdividimos este intervalo em dez partes iguais, cada uma de comprimento 10^{-1}, e verificamos, digamos, que P se situe no terceiro destes intervalos. Nesta etapa, podemos dizer que P se situa *entre* as frações decimais 0,2 e 0,3. Subdividimos o intervalo de 0,2 a 0,3 em dez partes iguais, cada uma com o comprimento de 10^{-2}, e verificamos que P se situa, digamos, no quarto destes intervalos; subdividindo este, por sua vez, verificamos que P se situa no primeiro intervalo de comprimento 10^{-3}. Podemos agora dizer que P está situado entre 0,230 e 0,231. Este processo pode ser continuado indefinidamente, e levar a uma seqüência sem fim de dígitos $a_1, a_2, a_3, ..., a_n, ...$, com a seguinte propriedade: qualquer que seja o número n que escolhermos, o ponto P está incluído no intervalo I_n cujo ponto inicial é a fração decimal $0 \cdot a_1 a_2 a_3 \cdots a_{n-1} a_n$ e cujo ponto terminal é $0 \cdot a_1 a_2 a_3 \cdots a_{n-1}(a_n+1)$, com o comprimento de I_n sendo 10^{-n}. Se escolhermos sucessivamente $n = 1, 2, 3, 4, ...$, observaremos que cada um destes intervalos, $I_1, I_2, I_3, ...$, está contido naquele que o precedeu, enquanto seus comprimentos $10^{-1}, 10^{-2}, 10^{-3}, ...$, tendem a zero. Dizemos que o ponto P está contido em uma *seqüência de intervalos encaixados*. Por exemplo: se P for o ponto racional $\frac{1}{3}$, então todos os dígitos $a_1 a_2 a_3, ...$ serão iguais a 3, e P estará contido em qualquer intervalo In que se estenda de 0,333 ... 33 a 0,333 ... 34; isto é, $\frac{1}{3}$ é maior do que 0,333 ... 33 porém menor do que 0,333 ... 34, onde o número de dígitos pode ser tomado arbitrariamente grande. Expressamos este fato afirmando que a fração decimal de n dígitos 0,333 ... 33 "tende a $\frac{1}{3}$" à medida que n aumenta. Escrevemos

$$\frac{1}{3} = 0,333...,$$

com os pontos indicando que a fração decimal deverá ser continuada "indefinidamente".

O ponto irracional $\sqrt{2}$ definido no item 1 também conduz a uma fração decimal indefinidamente continuada. Aqui, entretanto, a lei que determina os valores dos dígitos na seqüência não é de forma alguma óbvia. Na realidade, nenhuma fórmula explícita que determine os dígitos sucessivos é conhecida, embora se possa calcular quantos dígitos se quiser:

$$1^2 = 1 < 2 < 2^2 = 4$$
$$(1,4)^2 = 1,96 < 2 < (1,5)^2 = 2,25$$
$$(1,41)^2 = 1,9881 < 2 < (1,42)^2 = 2,0264$$
$$(1,414,)^2 = 1,999396 < 2 < (1,415)^2 = 2,002225$$
$$(1,4142)^2 = 1,99996164 < 2 < (1,4143)^2 = 2,00024449, \text{ etc}$$

Como definição geral, afirmamos que um ponto P que não está representado por qualquer fração decimal com um número finito n de dígitos é representado por uma *fração decimal infinita*, $z \cdot a_1 a_2 a_3 ...$, se para cada valor de n o ponto P se situar no intervalo de comprimento 10^{-n} com $z \cdot a_1 a_2 a_3 ... a_n$ como seu ponto inicial.

Desta maneira, fica estabelecida uma correspondência entre todos os pontos sobre a reta numérica e todas as frações decimais *finitas* e *infinitas*. Oferecemos a seguinte definição experimental: um "número" é uma decimal finita ou infinita. Estas decimais infinitas que não representam números racionais são denominadas *números irracionais*.

Até meados do século XIX, estas considerações eram aceitas como uma explicação satisfatória para o sistema de números racionais e irracionais, o *contínuo numérico*. O enorme avanço da Matemática desde o século XVII, em particular o da Geometria Analítica e do Cálculo Diferencial e Integral, se desenvolvia com segurança utilizando este conceito do sistema numérico como base. Porém, durante o período de reexame crítico de princípios e consolidação de resultados, percebeu-se cada vez mais que o conceito de número irracional exigia uma análise mais precisa. Como preâmbulo ao nosso relato sobre a teoria moderna do contínuo numérico, vamos discutir de uma forma mais ou menos intuitiva o conceito básico de limite.

Exercício: Calcule $\sqrt[3]{2}$ e $\sqrt[3]{5}$ com uma exatidão de pelo menos 10^{-2}.

3. Limites. Série geométrica infinita

Como vimos na seção anterior, algumas vezes ocorre que um certo número racional s é aproximado por uma seqüência de outros números racionais s_n, onde o índice n toma consecutivamente todos os valores 1, 2, 3, ... Por exemplo: se $s = 1/3$, então $s_1 = 0,3$, $s_2 = 0,33$, $s_3 = 0,333$, etc. Como um outro exemplo, vamos dividir o intervalo unitário em duas metades, a segunda metade novamente em duas partes iguais, a segunda metade destas em duas outras partes iguais, e assim por diante, até que os menores intervalos assim obtidos tenham um comprimento de 2^{-n}, onde n é escolhido arbitrariamente grande, por exemplo, $n = 100$, $n = 100.000$, ou qualquer número que quisermos. Então, adicionando os comprimentos de todos os intervalos exceto o último, obtemos um comprimento total igual a

(3) $$s_n = \frac{1}{2} + \frac{1}{4} + \frac{1}{8} + \frac{1}{16} + \cdots + \frac{1}{2^n}.$$

Observamos que sn difere de 1 por $\left(\frac{1}{2}\right)^n$, e que esta diferença torna-se arbitrariamente pequena, ou "tende a zero" à medida que n aumenta indefinidamente. Não faz qualquer sentido afirmar que a diferença é zero se n for infinito. O infinito entra somente no *procedimento* sem fim e não como uma *quantidade* efetiva. Descrevemos o comportamento de s_n dizendo que a soma s_n *aproxima-se do limite 1 à medida que n tende para o infinito*, escrevendo

(4) $$1 = \frac{1}{2} + \frac{1}{2^2} + \frac{1}{2^3} + \frac{1}{2^4} + \cdots,$$

onde temos, à direita, uma *série infinita*. Esta "igualdade" não significa que tenhamos efetivamente de adicionar infinitos termos; trata-se apenas de uma expressão abreviada para o fato de que 1 é o limite da soma finita sn à medida que *n tende* para o infinito (de forma alguma é infinito). Assim, a igualdade (4) com seu símbolo incompleto "+ ..." é meramente uma estenografia matemática para a afirmação precisa

1 = limite à medida que *n* tende para o infinito da quantidade

(5) $$s_n = \frac{1}{2} + \frac{1}{2^2} + \frac{1}{2^3} + \cdots + \frac{1}{2^n}.$$

Em uma forma mais abreviada ainda, porém expressiva, escrevemos,

(6) $\qquad s_n \to 1$ quando $n \to \infty$.

Como um outro exemplo de limite, consideremos as potências de um número q. Se $-1 < q < 1$, por exemplo, $q = 1/3$ ou $q = -4/5$, então as potências sucessivas de q,

$$q, q^2, q^3, q^4, ..., q^n, ...,$$

se aproximarão de zero à medida que n aumentar. Se q for negativo, o sinal de q^n alternará entre + e -, e q^n tenderá a zero pela direita e pela esquerda alternadamente. Dessa forma, se $q = 1/3$, então $q^2 = 1/9, q^3 = 1/27, q^4 = 1/81, ...$, enquanto se $q = -1/2$, então $q^2 = 1/4, q^3 = -1/8, q^4 = 1/16, ...$. Dizemos que o *limite de q^n, à medida que n tende para o infinito, é zero*, ou, em símbolos,

(7) $\qquad q^n \to 0$ como $n \to \infty$, para $-1 < q < 1$.

(A propósito, se $q > 1$ ou $q < -1$, então q^n não tende a zero, porém aumenta em magnitude sem limite.)

Para apresentar uma prova rigorosa da asserção (7), comecemos com a desigualdade provada na página 16, que afirma que $(1+p)^n \geq 1 + np$ para qualquer inteiro positivo n e $p > -1$. Se q for algum número fixo entre 0 e 1, por exemplo, $q = 9/10$, temos $q = 1/(1+p)$, onde $p > 0$. Portanto,

$$\frac{1}{q^n} = (1+p)^n \geq 1 + np > np,$$

ou (veja regra 4, no Capítulo 8)

$$0 < q^n < \frac{1}{p} \cdot \frac{1}{n}.$$

Portanto, q^n está situado entre os valores fixos 0 e $(1/p)(1/n)$, e este último se aproxima de zero à medida que n aumenta, uma vez que p é fixo. Isto torna evidente que $q^n \to 0$. Se q for negativo, teremos $q = -1/(1+p)$ e os valores fixos passam a ser $(-1/p)(1/n)$ e $(1/p)(1/n)$ ao invés de 0 e $(1/p)(1/n)$. Caso contrário, o raciocínio permanece inalterado.

Consideremos agora a série geométrica

(8) $$s_n = 1 + q + q^2 + q^3 + \cdots + q^n.$$

(O caso $q = 1/2$ foi discutido acima.) Conforme mostrado na página 13, podemos expressar a soma s_n de uma forma simples e concisa. Se multiplicarmos s_n por q, encontraremos

(8a) $$qs_n = q + q^2 + q^3 + q^4 + \cdots + q^{n+1},$$

e pela subtração entre (8a) e (8) observamos que todos os termos exceto 1 e q^{n+1} são simplificados. Obtemos por meio deste artifício

$$(1-q)s_n = 1 - q^{n+1},$$

ou, por divisão,

$$s_n = \frac{1-q^{n+1}}{1-q} = \frac{1}{1-q} - \frac{q^{n+1}}{1-q}.$$

O conceito de limite intervém se permitirmos que n aumente. Como já vimos, $q^{n+1} = q \cdot q^n$ tende a zero se $-1 < q < 1$, e obtemos, passando ao limite

(9) $$s_n \to \frac{1}{1-q} \quad \text{quando } n \to \infty, \text{ para } -1 < q < 1.$$

Escrita na forma de uma *série geométrica infinita*, isto se torna

(10) $$1 + q + q^2 + q^3 + \cdots = \frac{1}{1-q}, \text{ para } -1 < q < 1.$$

Por exemplo:

$$1+\frac{1}{2}+\frac{1}{2^2}+\frac{1}{2^3}+\cdots = \frac{1}{1-\frac{1}{2}} = 2,$$

em conformidade com a equação (4), e de forma semelhante

$$\frac{9}{10}+\frac{9}{10^2}+\frac{9}{10^3}+\frac{9}{10^4}+\cdots = \frac{9}{10}\frac{1}{1-1/10} = 1,$$

de modo que 0,99999 ... = 1. De maneira análoga, a decimal finita 0,2374 e a decimal infinita 0,23739999999 ... representam o mesmo número.

No Capítulo VI retornaremos à discussão geral do conceito de limite dentro do moderno espírito do rigor.

Exercícios: 1) Prove que $1-q+q^2-q^3+q^4-\cdots = \frac{1}{1+q}$, se $|q|<1$.

2) Qual é o limite da seqüência $a_1, a_2, a_3, \ldots,$ onde $a_n = n/(n+1)$? (Indicação: escreva a expressão na forma $n/(n + 1) = 1 - 1/(n + 1)$ e observe que o segundo termo tende a zero.)

3) Qual é o limite de $\dfrac{n^2+n+1}{n^2-n+1}$ para $n \to \infty$? (Indicação: escreva a expressão na forma

$$\frac{1+\dfrac{1}{n}+\dfrac{1}{n^2}}{1-\dfrac{1}{n}+\dfrac{1}{n^2}}.)$$

4) Prove, para $|q| < 1$, que $1+2q+3q^2+4q^3+\cdots = \dfrac{1}{(1-q)^2}$. (Indicação: utilize o resultado do exercício 3 na página 19.)

5) Qual é o limite da série infinita

$$1-2q+3q^2-4q^3+\cdots ?$$

6) Qual é o limite de $\dfrac{1+2+3+\cdots n}{n^2}$, de $\dfrac{1^2+2^2+\cdots+n^2}{n^3}$ e de $\dfrac{1^3+2^3+\cdots+n^3}{n^4}$?

(Indicação: utilize os resultados das páginas 12, 16, 17.)

4. Números racionais e dízimas periódicas

Os números racionais p/q que não são frações decimais finitas podem ser desenvolvidos em frações decimais infinitas realizando-se o processo elementar do algoritmo da divisão. Em cada etapa deste processo deve haver um resto não-nulo, porque, de outra forma, a fração decimal seria finita. Todos os restos diferentes que surgem no processo de divisão serão inteiros entre 1 e $q-1$, de tal forma que haja no máximo $q-1$ possibilidades diferentes para os valores dos restos. Isto significa que, no máximo em q divisões, algum resto k aparecerá uma segunda vez. Mas então todos os restos subseqüentes se repetirão na mesma ordem em que apareceram após o resto k ter surgido pela primeira vez. Isto mostra que a *expressão decimal para qualquer número racional é periódica*; após algum conjunto finito de dígitos ter aparecido inicialmente, o mesmo dígito ou grupo de dígitos vai se repetir infinitamente. Por exemplo: $1/6 = 0,166666666...; 1/7 = 0,142857142857142857...; 1/11 = 0,09090909...;$ $122/1100 = 0,1109090909...; 11/90 = 0,122222222...; etc.$ (Aqueles números racionais que podem ser representados como frações decimais finitas podem ser imaginados como tendo desenvolvimentos decimais periódicos com o algarismo 0 repetindo-se infinitas vezes após um número finito de dígitos.) Observamos, a propósito, que algumas destas dízimas periódicas têm uma parte não-periódica antes que se inicie sua parte periódica.

Inversamente, pode ser demonstrado que *todas as dízimas periódicas são números racionais*. Como exemplo, tomemos a dízima periódica infinita

$$p = 0,3322222....$$

Temos $p = 33/100 + 10^{-3} 2\left(1 + 10^{-1} + 10^{-2} + ...\right)$. A expressão entre parênteses é a série geométrica infinita

$$1 + 10^{-1} + 10^{-2} + 10^{-3} + ... = \dfrac{1}{1-1/10} = \dfrac{10}{9}.$$

Portanto,

$$p = \frac{33}{100} + 2 \cdot 10^{-3} \cdot \frac{10}{9} = \frac{2970+20}{9 \cdot 10^3} = \frac{2990}{9000} = \frac{299}{900}.$$

A prova no caso geral é essencialmente a mesma, mas requer uma notação mais geral. Na dízima periódica geral

$$p = 0, a_1 a_2 a_3 \cdots a_m b_1 b_2 \cdots b_n b_1 b_2 \cdots b_n b_1 b_2 \cdots b_n \cdots$$

definimos $0, b_1 b_2 \cdots b_n = B$, de modo que B represente a parte periódica da dízima. Então, p torna-se

$$p = 0, a_1 a_2 \cdots a_m + 10^{-m} B \left(1 + 10^{-n} + 10^{-2n} + 10^{-3n} \cdots \right).$$

A expressão entre parênteses é uma série geométrica infinita com $q = 10^{-n}$. Sua soma, de acordo com a equação (10) do item anterior, é $1/(1 - 10^{-n})$ e, portanto,

$$p = 0, a_1 a_2 \cdots a_m + \frac{10^{-m} B}{1 - 10^{-n}}.$$

Exercícios: 1) Desenvolva as frações $\frac{1}{11}, \frac{1}{13}, \frac{2}{13}, \frac{3}{13}, \frac{1}{17}, \frac{2}{17}$ em frações decimais e determine seus períodos.

*2) O número 142.857 tem a propriedade de que a multiplicação por qualquer um dos números 2, 3, 4, 5 ou 6 produz somente uma permutação cíclica de seus dígitos. Explique esta propriedade, utilizando o desenvolvimento de $\frac{1}{7}$ em fração decimal.

3) Desenvolva os números racionais do Exercício 1 como "decimais" com bases 5, 7 e 12.

4) Desenvolva um terço como número diádico.

5) Escreva 0,11212121 ... na forma de fração. Encontre o valor deste símbolo, considerado nos sistemas de base 3 ou 5.

5. Definição geral dos números irracionais por intervalos aninhados

Na página 72 adotamos uma definição provisória: um "número" é uma decimal finita ou infinita. Concordamos em que aquelas decimais infinitas que não representam números racionais deveriam ser chamadas de números irracionais. Com base nos resultados da seção anterior podemos agora formular esta definição nos seguintes termos: *o contínuo numérico*, ou *sistema de números* reais ("real" em contraste com os números "imaginários" ou "complexos", que serão abordados em §5) *é a totalidade das decimais infinitas*. (Decimais finitas podem ser consideradas como um caso especial em que todos os dígitos de um certo ponto em diante são zero, ou se poderia simplesmente convencionar que, ao invés de tomar uma decimal finita tendo a como último dígito, escrevemos uma decimal infinita com $a - 1$ no lugar de a, seguido por um número infinito de dígitos, todos iguais a 9. Isto expressa o fato de que 0,999 ... = 1, de acordo com o Parágrafo 3.) Os números *racionais* são as dízimas *periódicas*; os números *irracionais* são as dízimas *não-periódicas*. Até mesmo esta definição não parece inteiramente satisfatória; porque, como vimos no Capítulo I, o sistema decimal não difere intrinsecamente dos sistemas com outras bases. Poderíamos muito bem ter feito o raciocínio no sistema diádico ou em qualquer outro. Por esta razão, é conveniente oferecer um definição mais geral do contínuo numérico, abstraída da referência especial à base dez. Talvez a maneira mais simples de fazer isto seja a seguinte:

Consideremos qualquer seqüência I1, I2, ..., In, ... de intervalos sobre a reta numérica, com pontos extremos racionais, e com cada um contido no anterior, e de tal forma que o comprimento do n-ésimo intervalo I_n tenda a zero à medida que n aumenta. Uma seqüência deste tipo é chamada de *seqüência de intervalos aninhados*. No caso de intervalos decimais, o comprimento de I_n é de 10^{-n}, mas pode muito bem ser de 2^{-n} ou meramente restrito à exigência mais moderada de que seja menor do que $1/n$. Formularemos agora um postulado básico da Geometria: *correspondendo a cada uma destas seqüências de intervalos aninhados existe precisamente um ponto sobre a reta numérica que está contido em todos eles*. (Vê-se diretamente que não pode haver mais do que um ponto comum a todos os intervalos, porque os comprimentos dos intervalos tendem a zero, e dois pontos diferentes não poderiam estar ambos contidos em qualquer intervalo menor do que a distância entre eles.) Este ponto é chamado por definição de *número real*; se não for um ponto racional, é chamado de *número irracional*. Com esta definição estabelecemos uma perfeita correspondência entre pontos e números. Isto não é nada mais que uma formulação geral do que foi expresso pela definição utilizando decimais infinitas.

Nesta fase, pode ocorrer ao leitor uma dúvida inteiramente legítima. O que *é* este ponto sobre a reta numérica, que supusemos pertencer a todos os intervalos de uma seqüência aninhada, caso não seja um ponto racional? Nossa resposta é a seguinte: a existência sobre a reta numérica (considerada como uma reta) de um ponto contido em cada seqüência aninhada de intervalos com pontos extremos racionais é um *postulado fundamental da Geometria*. Nenhuma redução lógica deste postulado a outros fatos matemáticos é exigida. Nós a aceitamos, da mesma forma como aceitamos outros axiomas ou postulados em Matemática, por causa de sua plausibilidade intuitiva e sua utilidade na construção de um sistema consistente de pensamento matemático. De um ponto de vista puramente formal, podemos começar com uma reta constituída somente de pontos racionais e depois definir um ponto irracional como simplesmente um *símbolo para uma certa seqüência de intervalos racionais encaixados*. Um ponto irracional é completamente descrito por uma seqüência de intervalos racionais aninhados de comprimentos tendendo a zero. Portanto, nosso postulado fundamental realmente equivale a uma definição. Construir esta definição, após ter sido levado a uma seqüência de intervalos racionais aninhados por meio de um sentimento intuitivo de que o ponto irracional "existe", significa dispensar o apoio intuitivo com o qual nosso raciocínio procedeu e compreender que todas as *propriedades matemáticas* de pontos irracionais podem ser expressas como propriedades de seqüências de intervalos racionais encaixados.

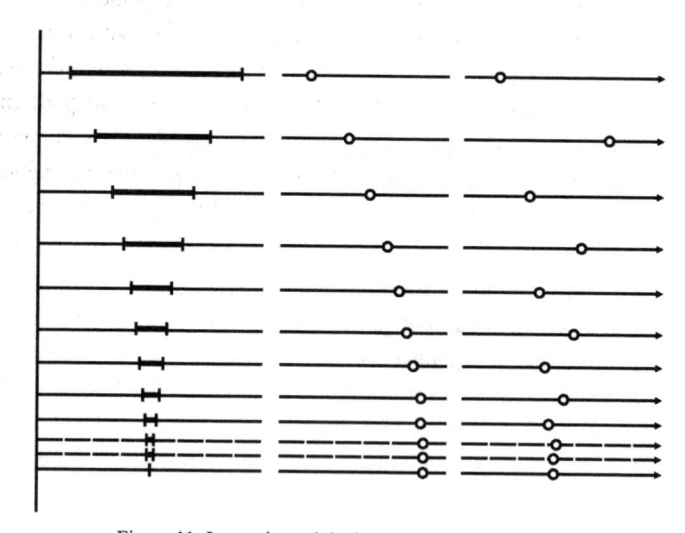

Figura 11: Intervalos aninhados. Limites de seqüências.

Temos aqui um exemplo típico da posição filosófica descrita na introdução deste livro; descartar a abordagem ingênua "realista" que considera um objeto matemático como uma "coisa em si mesma" a qual nós despretensiosamente investigamos as propriedades, e ao invés, compreender que a única existência relativa a objetos matemáticos está em suas propriedades matemáticas e na relação pela qual eles estão interligados. Estas relações e propriedades esgotam os possíveis aspectos sob os quais um objeto pode entrar no domínio da atividade matemática. Desistimos da "coisa em si" matemática, da mesma forma que a Física desistiu do éter inobservável. Este é o significado da definição "intrínseca" de um número irracional como uma seqüência aninhada de intervalos racionais encaixados.

O ponto matematicamente importante aqui é que para estes números irracionais, definidos como seqüências aninhadas de intervalos racionais, as operações de adição, multiplicação, etc., e as relações de "menor do que "e "maior do que" são capazes de generalização imediata a partir do corpo dos números racionais, de tal forma que todas as leis válidas para o corpo dos números racionais sejam preservadas. Por exemplo: a adição de dois números irracionais α e β pode ser definida em termos de duas seqüências de intervalos encaixados definindo α e β respectivamente. Construímos uma terceira seqüência de intervalos aninhados adicionando valores iniciais e os valores terminais de intervalos correspondentes das duas seqüências. A nova seqüência de intervalos encaixados define $\alpha+\beta$. De forma semelhante, podemos definir o produto $\alpha\beta$, a diferença $\alpha-\beta$ e o quociente α/β Com base nestas definições, pode-se demonstrar que as leis aritméticas discutidas em §1 deste capítulo são válidas também para números irracionais. Os detalhes serão omitidos aqui.

A verificação destas leis é simples e direta, embora até certo ponto monótona para o iniciante que está mais ansioso em aprender o que pode ser feito com a Matemática do que em analisar suas bases lógicas. Alguns livros modernos de Matemática afastam muitos alunos por principiarem com uma pedante análise completa do sistema de números reais. O leitor que simplesmente desconsiderar estas introduções pode encontrar ânimo na idéia de que até fins do século XIX todos os grandes matemáticos fizeram suas descobertas com base no conceito "ingênuo" do sistema numérico proporcionado por sua intuição.

Do ponto de vista físico, a definição de um número irracional por uma seqüência de intervalos aninhados corresponde à determinação do valor de alguma quantidade observável por uma seqüência de medidas de exatidão cada vez maior. Qualquer operação para determinar, digamos, um comprimento, terá um significado prático apenas dentro dos limites de um certo erro possível que mede a precisão da operação. Uma vez que os números racionais são densos na reta, é impossível determinar por qualquer operação física, por mais precisa que seja, se um dado comprimento é racional ou irracional. Assim, poderia parecer que os números irracionais são desnecessários para a descrição adequada de fenômenos físicos. Porém, como veremos mais claramente no Capítulo VI, a verdadeira vantagem que a introdução de números irracionais trouxe para a descrição matemática de fenômenos físicos é que esta descrição torna-se muito simplificada pela livre utilização do conceito de limite, para o qual o contínuo numérico constitui a base.

*6. Métodos alternativos para definição de números irracionais. Cortes de Dedekind

Uma maneira algo diferente de definir números irracionais foi escolhida por Richard Dedekind (1831-1916), um dos importantes pioneiros na análise lógica e filosófica dos alicerces da Matemática. Seus ensaios, *Stetigkeit und irrationale Zahlen (1872)* e *Was sind und was sollen die Zahlen?* (1887), exerceram uma profunda influência sobre os estudos em torno dos fundamentos da Matemática. Dedekind preferia operar com idéias abstratas gerais ao invés de utilizar seqüências específicas de intervalos aninhados. Seu procedimento tem por base a definição de um "corte", que passamos a descrever resumidamente.

Suponhamos que seja dado algum método para dividir o conjunto de *todos os números racionais* em duas classes, A e B, de tal modo que cada elemento b da classe B seja maior do que cada elemento a da classe A. Qualquer classificação deste tipo é denominada de *corte* no conjunto de números racionais. Para um corte existem apenas três possibilidades, sendo que uma e somente uma deve ser válida:

1) *Existe um maior elemento a^* em A*. Este é, por exemplo, o caso em que A é o conjunto de todos os números racionais ≤ 1 e B de todos os números racionais > 1.

2) *Existe um menor elemento b^* em B*. Este é, por exemplo, o caso em que A é o conjunto de todos os números racionais < 1 e B de todos os números racionais ≥ 1.

3) *Não existe nem um maior elemento em A nem um menor elemento em B*. Este é, por exemplo, o caso em que A é o conjunto de todos os números racionais negativos, 0, e todos os números racionais positivos com quadrado menor do que 2 e B de todos os números racionais com quadrado maior do que 2. A e B juntos incluem todos os números racionais, pois já provamos que não existe qualquer número racional cujo quadrado seja igual a 2.

O caso em que A possui um maior elemento a^* e B um menor elemento b^* é impossível, porque senão o número racional $(a^* + b^*)/2$, que se situa a meio caminho entre a^* e b^*, seria maior do que o maior elemento de A e menor do que o menor elemento de B, e portanto não poderia pertencer a nenhum dos dois.

No terceiro caso, em que não há nem um maior número racional em A nem um menor número racional em B, o corte, segundo afirma Dedekind, define ou simplesmente *é* um número irracional. Vê-se facilmente que esta definição está de acordo com a definição por intervalos aninhados; qualquer seqüência $I_1, I_2, I_3, \ldots$ de intervalos aninhados define um corte se colocarmos na classe A todos aqueles números racionais que são excedidos pela extremidade do lado esquerdo de pelo menos um dos intervalos I_n, e em B, todos os outros números racionais.

Filosoficamente, a definição de Dedekind de números irracionais envolve um grau bastante elevado de abstração, uma vez que ela não coloca quaisquer restrições quanto à natureza da lei matemática que define as duas classes A e B. Um método mais concreto de definir o contínuo numérico é atribuído a Georg Cantor (1845-1918). Embora à primeira vista diferente do método de intervalos aninhados e do método de cortes, é equivalente a esses dois, no sentido em que os sistemas numéricos definidos destas três formas têm as mesmas propriedades. A idéia de Cantor foi sugerida pelo fato de que 1) números reais podem ser considerados como decimais infinitas, e 2) decimais infinitas são limites de frações decimais finitas. Libertando-nos da dependência do sistema decimal, podemos afirmar com Cantor que qualquer seqüência $a_1, a_2, a_3, \ldots$ de números racionais define um número real se ela "convergir". Entende-se por convergência o fato de que a diferença $(a_m - a_n)$ entre quaisquer dois elementos da seqüência tende a zero quando a_m e a_n estão suficientemente distantes na seqüência, isto é, à medida que m e n tendem para o infinito. (As sucessivas aproximações decimais de qualquer número têm esta propriedade, pois duas aproximações decimais quaisquer após a n-ésima podem diferir por no máximo 10^{-n}.) Como existem muitas maneiras de aproximar o mesmo número real por uma seqüência de números racionais, dizemos que duas seqüências convergentes de racionais $a_1, a_2, a_3, \ldots$ e $b_1, b_2, b_3, \ldots$ definem o mesmo número real se $a_n - b_n$ tende a zero à medida que n aumenta indefinidamente. As operações de adição, etc., para estas seqüências são bastante fáceis de definir.

§3. Comentários Sobre Geometria Analítica†
1. O princípio básico

O contínuo numérico, quer seja ele aceito como uma verdade ou somente após um exame crítico, tem sido a base da Matemática - e em particular da Geometria Analítica e do Cálculo - desde o século XVII.

Pelo contínuo numérico, é possível associar a cada segmento de reta um número real definido como seu comprimento. Mas podemos ir mais longe. Não apenas o com-

---

† Para leitores que não estejam familiarizados com o assunto, uma série de exercícios sobre os elementos de Geometria Analítica serão encontrados no apêndice ao final do livro.

primento, mas *todos os objetos geométricos e todas as operações geométricas podem ser incluídas no âmbito dos números*. Os passos decisivos nesta aritmetização da Geometria foram dados já em 1629 por Fermat (1601-1655) e em 1637 por Descartes (1596-1650). A idéia fundamental da Geometria Analítica é a introdução de "coordenadas", isto é, de *números* vinculados ou coordenados com um *objeto geométrico* e caracterizando completamente este objeto. Conhecidas pela maioria dos leitores são as chamadas coordenadas retangulares ou cartesianas que servem para caracterizar a posição de um ponto arbitrário *P* em um plano. Começamos

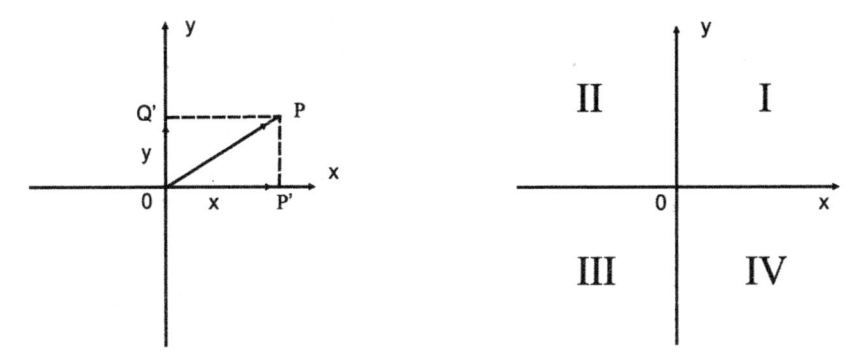

Figura 12: Coordenadas retangulares de um ponto.   Figura 13: Os quatro quadrantes.

com duas retas perpendiculares fixas no plano, o "eixo dos x" e o "eixo dos y", aos quais referimos todos os pontos. Estas retas são consideradas como eixos numéricos orientados e medidas com a mesma unidade. A cada ponto P, como na Figura 12, duas coordenadas, x e y, são atribuídas. Estas são obtidas da seguinte forma: consideremos o segmento orientado a partir da "origem" O ao ponto P, e projetemos este segmento orientado, algumas vezes chamado de "vetor posição" do ponto P, perpendicularmente sobre os dois eixos, obtendo o segmento orientado OP' sobre o eixo dos x, com o número x medindo seu comprimento orientado a partir de O, e da mesma forma o segmento orientado OQ' sobre o eixo dos y, com o número y medindo seu comprimento orientado a partir de O. Os dois números x e y são chamados de *coordenadas* de P. Inversamente, se x e y forem dois números determinados arbitrariamente, então o ponto correspondente P será determinado unicamente. Se x e y forem ambos positivos, P estará no *primeiro quadrante* do sistema de coordenadas (veja a Figura 13); se ambos forem negativos, P estará no terceiro quadrante; se x for positivo e y negativo, P estará no quarto quadrante, e se x for negativo e y positivo, no segundo. As coordenadas x e y de um ponto são representadas por (x, y).

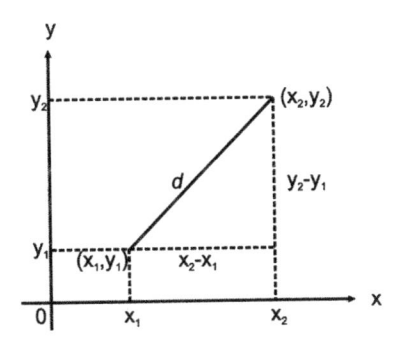

Figura 14: A distância entre dois pontos.

A distância entre o ponto P_1 com coordenadas (x_1, y_1) e o ponto P_2 com coordenadas (x_2, y_2) é dada pela fórmula

(1) $$d^2 = (x_1 - x_2)^2 + (y_1 - y_2)^2.$$

Isto decorre imediatamente do teorema de Pitágoras, como pode ser percebido na Figura 14.

*2. Equações de retas e de curvas

Se C é um ponto fixo com coordenadas $x = a$, $y = b$, então o lugar de todos os pontos P tendo uma distância dada r a partir de C é um círculo com C como centro e raio r. Segue-se da fórmula de distância (1) que os pontos deste círculo têm coordenadas (x, y) que satisfazem a equação

(2) $$(x - a)^2 + (y - b)^2 = r^2.$$

Esta é chamada de *equação do círculo*, porque expressa a condição completa (necessária e suficiente) sobre as coordenadas (x, y) de um ponto P que se situa sobre o círculo em torno de C com raio r.

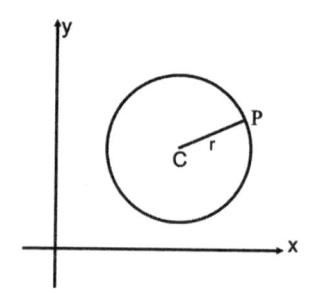

Figura 15: O círculo.

Efetuando-se as operações indicadas, a equação (2) toma a forma

(3) $$x^2 + y^2 - 2ax - 2by = k.$$

onde $k = r^2 - a^2 - b^2$. Inversamente, se uma equação da forma (3) é dada, onde a, b e k são constantes arbitrárias tais que $k + a^2 + b^2$ seja positivo, então, pelo processo algébrico de "completar o quadrado" podemos escrever a equação na forma

$$(x-a)^2 + (y-b)^2 = r^2,$$

onde $r^2 = k + a^2 + b^2$. Segue-se que a equação (3) define um círculo de raio r em torno do ponto C com coordenadas (a, b).

As equações das retas são muito mais simples. Por exemplo: o eixo dos x tem a equação $y = 0$, uma vez que $y = 0$ para todos os pontos sobre o eixo dos x e para nenhum outro ponto. O eixo dos y tem a equação $x = 0$. As retas que passam pela origem e que dividem ao meio os ângulos entre os eixos têm as equações $x = y$ e $x = -y$. É fácil mostrar que qualquer reta tem uma equação da forma

(4) $$ax + by = c,$$

onde a, b, c são constantes fixas caracterizando a reta. O significado da equação (4) é novamente que todos os pares de números reais x, y que satisfazem esta equação são as coordenadas de um ponto da reta, e inversamente.

O leitor pode ter aprendido que a equação

(5) $$\frac{x^2}{p^2}+\frac{y^2}{q^2}=1$$

representa uma elipse (Figura 16). Esta curva corta o eixo dos x nos pontos $A(p, 0)$ e $A'(-p, 0)$, e o eixo dos y em $B(0, q)$ e $B'(0, -q)$. (A notação $P(x, y)$ ou simplesmente (x, y) é utilizada como um modo mais breve para escrever "o ponto P com coordenadas x e y.") Se $p > q$, o segmento AA', de comprimento $2p$, é chamado de eixo maior da elipse, enquanto o segmento BB', de comprimento $2q$, é chamado de eixo menor. Esta elipse é o local de todos os pontos P cuja soma das distâncias a partir dos pontos $F\left(\sqrt{p^2-q^2},0\right)$ e $F'\left(-\sqrt{p^2-q^2},0\right)$ é $2p$. Como exercício, o leitor pode verificar isto utilizando a fórmula (1). Os pontos F e F' são chamados de focos da elipse, e a razão $e = \frac{\sqrt{p^2-q^2}}{p}$ é chamada de *excentricidade* da elipse.

Uma equação da forma

(6) $$\frac{x^2}{p^2}-\frac{y^2}{q^2}=1$$

representa uma hipérbole. Esta curva tem dois ramos que cortam o eixo dos x em $A(p, 0)$ e $A'(-p, 0)$ (Figura 17) respectivamente. O segmento AA', de comprimento $2p$, é chamado de eixo transverso da hipérbole. A hipérbole aproxima-se cada vez mais das duas retas $qx \pm py = 0$ à medida que nos afastamos cada vez mais da origem, mas ela nunca corta efetivamente estas retas. São chamadas de *assíntotas* da hipérbole. A hipérbole é o local de todos os pontos P tais que a *diferença* de suas distâncias aos dois pontos $F\left(\sqrt{p^2+q^2},0\right)$ e $F'\left(-\sqrt{p^2+q^2},0\right)$ é $2p$. Estes pontos são novamente chamados de focos da hipérbole; a razão $e = \frac{\sqrt{p^2+q^2}}{p}$ é chamada de excentricidade da hipérbole.

A equação

(7) $$xy = 1$$

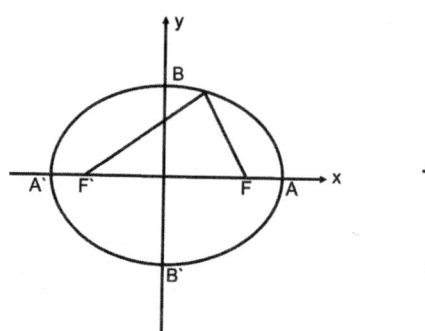

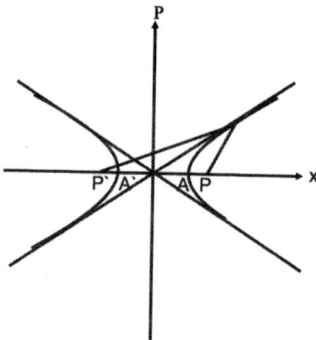

Figura 16: A elipse; F e F' são os focos.   Figura 17: A hipérbole; F e F' são os focos.

também define uma hipérbole, cujas assíntotas são agora os dois eixos (Figura 18). A equação desta hipérbole "eqüilátera" indica que a área do retângulo determinada por P é igual a 1 para cada ponto P sobre a curva. Uma hipérbole eqüilátera cuja equação é

(7a) $$xy = c,$$

c sendo uma constante, é apenas um caso especial da hipérbole geral, da mesma forma que o círculo é um caso especial da elipse. O caráter especial da hipérbole eqüilátera reside no fato de que suas duas assíntotas (neste caso os dois eixos das coordenadas) são perpendiculares uma à outra.

Para nós, o ponto principal aqui consiste na idéia fundamental de que objetos geométricos podem ser completamente representados em termos numéricos e algébricos, e que o mesmo é verdadeiro para operações geométricas. Por exemplo: se queremos encontrar o ponto de interseção de duas retas, consideramos suas duas equações

(8) $$ax + by = c$$
$$a'x + b'y = c'.$$

O ponto comum às duas retas é então encontrado simplesmente determinando suas coordenadas como a solução (x, y) das duas equações simultâneas (8). De forma semelhante, os pontos de interseção de quaisquer duas curvas, tais como o círculo $x^2 + y^2 - 2ax - 2by = k$, e a reta $ax + by = c$, são encontrados resolvendo as duas equações correspondentes simultaneamente.

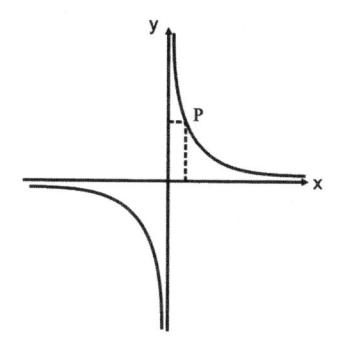

Figura 18: A hipérbole eqüilátera xy = 1.
A área xy do retângulo determinado pelo ponto P (x, y) é igual a 1.

§4. A ANÁLISE MATEMÁTICA DO INFINITO

1. Conceitos fundamentais

A seqüência de inteiros positivos

$$1, 2, 3, \ldots$$

é o primeiro e o mais importante exemplo de um conjunto infinito. Não há qualquer mistério em torno do fato de que esta seqüência não tem fim, nenhum "finis"; isto porque, por maior que seja o inteiro n, o inteiro seguinte $n + 1$, pode ser sempre formado. Porém, na passagem do *adjetivo* "infinito", significando simplesmente "sem fim", para o *substantivo* "infinidade", não podemos fazer a hipótese de que "infinidade", usualmente expressa pelo símbolo especial ∞, possa ser considerada com se fosse um *número* comum. Não podemos incluir o símbolo ∞ no sistema de números reais e ao mesmo tempo preservar as regras fundamentais da Aritmética. Não obstante, o conceito do infinito permeia toda a Matemática, uma vez que objetos matemáticos são normalmente estudados, não como indivíduos, mas como membros de classes ou conjuntos contendo infinitos objetos do mesmo tipo, tais como a totalidade dos inteiros, ou dos números reais, ou dos triângulos em um plano. Por esta razão, torna-se necessário analisar o infinito matemático de um modo preciso. A moderna teoria dos conjuntos, criada por Georg Cantor e sua escola no final do século XIX enfrentou este desafio com extraordinário sucesso. A teoria dos conjuntos de Cantor penetrou e influenciou fortemente muitos campos da Matemática e tem se tornado de importância básica para o estudo dos fundamentos lógicos e filosóficos da Matemática. O ponto de partida é o conceito geral de *conjunto*. Isto significa qualquer coleção de objetos definida por alguma regra que especifique exatamente quais objetos pertencem à coleção dada. Como exemplos, podemos considerar o conjunto de todos os inteiros positivos, o conjunto de todas as dízimas periódicas, o conjunto de todos os números reais ou o conjunto de todas as retas no espaço tridimensional.

Para comparar a "magnitude" de dois conjuntos diferentes, a noção básica é a de "equivalência". Se os elementos em dois conjuntos A e B podem ser emparelhados um com o outro de tal forma que a cada elemento de A corresponda um e somente um elemento de B e a cada elemento de B corresponda um e somente um elemento de A, então diz-se que a correspondência é *"bijetora"* e diz-se que A e B são *equivalentes*. A noção de equivalência para conjuntos finitos coincide com a noção comum de *igualdade de número*, uma vez que dois conjuntos finitos têm o mesmo número de elementos se e somente se os elementos dos dois conjuntos puderem ser postos em correspondência bijetora. Isto é, de fato, a própria idéia de contagem, porque quando contamos um conjunto finito de objetos, simplesmente estabelecemos uma correspondência bijetora entre estes objetos e um conjunto de símbolos numéricos 1, 2, 3, ..., n.

Não é sempre necessário contar os objetos em dois conjuntos finitos para demonstrar sua equivalência. Por exemplo, podemos afirmar, sem contagem, que qualquer conjunto finito de círculos de raio 1 é equivalente ao conjunto de seus centros.

A idéia de Cantor era estender o conceito de equivalência a conjuntos infinitos para definir uma "aritmética" de infinitos. O conjunto de todos os números reais e o conjunto de todos os pontos sobre uma reta são equivalentes, uma vez que a escolha de uma origem e de uma unidade nos permite associar de maneira bijetora a cada ponto P da reta um número real x, bem definido:

$$p \leftrightarrow x.$$

Os *inteiros pares* formam um subconjunto próprio do conjunto de *todos* os *inteiros*, e os inteiros formam um subconjunto próprio do conjunto de todos os *números racionais*. (A frase *subconjunto próprio* de um conjunto S, significa um conjunto S' formado por alguns, mas não todos, dos objetos em S.) De forma clara, se um *conjunto é finito*, isto é, se ele contém algum número n de elementos e nenhum mais, *então ele não pode ser equivalente a nenhum de seus subconjuntos próprios*, uma vez que qualquer subconjunto próprio poderia conter no máximo $n - 1$ elementos. Porém, *se um conjunto contém infinitos objetos*, então, de forma bastante paradoxal, *ele pode ser equivalente a um subconjunto próprio de si mesmo*. Por exemplo, o emparelhamento

$$\begin{array}{cccccccc} 1 & 2 & 3 & 4 & 5 & \ldots & n & \ldots \\ \updownarrow & \updownarrow & \updownarrow & \updownarrow & \updownarrow & & \updownarrow & \\ 2 & 4 & 6 & 8 & 10 & \ldots & 2n & \ldots \end{array}$$

estabelece uma correspondência bijetora entre o conjunto dos inteiros positivos e o subconjunto próprio dos inteiros pares, e, portanto, ambos os conjuntos são equivalentes. Esta contradição à verdade familiar, "o todo é maior do que quaisquer de suas partes", mostra as surpresas com que se vai deparar no domínio do infinito.

2. A enumerabilidade dos números racionais e a não-enumerabilidade do contínuo

Uma das primeiras descobertas de Cantor em sua análise do infinito foi de que o conjunto dos *números racionais* (que contém o conjunto infinito de inteiros como um subconjunto e é portanto ele mesmo infinito) é equivalente ao *conjunto dos inteiros*. À primeira vista parece muito estranho que o conjunto denso dos números racionais deva estar no mesmo pé de igualdade que seu subconjunto dos inteiros, esparsamente espalhados. É verdade que não se pode dispor os números racionais positivos *em ordem de tamanho* (como se pode fazer com os inteiros), dizendo-se que *a* é o primeiro número racional, *b* o seguinte maior, e assim por diante, porque existem infinitos números racionais entre dois números dados, e portanto não existe qualquer "seguinte maior". Porém, como observou Cantor, desconsiderando-se a relação de ordem entre elementos sucessivos, é possível dispor todos os números racionais sucessivamente, $r_1, r_2, r_3, r_4, \ldots,$ como os inteiros. Nesta seqüência, haverá um primeiro número racional, um segundo, um terceiro, e assim por diante, e cada número racional aparecerá exatamente uma vez. Esta disposição de um conjunto de objetos em uma seqüência como a dos inteiros é chamada de *denumeração* (ou enumeração) do conjunto. Exibindo esta denumeração, Cantor demonstrou que o conjunto de números racionais é equivalente ao conjunto de inteiros, desde que a correspondência

$$\begin{array}{ccccccc} 1 & 2 & 3 & 4 & \ldots & n & \ldots \\ \updownarrow & \updownarrow & \updownarrow & \updownarrow & & \updownarrow & \\ r_1 & r_2 & r_3 & r_4 & \ldots & 2n & \ldots \end{array}$$

fosse bijetora. Um modo de denumerar os números racionais será descrita a seguir.

Todo número racional pode ser escrito na forma a/b, onde a e b são inteiros, e todos estes números podem ser dispostos em um quadro, com a/b na a-ésima coluna e b-ésima linha. Por exemplo: 3/4 é encontrado na terceira coluna e quarta linha da tabela abaixo. Todos os números racionais positivos podem agora ser dispostos de acordo com o seguinte esquema: no quadro que acabamos de definir, traçamos uma poligonal contínua que atravessa todos os números. Começando em 1, caminhamos horizontalmente até a casa seguinte à direita, obtendo 2 como o segundo membro da seqüência; depois, diagonalmente para baixo e para a esquerda até que a primeira coluna seja alcançada na posição ocupada por 1/2; em seguida, verticalmente para baixo uma casa até 1/3, diagonalmente para cima até alcançar a primeira linha novamente em 3, horizontalmente até 4, diagonalmente para baixo até 1/4, e assim por diante, conforme mostrado na figura.

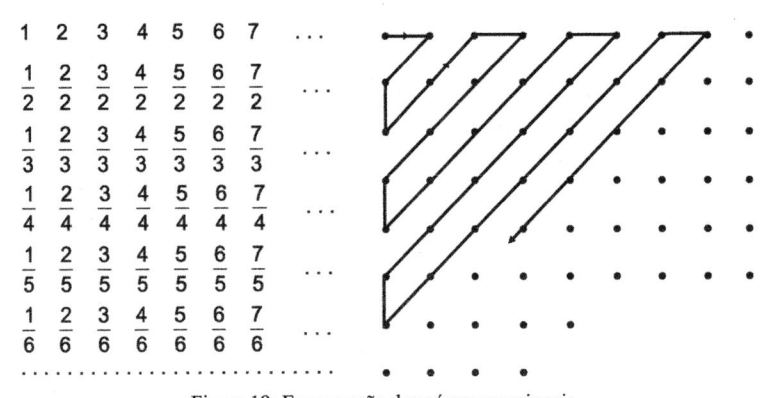

Figura 19: Enumeração dos números racionais.

Acompanhando esta poligonal, chegamos a uma seqüência 1, 2, 1/2, 1/3, 2/2, 3, 4, 3/2, 2/3, 1/4, 1/5, 2/4, 3/3, 4/2, 5, ... contendo os números racionais na ordem em que ocorrem ao longo da poligonal. Nesta seqüência, podemos agora simplificar todos aqueles números a/b para os quais a e b têm um fator comum, de modo que cada número racional r apareça exatamente uma vez e em sua forma irredutível. Assim, obtemos uma seqüência 1, 2, 1/2, 1/3, 3, 4, 3/2, 2/3, 1/4, 1/5, 5, ... que contém cada número racional positivo uma vez e somente uma. Isto demonstra que o conjunto de todos os números racionais positivos é enumerável. Tendo em vista o fato de que os números racionais estão em correspondência bijetora aos pontos racionais sobre a reta, provamos ao mesmo tempo que o conjunto de pontos racionais positivos sobre uma reta é enumerável.

Exercícios: Demonstre que o conjunto de todos os inteiros positivos e negativos é enumerável. Demonstre que o conjunto de todos os números racionais positivos e negativos é enumerável.

2) Demonstre que o conjunto $S + T$ (veja no Suplemento do Capítulo 2) é enumerável se S e T forem conjuntos enumeráveis. Demonstre o mesmo para a soma de três, quatro ou qualquer número n de conjuntos, e finalmente para um conjunto composto por muitos conjuntos enumeráveis.

Uma vez que se demonstrou que os números racionais são enumeráveis, pode-se suspeitar que *qualquer* conjunto infinito seja enumerável, e que seria o resultado fundamental da análise do infinito. Isto não é de forma alguma verdadeiro. Cantor fez a significativa descoberta de que o *conjunto de todos os números reais*, racionais e irracionais, *não é enumerável*. Em outras palavras, a totalidade dos números reais apresenta um tipo de infinidade radicalmente diferente e, por assim dizer, mais elevado, do que o dos inteiros ou dos números racionais isoladamente. A engenhosa prova indireta de Cantor para este fato tornou-se um modelo para muitas demonstrações matemáticas. O esquema da prova é o que se apresentará a seguir. Começamos com a hipótese provisória de que *todos* os números reais foram efetivamente enumerados em uma seqüência, e depois exibimos um número que não ocorre na enumeração dada. Isto apresenta uma contradição, uma vez que a hipótese era de que todos os números reais foram incluídos na enumeração, e esta hipótese deve ser falsa se mesmo um único número tiver sido omitido. Assim, mostra-se que a hipótese de ser possível uma enumeração dos números reais é absurda e, portanto, o contrário, isto é, a proposição de Cantor de que o conjunto de números reais não é enumerável, fica demonstrada.

Para levar a cabo este projeto, vamos supor que tenhamos enumerado todos os números reais dispondo-os em uma tabela de decimais infinitas,

                     Primeiro número $N_1, a_1 a_2 a_3 a_4 a_5 \ldots$
                     Segundo número $N_2, b_1 b_2 b_3 b_4 b_5 \ldots$
                     Terceiro número $N_3, c_1 c_2 c_3 c_4 c_5 \ldots$

onde os N representam as partes inteiras e as letras pequenas representam os dígitos após a vírgula decimal. Suponhamos que esta seqüência de frações decimais contenha *todos* os números reais. O ponto essencial na prova consiste em construir agora, por um "processo diagonal", um novo número que possamos mostrar não estar incluído nesta seqüência. Para fazer isto, primeiro escolhemos um dígito a que difira de a_1 e não seja nem 0 nem 9 (para evitar possíveis ambigüidades que possam surgir a partir de igualdades como $0,999\ldots = 1,000\ldots$), depois um dígito b diferente de b_2 e novamente diferente de 0 e 9; de forma semelhante, c diferente de c_3, e assim por diante. (Por exemplo: podemos simplesmente escolher $a = 1$ a menos que $a_1 = 1$, caso em que escolhemos $a = 2$, e de forma semelhante, de cima para baixo na tabela para todos os dígitos $a, b, c, d, e, \ldots$.) Considere agora a decimal infinita

$$z = 0 \cdot abcde\ldots$$

Este novo número z é certamente diferente de qualquer dos números na tabela acima; ele não pode ser igual ao primeiro porque difere dele no primeiro dígito após a vírgula decimal; não pode ser igual ao segundo, pois difere dele no segundo dígito; e, de maneira geral, não pode ser idêntico ao n-ésimo número na tabela uma vez que difere dele no n-ésimo dígito. Isto mostra que nossa tabela de decimais dispostas consecutivamente *não* contém todos os números reais. Portanto, este conjunto não é enumerável.

O leitor pode talvez imaginar que a razão para a não-enumerabilidade do contínuo numérico está no fato de que a reta é infinita em comprimento, e que um segmento finito da reta conteria somente uma infinidade enumerável de pontos. Isto não acontece, porque é fácil mostrar que todo o contínuo numérico é equivalente a qualquer segmento de comprimento finito, digamos, o segmento de 0 a 1 com os pontos terminais excluídos. A correspondência bijetora desejada pode ser obtida dobrando-se o segmento em $\frac{1}{3}$ e $\frac{2}{3}$ e projetando-o sobre a reta, de um ponto, conforme mostrado na Figura 20. Segue-se que mesmo um segmento finito da reta numérica contém uma infinidade não-enumerável de pontos.

Exercício: Demonstre que qualquer intervalo $[A, B]$ da reta numérica é equivalente a qualquer outro intervalo $[C, D]$.

É importante indicar uma outra prova, talvez mais intuitiva, da não-enumerabilidade do contínuo numérico. Tendo em vista o que acabamos de provar, será suficiente concentrar nossa atenção no conjunto de pontos entre 0 e 1. Novamente, trata-se de uma prova indireta. Suponhamos que o conjunto de todos os pontos sobre a reta entre 0 e 1 possa ser disposto em uma seqüência

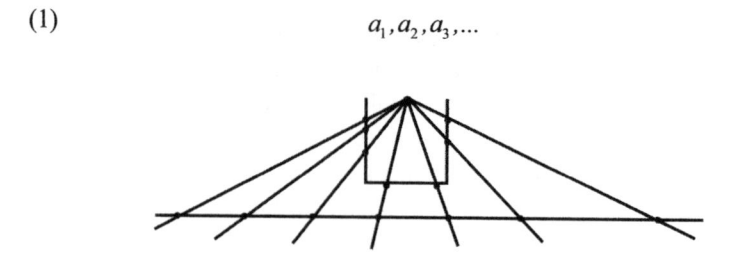

(1) $\qquad a_1, a_2, a_3, \ldots$

Figura 20: Correspondência bijetora entre os pontos de uma poligonal e de uma reta.

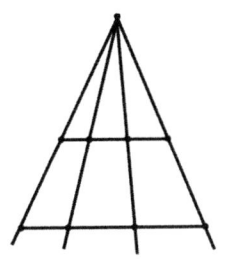

Figura 21: Correspondência bijetora entre os pontos de dois segmentos de comprimentos diferentes.

Coloquemos o ponto a_1 em um intervalo de comprimento $1/10$, o ponto a_2 em um intervalo de comprimento $1/10^2$, e assim por diante. Se todos os pontos entre 0 e 1 fossem incluídos na seqüência (1), o intervalo unitário seria totalmente coberto por uma seqüência infinita de subintervalos possivelmente superpostos de comprimentos $1/10$, $1/10^2$, ... (O fato de que alguns destes se estendem para além do intervalo unitário não influencia nossa prova). A soma destes comprimentos é dada pela série geométrica

$$1/10 + 1/10^2 + 1/10^3 + \cdots = \frac{1}{10}\left[\frac{1}{1-\frac{1}{10}}\right] = \frac{1}{9}.$$

Dessa forma, a hipótese de que a seqüência (1) contém todos os números reais de 0 a 1, leva à possibilidade de cobrir todo o intervalo de comprimento 1 por um conjunto de intervalos de comprimento total $1/9$, o que é intuitivamente absurdo. Podemos aceitar esta contradição como uma prova, embora, do ponto de vista lógico, isso exigiria uma análise mais aprofundada.

O raciocínio do item anterior ajuda a demonstrar um teorema de grande importância da moderna teoria da "medida". Substituindo os intervalos acima por intervalos menores de comprimento $\varepsilon/10^n$, onde ε é um número positivo pequeno e arbitrário, observamos que qualquer conjunto enumerável de pontos sobre a reta pode ser incluído em um conjunto de intervalos de comprimento total $\varepsilon/9$. Como ε era arbitrário, o último número pode ser tão pequeno quanto quisermos. Na terminologia da teoria de medida dizemos que um conjunto enumerável de pontos tem *medida zero*.

Exercício: Prove que o mesmo resultado é válido para um conjunto enumerável de pontos no plano, substituindo comprimentos de intervalos por áreas de quadrados.

3. Os "números cardinais" de Cantor

Como resumo dos resultados obtidos até aqui, podemos dizer: O número de elementos em um conjunto *finito* A não pode ser igual ao número de elementos em um conjunto finito B se A contiver *mais* elementos do que B. Se substituirmos o conceito de "conjuntos com o mesmo número (finito) de elementos" pelo conceito mais geral de *conjuntos equivalentes*, então para conjuntos infinitos a afirmação anterior não é válida; o conjunto de todos os inteiros contém mais elementos do que o conjunto dos inteiros pares e o conjunto dos números racionais mais do que o conjunto de inteiros, mas vimos que estes conjuntos são equivalentes. Poderíamos suspeitar que *todos* os conjuntos infinitos fossem equivalentes e que distinções outras que não entre números finitos e infinidade não pudessem ser feitas, porém o resultado de Cantor refuta isto; existe um conjunto - o contínuo dos números reais - que não é equivalente a nenhum conjunto enumerável.

Assim, existem pelo menos dois tipos diferentes de "infinidade": a infinidade enumerável dos inteiros e a infinidade não-enumerável do contínuo. Se dois conjuntos A e B, finitos ou infinitos, são equivalentes, podemos dizer que eles têm o *mesmo número cardinal*. Isto se reduz à noção comum de *mesmo número natural* se A e B forem finitos, e pode ser considerada como uma generalização válida deste conceito. Além disso, se um conjunto A é equivalente a algum subconjunto de B, enquanto B não é equivalente a A ou a qualquer de seus subconjuntos, devemos dizer, concordando com Cantor, que o conjunto B tem um *número cardinal maior do que* o conjunto A. Esta utilização da palavra "número" também está de acordo com a noção comum de número maior para conjuntos finitos. O conjunto de inteiros é um subconjunto do conjunto de números reais, enquanto que o conjunto de números reais não é nem equivalente ao conjunto de inteiros nem a qualquer subconjunto deste (isto é, o conjunto de números reais não é nem enumerável nem finito). Portanto, de acordo com nossa definição, o contínuo dos números reais tem um número cardinal maior do que o conjunto de inteiros.

*Na realidade, Cantor efetivamente mostrou como construir toda uma seqüência de conjuntos infinitos com números cardinais cada vez maiores. Uma vez que podemos começar com o conjunto de inteiros positivos, basta mostrar claramente que *dado qualquer conjunto A, é possível construir um outro conjunto B com um número cardinal maior*. Em razão da grande generalidade deste teorema, a prova é necessariamente até certo ponto abstrata. Definimos o conjunto B como sendo o conjunto cujos elementos são todos os diferentes subconjuntos do conjunto A. O termo "subconjunto" deve abranger não apenas os subconjuntos próprios de A mas também o próprio conjunto A, e o "subconjunto" vazio ϕ, que não contém quaisquer elementos. Assim, se A consiste nos três inteiros 1, 2, 3, então B contém os oito diferentes elementos {1, 2, 3}, {1, 2}, {1, 3}, {2, 3}, {1}, {2}, {3}, e ϕ.) Cada elemento do conjunto B é em si mesmo um conjunto, formado por certos elementos de A. Suponhamos agora que B seja equivalente a A ou a algum subconjunto deste, isto é, que exista alguma regra que correlacione de maneira bijetora os elementos de A ou de um subconjunto de A com todos os elementos de B, isto é, com os subconjuntos de A:

(2) $$a \longleftrightarrow s_a,$$

onde representamos por S_a o subconjunto de A que corresponde ao elemento a de A. Devemos chegar a uma contradição exibindo um elemento de B (isto é, um subconjunto T de A) que não pode ter qualquer elemento a com ele correlacionado. Para construir este subconjunto, observamos que para qualquer elemento x de A existem duas possibilidades: o conjunto S_x atribuído a x na correspondência dada (2) contém o elemento x, ou S_x não contém x. *Definimos T como o subconjunto de A consistindo de todos aqueles elementos x tal que Sx não contenha x.* Este subconjunto difere de cada S_a por pelo menos o elemento a, uma vez que se S_a contiver a, T não o conterá, enquanto que se Sa não contiver a, T o conterá. Portanto, T não está incluído na correspondência (2). Isto demonstra que é impossível estabelecer uma correspondência bijetora entre os elementos de A ou de qualquer subconjunto de A e aqueles de B. Porém a correlação

$$a \longleftrightarrow \{a\}$$

define uma correspondência bijetora entre os elementos de A e o subconjunto de B formado por todos os subconjuntos de A que contêm um único elemento. Assim, pela definição do último parágrafo, B tem um número cardinal maior do que A.

* *Exercício:* Se A contém n elementos, onde n é um inteiro positivo, demonstre que B, definido conforme acima, contém 2^n elementos. Se A é o conjunto de todos os inteiros positivos, demonstre que B é equivalente ao contínuo de números reais de 0 a 1. (Indicação: simbolize um subconjunto de A no primeiro caso por uma seqüência finita e no segundo por uma seqüência infinita dos símbolos 0 e 1,

$$a_1 a_2 a_3 \ldots,$$

onde $a_n = 1$ ou 0, conforme o n-ésimo elemento de A pertença ou não ao subconjunto dado.)

Pode-se imaginar que se trata de uma tarefa simples encontrar um conjunto de *pontos* com um número cardinal maior do que o conjunto de números reais de 0 a 1. Certamente um quadrado, sendo "bidimensional", pareceria conter "mais" pontos do que um segmento "unidimensional". De forma bastante surpreendente, isto não acontece; *o número cardinal do conjunto de pontos em um quadrado é o mesmo que o número cardinal do conjunto de pontos em um segmento*. Para provar isto, definimos a seguinte correspondência.

Se (x, y) é um ponto do quadrado de lado unitário, x e y podem ser escritos em forma decimal como

$$x = 0, a_1 a_2 a_3 a_4 ...,$$
$$y = 0, b_1 b_2 b_3 b_4 ... .$$

onde, para evitar ambigüidade escolhemos, por exemplo, 0,250000 ... ao invés de 0,249999 ... para o número racional $\frac{1}{4}$. Para o ponto (x, y) do quadrado, então atribuímos o ponto

$$z = 0, a_1 b_1 a_2 b_2 a_3 b_3 a_4 b_4 \cdots$$

do segmento de 0 a 1. De forma clara, pontos diferentes (x, y) e (x', y') do quadrado corresponderão a pontos diferentes z e z' do segmento, de modo que o número cardinal do quadrado não possa exceder o do segmento.

(Na realidade, a correspondência que acabamos de definir é bijetora entre o conjunto de todos os pontos do quadrado e um subconjunto próprio do segmento unitário; nenhum ponto do quadrado poderia corresponder ao ponto 0,2140909090 ..., por exemplo, uma vez que a forma 0,25000 ... ao invés de 0,24999 ... foi escolhida para o número $\frac{1}{4}$. Porém, é possível modificar ligeiramente a correspondência de modo que ela seja bijetora entre todo o quadrado e todo o segmento, que são assim vistos como tendo o mesmo número cardinal.)

Um raciocínio semelhante mostra que o número cardinal dos pontos em um cubo não é maior do que o número cardinal do segmento.

Embora estes resultados pareçam contradizer a noção intuitiva de dimensionalidade, devemos lembrar que a correspondência que definimos não é "contínua"; se percorrermos continuamente o segmento de 0 a 1, os pontos correspondentes no quadrado não formarão uma curva contínua mas aparecerão em uma ordem completa mente caótica. A dimensão de um conjunto de pontos depende não apenas do número cardinal do conjunto, mas também da maneira pela qual os pontos estão distribuídos no espaço. No Capítulo V retornaremos a este assunto.

4. O método indireto de prova

A teoria dos números cardinais é apenas um aspecto da teoria geral dos conjuntos, criada por Cantor, que enfrentou severas críticas de alguns dos mais destacados matemáticos de sua época. Muitos destes críticos, tais como Kronecker e Poincaré, faziam objeções ao aspecto vago do conceito geral de "conjunto" e ao caráter não-construtivo do raciocínio utilizado para definir certos conjuntos.

As objeções ao raciocínio não-construtivo referem-se ao que pode ser chamado de provas *essencialmente indiretas*. As próprias provas indiretas são um tipo familiar de raciocínio matemático: para se demonstrar a verdade de uma proposição A, parte-se da hipótese provisória de que A', o contrário de A, é verdadeiro. Então, por meio de alguma cadeia de raciocínio, produz-se uma contradição a A', demonstrando assim o absurdo de A'. Portanto, com base no princípio lógico fundamental do "terceiro excluído", o absurdo de A' demonstra a verdade de A.

Por todo este livro, encontraremos exemplos em que uma prova indireta pode ser facilmente convertida em uma prova direta, embora a forma indireta muitas vezes tenha as vantagens da brevidade e da ausência de detalhes desnecessários ao objetivo imediato. Mas existem alguns teoremas para os quais até agora só foi possível oferecer provas indiretas. Há inclusive teoremas, que podem ser provados pelo método indireto, para os quais provas construtivas diretas não poderiam ser oferecidas, mesmo em princípio, em razão da própria natureza dos teoremas. É o caso, por exemplo, do teorema da página 89. Em diferentes ocasiões na história da Matemática, quando os esforços dos matemáticos eram dirigidos no sentido de *construir* soluções para certos problemas a fim de demonstrar que tinham solução, alguém aparecia e contornava a tarefa de construção apresentando uma prova indireta e não-construtiva.

Há uma diferença essencial entre provar a existência de um objeto de um certo tipo construindo um exemplo tangível deste objeto, e mostrar que, se nenhum existisse, seria possível deduzir resultados contraditórios. No primeiro caso tem-se um objeto tangível, enquanto que no segundo caso tem-se apenas a contradição. Alguns destacados matemáticos têm defendido recentemente o banimento mais ou menos completo da Matemática de todas as provas não-construtivas. Mesmo que este projeto fosse desejável, envolveria atualmente tremendas complicações e até mesmo a destruição parcial da parte principal da Matemática existente. Por esta razão, não constitui surpresa o fato de que a escola do "intuicionismo", que adotou este projeto, tenha enfrentado forte resistência, e até mesmo o intuicionista mais radical não pode se ater sempre a suas convicções.

5. Os paradoxos do infinito

Embora a posição intransigente dos intuicionistas seja muito radical para a maioria dos matemáticos, uma grave ameaça à bela teoria dos conjuntos infinitos surgiu quando inequívocos paradoxos lógicos da teoria tornaram-se evidentes. Logo observou-se que uma liberdade irrestrita no uso do conceito de "conjunto" levou a contradições. Um dos paradoxos, apresentado por Bertrand Russell, pode ser formulado do seguinte modo. A maioria dos conjuntos não se incluem neles próprios como elementos. Por exemplo: O conjunto A de todos os inteiros contém como elementos somente inteiros; A, sendo ele mesmo não um inteiro mas um *conjunto de inteiros*, não está ele próprio contido como elemento do conjunto de inteiros. Um conjunto como este pode ser chamado de "ordinário". Possivelmente, talvez existam conjuntos que se contenham como elementos; por exemplo, o conjunto S assim definido: "S contém como elementos todos os conjuntos definíveis por uma frase em português com menos de vinte palavras" poderia ser considerado como contendo ele próprio como elemento. Podemos chamar estes conjuntos de "extraordinários". De qualquer forma, entretanto, a maioria dos conjuntos será ordinária, e podemos excluir o comportamento errático de conjuntos "extraordinários" concentrando nossa atenção no *conjunto de todos os conjuntos ordinários*. Chamemos este de conjunto C. Cada elemento do conjunto C é em si mesmo um conjunto; na realidade, um conjunto ordinário. Surge agora a seguinte questão: C é em si mesmo um conjunto ordinário ou um conjunto extraordinário? Deve ser um ou outro. Se C for ordinário, ele se contém como um elemento, uma vez que C é definido como contendo todos os conjuntos ordinários. Sendo assim, C deve ser extraordinário, uma vez que os conjuntos extraordinários são aqueles que se contêm como membros. E isto é uma contradição. Portanto, C deve ser extraordinário. Mas ao mesmo tempo, C contém com membro um conjunto extraordinário (isto é, o próprio C), o que contradiz a definição pela qual C deveria conter apenas conjuntos ordinários. Assim, em qualquer dos casos, vemos que a hipótese da mera existência do conjunto C nos levou a uma contradição.

6. Os fundamentos da Matemática

Paradoxos como estes levaram Russell e outros a um estudo sistemático dos fundamentos da Matemática e da Lógica. O objetivo primordial de seus esforços consistia em proporcionar ao raciocínio matemático uma base lógica que pudesse ser demonstrada como isenta de possíveis contradições, e que, além disso, abrangesse tudo que fosse considerado importante por todos (ou por alguns) matemáticos. Embora esta meta ambiciosa não tenha sido atingida e talvez isto nunca aconteça, o tema da lógica matemática tem atraído a atenção de um número cada vez maior de estudiosos. Muitos problemas neste campo, que podem ser enunciados em termos muito simples, são muito difíceis de resolver. Como um exemplo, mencionamos a Hipótese do Contínuo, que afirma não existir qualquer conjunto cujo número cardinal seja maior do que o do conjunto dos inteiros porém menor do que o do conjunto de números reais. Muitas conseqüências interessantes podem ser deduzidas desta hipótese, porém até o momento não foi provada nem refutada; de qualquer forma, foi recentemente mostrado por Kurt Gödel que se os postulados usuais na base da teoria dos conjuntos são consistentes, então o conjunto ampliado de postulados obtidos pelo acréscimo da *Hipótese do Contínuo* também é consistente. Questões como estas afinal se reduzem à questão do que é chamado de conceito de *existência matemática*. Felizmente, a existência da Matemática não depende de uma resposta satisfatória a estas questões. A escola dos "formalistas", liderada pelo grande matemático Hilbert, afirma que na Matemática, "existência" significa simplesmente "livre de contradições". Torna-se então necessário elaborar um conjunto de postulados a partir dos quais tudo da Matemática pode ser deduzido por raciocínio puramente formal, e demonstrar que este conjunto de postulados jamais levará a uma contradição. Resultados recentes obtidos por Gödel e outros parecem mostrar que este projeto, pelo menos conforme originalmente concebido por Hilbert, não pode ser levado adiante. Significativamente, a teoria de Hilbert da estrutura formalizada da Matemática é essencialmente baseada em procedimentos intuitivos. De uma forma ou de outra, explícita ou implicitamente, mesmo sob o mais intransigente aspecto formalista, lógico ou axiomático, a intuição construtiva permanecerá sempre como o elemento vital na Matemática.

§5. Números complexos

1. A origem dos números complexos

Por muitas razões, o conceito de número teve de ser estendido além do contínuo de números reais pela introdução dos chamados números complexos. Deve-se compreender que no desenvolvimento histórico e psicológico da Matemática, todas estas extensões e novas invenções não foram de forma alguma produto do esforço individual; ao contrário, parecem o resultado de uma evolução gradual e hesitante para a qual nenhuma pessoa isoladamente pode receber o crédito maior. Foi a necessidade de maior liberdade em cálculos formais que gerou a utilização de números negativos e racionais. Foi somente no final da Idade Média que os matemáticos começaram a perder a sensação de constrangimento na utilização destes conceitos, que pareciam não ter o mesmo caráter intuitivo e concreto como ocorria com os números naturais. Só em meados do século XIX os matemáticos compreenderam inteiramente que a base lógica e filosófica essencial para operar em um domínio de números ampliado é formalista; e que extensões têm de ser criadas por definições que, como tais, são livres, porém inúteis se não forem elaboradas de tal forma que as regras e propriedades prevalentes no domínio original sejam preservadas no domínio maior. É da maior importância que estas extensões possam algumas vezes estar vinculadas a objetos "reais" e, dessa forma, prover instrumentos para novas aplicações; mas isto pode oferecer apenas uma motivação e não uma prova lógica da validade da extensão.

O processo que primeiro requer a utilização de números complexos é o de *resolver equações quadráticas*. Recordemos o conceito de equação linear, $ax = b$, onde a quantidade x desconhecida deve ser determinada. A solução é simplesmente $x = b/a$, e a exigência de que toda equação linear com coeficientes inteiros $a \neq 0$ e b devia ter uma solução, necessitava da utilização dos números racionais. Equações tais como

(1) $$x^2 = 2,$$

que não têm qualquer solução x no corpo dos números racionais, nos levaram a construir o corpo mais amplo dos números reais no qual existe efetivamente uma solução para elas. Porém, até mesmo o corpo de números reais não é suficientemente amplo para fornecer uma teoria completa das equações quadráticas. Uma simples equação como

(2) $$x^2 = -1$$

não tem qualquer solução real, uma vez que o quadrado de qualquer número real nunca é negativo.

Devemos nos contentar com a afirmação de que esta equação simples não é solúvel, ou então seguir o caminho familiar da ampliação de nosso conceito de número, introduzindo números que tornarão a equação solúvel. Isto é exatamente o que se faz quando se introduz o novo símbolo i, definindo $i^2 = -1$. Naturalmente, este objeto i, a "unidade imaginária", nada tem a ver com o conceito de um número como um meio de *contar*. Trata-se puramente de um *símbolo*, sujeito à regra fundamental $i^2 = -1$, e seu valor dependerá inteiramente do fato de que, com esta introdução, uma extensão realmente útil e exeqüível do sistema numérico possa ser efetuada.

Uma vez que desejamos adicionar e multiplicar como se o símbolo i fosse um número real comum, devemos ter condições de formar símbolos como $2i, 3i, -i, 2 + 5i$; ou, de maneira mais geral, $a + bi$, onde a e b são dois números reais quaisquer. Se estes símbolos devem obedecer às leis comutativas, associativas e distributivas familiares da adição e da multiplicação, logo, por exemplo,

$$(2+3i)+(1+4i) = (2+1)+(3+4)i = 3+7i,$$
$$(2+3i)(1+4i) = 2+8i+3i+12i^2$$
$$= (2-12)+(8+3)i = -10+11i.$$

Orientados por estas considerações, começamos nossa exposição sistemática elaborando a seguinte *definição*: um símbolo da forma $a + bi$, onde a e b são dois números reais quaisquer, deve ser chamado de *número complexo* com *parte real a* e *parte imaginária b*. As operações de adição e de multiplicação devem ser realizadas com estes símbolos exatamente como se i fosse um número real comum, exceto quanto a i^2 que deve ser sempre substituído por -1. Mais precisamente, definimos a adição e a multiplicação de números complexos pelas regras

(3)
$$(a+bi)+(c+di) = (a+c)+(b+d)i,$$
$$(a+bi)(c+di) = (ac-bd)+(ad+bc)i.$$

Em particular, temos

(4)
$$(a+bi)(a-bi) = a^2 - abi + abi - b^2i^2 = a^2 + b^2.$$

Com base nestas definições, é facilmente verificado que as leis comutativa, associativa e distributiva são válidas para os números complexos. Além disso, não apenas a adição e a multiplicação, mas também a subtração e a divisão de dois números complexos conduzem novamente a números da forma $a + bi$, de modo que os números complexos formem um corpo (veja Capítulo 2):

(5)
$$(a+bi)-(c+di) = (a-c)+(b-d)i,$$
$$\frac{a+bi}{c+di} = \frac{(a+bi)(c-di)}{(c+di)(c-di)} = \left(\frac{ac+bd}{c^2+d^2}\right) + \left(\frac{bc-ad}{c^2+d^2}\right)i.$$

(A segunda equação é sem significado quando $c + di = 0 + 0i$, porque então $c^2 + d^2 = 0$. Assim, novamente, *devemos excluir a divisão por zero*, isto é, por $0 + 0i$.) Por exemplo:

$$(2+3i)-(1+4i) = 1-i,$$
$$\frac{2+3i}{1+4i} = \frac{2+3i}{1+4i} \cdot \frac{1-4i}{1-4i} = \frac{2-8i+3i+12}{1+16} = \frac{14}{17} - \frac{5}{17}i.$$

O corpo dos números complexos inclui o corpo dos números reais como subcorpo, pois o número complexo $a + 0i$ pode ser considerado como sendo o número real a. Por outro lado, um número complexo da forma $0 + bi = bi$ é chamado de número imaginário puro.

Exercícios: 1) Expresse $\dfrac{(1+i)(2+i)(3+i)}{(1-i)}$ na forma $a + bi$.

2) Expresse

$$\left(-\dfrac{1}{2}+i\dfrac{\sqrt{3}}{2}\right)^3$$

na forma $a + bi$.

3) Expresse na forma $a + bi$:

$$\dfrac{1+i}{1-i}, \dfrac{1+i}{2-i}, \dfrac{1}{i^5}, \dfrac{1}{(-2+i)(1-3i)}, \dfrac{(4-5i)^2}{(2-3i)^2}.$$

4) Calcule $\sqrt{5+12i}$. (Indicação: escreva $\sqrt{5+12i} = x + yi$, eleve ao quadrado e iguale as partes reais e imaginárias).

Com a introdução do símbolo i estendemos o corpo dos números reais a um corpo de símbolos $a + bi$ no qual uma equação quadrática especial

$$x^2 = -1$$

tem as duas soluções $x = i$ e $x = -i$. Isto porque, por definição, $i \cdot i = (-i)(-i) = i^2 = -1$. Na realidade, ganhamos muito mais: podemos facilmente verificar que agora *toda equação quadrática* que pudermos escrever na forma

(6) $$ax^2 + bx + c = 0,$$

tem uma solução. Porque, a partir de (6), temos

$$x^2 + \frac{b}{a}x = -\frac{c}{a},$$

$$x^2 + \frac{b}{a}x + \frac{b^2}{4a^2} = \frac{b^2}{4a^2} - \frac{c}{a},$$

(7)
$$\left(x + \frac{b}{2a}\right)^2 = \frac{b^2 - 4ac}{4a^2},$$

$$x + \frac{b}{2a} = \frac{\pm\sqrt{b^2 - 4ac}}{2a},$$

$$x = \frac{-b \pm \sqrt{b^2 - 4ac}}{2a}.$$

Ora, se $b^2 - 4ac \geq 0$, então $\sqrt{b^2 - 4ac}$ é um número real comum, e as soluções (7) são reais, enquanto se $b^2 - 4ac < 0$, então $4ac - b^2 > 0$ e $\sqrt{b^2 - 4ac} = \sqrt{-(4ac - b^2)} = \sqrt{4ac - b^2} \cdot i$, de modo que as soluções (7) sejam números complexos. Por exemplo, as soluções da equação

$$x^2 + 5x + 6 = 0$$

são $x = \left(5 \pm \sqrt{25 - 24}\right)/2 = (5 \pm 1)/2 = 2$ ou 3, enquanto que as soluções da equação

$$x^2 - 2x + 2 = 0$$

são $x = \left(2 \pm \sqrt{4 - 8}\right)/2 = (2 \pm 2i)/2 = 1 + i$ ou $1 - i$.

2. A interpretação geométrica dos números complexos

Já no século XVI, os matemáticos foram levados a introduzir expressões para raízes quadradas de números negativos a fim de resolver todas as equações quadráticas e cúbicas; porém, não eram capazes de explicar o exato significado destas expressões, que viam com supersticioso temor. O termo "imaginário" é uma lembrança do fato de que estas expressões eram consideradas de alguma forma fictícias e irreais. Finalmente, no início do século XIX, quando a importância destes números em muitos ramos da Matemática tornou-se manifesta, uma simples interpretação geométrica das operações com números complexos foi fornecida, o que extinguiu as persistentes dúvidas quanto à sua validade. Naturalmente, uma interpretação deste tipo é desnecessária do ponto de vista moderno no qual a justificativa de cálculos formais com números complexos é dada diretamente com base nas definições formais da adição e da multiplicação. Porém a interpretação geométrica, fornecida aproximadamente ao mesmo tempo por Wessel (1745-1818), Argand (1768-1822) e Gauss, fez com que estas operações parecessem mais naturais do ponto de vista intuitivo, e tem sido desde então da máxima importância em aplicações dos números complexos na Matemática e nas Ciências Físicas.

Esta interpretação geométrica consiste simplesmente em representar o número complexo $z = x + yi$ pelo ponto no plano com coordenadas retangulares (x, y). Assim, a parte real de z é sua abscissa, x, e a parte imaginária sua ordenada, y. Fica portanto estabelecida uma correspondência entre os números complexos e os pontos em um "plano numérico", exatamente como foi estabelecida uma correspondência em §2 entre os números reais e os pontos sobre uma reta, a reta numérica. Os pontos sobre o eixo dos x do plano numérico correspondem aos números reais $z = x + 0i$, enquanto os pontos sobre o eixo dos y correspondem aos números imaginários puros $z = 0 + yi$.

Se

$$z = x + yi$$

for qualquer número complexo, denominamos o número complexo

$$\overline{z} = x - yi$$

de *conjugado* de z. O ponto $\overline{z}$ é representado no plano numérico pela reflexão do ponto z no eixo dos x como em um espelho. Se representarmos a distância do ponto z a partir da origem por ρ, então, pelo teorema de Pitágoras,

$$\rho^2 = x^2 + y^2 = (x + yi)(x - yi) = z \cdot \overline{z}.$$

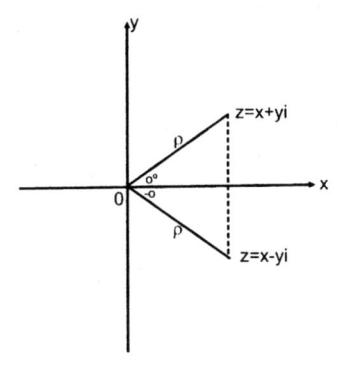

Figura 22: Representação geométrica dos números complexos.
O ponto z tem as coordenadas retangulares (x, y).

O número real $\rho = \sqrt{x^2 + y^2}$ é chamado de *módulo* de z, e escrito

$$\rho = |z|.$$

Se z está sobre o eixo real, seu módulo é seu valor absoluto comum. Os números complexos com módulo 1 estão sobre o "círculo unitário" com centro na origem e raio 1.

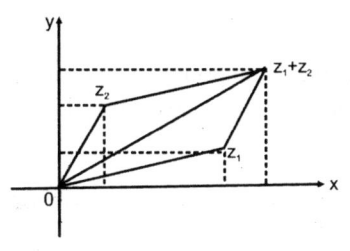

Figura 23: Lei do paralelogramo para a adição de números complexos.

Se $|z| = 0$, então $z = 0$. Isto decorre da definição de $|z|$ como a distância de z da origem. Além disso, o *módulo do produto de dois números complexos é igual ao produto de seus módulos:*

$$|z_1 \cdot z_2| = |z_1| \cdot |z_2|.$$

Isto se seguirá a partir de um teorema geral a ser provado na página 107.

Exercícios: 1) Prove este teorema diretamente a partir da definição de multiplicação de dois números complexos, $z_1 = x_1 + y_1 i$ e $z_2 = x_2 + y_2 i$.

2) A partir do fato de que o produto de dois números reais é 0 somente se um dos fatores for 0, prove o teorema correspondente para números complexos. (Indicação: utilize os dois teoremas há pouco enunciados.)

A partir da definição de adição de dois números complexos, $z_1 = x_1 + y_1$ e $z_2 = x_2 + y_2 i$, temos

$$z_1 + z_2 = (x_1 + x_2) + (y_1 + y_2)i.$$

Portanto, o ponto $z_1 + z_2$ é representado no plano numérico pelo quarto vértice de um paralelogramo, sendo três de seus vértices os pontos O, z_1, z_2. Esta simples construção geométrica para a soma de dois números complexos é de grande importância em muitas aplicações. A partir dela, podemos deduzir a importante conseqüência de que *o módulo da soma de dois números complexos não excede a soma dos módulos* (compare página 66):

$$|z_1 + z_2| \le |z_1| + |z_2|.$$

Isto decorre do fato de que o comprimento de qualquer lado de um triângulo não pode exceder a soma dos comprimentos dos outros dois lados.

Exercício: Quando a igualdade $|z_1 + z_2| = |z_1| + |z_2|$ é válida?

O ângulo entre a direção positiva do eixo dos x e a reta Oz é chamado de *ângulo* de z, (ou argumento) e é representado por ϕ (Figura 22). O módulo de $\bar{z}$ é o mesmo que o módulo de z,

$$|\bar{z}| = |z|,$$

mas o ângulo de $\bar{z}$ é o negativo do ângulo de z,

$$\bar{\phi} = -\phi.$$

Naturalmente, o ângulo de z não é unicamente determinado, uma vez que qualquer inteiro múltiplo de 360º pode ser adicionado ou subtraído de um ângulo sem afetar a posição de seu extremo. Assim,

$$\phi, \phi + 360°, \phi + 720°, \phi + 1080°, ...,$$
$$\phi - 360°, \phi - 720°, \phi - 1080°, ...$$

representam todos graficamente o mesmo ângulo. Por meio do módulo ρ e do ângulo ϕ, o número complexo z pode ser escrito na forma

(8) $$z = x + yi = p(cos\phi + i\ sen\ \phi);$$

uma vez que, pela definição de seno e co-seno (veja no Capítulo 6),

$$x = p\ cos\ \phi, \qquad y = p\ sen\ \phi.$$

Por exemplo: para $z = i, p = 1, \phi = 90°$, de modo que $i = 1\ (cos\ 90° + i\ sen\ 90°)$; para $z = 1 + i, p = \sqrt{2}, \phi = 45°$, de modo que

$$1 + i = \sqrt{2}\ (cos\ 45° + i\ sen\ 45°);$$

para $z = 1 - i, p = \sqrt{2}, \phi = -45°$, de modo que

$$1 - i = \sqrt{2}\left[cos(-45°) + i\ sen(-45°)\right]:$$

para $z = -1 + \sqrt{3}i, p = 2, \phi = 120°$, de modo que

$$-1 + \sqrt{3}i = 2\left(cos\ 120° + i\ sen\ 120°\right).$$

O leitor deveria confirmar estas proposições substituindo os valores das funções trigonométricas.

A representação trigonométrica (8) é de grande valor quando dois números complexos vão ser multiplicados. Se

$$z = p(\cos\phi + i\,\text{sen}\,\phi),$$

e
$$z' = p'(\cos\phi' + i\,\text{sen}\,\phi'),$$

então

$$zz' = pp'\{(\cos\phi\,\cos\phi' - \text{sen}\,\phi\,\text{sen}\,\phi') + i(\cos\phi\,\text{sen}\,\phi' + \text{sen}\,\phi\,\cos\phi')\}$$

Ora, pelos teoremas fundamentais da adição para o seno e o co-seno,

$$\cos\phi\,\cos\phi' - \text{sen}\,\phi\,\text{sen}\,\phi' = \cos(\phi + \phi'),$$
$$\cos\phi\,\text{sen}\,\phi' + \text{sen}\,\phi\,\cos\phi' = \text{sen}(\phi + \phi').$$

Portanto,

(9) $$zz' = pp'\{\cos(\phi + \phi') + i\,\text{sen}(\phi + \phi')\}.$$

Esta é a forma trigonométrica do número complexo com módulo pp' e ângulo $\phi+\phi'$. Em outras palavras, *para multiplicar dois números complexos, multiplicamos seus módulos e adicionamos seus ângulos* (Figura 24). Observamos assim que a multiplicação de números complexos tem algo a ver com *rotação*. Para ser mais preciso, chamemos o segmento de reta orientado, direcionado da origem para o ponto *z*, de *vetor z*; então, $\rho = |z|$ será seu comprimento. Seja *z'* um número sobre o círculo unitário, de modo que $\rho' = 1$; então, multiplicar *z* por *z'* simplesmente gira o vetor *z* através de um ângulo ϕ'. Se $\rho' \neq 1$, o comprimento do vetor tem que ser multiplicado por ρ' após a rotação. O leitor pode ilustrar estes fatos multiplicando diferentes números por $z_1 = i$ (girando por 90°); $z_2 = -i$ (girando por 90° no sentido oposto); $z_3 = 1 + i$; e $z_4 = 1 - i$.

A fórmula (9) traz uma conseqüência particularmente importante quando $z = z'$, porque então teremos

$$z^2 = p^2(\cos 2\phi + i\,\text{sen}\,2\phi).$$

Multiplicando este resultado novamente por z, obteremos

$$z^3 = p^3 \left(\cos 3\phi + i\ sen\ 3\phi \right).$$

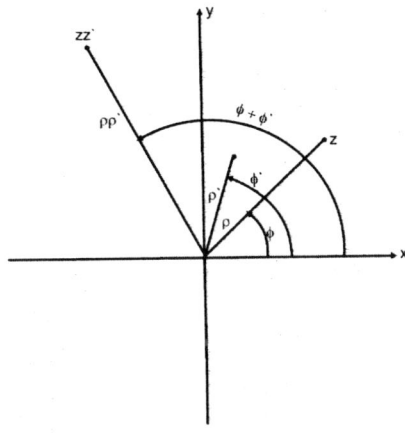

Figura 24: Multiplicação de dois números complexos; os ângulos são somados e os módulos multiplicados.

e prosseguindo indefinidamente desta forma,

(10) $z^n = p^n \left(\cos n\phi + i\ sen\ n\phi \right)$ para qualquer inteiro n.

Em particular, se z for um ponto sobre o círculo unitário, com $\rho = 1$, obteremos a fórmula descoberta pelo matemático inglês A. de Moivre (1667-1754):

(11) $\left(\cos\phi + i\ sen\ \phi \right)^n = \cos n\phi + i\ sen\ n\phi.$

Esta fórmula é uma das relações mais notáveis e úteis da Matemática elementar, e pode ser ilustrada com um exemplo. Podemos aplicar a fórmula para $n = 3$ e desenvolver o lado esquerdo de acordo com a fórmula binomial,

$$\left(u + v \right)^3 = u^3 + 3u^2 v + 3uv^2 + v^3$$

obtendo a relação

$$\cos 3\phi + i\, sen 3\phi = \cos^3 \phi - 3\cos\phi\, sen^2\phi + i\left(3\cos^2\phi\, sen\phi - sen^3\phi\right).$$

Uma única igualdade como esta entre dois números complexos equivale a um par de igualdades entre números reais. Isto porque, quando dois números complexos são iguais, ambas as partes - real e imaginária - devem ser iguais. Portanto, podemos escrever

$$\cos 3\phi = \cos^3\phi - 3\cos\phi\, sen^2\phi, \quad sen 3\phi = 3\cos^2\phi\, sen\phi - sen^3\phi.$$

Utilizando a relação

$$\cos^2\phi + sen^2\phi = 1,$$

temos, finalmente,

$$\cos 3\phi = \cos^3\phi - 3\cos\phi\left(1 - \cos^2\phi\right) = 4\cos^3\phi - 3\cos\phi,$$

$$sen 3\phi = -4 sen^3\phi + 3 sen\phi.$$

Fórmulas semelhantes, expressando sen $n\phi$ e cos $n\phi$ em termos de potências de sen ϕ e cos ϕ respectivamente, podem ser facilmente obtidas para qualquer valor de n.

Exercícios: 1) Encontre as fórmulas correspondentes para sen 4ϕ e cos 4ϕ.

2) Prove que para um ponto, $z = \cos\phi + i\, sen\phi$, sobre o círculo unitário, $1/z = \cos\phi - i\, sen\phi$.

3) Prove sem cálculo que $(a+bi)/(a-bi)$ sempre tem o valor absoluto 1.

4) Se z_1 e z_2 são dois números complexos, prove que o ângulo de $z_1 - z_2$ é igual ao ângulo entre o eixo real e o vetor direcionado de z_2 para z_1.

5) Interprete o ângulo do número complexo $(z_1 - z_2)/(z_1 - z_3)$ no triângulo formado pelos pontos z_1, z_2 e z_3.

6) Prove que o quociente de dois números complexos com o mesmo ângulo é real.

7) Prove que se para quatro números complexos z_1, z_2, z_3, z_4 os ângulos de $\dfrac{z_3 - z_1}{z_3 - z_2}$ e $\dfrac{z_4 - z_1}{z_4 - z_2}$ são os mesmos, então os quatro números estão situados em um círculo ou em uma reta, e vice-versa.

8) Prove que quatro pontos z_1, z_2, z_3, z_4 estão situados em um círculo ou em uma reta se e somente se

$$\frac{z_3 - z_1}{z_3 - z_2} \Big/ \frac{z_4 - z_1}{z_4 - z_2}$$

for real.

3. A fórmula de Moivre e as raízes de unidade

Por uma n-ésima raiz de um número a designamos um número b tal que $bn = a$. Em particular, o número 1 tem duas raízes quadradas, 1 e -1, uma vez que $12 = (-1)^2 = 1$. O número 1 tem apenas uma raiz cúbica real, 1, enquanto tem quatro raízes quartas: os números reais 1 e -1, e os números imaginários i e $-i$. Estes fatos sugerem que pode haver duas outras raízes cúbicas de 1 no domínio complexo, perfazendo um total de três. Isto pode ser demonstrado imediatamente a partir da fórmula de de Moivre.

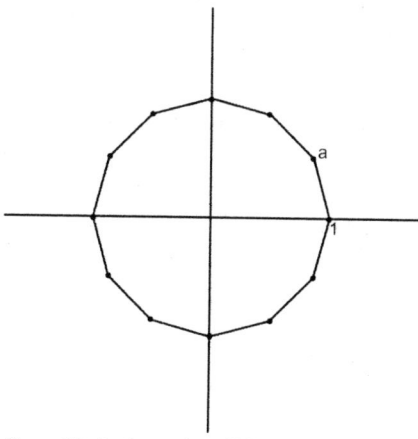

Figura 25: As doze raízes décimas segundas de 1.

Veremos que *no corpo dos números complexos existem exatamente n diferentes raízes n-ésimas de 1*. Elas são representadas pelos vértices do polígono regular de n lados inscrito no círculo unitário e tendo o ponto z = 1 como um de seus vértices. Isto fica quase imediatamente claro a partir da Figura 25 (desenhada para o caso n = 12). O primeiro vértice do polígono é 1. O seguinte é

(12) $$a = \cos\frac{360°}{n} + i\,sen\frac{360°}{n},$$

uma vez que seu ângulo deve ser a *n*-ésima parte do ângulo total de 360°. O vértice seguinte é $\alpha \cdot \alpha = \alpha^2$, uma vez que o obtemos girando o vetor α através do ângulo $\frac{360°}{n}$. O vértice seguinte é α^3, etc., e finalmente, após *n* etapas, retornamos ao vértice 1, isto é, temos

$$\alpha^n = 1,$$

que também decorre da fórmula (11), uma vez que

$$\left[\cos\frac{360°}{n} + i\,sen\frac{360°}{n}\right]^n = \cos 360° + i\,sen\,360° = 1 + 0i.$$

Segue-se que $\alpha^1 = 1$ é uma raiz da equação $x^n = 1$. O mesmo é verdadeiro para o vértice seguinte $\alpha^2 = \cos\left(\frac{720°}{n}\right) + i\,sen\left(\frac{720°}{n}\right)$. Podemos ver isto ao escrevermos

$$\left(\alpha^2\right)^n = \alpha^{2n} = \left(\alpha^n\right)^2 = (1)^2 = 1,$$

ou, a partir da fórmula de de Moivre:

$$\left(\alpha^2\right)^n = \cos\left(n\frac{720°}{n}\right) + i\,sen\left(n\frac{720°}{n}\right)$$
$$= \cos 720° + i\,sen\,720° = 1 + 0i = 1.$$

Da mesma forma, vemos que todos os *n* números

$$1, \alpha, \alpha^2, \alpha^3, \ldots, \alpha^{n-1}$$

são raízes *n*-ésimas de 1. Ir mais longe na seqüência de expoentes ou utilizar expoentes negativos não produziria novas raízes. Isto porque $\alpha^{-1} = 1/\alpha = \alpha^n/\alpha = \alpha^{n-1}$ e $\alpha^n = 1, \alpha^{n+1} = (\alpha)^n \alpha = 1 \cdot \alpha = \alpha$, etc., de modo que os valores anteriores seriam simplesmente repetidos. Deixa-se como exercício para demonstrar que não existem quaisquer outras raízes *n*-ésimas.

Se *n* for par, então um dos vértices do polígono de *n* lados estará situado no ponto -1, de acordo com o fato algébrico de que, neste caso, -1 é uma *n*-ésima raiz de 1.

A equação satisfeita pela n-ésima raiz de 1

(13) $$x^n - 1 = 0$$

é do *n*-ésimo grau, mas ela pode ser facilmente reduzida a uma equação do (*n* - 1)-ésimo grau. Utilizamos a fórmula algébrica

(14) $$x^n - 1 = (x-1)(x^{n-1} + x^{n-2} + x^{n-3} + \cdots + 1)$$

Uma vez que o produto de dois números é 0 se e *somente se* pelo menos um dos dois números for 0, o lado esquerdo de (14) desaparece somente se um dos dois fatores no lado direito for zero, isto é, somente se *x* = 1, ou a equação

(15) $$x^{n-1} + x^{n-2} + x^{n-3} + \cdots + x + 1 = 0$$

for satisfeita. Esta é, então, a equação que deve ser satisfeita pelas raízes α, α², ...α^{n-1}; é chamada de equação *ciclotômica* (que divide o círculo). Por exemplo, as raízes cúbicas complexas de 1,

$$\alpha = cos\, 120° + i\, sen\, 120° = \tfrac{1}{2}\left(-1 + i\sqrt{3}\right)$$

$$\alpha^2 = cos\, 240° + i\, sen\, 240° = \tfrac{1}{2}\left(-1 - i\sqrt{3}\right)$$

são as raízes da equação

$$x^2 + x + 1 = 0$$

conforme o leitor perceberá prontamente por substituição direta. Da mesma forma, as raízes quintas de 1, distintas de 1, satisfazem a equação

(16) $$x^4 + x^3 + x^2 + x + 1 = 0$$

Para construir um pentágono regular, temos que resolver esta equação de quarto grau. Por meio de um simples recurso algébrico, ela pode ser reduzida a uma equação quadrática na quantidade $w = x + 1/x$. Dividimos (16) por x^2 e reordenamos os termos:

$$x^2 + \frac{1}{x^2} + x + \frac{1}{x} + 1 = 0$$

ou, uma vez que $(x + 1/x)^2 = x^2 + 1/x^2 + 2$, obtemos a equação

$$w^2 + w - 1 = 0.$$

Pela fórmula (7) do parágrafo 1, esta equação tem as raízes

$$w_1 = \frac{-1 + \sqrt{5}}{2}, \quad w_2 = \frac{-1 - \sqrt{5}}{2}.$$

Portanto, as raízes quintas complexas de 1 são as raízes das duas equações quadráticas

$$x + \frac{1}{x} = w_1, \text{ ou } x^2 + \frac{1}{2}(\sqrt{5} - 1)x + 1 = 0,$$

e

$$x + \frac{1}{x} = w_2, \text{ ou } x^2 - \frac{1}{2}(\sqrt{5} + 1)x + 1 = 0,$$

que o leitor pode resolver pela fórmula já utilizada.

Exercícios: 1) Encontre as raízes sextas de 1.

2) Encontre $(1+i)11$.

3) Encontre todos os valores diferentes de $\sqrt{1+i}, \sqrt[3]{7-4i}, \sqrt[3]{i}, \sqrt[5]{-i}$.

4) Calcule $\dfrac{1}{2i}(i^7 - i^{-7})$.

*4. O teorema fundamental da álgebra

Não somente toda equação da forma $ax^2 + bx + c = 0$ ou da forma $x^n - 1 = 0$ é solúvel no corpo dos números complexos como muito mais do que isso é verdadeiro: *toda equação algébrica de qualquer grau n com coeficientes reais ou complexos*,

(17) $$f(x) = x^n + a_{n-1}x^{n-1} + a_{n-2}x^{n-2} + \cdots + a_1 x + a_0 = 0,$$

tem soluções no corpo dos números complexos. Para equações do terceiro e do quarto grau isto foi demonstrado no século XVI por Tartaglia, Cardano e outros, que resolveram tais equações por fórmulas essencialmente semelhantes às utilizadas para equações quadráticas, embora muito mais complicadas. Por quase duzentos anos, as equações gerais do quinto grau e de graus superiores foram muito estudadas, porém todos os esforços para resolvê-las por métodos semelhantes fracassaram. Um grande avanço foi registrado quando o jovem Gauss em sua tese de doutorado (1799) conseguiu apresentar a primeira prova completa de que *existem* soluções, embora a questão de generalizar as fórmulas clássicas, que expressam as soluções de equações de grau menor do que 5 em termos de operações racionais, além de extrações de raízes, permanecessem naquela época sem resposta. (Veja mais adiante.)

O teorema de Gauss afirma que *para qualquer equação algébrica da forma (17), onde n é um inteiro positivo e os coeficientes são números reais quaisquer ou mesmo complexos, existe pelo menos um número complexo* $\alpha = c + di$ *tal que*

$$f(\alpha) = 0.$$

O número α é chamado de *raiz* da equação (17). Uma prova deste teorema será apresentada no Capítulo 5. Supondo por enquanto sua veracidade, podemos provar o que é conhecido como o *teorema fundamental da álgebra* (deveria ser mais adequadamente chamado de teorema fundamental do conjunto dos números complexos): *Todo polinômio de grau n,*

(18) $$f(x) = x^n + a_{n-1}x^{n-1} + \cdots + a_1 x + a_0,$$

pode ser fatorado no produto de exatamente *n* fatores,

(19) $$f(x) = (x - \alpha_1)(x - \alpha_2) \cdots (x - \alpha_n),$$

onde $\alpha_1, \alpha_2, \alpha_3, \ldots, \alpha_n$, *são números complexos, as raízes da equação f(x) = 0*. Como exemplo ilustrativo deste teorema, o polinômio

$$f(x) = x^4 - 1$$

pode ser fatorado na forma

$$f(x) = (x-1)(x-i)(x+i)(x+1).$$

Fica evidente a partir da fatoração (19) que os α's são raízes da equação $f(x) = 0$, uma vez que para $x = \alpha_r$, um fator de *f(x)*, e portanto o próprio *f(x)*, é igual a zero.

Em alguns casos os fatores $(x - \alpha_1), (x - \alpha_2), \ldots$ de um polinômio *f(x)* de grau *n* não serão todos distintos, como no exemplo

$$f(x) = x^2 - 2x + 1 = (x-1)(x-1),$$

que tem apenas uma única raiz, $x = 1$, "contada duas vezes" ou de "multiplicidade 2." De qualquer forma, um polinômio de grau *n* não pode ter mais do que *n* fatores distintos (*x* - α) e a equação correspondente *n* raízes.

Para provar o teorema da fatoração novamente utilizamos a identidade algébrica

(20) $\quad x^k - \alpha^k = (x-\alpha)\left(x^{k-1} + \alpha x^{k-2} + \alpha^2 x^{k-3} + \cdots + \alpha^{k-2}x + \alpha^{k-1}\right)$

que para $\alpha = 1$ é meramente a fórmula para a série geométrica. Uma vez que estamos supondo a veracidade do teorema de Gauss, podemos supor que $\alpha = \alpha + 1$ é uma raiz da equação (17), de modo que

$$f(\alpha_1) = \alpha_1^n + a_{n-1}\alpha_1^{n-1} + a_{n-2}\alpha_1^{n-2} + \cdots + a_1\alpha_1 + a_0 = 0.$$

Subtraindo esta de $f(x)$ e reordenando os termos, obtemos a identidade

(21) $\quad f(x) = f(x) - f(\alpha_1) = \left(x^n - \alpha_1^n\right) + a_{n-1}\left(x^{n-1} - \alpha_1^{n-1}\right)$
$$+ \cdots + a_1(x - \alpha_1).$$

Ora, utilizando (20), podemos fatorar $(x - \alpha_1)$ de cada termo de (21), de modo que o grau do outro fator de cada termo seja reduzido de 1. Portanto, reordenando novamente os termos, verificamos que

$$f(x) = (x - \alpha_1)g(x),$$

onde $g(x)$ é um polinômio de grau $n - 1$:

$$g(x) = x^{n-1} + b_{n-2}x^{n-2} + \cdots + b_1 x + b_0.$$

(Para nossas finalidades, torna-se desnecessário calcular os coeficientes b_k). Podemos agora aplicar o mesmo procedimento a $g(x)$. Pelo teorema de Gauss existe uma raiz α_2 da equação $g(x) = 0$, de modo que

$$g(x) = (x - \alpha_2)h(x),$$

onde $h(x)$ é um polinômio de grau $n - 2$. Repetindo o processo um total de $(n - 1)$ vezes (naturalmente, esta frase é um mero substituto de um raciocínio por indução matemática) finalmente obtemos a fatoração completa

(22) $$f(x) = (x-\alpha_1)(x-\alpha_2)(x-\alpha_3)\cdots(x-\alpha_n).$$

A partir de (22) decorre não apenas que os números complexos $\alpha_1, \alpha_2, \ldots, \alpha_n$ são raízes da equação (17), mas também que eles são as *únicas* raízes. Isto porque se y fosse uma raiz da equação (17), então por (22)

$$f(y) = (y-\alpha_1)(y-\alpha_2)\cdots(y-\alpha_n) = 0.$$

Vimos na página 104 que um produto de números complexos é igual a 0 se *e somente se* um dos fatores for igual a 0. Portanto, um dos fatores $(y - \alpha_r)$ deve ser 0, e y deve ser igual a α_r, como se pretendia demonstrar.

§6. Números algébricos e transcendentes
1. Definição e existência

Um *número algébrico* é qualquer número x, real ou complexo, que satisfaz alguma equação algébrica da forma

(1) $$a_n x^n + a_{n-1} x^{n-1} + \cdots + a_1 x + a_0 = 0 \qquad (n \geq 1, a_n \neq 0)$$

onde os coeficientes a_k são inteiros. Por exemplo, $\sqrt{2}$ é um número algébrico, uma vez que satisfaz a equação

$$x^2 - 2 = 0.$$

De maneira semelhante, qualquer raiz de uma equação com coeficientes inteiros de terceiro, quarto, quinto ou qualquer grau mais alto, é um número algébrico, quer as raízes possam ou não ser expressas em termos de radicais. O conceito de número algébrico é uma generalização natural de número racional, que constitui o caso especial quando $n = 1$.

Nem todo número real é algébrico. Isto pode ser demonstrado por uma prova, atribuída a Cantor, de que a totalidade dos números algébricos é *enumerável*. Uma vez que o conjunto de todos os números reais é não-enumerável, devem existir números reais que não são algébricos.

Um método para enumerar o conjunto de números algébricos é o seguinte: para cada equação da forma (1) o inteiro positivo

$$h = |a_n| + |a_{n-1}| + \cdots + |a_1| + |a_0| + n$$

é atribuído como sua "altura". Para qualquer valor fixo de h existe apenas um número finito de equações (1) com altura h. Cada uma destas equações pode ter no máximo n raízes diferentes. Portanto, pode haver apenas um número finito de números algébricos cujas equações são de altura h, e podemos dispor todos os números algébricos em uma seqüência começando com aqueles de altura 1, depois tomando os de altura 2, e assim por diante.

Esta prova de que o conjunto de números algébricos é enumerável assegura a existência de números reais que não são algébricos; estes números são chamados de *transcendentes*, porque, como afirmou Euler, eles "transcendem o poder dos métodos algébricos."

A prova de Cantor da existência de números transcendentes dificilmente pode ser considerada construtiva. Teoricamente, seria possível construir um número transcendente aplicando o processo diagonal de Cantor a uma tabela enumerável de expressões decimais para as raízes de equações algébricas, mas este procedimento seria muito pouco prático e não levaria a qualquer número cuja expressão no sistema decimal ou em qualquer outro pudesse ser efetivamente escrito. Além disso, os problemas mais interessantes a respeito de números transcendentes consistem em provar que certos números específicos tais como π e e (estes números serão definidos no Capítulo 6) são realmente transcendentes.

****2. O teorema de Liouville e a construção dos números transcendentes**

Uma prova da existência dos números transcendentes que antecede a de Cantor foi dada por J. Liouville (1809-1882); sua prova efetivamente permite a *construção* de exemplos de tais números. É de certa forma mais difícil que a prova de Cantor, como acontece com a maioria das construções quando comparadas com provas de mera existência. A prova é aqui incluída apenas para os leitores mais avançados, embora ela não requeira nada além da matemática do curso secundário.

Liouville demonstrou que os números algébricos irracionais são aqueles que não podem ser aproximados por números racionais com um grau muito elevado de precisão, a menos que os denominadores das frações de aproximação sejam bastante grandes.

Suponhamos que o número z satisfaça a equação algébrica com coeficientes inteiros

(2) $\qquad f(x) = a_0 + a_1 x + a_2 x^2 + \cdots + a_n x^n = 0 \qquad (a_n \neq 0)$

porém nenhuma equação deste tipo de grau inferior. Então diz-se que z é um número algébrico de *grau n*. Por exemplo: $z = \sqrt{2}$ é um número algébrico de grau 2, uma vez que satisfaz a equação $x^2 - 2 = 0$ porém nenhuma equação de primeiro grau; $z = \sqrt[3]{2}$ é de terceiro grau porque satisfaz a equação $x^3 - 2 = 0$ e, como veremos no Capítulo III, nenhuma equação de grau inferior. Um número algébrico de grau $n > 1$ não pode ser racional, uma vez que um número racional $z = p/q$ satisfaz a equação $qx - p = 0$ de grau 1. Ora, cada número irracional z pode ser aproximado com qualquer grau desejado de precisão por um número racional; isto significa que podemos encontrar uma seqüência

$$\frac{p_1}{q_1}, \frac{p_2}{q_2}, \ldots$$

de números racionais com denominadores cada vez maiores tais que

$$\frac{p_r}{q_r} \to z.$$

O teorema de Liouville enuncia: para qualquer número algébrico z de grau $n > 1$ uma aproximação como esta deve ser menos precisa do que $1/q^{n+1}$; isto é, a desigualdade

(3) $\qquad \left| z - \frac{p}{q} \right| > \frac{1}{q^{n+1}}$

deve ser válida para denominadores q suficientemente grandes.

Provaremos agora este teorema, mas primeiro mostraremos como ele possibilita a construção de números transcendentes. Tomemos o número (veja no Capítulo 1 para a definição do símbolo $n!$)

$$z = a_1 \cdot 10^{-1!} + a_2 \cdot 10^{-2!} + a_3 \cdot 10^{-3!} + \cdots + a_m \cdot 10^{-m!}$$
$$+ a_{m+1} \cdot 10^{-(m+1)!} + \cdots$$
$$= 0, a_1 a_2 000 a_3 000000000000000000 a_4 0000000\ldots,$$

onde os a_i são dígitos arbitrários de 1 a 9 (podíamos, por exemplo, escolher todos os a_i iguais a 1). Este número é caracterizado pelo aumento rápido do comprimento dos grupos de 0, interrompidos por dígitos não-nulos isolados. Chamemos de z_m a fração decimal finita formada tomando-se apenas os termos de z até e inclusive $a_m \cdot 10^{-m!}$. Então

(4) $$|z - z_m| < 10 \cdot 10^{-(m+1)!}.$$

Suponhamos que z fosse algébrico de grau n. Então em (3) façamos $p/q = z_m = p/10^{m!}$, obtendo

$$|z - z_m| > \frac{1}{10^{(n+1)m!}}$$

para m suficientemente grande. Combinando esta desigualdade com (4), deveríamos ter

$$\frac{1}{10^{(n+1)m!}} < \frac{1}{10^{(m+1)!}} = \frac{1}{10^{(m+1)!-1}},$$

de modo que $(n + 1)m! > (m + 1)! - 1$ para todos os m suficientemente grandes. Porém, isto é falso para qualquer valor de m maior do que n (o leitor deverá apresentar uma prova detalhada desta afirmação), o que gera uma contradição. Portanto, z é transcendente.

Falta agora provar o teorema de Liouville. Suponhamos que z seja um número algébrico de grau $n > 1$ que satisfaz (1) de modo que

(5) $$f(z) = 0.$$

Seja $z_m = p_m / q_m$ uma seqüência de números racionais com $z_m \to z$. Então $f(z_m) = f(z_m) - f(z) = a_1(z_m - z) + a_2(z_m^2 - z^2) + \cdots + a_n(z_m^n - z^n)$. Dividindo ambos os lados desta equação por $z_m - z$, e utilizando a fórmula algébrica

$$\frac{u^n - v^n}{u - v} = u^{n-1} + u^{n-2}v + u^{n-3}v^2 + \cdots + uv^{n-2} + v^{n-1},$$

obtemos

(6) $$\frac{f(z_m)}{z_m - z} = a_1 + a_2(z_m + z) + z_3(z_m^2 + z_m z + z^2) + \cdots$$
$$+ a_n(z_m^{n-1} + \cdots + z^{n-1}).$$

Uma vez que z_m tende para z como limite, ele difere de z em menos do que 1 para m suficientemente grande. Podemos portanto escrever a seguinte estimativa, de modo esboçado, para m suficientemente grande:

(7) $$\left|\frac{f(z_m)}{z_m - z}\right| < |a_1| + 2|a_2|(|z| + 1) + 3|a_3|(|z| + 1)^2 + \cdots$$
$$+ n|a_n|(|z| + 1)^{n-1} = M,$$

que é um número fixo, uma vez que z é fixo em nosso raciocínio. Se escolhermos agora m tão grande que em $z_m = \frac{p_m}{q_m}$ o denominador q_m seja maior do que M, então

(8) $$|z - z_m| > \frac{|f(z_m)|}{M} > \frac{|f(z_m)|}{q_m}.$$

Para fins de abreviação, representemos p_m por p e q_m por q. Então,

(9) $$|f(z_m)| = \left|\frac{a_0 q^n + a_1 q^{n-1} p + \cdots + a_n p^n}{q^n}\right|.$$

Ora, o número racional $z_m = p/q$ não pode ser uma raiz de $f(x) = 0$, porque, se o fosse, poderíamos fatorar $(x - z_m)$ de $f(x)$, e z satisfaria uma equação de grau menor do que n. Portanto, $f(z_m) \neq 0$. Porém o numerador do lado direito de (9) é um inteiro, e deve ser pelo menos igual a 1. Assim, de (8) e de (9) temos

(10) $$|z - z_m| > \frac{1}{q}\frac{1}{q^n} = \frac{1}{q^{n+1}},$$

que prova o teorema.

Durante as últimas décadas, as investigações em torno da possibilidade de aproximar números algébricos por números racionais foram muito aprofundadas. O matemático norueguês A. Thue (1863-1922), por exemplo, provou que, na desigualdade de Liouville (3), o expoente $n + 1$ pode ser substituído por $(n/2) + 1$. C. L. Siegel provou mais tarde que a afirmação análoga e mais forte (mais forte para n maior), com o expoente $2\sqrt{n}$, é válida.

O assunto dos números transcendentes sempre fascinou os matemáticos. Porém até recentemente eram conhecidos muito poucos exemplos de números interessantes que pudéssemos demonstrar serem transcendentes. (No Capítulo III discutiremos o caráter transcendente de π, do qual decorre a impossibilidade de fazer a quadratura do círculo com régua e compasso). Em uma famosa palestra no congresso internacional de matemática realizado em Paris em 1900, David Hilbert propôs trinta problemas matemáticos fáceis de formular, alguns deles em linguagem elementar e difundida, mas todos eles não resolvidos até então e aparentemente inacessíveis às técnicas matemáticas existentes na época. Estes "problemas de Hilbert" permaneceram como um desafio para o período subseqüente do desenvolvimento matemático. Quase todos foram resolvidos nesse meio tempo e, com freqüência, a solução significou progresso decisivo em perspicácia e em métodos gerais na Matemática. Um dos problemas que pareciam mais desanimadores consistia em provar que

$$2^{\sqrt{2}}$$

era um número transcendente, ou até mesmo um número irracional. Por quase três décadas não havia a mais ligeira sugestão de uma linha promissora de ataque a este problema. Finalmente Siegel e, de modo independente, o jovem russo A. Gelfond, descobriram novos métodos para provar a transcendência de muitos números importantes na Matemática, incluindo o número $2^{\sqrt{2}}$ de Hilbert e, de maneira mais geral, qualquer número a^b onde a é um número algébrico $\neq 0$ ou 1 e b é qualquer número algébrico irracional.

Suplemento ao Capítulo II
A Álgebra dos Conjuntos

1. Teoria geral

O conceito de *classe* ou *conjunto* de objetos é um dos mais fundamentais na Matemática. Um conjunto é definido por qualquer propriedade ou atributo $\mathcal{U}$ que cada objeto considerado deve ter ou não; aqueles objetos que têm a propriedade formam um conjunto A correspondente. Assim, se consideramos os inteiros, e a propriedade $\mathcal{U}$ é a de ser primo, o conjunto A correspondente é o conjunto de todos os primos 2, 3, 5, 7, ...

O estudo matemático dos conjuntos é baseado no fato de que eles podem ser combinados mediante certas operações para formar outros conjuntos, do mesmo modo como os números podem ser combinados pela adição e pela multiplicação para formar outros números. O estudo das operações sobre conjuntos abrange a "álgebra dos conjuntos", que tem muitas semelhanças formais - e também diferenças - com a álgebra dos números. O fato de que métodos algébricos podem ser aplicados ao estudo de objetos não-numéricos como conjuntos ilustra a grande generalidade dos conceitos da Matemática moderna. Em anos recentes, ficou claro que a álgebra dos conjuntos lança luz sobre muitos ramos da Matemática, tais como a teoria da medida e a teoria das probabilidades; é também útil na redução sistemática de conceitos matemáticos à sua base lógica.

No que se desenvolverá a seguir, I representará um conjunto fixo de objetos de qualquer natureza, chamado de conjunto universal ou universo de raciocínio, e A, B, C, ... representarão subconjuntos arbitrários de I. Se I representa o conjunto de todos os inteiros, A pode representar o conjunto de todos os inteiros pares, B o conjunto de todos os inteiros ímpares, C o conjunto de todos os primos, etc. Ou I poderia representar o conjunto de todos os pontos de um plano fixo, A o conjunto de todos os pontos dentro de algum círculo no plano, B o conjunto de todos os pontos dentro de algum outro círculo no plano, etc. Para fins de conveniência, incluímos como "subconjuntos" de I o próprio conjunto I e o "conjunto vazio", ϕ, que não contém quaisquer elementos. A finalidade desta extensão artificial consiste em preservar a regra de que a cada propriedade $\mathcal{U}$ corresponde o subconjunto A de todos os elementos de I possuindo esta propriedade. No caso em que $\mathcal{U}$ é alguma propriedade universalmente válida, tal como a especificada pela equação trivial $x = x$, o subconjunto correspondente de I será o próprio I, uma vez que todo o objeto satisfaz esta equação, enquanto se $\mathcal{U}$ for alguma propriedade autocontraditória como $x \neq x$, o subconjunto correspondente não conterá quaisquer objetos, e pode ser representado pelo símbolo O.

Diz-se que o conjunto A é um *subconjunto* do conjunto B se não houver qualquer objeto em A que também não esteja em B. Neste caso, escrevemos

$$A \subset B \quad \text{ou} \quad B \supset A.$$

Por exemplo: o conjunto A de todos os inteiros múltiplos de 10 é um subconjunto do conjunto B de todos os inteiros múltiplos de 5, uma vez que todo o múltiplo de 10 é também múltiplo de 5. A afirmação $A \subset B$ não exclui a possibilidade de que $B \subset A$. Se ambas as relações são válidas, dizemos que os conjuntos A e B são iguais, e escrevemos

$$A = B.$$

Para que isto seja verdadeiro, todo o elemento de A deve ser um elemento de B, e inversamente, de modo que os conjuntos A e B contenham exatamente os mesmos elementos.

A relação $A \subset B$ tem muitas semelhanças com a relação de ordem $a \leq b$ entre números reais. Em particular, é verdadeiro que

1) $A \subset A$.

2) Se $A \subset B$ e $B \subset A$, então $A = B$.

3) Se $A \subset B$ e $B \subset C$, então $A \subset C$.

Por esta razão, também chamamos a relação $A \subset B$ de "relação de ordem". Sua principal diferença da relação $a \leq b$ para números é que, enquanto para *todo* par de números a e b pelo menos uma das relações $a \leq b$ ou $b \leq a$ é sempre válida, isto não é verdadeiro para conjuntos. Por exemplo: se A representa o conjunto dos inteiros 1, 2, 3,

$$A = \{1, 2, 3\},$$

e B o conjunto dos inteiros 2, 3, 4,

$$B = \{2, 3, 4\},$$

então nem $A \subset B$ nem $B \subset A$. Por esta razão, diz-se que a relação $A \subset B$ determina uma ordem parcial entre conjuntos, enquanto que a relação $a \leq b$ determina uma ordem total entre números.

Podemos de passagem observar que a partir da definição da relação $A \subset B$ segue-se que

4) $\phi \subset A$ para qualquer conjunto A, e

5) $A \subset I$,

onde A é qualquer subconjunto do universo de raciocínio I. A relação 4) pode parecer até certo ponto paradoxal, mas está de acordo com uma estrita interpretação da definição do sinal $\subset$. Como a afirmação $\phi \subset A$ poderia ser falsa somente se o conjunto vazio ϕ contivesse um objeto não pertencente a A, e uma vez que o conjunto vazio não contém elementos, isto é impossível, não importando o que seja o conjunto A.

Definiremos agora duas operações sobre conjuntos que possuem muitas das propriedades algébricas da adição e da multiplicação comuns de números, embora sejam conceitualmente bastante distintas daquelas operações. Para este fim, sejam A e B dois conjuntos quaisquer. Pela "união" ou "soma lógica" de A e B, exprimimos o conjunto de todos os objetos que estão *quer em A* quer em B (incluindo alguns que possam estar em ambos). Representamos este conjunto pelo símbolo $A + B$. Pela "interseção" ou "produto lógico" de A e B exprimimos o conjunto daqueles elementos que estão em ambos A e B. Representamos este conjunto pelo símbolo $A.B$, ou simplesmente AB. Para ilustrar estas operações, podemos novamente escolher como A e B os conjuntos

$$A = \{1, 2, 3\}, \qquad B = \{2, 3, 4\}$$

então

$$A + B = \{1, 2, 3, 4\}, \qquad AB = \{2, 3\}.$$

Entre as importantes propriedades algébricas das operações $A + B$ e AB listamos as seguintes, que devem ser verificadas pelo leitor com base na definição destas operações:

6) $A + B = B + A$ \qquad 7) $AB = BA$

8) $A+(B+C)=(A+B)+C$ 9) $A(BC)=(AB)C$

10) $A+A=A$ 11) $AA=A$

12) $A(B+C)=(AB+AC)$ 13) $A+(BC)=(A+B)(A+C)$

14) $A+\phi=A$ 15) $AI=A$

16) $A+I=I$ 17) $A\phi=\phi$

18) a relação $A \subset B$ é equivalente a uma das duas relações:
$A+B=B$, $AB=A$.

A verificação destas leis é um problema de Lógica elementar. Por exemplo: 10) afirma que o conjunto dos objetos que estão quer em A ou em A é precisamente o conjunto A, enquanto que 12) afirma que o conjunto dos objetos que estão em A e também em B ou C é o mesmo que o conjunto dos objetos que estão quer em A e B ou em A e C. O raciocínio lógico envolvido neste e em outros argumentos pode ser ilustrado representando os conjuntos A, B, C como áreas em um plano, desde que se tenha o cuidado de considerar todas as possibilidades de os conjuntos envolvidos terem elementos distintos ou comuns.

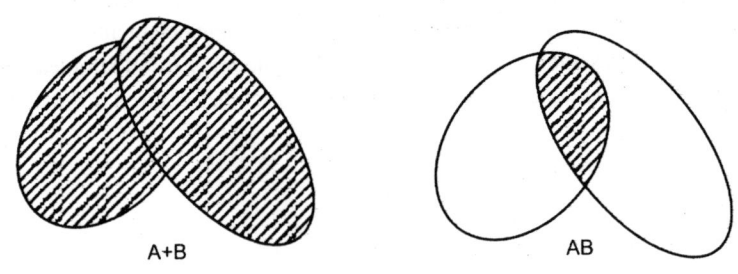

Figura 26: União e interseção de conjuntos.

O leitor deve ter observado que as leis 6, 7, 8, 9 e 12 são idênticas às leis comutativa, associativa e distributiva familiares da álgebra. Segue-se que todas as regras da álgebra comum de números que são conseqüências das leis comutativa, associativa e distributiva, são também válidas na álgebra dos conjuntos. As leis 10, 11 e 1 entretanto, não têm análogos numéricos, e dão à álgebra dos conjuntos uma estrutu mais simples do que a álgebra dos números. Por exemplo: o teorema do binômio de Newton da álgebra comum é substituído na álgebra dos conjuntos pela igualdade

$$(A+B)^n = (A+B) \cdot (A+B) \cdot \ \cdots \ \cdot (A+B) = A+B$$

que é uma conseqüência de 11. As leis 14, 15 e 17 indicam que as propriedades de O e I no que diz respeito à união e à interseção de conjuntos são amplamente semelhantes às propriedades dos números 0 e 1 no que se refere à adição e multiplicação comuns. A lei 16 não tem análogo na álgebra dos números.

Falta ainda definir uma outra operação na álgebra dos conjuntos. Seja A qualquer subconjunto do conjunto universal I. Então, pelo *complemento* de A em I exprimimos o conjunto formado por todos os objetos em I que não estão em A. Representamos este conjunto pelo símbolo A'. Assim, se I é o conjunto de todos os números naturais e A o conjunto de primos, A' é o conjunto formado por 1 e pelos números não-primos. A operação A', que não tem análogo exato na álgebra dos números, tem as seguintes propriedades:

19) $A + A' = I$ 20) $AA' = \phi$

21) $\phi' = I$ 22) $I' = \phi$

23) $A'' = A$

24) A relação $A \subset B$ é equivalente à relação $B' \subset A'$.

25) $(A+B)' = A'B'$ 26) $(AB)' = A' + B'$.

Novamente, vamos deixar a verificação destas leis para o leitor.

As leis de 1 a 26 formam a base da álgebra dos conjuntos. Elas possuem a notável propriedade da "dualidade", no seguinte sentido:

Se *em qualquer uma das leis 1 a 26 os símbolos*

$$\subset \quad e \quad \supset$$
$$\emptyset \quad e \quad I$$
$$+ \quad e \quad \cdot$$

são permutados por toda parte (à medida que aparecem), então o resultado é novamente uma destas leis.

Por exemplo: a lei 6 torna-se 7, a 12 torna-se 13, a 17 torna-se 16, etc. Segue-se *que para qualquer teorema que pode ser provado com base nas leis 1 a 26 corresponde um outro teorema "dual", obtido por meio das permutações acima.* Isto porque, uma vez que a prova de qualquer teorema consistirá na aplicação sucessiva de cada etapa de alguma das leis 1 a 26, a aplicação a cada etapa da lei dual fornecerá uma prova do teorema dual. (Para uma dualidade semelhante na Geometria, veja o Capítulo IV.)

2. Aplicação à lógica matemática

A verificação das leis da álgebra dos conjuntos repousou sobre a análise do significado lógico da relação $A \subset B$ e das operações $A + B$, AB e A'. Podemos agora reverter este processo e utilizar as leis 1 a 26 como a base para uma "álgebra da Lógica"; mais precisamente, aquela parte da Lógica que diz respeito aos conjuntos, ou o que é equivalente, propriedades ou atributos de objetos podem ser reduzidos a um sistema algébrico formal baseado nas leis 1 a 26. O "universo de raciocínio" lógico define o conjunto I; *cada propriedade ou atributo $\mathcal{U}$ de objetos define o conjunto A dos objetos em I que possuem este atributo.* As regras para traduzir a terminologia lógica usual na linguagem de conjuntos pode ser ilustrada pelos seguintes exemplos:

"Ou A ou B" $A + B$

"Ambos A e B" AB

"Não A" A'

"Nem A nem B" $(A + B)'$, ou de modo equivalente, $A'B'$

"Não ambos A e B" $(AB)'$, ou de modo equivalente, $A' + B'$

"Todos A são B" ou
"Se A $A \subset B$
então B" ou "A implica B"

"Alguns A são B" $A \neq \phi$

"Nenhum A é B" $AB = \phi$

"Alguns A não são B" $AB' \neq \phi$

"Não há nenhum A" $A = \phi$

Em termos da álgebra dos conjuntos, o silogismo "Barbara", que afirma: "Se todos os A são B, e todos os B são C, então todos os A são C", torna-se simplesmente

3) Se $A \subset B$ e $B \subset C$ então $A \subset C$.

Da mesma forma, a "lei da contradição", que afirma: "um objeto não pode simultaneamente possuir um atributo e não possuí-lo", torna-se

20) $AA' = \phi$,

enquanto que a "lei do terceiro excluído", que afirma: "um objeto deve possuir um dado atributo ou não possuí-lo", torna-se

19) $A + A' = I$.

Assim, a parte da Lógica que pode ser expressa em termos dos símbolos $\subset$, $+$, $.$, e $'$ pode ser tratada como um sistema algébrico formal, sujeito às leis 1 a 26. Esta fusão da análise lógica da Matemática com a análise matemática da Lógica resultou na criação de uma nova disciplina, a *Lógica Matemática*, que está atualmente em processo de vigoroso desenvolvimento.

Do ponto de vista axiomático, é fato notável que as afirmações 1 a 26, juntamente com todos os outros teoremas da álgebra dos conjuntos, podem ser deduzidas a partir das três seguintes equações:

$$A + B = B + A$$

27) $$(A + B) + C = A + (B + C)$$

$$(A' + B')' + (A' + B)' = A.$$

Segue-se que a álgebra dos conjuntos pode ser construída na forma de uma teoria puramente dedutiva, como a Geometria Euclidiana, com base nestas três afirmações tomadas como axiomas. Quando isto é feito, a operação AB e a relação de ordem $A \subset B$ são *definidas* em termos de $A + B$ e A':

AB significa o conjunto $(A' + B')'$
$A \subset B$ significa que $A + B = B$.

Um exemplo bastante diferente de um sistema matemático que satisfaz todas as leis formais da álgebra dos conjuntos é fornecido pelos oito números 1, 2, 3, 5, 6, 10, 15, 30, com as seguintes definições: $a + b$ é o mínimo múltiplo comum de a e b, ab o máximo divisor comum de a e b, $a \subset b$ a afirmação "a é um fator de b", e a' o número $30/a$. A existência de tais exemplos levou ao estudo dos sistemas algébricos gerais satisfazendo as leis 27). Estes sistemas são chamados de "álgebras booleanas" em homenagem a George Boole (1815-1864), matemático e lógico inglês que teve seu livro *An Investigation of the Laws of Thought* publicado em 1854.

3. Uma aplicação à teoria das probabilidades

A álgebra dos conjuntos trouxe uma grande contribuição à teoria das probabilidades. Para considerar apenas o caso mais simples, imaginemos um experimento com um número finito de resultados possíveis, os quais suporemos que sejam todos "igualmente prováveis". O experimento pode, por exemplo, consistir em retirar uma carta aleatoriamente de um conjunto bem embaralhado de 52 cartas. Se o conjunto de resultados possíveis do experimento for representado por I, e se A representa qualquer subconjunto de I, então a probabilidade de que o resultado do experimento pertencerá ao subconjunto A é definido pela razão

$$p(A) = \frac{\text{número de elementos em A}}{\text{número de elementos em I}}.$$

Se representarmos o número de elementos em qualquer conjunto A pelo símbolo $n(A)$, então esta definição pode ser escrita na forma

(1) $$p(A) = \frac{n(A)}{n(I)}.$$

Em nosso exemplo, se A representa o subconjunto de copas, então $n(A) = 13$, $n(I) = 52$ e $p(A) = \dfrac{13}{52} = \dfrac{1}{4}$.

Os conceitos da álgebra dos conjuntos entram no cálculo das probabilidades quando as probabilidades de certos conjuntos são conhecidas e a probabilidade de outros são pedidas. Por exemplo: a partir do conhecimento de $p(A)$, e $p(B)$, podemos calcular a probabilidade de $p(AB)$:

(2) $$p(A+B) = p(A) + p(B) - p(AB).$$

A prova é simples. Temos

$$n(A+B) = n(A) + n(B) - n(AB),$$

uma vez que os elementos comuns a A e B, isto é, os elementos em AB, serão contados duas vezes na soma $n(A) + n(B)$, e portanto devemos subtrair $n(AB)$ desta soma para obter a conta correta para $n(A+B)$. Dividindo cada termo desta equação por $n(I)$, obtemos a equação (2).

Uma fórmula mais interessante surge quando consideramos três subconjuntos, A, B, C, de I. A partir de (2), temos

$$p(A+B+C) = p[(A+B)+C] = p(A+B) + p(C) - p[(A+B)C].$$

A partir de (12) da seção precedente, sabemos que $(A+B)C = AC+BC$. Portanto,

$$p[(A+B)C] = p(AC+BC) = p(AC) + p(BC) - p(ABC).$$

Substituindo na equação anterior este valor por $p[(A+B)C]$ e o valor de $p(A+B)$ dado por (2), obtemos a fórmula desejada:

(3)
$$p(A+B+C) = p(A) + p(B)$$
$$+ p(C) - p(AB) - p(AC) - p(BC) + p(ABC).$$

Como exemplo, consideremos o seguinte experimento. Os três dígitos 1, 2, 3, inicialmente ordenados, são escritos em ordem aleatória. Qual a probabilidade de que pelo menos um dígito ocupará sua posição inicial? Façamos A representar o conjunto de todos os arranjos nos quais o dígito 1 vem em primeiro lugar, B o conjunto de todos os arranjos nos quais o dígito 2 vem em segundo, e C o conjunto de todos os arranjos em que o dígito 3 vem em terceiro. Desejamos calcular $p(A+B+C)$. Fica claro que

$$p(A) = p(B) = p(C) = \frac{2}{6} = \frac{1}{3};$$

porque, quando um dígito ocupa seu lugar apropriado, há duas ordens possíveis para os dígitos restantes, de um total de 3.2.1 = 6 possíveis arranjos dos três dígitos. Além disso,

$$p(AB) = p(AC) = p(BC) = \frac{1}{6}$$

e
$$p(ABC) = \frac{1}{6},$$

uma vez que há apenas uma única maneira em que cada um destes casos pode ocorrer. Segue-se a partir de (3) que

$$r(A+B+C) = 3 \cdot \frac{1}{3} - 3\left(\frac{1}{6}\right) + \frac{1}{6}$$
$$= 1 - \frac{1}{2} + \frac{1}{6} = \frac{2}{3} = 0,6666...$$

Exercício: Encontre uma fórmula correspondente para $p(A+B+C+D)$ e aplique-a ao caso de quatro dígitos. A probabilidade correspondente é $\frac{5}{8} = 0{,}6250$.

A fórmula geral para a união de n subconjuntos é

(4) $$p(A_1 + A_2 + \cdots + A_n) = \sum_1 p(A_i) - \sum_2 p(A_i A_j) + \sum_3 p(A_i A_j A_k)$$
$$- \cdots \pm p(A_1 A_2 \cdots A_n),$$

onde os símbolos $\sum_1, \sum_2, \sum_3, \ldots, \sum_{n-1}$ representam a soma das combinações possíveis dos conjuntos $A_1, A_2, \ldots, A_n$ tomados um, dois, três, ..., $(n-1)$ de cada vez. Esta fórmula pode ser estabelecida por indução matemática precisamente da mesma forma como obtemos (3) de (2). A partir de (4) é fácil mostrar que se os n dígitos 1, 2, 3, ..., n forem escritos em ordem aleatória, a probabilidade de que pelo menos um dígito ocupará sua posição inicial será

(5) $$p_n = 1 - \frac{1}{2!} + \frac{1}{3!} - \frac{1}{4!} + \cdots \pm \frac{1}{n!},$$

onde o último termo é tomado com um sinal de subtração ou de adição, conforme n for ímpar ou par. Em particular, para $n = 5$, a probabilidade é

$$p_5 = 1 - \frac{1}{2!} + \frac{1}{3!} - \frac{1}{4!} + \frac{1}{5!} = \frac{19}{30} = 0{,}63333\ldots.$$

Veremos no Capítulo VIII que à medida que n tende para o infinito, a expressão

$$s_n = \frac{1}{2!} - \frac{1}{3!} + \frac{1}{4!} - \cdots \pm \frac{1}{n!}$$

tende para um limite, $1/e$, cujo valor com cinco casas decimais é $0{,}36788$. Uma vez que a partir de (5) $p_n = 1 - s_n$, isto mostra que à medida que n tende para o infinito

$$p_n \to 1 - 1/e = 0{,}63212.$$

Capítulo III
Construções Geométricas.
A Álgebra dos Corpos Numéricos

Introdução

Problemas de construção sempre foram um assunto predileto da Geometria. Apenas com a utilização da régua e do compasso, uma grande diversidade de construções pode ser executada, como o leitor se recordará do tempo de escola: um segmento de reta ou um ângulo podem ser divididos ao meio, pode ser traçada uma reta perpendicular a uma reta dada e passando por um ponto dado, um hexágono regular pode ser inscrito em um círculo, etc. Em todos estes problemas, a régua é utilizada meramente como uma margem retilínea, como um instrumento para traçar uma reta e não para medir ou demarcar distâncias. A restrição tradicional ao uso apenas da régua e do compasso remonta à Antigüidade, embora os próprios gregos não hesitassem em utilizar outros instrumentos.

Um dos mais famosos problemas clássicos de construção é o chamado problema de contato de Apolônio (viveu em torno de 200 a.C.) no qual três círculos arbitrários no plano são dados e procura-se um quarto círculo tangente a todos os três. Em particular, é permitido que um ou mais de um dos círculos tenha se transformado em um ponto ou em uma reta (um "círculo" com raio zero ou "infinito", respectivamente). Por exemplo: pode ser solicitada a construção de um círculo tangente a duas retas dadas e passando por um determinado ponto. Embora estes casos especiais sejam bastante simples de se lidar, o problema geral é consideravelmente mais difícil.

De todos os problemas de construção, o de construir com régua e compasso um polígono regular de n lados apresenta talvez o maior interesse. Para certos valores de n - por exemplo, $n = 3, 4, 5, 6$ - a solução é conhecida desde a Antigüidade, e constitui parte importante da Geometria escolar. Porém, para o heptágono regular ($n = 7$) a construção tem-se comprovado impossível. Existem três outros problemas gregos clássicos para os quais uma solução tem sido buscada em vão: trissecar um ângulo arbitrariamente dado, duplicar um cubo determinado (isto é, encontrar a aresta de um cubo cujo volume deva ser duas vezes o de um cubo com um dado segmento como aresta) e fazer a quadratura do círculo (isto é, construir um quadrado tendo a mesma área de um círculo dado). Em todos estes problemas, a régua e o compasso são os únicos instrumentos permitidos.

Problemas deste tipo sem solução originaram um dos mais notáveis e recentes desenvolvimentos na Matemática; após séculos de buscas inúteis de uma solução, cresceu a suspeita de que estes problemas poderiam ser definitivamente insolúveis. Dessa forma, os matemáticos foram desafiados a investigar a seguinte questão: *Como é possível provar que certos problemas não podem ser resolvidos?*

Na Álgebra, foi o problema de resolver equações de grau 5 e de grau maior que conduziu a esta nova maneira de pensar. Durante o século XVI, os matemáticos aprenderam que as equações algébricas de grau 3 ou 4 poderiam ser resolvidas por um processo semelhante ao do método elementar para resolver equações quadráticas. Todos estes métodos têm as seguintes características comuns: as soluções ou "raízes" da equação podem ser escritas como expressões algébricas obtidas a partir dos coeficientes da equação por uma seqüência de operações, cada uma delas uma operação racional - adição, subtração, multiplicação ou divisão - ou a extração de uma raiz quadrada, raiz cúbica ou quarta. Diz-se que equações algébricas até o quarto grau podem ser resolvidas "por radicais" (radix é o termo latino para raiz). Nada parecia mais natural do que estender este procedimento a equações de grau 5 ou maior, utilizando raízes de ordem mais alta. Todas estas tentativas fracassaram. Até mesmos destacados matemáticos do século XVIII enganaram-se pensando que haviam encontrado a solução. Foi somente no início do século XIX que o italiano Ruffini (1765-1822) e o gênio norueguês N. H. Abel (1802-1829) conceberam a então revolucionária idéia de provar a *impossibilidade da solução da equação algébrica geral de grau n por meio de radicais*. Deve-se compreender claramente que a questão não é o fato de a equação algébrica de grau n possuir ou não soluções. Isto foi provado pela primeira vez por Gauss em sua tese de doutorado em 1799. Portanto, não há qualquer dúvida quanto à existência das raízes de uma equação, especialmente desde que estas raízes possam ser encontradas por procedimentos adequados com qualquer grau de exatidão. A arte da solução numérica de equações é, naturalmente, muito importante e amplamente desenvolvida. Porém o problema de Abel e de Ruffini era bastante diferente: a solução pode ser achada somente *por meio de operações racionais e por radicais?* O desejo de tornar absolutamente clara esta questão inspirou o magnífico desenvolvimento da Álgebra moderna e da teoria dos grupos iniciada por Ruffini, Abel e Galois (1811-1832).

A questão de provar a impossibilidade de certas construções geométricas oferece um dos exemplos mais simples desta tendência na Álgebra. Com a utilização de conceitos algébricos, seremos capazes neste capítulo de provar a impossibilidade de trisseção do ângulo, construção do heptágono regular e duplicação do cubo, utilizando apenas régua e compasso. (O problema de fazer a quadratura do círculo é muito mais difícil de resolver; veja mais adiante.) Nosso ponto de partida não será tanto a questão negativa da impossibilidade de certas construções, mas, ao invés disso, a seguinte questão positiva: como todos os problemas construtíveis podem ser completamente caracterizados? Após termos respondido a esta pergunta, será simples mostrar que os problemas citados acima não se enquadram nesta categoria.

Com a idade de 17 anos, Gauss investigou a construtibilidade de "p-ágonos" regulares (polígonos com p lados), onde p é um número primo. A construção era então conhecida somente para $p = 3$ e $p = 5$. Gauss descobriu que o polígono regular (p-ágono) é construtível se e somente se p for um "número de Fermat" primo,

$$p = 2^{2^n} + 1.$$

Os primeiros números de Fermat são 3, 5, 17, 257, 65537 (veja no Suplemento ao Capítulo 1). O jovem Gauss ficou tão entusiasmado com sua descoberta que desistiu imediatamente da intenção de se tornar um filólogo e decidiu dedicar sua vida à Matemática e às suas aplicações. Ele sempre recordou com particular orgulho este primeiro de seus grandes feitos. Após a morte de Gauss, uma estátua de bronze foi erigida em Goettingen, e nada se ajustaria mais como homenagem do que o pedestal na forma de um polígono regular com 17 lados.

Ao lidar com construções geométricas, nunca se deve esquecer de que o problema não consiste em desenhar figuras na prática com um certo grau de exatidão, mas que uma solução possa ser ou não encontrada teoricamente, utilizando apenas régua e compasso, supondo que os instrumentos tenham uma precisão perfeita. O que Gauss provou foi que suas construções podiam ser executadas em princípio. Sua teoria não está relacionada à maneira mais simples de efetivamente executá-las, ou aos dispositivos que poderiam ser utilizados para simplificar e eliminar o número de etapas necessárias. Esta é uma questão de muito pouca importância teórica. Do ponto de vista prático, nenhuma construção deste tipo proporcionaria um resultado tão satisfatório quanto o que poderia ser obtido com o uso de um bom transferidor. A falha em compreender adequadamente o caráter teórico das construções geométricas e a teimosia em se recusar a tomar conhecimento de fatos científicos bem demonstrados são responsáveis pela persistência de uma sucessão sem fim de pessoas que afirmam ter resolvido o problema da trisseção do ângulo ou da quadratura do círculo. Algumas destas pessoas, capazes de compreender Matemática elementar, poderiam se beneficiar estudando este capítulo.

Uma vez mais deve-se enfatizar que em alguns aspectos nosso conceito de construção geométrica parece artificial. Régua e compasso são certamente os instrumentos mais simples para o desenho, porém a restrição a estes instrumentos não é de forma alguma inerente à Geometria. Conforme os matemáticos gregos reconheceram há muito tempo, certos problemas - por exemplo, o de duplicar o cubo - podem ser resolvidos se a utilização de uma régua na forma de um ângulo reto for permitida; também é muito simples inventar instrumentos além do compasso, por meio dos quais se possa desenhar elipses, hipérboles e curvas mais complicadas, e cujo uso ampliaria consideravelmente o conjunto das figuras construtíveis. Nas seções seguintes, entretanto, a atenção estará voltada para o conceito padrão de construções geométricas utilizando apenas régua e compasso.

Parte I
Provas de impossibilidade e álgebra

§1. Construções geométricas fundamentais

1. A construção de corpos e a extração de raízes quadradas

Para dar forma às idéias gerais, iniciaremos com o exame de algumas das construções clássicas. A chave para uma compreensão mais profunda consiste em traduzir os problemas geométricos para a linguagem da Álgebra. Qualquer problema de construção geométrica é do seguinte tipo: um certo conjunto de segmentos de reta, digamos, $a, b, c, ...$, é dado e um ou mais outros segmentos $x, y, ...$, são procurados. É sempre possível formular problemas desse modo, mesmo quando, à primeira vista, apresentem um aspecto bastante diferente. Os segmentos procurados podem aparecer como lados de um triângulo a ser construído, como raios de círculos, ou como as coordenadas retangulares de certos pontos. Para simplificar, suponhamos que apenas um segmento x seja procurado. A construção geométrica então equivale a resolver um problema algébrico: primeiro devemos encontrar uma relação (equação) entre a quantidade x procurada e as quantidades $a, b, c, ...$, dadas; em seguida, devemos encontrar a quantidade desconhecida x resolvendo esta equação, e finalmente devemos determinar se esta solução pode ser obtida por processos algébricos que correspondam a construções com régua e compasso. O que fornece os fundamentos de toda a teoria é o princípio da Geometria Analítica, a caracterização quantitativa de objetos geométricos por números reais, baseado na introdução do contínuo de números reais.

Em primeiro lugar, observamos que algumas das operações algébricas mais simples correspondem a construções geométricas elementares. Se dois segmentos de comprimentos a e b forem dados (conforme medidos por um determinado segmento "unitário"), então se torna muito simples construir $a + b$, $a - b$, ra (onde r é qualquer número racional), a/b, e ab.

Para construir $a + b$ (Figura 27) traçamos uma reta e sobre ela assinalamos com o compasso as distâncias $OA = a$ e $AB = b$. Então, $OB = a + b$. De modo semelhante, para $a - b$ marcamos $OA = a$ e $AB = b$, porém desta vez com AB na direção oposta a OA. Assim, $OB = a - b$. Para construir $3a$, simplesmente adicionamos $a + a + a$; de forma semelhante podemos construir pa, onde p é qualquer inteiro.

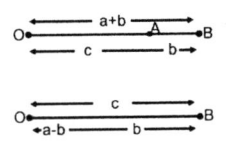

Figura 27: Construção de $a + b$ e $a - b$.

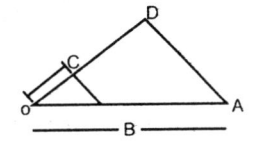

Figura 28: Construção de $a/3$.

Construímos $a/3$ por meio do seguinte artifício (Figura 28): marcamos $OA = a$ sobre uma reta, e traçamos uma segunda reta qualquer passando por O. Sobre esta reta, marcamos um segmento arbitrário $OC = c$, e construímos $OD = 3c$. Ligamos A e D, e traçamos uma reta passando por C e paralela a AD, cortando OA em B. Os triângulos OBC e OAD são semelhantes; portanto, $OB/a = OB/OA = OC/OD = 1/3$, e $OB = a/3$. Da mesma forma, podemos construir a/q, onde q é um inteiro qualquer. Realizando esta operação sobre o segmento pa, podemos assim construir ra, onde $r = p/q$ é qualquer número racional.

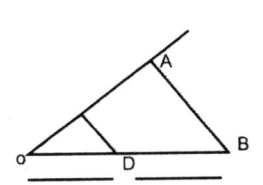

Figura 29: Construção de a/b.

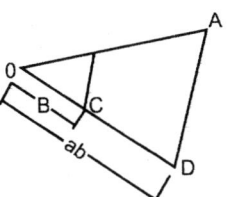

Figura 30: Construção de ab.

Para construir a/b (Figura 29) marcamos $OB = b$ e $OA = a$ sobre os lados de qualquer ângulo O, e sobre OB marcamos $OD = 1$. Traçamos por D uma reta paralela a AB encontrando OA em C. Então, OC terá o comprimento a/b. A construção de ab é mostrada na Figura 30, onde AD é uma reta paralela a BC e passando por A.

A partir destas considerações, segue-se que os *processos algébricos "racionais"*, - adição, subtração, multiplicação e divisão de quantidades conhecidas - *podem ser executados por construções geométricas*. A partir de quaisquer segmentos dados, medidos por números reais $a, b, c, ...$, podemos, por meio da aplicação sucessiva destas construções simples, construir qualquer quantidade que possa ser expressa em termos de $a, b, c, ...$ de maneira racional, isto é, por aplicação repetida da adição, subtração, multiplicação e divisão. A totalidade das quantidades que podem ser obtidas desta forma a partir de *a, b, c,* ... é chamada de *corpo numérico*, um conjunto de números tal que quaisquer operações racionais aplicadas a dois ou mais elementos do conjunto produzam como resultado um número do conjunto. Lembramos que os números racionais, reais e complexos são exemplos de tais corpos. No caso presente, diz-se que o corpo é gerado pelos números dados *a, b, c,* ....

A nova construção decisiva que nos leva além do corpo que acabamos de obter é a extração de uma raiz quadrada: se um segmento *a* é dado, então $\sqrt{2}$ também pode ser construída utilizando somente régua e compasso. Em uma reta marcamos $OA = a$ e $AB = 1$ (Figura 31). Desenhamos um círculo com o segmento OB como seu diâmetro e construímos a perpendicular a OB passando por A, que encontra o círculo em C. O triângulo OBC tem um ângulo reto em C, pelo teorema da Geometria Elementar que afirma que um ângulo inscrito em um semicírculo é um ângulo reto. Portanto, $\angle OAC = \angle ABC$, os triângulos retângulos OAC e CAB são semelhantes, e temos para $x = AC$,

$$\frac{a}{x} = \frac{x}{1}, \qquad x^2 = a, \qquad x = \sqrt{a}.$$

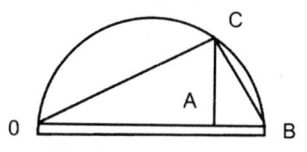

Figura 31: Construção de $\sqrt{a}$.

2. Polígonos regulares

Vamos considerar alguns problemas de construção até certo ponto mais elaborados, começando pelo *decágono regular*. Suponhamos que um decágono regular esteja inscrito em um círculo de raio 1 (Figura 32), e chamemos seu lado de *x*. Uma vez que *x* subtenderá um ângulo de 36° no centro do círculo, os outros dois ângulos do triângulo grande terão cada um 72°, e portanto a reta pontilhada que divide ao meio o ângulo *A* divide o triângulo OAB em dois triângulos isósceles, cada um com lados iguais de comprimento *x*. O raio do círculo é assim dividido em dois segmentos, *x* e 1 - *x*. Uma vez que OAB é semelhante ao triângulo isósceles menor, temos $1/x = x/(1-x)$. A partir desta proporção obtemos a equação quadrática $x^2 + x - 1 = 0$, cuja solução é $x = (\sqrt{5} - 1)/2$. (A outra solução da equação é irrelevante, pois ela produz um resultado *x* negativo. A partir disso, torna-se claro que *x* pode ser construído geometricamente. Tendo o comprimento *x*, podemos agora construir o decágono regular, demarcando este comprimento dez vezes como uma corda do círculo. O pentágono regular pode então ser construído pela união de vértices alternados do decágono regular.

Ao invés de construir $\sqrt{5}$ pelo método da Figura 31, podemos também obtê-lo como a hipotenusa de um triângulo retângulo cujos outros lados têm comprimentos 1 e 2. Obtemos então x subtraindo o comprimento unitário de $\sqrt{5}$ e dividindo ao meio o resultado.

A razão $OB:AB$ do problema anterior tem sido chamada de razão áurea, porque os matemáticos gregos consideravam

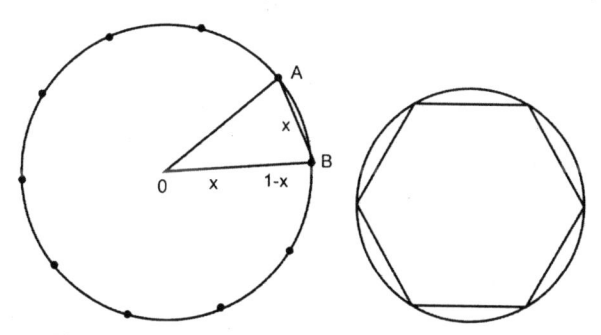

Figura 32: Decágono regular.   Figura 33: Hexágono regular.

um retângulo cujos lados estivessem nesta razão como esteticamente o mais agradável. Seu valor, a propósito, é de cerca de 1,62.

De todos os polígonos regulares, o hexágono é o mais simples de construir. Começamos com um círculo de raio r; o comprimento do lado de um hexágono regular inscrito neste círculo será então igual a r. O próprio hexágono pode ser construído marcando-se sucessivamente cordas de comprimento r, a partir de qualquer ponto do círculo, até que todos os seis vértices sejam obtidos.

A partir do n-ágono (polígono de n lados) podemos obter o $2n$-ágono dividindo ao meio o arco subtendido sobre o círculo circunscrito por cada lado do n-ágono, utilizando os pontos adicionais assim encontrados bem como os vértices originais para o $2n$-ágono procurado. Começando com o diâmetro de um círculo (um "2-ágono"), podemos portanto construir o 4-, 8-, 16-, ..., $2n$-ágono. De maneira semelhante, podemos obter o 12-, 24-, 48-ágono, etc., a partir do hexágono, e o 20-, 40-ágono, etc., a partir do decágono.

Se s_n representa o comprimento do lado do n-ágono inscrito no círculo unitário (círculo com raio 1), então o lado do $2n$-ágono tem o comprimento de

$$s_{2n} = \sqrt{2 - \sqrt{4 - s_n^2}}$$

Isto pode ser provado do seguinte modo: na Figura 34, s_n é igual a $DE = 2DC$, s_{2n} igual a DB, e AB igual a 2. A área do triângulo retângulo ABD é dada por $\frac{1}{2} BD \cdot AD$ e por $\frac{1}{2} AB \cdot CD$. Uma vez que $AD = \sqrt{AB^2 - DB^2}$, encontramos, substituindo $AB = 2, BD = s_{2n}, CD = \frac{1}{2} s_n$, e igualando as duas expressões para a área,

$$s_n = s_{2n}\sqrt{4 - s_{2n}^2} \quad ou \quad s_n^2 = s_{2n}^2 \left(4 - s_{2n}^2\right).$$

Resolvendo esta equação quadrática para achar $x = s_{2n}^2$ e observando que x deve ser menor do que 2, encontra-se facilmente a fórmula dada acima.

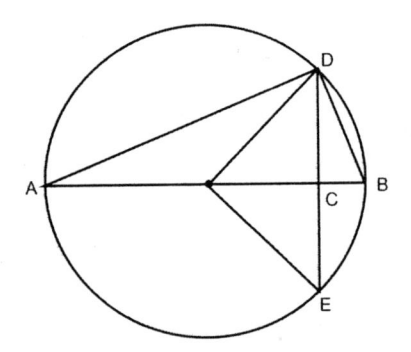

Figura 34.

A partir desta fórmula e do fato de que s_4 (o lado do quadrado) é igual a $\sqrt{2}$, segue-se que

$$s_8 = \sqrt{2 - \sqrt{2}}, \qquad s_{16} = \sqrt{2 - \sqrt{2 + \sqrt{2}}},$$

$$s_{32} = \sqrt{2 - \sqrt{2 + \sqrt{2 + \sqrt{2}}}}, \; etc.$$

Como regra geral, obtemos, para $n > 2$,

$$s_{2^n} = \sqrt{2 - \sqrt{2 + \sqrt{2 + \cdots + \sqrt{2}}}}$$

com $n - 1$ raízes quadradas aninhadas. A circunferência do $2n$-ágono no círculo é $2^n s_{2^n}$. À medida que n tende para o infinito, o $2n$-ágono tende para o círculo. Portanto, $2^n s_{2^n}$ aproxima-se do comprimento da circunferência do círculo unitário, que é, por definição, 2π. Assim, obtemos, substituindo $n - 1$ por m e simplificando um fator 2, a fórmula limite para π:

$$2^m \underbrace{\sqrt{2-\sqrt{2+\sqrt{2+\cdots+\sqrt{2}}}}}_{m \text{ raízes quadradas}} \to \pi \quad \text{à medida que } m \to \infty$$

Exercício: Uma vez que $2^m \to \infty$., prove como conseqüência que

$$\underbrace{\sqrt{2+\sqrt{2+\cdots+\sqrt{2}}}}_{n \text{ raízes quadradas}} \to 2 \quad \text{à medida que } n \to \infty$$

Os resultados obtidos até aqui mostram a seguinte característica: *os lados do 2n-ágono, do 5.2n-ágono e do 3.2n-ágono, podem ser encontrados inteiramente pelos processos de adição, subtração, multiplicação, divisão e pela extração de raízes quadradas.*

*3. O problema de Apolônio

Um outro problema de construção que se torna bastante simples do ponto de vista algébrico é o famoso problema de contato de Apolônio, já mencionado. No presente contexto, é desnecessário encontrar uma construção particularmente precisa. O que importa aqui é que, em princípio, o problema pode ser resolvido somente com régua e compasso. Apresentaremos uma breve indicação da prova, deixando a questão de um método de construção mais preciso para mais adiante.

Suponha que os centros dos três círculos dados tenham as coordenadas (x_1, y_1), (x_2, y_2) e (x_3, y_3), respectivamente, com raios r_1, r_2, r_3. Representemos o centro e o raio do círculo pedido por (x, y) e r. Então, a condição de que o círculo pedido seja tangente aos três círculos dados é obtida observando que a distância entre os centros de dois círculos tangentes é igual à soma ou à diferença dos raios, conforme os círculos sejam tangentes externa ou internamente. Isto produz as equações

(1) $\quad (x-x_1)^2 + (y-y_1)^2 - (r \pm r_1)^2 = 0,$

(2) $\quad (x-x_2)^2 + (y-y_2)^2 - (r \pm r_2)^2 = 0,$

(3) $\quad (x-x_3)^2 + (y-y_3)^2 - (r \pm r_3)^2 = 0,$

ou

(1a) $\quad x^2 + y^2 - r^2 - 2xx_1 - 2yy_1 \pm 2rr_1 + x_1^2 + y_1^2 r_1^2 = 0$

etc. O sinal de adição ou de subtração deve ser escolhido em cada uma destas equações conforme os círculos sejam tangentes externa ou internamente. (Veja Figura 35.) As equações (1), (2), (3) são três equações quadráticas com três incógnitas x, y, r com a propriedade de que os termos de segundo grau são os mesmos em cada equação, como é visto a partir da forma desenvolvida (1a). Portanto, subtraindo (2) de (1), obtemos uma equação linear em x, y, r:

(4) $\quad\quad\quad\quad\quad\quad ax + by + cr = d,$

onde $a = 2(x_2 - x_1)$, etc. De maneira semelhante, subtraindo (3) de (1), obtemos uma outra equação linear,

(5) $\quad\quad\quad\quad\quad\quad a'x + b'y + c'r = d'.$

Resolvendo (4) e (5) para achar x e y em termos de r e depois substituindo em (1), obtemos uma equação quadrática em r, que pode ser resolvida por operações racionais e pela extração de uma raiz quadrada (veja no Capítulo 2). De maneira geral, haverá duas soluções para esta equação, das quais apenas uma será positiva. Após encontrar r a partir desta equação, obtemos x e y das duas equações lineares (4) e (5). O círculo de centro (x, y) e raio r será tangente aos três círculos dados. Em todo o processo utilizamos apenas operações racionais e extrações de raízes quadradas. Segue-se que r, x e y podem ser construídos apenas com régua e compasso.

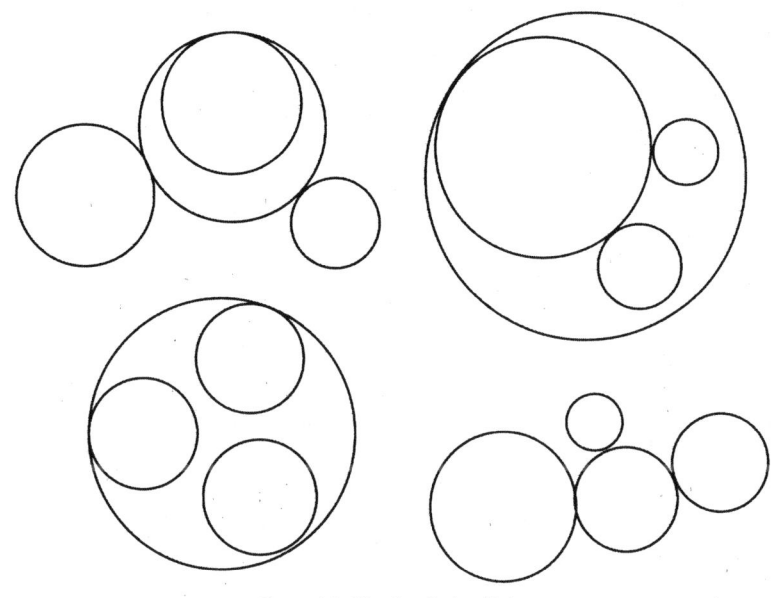

Figura 35: Círculos de Apolônio.

De maneira geral, haverá oito soluções para o problema de Apolônio, correspondendo a 2.2.2 = 8 possíveis combinações dos sinais de + e - nas equações (1), (2) e (3). Estas escolhas correspondem às condições de que os círculos pedidos sejam tangentes externa ou internamente a cada um dos três círculos dados. Pode ocorrer que nosso procedimento algébrico não forneça efetivamente valores reais a x, y e r. Este será o caso, por exemplo, se os três círculos dados forem concêntricos, de modo que não exista qualquer solução para o problema geométrico. Da mesma forma, podemos prever possíveis "degenerações" da solução, como no caso em que os três círculos dados se reduzem a três pontos sobre uma reta. Assim, o círculo de Apolônio transforma-se nesta reta. Não discutiremos estas possibilidades em detalhes; o leitor com alguma experiência algébrica terá condições de completar a análise.

*§2. Números construtíveis e corpos numéricos
1. Teoria geral

A discussão anterior indica os antecedentes algébricos gerais das construções geométricas. Toda construção com régua e compasso consiste em uma seqüência de etapas, sendo cada uma delas uma das seguintes: 1) unir dois pontos por uma reta; 2) achar o ponto de interseção de duas retas; 3) desenhar um círculo com um raio dado em torno de um ponto; 4) encontrar os pontos de interseção de um círculo com um outro círculo ou com uma reta. Um elemento (ponto, reta, círculo) é considerado conhecido se foi dado no início ou se ele foi construído em alguma etapa anterior. Para uma análise teórica, podemos referir toda a construção a um sistema de coordenadas (x, y) (veja no Capítulo 1). Os elementos dados serão então representados por pontos ou segmentos no plano x, y. Se apenas um segmento for dado no início, podemos tomar este como o comprimento unitário, que fixa o ponto $x = 1, y = 0$. Algumas vezes aparecem elementos "arbitrários": retas arbitrárias são traçadas, pontos ou raios são escolhidos. (Um exemplo de tais elementos arbitrários aparece na construção do ponto médio de um segmento; desenhamos dois círculos de raios iguais, porém arbitrários, a partir de cada ponto terminal do segmento, e unimos suas interseções.) Nestes casos, podemos optar para que o elemento seja racional; isto é, pontos arbitrários podem ser escolhidos com coordenadas racionais (x, y), retas arbitrárias $ax + by + c = 0$ com coeficientes racionais a, b, c, círculos arbitrários com centros de coordenadas racionais e com raios racionais. Faremos esta escolha de elementos arbitrários racionais por todo o processo; se os elementos são na verdade arbitrários, esta restrição não pode afetar o resultado da construção.

Para fins de simplicidade, suporemos na discussão a seguir que apenas um elemento, o comprimento unitário 1, é dado no início. Então, de acordo com §1, podemos construir com régua e compasso todos os números que podem ser obtidos a partir da unidade pelos processos racionais da adição, subtração, multiplicação e divisão; isto é, todos os números racionais r/s onde r e s são inteiros. O sistema dos números racionais é "fechado" no que diz respeito às operações racionais; isto é, a soma, diferença, produto ou quociente de dois números racionais quaisquer - excluindo divisão por zero, como sempre - é novamente um número racional. Qualquer conjunto de números tendo esta propriedade de fechamento com relação às quatro operações racionais é denominado de corpo numérico.

Exercício: Demonstre que todos os corpos contêm pelo menos todos os números racionais. (Indicação: Se $a \neq 0$ for um número no corpo F, então $a/a = 1$ pertencerá a F, e a partir de 1 poderemos obter qualquer número racional por meio de operações racionais.)

Começando da unidade, podemos assim construir o corpo dos números racionais e portanto todos os pontos racionais (isto é, pontos com ambas as coordenadas racionais) no plano (x, y). Podemos obter novos números irracionais, utilizando o compasso para construir, por exemplo, $\sqrt{2}$ que, como vimos a partir do Capítulo II, §2, não está no corpo racional. Tendo construído $\sqrt{2}$ podemos então, pelas construções "racionais" de §1, encontrar todos os números da forma

(1) $$a + b\sqrt{2}.$$

onde a, b são racionais e, portanto, são eles próprios construtíveis. Podemos também construir todos os números da forma

$$\frac{a+b\sqrt{2}}{c+d\sqrt{2}} \quad ou \quad \left(a+b\sqrt{2}\right)\left(c+d\sqrt{2}\right),$$

onde a, b, c, d são racionais. Estes números, no entanto, podem ser sempre escritos na forma (1). Isto porque temos

$$\frac{a+b\sqrt{2}}{c+d\sqrt{2}} = \frac{a+b\sqrt{2}}{c+d\sqrt{2}} \cdot \frac{c-d\sqrt{2}}{c-d\sqrt{2}}$$

$$= \frac{ac-2bd}{c^2-2d^2} + \frac{bc-ad}{c^2-2d^2}\sqrt{2} = p + q\sqrt{2},$$

onde p, q são racionais. (O denominador $c^2 - 2d^2$ não pode ser zero, porque se $c^2 - 2d^2 = 0$, então, $\sqrt{2} = c/d$, contrário ao fato de que $\sqrt{2}$ é irracional.) Da mesma forma

$$(a+b\sqrt{2})(c+d\sqrt{2}) = (ac+2bd)+(bc+ad)\sqrt{2} = r + s\sqrt{2}$$

onde r, s são racionais. Portanto, tudo que obtemos pela construção de $\sqrt{2}$ é o conjunto de números da forma (1), com a e b racionais arbitrários.

Exercício: A partir de $p=1+\sqrt{2}$, $q=2-\sqrt{2}$, $r=-3+\sqrt{2}$, obtenha os números

$$\frac{p}{q}, p+p^2, (p-p^2)\frac{q}{r}, \frac{pqr}{1+r^2}, \frac{p+qr}{q+pr^2},$$

na forma (1).

Estes números (1) novamente formam um corpo, conforme demonstrou a discussão anterior. (Fica óbvio que a soma e a diferença de dois números da forma (1) são também da forma (1).) Este corpo é maior do que o corpo racional, que é uma parte ou um *subcorpo* dele. Porém, naturalmente, é menor do que o corpo de *todos* os números reais. Chamemos o corpo racional de F_0 e o novo corpo de números da forma (1), F_1. A construtibilidade de cada número no "corpo de extensão" F_1 foi estebelecida. Podemos agora estender o objetivo de nossas construções, por exemplo, tomando um número de F_1, digamos, $k=1+\sqrt{2}$, e extraindo sua raiz quadrada, obtendo assim o número construtível

$$\sqrt{1+\sqrt{2}} = \sqrt{k},$$

e, com ele, de acordo com §1, o corpo de todos os números

(2) $$p+q\sqrt{k},$$

onde p e q podem ser agora números arbitrários de F_1, isto é, da forma $a+b\sqrt{2}$, com a, b em F_0, isto é, racional.

Exercícios: Represente

$$(\sqrt{k})^3, \frac{1+(\sqrt{k})^2}{1+\sqrt{k}}, \frac{\sqrt{2}\sqrt{k}+\frac{1}{\sqrt{2}}}{(\sqrt{k})^3-3}, \frac{(1+\sqrt{k})(2-\sqrt{k})(\sqrt{2}+\frac{1}{\sqrt{k}})}{1+\sqrt{2}k}$$

na forma (2).

Todos estes números foram construídos com base na hipótese de que apenas um segmento foi dado no princípio. Se dois segmentos são dados, podemos selecionar um deles como o comprimento unitário. Em termos desta unidade, suponhamos que o comprimento do outro segmento seja α. Podemos então construir o corpo G de todos os números da forma

$$\frac{a_m\alpha^m + a_{m-1}\alpha^{m-1} + \cdots + a_1\alpha + a_0}{b_n\alpha^n + b_{n-1}\alpha^{n-1} + \cdots + b_1\alpha + b_0}$$

onde os números $a_0, \ldots, a_m$ e $b_0, \ldots, b_n$ são racionais, e m e n são inteiros positivos arbitrários.

Exercício: Se dois segmentos de comprimentos 1 e α são dados, forneça as construções efetivas para $1+\alpha+\alpha^2, (1+\alpha)/(1-\alpha), \alpha^3$.

Suponhamos agora de maneira mais geral que tenhamos condições de construir todos os números de algum corpo numérico F. Demonstraremos que o *uso somente da régua nunca nos fará sair do corpo F*. A equação da reta passando por dois pontos cujas coordenadas (a_1, b_1) e (a_2, b_2) estão em F é $(b_1 - b_2)x + (a_2 - a_1)y + (a_1b_2 - a_2b_1) = 0$ (veja no Suplemento ao Capítulo 8); seus coeficientes são expressões racionais formadas a partir de números em F, e portanto, por definição de um corpo, estão eles próprios em F. Além disso, se temos duas retas, $\alpha x + \beta y - \gamma = 0$ e $\alpha' x + \beta' y - \gamma' = 0$, com coeficientes em F, então as coordenadas de seus pontos de interseção, encontradas pela solução destas duas equações simultâneas, são $x = \dfrac{\gamma\beta' - \beta\gamma'}{\alpha\beta' - \beta\alpha'}, y = \dfrac{\alpha\gamma' - \gamma\alpha'}{\alpha\beta' - \beta\alpha'}$. Uma vez que estes também são números de F, fica claro que o uso apenas da régua não pode nos levar além do corpo F.

Exercícios: As retas $x + \sqrt{2}y - 1 = 0, 2x - y + \sqrt{2} = 0$, têm coeficientes no corpo (1). Calcule as coordenadas de seu ponto de interseção e verifique se estas têm a forma (1). Una os pontos $(1, \sqrt{2})$ e $(\sqrt{2}, 1-\sqrt{2})$ por uma reta $ax + by + c = 0$, e verifique se os coeficientes são da forma (1). Faça o mesmo em relação ao corpo (2) para as retas $\sqrt{1+\sqrt{2x}} + \sqrt{2}y = 1, (1+\sqrt{2})x - y = 1 - \sqrt{1+\sqrt{2}}$, e os pontos $(\sqrt{2}, -1)(1+\sqrt{2}, \sqrt{1+\sqrt{2}})$, respectivamente.

Somente podemos romper as barreiras de F utilizando o compasso. Para este fim, selecionamos um elemento k de F tal que $\sqrt{k}$ não esteja em F. Então, podemos construir $\sqrt{k}$ e portanto todos os números

(3) $$a + b\sqrt{k},$$

onde a e b são racionais, ou mesmo elementos arbitrários de F. A soma e a diferença de dois números $a+b\sqrt{k}$, e $c+d\sqrt{k}$, seu produto, $(a+b\sqrt{k})(c+d\sqrt{k}) = (ac+kbd)+(ad+bc)\sqrt{k}$ e seu quociente,

$$\frac{a+b\sqrt{k}}{c+d\sqrt{k}} = \frac{(a+b\sqrt{k})(c-d\sqrt{k})}{c^2-kd^2} = \frac{ac-kbd}{c^2-kd^2} + \frac{bc-ad}{c^2-kd^2}\sqrt{k},$$

são novamente da forma $p+q\sqrt{k}$, com p e q em F. (O denominador c^2-kd^2 não pode desaparecer a menos que c e d sejam ambos nulos; isto porque, de outro modo, teríamos $\sqrt{k} = c/d$, um número em F, contrário à hipótese de que $\sqrt{k}$ não está em F.) Portanto, o conjunto de números da forma $a+b\sqrt{k}$ constitui um corpo F'. O corpo F' contém o corpo F original, porque podemos, em particular, escolher $b = 0$. F' é chamado de *corpo extensão* de F, e F um *subcorpo* de F'.

Como exemplo, seja F o corpo $a+b\sqrt{2}$ com a e b racionais, e tome $k = \sqrt{2}$. Então, os números do corpo extensão F' são representados por $p+q\sqrt[4]{2}$, onde p e q estão em F, $p = a+b\sqrt{2}, q = a'+b'\sqrt{2}$, com a, b, a' e b', racionais. Qualquer número em F' pode ser reduzido àquela forma; por exemplo

$$\frac{1}{\sqrt{2}+\sqrt[4]{2}} = \frac{\sqrt{2}-\sqrt[4]{2}}{(\sqrt{2}+\sqrt[4]{2})(\sqrt{2}-\sqrt[4]{2})} = \frac{(\sqrt{2}-\sqrt[4]{2})}{2-\sqrt{2}}$$

$$= \frac{\sqrt{2}}{2-\sqrt{2}} - \frac{\sqrt[4]{2}}{2-\sqrt{2}} = \frac{\sqrt{2}(2+\sqrt{2})}{4-2} - \frac{(2+\sqrt{2})}{4-2}\sqrt[4]{2}$$

$$= (1+\sqrt{2}) - \left(1+\frac{1}{2}\sqrt{2}\right)\sqrt[4]{2}$$

Exercício: Seja F o corpo $p+q\sqrt{2+\sqrt{2}}$, onde p e q são da forma $a+b\sqrt{2}$, a, b racionais. Represente $\frac{1+\sqrt{2+\sqrt{2}}}{2-3\sqrt{2+\sqrt{2}}}$ nesta forma.

Vimos que se começarmos com qualquer corpo F de números construtíveis contendo o número k, então, com a utilização da régua e uma única aplicação do compasso, podemos construir $\sqrt{k}$ e portanto qualquer número da forma $a+b\sqrt{k}$, onde a e b estão em F.

Demonstraremos agora, inversamente, que com uma única aplicação do compasso podemos obter *somente* números desta forma. Pois o que o compasso faz em uma construção é definir pontos (ou suas coordenadas) como pontos de interseção de um círculo com uma reta, ou de dois círculos. Um círculo com centro ξ e raio r, tem a equação $(x-\xi)^2 + (y-n)^2 = r^2$; portanto, se ξ, η, r estão em F, a equação do círculo pode ser escrita na forma

$$x^2 + y^2 + 2\alpha x + 2\beta y + \gamma = 0,$$

com os coeficientes α, β, γ em F. Uma reta

$$ax + by + c = 0,$$

unindo quaisquer dois pontos cujas coordenadas estejam em F, tem coeficientes a, b, c em F, conforme vimos na pá na 0). Eliminando y nestas equações simultâneas, obtemos para a abscissa x de pontos de interseção do círculo e da reta uma equação quadrática da forma

$$Ax^2 + Bx + C = 0,$$

com coeficientes A, B e C em F (explicitamente: $A = a^2 + b^2$, $B = 2(ac + b^2\alpha - ab\beta)$, $C = c^2 - 2bc\beta + b^2\gamma$). A solução é dada pela fórmula

$$x = \frac{-B \pm \sqrt{B^2 - 4AC}}{2A},$$

que é da forma $p + q\sqrt{k}$, com p, q e k em F. Uma fórmula semelhante é válida para a ordenada y de um dos pontos de interseção.

Novamente, se tivermos dois círculos,

$$x^2 + y^2 + 2\alpha x + 2\beta y + \gamma = 0,$$
$$x^2 + y^2 + 2\alpha' x + 2\beta' y + \gamma' = 0,$$

então, subtraindo a segunda equação da primeira, obtemos a equação linear

$$2(\alpha - \alpha')x + 2(\beta - \beta')y + (\gamma - \gamma') = 0,$$

que pode ser resolvida com a equação do primeiro círculo como foi feito antes. Em qualquer dos casos, a construção fornece as coordenadas (x, y) de um ou dois novos pontos, e estas novas quantidades são da forma $p + q\sqrt{k}$, com p, q e k em F. Em particular, naturalmente, $\sqrt{k}$ pode pertencer a F, por exemplo, quando $k = 4$. Então a construção não fornece nada essencialmente novo, e permanecemos em F. Porém, de maneira geral, isto não acontece.

Exercícios: Considere o círculo com raio $2\sqrt{2}$ em torno da origem, e a reta unindo os pontos $(1/2, 0), (4\sqrt{2}, \sqrt{2})$. Ache o corpo F" determinado pelas coordenadas dos pontos de interseção do círculo e da reta. Faça o mesmo para a interseção do círculo dado com o círculo de raio $2\sqrt{2}$ e centro $(0, 2\sqrt{2})$.

Novamente, em resumo, podemos afirmar: Se certas quantidades são dadas no princípio, então podemos construir, com régua apenas, todas as quantidades no corpo F geradas por processos racionais a partir das quantidades dadas. Utilizando o compasso, podemos então estender o corpo F de quantidades construtíveis a um corpo extensão mais amplo selecionando qualquer número k de F, extraindo a raiz quadrada de k, e construindo o corpo F" formado pelos números $a + b\sqrt{k}$, onde a e b estão em F. F é chamado de subcorpo de F"; todas as quantidades em F também estão contidas em F", uma vez que na expressão $a + b\sqrt{k}$ podemos escolher $b = 0$. (Supõe-se que $\sqrt{k}$ é um novo número não contido em F, uma vez que, de outra forma, o processo de adjunção de $\sqrt{k}$ não levaria a nada novo, e F" seria idêntico a F.) Demonstramos, portanto, que qualquer etapa em uma construção geométrica (traçando uma reta passando por dois pontos conhecidos, desenhando um círculo com centro e raio conhecidos, ou marcando a interseção de dois círculos ou de duas retas conhecidas), fornecerá novas quantidades contidas no corpo que já se sabe ser formado por números construtíveis ou, pela construção de uma raiz quadrada, dá lugar a um novo corpo extensão de números construtíveis.

A totalidade dos números construtíveis pode ser agora descrita com precisão. Começamos com um corpo F_0 dado, definido por quaisquer quantidades que forem dadas no princípio, por exemplo, o corpo dos números racionais se apenas um único segmento, escolhido como a unidade, for dado. Em seguida, pela adjunção de $\sqrt{k_0}$, onde k_0 está em F_0, porém $\sqrt{k_0}$ não está, elaboramos um corpo extensão F_1 de números construtíveis, constituído por todos os números da forma $a_0 + b_0\sqrt{k_0}$, onde a_0 e b_0 podem ser quaisquer números de F_0. Então, F_2, um novo corpo extensão de F_1, é definido pelos números $a_1 + b_1\sqrt{k_1}$, onde a_1 e b_1 são quaisquer números de F_1, e k_1 é algum número de F_1 cuja raiz quadrada não está contida em F_1. Repetindo o procedimento, chegaremos a um corpo F_n após n adjunções de raízes quadradas. *Números construtíveis são aqueles e somente aqueles que podem ser alcançados por uma tal seqüência de corpos extensão; isto é, que estão contidos em um corpo F_n do tipo descrito.* O número n de extensões necessárias não importa; de certa forma, ele mede o grau de complexidade do problema.

O exemplo seguinte pode ilustrar o processo. Desejamos alcançar o número

$$\sqrt{6} + \sqrt{\sqrt{1+\sqrt{2}} + \sqrt{3}} + 5.$$

Suponha que F_0 represente o corpo racional. Fazendo $k_0 = 2$, obtemos o corpo F_1, que contém o número $1+\sqrt{2}$. Tomemos agora $k_1 = 1+\sqrt{2}$ e $k_2 = 3$. Na realidade, 3 está no corpo original F_0 e, com maior razão, no corpo F_2, de modo que é perfeitamente possível tomar $k_2 = 3$. Tomamos então $k_3 = \sqrt{1+\sqrt{2}} + \sqrt{3}$, e finalmente $k_4 = \sqrt{\sqrt{1+\sqrt{2}} + \sqrt{3}} + 5$. O corpo F_5 assim construído contém o número procurado, pois $\sqrt{6}$ está também em F_5, uma vez que $\sqrt{2}$ e $\sqrt{3}$ e portanto seu produto, estão em F_3, e assim também em F_5.

Exercícios: Verifique se, começando com o corpo racional, o lado de um $2m$-ágono (veja página 144) é um número construtível, com $n = m - 1$. Determine a seqüência de corpos de extensão. Faça o mesmo para os números

$$\sqrt{1+\sqrt{2}+\sqrt{3}+\sqrt{5}}, \quad \left(\sqrt{5}+\sqrt{11}\right)\left(1+\sqrt{7-\sqrt{3}}\right)$$

$$\left(\sqrt{2+\sqrt{3}}\right)\left(\sqrt[3]{2}+\sqrt{1+\sqrt{2+\sqrt{5}}+\sqrt{3-\sqrt{7}}}\right).$$

2. Todos os números construtíveis são algébricos

Se o corpo inicial F_0 for o corpo racional gerado por um único segmento, então todos os números construtíveis serão algébricos. (Para a definição de números algébricos, veja no Capítulo 2). Os números do corpo F_1 são raízes de equações quadráticas, os de F_2 são raízes de equações de quarto grau e, em geral, os números de F_k são raízes de equações de grau $2k$, com coeficientes racionais. Com o objetivo de demonstrar isto para um corpo F_2 podemos primeiro considerar como exemplo $x = \sqrt{2} + \sqrt{3 + \sqrt{2}}$. Temos $\left(x - \sqrt{2}\right)^2 = 3 + \sqrt{2}, x^2 + 2 - 2\sqrt{2}x = 3 + \sqrt{2}$, ou $x^2 - 1 = \sqrt{2}(2x + 1)$, uma equação quadrática com coeficientes em um corpo F_1. Extraindo a raiz, finalmente obtemos

$$\left(x^2 - 1\right)^2 = 2(2x + 1)^2,$$

que é uma equação do quarto grau com coeficientes racionais.

De maneira geral, qualquer número em um corpo F_2 tem a forma

(4) $$x = p + q\sqrt{w},$$

onde p, q e w estão em um corpo F_1 e, portanto, têm a forma $p = a + b\sqrt{s}, q = c + d\sqrt{s}, w = e + f\sqrt{s}$, onde a, b, c, d, e, f, s são racionais. A partir de (4) temos

$$x^2 - 2px + p^2 = q^2 w,$$

onde todos os coeficientes estão em um corpo F_1, gerado por $\sqrt{s}$. Portanto, esta equação pode ser reescrita na forma

$$x^2 + ux + v = \sqrt{s}(rx + t),$$

onde r, s, t, u, v são racionais. Extraindo as raízes de ambos os lados obtemos uma equação de quarto grau

(5) $$(x^2 + ux + v)^2 = s(rx + t)^2$$

com coeficientes racionais, conforme enunciado.

Exercícios: 1) Encontre as equações com coeficientes racionais para:

a) $x = \sqrt{2 + \sqrt{3}}$; b) $x = \sqrt{2} + \sqrt{3}$; c) $x = 1/\sqrt{5 + \sqrt{3}}$.

2) Encontre por um método semelhante equações do oitavo grau para:

a) $x = \sqrt{2 + \sqrt{2 + \sqrt{2}}}$; b) $x = \sqrt{2} + \sqrt{1 + \sqrt{3}}$; c) $x = 1 + \sqrt{5 + \sqrt{3 + \sqrt{2}}}$.

Com o objetivo de provar o teorema em geral, para x em um corpo F_k com $_k$ arbitrário, mostramos pelo procedimento utilizado acima que x satisfaz uma equação quadrática com coeficientes em um corpo F_{k-1}. Repetindo o procedimento, verificamos que $_x$ satisfaz uma equação de grau $2^2 = 4$ com coeficientes em um corpo F_{k-2}, etc.

Exercício: Complete a prova geral utilizando indução matemática para demonstrar que x satisfaz uma equação de grau 2^l com coeficientes em um corpo F_{k-l}, $0 < l \leq k$. Esta proposição para $l = k$ é o teorema desejado.

*§3. A INSOLUBILIDADE DOS TRÊS PROBLEMAS GREGOS

1. A duplicação do cubo

Estamos agora bem preparados para investigar os antigos problemas da trisseção do ângulo, duplicação do cubo e construção do heptágono regular. Consideremos em primeiro lugar o problema da duplicação do cubo. Se o cubo dado tiver uma aresta de comprimento unitário, seu volume será a unidade cúbica; exige-se que encontremos a aresta x de um cubo com o dobro deste volume. A aresta x exigida portanto satisfará a simples equação cúbica

(1) $$x^3 - 2 = 0.$$

Nossa prova de que este número x não pode ser construído somente com régua e compasso é indireta. Suponhamos provisoriamente que uma construção seja possível. De acordo com a discussão anterior, isto significa que x está contido em algum corpo

F_k obtido, conforme acima, a partir do corpo racional por extensões sucessivas através da adjunção de raízes quadradas. Conforme iremos demonstrar, esta hipótese conduz a uma conseqüência absurda.

Já sabemos que x não pode estar incluído no corpo racional F_0, porque $\sqrt[3]{2}$ é um número irracional (veja Exercício 1, página 70). Portanto, x somente pode estar incluído em algum corpo extensão F_k, onde k é um inteiro positivo. Podemos supor que k é o *último* inteiro positivo tal que x esteja contido em algum F_k. Segue-se que x pode ser escrito na forma

$$x = p + q\sqrt{w}.$$

onde p, q e w pertencem a algum F_{k-1}, mas $\sqrt{w}$ não. Ora, mediante um simples porém importante tipo de raciocínio algébrico, vamos demonstrar que se $x = p + q\sqrt{w}$ é uma solução da equação cúbica (1), então $p - q\sqrt{w}$ é também uma solução. Uma vez que x está no corpo F_k, x^3 e $x^3 - 2$ também estão em F_k, e temos

(2) $$x^3 - 2 = a + b\sqrt{w},$$

onde a e b estão em F_{k-1}. Por meio de um simples cálculo podemos mostrar que $a = p^3 + 3pq^2 w - 2, b = 3p^2 q + q^3 w$. Se fizermos

$$y = p - q\sqrt{w},$$

então uma substituição de q por $-q$ nestas expressões de a e b mostra que

(2') $$y^3 - 2 = a - b\sqrt{w}.$$

Ora, x deveria ser uma raiz de $x^3 - 2 = 0$, portanto

(3) $$a + b\sqrt{w} = 0.$$

Isto implica - e aqui está a chave do raciocínio - que a e b devem ambos ser nulos. Se b não fosse zero, inferiríamos a partir de (3) que $\sqrt{w} = -a/b$. Mas assim $\sqrt{w}$ seria um número do corpo F_{k-1} no qual a e b estão incluídos, contrariamente à nossa hipótese. Portanto, $b = 0$, e segue-se imediatamente a partir de (3) que também $a = 0$.

Agora que já demonstramos que $a = b = 0$, inferimos imediatamente a partir de (2') que $y = p - q\sqrt{w}$ é também uma solução da equação cúbica (1), uma vez que $y^3 - 2$ é igual a zero. Além disso, $y \neq x$, isto é, $x - y \neq 0$; pois $x - y = 2q\sqrt{w}$ somente pode desaparecer se $q = 0$, e se assim o fosse, então $x = p$ estaria incluído em F_{k-1}, contrariamente à nossa hipótese.

Demonstramos portanto que, se $x = p + q\sqrt{w}$ é uma raiz da equação cúbica (1), então $y = p - q\sqrt{w}$ é uma raiz diferente desta equação. Isto conduz imediatamente a uma contradição; porque existe apenas um número real x que é uma raiz cúbica de 2, as outras raízes cúbicas de 2 sendo imaginárias (veja no Capítulo 2); $y = p - q\sqrt{w}$ é obviamente real, uma vez que p, q e $\sqrt{w}$ eram reais.

Dessa forma, nossa hipótese básica levou a um absurdo, e assim ficou demonstrado que ela está errada; uma solução de (1) não pode estar contida em um corpo F_k, de modo que duplicar o cubo com régua e compasso é impossível.

2. Um teorema sobre equações cúbicas

O raciocínio algébrico que concluímos estava especialmente adaptado ao problema com que estávamos lidando. Se quisermos resolver os dois outros problemas gregos, é aconselhável proceder em bases mais gerais. Todos os três problemas dependem algebricamente de equações cúbicas. É um fato fundamental relacionado à equação cúbica

(4) $$z^3 + az^2 + bz + c = 0$$

que se x_1, x_2, x_3 são as três raízes desta equação, então

(5) $$x_1 + x_2 + x_3 = -a.\dagger$$

---

† O polinômio $z^3 + az^2 + bz + c$ pode ser fatorado no produto $(z - x_1)(z - x_2)(z - x_3)$, onde x_1, x_2, x_3 são as três raízes a equação (4) (veja no Capítulo 2). Portanto,

$$z^3 + az^2 + bz + c = z^3 - (x_1 + x_2 + x_3)z^2 + (x_1 x_2 + x_1 x_3 + x_2 x_3)z - x_1 x_2 x_3.$$

e modo que, uma vez que o coeficiente de cada potência de z deve ser o mesmo em ambos os lados,

$$-a = x_1 + x_2 + x_3, \qquad b = x_1 x_2 + x_1 x_3 + x_2 x_3, \qquad -c = x_1 x_2 x_3$$

Consideremos qualquer equação cúbica (4) onde os coeficientes a, b, c são números racionais. É possível que uma das raízes da equação seja racional; por exemplo: a equação $x^3 - 1 = 0$ tem a raiz racional 1, enquanto que as duas outras raízes, dadas pela equação quadrática $x^2 + x + 1 = 0$, são necessariamente imaginárias. Porém podemos facilmente provar o teorema geral: *se uma equação cúbica com coeficientes racionais não tem raiz racional, então nenhuma de suas raízes é construtível a partir do corpo F_0*

Novamente, apresentamos a prova por um método indireto. Suponhamos que x seja uma raiz construtível de (4). Então x estaria incluído no último corpo F_k de alguma cadeia de corpos de extensão, $F_0, F_1, ..., F_k$, como acima. Podemos supor que k seja *o menor* inteiro tal que uma raiz da equação cúbica (4) esteja incluída em um corpo extensão F_k. Certamente k deve ser maior do que zero, uma vez que na proposição do teorema supõe-se que nenhuma raiz x esteja incluída no corpo racional F_0. Portanto, x pode ser escrito na forma

$$x = p + q\sqrt{w},$$

onde p, q, w estão no corpo anterior, F_{k-1}, porém $\sqrt{w}$ não está. Segue-se, exatamente como para a equação especial $z^3 - 2 = 0$, do item anterior, que um outro número de F_k,

$$y = p - q\sqrt{w},$$

também será uma raiz da equação (4). Como antes, vemos que $q \neq 0$ e portanto $x \neq y$

A partir de (5) sabemos que a terceira raiz u da equação (4) é dada por $u = -a - x - y$. Porém, uma vez que $x + y = 2p$, isto significa que

$$u = -a - 2p,$$

onde $\sqrt{w}$ desapareceu, de modo que u é um número no corpo F_{k-1}. Isto contradiz a hipótese de que k é o menor número tal que algum F_k contém uma raiz de (4). Portanto, a hipótese é absurda, e nenhuma raiz de (4) pode estar incluída neste corpo F_k Assim, o teorema geral está provado. Com base neste teorema, fica provado que uma construção somente com régua e compasso é impossível se o equivalente algébrico do problema for a solução de uma equação cúbica sem quaisquer raízes racionais. Esta equivalência era imediatamente óbvia para o problema da duplicação do cubo, e será agora demonstrada para os outros dois problemas gregos.

3. A trisseção do ângulo

Provaremos agora que a trisseção do ângulo apenas com régua e compasso é de *maneira geral* impossível. Naturalmente, existem ângulos, tais como os de 90° e 180°, para os quais a trisseção pode ser realizada. O que temos de demonstrar é que a trisseção não pode ser efetuada por um procedimento válido para *todos* os ângulos. Para efeito de prova, é suficiente apresentar apenas um ângulo que não possa ser trissecado, uma vez que um *método geral* válido teria que cobrir cada exemplo individual. Portanto, a falta de um método geral será provada se pudermos demonstrar, por exemplo, que o ângulo de 60° não pode ser trissecado apenas com régua e compasso.

Podemos obter um equivalente algébrico deste problema de diferentes maneiras; a mais simples é considerar um ângulo θ como dado por seu co-seno: $\cos\theta = g$. Então o problema é equivalente ao de encontrar a quantidade $\cos(\theta/3)$. Por uma simples fórmula trigonométrica (veja no Capítulo 2), o co-seno de $\theta/3$ está relacionado com o de θ pela equação

$$\cos\theta = g = 4\cos^3(\theta/3) - 3\cos(\theta/3).$$

Em outras palavras, o problema de trissecar o ângulo θ com $\cos\theta = g$ equivale a construir uma solução da equação cúbica

(6) $\qquad\qquad 4z^3 - 3z - g = 0.$

Para demonstrar que isto não pode ser feito em geral, tomemos $\theta = 60°$, de modo que $g = \cos 60° = \frac{1}{2}$. A equação (6) torna-se então

(7) $\qquad\qquad 8x^3 - 6z = 1.$

Em razão do teorema provado no item anterior, precisamos apenas mostrar que esta equação não tem raiz racional. Seja $v = 2z$. Logo a equação torna-se

(8) $\qquad\qquad v^3 - 3v = 1.$

Se houvesse um número racional $v = r/s$ satisfazendo esta equação, onde r e s são inteiros que não têm um fator comum > 1, deveríamos ter $r^3 - 3s^2 r = s^3$. A partir disso segue-se que $s^3 = r(r^2 - 3s^2)$ é divisível por r, o que significa que r e s têm um fator comum a menos que $r = \pm 1$. Da mesma forma, s^2 é um fator de $r^3 = s^2(s + 3r)$, o que significa que r e s têm um fator comum a menos que $s = \pm 1$. Uma vez que por hipótese r e s não têm qualquer fator comum, demonstramos que os únicos números racionais que poderiam possivelmente satisfazer a equação (8) são $+1$ ou -1. Substituindo v por $+1$ e -1 na equação (8) observamos que nenhum destes dois valores a satisfaz. Portanto (8), e conseqüentemente (7), não têm raiz racional, e a impossibilidade de trisseção do ângulo é provada.

O teorema de que o ângulo em geral não pode ser trissecado apenas com régua e compasso é verdadeiro somente quando a régua é considerada como um instrumento para traçar uma reta passando por dois pontos quaisquer dados e nada mais. Em nossa caracterização geral de

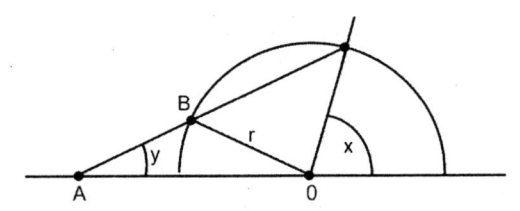

Figura 36: Trisseção de um ângulo de Arquimedes.

números construtíveis, a utilização da régua esteve sempre limitada a esta operação. Permitindo-se outros usos da régua, a totalidade de construções possíveis pode ser muito ampliada. O método seguinte para a trisseção do ângulo, encontrado nos trabalhos de Arquimedes, é um bom exemplo.

Seja um ângulo arbitrário x dado, como na Figura 36. Estenda a base do ângulo para a esquerda, e trace um semicírculo tendo O como centro e raio arbitrário r. Marque dois pontos A e B na borda da régua tais que $AB = r$. Mantendo o ponto B sobre o semicírculo, deslize a régua para a posição onde A se situa na base estendida do ângulo x, enquanto a borda da régua passa pela interseção do lado terminal do ângulo x com o semicírculo em torno de O. Com a régua nesta posição, trace uma reta, fazendo um ângulo y com a base estendida do ângulo original x.

Exercício: Demonstre que esta construção efetivamente faz com que $y = x/3$.

4. O heptágono regular

Consideraremos agora o problema de encontrar o lado x de um heptágono regular inscrito no círculo unitário. A maneira mais simples de resolver este problema é por meio de números complexos (veja Capítulo II, §5). Sabemos que os vértices do heptágono são dados pelas raízes da equação

(9) $$z^7 - 1 = 0,$$

sendo as coordenadas (x, y) dos vértices consideradas como as partes real e imaginária dos números complexos $z = x + yi$. Uma raiz desta equação é $z = 1$, e as outras são as raízes da equação

(10) $$\frac{z^7 - 1}{z - 1} = z^6 + z^5 + z^4 + z^3 + z^2 + z + 1 = 0,$$

obtida a partir de (9) fatorando $z - 1$ (veja no Capítulo 2). Dividindo (10) por z^3, obtemos a equação

(11) $$z^3 + 1/z^3 + z^2 + 1/z^2 + z + 1/z + 1 = 0.$$

Por meio de uma simples transformação algébrica, ela pode ser escrita da seguinte forma

(12) $$(z + 1/z)^3 - 3(z + 1/z) + (z + 1/z)^2 - 2 + (z + 1/z) + 1 = 0.$$

Representando a quantidade $z + 1/z$ por y, encontramos a partir de (12) que

(13) $$y^3 + y^2 - 2y - 1 = 0.$$

Sabemos que z, raiz sétima da unidade, é dado por

(14) $$z = \cos \phi + i \operatorname{sen} \phi,$$

onde $\phi = 360°/7$ é o ângulo subtendido no centro do círculo pelo lado do heptágono regular; da mesma forma, sabemos, que $1/z = \cos \phi - i \operatorname{sen} \phi$, de modo que $y = z + 1/z$

$= 2 \cos \phi$. Se podemos construir y, podemos também construir $\cos \phi$, e inversamente. Portanto, se podemos provar que y não é construtível, demonstraremos ao mesmo tempo que z, e portanto o heptágono, não é construtível. Assim, considerando o teorema do parágrafo 2, falta apenas mostrar que a equação (13) não tem raízes racionais. Isto, também, é provado indiretamente. Suponhamos que (13) tenha uma raiz racional r/s, onde r e s são inteiros não tendo nenhum fator comum. Então temos

(15) $$r^3 + r^2s - 2rs^2 - s^3 = 0;$$

donde é visto como acima que r^3 tem o fator s, e s^3 o fator r. Uma vez que r e s não têm fator comum, cada um deve ser ± 1; portanto, y pode ter apenas os valores possíveis + 1 e - 1, se ele deve ser racional. Substituindo estes números na equação, percebemos que nenhum deles a satisfaz. Assim, y, e portanto a aresta do heptágono regular, não é construtível.

5. Observações sobre o problema da quadratura do círculo

Conseguimos resolver os problemas de duplicação do cubo, da trisseção do ângulo e da construção do heptágono regular, por métodos comparativamente elementares. O problema de fazer a quadratura do círculo é muito mais difícil e requer a utilização de técnicas de análise matemática avançada. Uma vez que um círculo com raio r tem área πr^2, o problema de construção de um quadrado com área igual à de um círculo dado cujo raio seja o comprimento unitário 1 equivale à construção de um segmento de comprimento $\sqrt{\pi}$ como lado do quadrado procurado. Este segmento será construtível se e somente se o número π for construtível. Com base na caracterização geral de números construtíveis, poderíamos demonstrar a impossibilidade de fazer a quadratura do círculo mostrando que o número π não pode estar contido em qualquer corpo F_k que possa ser construído por adjunções sucessivas de raízes quadradas ao corpo racional F_0. Uma vez que todos os membros de quaisquer destes corpos são números algébricos, ou seja, números que satisfazem equações algébricas com coeficientes inteiros, será suficiente poder demonstrar que o número π não é algébrico, isto é, transcendente (veja no Capítulo 2).

A técnica necessária para provar que π é um número transcendente foi criada por Charles Hermite (1822-1905), que provou que o número e é transcendente. Por uma ligeira extensão do método de Hermite, F. Lindemann conseguiu, em 1882, provar a transcendência de π, e assim, definitivamente por termo à antiga questão da quadratura do círculo. A prova está ao alcance de alunos de análise avançada, porém está além do objetivo deste livro.

Parte II
Diferentes métodos para realizar construções
§4. Transformações geométricas. Inversão

1. Observações gerais

Na segunda parte deste capítulo discutiremos de forma sistemática alguns princípios gerais que podem ser aplicados a problemas de construção. Muitos destes problemas podem ser visualizados mais claramente a partir do ponto de vista geral das "transformações geométricas"; ao invés de estudarmos uma construção individual, vamos considerar simultaneamente toda uma classe de problemas vinculados por certos processos de transformação. O poder de síntese esclarecedor do conceito de classe de transformações geométricas não está de forma alguma restrito a problemas de construção, mas afeta quase tudo na Geometria. Nos Capítulos IV e V abordaremos este aspecto geral das transformações geométricas. Estudaremos agora um tipo particular de transformação, a inversão do plano em um círculo, que é uma generalização da reflexão comum em uma reta.

Por *transformação* do plano em si mesmo queremos exprimir uma regra que associa a cada ponto P do plano um outro ponto P', chamado de *imagem* do ponto P sob a transformação; o ponto P é chamado de *antecedente* de P'. Um simples exemplo desta transformação é dado pela reflexão do plano em uma dada reta L como em um espelho: um ponto P sobre um lado de L tem como sua imagem o ponto P', no outro lado de L, e tal que L é o bissetor perpendicular do segmento PP'. Uma transformação pode deixar fixos certos pontos do plano; no caso de uma reflexão, isto é verdadeiro para os pontos sobre L.

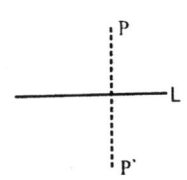

Figura 37: Reflexão de um ponto em uma reta. 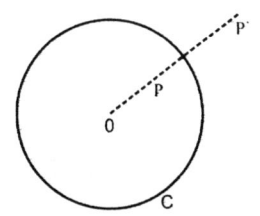   Figura 38: Inversão de um ponto em um círculo.

Outros exemplos de transformações são as *rotações* do plano em torno de um ponto fixo O, as *translações* paralelas, que deslocam cada ponto uma distância d em uma determinada direção (esta transformação não tem pontos fixos) e, de forma mais geral, os *movimentos rígidos* do plano, que podem ser imaginados como compostos por rotações e translações paralelas.

A classe particular de transformações que interessam a nós agora são as *inversões* com respeito a círculos. (Estas são algumas vezes conhecidas como reflexões circulares, porque com uma certa aproximação elas representam a relação entre original e imagem por reflexo em um espelho circular.) Em um plano fixo, seja *C* um círculo dado com centro *O* (chamado centro de inversão) e raio *r*. A imagem de um ponto *P* é definida como sendo o ponto *P'* contido na reta *OP*, no mesmo lado de *O* que *P* e tal que

(1) $$OP \cdot OP' = r^2.$$

Diz-se que os pontos *P* e *P'* são *pontos inversos* com respeito a *C*. A partir desta definição, decorre que, se *P'* é o ponto inverso de *P*, então *P* é o inverso de *P'*. Uma inversão permuta as partes interna e externa do círculo *C*, uma vez que para $OP < r$ temos $OP' > r$, e para $OP > r$ temos $OP' < r$. Os únicos pontos do plano que permanecem fixos sob a inversão são os pontos sobre o próprio círculo *C*.

A regra (1) não define uma imagem para o centro *O*. Fica claro que se um ponto móvel *P* aproxima-se de *O*, a imagem *P'* se afastará cada vez mais de *O*. Por esta razão, algumas vezes dizemos que o próprio ponto *O* corresponde ao *ponto no infinito* sob a inversão. A utilidade desta terminologia reside no fato de que ela nos possibilita afirmar que uma inversão estabelece uma correspondência entre os pontos do plano e suas imagens, que é uma correspondência bijetora sem exceção: cada ponto do plano tem uma e somente uma imagem e é ele próprio a imagem de um e somente um ponto. Esta propriedade é compartilhada por todas as transformações anteriormente consideradas.

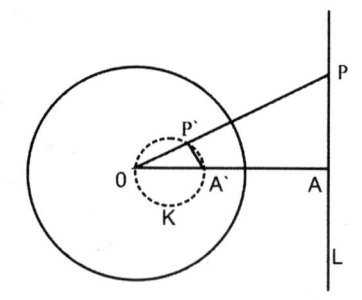

Figura 39: Inversão de uma reta *L* em um círculo.

2. Propriedades da inversão

A propriedade mais importante de uma inversão é a de que ela transforma retas e círculos em retas e círculos. Mais precisamente, vamos demonstrar que após uma inversão,

(a) uma reta que passa por O torna-se   uma reta por O,

(b) uma reta que não passa por O torna-se   um círculo que passa por O,

(c) um círculo que passa por O torna-se   uma reta que não passa por O,

(d) um círculo que não passa por O torna-se   um círculo que não passa por O.

A afirmação (a) é óbvia, uma vez que com base na definição de inversão, qualquer ponto sobre a reta tem como imagem um outro ponto sobre a mesma reta, de modo que, embora os pontos sobre a reta tenham suas posições permutadas, a reta como um todo é transformada nela mesma.

Para provar a afirmação (b), trace uma perpendicular de O até à reta L (Figura 39). Seja A o ponto onde esta perpendicular encontra L, e seja A' o ponto inverso de A. Marque qualquer ponto P sobre L, e seja P' seu ponto inverso. Uma vez que OA'. $OA = OP'$. $OP = r^2$, segue-se que

$$\frac{OA'}{OP'} = \frac{OP}{OA}.$$

Portanto, os triângulos $OP'A'$ e OAP são semelhantes e o ângulo $OP'A'$ é um ângulo reto. A partir da Geometria Elementar, segue-se que P' está contido no círculo K com diâmetro OA', de modo que o inverso de L é este círculo. E isto prova (b). A afirmação (c) segue-se agora a partir do fato de que como o inverso de L é K, o inverso de K é L.

Falta apenas provar a afirmação (d). Seja K qualquer círculo que não passe por O, com centro M e raio k. Para obter sua imagem, traçamos uma reta por O cortando K em A e B, e em seguida determinamos como as imagens A', B' variam quando a reta passando por O corta K de todas as maneiras possíveis.

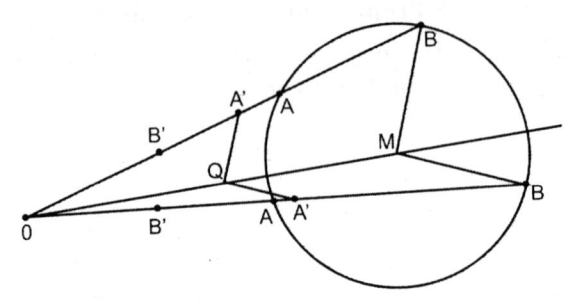

Figura 40: Inversão de um círculo.

Representemos as distâncias OA, OB, OA', OB', OM por a, b, a', b', m, e seja t o comprimento de uma tangente a K a partir de O. Temos $aa' = bb' = r^2$, por definição de inversão, e $ab = t^2$, por uma propriedade geométrica elementar do círculo. Se dividirmos as primeiras relações pela segunda, obteremos

$$a'/b = b'/a = r^2/t^2 = c^2,$$

onde c^2 é uma constante que depende somente de r e t, e é a mesma para todas as posições de A e B. Por A' traçamos uma reta paralela a BM encontrando OM em Q. Seja $OQ = q$ e $A'Q = \rho$. Então, $q/m = a'/b = \rho/k$, ou

$$q = ma'/b = mc^2 \qquad\qquad \rho = ka'/b = kc^2.$$

Isto significa que para todas as posições de A e B, Q será sempre o mesmo ponto sobre OM, e a distância $A'Q$ terá sempre o mesmo valor. Da mesma forma, $B'Q = \rho$, uma vez que $a'/b = b'/a$. Assim, as imagens de todos os pontos A, B sobre K são pontos cuja distância de Q é sempre ρ, ou seja, a imagem de K é um círculo. Isto prova (d).

3. Construção geométrica de pontos inversos

O teorema a seguir será útil no parágrafo 4 desta seção: *O ponto P' inverso de um ponto dado P com respeito a um círculo C pode ser construído geometricamente com o uso apenas do compasso.* Consideremos primeiro o caso em que o ponto dado P seja exterior a C. Com OP como raio e P como centro, descrevemos um arco cruzando C nos pontos R e S. Com estes dois pontos como centros, descrevemos arcos com raio r

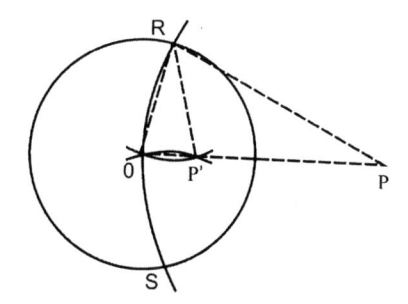

Figura 41: Inversão de um ponto exterior a um círculo.

que se cortem em O e em um ponto P'sobre a reta OP. Nos triângulos isósceles ORP e ORP',

$$\sphericalangle ORP = \sphericalangle POR = \sphericalangle OP'R,$$

de modo que estes triângulos sejam semelhantes, e portanto

$$\frac{OP}{OR} = \frac{OR}{OP'}, \text{ isto é } OP \cdot OP' = r^2.$$

Dessa forma, P' é o inverso requerido de P, que deveria ser construído.

Se o ponto dado P estiver contido no interior de C, a mesma construção e prova serão válidas, desde que o círculo de raio OP em torno de P corte C em dois pontos. Caso contrário, podemos reduzir a construção do ponto inverso P' ao caso anterior por meio do seguinte artifício simples.

Primeiro, observamos que com o compasso apenas podemos encontrar um ponto C sobre a reta ligando dois pontos dados A, O e tal que $AO = OC$. Para fazer isto, traçamos um círculo em torno de O com raio $r = AO$, e marcamos sobre este círculo, começando de A, os pontos P, Q, C de tal forma que $AP = PQ = QC = r$. Então C é o ponto desejado, conforme percebido a partir do fato de que os triângulos AOP, OPQ, OQC são eqüiláteros, de modo que OA e OC formam um ângulo de 180º, e $OC = OQ = AO$. Repetindo este procedimento, podemos facilmente prolongar AO qualquer número de vezes desejado. A propósito, uma vez que o comprimento do segmento AQ é $r\sqrt{3}$, como o leitor pode facilmente verificar, construímos ao mesmo tempo $\sqrt{3}$ a partir da unidade, sem o emprego de régua.

Podemos agora encontrar o inverso de qualquer ponto P no interior do círculo C. Primeiro, encontramos um ponto R sobre a reta OP cuja distância de O seja um inteiro múltiplo de OP e que esteja no exterior de C,

$$OR = n \cdot OP.$$

É possível fazer isto medindo sucessivamente a distância OP com o compasso até que se vá para a região exterior a C. Encontraremos agora o ponto R' inverso a R pela construção anteriormente dada. Então

$$r^2 = OR' \cdot OR = OR' \cdot (n \cdot OP) = (n \cdot OR') \cdot OP.$$

Portanto, o ponto P' para o qual $OP' = n \cdot OR'$ é o inverso desejado.

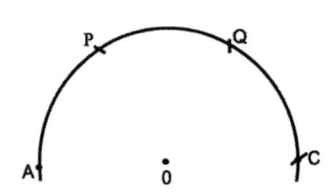

Figura 42: Duplicação de um segmento. 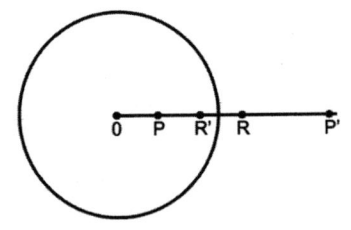   Figura 43: Inversão de um ponto interior em um círculo.

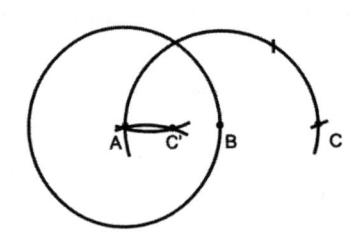

Figura 44: Encontrando o ponto médio de um segmento. 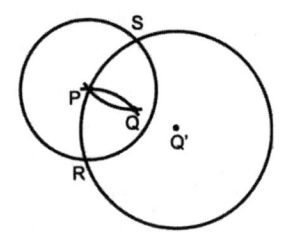   Figura 45: Encontrando o centro de um círculo.

4. Como fazer a bisseção de um segmento e encontrar o centro de um círculo utilizando apenas o compasso

Agora que aprendemos a encontrar o inverso de um ponto dado utilizando apenas o compasso, podemos executar algumas construções interessantes. Por exemplo, consideremos o problema de encontrar o ponto médio entre dois pontos dados A e B utilizando apenas o compasso (nenhuma reta pode ser traçada!). Eis a solução: Trace o círculo com raio AB em torno de B como centro, e demarque três arcos com raio AB, começando em A. O ponto final C estará sobre a reta AB, com $AB = BC$. Trace agora o círculo com raio AB e centro A, e seja C' o ponto inverso a C com respeito a este círculo. Então

$$AC' \cdot AC = AB^2$$
$$AC' \cdot 2AB = AB^2$$
$$2AC' = AB.$$

Portanto, C' é o ponto médio desejado.

Uma outra construção com compasso utilizando pontos inversos é a de encontrar o centro de um círculo do qual apenas a circunferência é dada, sendo o centro desconhecido. Escolhemos qualquer ponto P sobre a circunferência e em torno dele traçamos um círculo cortando o círculo dado nos pontos R e S. Tomando estes como centros, traçamos arcos com os raios $RP = SP$, cortando-se no ponto Q. Uma comparação com a Figura 41 mostra que o centro desconhecido, Q', é inverso a Q com respeito ao círculo em torno de P, de modo que Q' pode ser construído apenas por compasso.

§5. Construções com outros instrumentos. construções de Mascheroni apenas por compasso

*1. Uma construção clássica para duplicar o cubo

Até agora consideramos problemas de construção geométrica que utilizam apenas a régua e o compasso. Quando outros instrumentos são permitidos, a variedade de construções possíveis torna-se naturalmente mais ampla. Os gregos, por exemplo, resolviam o problema da duplicação do cubo da maneira descrita a seguir. Considere (como na Figura 46) um ângulo reto fixo MZN e uma cruz de ângulos retos móveis B, VW, PQ. Dois lados adicionais RS e TU deslizam perpendicularmente aos braços do ângulo reto. Sobre a cruz, escolha dois pontos fixos E e G tais que $GB = a$ e $BE = f$ tenham comprimentos prescritos. Colocando a cruz de maneira que os pontos E e G fiquem sobre NZ e MZ respectivamente, e deslizando os lados TU e RS, podemos colocar todo o aparelho em uma posição onde temos um retângulo *ADEZ* por cujos vértices *A*, *D* e *E* passam os braços *BW*, *BQ* e *BV* da cruz. Uma disposição como esta é sempre possível se $f > a$. Vemos imediatamente que $a:x = x:y = y:f$, donde, se f é ajustado igual a $2a$ no aparelho, $x^3 = 2a^3$. Portanto, x será a aresta de um cubo cujo volume é o dobro do cubo com aresta a. É isto que se requer para duplicar o cubo.

2. Restrições ao uso apenas do compasso

Embora seja simplesmente natural que permitindo a utilização de uma variedade maior de instrumentos possamos resolver uma ampla coleção de problemas de construção, é de se prever que mais restrições quanto a instrumentos permitidos reduziria a classe de construções possíveis. Portanto, foi uma descoberta muito surpreendente, feita pelo italiano Mascheroni (1750-1800), o fato de que *todas as construções possíveis com régua e compasso podem ser executadas apenas por compasso*. Naturalmente, não se pode traçar uma reta ligando dois pontos sem uma régua, de modo que esta construção fundamental não está realmente abrangida pela teoria de Mascheroni. Ao invés disso, deve-se imaginar uma reta como dada por dois pontos quaisquer sobre ela. Utilizando apenas o compasso, pode-se encontrar o ponto de interseção de duas retas dadas nesta forma e, do mesmo modo, as interseções de um dado círculo com uma reta.

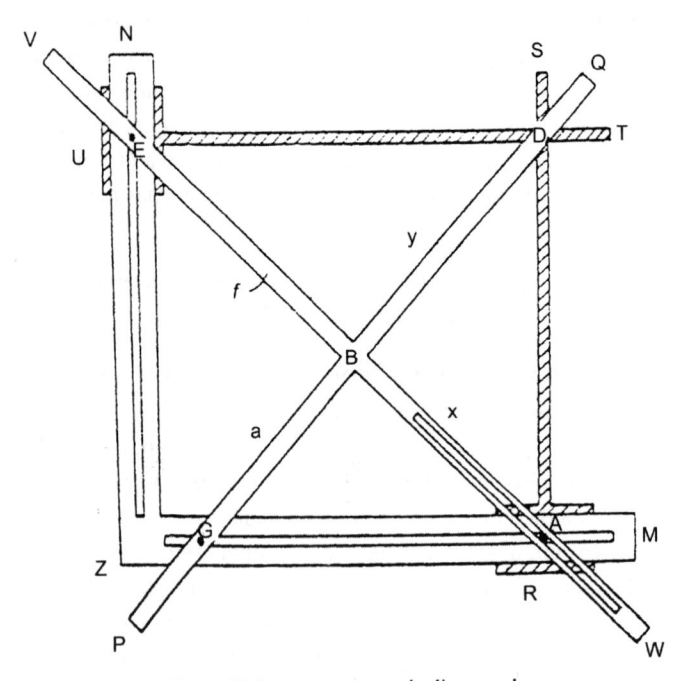

Figura 46: Instrumento para duplicar o cubo.

Talvez o exemplo mais simples de uma construção de Mascheroni seja a duplicação de um determinado segmento *AB*. A solução foi apresentada na página 168. Na página 169, fizemos a bisseção de um segmento de reta. Resolveremos agora o problema da bisseção de um determinado arco *AB* de um círculo com centro *O*. A construção é a seguinte: a partir de *A* e *B* como centros, trace dois arcos com raio *AO*. A partir de *O* trace arcos *OP* e *OQ* iguais a *AB*. Depois, trace dois arcos com *PB* e *QA* como raios e com *P* e *Q* como centros, cortando-se em *R*. Finalmente, com *OR* como raio, descreva um arco com *P* ou *Q* como centro até que ele corte *AB*; este ponto de interseção é o ponto médio requerido do arco *AB*. Deixa-se a prova como exercício para o leitor.

Seria impossível provar o teorema geral de Mascheroni fornecendo efetivamente uma construção somente por compasso para toda construção possível com régua e compasso, uma vez que o número de construções possíveis não é finito. Porém, podemos chegar à mesma meta provando

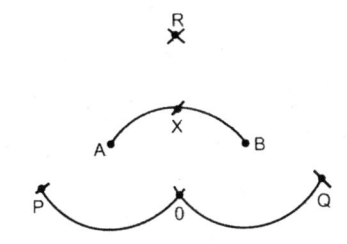

Figura 47: A bisseção de um arco com o compasso.

que cada uma das seguintes construções fundamentais é possível apenas por compasso:

1. Traçar um círculo com centro e raio dados.
2. Encontrar os pontos de interseção de dois círculos.
3. Encontrar os pontos de interseção de uma reta e um círculo.
4. Encontrar os pontos de interseção de duas retas.

Qualquer construção geométrica no sentido comum, utilizando apenas régua e compasso, consiste em uma sucessão finita destas construções elementares. As duas primeiras são claramente possíveis apenas por compasso. A solução dos problemas 3 e 4 - mais difíceis - depende das propriedades de inversão desenvolvidas na seção anterior.

Vamos resolver o problema 3, o de encontrar os pontos de interseção de um círculo C e uma reta dada pelos dois pontos A e B. Com centros A e B e raios AO e BO, respectivamente, trace dois arcos cortando-se novamente em P. Determine agora o ponto Q inverso de P com respeito a C, pela construção apenas por compasso apresentada na página 168. Trace um círculo com centro Q e raio QO (este círculo deve cortar C); os pontos de interseção X e X' deste círculo com o círculo C dado são os pontos procurados. Para provar isto precisamos apenas mostrar que X e X' são eqüidistantes de O e P, uma vez que A e B o são por construção. Isto decorre do fato de que o inverso de Q é um ponto cuja distância de X e X' é igual ao raio de C (página 168). Observe que o círculo que passa por X, X' e O é o inverso da reta AB, uma vez que este círculo e a reta AB cortam C nos mesmos pontos. (Pontos sobre a circunferência de um círculo são seus próprios inversos.)

A construção será inválida somente se a reta AB passar pelo centro de C. Mas então os pontos de interseção poderão ser encontrados, pela construção apresentada na página 172, como os pontos médios (midpoints) de arcos sobre C obtidos ao traçar em torno de B um círculo arbitrário que corta C em B_1 e B_2.

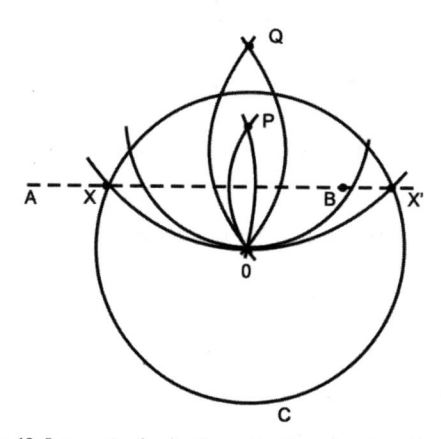

Figura 48: Interseção de círculo e reta não passando pelo centro.

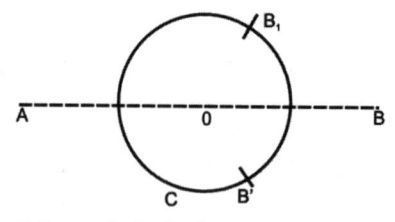

Figura 49: Interseção de círculo e reta passando pelo centro.

O método para determinar o círculo inverso à reta unindo dois pontos dados permite uma solução imediata do problema 4. Sejam AB e $A'B'$ as retas dadas (Figura 50). Trace um círculo C no plano e, pelo método anterior, encontre os círculos inversos a AB e $A'B'$. Estes círculos cortam-se em O e em um ponto Y. O ponto X inverso de Y é o ponto de interseção requerido e pode ser construído pelo processo já utilizado. Fica evidente que X é o ponto requerido a partir do fato de que Y é o único ponto que é inverso a um ponto tanto de AB quanto de $A'B'$; portanto, o ponto X inverso de Y deve pertencer a ambos, AB e $A'B'$.

Com estas duas construções, completamos a prova da equivalência entre as construções de Mascheroni utilizando apenas o compasso e as construções geométricas convencionais com régua e compasso. Não nos esforçamos em oferecer soluções para problemas individuais, uma vez que nosso objetivo consistia em apresentar uma melhor compreensão do objetivo geral das construções de Mascheroni. No entanto, forneceremos como exemplo a construção do pentágono regular. Mais precisamente, encontraremos cinco pontos em um círculo que serão os vértices de um pentágono regular inscrito.

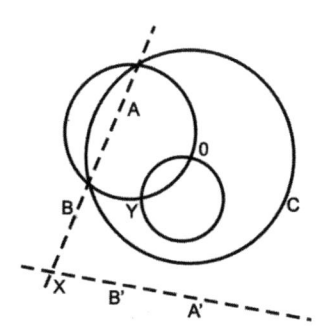

Figura 50: Interseção de duas retas.

Seja A qualquer ponto sobre um determinado círculo K. O lado de um hexágono inscrito regular é igual ao raio de K. Portanto, podemos encontrar pontos B, C, D sobre K tais que $\widehat{AB} = \widehat{BC} = \widehat{CD} = 60°$ (Figura 51).

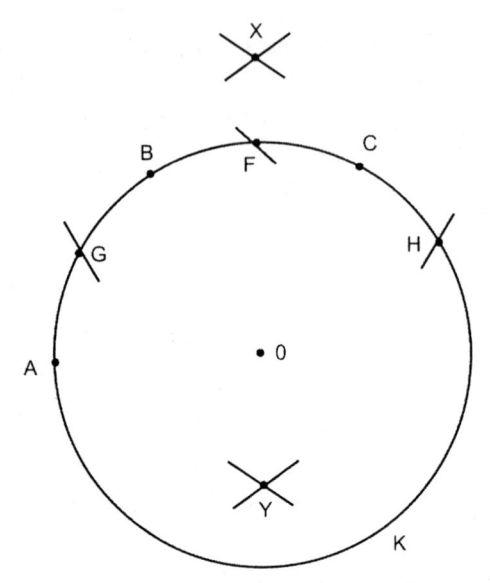

Figura 51: Construção do pentágono regular.

Com A e D como centros e AC como raio, traçamos arcos encontrando-se em X. Então, se O é o centro de K, um arco em torno de A de raio OX encontrará K no ponto médio F de $\overset{\frown}{BC}$ (veja página 172). Agora, com o raio de K traçamos arcos em torno de F encontrando K em G e H. Seja Y um ponto cuja distância de G e H é OX, e que é separado de x por O. Então, AY será igual a um lado do pentágono procurado. Deixa-se a prova como exercício para o leitor. Observe que apenas três raios diferentes foram utilizados na construção.

Em 1928, o matemático dinamarquês Hjelmslev encontrou em uma livraria de Copenhague o exemplar de um livro intitulado *Euclides Danicus*, publicado em 1672 por um obscuro autor chamado G. Mohr. Pelo título, seria possível inferir que esta obra fosse simplesmente uma versão ou um comentário sobre os *Elementos* de Euclides. Porém, quando Hjelmslev examinou o livro, verificou, para sua surpresa, que ele continha essencialmente o problema de Mascheroni e sua solução completa, encontrada muito antes de Mascheroni.

Exercícios: O que se segue é uma descrição das construções de Mohr. Verifique sua validade. Por que elas resolvem o problema de Mascheroni?

1) Sobre um segmento AB de comprimento p, levante um segmento perpendicular BC. (Indicação: prolongue AB até um ponto D tal que $AB = BD$. Trace círculos arbitrários em torno de A e D e assim determine C.)

2) Dois segmentos de comprimento p e q com $p > q$ são dados no plano. Encontre um segmento de comprimento $x = \sqrt{x^2 - q^2}$ utilizando 1).

3) A partir de um dado segmento a construa o segmento $a\sqrt{2}$. (Indicação: observe que $(a\sqrt{2})^2 = (a\sqrt{3})^2 - a^2$.)

4) Com segmentos dados p e q encontre um segmento $x = \sqrt{p^2 + q^2}$. (Indicação: utilize a relação $x^2 = 2p^2 - (p^2 - q^2)$.) Encontre outras construções semelhantes.

5) Utilizando os resultados anteriores, encontre segmentos de comprimentos $p + q$ e $p - q$ se segmentos de comprimento p e q forem dados no plano.

6) Verifique e prove a seguinte construção para o ponto médio M de um dado segmento AB de comprimento a. Sobre o prolongamento de AB encontre C e D tal que $CA = AB = BD$. Construa o triângulo isósceles ECD com $EC = ED = 2a$, e encontre M como a interseção dos círculos com diâmetros EC e ED.

7) Encontre a projeção ortogonal de um ponto A sobre uma reta BC.

8) Encontre x tal que $x:a = p:q$, se a, p e q forem segmentos dados.

9) Encontre $x = ab$, se a e b forem segmentos dados.

Inspirado por Mascheroni, Jacob Steiner (1796-1863) tentou destacar como instrumento a régua ao invés do compasso. Naturalmente, a régua apenas não permite que se vá além de um dado corpo numérico, e portanto não é suficiente para todas as construções geométricas no sentido clássico. De tudo, o mais notável foi que Steiner conseguiu restringir o uso do compasso a uma única aplicação. Ele provou que todas as construções no plano possíveis com régua e compasso são possíveis apenas com a régua, desde que um único círculo fixo e seu centro sejam dados. Estas construções requerem métodos projetivos que serão indicados mais adiante.

*Este círculo e seu centro não podem ser dispensados. Por exemplo, se um círculo, mas não seu centro, for dado, será impossível construir este último com o uso da régua apenas. Para provar isto utilizaremos um fato que será discutido mais adiante. Existe uma transformação do plano nele mesmo com as seguintes propriedades: (a) o círculo dado é fixo sob a transformação. (b) toda reta se transforma em uma reta. (c) o centro do círculo está contido em algum outro ponto. A mera existência de tal transformação mostra a impossibilidade de construir apenas com a régua o centro do círculo dado. Isto porque, qualquer que possa ser a construção, ela consistiria em traçar um certo número de retas e encontrar suas interseções uma com a outra e com o círculo dado. Agora, se a figura inteira, formada pelo círculo dado juntamente com todos os pontos e retas da construção, for submetida à transformação cuja existência foi suposta, a figura transformada irá satisfazer todos os requisitos da construção, porém fornecerá como resultado um ponto diferente do centro do círculo dado. Portanto, uma construção como esta é impossível.

3. Desenho com instrumentos mecânicos. Curvas mecânicas. Ciclóides

Idealizando mecanismos para traçar curvas distintas do círculo e da reta, podemos ampliar muito o domínio das figuras construtíveis. Se temos, por exemplo, um instrumento para traçar as hipérboles $xy = k$, e um outro para traçar parábolas $y = ax^2 + bx + c$, então qualquer problema que leve a uma equação cúbica,

(1) $$ax^3 + bx^2 + cx = k,$$

pode ser resolvido por construção, utilizando apenas estes instrumentos. Porque se fizermos

(2) $$xy = k, \qquad y = ax^2 + bx + c,$$

então, resolver a equação (1) equivale a resolver as equações simultâneas (2) eliminando y; isto é, as raízes de (1) são as abscissas x dos pontos de interseção da hipérbole e da parábola em (2). Assim, as soluções de (1) podem ser construídas se tivermos instrumentos com os quais possamos desenhar a hipérbole e a parábola das equações (2).

Construções geométricas. A álgebra dos corpos numéricos ◄ 181

Desde a Antigüidade os matemáticos sabiam que muitas curvas interessantes podiam ser definidas e traçadas por instrumentos mecânicos simples. Destas "curvas mecânicas", as *ciclóides* estão entre as mais notáveis. Ptolomeu (em torno de 200 d.C.) as utilizava de um modo muito engenhoso para descrever os movimentos dos planetas no céu.

A ciclóide mais simples é a curva descrita por um ponto fixo sobre a circunferência de um círculo que rola sem deslizar ao longo de uma reta. A Figura 53 mostra quatro posições do ponto P sobre o círculo que rola. A aparência geral da ciclóide é a de uma série de arcos repousando sobre a reta.

Variações desta curva podem ser obtidas pela escolha do ponto P dentro do círculo (como o raio de uma roda) ou sobre a extensão de seu raio (como na flange de uma roda de trem). A Figura 54 ilustra estas duas curvas.

Uma outra variação da ciclóide é obtida fazendo com que um círculo role, não ao longo de uma reta, mas sobre um outro círculo. Se o círculo c que rola, de raio r, permanece internamente tangente ao círculo C maior, de raio R, o local gerado por um ponto fixo sobre a circunferência de c é chamado de *hipociclóide*.

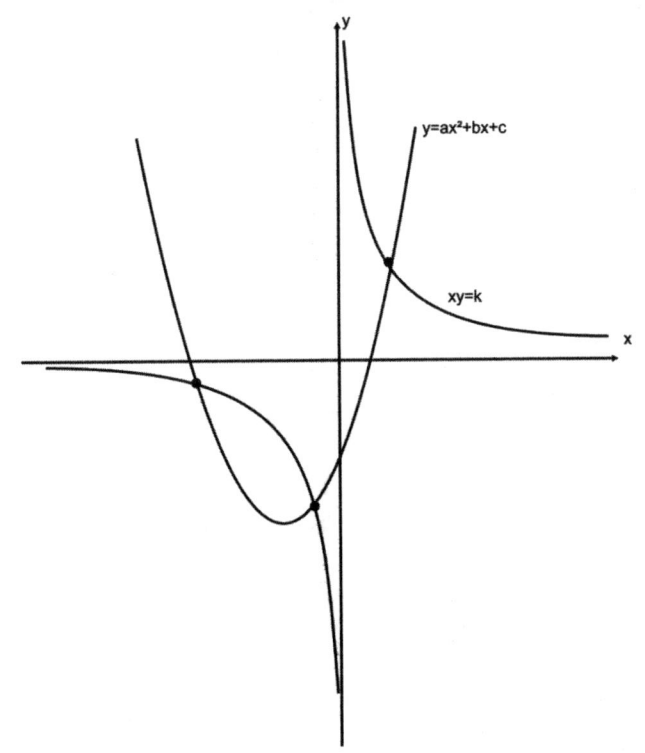

Figura 52: Solução gráfica de uma equação cúbica.

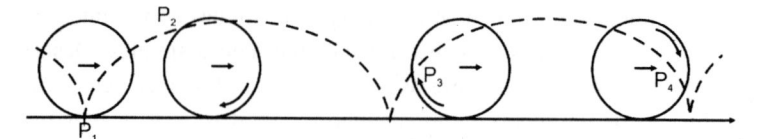

Figura 53: A ciclóide.

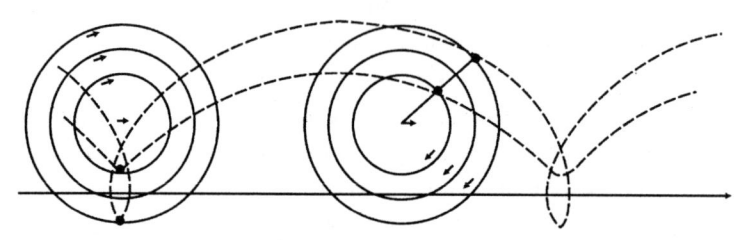

Figura 54: Ciclóides gerais.

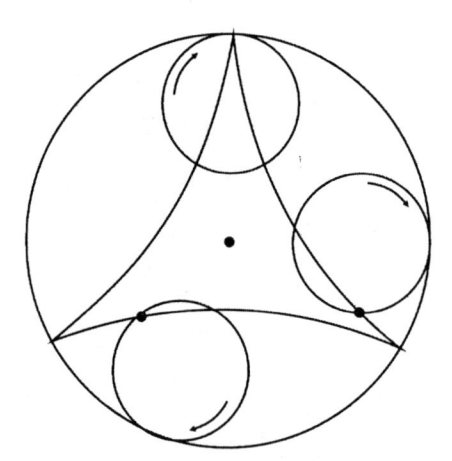

Figura 55: Hipociclóide tricúspide.

Se o círculo c descreve toda a circunferência de C apenas uma vez, o ponto P retornará a sua posição original somente se o raio de C for um múltiplo inteiro do de c. A Figura 55 mostra o caso onde $R = 3r$. De modo mais geral, se o raio de C for m/n vezes o de c, a hipociclóide fechará após n circuitos em torno de C, e terá m arcos. Um caso especial interessante ocorre quando $R = 2r$. Qualquer ponto P do círculo interno descreverá então um diâmetro do círculo maior (Figura 56). Propomos a prova deste fato como um problema para o leitor.

Há ainda um outro tipo de ciclóide que pode ser gerado por meio de um círculo que rola permanecendo externamente tangente a um círculo fixo. Uma curva como esta é chamada de epiciclóide.

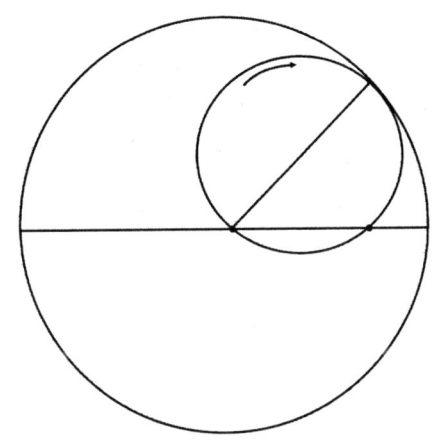

Figura 56: Movimento retilíneo de pontos de um círculo rolando em um círculo de raio duplo.

*4. Articulações. Inversores de Peaucellier e de Hart

Vamos deixar por enquanto o tema das ciclóides (elas aparecerão novamente em um momento inesperado) para avaliar outros métodos de criar curvas. Os instrumentos mecânicos mais simples para traçar curvas são as *articulações*. Uma articulação consiste em um conjunto de hastes rígidas, conectadas de alguma forma a encaixes móveis, de tal forma que todo o sistema tenha liberdade de movimento suficiente para permitir que um ponto nele situado descreva uma certa curva. O compasso é na realidade uma articulação simples, sendo em princípio uma única haste fixada em um ponto.

As articulações têm sido utilizadas há muito tempo na construção de máquinas. Um dos exemplos históricos famosos, o "paralelogramo de Watt", foi inventado por James Watt para resolver o problema de articular o pistão de sua máquina a vapor a um ponto do pêndulo de tal modo que a rotação do pêndulo movimentasse o pistão ao longo de uma reta. A solução de Watt era apenas aproximada, e mesmo com os esforços de muitos matemáticos destacados, o problema da construção de uma articulação para deslocar um ponto *precisamente* sobre uma reta permaneceu sem solução. Em uma época em que as provas sobre a impossibilidade de soluções para certos problemas estavam atraindo muita atenção, fez-se a conjectura de que a construção de uma articulação deste tipo fosse impossível. Foi porém uma grande surpresa quando, em 1864, um oficial da marinha francesa, Peaucellier, inventou uma articulação simples que resolveu o problema. Com a introdução de lubrificantes eficientes, o problema técnico das máquinas a vapor tinha então perdido sua importância.

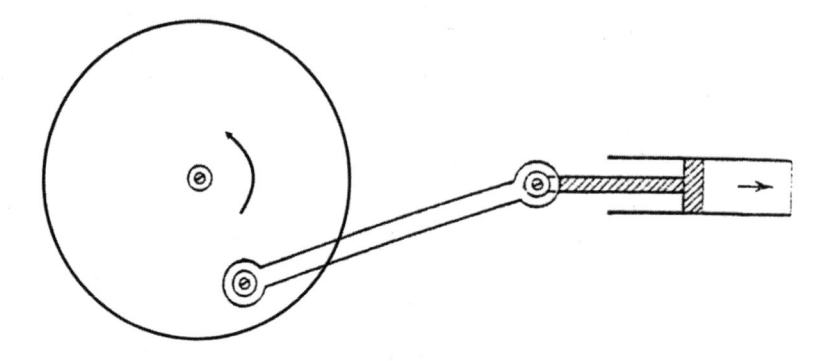

Figura 57: Movimento retilíneo transformado em rotação.

A finalidade da articulação de Peaucellier consiste em converter movimento circular em retilíneo. Baseia-se na teoria da inversão discutida em §4. Conforme mostrado na Figura 58, esta articulação consiste em sete hastes rígidas; duas de comprimento t, quatro de comprimento s e uma sétima de comprimento arbitrário. O e R são dois pontos fixos, colocados de tal forma que $OR = PR$. O conjunto inteiro tem movimento livre, sujeito às condições dadas. Provaremos que, *à medida que P descreve um arco em torno de R com raio PR, Q descreve um segmento de reta*. Representando o pé da perpendicular de S a OQ por T, observamos que

$$OP \cdot OQ = (OT - PT)(OT + PT) = OT^2 - pt^2$$
$$= (OT^2 + ST^2) - (PT^2 + ST^2)$$
$$= t^2 - s^2$$

A quantidade $t^2 - s^2$ é uma constante que chamamos de r^2. Uma vez que $OP.OQ = r^2$, P e Q são pontos inversos com respeito a um círculo de raio r e centro O. À medida que P descreve sua trajetória circular (que passa por O), Q descreve a curva inversa ao círculo. Esta curva deve ser uma reta, pois provamos que o inverso de um círculo passando por O é uma reta. Assim, a trajetória de Q é uma reta, desenhada sem a utilização de uma régua.

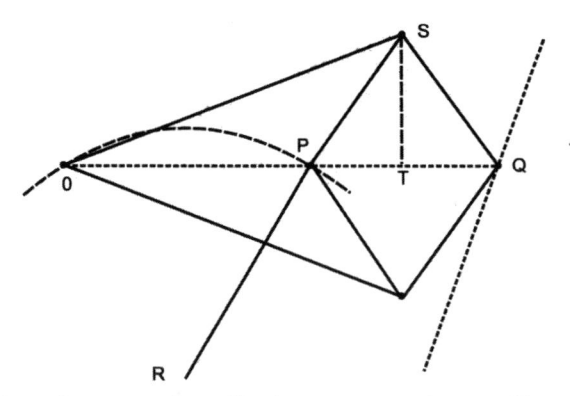

Figura 58: A transformação por Peaucellier da rotação em movimento retilíneo verdadeiro.

Uma outra articulação que resolve o mesmo problema é o inversor de Hart, que consiste em cinco hastes conectadas como na Figura 59. Aqui, $AB = CD$, $BC = AD$. O, P e Q são pontos fixos nas hastes AB, AD, CB, respectivamente, tais que $AO/OB = AP/PD = CQ/QB = m/n$. Os pontos O e S são fixos no plano de modo que $OS = PS$, enquanto o restante da articulação tem movimento livre. Evidentemente, AC é sempre paralela a BD. Portanto, O, P e Q são colineares, e OP é paralela a AC. Trace AE e CF perpendicular a BD. Temos

$$AC \cdot BD = EF \cdot BD = (ED + EB)(ED - EB) = ED^2 - EB^2.$$

Porém, $ED^2 + AE^2 = AD^2$, e $EB^2 + AE^2 = AB^2$. Ora, $ED^2 - EB^2 = AD^2 - AB^2$. Agora, $OP/BD = AO/AB = m/(m+n)$ e $OQ/AC = OB/AB = n/(m+n)$.

Assim,

$$OP \cdot OQ = [mn/(m+n)^2] BD \cdot AC = [mn/(m+n)^2](AD^2 - AB^2).$$

Esta quantidade é a mesma para todas as posições possíveis da articulação. Portanto, P e Q são pontos inversos com respeito a algum círculo em torno de O. Quando a articulação é deslocada, P descreve um círculo em torno de S que passa por O, enquanto seu inverso Q descreve uma reta.

Outras articulações podem ser construídas (pelo menos em princípio) que traçarão elipses, hipérboles, e na verdade qualquer curva dada por uma equação algébrica $f(x, y) = 0$ de qualquer grau.

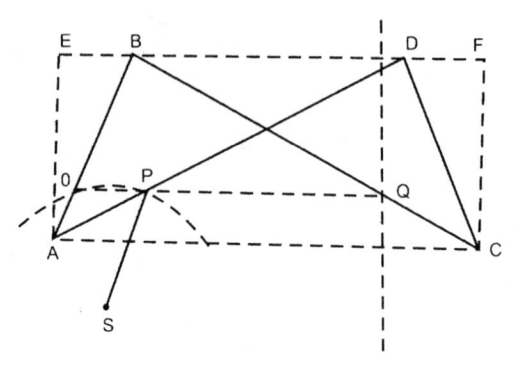

Figura 59: O inversor de Hart.

§6. Observações complementares sobre a inversão e suas aplicações
1. Invariância de ângulos. Famílias de círculos

Embora a inversão em um círculo modifique acentuadamente a aparência de figuras geométricas, é um fato notável que as novas figuras continuam a ter muitas propriedades características das antigas. Tratam-se das propriedades inalteráveis, "invariantes", sob a transformação. Como já sabemos, a inversão transforma círculos e retas em círculos e retas. Acrescentamos agora uma outra propriedade importante: *o ângulo entre duas retas ou curvas é invariante sob a inversão*. Isto significa que quaisquer duas curvas que se cortam são transformadas por uma inversão em duas outras curvas que ainda se cortam sob o mesmo ângulo. Este ângulo entre as duas curvas é, naturalmente, o ângulo entre suas tangentes.

A prova pode ser compreendida a partir da Figura 60, que ilustra o caso especial de uma curva *C* cortando uma reta *OL* em um ponto *P*. O inverso *C'* de *C* encontra *OL* no ponto inverso *P'*, o qual, uma vez que *OL* é seu próprio inverso, está contido em *OL*.

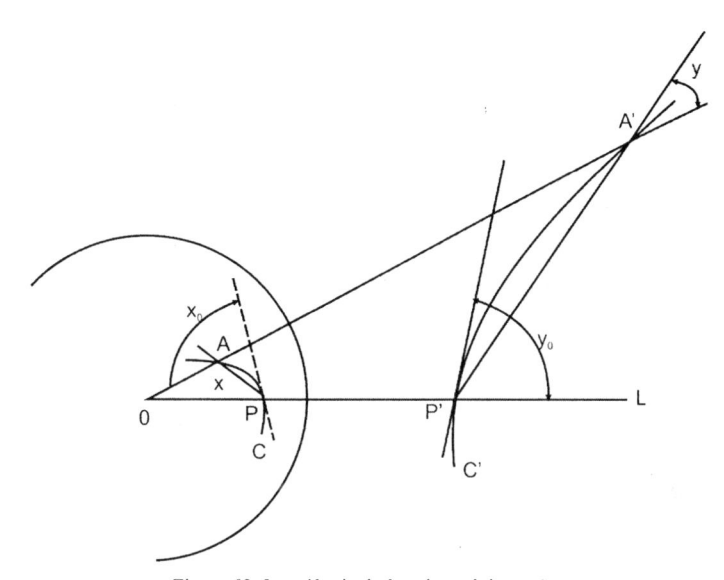

Figura 60: Invariância de ângulos sob inversão.

Mostraremos que o ângulo x_0 entre OL e a tangente a C em P é igual em grandeza ao ângulo correspondente y_0. Para fazer isto, escolhemos um ponto A sobre a curva C próximo a P, e desenhamos a secante AP. O inverso de A é um ponto A' que, estando tanto sobre a reta OA quanto sobre a curva C', deve estar em sua interseção. Desenhamos então a secante $A'P'$. Pela definição de inversão,

$$r^2 = OP \cdot OP' = OA \cdot OA',$$

ou

$$\frac{OP}{OA} = \frac{OA'}{OP'},$$

isto é, os triângulos OAP e $OA'P'$ são semelhantes. Portanto, o ângulo x é igual ao ângulo $OA'P'$, que chamamos de y. A etapa final consiste em deixar o ponto A deslocar-se ao longo de C e aproximar-se do ponto P. Isto faz com que a secante AP gire para a posição da tangente a C em P, enquanto o ângulo x tende para x_0. Ao mesmo tempo, A' se aproximará de de P', e $A'P'$ girará sobre a tangente em P'. O ângulo y aproxima-se de y_0. Como x é igual a y em toda a posição de A, devemos ter no limite, $x_0 = y_0$.

Nossa prova está apenas parcialmente concluída, uma vez que consideramos somente o caso de uma curva cortando uma reta passando por O. O caso geral de duas curvas C, C^* formando um ângulo z em P é agora facilmente resolvido. Isto porque fica evidente que a reta OPP' divide z em dois ângulos, cada um dos quais, sabemos, é preservado pela inversão.

Deve-se observar que embora a inversão preserve a grandeza dos ângulos, ela inverte seus sentidos; isto é, se um raio passando por P varre o ângulo x_0 no sentido anti-horário, sua imagem varrerá o ângulo y_0 no sentido horário.

Uma conseqüência da invariância dos ângulos sob inversão é a de que dois círculos ou retas que sejam ortogonais, isto é, que se cortem segundo ângulos retos, permanecem ortogonais após uma inversão, enquanto dois círculos que sejam tangentes, isto é, se cortem segundo ângulo zero, permanecem tangentes.

Consideremos a família de todos os círculos que passam pelo centro de inversão O e por outro ponto fixo A do plano. Com base em §4, item 2, sabemos que esta família de círculos se transforma em um feixe de retas que passam por A', a imagem de A. A família de círculos ortogonais à família original se transforma em círculos ortogonais às retas do feixe por A', conforme mostrado na Figura 61. (Os círculos ortogonais são mostrados por linhas tracejadas.) A imagem simples do feixe de retas parece ser bastante diferente da dos círculos, contudo vemos que estão intimamente relacionadas - na verdade, do ponto de vista da teoria da inversão, são inteiramente equivalentes.

Um outro exemplo do efeito da inversão é dado por uma família de círculos tangentes um ao outro no centro da inversão. Após a transformação, tornam-se um sistema de retas paralelas. Isto porque as imagens dos círculos são retas, e nenhuma destas duas retas se cortam, uma vez que os círculos originais se encontram apenas em O.

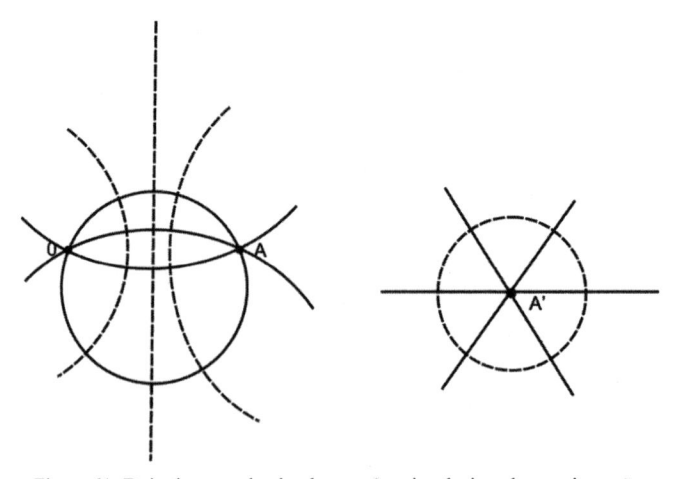

Figura 61: Dois sistemas de círculos ortogonais relacionados por inversão.

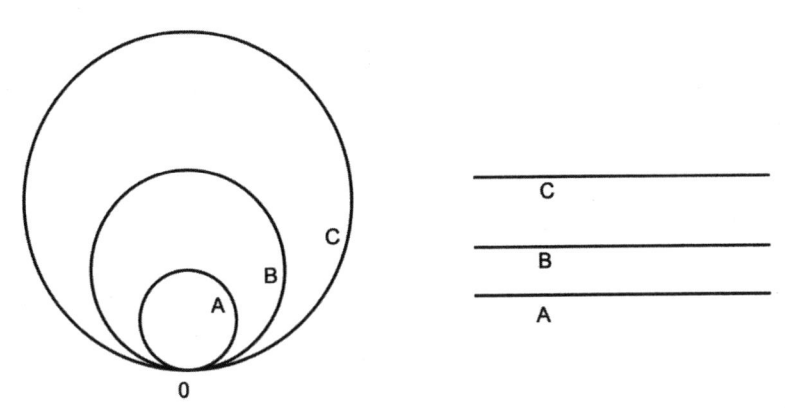

Figura 62: Círculos tangentes transformados em retas paralelas.

2. Aplicação ao problema de Apolônio

Uma boa ilustração da utilidade da teoria da inversão é a solução geométrica simples para o problema de Apolônio, apresentada a seguir. Por inversão com respeito a qualquer centro, o problema de Apolônio para três círculos dados pode ser transformado no problema correspondente para três outros círculos (por que isto acontece?). Portanto, se pudermos resolver o problema para um terno qualquer de círculos, então ele será resolvido para qualquer outro terno de círculos obtido a partir do primeiro por inversão. Exploraremos este fato selecionando, entre todos estes ternos de círculos equivalentes, um para o qual o problema seja quase que trivialmente simples.

Começamos com três círculos tendo como centros A, B, C e suponhamos que o círculo U requerido com centro O e raio ρ seja externamente tangente aos três círculos dados. Se aumentarmos os raios dos três círculos dados pela mesma quantidade d, então o círculo com o mesmo centro O e raio $\rho - d$ obviamente resolverá o novo problema.

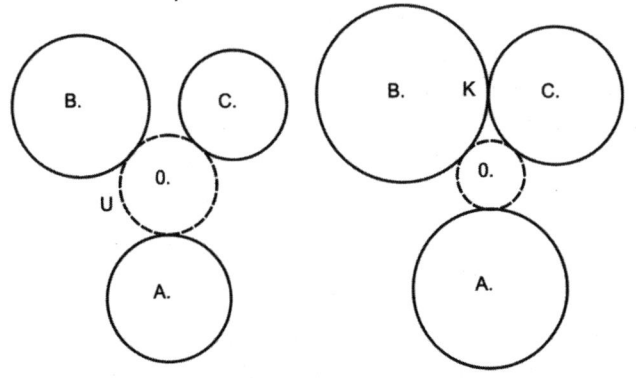

Figura 63: Procedimentos preliminares para a construção de Apolônio.

A título de preparação, utilizaremos este fato para substituir os três círculos dados por três outros tais que dois deles sejam tangentes um ao outro em um ponto K (Figura 63). Em seguida, invertemos toda a figura em algum círculo com centro K. Os círculos com centro em B e C transformam-se nas retas paralelas b e c, enquanto o terceiro círculo torna-se um outro círculo a (Figura 64). Sabemos que a, b e c podem ser construídos com régua e compasso. O círculo desconhecido é transformado em um círculo u que toca a, b e c. Seu raio r é evidentemente metade da distância entre b e c. Seu centro O' é uma das duas interseções da reta a meio caminho entre b e c com o círculo em torno de A' (o centro de a) tendo raio $r + s$ (s sendo o raio de a). Finalmente, construindo o círculo inverso de u encontramos o centro do círculo U de Apolônio desejado. (Seu centro, O, será o inverso no círculo de inversão do ponto inverso a K em u.)

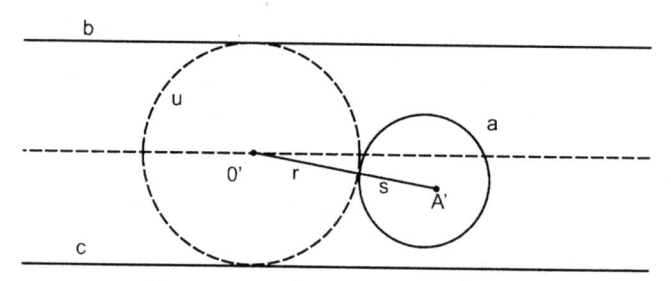

Figura 64: Solução do problema de Apolônio.

*3. Reflexões repetidas

Todos estão familiarizados com os estranhos fenômenos de reflexão que ocorrem quando mais de um espelho é utilizado. Se as quatro paredes de uma sala retangular fossem recobertas com espelhos não absorventes ideais, um ponto iluminado teria infinitamente muitas imagens, uma correspondendo a cada sala congruente obtida por reflexão (Figura 65). Um grupo menos regular, por exemplo, três espelhos, gera uma série muito mais complicada de imagens. A configuração resultante pode ser facilmente descrita apenas quando os triângulos refletidos formam uma cobertura não superposta do plano. Isto ocorre apenas no caso do triângulo isósceles retângulo, do triângulo eqüilátero, e da metade retangular deste último; veja Figura 66.

A situação torna-se muito mais interessante se considerarmos inversões repetidas em um par de círculos. Ficando entre dois espelhos circulares concêntricos, ver-se-ia um número infinito de outros círculos concêntricos a eles. Uma seqüência destes círculos tende para o infinito, enquanto a outra se volta para o centro. O caso de dois círculos externos é um pouco mais complicado. Aqui, os círculos e suas imagens refletem-se sucessivamente um dentro do outro, ficando menor a cada reflexão, até que se reduzam a dois pontos, um em cada círculo. (Estes pontos têm a propriedade de serem mutuamente inversos com respeito a ambos os círculos.) A situação é mostrada na Figura 67. A utilização de três círculos leva ao belo padrão mostrado na Figura 68.

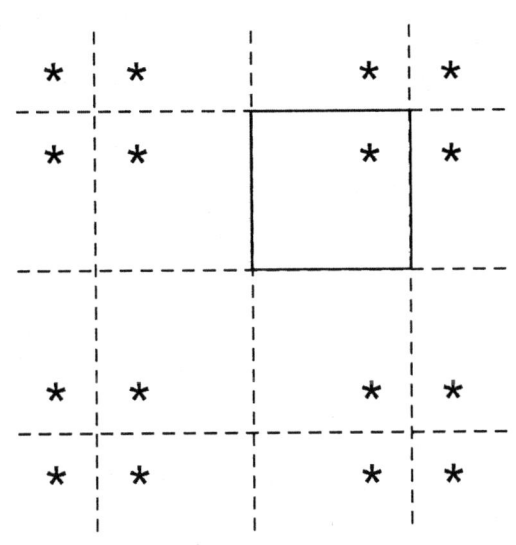

Figura 65: Reflexão repetida em paredes retangulares.

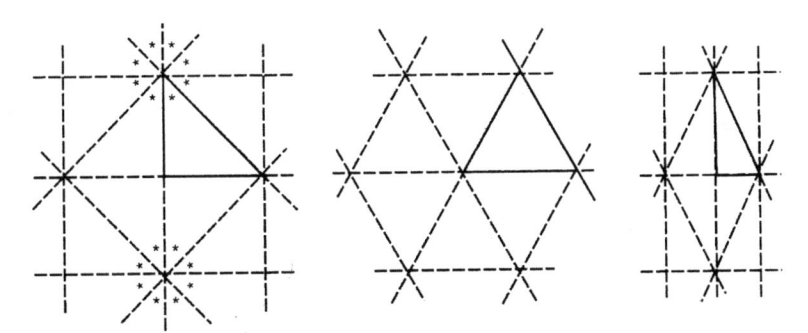

Figura 66: Grupos regulares de espelhos triangulares.

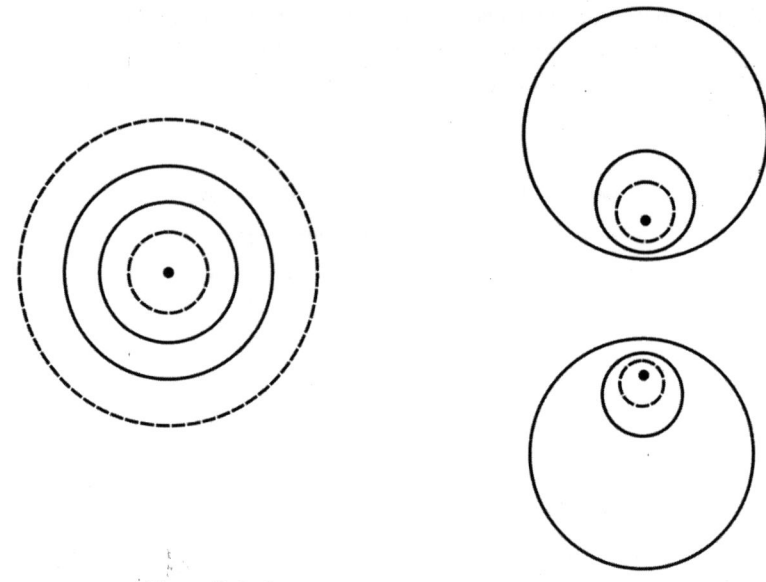

Figura 67: Reflexão repetida em sistemas de dois círculos.

Figura 68: Reflexão em um sistema de três círculos

Capítulo IV
Geometria projetiva. A axiomática. Geometrias não-euclidianas

Introdução
1. Classificação das propriedades geométricas.
Invariância sob transformações

A Geometria trata de propriedades das figuras no plano ou no espaço. Estas propriedades são tão numerosas e tão variadas que algum princípio de classificação é necessário para ordenar esta riqueza de conhecimentos. Seria possível, por exemplo, introduzir uma classificação com base no método utilizado para deduzir os teoremas. A partir deste ponto de vista, faz-se usualmente uma distinção entre os procedimentos "sintético" e "analítico". O primeiro é o método axiomático clássico de Euclides, no qual o assunto é construído sobre fundamentos puramente geométricos independentes da Álgebra e do conceito de contínuo numérico, e no qual os teoremas são deduzidos por raciocínio lógico a partir de um corpo inicial de proposições denominadas axiomas ou postulados. O segundo procedimento é baseado na introdução de coordenadas numéricas, e utiliza as técnicas da Álgebra. Este método provocou uma profunda alteração na Matemática, resultando em uma unificação da Geometria, da Análise e da Álgebra em um único sistema orgânico.

Neste capítulo, uma classificação de acordo com métodos será menos importante do que uma classificação segundo o *conteúdo*, baseada no caráter dos próprios teoremas independentemente dos métodos utilizados para prová-los. Na Geometria Plana elementar faz-se uma distinção entre teoremas que tratam da congruência de figuras, utilizando os conceitos de comprimento e de ângulo, e teoremas que lidam com a semelhança de figuras, empregando o conceito de ângulo apenas. Esta distinção não é muito importante, uma vez que comprimentos e ângulos estão tão intimamente ligados que se torna bastante artificial estabelecer uma separação entre eles. (É precisamente o estudo desta ligação que constitui a maior parte do assunto da Trigonometria.) Ao invés disso, podemos afirmar que os teoremas da Geometria Elementar dizem respeito a *grandezas* - comprimentos, medidas de ângulos e áreas. Duas figuras são equivalentes a partir deste ponto de vista se forem *congruentes*, isto é, se uma puder ser obtida a partir da outra por um *movimento rígido*, no qual meramente a posição é modificada, e não o tamanho. A questão que surge agora consiste em saber se o conceito de grandeza e os conceitos relacionados de congruência e semelhança são essenciais à Geometria, ou se figuras geométricas podem ter propriedades ainda mais profundas que não sejam destruídas por transformações mais drásticas do que movimentos rígidos. Veremos que a verdadeira questão é exatamente esta.

Tracemos um círculo e dois diâmetros perpendiculares em um bloco retangular de madeira macia, como na Figura 69.

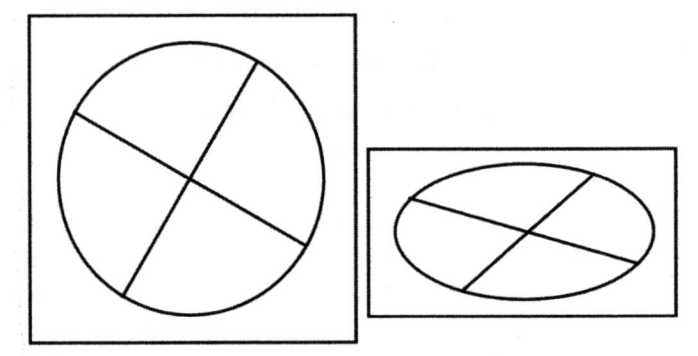

Figura 69: Compressão de um círculo.

Se colocarmos este bloco entre os mordentes de um poderoso torno e o comprimirmos até a metade de sua largura original, o círculo se transformará em uma elipse e os ângulos entre os diâmetros da elipse não serão mais ângulos retos. O círculo tem a propriedade de ter seus pontos eqüidistantes do centro, enquanto que isto não é válido para a elipse. Assim, pode parecer que todas as propriedades geométricas da configuração original foram destruídas pela compressão. Mas este não é o caso; por exemplo: a afirmação de que o centro divide ao meio cada diâmetro é verdadeira tanto para o círculo quanto para a elipse. Aqui temos uma propriedade que persiste mesmo após uma alteração bastante drástica nas grandezas da figura original. Esta observação sugere a possibilidade de classificar teoremas sobre uma figura geométrica de acordo com o fato de eles permanecerem verdadeiros ou se tornarem falsos quando a figura é submetida a uma compressão uniforme. De maneira mais geral, dada qualquer classe definida de transformações de uma figura (tais como a classe de todos os movimentos rígidos, compressões, inversão em círculos, etc.), podemos perguntar que propriedades da figura permanecerão inalteradas sob esta classe de transformações.

O corpo de teoremas que trata dessas propriedades será a *Geometria associada a esta classe de transformações*. A idéia de classificar os diferentes ramos da Geometria de acordo com as classes de transformações consideradas foi proposta por Felix Klein (1849-1925) em uma famosa palestra (o "programa de Erlangen") feita em 1872. Isto exerceu grande influência sobre o pensamento geométrico.

No Capítulo V descobriremos o fato muito surpreendente de que certas propriedades de figuras geométricas são tão inerentes que persistem mesmo após as figuras terem sido submetidas a deformações bastante arbitrárias; figuras desenhadas em um pedaço de borracha que é esticado ou comprimido de qualquer maneira ainda preservam algumas de suas características originais. Neste capítulo, contudo, trataremos apenas daquelas propriedades que permanecem inalteradas ou "invariantes", sob uma classe especial de transformações que se situa entre a classe muito restrita dos movimentos rígidos por um lado, e a classe mais geral das deformações arbitrárias por outro. Esta é a classe das "transformações projetivas".

2. Transformações projetivas

O estudo destas propriedades geométricas foi imposto aos matemáticos há muito tempo pelos problemas de *perspectiva*, que eram estudados por artistas como Leonardo da Vinci e Albrecht Dürer. A imagem feita por um pintor pode ser considerada como uma projeção do original sobre a tela, com o centro de projeção no olho do pintor. Neste processo, comprimentos e ângulos são necessariamente distorcidos de uma forma que depende da posição relativa dos diferentes objetos retratados. Entretanto, a estrutura geométrica do original pode normalmente ser reconhecida na tela. Como isto é possível? Deve ser porque existem propriedades geométricas "invariantes sob projeção" - propriedades que parecem inalteradas na imagem e tornam a identificação possível. Encontrar e analisar estas propriedades é o objeto da Geometria Projetiva.

É claro que os teoremas neste ramo da Geometria não podem ser proposições sobre comprimentos e ângulos ou sobre congruência. Alguns fatos isolados de natureza projetiva são conhecidos desde o século XVII e até mesmo, no caso do "teorema de Menelau", desde a Antigüidade. Porém, um estudo sistemático da Geometria Projetiva foi realizado pela primeira vez no final do século XVIII, quando a École Polytechnique de Paris iniciou um novo período no progresso matemático, particularmente da Geometria. Esta escola, produto da Revolução Francesa, formou muitos oficiais para os serviços militares da República. Um de seus diplomados foi J. V. Poncelet (1788-1867), que escreveu seu famoso *Traité des propriétés projectives des figures* em 1813, quando era prisioneiro de guerra na Rússia. No século XIX, sob a influência de Steiner, von Staudt, Chasles e outros, a Geometria Projetiva tornou-se um dos principais assuntos da pesquisa matemática. Sua popularidade deveu-se em parte a seu grande encanto estético e em parte a seu efeito esclarecedor sobre a Geometria como um todo e sua estreita ligação com a Geometria não-euclidiana e a Álgebra.

§2. Conceitos fundamentais
1. O grupo das transformações projetivas

Em primeiro lugar, definiremos a classe ou "grupo"†, das transformações projetivas. Suponhamos dois planos π e π' no espaço, não necessariamente paralelos um ao outro. Podemos então realizar uma *projeção central* de π em π' a partir de um centro O dado, não contido em π ou π', definindo a imagem de cada ponto P de π como sendo o ponto P' de π', tal que P e P' estejam contidos na mesma reta que passa por O. Podemos também realizar uma *projeção paralela*, onde as retas de projeção são todas paralelas. Do mesmo modo, podemos definir a projeção de uma reta l de um plano π sobre uma outra reta l', em π a partir de um ponto O em π ou por uma projeção paralela.

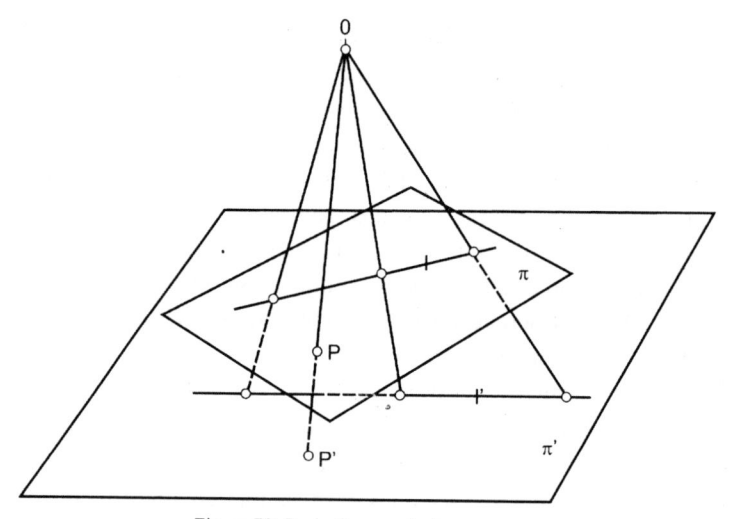

Figura 70: Projeção a partir de um ponto.

---

† O termo "grupo" quando aplicado a uma classe de transformações, implica que a aplicação sucessiva de duas transformações da classe resulta novamente em uma transformação da mesma classe, e que o "inverso" de uma transformação da classe novamente pertence à classe. Propriedades de grupos das operações matemáticas desempenharam e estão desempenhando um papel muito importante em vários campos, embora na Geometria, talvez, a importância do conceito de grupo tenha sido um pouco exagerada.

Qualquer transformação de uma figura sobre outra por uma projeção central ou paralela, ou por uma sucessão finita de tais projeções, é chamada de *transformação projetiva*.† A *geometria projetiva* do plano ou da reta é o conjunto daquelas proposições geométricas que não são afetadas por transformações projetivas arbitrárias das figuras às quais se referem. Em contraposição, devemos chamar de *Geometria Métrica* o conjunto das proposições que tratam das grandezas das figuras, invariantes apenas sob a classe dos movimentos rígidos.

Algumas propriedades projetivas podem ser reconhecidas imediatamente. Um ponto, naturalmente, projeta-se em um ponto. Além disso, *uma reta é projetada em uma reta*; isto porque, se a reta *l* em π for projetada no plano π', a interseção de π' com o plano de *O* e *l* será a reta *l'*.†† Se um ponto *A* e

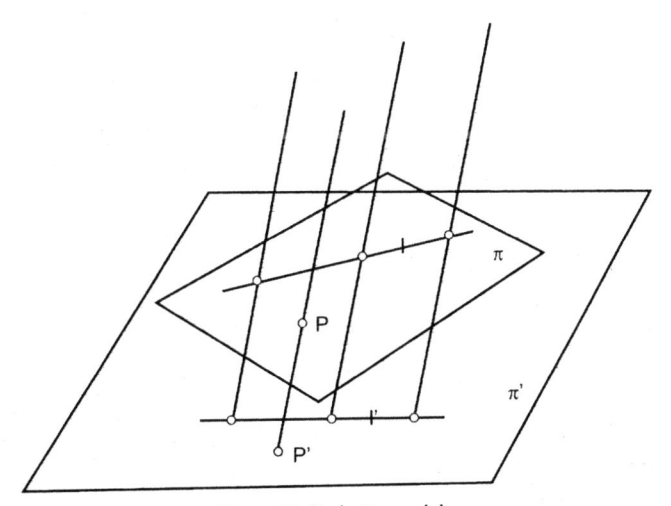

Figura 71: Projeção paralela.

uma reta *l* forem incidentes, ††† então, após qualquer projeção, o ponto *A'* e a reta *l'* correspondentes serão novamente incidentes.

Assim, *a incidência de um ponto e uma reta é invariante sob o grupo projetivo*. A partir deste fato, muitas conseqüências simples porém importantes decorrerão. Se três ou mais pontos forem *colineares*, isto é, incidentes com alguma reta, então suas

---

† Diz-se normalmente que duas figuras relacionadas por uma única projeção estão em perspectiva. Assim, uma figura *F* está relacionada por uma transformação projetiva a uma figura *F'* se *F* e *F'* estiverem em perspectiva, ou se pudermos encontrar uma sucessão de figuras, $F, F_1, F_2, ..., F_n, F'$, tal que cada figura esteja em perspectiva com a seguinte.

†† Há exceções se a reta *OP* (ou se o plano que passa por *O* e *l*) for paralelo ao plano π'. Estas exceções serão tratadas em §4.

††† Um ponto e uma reta são chamados de incidentes se a reta passar pelo ponto, ou o ponto estiver sobre a reta. A palavra incidente, neutra, deixa em aberto se a reta ou o ponto é considerado mais importante.

imagens também serão *colineares*. Da mesma forma, se no plano *** três ou mais retas forem concorrentes, isto é, incidentes com algum ponto, então suas imagens também serão retas *concorrentes*. Embora estas propriedades simples - incidência, colinearidade e concorrência - sejam *projetivas* (isto é, propriedades invariantes sob projeções), medidas de comprimento e ângulo, e razões de tais grandezas, são geralmente alteradas por projeção. Triângulos isósceles ou eqüiláteros podem se projetar em triângulos cujos lados tenham comprimentos diferentes. Portanto, embora "triângulo" seja um conceito de Geometria Projetiva, "triângulo eqüilátero" não o é, pertencendo à Geometria Métrica apenas.

2. Teorema de Desargues

Uma das mais antigas descobertas da Geometria Projetiva foi o famoso teorema do triângulo, de Desargues (1593-1662): se em um plano dois triângulos ABC e $A'B'C'$ *estão situados de modo que as retas unindo vértices correspondentes sejam concorrentes em um ponto O, então os lados correspondentes, se prolongados, se cruzarão em três pontos colineares.*

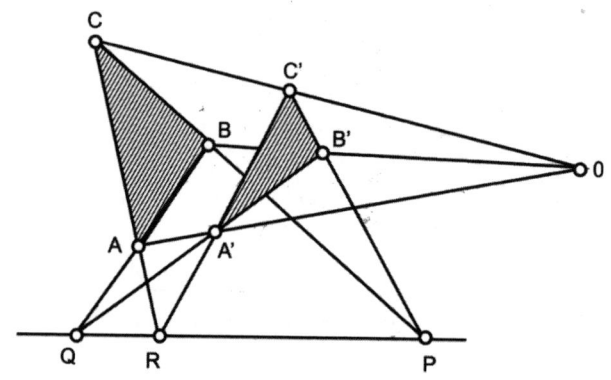

Figura 72: A configuração de Desargues no plano.

A Figura 72 ilustra o teorema, e o leitor deverá traçar outras figuras para testá-lo por experimentação. A prova não é insignificante, ainda que a figura seja simples, e que envolva apenas retas. O teorema pertence claramente à Geometria Projetiva, porque, se projetarmos a figura inteira sobre um outro plano, ela reterá todas as propriedades envolvidas no teorema. Voltaremos a este teorema mais adiante. No momento, queremos chamar a atenção para o fato notável de que o teorema de Desargues é também verdadeiro se os dois triângulos estiverem contidos em dois planos *diferentes* (não-paralelos); este teorema da Geometria Tridimensional é também muito fácil de provar. Suponhamos que as retas AA', BB' e CC' se cortem em O (Figura 73), por hipótese.

Então AB está incluída no mesmo plano que $A'B'$, de modo que estas duas retas se cortam em algum ponto Q; da mesma forma, AC e $A'C'$ se cortam em R, e BC e $B'C'$ se cortam em P. Uma vez que P, Q e R estão sobre prolongamentos dos lados de ABC e $A'B'C'$, eles estão contidos no mesmo plano que cada um destes dois triângulos, e devem conseqüentemente estar contidos na reta de interseção destes dois planos. Portanto, P, Q e R são colineares, como se pretendia provar.

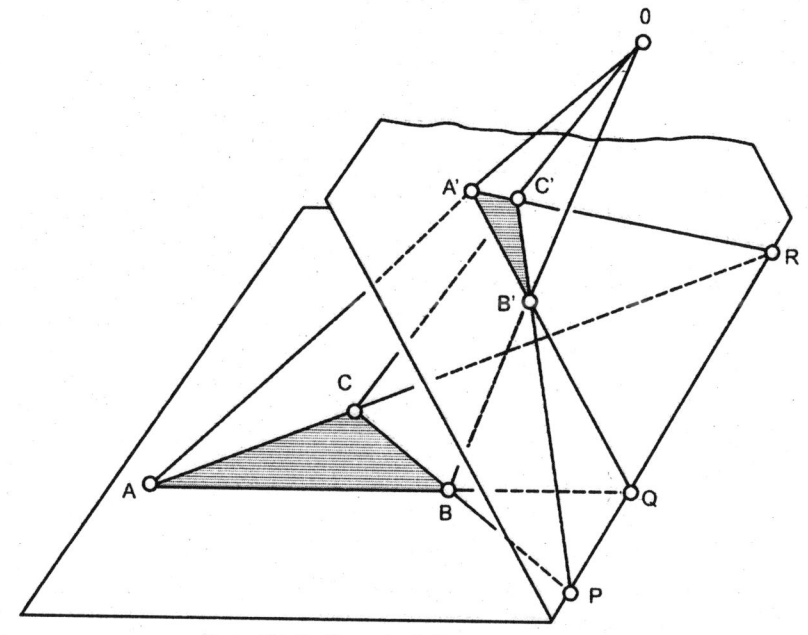

Figura 73: Configuração de Desargues no espaço.

Esta simples prova sugere que poderíamos provar o teorema para duas dimensões através de, por assim dizer, uma passagem ao limite, permitindo que toda a figura se achate de modo que os dois planos coincidam no limite e o ponto O, juntamente com todos os outros, recaia dentro deste plano. Há, contudo, uma certa dificuldade em realizar este processo de limite, porque a reta de interseção PQR não é determinada unicamente quando os planos coincidem. No entanto, a configuração da Figura 72 pode ser considerada como um desenho em perspectiva da configuração no espaço da Figura 73, e este fato pode ser utilizado para provar o teorema no caso do plano.

Existe efetivamente uma diferença fundamental entre o teorema de Desargues no plano e no espaço. Nossa prova em três dimensões utilizou raciocínio geométrico com base unicamente nos conceitos de incidência e de interseção de pontos, retas e planos. Pode-se demonstrar que a prova do teorema bidimensional, *desde que ela ocorra inteiramente no plano*, necessariamente requer a utilização do conceito de semelhança de figuras, que tem por base o conceito métrico de comprimento e, portanto, deixa de ser uma noção projetiva.

A *recíproca* do teorema de Desargues afirma que se ABC e $A'B'C'$ são dois triângulos situados de modo que os pontos onde os lados correspondentes se cortam são colineares, então as retas unindo vértices correspondentes são concorrentes. A prova para o caso em que os dois triângulos estão em dois planos não-paralelos é deixada para o leitor, como exercício.

§3. Razão anarmônica

1. Definição e prova da invariância

Da mesma forma que o comprimento de um segmento de reta é a chave da Geometria Métrica, existe um conceito fundamental de Geometria Projetiva em termos do qual todas as propriedades caracteristicamente projetivas das figuras podem ser expressas.

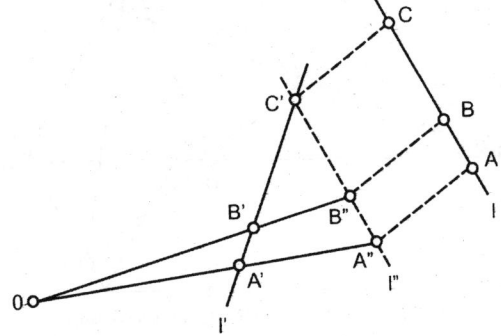

Figura 74.

Se três pontos A, B, C estão contidos em uma reta, uma projeção em geral modificará não apenas as distâncias AB e BC mas também a razão AB/BC. De fato, quaisquer três pontos A, B, C sobre uma reta l podem estar sempre associados com quaisquer três pontos A', B', C' sobre outra reta l' por duas projeções sucessivas. Para fazer isto, podemos girar a reta l' em torno do ponto C' até ela atingir uma posição l'' paralela a l (veja Figura 74). Projetamos então l sobre l'' por uma projeção paralela à reta unindo C e C', definindo três pontos, A'', B'' e C'' ($= C'$). As retas ligando A', A'' e B', B'' se cortarão em um ponto O, que escolhemos como o centro de uma segunda projeção. Estas duas projeções fazem com que se alcance o resultado desejado.†

---

† E se as retas ligando A', A'' e B', B'' forem paralelas?

Como acabamos de ver, nenhuma quantidade que envolva somente três pontos sobre uma reta pode ser invariante sob projeção. Porém - e esta é a descoberta decisiva da Geometria Projetiva - se tivermos quatro pontos A, B, C e D sobre uma reta, e os projetarmos em A', B', C' e D' sobre uma outra reta, então existirá uma certa quantidade, denominada *razão anarmônica* dos quatro pontos, que retém seu valor sob a projeção. Aqui está uma propriedade matemática de um conjunto de quatro pontos sobre uma reta que não é destruída por projeção e que pode ser reconhecida em qualquer imagem da reta. A razão anarmônica não é um comprimento, nem uma razão entre dois comprimentos, mas a *razão de duas destas razões*: se considerarmos as razões CA/CB e DA/DB, então sua razão,

$$x = \frac{CA}{CB} \bigg/ \frac{DA}{DB},$$

é, por definição, a razão anarmônica dos quatro pontos A, B, C, D, tomados naquela ordem.

Demonstraremos agora que a *razão anarmônica de quatro pontos é invariante sob projeção*, isto é, que se A, B, C, D e A', B', C', D' são pontos correspondentes sobre duas retas relacionados por uma projeção, então

$$\frac{CA}{CB} \bigg/ \frac{DA}{DB} = \frac{C'A'}{C'B'} \bigg/ \frac{D'A'}{D'B'}.$$

Demonstra-se isso por meios elementares. Lembramos que a área de um triângulo é igual a $\frac{1}{2}$(base x altura) e é também dada pela metade do produto de quaisquer dois lados pelo seno do ângulo compreendido pelos lados. Temos, então, na Figura 75,

$$\text{área } OCA = \frac{1}{2}h \cdot CA = \frac{1}{2}OA \cdot OC \text{ sen } \angle COA$$

$$\text{área } OCB = \frac{1}{2}h \cdot CB = \frac{1}{2}OB \cdot OC \text{ sen } \angle COB$$

$$\text{área } ODA = \frac{1}{2}h \cdot DA = \frac{1}{2}OA \cdot OD \text{ sen } \angle DOA$$

$$\text{área } ODB = \frac{1}{2}h \cdot DB = \frac{1}{2}OB \cdot OD \text{ sen } \angle DOB.$$

Segue-se que

$$\frac{CA}{CB}\bigg/\frac{DA}{DB} = \frac{CA}{CB} \cdot \frac{DB}{DA} = \frac{OA \cdot OC \cdot sen\angle COA}{OB \cdot OC \cdot sen\angle COB} \cdot \frac{OB \cdot OD \cdot sen\angle DOB}{OA \cdot OD \cdot sen\angle DOA}$$

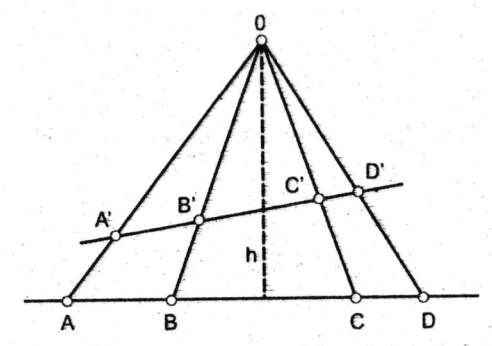

$$= \frac{sen\angle COA}{sen\angle COB} \cdot \frac{sen\angle DOB}{sen\angle DOA}.$$

Figura 75: Invariância da razão anarmônica sob projeção central.

Portanto, a razão anarmônica de A, B, C, D depende apenas dos ângulos subtendidos em O pelos segmentos unindo A, B, C, D. Uma vez que estes ângulos são os mesmos para quaisquer quatro pontos A', B', C', D' nos quais A, B, C, D podem ser projetados a partir de O, segue-se que a razão anarmônica permanece inalterada pela projeção.

O fato de a razão anarmônica de quatro pontos permanecer inalterada por uma projeção *paralela* decorre das propriedades elementares dos triângulos semelhantes. Deixa-se a prova para o leitor como exercício.

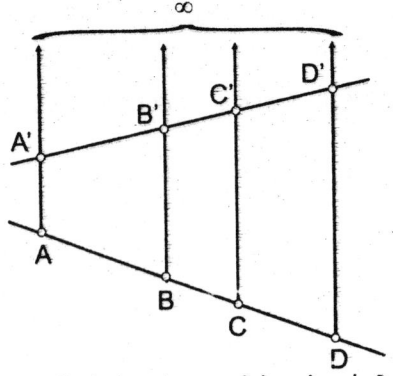

Figura 76: Invariância da razão anarmônica sob projeção paralela.

Até agora compreendemos a razão anarmônica de quatro pontos A, B, C, D sobre uma reta l como uma razão envolvendo comprimentos positivos. Porém, é mais conveniente modificarmos esta definição. Escolhemos uma direção sobre l como positiva, e convencionamos que comprimentos medidos nesta direção devem ser positivos, enquanto que comprimentos medidos na direção oposta devem ser negativos. Definimos então a razão anarmônica de A, B, C, D naquela ordem como a quantidade

(1) $$(ABCD) = \frac{CA}{CB} \bigg/ \frac{DA}{DB},$$

onde os números CA, CB, DA, DB serão tomados com o sinal apropriado. Uma vez que uma reversão da direção positiva escolhida sobre l mudará meramente o sinal de cada termo desta razão, o valor de $(ABCD)$ não dependerá da direção escolhida. Percebe-se facilmente que $(ABCD)$ será negativo ou positivo conforme os pontos A e B estejam ou não separados pelo par C, D. Uma vez que esta propriedade de separação é invariante sob projeção, o sinal da razão anarmônica $(ABCD)$ é invariante também. Se selecionarmos um ponto fixo O sobre l como origem e escolhermos como abscissa x de cada ponto sobre l sua distância orientada de O, de modo que as coordenadas de A, B, C e D sejam x_1, x_2, x_3, x_4, respectivamente, então,

$$(ABCD) = \frac{CA}{CB} \bigg/ \frac{DA}{DB} = \frac{x_3 - x_1}{x_3 - x_2} \bigg/ \frac{x_4 - x_1}{x_4 - x_2} = \frac{x_3 - x_1}{x_3 - x_2} \cdot \frac{x_4 - x_2}{x_4 - x_1}.$$

Quando $(ABCD) = -1$, de modo que $CA/CB = -DA/DB$, então C e D

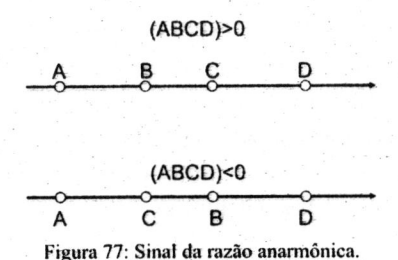

(ABCD)>0

A   B   C   D

(ABCD)<0

A   C   B   D

Figura 77: Sinal da razão anarmônica.

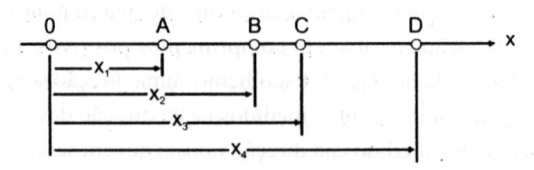

Figura 78: Razão anarmônica em termos de coordenadas.

dividem o segmento AB internamente e externamente na mesma razão. Neste caso, diz-se que C e D dividem o segmento AB *harmonicamente*, e cada um dos pontos C e D é chamado de *conjugado harmônico* do outro com respeito ao par A, B. Se $(ABCD) = 1$, então os pontos C e D (ou A e B) coincidem.

Deve-se ter em mente que a ordem pela qual A, B, C e D são tomados é parte essencial da definição da razão anarmônica $(ABCD)$. Por exemplo, se $(ABCD) = \lambda$, então a razão anarmônica $(BACD) = 1/\lambda$, enquanto $(ACBD) = 1 - \lambda$, conforme o leitor poderá facilmente verificar. Quatro pontos A, B, C, D podem ser ordenados em $4.3.2.1 = 24$ maneiras diferentes, cada uma das quais fornece um certo valor para a razão *anarmônica*. Algumas destas permutações fornecerão o mesmo valor para a razão anarmônica que o da disposição original A, B, C, D; por exemplo: $(ABCD) = (BADC)$. Fica como exercício para o leitor demonstrar que há apenas seis valores diferentes da razão anarmônica para estas 24 diferentes permutações de pontos, ou sejam,

$$\lambda, \quad 1-\lambda, \quad 1/\lambda, \quad \frac{\lambda-1}{\lambda}, \quad \frac{1}{1-\lambda}, \quad \frac{\lambda}{\lambda-1}.$$

Estas seis quantidades são em geral distintas, mas duas delas podem coincidir - como no caso da divisão harmônica, quando $\lambda = -1$.

Podemos também definir *a razão anarmônica de quatro retas* 1, 2, 3, 4 coplanares (isto é, contidas em um mesmo plano) e concorrentes como a razão anarmônica de quatro pontos de interseção destas retas com uma outra reta contida no mesmo plano. A posição desta quinta reta é imaterial por causa da invariância da razão anarmônica sob projeção. Equivalente a esta é a definição

$$(1234) = \frac{\operatorname{sen}(1,3)}{\operatorname{sen}(2,3)} \bigg/ \frac{\operatorname{sen}(1,4)}{\operatorname{sen}(2,4)},$$

tomada com um sinal de adição ou de subtração conforme um par de retas não separe ou efetivamente separe a outra. (Nesta fórmula, (1, 3), por exemplo, significa o ângulo entre as retas 1 e 3.) Finalmente, podemos definir *a razão anarmônica de quatro planos coaxiais* (quatro planos no espaço cortando-se em um reta *l*, eixo comum dos planos). Se uma reta corta os planos em quatro pontos, estes pontos terão sempre a mesma razão anarmônica, qualquer que seja a posição da reta. (Deixa-se como exercício a prova deste fato.) Portanto, podemos definir este valor como a razão anarmônica dos quatro planos. De maneira equivalente, podemos definir a razão anarmônica de quatro planos coaxiais como a razão anarmônica das quatro retas nas quais são cortados por qualquer quinto plano (veja Figura 79).

O conceito da razão anarmônica de quatro planos sugere naturalmente o problema de saber se é possível ou não definir uma transformação projetiva do *espaço tridimensional* nele mesmo. A definição por projeção central não pode ser imediatamente generalizada de duas para três dimensões. Mas pode-se provar que toda transformação contínua de um plano nele mesmo que correlaciona de maneira bijetora pontos com pontos e retas com retas é uma transformação projetiva. Este teorema sugere a seguinte definição para três dimensões: uma transformação projetiva do espaço é uma transformação bijetora *contínua* que preserva retas. Pode-se mostrar que estas transformações deixam a razão anarmônica invariante.

As afirmações precedentes podem ser suplementadas por algumas observações. Suponha que tenhamos três pontos distintos, *A, B, C*, sobre uma reta, com abscissas x_1, x_2, x_3. Pode-se encontrar um quarto ponto *D* de modo que a razão anarmônica $(ABCD) = \lambda$ onde λ é dado. (O caso especial $\lambda = -1$, para o qual o problema equivale à construção do quarto ponto harmônico, será tratado mais detalhadamente na seção seguinte.) De maneira geral, o problema tem uma e somente uma solução; isto porque, se *x* for a abscissa do ponto *D* procurado, então a equação

(2) $$\frac{x_3 - x_1}{x_3 - x_2} \cdot \frac{x - x_2}{x - x_1} = \lambda$$

tem exatamente uma solução *x*. Se x_1, x_2, x_3 são dados, e se abreviarmos a equação (2) fazendo $(x_3 - x_1)/(x_3 - x_2)$, encontramos, resolvendo esta equação, que *x = (kx₂ - λx₁) / (k - λ)*. Por exemplo: se os três pontos **A, B, C** são eqüidistantes, com abscissas $x_1 = 0$, $x_2 = d$, $x_3 = 2d$, respectivamente, então *k = (2d - 0) / (2d - d) = 2*, e *x = 2d / (2-λ)*.

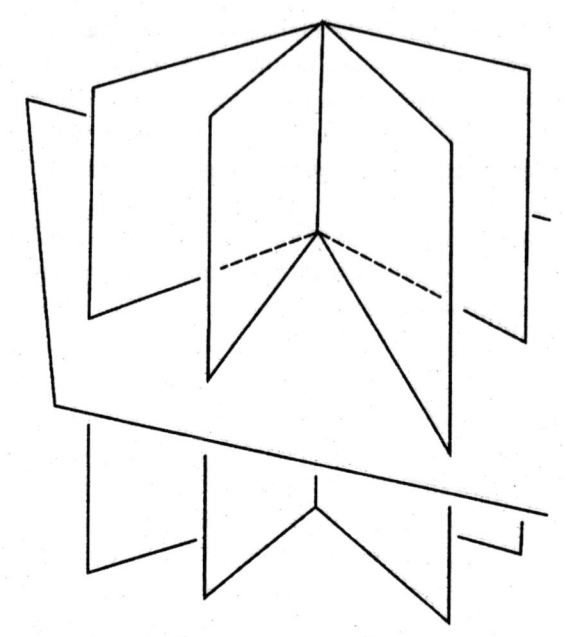

Figura 79: Razão anarmônica de planos coaxiais.

Se projetarmos a mesma reta l sobre duas retas diferentes l' e l'' a partir de dois centros diferentes O' e O'', obteremos uma correspondência $P \leftrightarrow P'$ entre os pontos de l e l', e uma correspondência $P \leftrightarrow P''$ entre os pontos de l e l''. Isto estabelece uma correspondência $P' \leftrightarrow P''$ entre os pontos de l' e os de l'' que têm a propriedade de que todo conjunto de quatro pontos A', B', C' e D' sobre l' possui a mesma razão anarmônica que o conjunto correspondente A'', B'', C'' e D'' sobre l''. Qualquer correspondência bijetora entre os pontos sobre duas retas que tem esta propriedade é chamada de *correspondência projetiva*, independentemente da maneira como a correspondência é definida.

Exercícios: 1) Prove que, dadas duas retas em correspondência projetiva, pode-se deslocar uma das retas por um deslocamento paralelo para uma posição tal que a correspondência dada entre elas seja obtida por uma simples projeção. (Indicação: Faça com que um par de pontos correspondentes das duas retas coincida.)

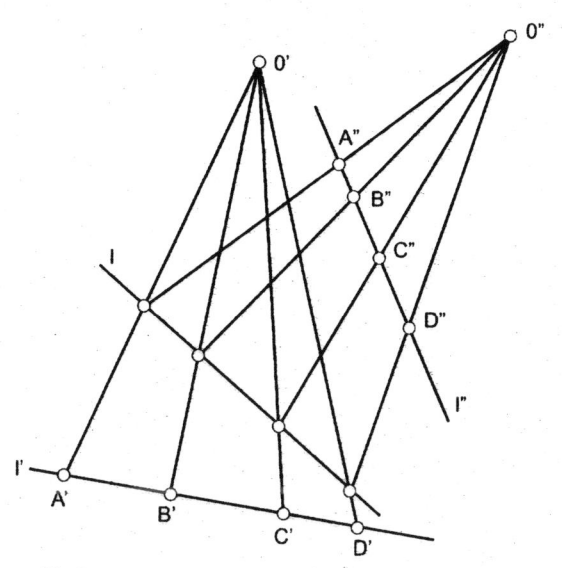

Figura 80: Correspondência projetiva entre os pontos sobre duas retas.

2) Com base no resultado precedente, demonstre que se os pontos de duas retas l e l' estão relacionados por qualquer sucessão finita de projeções sobre diferentes retas intermediárias, utilizando centros arbitrários de projeção, o mesmo resultado pode ser obtido por apenas duas projeções.

2. Aplicação ao quadrilátero completo

Como uma aplicação interessante da invariância da razão anarmônica, demonstraremos um teorema simples porém importante da Geometria Projetiva. Ele diz respeito ao *quadrilátero completo*, uma figura formada por quatro retas quaisquer, com nenhuma concorrência entre três delas, e pelos seis pontos onde se cortam. Na Figura 81, as quatro retas são *AE, BE, BI, AF*. As retas *AB, EG,* e *IF* são as *diagonais* do quadrilátero. Tomemos qualquer diagonal, digamos, *AB*, e marquemos sobre ela os pontos *C* e *D* onde ela encontra as outras duas diagonais. Temos então o seguinte teorema: $(ABCD) = -1$; em palavras, *os pontos de interseção de uma diagonal com as outras duas separam os vértices sobre aquela diagonal harmonicamente*. Para provar isto, simplesmente observamos que

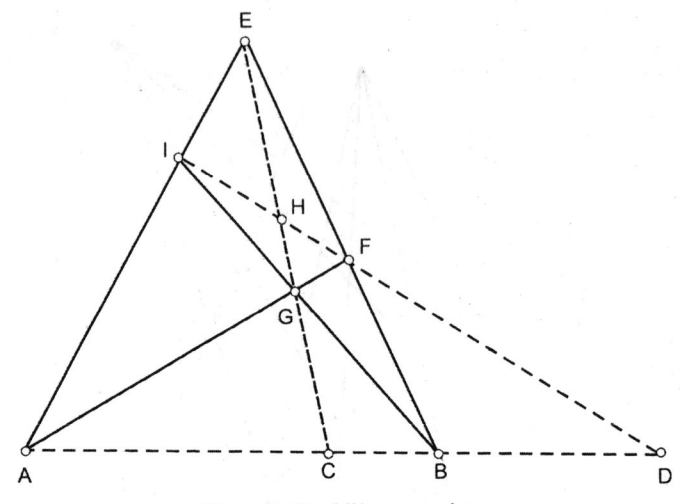

Figura 81: Quadrilátero completo.

$$x = (ABCD) = (IFHD) \quad \text{por projeção de } E,$$
$$(IFHD) = (BACD) \quad \text{por projeção de } G.$$

Mas sabemos que *(BACD)* = *1* / *(ABCD)*; de modo que $x = 1/x, x^2 = 1, x = \pm 1$..
Uma vez que C, D separam A, B, a razão anarmônica x é negativa e deve portanto ser - 1, como se pretendia provar.

Esta notável propriedade do quadrilátero completo nos permite encontrar apenas com a régua o conjugado harmônico com respeito a dois pontos A e B de qualquer terceiro ponto colinear C. Precisamos apenas escolher um ponto E fora da reta, traçar EA, EB, EC, marcar um ponto G sobre EC, traçar AG e BG cortando EB e EA em F e I, respectivamente, e traçar IF, que corta a reta de A, B, C no quarto ponto harmônico D requerido.

Problema: Seja um segmento AB no plano e uma região R, conforme mostrado na Figura 82. Deseja-se prolongar a reta AB para a direita de R. Como isto pode ser feito apenas com a régua de modo que esta nunca atravesse R durante a construção? (Indicação: escolha dois pontos arbitrários C, C' sobre o segmento AB, depois localize seus conjugados harmônicos D, D', respectivamente, por meio de quatro quadriláteros tendo A, B como vértices.)

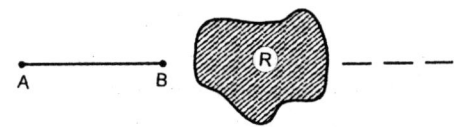

Figura 82: Prolongando uma reta além de um obstáculo.

§4. Paralelismo e infinito

1. Pontos no infinito como "pontos ideais"

Um exame da seção anterior revelará que alguns dos nossos raciocínios falham se certas retas das construções, que deveriam ser prolongadas até se cortarem, são de fato paralelas. Na construção acima, por exemplo, o quarto ponto harmônico D deixa de existir se a reta IF for paralela a AB. O raciocínio geométrico parece ser dificultado a cada etapa pelo fato de que duas retas paralelas não se cortam, de modo que em qualquer discussão envolvendo a interseção de retas o caso excepcional de retas paralelas tem de ser considerado, e formulado separadamente. Da mesma forma, a projeção a partir de um centro O tem de ser diferenciada da projeção paralela, que requer tratamento separado. Se realmente tivéssemos que entrar em uma discussão detalhada de cada um destes casos excepcionais, a Geometria Projetiva se tornaria muito complicada. Somos portanto levados a tentar uma alternativa - ou seja, *encontrar extensões de nossos conceitos básicos que eliminem as exceções*.

Aqui a intuição geométrica indica o caminho: se uma reta que corta uma outra for girada lentamente no sentido de uma posição paralela, então o ponto de interseção das duas retas se afastará para o infinito. Podemos ingenuamente afirmar que as duas retas se cortam em um "ponto no infinito". O aspecto essencial consiste então em atribuir a esta vaga afirmação um significado preciso, de modo que pontos no infinito ou, como são algumas vezes chamados, pontos ideais, possam ser tratados exatamente como se fossem pontos quaisquer no plano ou no espaço. Em outras palavras, queremos que todas as regras relacionadas ao comportamento de pontos, retas, planos, etc., prevaleçam, mesmo quando estes elementos geométricos forem ideais. Para alcançar este objetivo, podemos proceder de modo intuitivo ou formal, exatamente como fizemos ao ampliar o sistema de números, onde uma abordagem partia da idéia intuitiva de medida, e uma outra das regras formais das operações aritméticas.

Em primeiro lugar, devemos compreender que, na Geometria sintética, até mesmo os conceitos básicos de ponto e reta "ordinários" não são matematicamente definidos. As assim chamadas definições destes conceitos, encontradas com freqüência em manuais de Geometria Elementar, são apenas descrições sugestivas. No caso de elementos geométricos comuns, nossa intuição faz com que nos sintamos à vontade no que diz respeito à sua "existência". Mas tudo aquilo de que precisamos em Geometria, considerada como um sistema matemático, é a validade de certas regras por meio das quais possamos operar com estes conceitos, como unir pontos, encontrar a interseção de retas, etc. Logicamente considerado, um "ponto" não é uma "coisa em si mesma", mas é completamente descrito pela totalidade das afirmações pelas quais está relacionado a outros objetos. A existência matemática de "pontos no infinito" será assegurada tão logo tenhamos enunciado de forma clara e consistente as *propriedades* matemáticas destas novas entidades, isto é, suas relações com pontos "ordinários" e entre si. Os axiomas comuns da Geometria (por exemplo, os de Euclides) são abstrações do mundo físico, de marcas de lápis e giz, cordas esticadas, raios luminosos, hastes rígidas, etc. As propriedades que estes axiomas atribuem aos pontos e retas matemáticas são descrições muito simplificadas e idealizadas do comportamento de seus equivalentes físicos. Por dois pontos quaisquer feitos a lápis não uma única mas muitas retas a lápis podem ser traçadas. Se os pontos tornarem-se cada vez menores em diâmetro, então todas estas retas terão aproximadamente a mesma aparência. É isto que temos em mente quando afirmamos como axioma em Geometria que "por dois pontos quaisquer *uma e somente uma* reta pode ser traçada"; não estamos nos referindo aos pontos e retas físicas, mas aos pontos e retas abstratos e conceituais da Geometria. Pontos e retas geométricos têm essencialmente propriedades mais simples do que objetos físicos, e esta simplificação proporciona a condição essencial para o desenvolvimento da Geometria como ciência dedutiva.

Conforme observamos, a geometria simples dos pontos e retas torna-se muito complicada pelo fato de duas retas paralelas não se cortarem em um ponto. Somos portanto levados a fazer uma outra simplificação na estrutura da Geometria ampliando o conceito de ponto geométrico para eliminar esta exceção, da mesma forma como ampliamos o conceito de número para eliminar as restrições à subtração e à divisão. Aqui, também, devemos ser orientados durante todo o processo pela vontade em preservar no domínio ampliado as leis que são válidas no domínio original.

Devemos portanto convencionar que, aos pontos ordinários sobre cada reta, seja adicionado um ponto "ideal". Este ponto deve ser considerado como pertencente a todas as retas paralelas à reta dada e a nenhuma outra reta. Como conseqüência desta convenção, todo par de retas no plano se cortará agora em um único ponto; se as retas não forem paralelas, se cortarão em um ponto ordinário, enquanto que, se as retas forem paralelas, se cortarão no ponto ideal comum às duas retas. Por razões intuitivas, o ponto ideal sobre uma reta é chamado de ponto no infinito sobre a reta.

O conceito intuitivo de um ponto sobre uma reta afastando-se para o infinito pode sugerir que acrescentamos dois pontos ideais a cada reta, um para cada direção ao longo da reta. A razão para acrescentar apenas um, como fizemos, é que desejamos preservar a lei de que por dois pontos quaisquer uma e somente uma reta pode ser traçada. Se uma reta contivesse dois pontos no infinito em comum com toda reta paralela então, por estes dois "pontos", passariam infinitas retas paralelas.

Devemos também convencionar que às retas ordinárias em um plano seja adicionada uma reta "ideal" (também chamada de reta no infinito no plano), contendo todos os pontos ideais no plano e nenhum outro ponto. Precisamente esta convenção é imposta a nós se quisermos preservar a lei original de que por cada dois pontos uma única reta pode ser traçada, e a lei que se acabou de demonstrar, de que cada duas retas se cortam em um ponto. Para que isto possa ser percebido, escolhamos dois pontos ideais quaisquer. Então a reta única que passa por estes pontos não pode ser uma reta ordinária, uma vez que, segundo nossa convenção, qualquer reta ordinária contém apenas um único ponto ideal. Além disso, esta reta não pode conter quaisquer pontos ordinários, uma vez que um ponto ordinário e um ponto ideal determinam uma reta ordinária. Finalmente, esta reta deve conter todos os pontos ideais, já que desejamos que ela tenha um ponto em comum com toda reta ordinária. Portanto, esta reta deve ter precisamente as propriedades que atribuímos à reta ideal no plano.

De acordo com nossas convenções, um ponto no infinito é determinado ou é representado por qualquer família de retas paralelas, da mesma forma que um número irracional é determinado por uma seqüência de intervalos racionais aninhados. A afirmação de que a interseção de duas retas paralelas é um ponto no infinito não tem qualquer conotação misteriosa; é apenas um modo conveniente de afirmar que as retas são paralelas. Esta forma de expressar o paralelismo, na linguagem originalmente reservada para objetos intuitivamente diferentes, tem como único objetivo tornar supérflua a enumeração de casos excepcionais; eles são agora automaticamente cobertos pelo mesmo tipo de expressões lingüísticas ou de outros símbolos utilizados para os casos "ordinários".

Em resumo, nossas convenções relativas a pontos no infinito foram escolhidas de modo que as leis que regem a relação de incidência entre pontos e retas ordinárias continuem válidas no domínio ampliado de pontos, enquanto que a operação de encontrar o ponto de interseção de duas retas, anteriormente possível somente se as retas não fossem paralelas, pode agora ser realizada sem restrição. As considerações que levaram a esta simplificação formal nas propriedades da relação de incidência podem parecer até certo ponto abstratas; porém são amplamente justificadas pelo resultado, conforme o leitor verificará nas páginas a seguir.

2. Elementos ideais e projeções

A introdução dos pontos no infinito e da reta no infinito em um plano permite tratar a projeção de um plano em um outro de um modo muito mais satisfatório. Consideremos a projeção de um plano π em um plano π' a partir de um centro O (Figura 83).

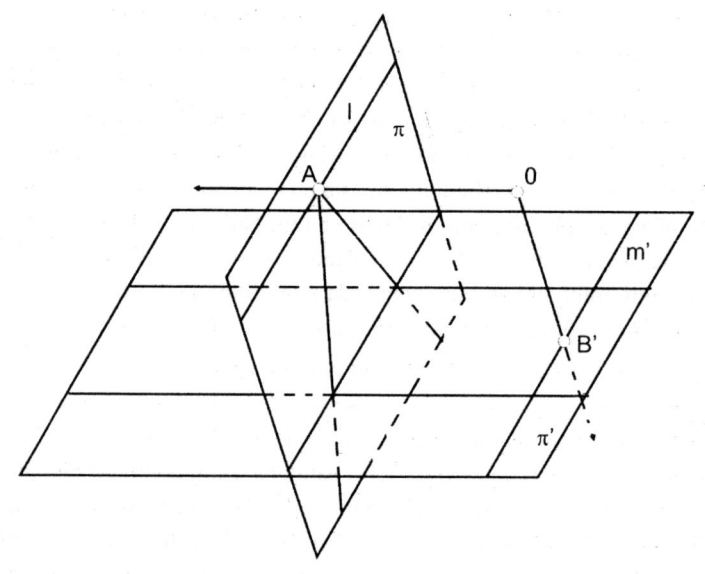

Figura 83: Projeção em elementos no infinito.

Esta projeção estabelece uma correspondência entre os pontos e retas de π e os de π' A cada ponto A de π corresponde um ponto único A' de π', com a seguinte exceção: se o raio de projeção por O for *paralelo* ao plano π', então ele cortará π em um ponto A ao qual nenhum ponto ordinário de π' corresponde. Estes pontos excepcionais de π estão contidos em uma reta l à qual nenhuma reta ordinária de π' corresponde. Mas estas exceções são eliminadas se fizermos a convenção de que a A corresponde o ponto no infinito em π' na direção da reta OA, e que a l corresponde a reta no infinito em π. Do mesmo modo, atribuímos um ponto no infinito em π a qualquer ponto B' sobre a reta m' em π' pelo qual passam todos os raios a partir de O paralelos ao plano π. A m' corresponderá a reta no infinito em π. Assim, pela introdução dos pontos e retas no infinito em um plano, *uma projeção de um plano em um outro estabelece uma correspondência entre os pontos e retas dos dois planos que é bijetora sem exceção.* (Isto elimina as exceções mencionadas na nota de rodapé anteriormente.) Além disso, é facilmente percebido como uma consequência de nossa convenção que *um ponto está contido em uma reta se e somente se a projeção do ponto estiver contida na projeção da reta*. Portanto, observa-se que todas as afirmações sobre pontos colineares, retas concorrentes, etc., que envolvem apenas pontos, retas e a relação de incidência, são invariantes sob projeção no sentido amplo. Isto nos possibilita operar com os pontos no infinito em um plano π simplesmente operando com os pontos ordinários correspondentes em um plano π' relacionado com π por uma projeção.

* A interpretação dos pontos no infinito de um plano π por meio de projeção a partir de um ponto externo O sobre pontos ordinários em um outro plano π' pode ser utilizada para apresentar um "modelo" euclidiano concreto do plano ampliado. Para este fim, meramente desconsideramos o plano π' e fixamos nossa atenção em π e nas retas passando por *O*. A cada ponto ordinário de π corresponde uma reta passando por *O* não paralela a π; a cada ponto no infinito de π corresponde uma reta passando por *O* paralela a π. Portanto, à totalidade dos pontos, ordinários e ideais, de π, corresponde a totalidade das as retas que passam pelo ponto *O*, e esta correspondência é bijetora sem exceção. Os *pontos* sobre uma *reta* de π corresponderão às *retas* em um *plano* passando por *O*. Um ponto e uma reta de π serão incidentes se e somente se a reta e o plano correspondentes que passam por *O* forem incidentes. Portanto, a geometria da incidência de pontos e retas no plano ampliado é inteiramente equivalente à geometria da incidência das retas e planos ordinários passando por um ponto fixo no espaço.

* Em três dimensões, a situação é semelhante, embora não possamos mais tornar os assuntos intuitivamente claros por projeção. Novamente introduzimos um ponto no infinito associado a cada família de retas paralelas. Em cada plano temos uma reta no infinito. A seguir, temos que incluir um novo elemento, o *plano no infinito*, constituído por todos os pontos no infinito do espaço e contendo todas as retas no infinito. Cada plano ordinário corta o plano no infinito em sua reta no infinito.

3. Razão anarmônica com elementos no infinito

Torna-se necessário agora fazer uma observação sobre razões anarmônicas envolvendo elementos no infinito. Denotemos o ponto no infinito sobre uma reta *l* pelo símbolo ∞. Se *A, B, C* são três pontos ordinários sobre *l*, então podemos atribuir um valor ao símbolo *(ABC∞)* da seguinte maneira: escolhamos um ponto *P* sobre *l*; então, *(ABC∞)* deveria ser o limite aproximado por *(ABCP)* à medida que *P* se afasta para o infinito ao longo de *l*.

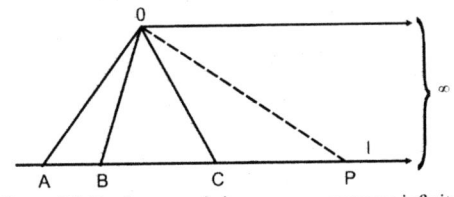

Figura 84: Razão anarmônica com um ponto no infinito.

Mas

$$(ABCP) = \frac{CA}{CB} \bigg/ \frac{PA}{PB},$$

e à medida que P se afasta para o infinito, PA/PB aproxima-se de 1. Portanto, definimos

$$(ABC\infty) = CA/CB.$$

Em particular, se $(ABC\infty) = -1$, então C é o ponto médio do segmento AB: o ponto médio e o ponto no infinito na direção de um segmento dividem harmonicamente o segmento.

Exercícios: Qual é a razão anarmônica de quatro retas l_1, l_2, l_3, l_4 se elas forem paralelas? Qual é a razão anarmônica se l_4 for a reta no infinito?

§5. APLICAÇÕES
1. Observações preliminares

Com a introdução de elementos no infinito não será mais necessário afirmar explicitamente os casos excepcionais que surgem nas construções e teoremas quando duas ou mais retas são paralelas. Precisamos apenas lembrar que quando um ponto está no infinito, todas as retas passando por aquele ponto são paralelas. Não há mais necessidade de se distinguir entre projeção central e projeção paralela, uma vez que esta última significa simplesmente projeção a partir de um ponto no infinito. Na Figura 72, o ponto O ou a reta *PQR* pode estar no infinito (a Figura 85 demonstra o primeiro caso); deixa-se como exercício para o leitor formular em linguagem "finita" as proposições correspondentes do teorema de Desargues.

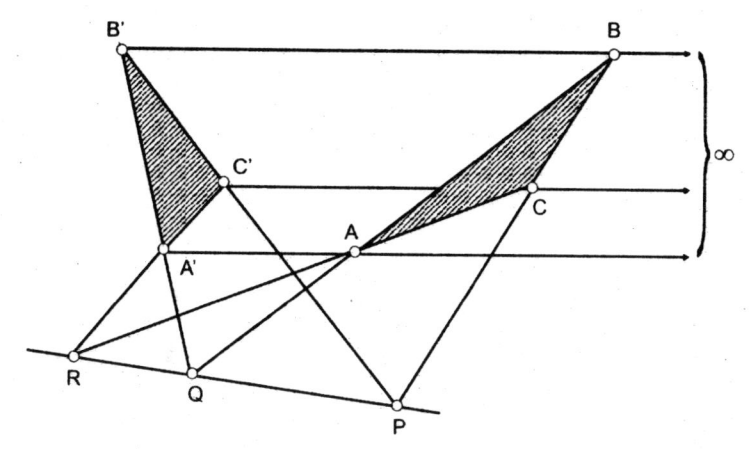

Figura 85: Configuração de Desargues com centro no infinito.

Não apenas o *enunciado*, mas também a *prova* de um teorema projetivo torna-se muitas vezes mais simples com a utilização de elementos no infinito. O princípio geral é o seguinte: por "classe projetiva" de uma figura geométrica F exprimimos a classe de todas as figuras em que F pode ser levada por transformações projetivas. As propriedades projetivas de F serão idênticas às de qualquer membro de sua classe projetiva, uma vez que propriedades projetivas são, por definição, invariantes sob projeção. Assim, qualquer teorema projetivo (o que envolve apenas propriedades projetivas) que seja verdadeiro para F será verdadeiro para qualquer membro da classe projetiva de F, e inversamente. Portanto, para provar quaisquer destes teoremas para F, é suficiente prová-lo para qualquer outro membro da classe projetiva de F. Podemos muitas vezes tirar vantagem disto encontrando um membro especial da classe projetiva de F para a qual o teorema seja mais simples de provar do que para o próprio F. Por exemplo: dois pontos A e B quaisquer de um plano π podem ser projetados no infinito projetando-os a partir de um centro O em um plano π' paralelo ao plano de O, A, B; as retas que passam por A e aquelas que passam por B serão transformadas em duas famílias de retas paralelas. Nos teoremas projetivos a serem provados nesta seção realizaremos esta transformação preliminar.

O fato elementar a seguir sobre retas paralelas será de utilidade. Sejam duas retas, cruzando-se em um ponto O, cortadas por um par de retas l_1, l_2 nos pontos A, B, C, D, conforme mostrado na Figura 86. Se l_1 e l_2

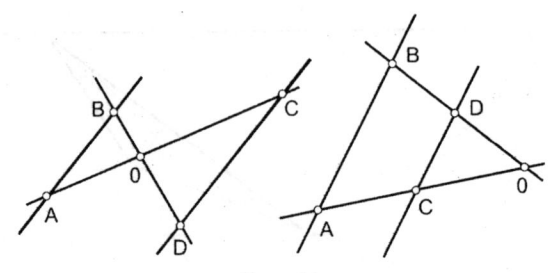

Figura 86.

,orem paralelas, então

$$\frac{OA}{OC} = \frac{OB}{OD};$$

e, inversamente, se $\frac{OA}{OC} = \frac{OB}{OD}$ então, l_1 e l_2 são paralelas. A prova decorre das propriedades elementares de triângulos semelhantes, e será deixada para o leitor.

2. Prova do teorema de Desargues no plano

Apresentaremos agora a prova de que, para dois triângulos ABC e A', B', C' em um plano situado conforme mostrado na Figura 72, onde as retas que passam pelos vértices correspondentes se encontram em um ponto, as interseções P, Q e R dos lados correspondentes estão contidas em uma reta. Para fazer isto primeiro projetamos a figura de modo que Q e R se desloquem para o infinito. Após a projeção, AB ficará paralela a $A'B'$, AC a $A'C'$, como se pode observar na Figura 87.

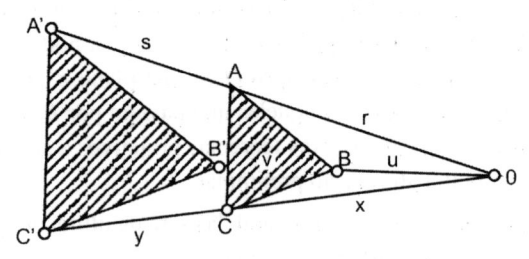

Figura 87: Prova do teorema de Desargues.

GEOMETRIA PROJETIVA. A AXIOMÁTICA. GEOMETRIAS NÃO-EUCLIDIANAS ∽ 219

Conforme indicamos no item 1 desta seção, a fim de provar o teorema de Desargues em geral é suficiente demonstrá-lo para este tipo especial de figura. Para isso, precisamos apenas mostrar que a interseção de BC e $B'C'$ também se desloca para o infinito, de modo que BC fica paralela a $B'C'$; então, P, Q, R serão na verdade colineares (uma vez que eles estarão contidos sobre a reta no infinito.) Ora,

$$AB \| A'B' \text{ implica } \tfrac{u}{v} = \tfrac{r}{s},$$
e
$$AC \| AC' \text{ implica } \tfrac{x}{y} = \tfrac{r}{s}.$$

Portanto, $\tfrac{u}{v} = \tfrac{x}{y}$.; isto implica $BC \parallel B'C'$, como se queria demonstrar.

Deve-se observar que esta demonstração do teorema de Desargues utiliza a noção métrica do comprimento de um segmento. Dessa forma, provamos um teorema projetivo utilizando meios métricos. Além disso, se transformações projetivas são definidas "intrinsecamente" como transformações do plano que preservam a razão anarmônica (veja página 202), então esta prova permanece inteiramente no plano.

Exercício: Prove, de maneira semelhante, a recíproca do teorema de Desargues: se os triângulos ABC e $A'B'C'$ têm a propriedade de que P, Q, R são colineares, então as retas AA', BB', CC', são concorrentes.

3. O teorema de Pascal†

Este teorema tem o seguinte enunciado: *se os vértices de um hexágono estão contidos alternadamente em um par de retas que se cortam, então as três interseções P, Q, R dos lados opostos do hexágono são colineares* (Figura 88). (O hexágono pode cortar ele mesmo. Os lados "opostos" podem ser identificados a partir do diagrama esquemático da Figura 89.)

---

† Mais adiante, discutiremos um teorema mais geral do mesmo tipo. O presente caso especial é também conhecido pelo nome de seu descobridor, Pappus de Alexandria (século III, d. C.).

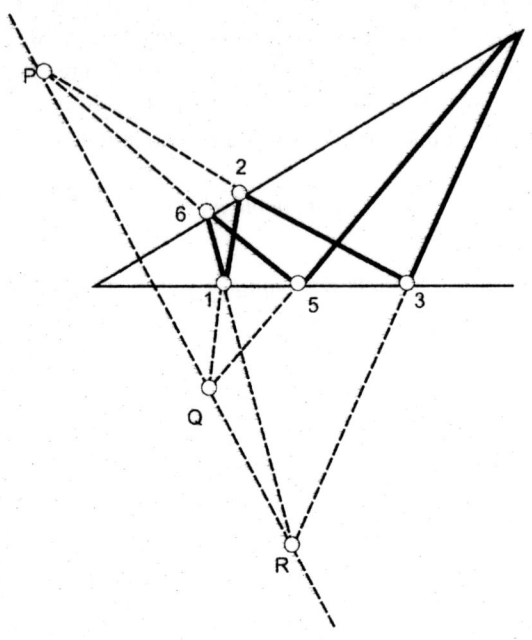

Figura 88: Configuração de Pascal.

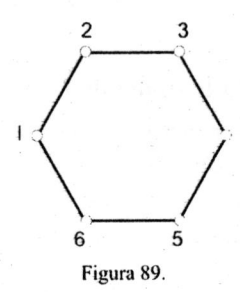

Figura 89.

Realizando uma projeção preliminar, podemos supor que P e Q estão no infinito. Então, precisamos apenas demonstrar que R também está no infinito. A situação é ilustrada na Figura 90, onde $23\|56$ e $12\|45$. Demonstraremos agora que $16\|34$. Temos

$$\frac{a}{a+x}=\frac{b+y}{b+y+s}, \qquad \frac{b}{b+y}=\frac{a+x}{a+x+r}.$$

Portanto,

$$\frac{a}{b} = \frac{a+x+r}{b+y+s},$$

de modo que $16\|34$, conforme queríamos demonstrar.

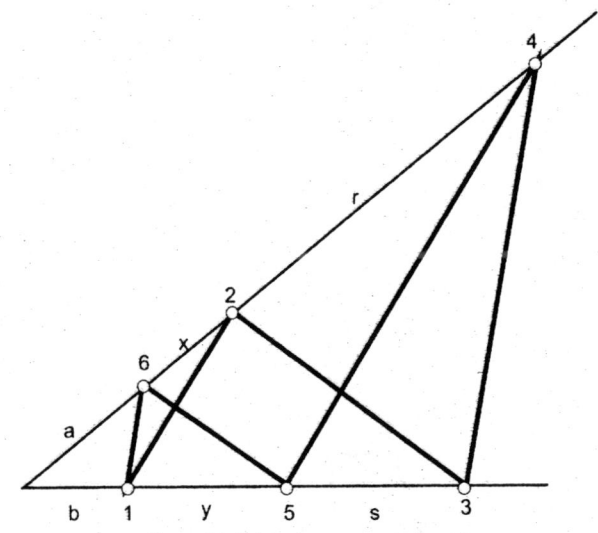

Figura 90: Prova do teorema de Pascal.

4. Teorema de Brianchon

Este teorema tem como enunciado: *se os lados de um hexágono passam alternadamente por dois pontos fixos P e Q, então as três diagonais unindo pares opostos de vértices do hexágono são concorrentes* (veja Figura 91). Por meio de uma projeção podemos deslocar para o infinito o ponto *P* e o ponto onde duas das diagonais, digamos, 14 e 36, se cortam. A situação será então a ilustrada na Figura 92. Como $14\|36$, temos $a/b = u/v$. Mas $x/y = a/b$ e $u/v = r/s$. Assim, $x/y = r/s$ e $36\|25$, de modo que todas as três diagonais são paralelas e, portanto, concorrentes. Isto é suficiente para provar o teorema no caso geral.

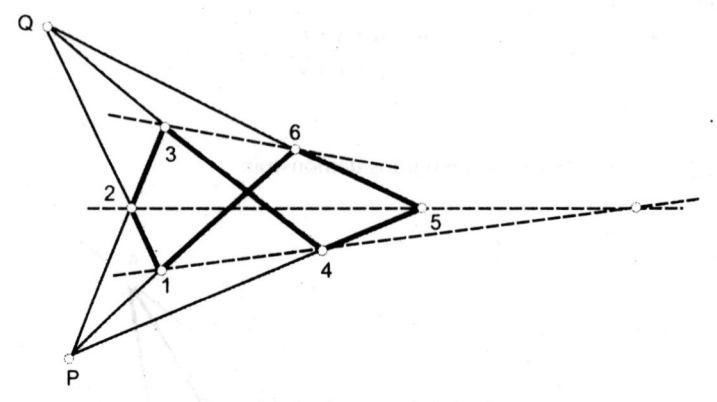

Figura 91: Configuração de Brianchon.

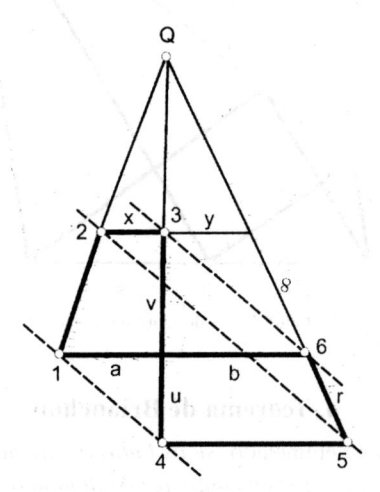

Figura 92: Prova do teorema de Brianchon.

5. Observação sobre a dualidade

O leitor talvez tenha notado a acentuada semelhança entre os teoremas de Pascal (1623-1662) e Brianchon (1785-1864). Esta semelhança torna-se particularmente notável se escrevermos os teoremas lado a lado:

Teorema de Pascal	*Teorema de Brianchon*
Se os vértices de um hexágono estão contidos alternadamente em duas retas, os pontos onde lados opostos se encontram são colineares.	*Se os lados de um hexágono passam alternadamente por dois pontos, as retas unindo vértices opostos são concorrentes.*

Não apenas os teoremas de Pascal e Brianchon, mas todos os teoremas de Geometria Projetiva ocorrem em pares, cada um semelhante ao outro e, por assim dizer, idênticos em estrutura. Este relacionamento é denominado *dualidade*. Na Geometria Plana, ponto e reta são chamados *elementos duais*. Traçar uma reta por um ponto e marcar um ponto sobre uma reta são *operações duais*. Duas figuras são duais se uma puder ser obtida a partir da outra substituindo cada elemento e operação por seu elemento ou operação dual. Dois teoremas são duais se um tornar-se o outro quando todos os elementos e operações são substituídos por seus duais. Por exemplo: os teoremas de Pascal e de Brianchon são duais, e o dual do teorema de Desargues é precisamente sua recíproca. Este fenômeno de dualidade confere à Geometria Projetiva um caráter bastante distinto daquele que caracteriza a Geometria Elementar (métrica), na qual não existe esta dualidade. (Por exemplo, não faria sentido falar do dual de um ângulo de 37° ou de um segmento de comprimento 2.) Em muitos manuais de Geometria Projetiva *o princípio da dualidade, que afirma que o dual de qualquer teorema verdadeiro de Geometria Projetiva é igualmente um teorema verdadeiro de Geometria Projetiva*, é mostrado substituindo-se os teoremas duais juntamente com suas provas duais em colunas paralelas na página, conforme fizemos acima. A razão básica para esta dualidade será considerada na seção seguinte (veja também mais adiante).

Não apenas os teoremas de Pascal e de Brianchon, mas todos os teoremas de Geometria Projetiva ocorrem em pares, cada um semelhante ao outro e, por assim dizer, idênticos em estrutura. Este relacionamento é denominado de dualidade. Na Geometria Plana, ponto e reta são chamados de elementos duais. Traçar uma reta por um ponto, e marcar um ponto sobre uma reta são operações duais. Duas figuras são duais se uma pode ser obtida a partir da outra substituindo cada elemento e operação por seu elemento ou operação dual. Dois teoremas são duais se um tornar-se o outro quando todos os elementos e operações são substituídos por seus duais. Por exemplo: os teoremas de Pascal e de Brianchon são duais, e o dual do teorema de Desargues é precisamente sua recíproca. Este fenômeno de dualidade confere à Geometria Projetiva um caráter bastante distinto daquele que caracteriza a Geometria Elementar (métrica), na qual não existe esta dualidade. (Seria, por exemplo, sem sentido, falar do dual de um ângulo de 37° ou de um segmento de comprimento 2.) Em muitos manuais de Geometria Projetiva o princípio da dualidade, que afirma que o dual de qualquer teorema verdadeiro de Geometria Projetiva é igualmente um teorema verdadeiro de Geometria Projetiva, é mostrado substituindo os teoremas duais juntamente com suas provas duais em colunas paralelas na página, conforme fizemos acima. A razão básica para esta dualidade será considerada na seção seguinte (veja também página 252).

§6. Representação analítica

1. Observações introdutórias

No início do desenvolvimento da Geometria Projetiva havia uma forte tendência para construir tudo sobre uma base sintética e "puramente geométrica", evitando a utilização de números e de métodos algébricos. Este projeto enfrentou grandes dificuldades, uma vez que sempre restavam espaços onde alguma formulação algébrica parecia inevitável. O sucesso completo na construção de uma Geometria Projetiva puramente sintética só foi alcançado por volta do final do século XIX, com um ônus bastante elevado em termos de complicação. Quanto a este aspecto, os métodos da Geometria Analítica obtiveram um sucesso muito maior. Na moderna Matemática, a tendência geral consiste em basear tudo no conceito de número e, na Geometria, esta tendência, que se iniciou com Fermat e Descartes, tem conseguido êxitos decisivos. A Geometria Analítica desenvolveu-se desde o estágio de um mero instrumento de raciocínio geométrico para se tornar uma disciplina onde a interpretação geométrica intuitiva das operações e resultados não é mais o objetivo último e exclusivo; ao contrário, tem agora a função de princípio orientador que auxilia na sugestão e na compreensão dos resultados analíticos. Esta mudança no significado da Geometria é o produto de um crescimento histórico gradual que ampliou significativamente os objetivos da Geometria clássica e, ao mesmo tempo, provocou uma união quase orgânica da Geometria com a Análise.

Na Geometria Analítica, as "coordenadas" de um objeto geométrico são qualquer conjunto de números que caracterize unicamente aquele objeto. Assim, um ponto é definido fornecendo suas coordenadas (x, y) ou suas coordenadas polares ρ, θ, enquanto que um triângulo pode ser definido fornecendo-se as coordenadas de seus três vértices, que requerem seis coordenadas ao todo. Sabemos que uma reta no plano (x, y) é o local geométrico de todos os pontos $P(x, y)$ (veja o Capítulo 2 para esta notação) cujas coordenadas satisfazem uma equação linear

(1) $$ax + by + c = 0.$$

Podemos portanto denominar os três números a, b, c de "coordenadas" desta reta. Por exemplo: $a = 0$, $b = 1$, $c = 0$ definem a reta $y = 0$, que é o eixo dos x; $a = 1$, $b = -1$, $c = 0$ definem a reta $x = y$, que divide ao meio o ângulo entre o eixo positivo dos x e o eixo positivo dos y. Do mesmo modo, equações quadráticas definem "seções cônicas":

$$x^2 + y^2 = r^2 \qquad \text{um círculo, centro na origem, raio } r,$$
$$(x-a)^2 + (y-b)^2 = r^2 \qquad \text{um círculo, centro em (a, b), raio } r,$$
$$\tfrac{x^2}{a^2} + \tfrac{y^2}{b^2} = 1 \qquad \text{uma elipse,}$$

e assim por diante.

A abordagem ingênua da Geometria Analítica consiste em começar por conceitos puramente "geométricos" - ponto, reta., etc. - e em seguida traduzir estes conceitos em linguagem de números. O ponto de vista moderno é o inverso. Começamos pelo *conjunto de todos os pares de números x, y e denominamos* cada um destes pares de um ponto, já que podemos, se preferirmos, *interpretar* ou *visualizar* este par de números pela noção familiar de ponto geométrico. De modo semelhante, diz-se que uma equação linear entre x e y define uma reta. Esta mudança de ênfase do aspecto intuitivo para o aspecto analítico da Geometria abre caminho para um tratamento simples, porém rigoroso, dos pontos no infinito na Geometria Projetiva, e é indispensável para uma compreensão mais profunda de todo o assunto. Para os leitores que possuem algum treinamento preliminar, apresentaremos um relato desta abordagem.

*2. Coordenadas homogêneas. A base algébrica da dualidade

Na Geometria Analítica comum, as coordenadas retangulares de um ponto no plano são as distâncias algébricas (ou seja, as distâncias com seus sinais correspondentes) do ponto a partir de dois eixos perpendiculares. O sistema falha para os pontos no infinito no plano ampliado da Geometria Projetiva. Assim, se desejamos aplicar métodos analíticos à Geometria Projetiva é necessário encontrar um sistema de coordenadas que englobe tanto os pontos ideais quanto os ordinários. A introdução deste sistema de coordenadas é melhor descrita supondo-se o plano π X, Y dado contido no espaço tridimensional, onde as coordenadas retangulares (x, y, z) (as distâncias algébricas de um ponto a partir dos três planos coordenados determinados pelos eixos x, y e z) foram introduzidas. Coloquemos π paralelamente ao plano coordenado x, y e a uma distância 1 acima dele, de modo que qualquer ponto P de π terá as coordenadas tridimensionais $(X, Y, 1)$. Tomando-se a origem O do sistema de coordenadas como centro de projeção, notamos que *cada ponto P determina uma reta única passando por O e inversamente.* (Veja página 210. As retas passando por O e paralelas a π correspondem aos pontos no infinito de π.)

Descreveremos agora um sistema de "coordenadas homogêneas" para os pontos de π. Para encontrar as coordenadas homogêneas de qualquer ponto ordinário P de π, tomamos a reta por O e P e escolhemos sobre esta reta qualquer ponto Q, diferente de O (ver Figura 93). Diz-se então que as coordenadas tridimensionais ordinárias x, y, z de Q são coordenadas homogêneas de P. Em particular, as coordenadas $(X, Y, 1)$ do próprio P são um conjunto de coordenadas homogêneas para P. Além disso, qualquer outro conjunto de números *(tX, tY, t)* com $t \neq 0$ será também um conjunto de coordenadas homogêneas para P, uma vez que as coordenadas de todos os pontos sobre a reta OP distintos de O serão desta forma. (Excluímos o ponto $(0, 0, 0)$ por estar contido em todas as retas passando por O, não tendo assim utilidade para distinguir uma da outra.)

Este método para incluir coordenadas no plano requer três números ao invés de dois para especificar a posição de um ponto, e tem a desvantagem adicional de que as coordenadas de um ponto não são determinadas unicamente a não ser até um fator arbitrário t. Tem entretanto a grande vantagem de que os pontos no infinito em π estão agora incluídos na representação por coordenadas. Um ponto P no infinito em π é determinado por uma reta passando por O paralela a π. Qualquer ponto Q sobre esta reta terá coordenadas da forma $(x, y, 0)$. Portanto, as coordenadas homogêneas de um ponto no infinito em π são da forma $(x, y, 0)$.

A equação em coordenadas homogêneas de uma reta em π é prontamente encontrada observando-se que as retas unindo O aos pontos desta reta estão contidos em um plano que passa por O. É provado em Geometria Analítica que a equação deste plano é da forma

$$ax + by + cz = 0.$$

Portanto, esta é a equação em coordenadas homogêneas de uma reta em π.

Agora que o modelo geométrico dos pontos de π como retas passando por O cumpriu sua finalidade, podemos deixá-lo de lado e apresentar a seguinte definição puramente analítica do plano ampliado:

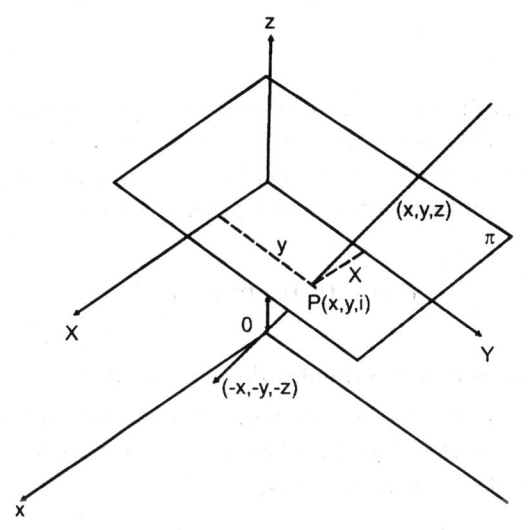

Figura 93: Coordenadas homogêneas.

Um *ponto* é um terno ordenado de números reais (x, y, z) nem todos nulos. Dois destes ternos (x_1, y_1, z_1) e (x_2, y_2, z_2), definem o *mesmo* ponto se para algum $t \neq 0$,

$$x_2 = tx_1,$$
$$y_2 = ty_1,$$
$$z_2 = tz_1.$$

Em outras palavras, as coordenadas de qualquer ponto podem ser multiplicadas por qualquer fator não-nulo sem alterar o ponto. (É por esta razão que são chamadas de coordenadas *homogêneas*.) Um ponto (x, y, z) é um ponto *ordinário* se $z \neq 0$; se $z = 0$, é um *ponto no infinito*.

Uma reta em π é o conjunto de todos os pontos (x, y, z) que satisfazem uma equação linear da forma

(1')
$$ax + by + cz = 0,$$

onde a, b, c são três constantes quaisquer, nem todas nulas. Em particular, todos os pontos no infinito em π satisfazem a equação linear

(2) $$z = 0.$$

Isto é, por definição, uma reta, e é chamada de *reta no infinito* em π. Como uma reta é definida por uma equação da forma (1'), denominamos o terno de números (a, b, c) de *coordenadas homogêneas da reta* (1'). Segue-se que (ta, tb, tc) para qualquer $t \neq 0$, são também coordenadas da reta (1'), já que a equação

(3) $$(ta)x + (tb)y + (tc)z = 0 =$$

é satisfeita pelos mesmos ternos coordenados (x, y, z) que (1').

Nestas definições observamos a perfeita simetria entre ponto e reta: cada um é especificado por três coordenadas homogêneas (u, v, w). A condição para que o ponto (x, y, z) esteja contido na reta (a, b, c) é que

$$ax + by + cz = 0,$$

e isto é igualmente a condição para que o ponto cujas coordenadas são (a, b, c) estejam contidos na reta cujas coordenadas são (x, y, z). Por exemplo, a identidade aritmética

$$2 \cdot 3 + 1 \cdot 4 - 5 \cdot 2 = 0$$

pode ser igualmente bem interpretada como significando que o ponto $(3, 4, 2)$ está contido na reta $(2, 1, -5)$ ou que o ponto $(2, 1, -5)$ está contido na reta $(3, 4, 2)$. Esta simetria é a base da dualidade em Geometria Projetiva entre ponto e reta, porque qualquer relacionamento entre pontos e retas torna-se um relacionamento entre retas e pontos quando as coordenadas são adequadamente reinterpretadas. Na nova interpretação, as coordenadas anteriores de pontos e retas são agora concebidas como representando retas e pontos respectivamente. Todas as operações e resultados algébricos permanecem os mesmos, porém sua interpretação fornece o equivalente dual do teorema original. Deve-se observar que esta dualidade não é válida no plano ordinário de duas coordenadas (X, Y), uma vez que a equação de uma reta em coordenadas ordinárias

$$aX + bY + c = 0$$

não é simétrica em X, Y e em a, b, c. Somente incluindo os pontos e a reta no infinito é que o princípio da dualidade fica perfeitamente estabelecido.

Para passar das coordenadas homogêneas (x, y, z) de um ponto ordinário P no plano π para coordenadas retangulares ordinárias, simplesmente fazemos $X = x/z$, $Y = y/z$. Então (X, Y) representa as distâncias do ponto P a dois eixos perpendiculares em π, paralelos aos eixos dos x e dos y, conforme mostrado na Figura 93. Sabemos que uma equação da forma

$$aX + bY + c = 0$$

representará uma reta em π. Fazendo a substituição $X = x/z$, $Y = y/z$. e multiplicando por z verificamos que a equação da mesma reta em coordenadas homogêneas é, conforme se afirmou na página 220,

$$ax + by + cz = 0.$$

Assim, a equação da reta $2x - 3y + z = 0$. em coordenadas retangulares ordinárias (X, Y) é $2X - 3Y + 1 = 0$. Naturalmente, esta última equação não se verifica para o ponto no infinito sobre esta reta, que tem $(3, 2, 0)$ como um conjunto de coordenadas homogêneas.

Deve-se acrescentar que tivemos êxito em oferecer uma definição puramente analítica de ponto e de reta; resta porém a questão do conceito igualmente importante de transformação projetiva. Pode-se provar que uma transformação projetiva de um plano em outro, conforme definido na página 195, é dada analiticamente por um conjunto de equações lineares,

(4)
$$x' = a_1 x + b_1 y + c_1 z,$$
$$y' = a_2 x + b_2 y + c_2 z,$$
$$z' = a_3 x + b_3 y + c_3 z,$$

relacionando as coordenadas homogêneas (x', y', z') dos pontos no plano π' com as coordenadas homogêneas (x, y, z) dos pontos no plano π. Do ponto de vista presente, podemos agora definir uma transformação projetiva como uma transformação dada por qualquer conjunto de equações lineares da forma (4). Os teoremas de Geometria Projetiva tornam-se então teoremas sobre o comportamento de ternos (x, y, z) sob tais transformações. Por exemplo: a prova de que a razão anarmônica de quatro pontos sobre uma reta permanece inalterada por tais transformações torna-se simplesmente um exercício na álgebra das transformações lineares. Como não podemos entrar em maiores detalhes sobre este procedimento analítico, retornaremos então aos aspectos mais intuitivos da Geometria Projetiva.

§7. Problemas de construções apenas com a régua

Nas construções a seguir somente a régua é admitida como instrumento.

Os problemas de 1 a 18 fazem parte de um trabalho de J. Steiner no qual ele prova que o compasso pode ser dispensado como instrumento para construções geométricas se um círculo fixo com seu centro for dado (veja Capítulo III). Recomenda-se ao leitor resolver estes problemas na ordem apresentada.

Um conjunto de quatro retas a, b, c, d passando por um ponto P é chamado de harmônico se a razão anarmônica $(abcd)$ for igual a -1. Diz-se que a e b são conjugados com respeito a c e d, e vice-versa.

1) Prove: se em um conjunto de quatro retas harmônicas a, b, c, d o raio a é a bissetriz do ângulo entre c e d, então b é perpendicular a a.

2) Construa a quarta reta harmônica a três retas dadas passando por um ponto. (Indicação: utilize o teorema sobre o quadrilátero completo.)

3) Construa o quarto ponto harmônico a três pontos sobre uma reta.

4) Se um ângulo reto dado e um ângulo arbitrário dado têm seus vértices e um lado em comum, duplique o ângulo arbitrário dado.

5) Seja um ângulo e sua bissetriz b, construa uma perpendicular a b passando pelo vértice P do ângulo dado.

6) Prove: se as retas l_1, l_2, l_3,..., l_n passando por um ponto P cortam a reta a nos pontos A_1, A_2, ..., A_n e cortam a reta b nos pontos B_1, B_2, ..., B_n, então todas as interseções dos pares de retas A_iB_k e A_kB_i $(i \neq k; k = 1, 2,..., n)$ estão contidas sobre uma reta.

7) Prove: se uma paralela ao lado BC do triângulo ABC corta AB em B' e AC em C', então a reta unindo A com a interseção D de $B'C$ e $C'B$ é a mediatriz de BC.

7a) Formule e prove o contrário de 7.

8) Em uma reta l três pontos P, Q, R são dados, tais que Q é o ponto médio do segmento PR. Construa uma paralela a l que passe por um ponto S dado.

9) Sejam duas retas paralelas l_1 e l_2, ache o ponto médio de um segmento dado AB sobre l_1.

10) Trace uma paralela por um ponto P dado a duas retas paralelas l_1 e l_2 dadas. (Indicação: reduza 9 para 7 utilizando 8.)

11) Steiner fornece a seguinte solução para o problema da duplicação de um determinado segmento de reta AB quando uma paralela l a AB é dada: Por um ponto C que não está nem em l nem na reta AB, trace CA cortando l em A_1, CB cortando l em B_1. Depois (veja 10), trace uma paralela a l passando por C, que encontre BA_1 em D. Se DB_1 encontrar AB em E, então $AE = 2.AB$.

Prove o último enunciado.

12) Divida um segmento AB em n partes iguais se uma paralela l a AB for dada. (Indicação: construa primeiro o múltiplo n-ésimo de um segmento arbitrário sobre l, utilizando l_1.)

13) Dado um paralelogramo $ABCD$, trace uma paralela passando por um ponto P a uma reta l. (Indicação: aplique 10 ao centro do paralelogramo e utilize 8.)

14) Dado um paralelogramo, multiplique um dado segmento por n. (Indicação: utilize 13 e 11.

15) Dado um paralelogramo, divida um segmento dado em n partes.

16) Se um círculo fixo e seu centro forem dados, trace uma paralela a uma determinada reta passando por um ponto dado. (Indicação: utilize 13.)

17) Se um círculo fixo e seu centro forem dados, multiplique e divida um determinado segmento por n. (Indicação: utilize 13.)

18) Dados um círculo fixo e seu centro, trace uma perpendicular a uma determinada reta passando por um ponto dado. (Indicação: utilizando um retângulo inscrito no círculo fixo e tendo dois lados paralelos à reta dada, restabeleça o exercício anterior.)

19) Utilizando os resultados dos problemas 1-18, que problemas de construção básicos você pode resolver se o instrumento disponível for uma régua com duas arestas paralelas?

20) Duas retas l_1 e l_2 dadas cortam-se em um ponto P fora da folha de papel dada. Construa a reta unindo um determinado ponto Q com P. (Indicação: complete com os elementos dados a figura do teorema de Desargues no plano, de tal modo que P e Q tornem-se interseções de lados correspondentes dos dois triângulos no teorema de Desargues.)

21) Construa a reta unindo dois pontos dados cuja distância seja maior do que o comprimento da régua utilizada. (Indicação: utilize 20.)

22) Dois pontos P e Q fora da folha de papel dada são determinados por dois pares de retas l_1, l_2 e m_1, m_2 passando por P e Q, respectivamente. Construa a parte da reta PQ que está contida na folha de papel dada. (Indicação: para obter um ponto de PQ, complete os elementos dados para obter a figura do teorema de Desargues de tal modo que um triângulo tenha dois lados em l_1 e m_1 e os outros lados correspondentes em l_2 e m_2.)

23) Resolva o exercício 20 pelo teorema de Pascal (página 214). (Indicação: complete os elementos dados para obter a figura do teorema de Pascal, utilizando l_1, l_2 como um par de lados opostos do hexágono e Q como ponto de interseção de um outro par de lados opostos.)

*24) Duas retas inteiramente fora da folha de papel estão determinadas cada uma por dois pares de retas que se cortam em pontos fora do papel. Determine seu ponto de interseção por um par de retas que passa por ele.

§8. Superfícies cônicas e quádricas
1. Geometria métrica elementar das cônicas

Até agora nossa atenção tem se concentrado apenas em pontos, retas, planos e nas figuras formadas com um certo número destes. Se a Geometria Projetiva fosse apenas o estudo destas figuras "lineares", teria relativamente pouco interesse. É um fato de importância fundamental que a Geometria Projetiva não esteja confinada ao estudo de figuras lineares, mas inclui também todo o campo das seções cônicas e suas generalizações em dimensões mais elevadas. O tratamento métrico aplicado por Apolônio às seções cônicas - elipses, hipérboles e parábolas - foi um dos grandes feitos matemáticos da Antigüidade. A importância das seções cônicas para a Matemática pura e aplicada (por exemplo, as órbitas dos planetas e dos elétrons no átomo de hidrogênio são seções cônicas) dificilmente é exagerada. Não constitui surpresa o fato de que a teoria grega clássica de seções cônicas ainda seja parte indispensável no ensino da Matemática. No entanto, a Geometria grega não era de forma alguma definitiva. Dois mil anos depois, as importantes propriedades projetivas das cônicas foram descobertas. Mesmo considerando a simplicidade e a beleza destas propriedades, a inércia acadêmica tem até agora impedido sua inclusão no currículo do curso secundário.

Iniciaremos recordando as definições métricas das seções cônicas. Existe uma diversidade de tais definições cuja equivalência é mostrada na Geometria Elementar. As de caráter usual referem-se aos *focos*. Uma *elipse* é definida como o local geométrico de todos os pontos P no plano cuja soma das distâncias, r_1, r_2, a partir de dois pontos fixos F_1, F_2, os focos, tem um valor constante. (Se os dois focos coincidirem, a figura será um círculo.) A *hipérbole* é definida como o local de todos os pontos P no plano para os quais o valor absoluto da diferença $r_1 - r_2$ é igual a uma constante fixa. A parábola é definida como o local geométrico de todos os pontos P para os quais a distância r de um ponto fixo F é igual à distância de uma dada reta l.

Em termos de Geometria Analítica, todas essas curvas podem ser expressas por equações do segundo grau nas coordenadas (x, y). Não é difícil provar, inversamente, que qualquer curva definida analiticamente por uma equação do segundo grau

$$ax^2 + by^2 + cxy + dx + ey + f = 0,$$

é uma das três cônicas, uma reta, um par de retas, um ponto, ou imaginária. Isto é normalmente provado pela inclusão de um novo e adequado sistema de coordenadas, como se faz em qualquer curso de Geometria Analítica. Estas definições das seções cônicas são essencialmente métricas, uma vez que utilizam o conceito de distância. No entanto, há uma outra definição que estabelece o lugar das seções cônicas na Geometria Projetiva: *as seções cônicas são simplesmente as projeções de um círculo sobre um plano*. Se projetarmos um círculo C a partir de um ponto O, as retas de projeção formarão um cone duplo e infinito, e a interseção deste cone com um plano π será a projeção de C. Esta interseção será uma elipse ou uma hipérbole conforme o plano corte uma ou ambas as porções do cone. O caso intermediário da parábola ocorrerá se π for paralelo a uma das retas que passam por O (veja Figura 94).

O cone de projeção não é necessariamente um cone circular reto com seu vértice O perpendicularmente acima do centro do círculo C; ele também pode ser oblíquo. Em todos os casos, conforme aceitaremos aqui sem prova, a interseção do cone com um plano será uma curva cuja equação é do segundo grau; e, inversamente, toda curva de segundo grau pode ser obtida a partir de um círculo por tal projeção. É por esta razão que as curvas do segundo grau são chamadas de seções cônicas.

Quando o plano corta apenas uma porção de um cone circular reto, afirmamos que a curva de interseção E é uma elipse. Podemos provar que E satisfaz a definição focal usual da elipse, conforme fornecida acima, por um simples mas belo raciocínio apresentado em 1822 pelo matemático belga G. P. Dandelin. A prova é baseada na inclusão das duas esferas S_1 e S_2 (Figura 95), que são tangentes a π nos pontos F_1 e F_2, respectivamente, e que tocam o cone ao longo dos círculos paralelos K_1 e K_2, respectivamente.

Unimos um ponto arbitrário P de E com F_1 e F_2 e traçamos a reta ligando P ao vértice O do cone. Esta reta está inteiramente contida na superfície do cone e corta os círculos K_1 e K_2 nos pontos Q_1 e Q_2 respectivamente. Ora, PF_1 e PQ_1 são duas tangentes a partir de P para S_1, de modo que

$$PF_1 = PQ_1.$$

De modo semelhante,

$$PF_2 = PQ_2.$$

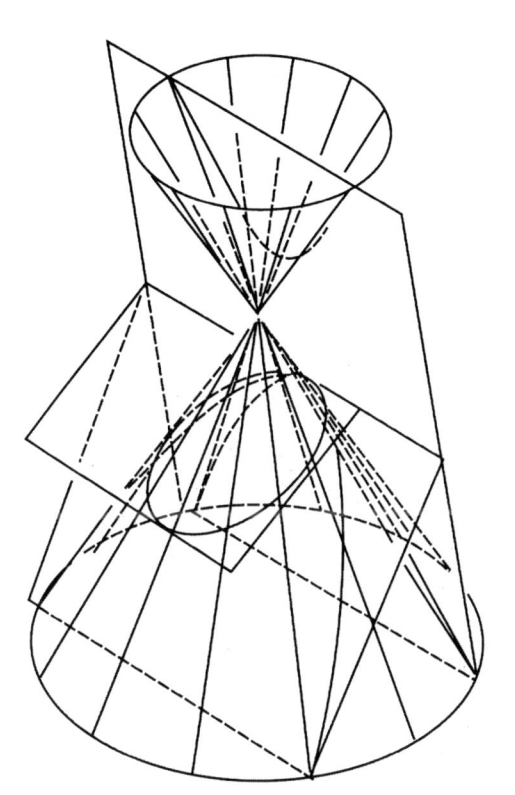

Figura 94: Seções cônicas.

Somando estas duas equações, obtemos

$$PF_1 + PF_2 = PQ_1 + PQ_2.$$

No entanto, $PQ_1 + PQ_2 = Q_1Q_2$ é exatamente a distância ao longo da superfície do cone entre os círculos paralelos K_1 e K_2, sendo, portanto, independente da escolha do ponto P em E.

$$PF_1 + PF_2 = \text{constante}$$

A equação resultante, para todos os pontos P de E, é precisamente a definição focal de uma elipse. Portanto, E é uma elipse e F_1, F_2, seus focos.

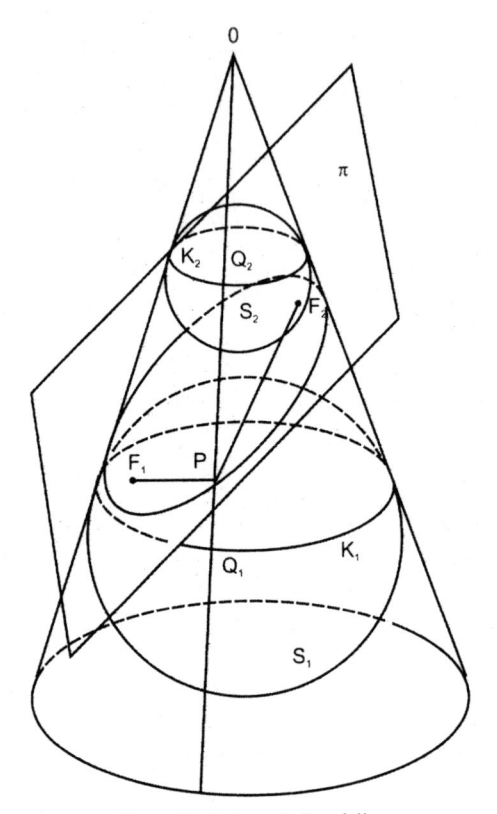

Figura 95: Esferas de Dandelin.

Exercício: Quando um plano corta ambas as porções do cone, a curva de interseção é uma hipérbole. Prove este fato, utilizando uma esfera em cada porção do cone.

2. Propriedades projetivas das cônicas

Com base nos fatos afirmados na seção precedente adotaremos a seguinte definição provisória: uma cônica é a projeção de um círculo em um plano. Esta definição é mais adequada ao espírito da Geometria Projetiva do que a definição focal usual, uma vez que esta última é inteiramente baseada na noção métrica de distância. Mesmo a definição presente não está isenta deste defeito, já que "círculo" é também um conceito de Geometria Métrica. Um pouco mais adiante chegaremos a uma definição puramente projetiva das cônicas.

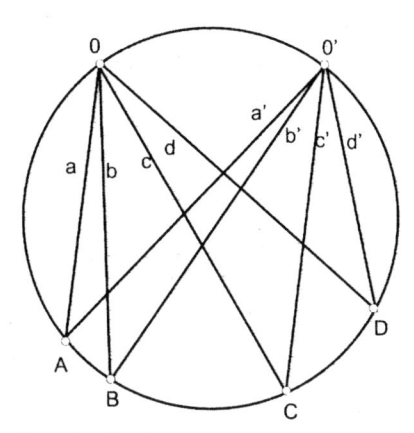

Figura 96: Razões anarmônicas em um círculo.

Como convencionamos que uma cônica é meramente a projeção de um círculo (isto é, que a palavra "cônica" deve exprimir qualquer curva na classe projetiva do círculo; veja página 210), decorre que qualquer propriedade do círculo que seja invariante sob projeção também será possuída por qualquer cônica. Ora, um círculo tem a propriedade bem conhecida (métrica) de que um arco dado subtende o mesmo ângulo em todo o ponto O no círculo. Na Figura 96, o ângulo OAB subtendido pelo arco AB é independente da posição de O. Pode-se relacionar este fato ao conceito projetivo de razão anarmônica considerando não dois pontos A, B mas quatro pontos A, B, C, D no círculo. As quatro retas a, b, c, d que os unem a um quinto ponto O no círculo terão uma razão anarmônica ($a\ b\ c\ d$) que depende apenas dos ângulos subtendidos pelos arcos CA, CB, DA, DB. Se unirmos A, B, C, D a um outro ponto O' no círculo, obtemos quatro raios a', b', c', d'. A partir das propriedades do círculo há pouco mencionadas, os dois quádruplos de raios serão "congruentes".† Portanto, eles terão a mesma razão anarmônica: ($a'\ b'\ c'\ d'$) = ($a\ b\ c\ d$). Se projetarmos agora o círculo em qualquer cônica K, deveremos obter em K quatro pontos, novamente chamados de A, B, C, D, dois outros pontos O, O', e os dois quádruplos de retas a, b, c, d e a', b', c', d'. Estes quádruplos não serão congruentes, já que a igualdade de ângulos é em geral destruída pela projeção. Entretanto, uma vez que razão anarmônica é invariante sob projeção, a igualdade ($a\ b\ c\ d$) = ($a'\ b'\ c'\ d'$) continuará válida. Isto conduz a um teorema fundamental: *se quatro pontos dados quaisquer A, B, C, D de uma cônica K são unidos a um quinto ponto O de K pelas retas a, b, c, d, então o valor da razão anarmônica (a, b, c, d) é independente da posição de O em K* (Figura 97).

---

† Diz-se que um conjunto de quatro retas concorrentes a, b, c, d é congruente a um outro conjunto a', b', c', d' se os ângulos entre qualquer par de retas do primeiro conjunto forem iguais e tiverem o mesmo sentido que os ângulos entre as retas correspondentes do segundo conjunto.

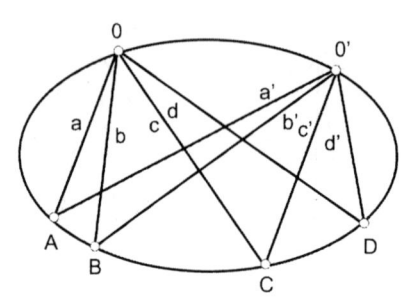

Figura 97: Razão anarmônica em uma elipse.

Trata-se, na verdade, de um resultado notável. Já sabíamos que quatro pontos quaisquer sobre uma reta têm a mesma razão anarmônica a partir de qualquer quinto ponto O não pertencente à reta. Este teorema sobre razões anarmônicas é o fato básico da Geometria Projetiva. Aprendemos agora que o mesmo é verdadeiro para quatro pontos em uma cônica, com uma importante restrição: o quinto ponto não está mais absolutamente livre no plano, mas ainda está livre para se deslocar sobre a cônica dada.

Não é difícil provar uma recíproca deste resultado do seguinte modo: se há dois pontos O, O' sobre uma curva K tal que cada quádruplo de quatro pontos A, B, C, D sobre K aparece sob a mesma razão anarmônica tanto a partir de O como de O', então K é uma cônica (e portanto A, B, C, D têm a mesma razão anarmônica a partir de qualquer terceiro ponto O'' de K). A prova será omitida aqui.

Estas propriedades projetivas das cônicas sugerem um método geral para a construção de tais curvas. Por *feixe de retas* queremos exprimir o conjunto de todas as retas em um plano que passam por um determinado ponto O. Consideremos agora os feixes que passam pelos dois pontos O e O' escolhidos para estarem contidos em uma cônica K. Entre as retas do feixe O e as do feixe O' podemos estabelecer uma correspondência bijetora associando uma reta a de O a uma reta a' de O' sempre que a e a' se encontrarem em um ponto A da cônica K.

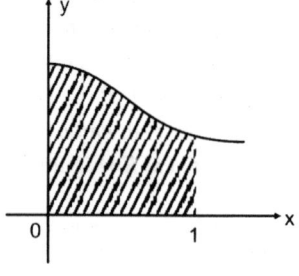

Figura 98: Esquema preliminar para a construção de feixes relacionados projetivamente.

Então quatro retas quaisquer a, b, c e d do feixe O terão a mesma razão anarmônica que as quatro retas correspondentes a', b', c' e d' de O'. Qualquer correspondência bijetora entre dois feixes de retas e que tem esta propriedade é chamada de *correspondência projetiva*. (Esta definição é obviamente a dual da definição dada na página 204 de uma correspondência projetiva entre os pontos sobre duas retas.) Diz-se que os feixes entre os quais se definiu uma correspondência projetiva estão relacionados projetivamente. Com esta definição podemos agora afirmar: A cônica K é o local das interseções de retas correspondentes de dois feixes relacionados projetivamente. Este teorema fornece a base para uma definição puramente projetiva das cônicas: *uma cônica é o local das interseções de retas correspondentes em dois feixes relacionados projetivamente.*† tentador seguir o caminho em direção à teoria das cônicas aberto por esta definição, mas vamos nos restringir apenas a algumas observações.

Pares de feixes relacionados projetivamente podem ser obtidos do seguinte modo. Projete todos os pontos P sobre uma reta *l* a partir de dois centros diferentes O e O''; nos feixes de projeção faça com que as retas a e a'', que se cortam em *l*, correspondam uma à outra. Assim, os dois feixes estarão relacionados projetivamente. Em seguida, transporte rigidamente o feixe O'' para qualquer posição O'. O feixe O' resultante estará relacionado projetivamente a O. Além disso, qualquer correspondência projetiva entre dois feixes pode ser assim obtida. (Este fato é o dual do Exercício 1 na página 205.) Se os feixes O e O' forem congruentes, obteremos um círculo. Se os ângulos forem iguais mas de sentido oposto, a cônica será uma hipérbole eqüilátera (veja Figura 99).

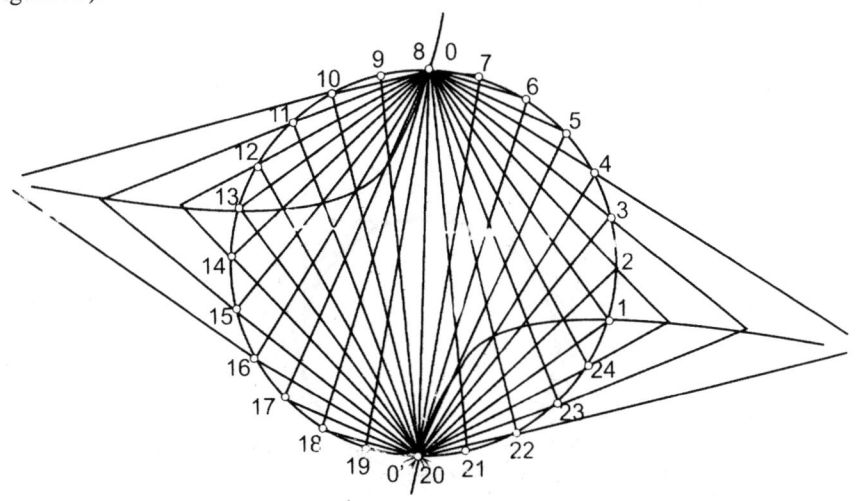

Figura 99: Círculo e hipérbole eqüilátera gerada por feixes projetivos.

† Este local pode, sob certas circunstâncias, transformar-se em uma reta veja Figura 98.

Observe que esta definição de cônica pode fornecer um local que seja uma reta, como na Figura 98. Neste caso, a reta $O\,O''$ corresponde a si própria, e todos os seus pontos são considerados como pertencentes ao local. Portanto, a cônica transforma-se em um par de retas, que está em conformidade com o fato de que existem seções de um cone (as obtidas por planos que passam pelo vértice) consistindo em duas retas.

Exercícios: 1) Trace elipses, hipérboles e parábolas por meio de feixes projetivos. (O leitor é incisivamente conduzido a realizar experimentos com estas construções, o que contribuirá de modo significativo para sua compreensão.)

2) Dados cinco pontos, O, O', A, B, C, de uma cônica desconhecida K. Pede-se a construção do ponto D onde determinada reta d passando por O corta K. (Indicação: considere os raios a, b, c passando por O dados por OA, OB, OC, e de modo semelhante passando por O' os raios a', b', c'. Trace por O o raio d e construa por O' o raio d' tal que $(a, b, c, d) = (a', b', c', d')$. Então, a interseção de d e d' é necessariamente um ponto de K.

3. Cônicas como curvas de retas

O conceito de tangente a uma cônica pertence à Geometria Projetiva, porque uma tangente a uma cônica é uma reta que toca o cone em apenas um único ponto, e esta propriedade permanece inalterada por projeção. As propriedades projetivas das tangentes às cônicas são baseadas no seguinte teorema fundamental: *a razão anarmônica dos pontos de interseção de quaisquer quatro tangentes fixas a uma cônica com uma quinta tangente é a mesma para toda posição da quinta tangente.*

Figura 100: Um círculo como um conjunto de tangentes.

A prova deste teorema é muito simples. Já que uma cônica é uma projeção de um círculo, e uma vez que o teorema diz respeito apenas a propriedades invariantes sob projeção, uma prova para o caso do círculo será suficiente para estabelecer o teorema em geral.

Para o círculo, o teorema é uma questão de Geometria Elementar. Sejam P, Q, R e S quatro pontos quaisquer em um círculo K, e pelos quais passam respectivamente as tangentes a, b, c e d; T um outro ponto com a tangente o, cortada por a, b, c e d em A, B, C e D respectivamente. Se M é o centro do círculo então, obviamente, $\sphericalangle TMA = \frac{1}{2}\sphericalangle TMP$, e $\frac{1}{2}\sphericalangle TMP$ é igual ao ângulo subtendido pelo arco TP em um ponto de K. De forma semelhante, $\sphericalangle TMB$ é o ângulo subtendido pelo arco TQ em um ponto de K. Portanto, $\sphericalangle AMB = \frac{1}{2}\widehat{PQ}$ onde $\frac{1}{2}\widehat{PQ}$ é o ângulo subtendido pelo arco PQ em um ponto de K. Assim, os pontos A, B, C, D são projetados a partir de M por quatro raios cujos ângulos são dados pelas posições fixas de P, Q, R, S. Decorre que a razão anarmônica $(A\,B\,C\,D)$ depende apenas das quatro tangentes a, b, c, d e não da posição da quinta tangente 0. Este é exatamente o teorema que tínhamos de provar.

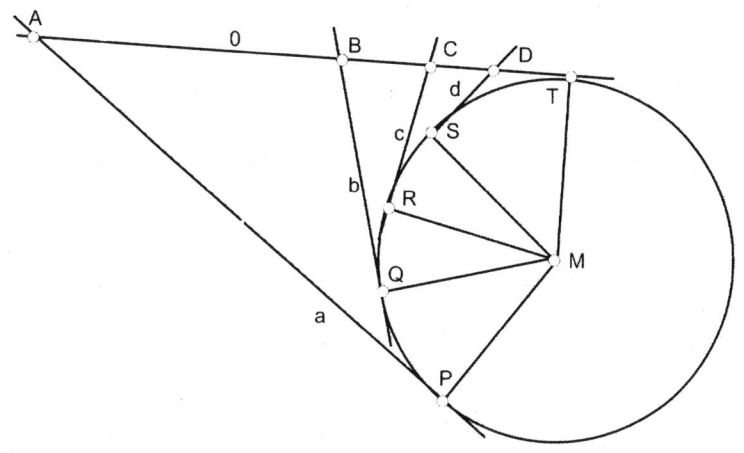

Figura 101: A propriedade tangente do círculo.

Na seção precedente vimos que uma cônica pode ser construída marcando os pontos de interseção de retas correspondentes em dois feixes relacionados projetivamente. O teorema que acabamos de provar nos possibilita dualizar esta construção. Tomemos duas tangentes a e a' de uma cônica K. Uma terceira tangente t cortará a e a' em dois pontos A e A', respectivamente. Se permitirmos que t se desloque ao longo da cônica, isto estabelecerá uma correspondência

$$A \leftrightarrow A'$$

entre os pontos de *a* e os de *a'*. Esta correspondência entre os pontos de *a* e os de *a'* será projetiva porque, pelo nosso teorema, quaisquer quatro pontos de *a* terão a mesma razão anarmônica que os quatro pontos correspondentes de *a'*. Portanto, parece que uma cônica *K*, considerada como o conjunto de suas tangentes, é o conjunto das retas que unem pontos correspondentes das duas séries† de pontos relacionados projetivamente em *a* e *a'*.

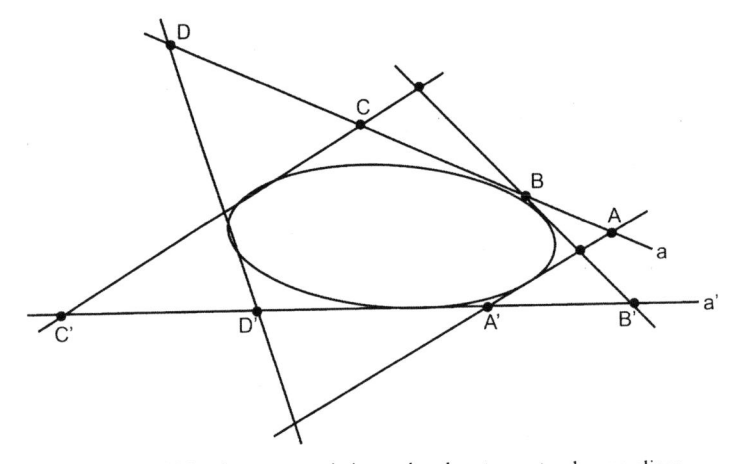

Figura 102: Séries de pontos projetivos sobre duas tangentes de uma elipse.

Este fato pode ser utilizado para dar uma definição projetiva de uma cônica como uma "curva de retas". Vamos compará-la com a definição projetiva de uma cônica apresentada na seção precedente:

I
Uma cônica como um conjunto de pontos consiste nos pontos de retas consiste nas retas de interseção de retas correspondentes em dois feixes de retas relacionados projetivamente.

II
Uma cônica como um conjunto unindo pontos correspondentes em duas séries de pontos relacionados projetivamente.

---

† O conjunto de pontos em uma reta é chamado de série de pontos. Este é o dual de um feixe de retas.

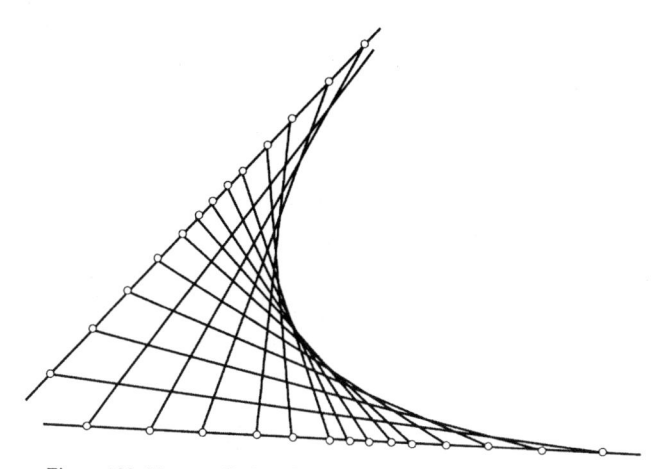

Figura 103: Uma parábola definida por séries de pontos congruentes.

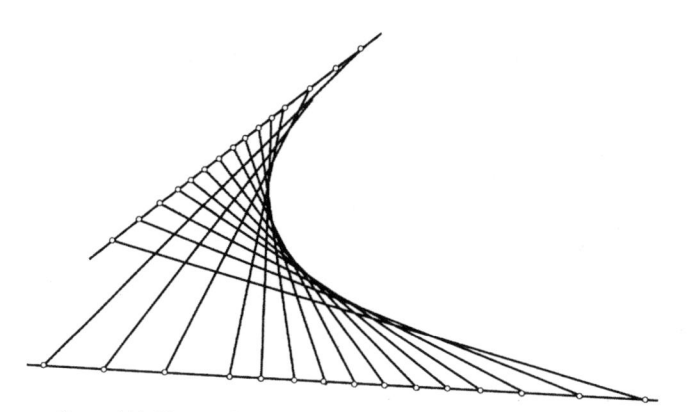

Figura 104: Uma parábola definida por séries de pontos semelhantes.

Se considerarmos a tangente a uma cônica em um ponto como o elemento dual ao próprio ponto, e se considerarmos uma "curva de retas" (o conjunto de todas as suas tangentes) como o dual de uma "curva de pontos" (o conjunto de todos os seus pontos), então a dualidade completa entre estas duas afirmações é evidente. Na tradução de uma afirmação para a outra, substituindo cada conceito por seu dual, a palavra "cônica" permanece a mesma: em um caso é uma "cônica de pontos", definida por seus pontos; no outro, uma "cônica de retas", definida por suas tangentes. (Veja Figura 100, página 240.)

Uma conseqüência importante deste fato é que o princípio da dualidade na Geometria Projetiva plana, originalmente enunciado somente para pontos e retas, pode ser agora ampliado para englobar as cônicas. *Se, na proposição de qualquer teorema relativo a pontos, retas e cônicas, cada elemento é substituído por seu dual (lembrando sempre que o dual de um ponto em uma cônica é uma tangente à cônica) o resultado também será um teorema verdadeiro.* Um exemplo da operacionalidade deste princípio será encontrado no item 4 desta seção.

A construção de cônicas como curvas de retas é mostrada nas Figuras 103-104. Se, nas duas séries de pontos relacionados projetivamente, os dois pontos no infinito correspondem um ao outro (como deve ser o caso de séries congruentes ou semelhantes†), a cônica será uma parábola; o inverso também é verdadeiro.

Exercício: Prove o teorema recíproco: Em quaisquer duas tangentes fixas de uma parábola uma tangente móvel corta duas séries de pontos semelhantes.

4. Teoremas gerais de Pascal e de Brianchon para cônicas

Uma das melhores ilustrações do princípio da dualidade para cônicas é a relação entre os teoremas gerais de Pascal e de Brianchon. O primeiro foi descoberto em 1640 e o segundo somente em 1806. No entanto, um é conseqüência imediata do outro, uma vez que qualquer teorema envolvendo apenas cônicas, retas e pontos deve se manter verdadeiro se substituído por seu enunciado dual.

Os teoremas enunciados em §5 sob o mesmo nome são casos modificados dos seguintes teoremas mais gerais:

Teorema de Pascal: Os lados opostos de um hexágono inscrito em uma cônica encontram-se em três pontos colineares.

Teorema de Brianchon: As três diagonais unindo vértices opostos de um hexágono circunscrito a uma cônica são concorrentes.

Ambos os teoremas são claramente de caráter projetivo. Sua natureza dual torna-se óbvia se forem formulados do seguinte modo:

---

† É óbvio o que se exprime por uma correspondência "congruente" ou "semelhante" entre duas séries de pontos.

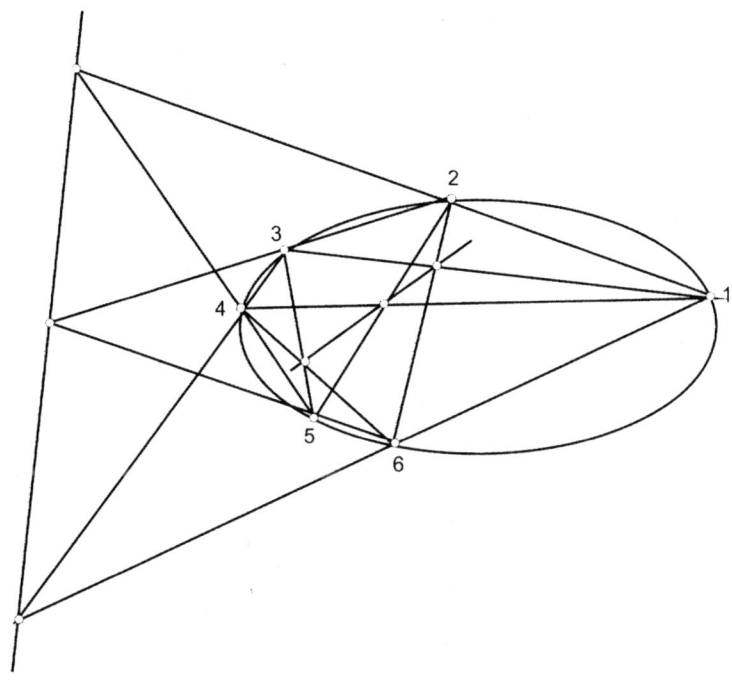

Figura 105: Configuração geral de Pascal. Dois casos são ilustrados: um para o hexágono 1, 2, 3, 4, 5, 6 e outro para o hexágono 1, 3, 5, 2, 6, 4.

Teorema de Pascal: Sejam seis pontos, 1, 2, 3, 4, 5, 6, em uma cônica. Una pontos sucessivos pelas retas (1, 2), (2, 3), (3, 4), (4, 5) (5, 6), (6, 1). Marque os pontos de interseção de (1, 2) com (4, 5), (2, 3) com (5, 6), e (3, 4) com (6, 1). Então estes três pontos de interseção estão contidos em uma reta.

Teorema de Brianchon: Sejam seis tangentes 1, 2, 3, 4, 5, 6, a uma cônica. Tangentes sucessivas cortam-se nos pontos (1, 2), (2,3), (3, 4), (4, 5), (5, 6), (6, 1). Trace as retas unindo (1, 2) a (4, 5), (2, 3) a (5, 6), e (3, 4) a (6, 1). Então estas retas passam por um ponto.

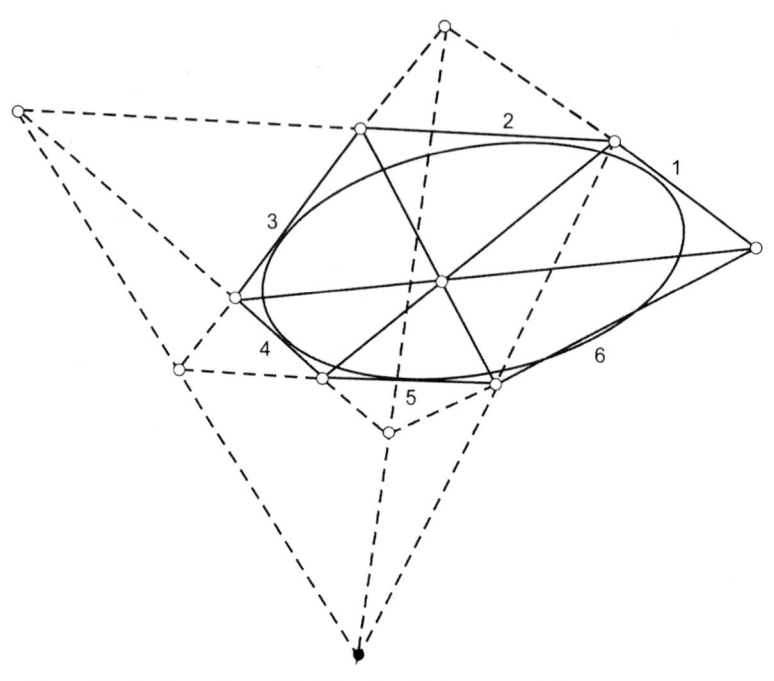

Figura 106: Configuração geral de Brianchon. Mais uma vez dois casos são ilustrados.

A demonstração resulta de uma particularização semelhante à utilizada nos casos modificados. Para provar o teorema de Pascal, sejam A, B, C, D, E, F os vértices de um hexágono inscrito em uma cônica K. Por projeção, podemos tornar AB paralela a ED e FA paralela a CD, de modo que obtenhamos a configuração da Figura 107. (Por conveniência na representação, o hexágono corta si mesmo, embora isso não seja necessário.) O teorema de Pascal reduz-se agora ao simples enunciado de que CB é paralelo a FE; em outras palavras, a reta sobre a qual os lados opostos do hexágono se encontram é a reta no infinito. Para provar isto, consideremos os pontos F, A, B, D, os quais, como sabemos, são projetados pelos raios tendo uma razão anarmônica constante k a partir de qualquer outro ponto de K, por exemplo, a partir de C ou E. Projete estes pontos a partir de C; então os raios de projeção cortam AF em quatro pontos, F, A, Y, ∞, que têm a razão anarmônica k. Portanto, $YF{:}YA = k$. (Veja página 211.) Se os mesmos pontos forem agora projetados a partir de E sobre BA, obteremos

$$k = (XAB\infty) = BX : BA.$$

Temos então

$$BX : BA = YF : YA,$$

que estabelece o paralelismo de *YB* e *FX*. Isto conclui a prova do teorema de Pascal.

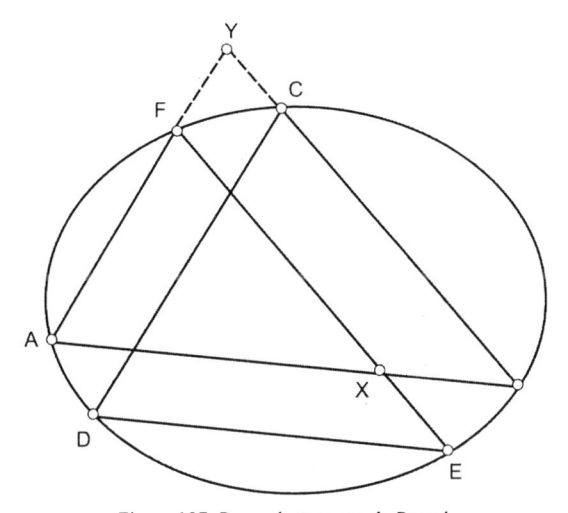

Figura 107: Prova do teorema de Pascal.

O teorema de Brianchon segue-se quer pelo princípio da dualidade ou pelo raciocínio direto dual ao descrito acima. O leitor verificará que este é um bom exercício para elaborar os detalhes do raciocínio.

5. O hiperbolóide

Em três dimensões, as figuras que correpondem às cônicas no plano são as "superfícies quádricas"; destas, a esfera e o elipsóide são casos especiais. Estas superfícies oferecem mais diversidade e consideravelmente maior dificuldade que as cônicas. Discutiremos de forma resumida, e sem fornecer demonstrações, uma das quádricas mais interessantes, o "hiperbolóide de uma folha".

Esta superfície pode ser definida da seguinte maneira. Escolha três retas quaisquer l_1, l_2, l_3, em posição geral no espaço. Com isto queremos dizer que nenhum par das retas deverá ficar contido na mesmo plano nem todas elas deverão ser paralelas a qualquer plano. Constitui um fato bastante surpreendente o de que haverá infinitas retas no espaço, cada uma delas cortando todas as três retas dadas. Para observar isto, tomemos qualquer plano π que passa por l_1. Então π cortará l_2 e l_3 em dois pontos e a reta m ligando estes dois pontos cortará l_1, l_2 e l_3. À medida que o plano π gira em torno de l_1, a reta m se deslocará, sempre cortando l_1, l_2, l_3, e gerará uma superfície de extensão infinita. Esta superfície é o hiperbolóide de uma folha; ele contém uma família infinita de retas do tipo *m*. Quaisquer três destas retas, m_1, m_2, m_3, também estarão em posição geral, e todas as retas no espaço que cortem estas três retas também estarão incluídas na superfície do hiperbolóide. O fato fundamental relativo ao hiperbolóide é o seguinte: ele é constituído de duas diferentes famílias de retas;

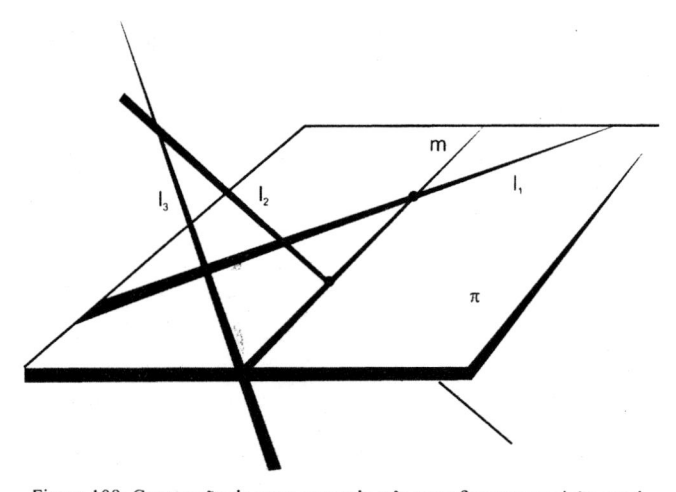

Figura 108: Construção de retas cortando três retas fixas em posição geral.

cada três retas da mesma família estão em posição geral, enquanto cada reta de uma família corta todas as retas da outra família.

Uma importante propriedade projetiva do hiperbolóide é que a razão anarmônica dos quatro pontos, onde quatro retas quaisquer de uma família cortam determinada reta da outra família, é independente da posição desta última reta. Isto decorre diretamente do método de construção do hiperbolóide por meio de um plano giratório, conforme o leitor poderá demonstrar como exercício.

Uma das mais notáveis propriedades do hiperbolóide é que, embora ele contenha duas famílias de retas que se cortam, estas retas não tornam a superfície rígida. Se um modelo da superfície for construído com hastes de arame, livres para girar em cada interseção, então a figura inteira poderá ser continuamente alterada em uma diversidade de formas.

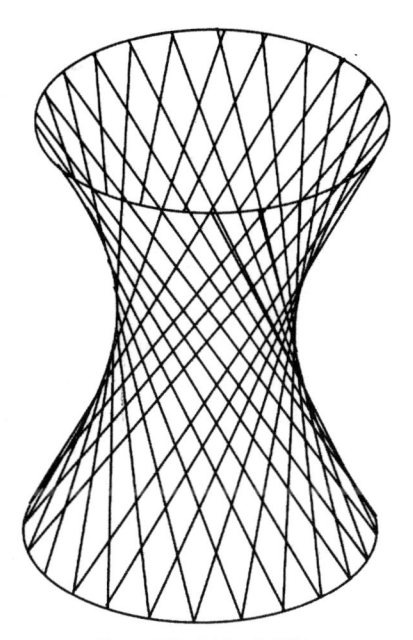

Figura 109: O hiperbolóide.

§9. A AXIOMÁTICA E A GEOMETRIA NÃO-EUCLIDIANA

1. O método axiomático

O método axiomático em Matemática remonta pelo menos à época de Euclides. Não é de forma alguma verdadeiro que a Matemática grega tenha sido desenvolvida ou apresentada exclusivamente na rígida forma de postulados dos *Elementos*. Entretanto, a impressão causada por esta obra foi tão grande sobre as gerações subseqüentes que se tornou um modelo para todas as demonstrações rigorosas na Matemática. Algumas vezes até mesmo filósofos como, por exemplo, Spinoza em seu *Ethica, more geometrico demonstrata*, tentou apresentar raciocínios na forma de teoremas deduzidos de definições e axiomas. Na Matemática moderna, após um afastamento da tradição euclidiana durante os séculos XVII e XVIII, tem havido uma crescente penetração do método axiomático em todos os campos. Um dos resultados mais recentes foi a criação de uma nova disciplina, a Lógica Matemática.

Em termos gerais, o ponto de vista axiomático pode ser descrito do seguinte modo: provar um teorema em um sistema dedutivo consiste em demonstrar que o teorema é uma conseqüência lógica necessária de algumas proposições anteriormente provadas; estas, por sua vez, devem ser elas próprias provadas; e assim por diante. O processo de demonstração matemática seria portanto a tarefa impossível de uma regressão infinita a menos que, nesta regressão, fosse permitido parar em algum ponto. Assim, deve haver uma série de afirmativas, chamadas de *postulados* ou *axiomas*, aceitos como verdadeiros, e para os quais não se exige prova. A partir destes, podemos tentar deduzir todos os outros teoremas por meio de raciocínios puramente lógicos. Se os fatos de um campo científico são colocados em uma ordem lógica tal que se possa mostrar que todos decorrem de um certo número de enunciados escolhidos, então diz-se que o campo é apresentado de forma axiomática. A escolha das proposições selecionadas como axiomas é até certo ponto arbitrária. Porém o método axiomático traz poucos benefícios, a não ser que os postulados sejam simples e pouco numerosos. Além disso, os postulados devem ser *consistentes* (no sentido de que nenhum par de teoremas deles dedutíveis possa ser mutuamente contraditório) e *completos*, de modo que todo teorema do sistema seja dedutível a partir deles. Por razões de economia, é também conveniente que os postulados sejam *independentes*, no sentido de que nenhum deles seja conseqüência lógica dos outros. O problema da consistência e da integralidade de um conjunto de axiomas tem sido tema de muita controvérsia. Diferentes convicções filosóficas a respeito das raízes últimas do conhecimento humano têm conduzido a pontos de vista aparentemente inconciliáveis sobre os fundamentos da Matemática. Caso as entidades matemáticas sejam consideradas como objetos substanciais no domínio da "intuição pura", independentes de definições e de atos individuais da mente humana então, naturalmente, não pode haver qualquer contradição, uma vez que os fatos matemáticos são afirmações objetivamente verdadeiras descrevendo realidades existentes. Deste ponto de vista "kantiano" não existe qualquer problema de consistência. Infelizmente, contudo, o corpo real da Matemática não pode ser colocado neste esquema filosófico simples. Os intuicionistas da Matemática moderna não dependem da intuição pura no amplo sentido kantiano. Eles aceitam o infinito enumerável como filho legítimo da intuição, e admitem apenas propriedades construtivas; porém, assim, conceitos básicos como o do contínuo numérico seriam banidos, partes importantes da Matemática existente excluídas e o restante que quase irremediavelmente complicado.

Bastante diferente é a visão adotada pelos "form˙listas". Eles não atribuem uma realidade intuitiva aos objetos matemáticos, nem alegam que os axiomas expressam verdades óbvias a respeito das realidades da intuição pura; sua preocupação é somente com o procedimento lógico formal do raciocínio com base em postulados. Esta atitude tem uma vantagem definida sobre o intuicionismo, uma vez que ela concede à Matemática toda a liberdade necessária para teoria e aplicações. Mas impõe ao formalista a necessidade de provar que seus axiomas, agora apresentados como criações arbitrárias da mente humana, não podem levar a uma contradição. Intensos esforços têm sido empreendidos durante os últimos vinte anos para encontrar estas provas de consistência, pelo menos para os axiomas da Aritmética e da Álgebra e para o conceito do contínuo numérico. Os resultados são muito significativos, mas o sucesso ainda está distante. Na verdade, resultados recentes indicam que tais esforços não podem ser completamente bem sucedidos, no sentido de que provas de consistência e de integralidade não são possíveis dentro de sistemas estritamente fechados. É fato bastante notável que estes raciocínios sobre os fundamentos sejam conduzidos por métodos que são em si mesmos completamente construtivos e dirigidos por padrões intuitivos.

Acentuado pelos paradoxos da teoria dos conjuntos (veja no Capítulo 2), o choque entre intuicionistas e formalistas tem sido muito divulgado por partidários exaltados destas escolas. No mundo matemático tem ecoado um clamor sobre a "crise nos fundamentos". Mas o alarme não foi e não deve ser levado muito a sério. Com todo o respeito às realizações efetuadas na busca pelo esclarecimento dos fundamentos, seria completamente injustificado inferir que o corpo vivo da Matemática esteja ameaçado por estas diferenças de opinião ou pelos paradoxos inerentes a um impulso descontrolado no sentido da generalidade sem limites.

Deixando de lado considerações filosóficas e o interesse pelos fundamentos da Matemática, a abordagem axiomática de uma teoria matemática é uma forma natural de decifrar a rede de relações entre os diferentes fatos e exibir a lógica essencial da estrutura. Às vezes ocorre que esta concentração na estrutura formal e não no significado intuitivo dos conceitos torna mais fácil encontrar generalizações e aplicações que possam ter sido negligenciadas em uma abordagem mais intuitiva. Porém uma descoberta significativa ou um esclarecimento perspicaz é raramente obtido por meio de um procedimento exclusivamente axiomático. O pensamento construtivo, guiado pela intuição, é a verdadeira fonte da dinâmica matemática. Embora a forma axiomática seja um ideal, é um perigoso engano acreditar que a axiomática constitui a essência da Matemática. A intuição construtiva dos matemáticos traz para a Matemática um elemento não-dedutivo e irracional que a torna comparável à música e à arte.

Desde a época de Euclides, a Geometria tem sido o protótipo de uma disciplina axiomatizada. Durante séculos, o conjunto de axiomas de Euclides tem sido objeto de estudos intensivos. Mas só recentemente é que ficou claro que seus postulados devem ser modificados se quisermos deduzir toda a Geometria Elementar a partir deles. No final do século XIX, por exemplo, Pasch descobriu que a ordenação de pontos sobre uma reta, a noção de "entre" requer um postulado especial. Pasch formulou a seguinte afirmação como axioma: uma reta que corta um lado de um triângulo em qualquer ponto diferente de um vértice deve também cortar um outro lado do triângulo. (A falta de atenção em tais detalhes conduz a muitos paradoxos aparentes nos quais conseqüências absurdas - por exemplo, a bem conhecida "prova" de que todo triângulo é isósceles - parecem ser deduzidas rigorosamente a partir dos axiomas de Euclides. Isto é usualmente feito com base em uma figura impropriamente traçada cujas retas parecem se cortar dentro ou fora de certos triângulos ou círculos, quando na realidade isso não acontece.)

Em seu famoso livro, *Grundlagen der Geometrie* (primeira edição publicada em 1901), Hilbert apresentou um conjunto de axiomas satisfatórios para a Geometria e ao mesmo tempo empreendeu um estudo exaustivo de sua independência, consistência e integralidade mútuas.

Dentro de qualquer conjunto de axiomas devem entrar certos conceitos indefinidos, tais como "ponto" e "reta" em Geometria. Seu "significado" ou relação com objetos do mundo físico é *matematicamente* dispensável. Eles podem ser considerados como entidades puramente abstratas cujas propriedades matemáticas em um sistema dedutivo são dadas inteiramente pelas relações que são válidas entre eles conforme enunciadas pelos axiomas. Em Geometria Projetiva, por exemplo, podemos começar com os conceitos indefinidos de "ponto", "reta" e "incidência", e com os dois axiomas duais: "cada dois pontos distintos são incidentes com uma única reta" e "cada duas retas distintas são incidentes com um único ponto". Do ponto de vista da axiomática, a forma dual de tais axiomas é a própria fonte do princípio de dualidade na Geometria Projetiva. Qualquer teorema que contenha em seu enunciado e prova apenas elementos relacionados por axiomas duais deve admitir dualização; isto porque, a prova do teorema original consiste na aplicação sucessiva de certos axiomas, e a aplicação dos axiomas duais na mesma ordem fornecerá uma prova para o teorema dual.

A totalidade de axiomas da Geometria fornece a *definição implícita* de todos os termos geométricos "indefinidos" tais como "reta", "ponto", "incidência", etc. Para aplicações, é importante que os conceitos e axiomas da Geometria correspondam bem a proposições fisicamente verificáveis sobre objetos tangíveis, "reais". A realidade física por trás do conceito de "ponto" é a de um objeto muito pequeno, como um ponto feito a lápis, enquanto que uma "reta" é uma abstração de um fio esticado ou de um raio luminoso. A experiência nos mostra que as propriedades destes pontos e retas físicas estão mais ou menos de acordo com os axiomas formais da Geometria. É bastante compreensível que experimentos mais precisos possam introduzir a necessidade de modificações destes axiomas, se quisermos que eles sejam adequados para descrever fenômenos físicos. Porém se os axiomas formais não estiverem mais ou menos de acordo com as propriedades dos objetos físicos, então a Geometria seria de pouco interesse. Assim, até mesmo para os formalistas, existe uma autoridade além da mente humana e que decide a direção do pensamento matemático.

2. Geometria não-euclidiana hiperbólica

Há um axioma da Geometria Euclidiana cuja "verdade", isto é, cuja correspondência com dados empíricos sobre fios esticados ou raios luminosos, não é de forma alguma óbvia. Trata-se do famoso *postulado da paralela* única, que afirma que por qualquer ponto fora de uma reta dada pode ser traçada *uma e somente uma reta* paralela à reta dada. A característica notável deste axioma é que ele faz uma asserção sobre toda a extensão da reta, imaginada como se estendendo indefinidamente em ambas as direções; isto porque, afirmar que duas retas são paralelas consiste em dizer que elas nunca se cortam, independentemente da distância em que possam ser prolongadas. É evidente que existem muitas retas passando por um ponto e que não cortam uma reta dada dentro de *qualquer distância finita fixa*, por maior que esta seja. Como o comprimento máximo possível de uma régua real, um fio, ou até mesmo um raio luminoso visível ao telescópio é certamente finito, e uma vez que dentro de qualquer círculo finito existem infinitas retas passando por um ponto dado e não cortando determinada reta dentro do círculo, segue-se que este axioma nunca pode ser verificado por experimentos. Todos os outros axiomas da Geometria Euclidiana têm um caráter finito na medida em que tratam de porções finitas de retas e de figuras planas de extensão finita. O fato de que o axioma das paralelas não é verificável experimentalmente faz surgir o problema de ele ser ou não *independente* dos outros axiomas. Se fosse uma conseqüência lógica necessária dos outros, então seria possível excluí-lo como um axioma e apresentar uma prova dele em termos dos outros axiomas euclidianos. Durante séculos os matemáticos tentaram encontrar esta prova, em razão do sentimento disseminado entre os estudantes de Geometria de que o postulado das paralelas é de um caráter essencialmente diferente dos outros, faltando-lhe o tipo de plausibilidade convincente que um axioma de Geometria deveria ter. Uma das primeiras tentativas desta natureza foi feita por Proclus (século IV, d. C.), um comentarista de Euclides que tentou eliminar a necessidade de um postulado especial das paralelas *definindo* a paralela a uma reta dada como o local de todos os pontos a uma distância fixa dada a partir da reta. Proclus deixou de observar que a dificuldade foi apenas transferida para um outro local, pois seria então necessário provar que o local de tais pontos é, de fato, uma reta. Uma vez que Proclus não pôde provar isso, teria de aceitar esse fato, em lugar do axioma das paralelas, como um postulado, e nada seria ganho, pois percebe-se facilmente que os os dois são equivalentes. O jesuíta Saccheri (1667-1733), e mais tarde Lambert (1728-1777) tentaram provar o postulado das paralelas pelo método indireto de supor o contrário e extrair conseqüências absurdas. Longe de serem absurdas, suas conclusões realmente equivaleram a teoremas da Geometria não-euclidiana desenvolvida posteriormente. Caso não as tivessem considerado absurdas, mas antes enunciados autoconsistentes, eles teriam sido os descobridores da Geometria não-euclidiana.

Naquela época, qualquer sistema geométrico que não estivesse em absoluta concordância com o de Euclides teria sido considerado um absurdo. Kant, o mais influente filósofo do período, formulou esta atitude na afirmação de que os axiomas de Euclides são inerentes à mente humana e, portanto, têm uma validade objetiva para o espaço "real". Esta crença nos axiomas da Geometria Euclidiana como verdades inalteradas, existindo no domínio da pura intuição, era um dos dogmas básicos da filosofia de Kant.

Porém, a longo prazo, nem os velhos hábitos de pensar nem a autoridade filosófica poderiam suprimir a convicção de que o interminável registro de fracassos na busca de uma prova para o postulado das paralelas se devia não a uma falta de engenhosidade mas, antes, ao fato de que o postulado das paralelas era realmente *independente* dos outros. (De maneira muito semelhante, o insucesso em provar que a equação geral do quinto grau poderia ser resolvida por radicais levou à suspeita, posteriormente verificada, de que tal solução era impossível.) O húngaro Bolyai (1802-1860) e o russo Lobachevsky (1793-1856), puseram termo à questão construindo com todos os detalhes uma geometria em que o axioma das paralelas não era válido. Quando o entusiasmado jovem gênio Bolyai apresentou seu trabalho a Gauss, o "príncipe dos matemáticos", para o reconhecimento tão ansiosamente esperado, foi informado de que o próprio Gauss já se adiantara a ele, mas não havia se preocupado em publicar os resultados porque tinha horror à publicidade ruidosa.

O que significa a independência do postulado das paralelas? Significa simplesmente que é possível construir um sistema consistente de proposições "geométricas" tratando de pontos, retas, etc., por dedução a partir de um conjunto de axiomas nos quais o postulado das paralelas é substituído por um postulado contrário. Este sistema é chamado de Geometria não-euclidiana. Exigiu-se a coragem intelectual de Gauss, Bolyai e Lobachevsky para se compreender que esta geometria, baseada em um sistema não-euclidiano de axiomas, pode ser perfeitamente consistente.

Para demonstrar a consistência da nova geometria, não é suficiente deduzir um amplo corpo de teoremas não-euclidianos, com o fizeram Bolyai e Lobachevsky. Ao invés disso, aprendemos a construir "modelos" desta geometria que satisfazem todos os axiomas de Euclides, exceto o postulado das paralelas. O modelo mais simples foi apresentado por Felix Klein, cujo trabalho neste campo foi estimulado pelas idéias do geômetra inglês Cayley (1821-1895). Neste modelo, infinitas "retas" podem ser traçadas "paralelas" a uma dada reta passando por um ponto externo. Esta geometria é denominada de bolyai-lobachevskiana, ou Geometria "hiperbólica". (A razão para esta última designação será explicada na página anterior.)

O modelo de Klein é construído considerando primeiro objetos da Geometria Euclidiana comum e em seguida mudando os nomes de alguns destes objetos e as relações entre eles de tal forma que resulta disso uma geometria não-euclidiana. Ela deve, por isso mesmo, ser tão consistente quanto a geometria euclidiana original, porque nos é apresentada, percebida de um outro ponto de vista e descrita com outras palavras, como um corpo de fatos da geometria euclidiana comum. Este modelo pode ser facilmente compreendido por meio de alguns conceitos de Geometria Projetiva.

Se submetermos o plano a uma transformação projetiva em um outro plano ou, ao invés disso, em si mesmo (fazendo posteriormente com que a imagem do plano coincida com o plano original), então, de maneira geral, um círculo e seu interior serão transformados em uma seção cônica. Mas é possível demonstrar facilmente (a prova é aqui omitida) que existem infinitas transformações projetivas do plano nele mesmo tais que um dado círculo acrescido de seu interior seja transformado nele mesmo. Por meio de tais transformações, pontos do interior ou da borda são em geral mudados para outras posições, mas permanecem no interior ou sobre a borda do círculo. (Na realidade, pode-se mover o centro do círculo para qualquer outro ponto interior.) Consideremos a totalidade destas transformações. Certamente, elas não deixarão as formas das figuras invariantes, e não são, portanto, deslocamentos rígidos no sentido usual. Mas damos agora o passo decisivo de denominá-los "deslocamentos não-euclidianos" na geometria a ser construída. Por meio destes "deslocamentos", podemos definir congruência - duas figuras são denominadas de congruentes se existe um deslocamento não-euclidiano transformando uma na outra.

O modelo de Klein da Geometria Hiperbólica é então o seguinte: o "plano" é o conjunto dos pontos interiores do círculo; pontos fora deste não são considerados. Cada ponto dentro do círculo é denominado de "ponto" não-euclidiano; cada corda do círculo é denominada de "reta" não-euclidiana; "deslocamento" e "congruência" são definidos conforme acima; unir "pontos" e encontrar a interseção de "retas" no sentido não-euclidiano permanece o mesmo que na Geometria Euclidiana. É fácil demonstrar que o novo sistema satisfaz todos os postulados da Geometria Euclidiana, com a única exceção do postulado das paralelas. Demonstra-se ainda que o postulado das paralelas não é válido no novo sistema pelo fato de que por qualquer "ponto" fora de uma "reta" infinitas "retas" podem ser traçadas sem nenhum "ponto" em comum com a "reta" dada. A primeira "reta" é uma corda euclidiana do círculo, enquanto que a segunda "reta" pode ser qualquer uma das cordas que passam pelo "ponto" dado e não cortam a primeira "reta" dentro do círculo. Este modelo simples é suficiente para resolver o problema fundamental que deu origem à Geometria não-euclidiana; ele prova que o postulado das paralelas não pode ser deduzido a partir dos outros axiomas da Geometria Euclidiana; isto porque, se pudesse, seria um teorema verdadeiro na geometria do modelo de Klein, e vimos que isto não acontece.

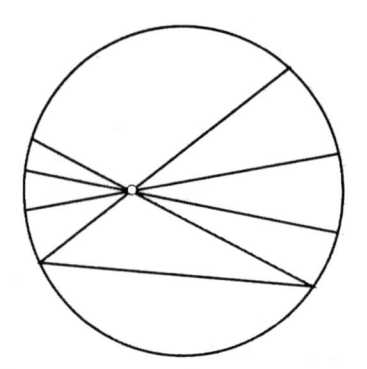

Figura 110: Modelo não-euclidiano de Klein.

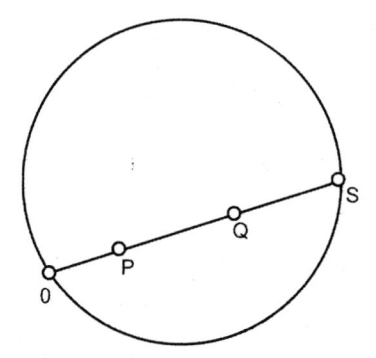

Figura 111: Distância não-euclidiana.

Estritamente falando, este raciocínio é baseado na hipótese de que a geometria do modelo de Klein é consistente, de modo que um teorema juntamente com seu contrário não pode ser provado. Mas a geometria do modelo de Klein é certamente tão consistente quanto a Geometria Euclidiana comum, uma vez que as proposições relativas a "pontos", "retas", etc., no modelo de Klein são meramente maneiras diferentes de formular certos teoremas da Geometria Euclidiana. Uma prova satisfatória da consistência dos axiomas da Geometria Euclidiana nunca foi apresentada, exceto pela referência anterior aos conceitos de Geometria Analítica e portanto, em última instância, ao contínuo numérico, cuja consistência é também uma questão em aberto.

*Um detalhe que vai além de nosso objetivo imediato deve ser mencionado; trata-se de como definir "distância" não-euclidiana no modelo de Klein. É necessário que esta "distância" seja invariante sob qualquer "deslocamento" não-euclidiano; isto porque um deslocamento deveria deixar distâncias invariantes. Sabemos que as razões anarmônicas são invariantes sob projeções. Uma razão anarmônica envolvendo dois pontos arbritrários P e Q dentro do círculo apresenta-se imediatamente se o segmento PQ for prolongado até encontrar o círculo em O e S. A razão anarmônica $(OSQP)$ destes quatro pontos é um número (positivo), que se poderia tomar como a definição da "distância" PQ entre P e Q. Mas esta definição deve ser ligeiramente modificada para se tornar operacional. Isto porque, se os três pontos P, Q, R estiverem sobre uma reta, deveria ser verdadeiro que $\overline{PQ} + \overline{QR} = \overline{PR}$. Ora, em geral

$$(OSQP) + (OSRQ) \neq (OSRP).$$

Ao invés disso, temos a relação

(1) $$(OSQP)(OSRQ) = (OSRP),$$

conforme percebido a partir das equações

$$(OSQP)(OSRQ) = \frac{QO/QS}{PO/PS} \cdot \frac{RO/RS}{QO/QS} = \frac{RO/RS}{PO/PS} = (OSRP).$$

Em conseqüência da equação (1) podemos fornecer uma definição aditiva satisfatória medindo "distância" não pela própria razão anarmônica, mas pelo *logaritmo da razão anarmônica*:

$\overline{PQ}$ = distância não-euclidiana de P a Q = log $(OSQP)$.

Esta distância será um número positivo, uma vez que *(OSQP)* >1 se $P \neq Q$. Utilizando a propriedade fundamental do logaritmo (veja no Capítulo 8), segue-se a partir de (1) que $\overline{PQ} + \overline{QR} = \overline{PR}$. A base escolhida para o logaritmo não é importante, já que uma mudança de base meramente muda a unidade de medida. A propósito, se um dos pontos, por exemplo, Q, aproximar-se do círculo, então a distância não-euclidiana $\overline{PQ}$ aumentará para o infinito. Isto mostra que a reta da Geometria não-euclidiana é de comprimento infinito não-euclidiano, embora no sentido euclidiano comum seja apenas um segmento finito de uma reta.

3. Geometria e realidade

O modelo de Klein mostra que a Geometria Hiperbólica, vista como um sistema dedutivo formal, é tão consistente quanto a Geometria Euclidiana clássica. Surge então o seguinte problema: qual das duas deve ser preferida como uma descrição da Geometria do mundo físico? Como já vimos, experimentos nunca podem decidir se existe apenas uma ou se existem infinitas retas que passam por um ponto e são paralelas a uma reta dada. Na Geometria Euclidiana, entretanto, a soma dos ângulos de qualquer triângulo é 180°, enquanto pode-se demonstrar que, na Geometria Hiperbólica, a soma é menor do que 180°. A este respeito, Gauss realizou um experimento para resolver o problema. Ele mediu com precisão os ângulos em um triângulo formado por três picos de montanhas relativamente distantes e encontrou uma soma de ângulos de 180o, dentro dos limites de erro experimental. Caso o resultado tivesse sido sensivelmente menor do que 180°, a conseqüência teria sido a preferência pela Geometria Hiperbólica para descrever a realidade física. No entanto, como veio a ocorrer, nada foi estabelecido por este experimento, uma vez que para pequenos triângulos cujos lados sejam de apenas uns poucos quilômetros de comprimento, o desvio dos 180° na Geometria Hiperbólica poderia ser muito pequeno a ponto de não ter sido detectável pelos instrumentos de Gauss. Assim, embora o experimento não fosse conclusivo, demonstrou que as Geometrias Euclidiana e Hiperbólica, que diferem amplamente para grandes dimensões, coincidem de forma tão próxima no caso de figuras relativamente pequenas que são equivalentes experimentalmente. Portanto, enquanto propriedades do espaço puramente locais estiverem em consideração, a escolha entre as duas geometrias deve ser feita exclusivamente com base na simplicidade e na conveniência. Como o sistema euclidiano é bem mais simples de lidar, podemos justificar seu uso exclusivo, desde que distâncias razoavelmente pequenas (de alguns milhões de quilômetros!) estejam sendo consideradas. Porém não devemos necessariamente esperar que seja adequado para descrever o universo como um todo, em seus aspectos mais globais. A situação aqui é precisamente análoga à que existe na Física, onde os sistemas de Newton e de Einstein apresentam o mesmo resultado para distâncias e velocidades pequenas, mas divergem quando valores muito elevados destas grandezas estão envolvidos.

A importância revolucionária da descoberta da Geometria não-euclidiana reside no fato de que ela destruiu a noção dos axiomas de Euclides como esquema matemático imutável dentro do qual nosso conhecimento experimental da realidade física deveria se ajustar.

4. Modelo de Poincaré

O matemático tem liberdade de considerar a "geometria" conforme definida por qualquer conjunto de axiomas consistentes sobre "pontos", "retas", etc.; suas investigações serão úteis para o físico somente se estes axiomas corresponderem ao comportamento físico de objetos no mundo real. Com base neste ponto de vista, desejamos examinar o significado da afirmação "a luz se propaga em linha reta". Se isto for considerado como a *definição física* de "linha reta", então os axiomas da Geometria devem ser escolhidos de forma que correspondam ao comportamento dos raios luminosos. Imaginemos, de acordo com Poincaré, um mundo composto do interior de um círculo C, e tal que a velocidade da luz em qualquer ponto dentro do círculo seja igual à distância entre esse ponto e a circunferência. Pode-se provar que os raios luminosos tomarão então a forma de arcos circulares perpendiculares em suas extremidades à circunferência C. Em um mundo como este, as propriedades geométricas das "linhas retas" (definidas como raios luminosos) diferirão das propriedades euclidianas das retas. Em particular, o axioma das paralelas não será válido, uma vez que haverá infinitas "retas" passando por qualquer ponto e que não cortam uma "reta" dada. Na realidade, os "pontos" e "retas" neste mundo terão exatamente as propriedades geométricas dos "pontos" e "retas" do modelo de Klein. Em outras palavras, deveremos ter um modelo diferente da Geometria Hiperbólica. No entanto, a Geometria Euclidiana também é aplicável neste mundo; ao invés de serem "retas" não-euclidianas, os raios luminosos seriam círculos euclidianos perpendiculares a C. Assim, vemos que diferentes sistemas de geometria podem descrever a mesma situação física, desde que os objetos físicos (neste caso, raios luminosos), estejam correlacionados a diferentes conceitos dos dois sistemas:

raio luminoso → "linha reta" → Geometria Hiperbólica

raio luminoso → "círculo" → Geometria Euclidiana.

Uma vez que o conceito de reta na Geometria Euclidiana corresponde ao comportamento de um raio luminoso em um meio homogêneo, diríamos que a geometria da região dentro de C é hiperbólica, significando apenas que as propriedades físicas de raios luminosos neste mundo correspondem às propriedades das "retas" da Geometria Hiperbólica.

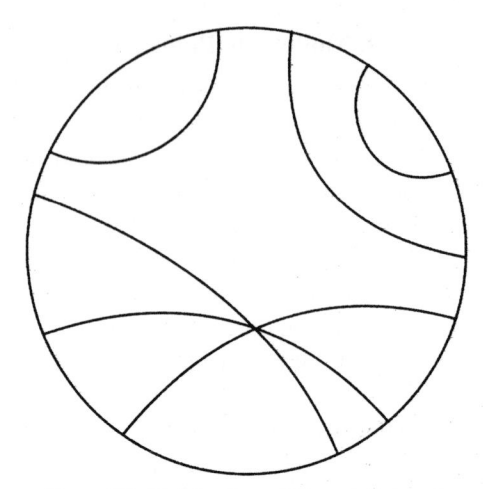

Figura 112: Modelo não-euclidiano de Poincaré.

5. Geometria Elíptica ou Riemanniana

Na Geometria Euclidiana, bem como na Geometria Hiperbólica ou bolyai-lobachevskiana, faz-se a hipótese tácita de que a reta é infinita (a extensão infinita da reta está essencialmente vinculada ao conceito e aos axiomas de "estar entre". Mas depois que a Geometria Hiperbólica abriu caminho para a liberdade na construção de geometrias, era simplesmente natural indagar se diferentes geometrias não-euclidianas poderiam ser construídas nas quais uma reta não fosse infinita, mas finita e fechada. Naturalmente, em tais geometrias não apenas o postulado das paralelas, mas também os axiomas de "estar entre" terão que ser abandonados. Os desenvolvimentos modernos destacaram a importância física destas geometrias. Elas foram consideradas pela primeira vez na palestra inaugural pronunciada em 1851 por Riemann, quando de sua contratação como professor não-remunerado ("Privat-Docent"), na Universidade de Goettingen. Geometrias com retas finitas fechadas podem ser construídas de um modo completamente consistente. Imaginemos um mundo bidimensional consistindo na superfície S de uma esfera, na qual definimos como "reta" o grande círculo da esfera.

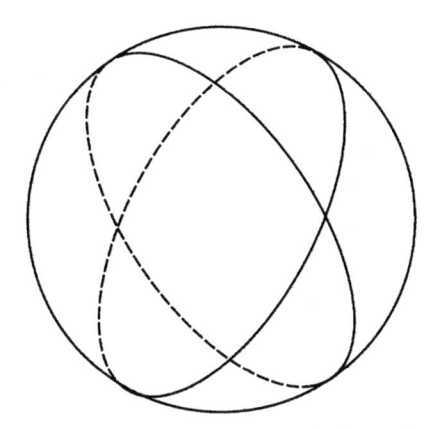

Figura 113: "Retas" em uma geometria riemanniana.

Esta seria a maneira natural de descrever o mundo de um navegador, uma vez que arcos de grandes círculos são as curvas de menor comprimento entre dois pontos em uma esfera, e isto é uma propriedade característica das retas no plano. Em um mundo como este, cada duas "retas" se cortam, de modo que a partir de um ponto de vista externo nenhuma reta pode ser traçada paralela a (isto é, não cortando) uma determinada "reta". A geometria das "retas" neste mundo é chamada de *Geometria Elíptica*; nesta, a distância entre dois pontos é medida simplesmente pela distância ao longo do arco mais curto do grande círculo ligando os pontos. Ângulos são medidos como na Geometria Euclidiana. Geralmente consideramos como típico de uma geometria elíptica o fato de que não existe nenhuma paralela a uma reta.

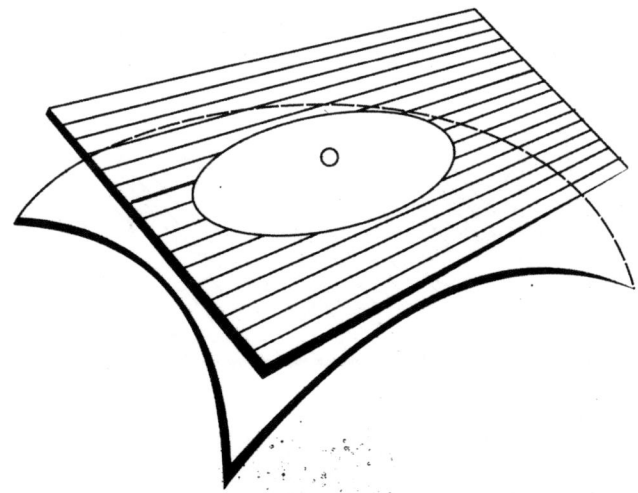

Figura 114: Ponto elíptico.

Acompanhando Riemann, podemos generalizar esta geometria conforme exposto a seguir. Consideremos um mundo constituído por uma superfície curva no espaço, não necessariamente uma esfera, e definamos a "reta" unindo dois pontos quaisquer como a *curva de menor comprimento*, ou "geodésica" unindo estes pontos. Os pontos da superfície podem ser divididos em duas classes: 1) Pontos em cuja proximidade a superfície é como uma esfera por estar contida inteiramente em um lado do plano tangente no ponto. 2) Pontos em cuja proximidade a superfície tem forma de sela, e está contida em ambos os lados do plano tangente no ponto. Pontos do primeiro tipo são chamados de pontos elípticos da superfície, uma vez que, se o plano tangente for deslocado de modo ligeiramente paralelo a si mesmo, cortará a superfície em uma curva elíptica; enquanto que os pontos do segundo tipo são chamados de hiperbólicos, uma vez que, se o plano tangente for deslocado de modo ligeiramente paralelo a si próprio, cortará a superfície em uma curva assemelhando-se a uma hipérbole. A geometria das "retas" geodésicas nas proximidades de um ponto da superfície é elíptica ou hiperbólica conforme o ponto seja elíptico ou hiperbólico. Neste modelo de geometria não-euclidiana, os ângulos são medidos por seu valor euclidiano comum.

Esta idéia foi desenvolvida por Riemann, que considerou uma geometria espacial análoga a esta geometria de uma superfície, na qual a "curvatura" do espaço pode mudar o caráter da Geometria de ponto a ponto. As "retas" em uma geometria riemanniana são as geodésicas. Na teoria geral da relatividade de Einstein, a geometria do espaço é uma geometria riemanniana, a luz se propaga ao longo de geodésicas, e a curvatura do espaço é determinada pela natureza da matéria que o preenche.

Desde sua origem no estudo da axiomática, a Geometria não-euclidiana desenvolveu-se como um instrumento extremamente útil para aplicação ao mundo físico. Na teoria da relatividade, na Ótica e na teoria geral de propagação das ondas, uma descrição não-euclidiana dos fenômenos é algumas vezes muito mais adequada do que uma descrição euclidiana.

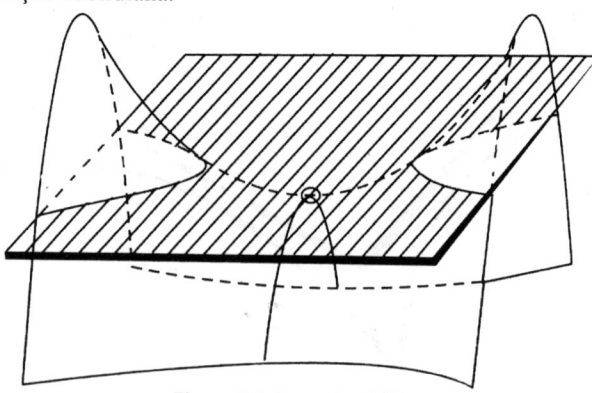

Figura 115: Ponto hiperbólico

Apêndice
*Geometria em mais de três dimensões
1. Introdução

O "espaço real", que é o meio de nossa experiência física, tem três dimensões, o plano tem duas e a reta, uma. Nossa intuição espacial em seu sentido comum é definidamente limitada a três dimensões. No entanto, em muitas ocasiões é bastante conveniente falar de "espaços" com quatro ou mais dimensões. Qual o significado de um espaço n-dimensional quando n é maior do que três, e a que finalidades pode atender? Uma resposta pode ser dada tanto do ponto de vista analítico quanto do puramente geométrico. A terminologia do espaço n-dimensional pode ser considerada meramente como uma linguagem geométrica sugestiva para idéias matemáticas que não estão mais ao alcance da intuição geométrica comum. Ofereceremos uma breve indicação das considerações simples que motivam e justificam esta linguagem.

2. Abordagem analítica

Já fizemos uma observação sobre a inversão de significados que ocorreu durante o desenvolvimento da Geometria Analítica. Pontos, retas, curvas, etc., eram originalmente considerados como entidades puramente "geométricas", e a tarefa da Geometria Analítica era meramente atribuir-lhes sistemas de números ou equações e interpretar ou desenvolver a teoria geométrica por métodos algébricos ou analíticos. Com o transcorrer do tempo, o ponto de vista oposto começou progressivamente a se afirmar. Um número x ou um par de números x, y, ou um terno de números x, y, z eram considerados como objetos fundamentais, e estas entidades analíticas eram então "visualizadas" como pontos em uma reta, em um plano, ou no espaço. Deste ponto de vista, a linguagem geométrica atua apenas para afirmar relações entre números. Podemos rejeitar o caráter primário ou até mesmo independente dos objetos geométricos, afirmando que um par numérico x, y é um ponto no plano, o conjunto de todos os pares numéricos x, y que satisfazem a equação linear $L(x, y) = ax + by + c = 0$ com números fixos a, b, c é uma reta, etc. Definições semelhantes podem ser feitas no espaço tridimensional.

Mesmo que estejamos fundamentalmente interessados em um problema algébrico, pode ser que a linguagem da Geometria se preste a uma descrição breve adequada ele, e que a intuição geométrica sugira o procedimento algébrico apropriado. Se, por exemplo, quisermos resolver três equações lineares simultâneas com três incógnitas x, y, z:

$$L(x,y,z) = ax + by + cz + d = 0$$
$$L'(x,y,z) = a'x + b'y + c'z + d' = 0$$
$$L''(x,y,z) = a''x + b''y + c''z + d'' = 0,$$

podemos visualizar o problema como o de encontrar o ponto de interseção no espaço tridimensional R^3 dos três planos definidos pelas equações $L = 0, L' = 0, L'' = 0$. Novamente, se estamos considerando apenas os pares numéricos x, y para os quais $x > 0$, podemos visualizá-los como o meio-plano à direita do eixo dos x. De maneira mais geral, a totalidade dos pares numéricos x, y para os quais

$$L(x,y) = ax + by + d > 0$$

pode ser visualizada como um meio-plano em um lado da reta $L = 0$, e a totalidade de ternos numéricos x, y, z para os quais

$$L(x,y,z) = ax + by + cz + d > 0$$

pode ser visualizada como o "meio-espaço" em um lado do plano $L(x, y, z) = 0$.

A introdução de um "espaço quadridimensional" ou mesmo de um "espaço n-dimensional" é agora bastante natural. Consideremos um quádruplo de números x, y, z, t. Diz-se que este quádruplo é representado, ou simplesmente é, um ponto no espaço quadridimensional R^4. De maneira mais geral, um ponto de espaço n-dimensional R^n é, por definição, um conjunto ordenado de n números reais $x_1, x_2, ..., x_n$. Não importa que não possamos visualizar este ponto. A linguagem geométrica permanece igualmente sugestiva para propriedades algébricas envolvendo quatro ou n variáveis. A razão para isto é que muitas das propriedades algébricas de equações lineares, etc., são essencialmente independentes do número de variáveis envolvidas ou, como podemos dizer, da dimensão do espaço das variáveis. Por exemplo, chamamos de "hiperplano" a totalidade dos pontos $x_1, x_2, ..., x_n$ no espaço n-dimensional R^n que satisfazem a equação linear

$$L(x_1, x_2, ..., x_n) = a_1 x_1 + a_2 x_2 + \cdots + a_n x_n + b = 0.$$

Assim, o problema algébrico fundamental de resolver um sistema de n equações lineares com n incógnitas.

$$L_1(x_1, x_2, ..., x_n) = 0$$
$$L_2(x_1, x_2, ..., x_n) = 0$$
$$\dots\dots\dots\dots\dots\dots\dots\dots$$
$$L_n(x_1, x_2, ..., x_n) = 0,$$

é enunciado em linguagem geométrica como o de encontrar o ponto de interseção dos n hiperplanos $L_1 = 0, L_2 = 0, ..., L_n = 0$..

A vantagem deste modo geométrico de expressão está apenas no fato de que enfatiza certas características algébricas que são independentes de n e que são capazes de visualização para $n \leq 3$. Em muitas aplicações, o emprego desta terminologia tem a vantagem de abreviar, facilitar e orientar as considerações intrinsecamente analíticas. A teoria da relatividade pode ser mencionada como exemplo onde um importante progresso foi alcançado unindo as coordenadas de espaço (x, y, z) e a coordenada de tempo t de um "evento" em uma variedade no "espaço-tempo" quadridimensional dos quádruplos numéricos (x, y, z, t). Pela inclusão de uma geometria hiperbólica não-euclidiana neste esquema analítico, tornou-se possível descrever muitas situações, sob outros aspectos complexas, com notável simplicidade. Vantagens semelhantes têm sido obtidas na Mecânica, na Física estatística e também em campos puramente matemáticos.

Apresentaremos aqui alguns exemplos da Matemática. A totalidade dos círculos no plano forma uma variedade tridimensional, porque um círculo com centro x, y e raio t pode ser representado por um ponto com as coordenadas (x, y, t). Uma vez que o raio de um círculo é um número positivo, a totalidade de pontos representando círculos preenche um meio-espaço. Do mesmo modo, a totalidade das esferas no espaço tridimensional comum forma uma variedade quadridimensional, uma vez que cada esfera com centro (x, y, z) e raio t pode ser representada por um ponto com coordenadas (x, y, z, t). Um cubo no espaço tridimensional com aresta de comprimento 2, lados paralelos aos planos da coordenada, e centro na origem, consiste na totalidade dos pontos (x_1, x_2, x_3) para os quais $|x_1| \leq 1, |x_2| \leq 1, |x_3| \leq 1$. Do mesmo modo, um "cubo" no espaço n-dimensional R^n com aresta 2, lados paralelos aos planos da coordenada, e centro na origem, é definido como a totalidade dos pontos $(x_1, x_2, ..., x_n)$ para os quais, simultaneamente,

$$|x_1| \leq 1, \quad |x_2| \leq 1, ..., |x_n| \leq 1$$

A "superfície" deste cubo é o conjunto de todos os pontos para os quais pelo menos um sinal de igualdade é válido. Os elementos da superfície de dimensão $n-2$ são aqueles pontos onde pelo menos dois sinais de igualdade são válidos, etc.

Exercício: Descreva a superfície deste cubo nos casos tridimensional, quadridimensional e n-dimensional.

*3. Abordagem geométrica ou combinatória

Embora a abordagem analítica da Geometria em n dimensões seja simples e bem adaptada à maioria das aplicações, existe um outro método de procedimento de caráter puramente geométrico. É baseado em uma redução dos dados da dimensão n- para a dimensão $(n-1)$ que torna possível definir uma geometria em dimensões mais elevadas por um processo de indução matemática.

Comecemos com a borda de um triângulo *ABC* em duas dimensões. Cortando-se o polígono fechado no ponto *C* e em seguida girando *AC* e *BC* até coincidirem com a reta *AB* obtemos a figura reta simples da Figura 116, na qual o ponto *C* aparece duas vezes. Esta figura unidimensional oferece uma representação completa da borda do triângulo bidimensional. Dobrando os segmentos *AC* e *BC* juntos em um plano, podemos fazer com que os dois pontos *C* coincidam novamente. Porém, e este é o ponto importante, não precisamos fazer esta dobradura. Precisamos apenas estabelecer uma convenção para "identificar", isto é, não fazer distinção entre, os dois pontos *C* na Figura 116, mesmo que eles não coincidam efetivamente como entidades geométricas no sentido simples. Podemos ir um passo mais longe separando os três segmentos nos pontos *A* e *B*, obtendo um conjunto de três segmentos *CA, AB, BC* que podem ser unidos novamente para formar um triângulo "real" fazendo com que os pares idênticos de pontos coincidam. A idéia de identificar diferentes pontos em um conjunto de segmentos para formar um polígono (neste caso, um triângulo) é às vezes muito prática. Se quisermos embarcar uma estrutura complicada de barras de aço, como a estrutura de uma ponte, o fazemos em barras individuais e marcamos com o mesmo símbolo as extremidades que serão unidas quando a estrutura for montada. O sistema de barras com extremidades marcadas é um equivalente completo da estrutura espacial. Esta observação sugere a maneira de reduzir um poliedro bidimensional do espaço tridimensional a figuras de dimensões mais baixas. Tomemos, por exemplo, a superfície de um cubo (Figura 117). Ela pode ser imediatamente reduzida a um sistema de seis quadrados planos cujos lados são apropriadamente identificados, e em uma outra etapa, a um sistema de doze segmentos de reta com as extremidades adequadamente identificadas.

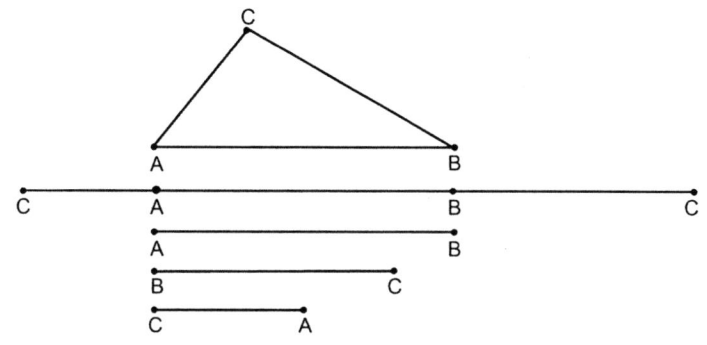

Figura 116: Triângulo definido por segmentos com extremidades associadas.

Em geral, qualquer poliedro do espaço tridimensional R^3 pode ser reduzido deste modo a um sistema de polígonos planos ou a um sistema de segmentos de reta.

Exercício: Execute esta redução para todos os poliedros regulares (veja página 264).

Fica agora bastante claro que podemos inverter nosso raciocínio, definindo um polígono no plano por um sistema de segmentos de reta, e um poliedro em R^3 por um sistema de polígonos em R^2; ou, novamente, com uma outra redução, por um sistema de segmentos de reta. Portanto, é natural definir um "poliedro" no espaço quadridimensional R^4 por um sistema de poliedros em R^3 com identificação apropriada de suas faces bidimensionais; poliedros em R^5 por sistemas de poliedros em R^4, e assim por diante. Finalmente, podemos reduzir todo poliedro em R^n a um sistema de segmentos de reta.

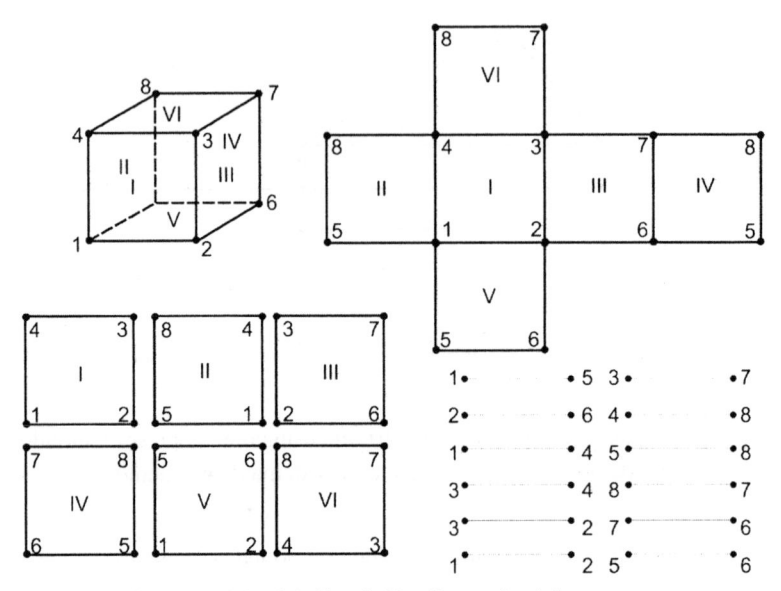

Figura 117: Cubo definido pela identificação de vértices e arestas.

Não será possível desenvolver aqui este assunto além do que já foi exposto. Apenas algumas observações sem prova podem ser acrescentadas. Um cubo em R^4 é limitado por oito cubos tridimensionais, cada um identificado com um "vizinho" ao longo de sua face bidimensional. O cubo em R^4 tem 16 vértices, em cada um dos quais quatro das 32 arestas se encontram. Em R^4 há seis poliedros regulares. Além do "cubo", existe um limitado por cinco tetraedros regulares, um limitado por 16 tetraedros, um limitado por 24 octaedros, um limitado por 120 dodecaedros, e um limitado por 600 tetraedros. Para dimensões $n > 4$, provou-se que apenas três poliedros regulares são possíveis: um com $n + 1$ vértices e limitado por $n + 1$ poliedros em R^{n-1}, com n arestas de dimensões $(n - 2)$; um com $2n$ vértices e limitado por $2n$ poliedros em R^{n-1}, com $2n - 2$ arestas; e um com $2n$ vértices e $2n$ poliedros de n arestas, em R^{n-1}.

Exercício: Compare a definição do cubo em R^4 dada no item 2 com a definição dada neste item, e demonstre que a definição "analítica" da superfície do cubo do item 2 é equivalente à definição "combinatória" deste item.

Do ponto de vista estrutural, ou "combinatório", as figuras geométricas mais simples de dimensão 0, 1, 2, 3 são o ponto, o segmento, o triângulo e o tetraedro, respectivamente. No sentido de estabelecer uma notação uniforme, representaremos estas figuras pelos símbolos T_0, T_1, T_2, T_3, respectivamente. (Os subscritos representam a dimensão.) A estrutura de cada uma destas figuras é descrita pela afirmação de que cada T_n contém $n + 1$ vértices e que cada subconjunto de $i + 1$ vértices de um T_n ($i = 0, 1, ..., n$) determina um T_i. Por exemplo, o tetraedro T_3 tridimensional contém quatro vértices, seis segmentos e quatro triângulos.

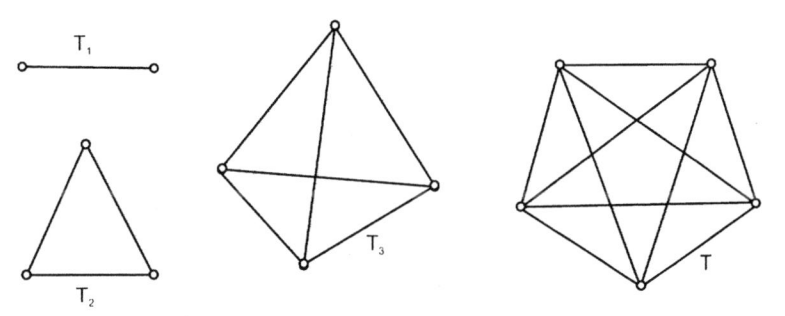

Figura 118: Os elementos mais simples nas dimensões 1, 2, 3, 4.

Torna-se claro como se deve proceder. Definimos um "tetraedro" T_4 quadridimensional como um conjunto de cinco vértices tal que cada subconjunto de quatro vértices determine um T_3, cada conjunto de três vértices determine um T_2, etc. O diagrama esquemático de T_4 é mostrado na Figura 118. Observamos que T_4 contém cinco vértices, dez segmentos, dez triângulos e cinco tetraedros.

A generalização para n dimensões é imediata. Pela análise combinatória, sabe-se que existem exatamente $C_i^r = \dfrac{r!}{i!(r-i)!}$ diferentes subconjuntos de i objetos cada, que podem ser formados a partir de um dado conjunto de r objetos. Portanto, um "tetraedro" n-dimensional contém

$C_1^{n+1} = n + 1$ vértices   (T_0's),

$C_2^{n+1} = \dfrac{(n+1)!}{2!(n-1)!}$ segmentos   (T_1's),

$C_3^{n+1} = \dfrac{(n+1)!}{3!(n-2)!}$ triângulos   (T_2's),

$C_4^{n+1} = \dfrac{(n+1)!}{4!(n-3)!}$ T_3's

....

$C_{n+1}^{n+1} = 1$ T_n's.

Exercício: Desenhe um diagrama de T_5 e determine o número de diferentes T_i nele contidos, para $i = 0, 1, ..., 5$.

Capítulo V
Topologia

Introdução

Em meados do século XIX, iniciou-se um desenvolvimento da Geometria que logo iria se tornar uma das grandes forças da Matemática moderna. A nova matéria, chamada de *analysis situs* ou Topologia, tem como objeto o estudo das propriedades de figuras geométricas que persistem mesmo quando as figuras são submetidas a deformações tão drásticas que todas as suas propriedades métricas e projetivas são perdidas.

Um dos grandes geômetras dessa época foi A. F. Moebius (1790-1868), um homem cuja pouca ambição destinou-o a uma carreira de insignificante astrônomo em um observatório alemão de segunda classe. Aos 68 anos de idade, apresentou à Academia de Paris uma exposição sumária sobre superfícies "unilaterais" que continha alguns dos fatos mais surpreendentes sobre este novo tipo de geometria. Como outras importantes contribuições anteriores a esta, seu trabalho ficou abandonado durante anos nos arquivos da Academia até ser finalmente tornado público pelo próprio autor. Independentemente de Moebius, o astrônomo J. B. Listing (1808-1882) havia feito em Goettingen descobertas semelhantes e, por sugestão de Gauss, publicou em 1847 um pequeno livro intitulado *Vorstudien zur Topologie*. Quando Bernhard Riemann (1826-1866) chegou a Goettingen como estudante, encontrou a atmosfera matemática daquela cidade universitária cheia de um entusiasmado interesse por estas estranhas idéias geométricas; logo percebeu que ali estava a chave para a compreensão das propriedades mais profundas das funções analíticas de uma variável complexa. Nada, talvez, tenha dado mais impulso ao desenvolvimento posterior da Topologia do que a grande estrutura da teoria das funções de Riemann, na qual os conceitos topológicos são absolutamente fundamentais.

Inicialmente, a inovação dos métodos do novo campo não permitia que os matemáticos dispusessem de tempo para apresentar seus resultados na forma da postulação tradicional da Geometria Elementar. Ao invés disso, os pioneiros, como Poincaré, foram forçados a depender amplamente da intuição geométrica. Mesmo nos dias de hoje, um estudante de Topologia verificará que, insistindo demasiadamente em um forma rigorosa de apresentação, pode facilmente perder de vista o conteúdo geométrico essencial em uma massa de detalhes formais. Ainda assim, um grande mérito dos trabalhos recentes consiste em ter fornecido à Topologia uma estrutura matemática rigorosa, onde a intuição permanece como a fonte, mas não como a validação final da verdade. Durante este processo, iniciado por L. E. J. Brouwer, a relevância da Topologia para a quase totalidade da Matemática vem crescendo progressivamente. Os matemáticos norte-americanos, em particular O. Veblen, J. W. Alexander e S. Lefschetz trouxeram importantes contribuições ao assunto.

Embora a Topologia seja uma criação dos últimos cem anos, houve algumas descobertas isoladas anteriores que mais tarde encontraram seu lugar no moderno desenvolvimento sistemático; de longe, a mais importante delas é uma fórmula relacionando os números de vértices, arestas e faces de um poliedro simples, observada já em 1640 por Descartes e redescoberta e utilizada por Euler em 1752. O caráter típico desta relação como um teorema topológico ficou claro muito mais tarde, após Poincaré ter reconhecido a "fórmula de Euler" e suas generalizações como um dos teoremas centrais da Topologia. Assim, por razões tanto históricas quanto intrínsecas, iniciaremos nossa discussão sobre a Topologia pela fórmula de Euler. Uma vez que o ideal do rigor perfeito não é necessário nem aconselhável durante as primeiras etapas em um campo com o qual não se tem familiaridade, não hesitaremos de vez em quando em apelar para a intuição geométrica do leitor.

§1. A fórmula de euler para poliedros

Embora o estudo dos poliedros ocupasse um lugar de destaque na Geometria grega, coube a Descartes e a Euler a descoberta do seguinte fato: em um poliedro simples, façamos V representar o número de vértices, E o número de arestas e F o número de faces; então sempre

(1) $$V - E + F = 2$$

Define-se um *poliedro* como um sólido cuja superfície consiste em um certo número de faces poligonais. No caso dos sólidos regulares, todos os polígonos são congruentes e todos os ângulos nos vértices são iguais. Um poliedro será simples se nele não houver "buracos", de modo que sua superfície possa ser deformada continuamente na superfície de uma esfera. A Figura 120 mostra um poliedro *simples* que não é regular, enquanto que a Figura 121 mostra um poliedro que não é simples.

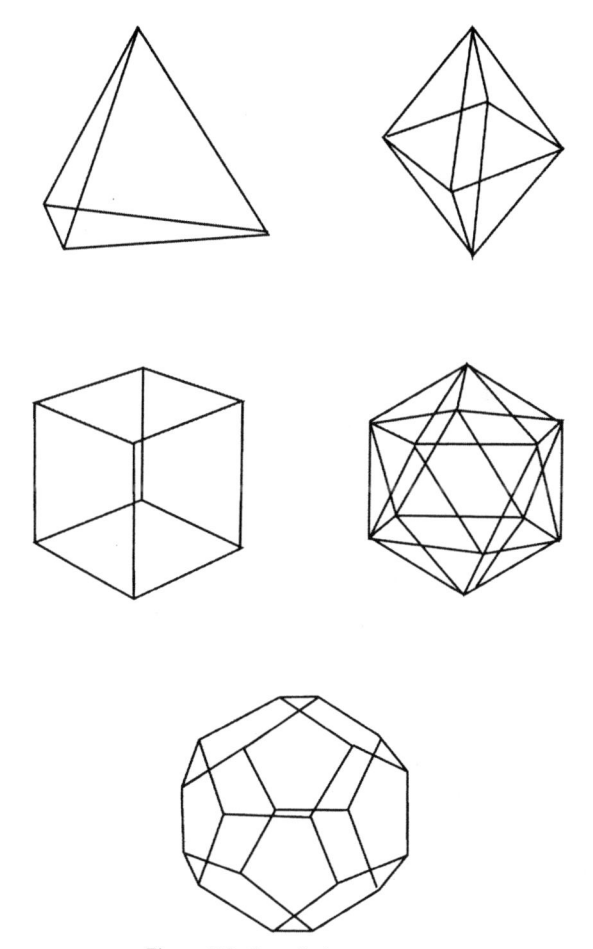

Figura 119: Os poliedros regulares.

O leitor deve confirmar o fato de que a fórmula de Euler é válida para os poliedros simples das Figuras 119 e 120, mas não é válida para o poliedro da Figura 121.

Para provar a fórmula de Euler, imaginemos que o poliedro simples dado seja oco, com uma superfície feita de borracha delgada. Então, se cortarmos uma das faces do poliedro oco, podemos deformar a superfície restante até que ela se estique sobre o plano. Naturalmente, as áreas das faces e os ângulos entre as arestas do poliedro terão se modificado neste processo. No entanto, a rede de vértices e arestas no plano conterá o mesmo número de vértices e arestas que o poliedro

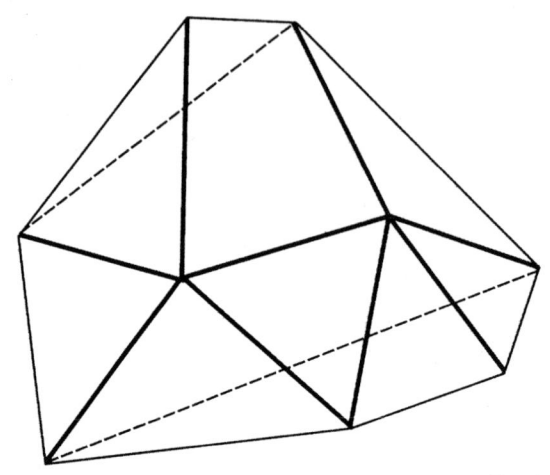

Figura 120: Um poliedro simples. $V - E + F = 9 - 18 + 11 = 2$

original, enquanto que o número de polígonos será um a menos que no poliedro original, uma vez que uma face foi retirada. Demonstraremos agora que para a rede plana, $V - E + F = 1$, de modo que, se a face retirada for contada, o resultado será $V - E + F = 2$ para o poliedro original.

Em primeiro lugar, "triangulamos" a rede plana do seguinte modo: em algum polígono da rede que não seja ainda um triângulo, traçamos uma diagonal; o efeito disso consiste em aumentar tanto E quanto F de 1, preservando assim o valor de $V - E + F$. Continuamos traçando diagonais unindo pares de pontos (Figura 122) até a figura consistir inteiramente em triângulos, como deve acontecer. Na rede triangulada, $V - E + F$ tem o valor anterior à divisão em triângulos.

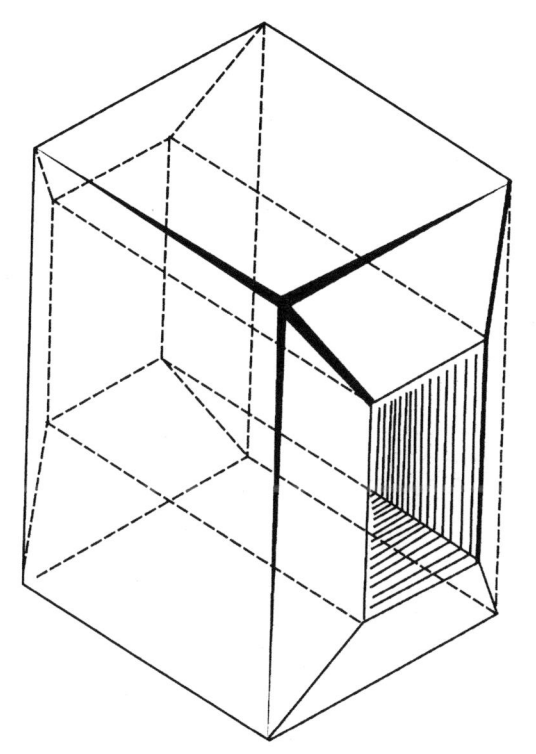

Figura 121: Um poliedro complexo. $V - E + F = 16 - 32 + 16 = 0$.

já que o traçado de diagonais não alterou seu valor. Alguns dos triângulos têm lados sobre a borda da rede plana; destes, alguns como *ABC*, têm apenas um lado sobre a borda, enquanto outros triângulos podem ter dois lados sobre a borda. Escolhemos qualquer triângulo da borda e removemos a parte dele que não pertença também a outro triângulo. Assim, de *ABC* removemos o lado *AC* e a face, deixando os vértices *A, B, C* e os dois lados *AB* e *BC*; de *DEF* removemos a face, os dois lados *DF* e *FE* e o vértice *F*. A remoção de um triângulo A*BC* diminui *E* e *F* de 1, enquanto *V* não é afetado, de modo que $V - E + F$ permanece inalterado. A remoção de um triângulo do tipo *DEF* diminui *V* de 1, *E* de 2, e *F* de 1, de modo que $V - E + F$ novamente permaneça inalterado. Por meio de uma seqüência adequadamente escolhida destas operações, podemos remover triângulos com lados na borda (que se altera com cada remoção), até finalmente restar apenas um triângulo, com seus três lados, três vértices e uma face; nesta rede simples, $V - E + F = 3 - 3 + 1 = 1$. Vimos, porém, que apagando triângulos constantemente, $V - E + F$ não foi alterado. Portanto, na rede plana original, $V - E + F$ deve ser igual a 1 também, e assim igual a 1 para o poliedro que perdeu uma face. Concluímos que $V - E + F = 2$ para o poliedro completo. Isto conclui a prova da fórmula de Euler. (Veja (56), (57), no Suplemento ao Capítulo 8.)

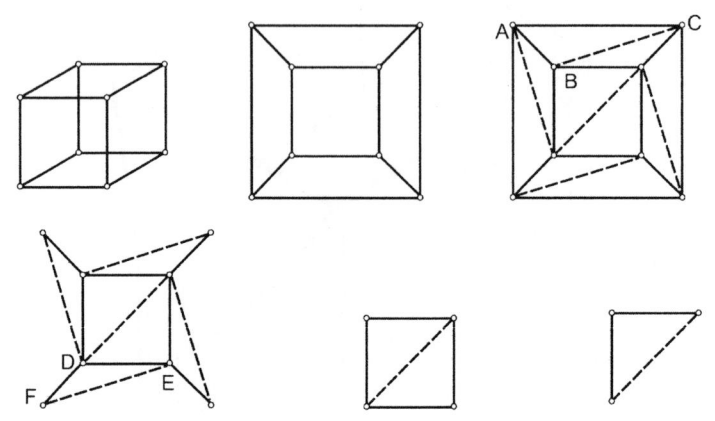

Figura 122: Prova do teorema de Euler.

Com base na fórmula de Euler, é fácil demonstrar que não há mais do que cinco poliedros regulares. Suponhamos que um poliedro regular tenha F faces, cada uma delas um polígono regular de n-lados, e que r arestas se encontram em cada vértice. Contando as arestas, utilizando para isso as faces e vértices, observamos que

(2) $$nF = 2E;$$

isto porque cada aresta pertence a duas faces, e é portanto contada duas vezes no produto nF; além disso,

(3) $$rV = 2E,$$

uma vez que cada aresta tem dois vértices. Portanto, a partir de (1) obtemos a equação

$$\frac{2E}{n} + \frac{2E}{r} - E = 2$$

ou

(4) $$\frac{1}{n} + \frac{1}{r} = \frac{1}{2} + \frac{1}{E}.$$

Sabemos que $n \geq 3$ e $r \geq 3$, uma vez que um polígono deve ter pelo menos três lados, e pelo menos três lados devem se encontrar em cada ângulo poliédrico. Porém, n e r não podem ser maiores do que três, porque então o lado esquerdo da equação (4) não poderia exceder $\frac{1}{2}$, o que é impossível para qualquer valor positivo de E. Portanto, vejamos que valores r pode ter quando $n = 3$ e que valores n pode ter quando $r = 3$. A totalidade dos poliedros dados por estes dois casos fornece o número de possíveis poliedros regulares.

Para $n = 3$, a equação (4) torna-se

$$\frac{1}{r} - \frac{1}{6} = \frac{1}{E};$$

r pode então ser igual a 3, 4 ou 5. (6, ou qualquer número maior, está obviamente excluído, uma vez que $1/E$ é sempre positivo.) Para estes valores de n e r obtemos $E = $ 6, 12 ou 30, correspondendo, respectivamente, ao tetraedro, octaedro e icosaedro. De forma semelhante, para $r = 3$ obtemos a equação

$$\frac{1}{n} - \frac{1}{6} = \frac{1}{E},$$

da qual segue-se que $n = 3$, 4 ou 5, e $E = 6$, 12 ou 30, respectivamente. Estes valores correspondem respectivamente ao tetraedro, ao cubo e ao dodecaedro. Substituindo n, r e E por estes valores nas equações (2) e (3), obtemos os números de vértices e faces nos poliedros correspondentes.

§2. Propriedades topológicas de figuras
1. Propriedades topológicas

Provamos que a fórmula de Euler é válida para qualquer poliedro simples. Entretanto, a validade desta fórmula vai muito além dos poliedros da Geometria Elementar, com suas faces planas e arestas retas; a prova que acabamos de apresentar se aplicaria igualmente bem a um poliedro simples de faces e arestas curvas, ou a qualquer subdivisão da superfície de uma esfera em regiões limitadas por arcos curvos. Além disso, se imaginarmos a superfície do poliedro ou da esfera feita de uma delgada lâmina de borracha, a fórmula de Euler ainda será válida se a superfície for deformada curvando-se ou esticando-se a borracha até qualquer outra forma, desde que a borracha não se rompa no processo. Isto porque a fórmula está relacionada apenas aos *números* de vértices, arestas e faces, e não a comprimentos, áreas, razões anarmônicas, ou a quaisquer dos conceitos usuais da Geometria Elementar ou Projetiva.

Lembramos que a Geometria Elementar lida com grandezas (comprimento, ângulo e área) que não são alteradas pelos movimentos rígidos, enquanto a Geometria Projetiva lida com os conceitos (ponto, reta, incidência e razão anarmônica) que não são alteradas pelo grupo ainda maior das transformações projetivas. Porém, os movimentos rígidos e as projeções são casos muito especiais do que denominamos de *transformações topológicas*: uma transformação topológica de uma figura geométrica A em outra figura A' é dada por qualquer correspondência

$$p \leftrightarrow p'$$

entre os pontos p de A e os pontos p' de A', e que tem as duas propriedades seguintes:

1. A correspondência é bijetora. Isto significa que a cada ponto p de A corresponde apenas um ponto p' de A', e vice-versa.

2. A correspondência é contínua em ambas as direções. Isto significa que se tomarmos dois pontos quaisquer p e q de A e deslocarmos p de modo que a distância entre ele e q se aproxime de zero, então a distância entre os pontos correspondentes p', q' de A também se aproximará de zero, e vice-versa.

Qualquer propriedade de uma figura geométrica A que seja válida também para toda figura na qual A pode ser transformado por uma transformação topológica é chamada de *propriedade topológica* de A, e a *Topologia* é um ramo da Geometria que lida apenas com as propriedades topológicas de figuras. Imagine uma figura a ser copiada "à mão livre" por um desenhista consciencioso mas inexperiente, que encurva retas e altera ângulos, distâncias e áreas; assim, embora as propriedades métricas e projetivas da figura original fossem perdidas, suas propriedades topológicas permaneceriam as mesmas.

Os exemplos mais intuitivos de transformações topológicas gerais são as *deformações*. Imagine uma figura como uma esfera ou um triângulo a ser feita ou traçada em uma lâmina delgada de borracha, que é então esticada e torcida de todas as maneiras, sem rasgar e sem fazer os pontos distintos coincidirem efetivamente. (Fazer pontos distintos coincidirem violaria a condição 1. Rasgar a lâmina de borracha violaria a condição 2, uma vez que dois pontos da figura original, situados de lados opostos de uma reta e que tendem a coincidir não tenderiam a coincidir na figura cortada ao longo da reta que separava os dois pontos). A posição final da figura seria então uma

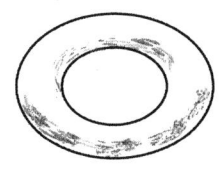

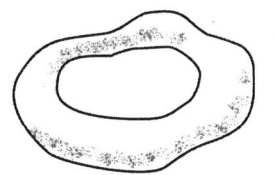

Figura 123: Superfícies topologicamente equivalentes.

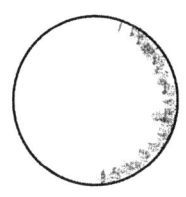

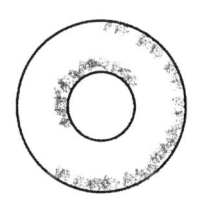

Figura 124: Superfícies topologicamente não-equivalentes.

imagem topológica do original. Um triângulo pode ser deformado em qualquer outro triângulo, em um círculo ou em uma elipse, e portanto estas figuras têm exatamente as mesmas propriedades topológicas. Mas não se pode deformar um círculo em um segmento de reta, nem a superfície de uma esfera em uma "câmara de ar".

O conceito geral de transformação topológica é mais amplo do que o conceito de deformação. Por exemplo: se uma figura for cortada durante uma deformação e as bordas do corte costuradas uma na outra após a deformação exatamente do mesmo modo como estavam antes, o processo ainda define uma transformação topológica da figura original, embora não seja uma deformação. Assim, as duas curvas da Figura 134 são topologicamente equivalentes entre si ou a um círculo, já que elas podem ser cortadas, destorcidas e ter o corte costurado. Mas é impossível deformar uma curva em outra ou em um círculo sem antes cortar a curva.

As propriedades topológicas de figuras (tais como dadas pelo teorema de Euler e outros a serem discutidos nesta seção) são do maior interesse e importância em muitas investigações matemáticas. Elas são, em um certo sentido, as mais profundas e fundamentais de todas as propriedades geométricas, uma vez que persistem sob as mais drásticas mudanças de forma.

2. Conexão

Como um outro exemplo de duas figuras que não são topologicamente equivalentes, podemos considerar os domínios do plano da Figura 125. O primeiro destes é o

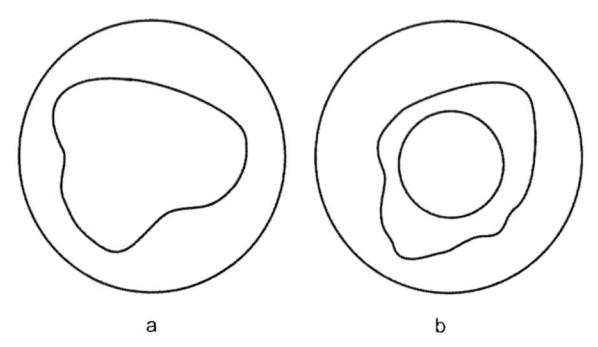

a b
Figura 125: Conexão simples e dupla.

conjunto de todos os pontos interiores a um círculo, enquanto o segundo é o conjunto dos pontos contidos entre dois círculos concêntricos. Qualquer curva fechada contida no domínio *a* pode ser continuamente deformada ou "encolhida", dentro do domínio, até um *único ponto*. Diz-se que um domínio com esta propriedade é *simplesmente conexo*. O domínio *b* não é simplesmente conexo. Por exemplo: um círculo concêntrico aos dois círculos que são fronteiras e a meio caminho entre eles não pode ser reduzido dentro do domínio a um único ponto, uma vez que durante este processo a curva necessariamente passaria sobre o centro dos círculos, que não é um ponto do domínio. Um domínio que não é simplesmente conexo é chamado de *multiplamente conexo*. Se o domínio *b* multiplamente conexo for cortado ao longo de um raio, como na Figura 126, o domínio resultante será simplesmente conexo.

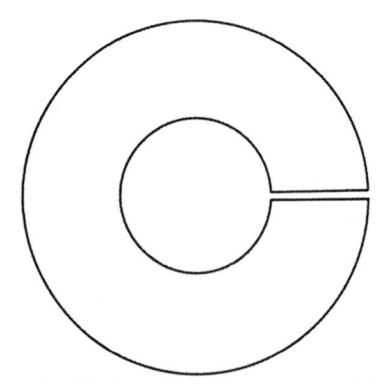

Figura 126: Cortando um domínio duplamente conexo para torná-lo simplesmente conexo.

De maneira mais geral, podemos construir domínios com dois, três ou mais "buracos", como o domínio da Figura 127. Para converter este domínio em um domínio simplesmente conexo, dois cortes são necessários. Se são necessários $n - 1$ cortes que não se cruzem de borda a borda para converter determinado domínio D multiplamente conexo em um domínio simplesmente conexo, diz-se que o domínio D é conexo de ordem n. O grau de conexão de um domínio no plano é uma importante invariante topológica do domínio.

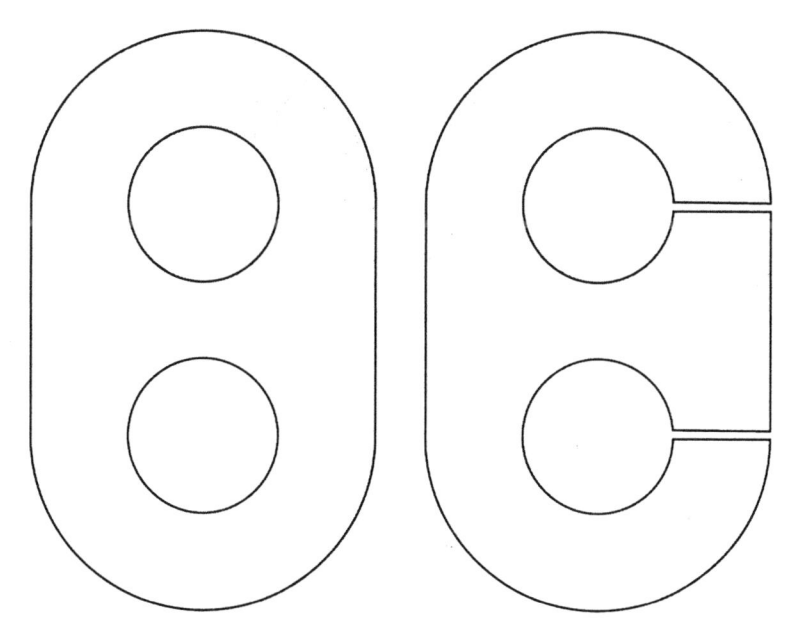

Figura 127: Redução de um domínio triplamente conexo.

§3. Outros exemplos de teoremas topológicos

1. O teorema da curva de Jordan

Uma curva fechada simples (uma curva que não se corta) é traçada em um plano. Que propriedade desta figura persiste mesmo que o plano seja considerado como uma lâmina de borracha que pode ser deformada de todos os modos? O comprimento da curva e a área que ela encerra podem ser alterados por uma deformação. Mas há uma propriedade topológica da configuração que é tão simples a ponto de parecer trivial: *uma curva fechada simples C no plano divide o plano em exatamente dois domínios, um interno e um externo.* Isto quer dizer que os pontos do plano recaem em duas classes - A, a parte externa da curva, e B, a parte interna - tais que qualquer par de pontos da mesma classe possa ser unido por uma curva que não atravesse C, enquanto que qualquer curva unindo um par de pontos pertencentes a classes diferentes deve atravessar C. Esta proposição é obviamente verdadeira para um círculo ou uma elipse, porém a evidência se desvanece um pouco quando se contempla uma curva complexa como o polígono retorcido da Figura 128.

Figura 128: Quais pontos do plano estão no interior deste polígono?

Este teorema foi enunciado pela primeira vez por Camille Jordan (1838-1922) em seu famoso *Cours d'Analyse*, no qual toda uma geração de matemáticos aprendeu o conceito moderno de rigor em Análise. De maneira bastante estranha, a prova fornecida por Jordan não era breve nem simples, e a surpresa foi ainda maior quando se verificou que a prova de Jordan era inválida e que um considerável esforço era necessário para preencher as lacunas de seu raciocínio. As primeiras provas rigorosas do teorema eram bastante complicadas e de difícil compreensão, mesmo para muitos matemáticos experientes. Só há pouco tempo é que provas comparativamente simples foram encontradas. Uma razão para a dificuldade está na generalidade do conceito de "curva fechada simples", que não está restrita à classe dos polígonos ou das curvas "suaves", porém inclui todas as curvas que são imagens topológicas de um círculo. Por outro lado, muitos conceitos, tais como "parte interna", "parte externa", etc., que são tão claros para a intuição, devem se tornar precisos antes que uma prova rigorosa seja possível. É da maior importância teórica analisar tais conceitos em sua generalidade mais completa, e boa parte da Topologia moderna é orientada para esta tarefa. Mas não se deve esquecer que na maioria dos casos que se originam no estudo de fenômenos geométricos concretos, é bastante fora de propósito trabalhar com conceitos cuja extrema generalidade cria dificuldades desnecessárias. Na realidade, o teorema da curva de Jordan é bastante simples de provar para curvas razoavelmente bem comportadas, tais como polígonos ou curvas com tangentes que giram continuamente, e que ocorrem nos problemas mais importantes. Provaremos o teorema para polígonos no apêndice deste capítulo.

2. O problema das quatro cores

A partir do exemplo do teorema da curva de Jordan, seria possível supor que a Topologia estivesse relacionada ao fornecimento de provas rigorosas para o tipo de asserções óbvias de que nenhuma pessoa sensata duvidaria. Ao contrário, existem muitos problemas topológicos, alguns de aspecto bastante simples, para os quais a intuição não fornece respostas satisfatórias. Um exemplo deste tipo é o famoso "problema das quatro cores". Ao colorir um mapa geográfico, costuma-se aplicar cores diferentes a dois países quaisquer que tenham uma parte de sua fronteira em comum. Descobriu-se empiricamente que qualquer mapa, independentemente do número de países que contenha e do modo em que eles estejam situados, podem ser assim coloridos utilizando-se apenas quatro cores diferentes. É fácil perceber que nenhum número menor de cores será suficiente para todos os casos.

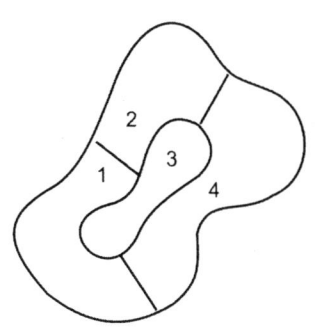

Figura 129: Colorindo um mapa.

A Figura 129 mostra uma ilha no oceano que certamente não pode ser colorida de modo adequado com menos de quatro cores, já que ela contém quatro países, cada um deles tocando os outros três.

O fato de que não foi encontrado até hoje nenhum mapa que requeira mais de quatro cores para ser pintado sugere o seguinte teorema matemático: *para cada subdivisão do plano em regiões não-superpostas, é sempre possível assinalar as regiões com um dos números 1, 2, 3, 4 de tal forma que duas regiões adjacentes não recebam o mesmo número*. Regiões "adjacentes" são aquelas com um segmento inteiro de fronteira comum; duas regiões que se encontram em um único ponto apenas ou em um número finito de pontos (tais como os estados norte-americanos do Colorado e do Arizona) não serão chamadas de adjacentes, uma vez que nenhuma confusão se originaria se fossem pintadas da mesma cor.

O problema de provar este teorema parece ter sido proposto pela primeira vez por Moebius em 1840, posteriormente por DeMorgan em 1850, e novamente por Cayley em 1878. Uma "prova" foi publicada por Kempe em 1879, mas, em 1890, Heawood encontrou um erro no raciocínio de Kempe. Por meio de uma revisão da prova da Kempe, Heawood conseguiu demonstrar que *cinco* cores são sempre suficientes. (Uma prova do teorema das cinco cores é apresentada no apêndice deste capítulo.) Mesmo com os esforços de muitos matemáticos famosos, chegou-se somente, até agora, a este resultado mais modesto: foi *provado* que cinco cores são suficientes para todos os mapas e se *conjectura* que quatro cores também poderão ser suficientes. Mas, como no caso do famoso teorema de Fermat (veja no Suplemento ao Capítulo 1), nem uma prova desta conjectura nem um exemplo que a contradiga foi produzido, permanecendo como um dos grandes problemas sem solução da Matemática. O teorema das quatro cores foi na verdade provado para todos os mapas contendo menos de trinta e oito regiões. Em vista deste fato, parece que mesmo que o teorema geral seja falso, não pode ser refutado por qualquer exemplo muito simples.

No problema das quatro cores, os mapas podem ser desenhados no plano ou na superfície de uma esfera. Ambos os casos são equivalentes: qualquer mapa na esfera pode ser representado no plano por um pequeno furo na parte interna de uma das regiões A e pela deformação da superfície restante até achatá-la, como na prova do teorema de Euler. O mapa resultante no plano será o de uma "ilha" formado pelas regiões restantes, cercadas por um "oceano" consistindo na região A. Revertendo este processo, qualquer mapa no plano pode ser representado na esfera. Podemos, portanto, restringir-nos a mapas na esfera. Além disso, uma vez que deformações das regiões e suas linhas de fronteira não afetam o problema, podemos supor que a fronteira de cada região é um polígono fechado simples, formado por arcos circulares. Mesmo "regularizado" desta forma, o problema continua sem solução; as dificuldades aqui, de modo diferente daquelas envolvidas no teorema da curva de Jordan, não consistem na generalidade dos conceitos de região e de curva.

Um fato notável associado ao problema das quatro cores é que, para superfícies mais complicadas do que o plano ou a esfera, os teoremas correspondentes foram efetivamente provados, de modo que, de forma bastante paradoxal, a análise de superfícies geométricas mais complicadas parece, a este respeito, ser mais fácil do que a dos casos mais simples. Por exemplo: na superfície de um toro (veja Figura 123), cuja forma é a de uma rosca ou de uma câmara de ar inflada, mostrou-se que qualquer mapa pode ser colorido com a utilização de sete cores, enquanto que se pode construir mapas contendo sete regiões, cada uma delas tocando as outras seis.

*3. O conceito de dimensão

O conceito de dimensão não apresenta grande dificuldade, desde que se esteja lidando apenas com figuras geométricas simples, como pontos, retas, triângulos e poliedros. Um único ponto ou qualquer conjunto finito de pontos tem dimensão zero, um segmento de reta é unidimensional, e a superfície de um triângulo ou de uma esfera é bidimensional. O conjunto de pontos em um cubo sólido é tridimensional. Porém, quando se tenta estender este conceito a conjuntos de pontos mais gerais, surge a necessidade de uma definição precisa. Que dimensão deveria ser atribuída ao conjunto R dos pontos sobre o eixo dos x cujas abscissas são números racionais? O conjunto de pontos racionais é denso na reta e deve portanto ser considerado como unidimensional, como a própria reta. Por outro lado, existem hiatos irracionais entre qualquer par de pontos racionais, como acontece entre dois pontos quaisquer de um conjunto de pontos finito, de modo que a dimensão do conjunto R deve também ser considerada como zero.

Um problema ainda mais intrincado aparece quando se tenta atribuir uma dimensão ao seguinte e curioso conjunto de pontos, considerado pela primeira vez por Cantor. Do segmento unitário, remova o terço do meio, consistindo em todos os pontos x tais que $1/3 < x < 2/3$.. Chamemos o conjunto restante de pontos de C_1. Remova agora de C_1 o terço do meio de cada um de seus dois segmentos, deixando um conjunto que chamaremos de C_2. Repita este processo removendo o terço do meio de cada um dos quatro intervalos de C_2, deixando um conjunto C_3,

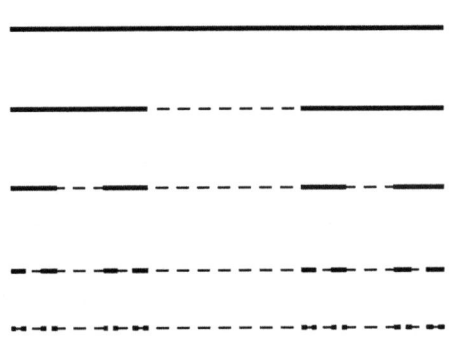

Figura 130: O conjunto de pontos de Cantor.

---

* Em verdade, tanto o teorema das quatro cores quanto o teorema de Fermat demonstrados, após a publicação deste livro (Nota do tradutor).

e proceda desta maneira para formar conjuntos C_4, C_5, C_6, ... Represente por C o conjunto de pontos sobre o segmento unitário que é deixado após todos estes intervalos terem sido removidos, isto é, C é o conjunto de pontos comuns a uma seqüência infinita de conjuntos C_1, C_2, ... Uma vez que um intervalo, de comprimento 1/3, foi removido na primeira etapa; dois intervalos, cada um de comprimento $1/3^2$, na segunda etapa, etc.; o comprimento total dos segmentos removidos é

$$1 \cdot \frac{1}{3} + 2 \cdot \frac{1}{3^2} + 2^2 \cdot \frac{1}{3^3} + \cdots = \frac{1}{3}\left(1 + \left(\frac{2}{3}\right) + \left(\frac{2}{3}\right)^2 + \cdots\right).$$

A série infinita entre parênteses é uma série geométrica cuja soma é 1/(1 - 2/3) = 3; portanto, o comprimento total dos segmentos removidos é 1. Mas ainda restam pontos no conjunto C. Estes são, por exemplo, os pontos 1/3, 2/3, 1/9, 2/9, 7/9, 8/9, ... pelos quais os segmentos sucessivos são submetidos a uma trisseção. Na realidade, é fácil demonstrar que C consistirá precisamente em todos aqueles pontos x cujos desenvolvimentos na forma de frações triádicas infinitas podem ser escritos na forma

$$x = \frac{a_1}{3} + \frac{a_2}{3^2} + \frac{a_3}{3^3} + \cdots + \frac{a_n}{3^n} + \cdots,$$

onde cada a_i é 0 ou 2, enquanto que o desenvolvimento triádico de qualquer ponto removido terá pelo menos um dos números ai igual a 1.

Que dimensão deverá ter o conjunto C? O processo da diagonal utilizado para provar a não-enumerabilidade do conjunto de todos os números reais pode ser modificado para obtermos o mesmo resultado para o conjunto C. Pareceria, portanto, que o conjunto C devesse ser unidimensional. Contudo, C não contém qualquer intervalo completo, por menor que seja, de modo que C deve também ser imaginado como um conjunto de dimensão zero, como um conjunto finito de pontos. Dentro do mesmo espírito, poderíamos indagar se o conjunto de pontos do plano - obtido levantando-se em cada ponto racional, ou em cada ponto do conjunto C de Cantor, um segmento de comprimento unitário - deveria ser considerado unidimensional ou bidimensional.

Em 1912, Poincaré chamou pela primeira vez a atenção para a necessidade de uma análise mais profunda e de uma definição precisa para o conceito de dimensionalidade. Ele observou que a reta é unidimensional porque podemos separar dois pontos quaisquer sobre ela cortando-a em um único ponto (que tem dimensão zero), enquanto o plano é bidimensional, porque para separar um par de pontos no plano devemos cortá-lo por uma curva fechada (que é unidimensional). Isto sugere a natureza indutiva da dimensionalidade: um espaço é *n*-dimensional se dois pontos quaisquer puderem ser separados removendo-se um subconjunto (*n* - 1)-dimensional, e se um subconjunto de dimensão menor não for sempre suficiente. Uma definição indutiva de dimensionalidade está também contida implicitamente nos Elementos de Euclides, onde uma figura unidimensional é algo cujo contorno é formado por pontos, uma figura bidimensional é aquela cuja fronteira são curvas, e uma figura tridimensional é aquela cuja fronteira são superfícies.

Em anos recentes, uma extensa teoria da dimensão foi desenvolvida. Uma definição de dimensão inicia-se tornando preciso o conceito "conjunto de pontos de dimensão zero." Qualquer conjunto finito de pontos tem a propriedade de que cada ponto do conjunto pode ser encerrado em uma região do espaço que pode ser tornada tão pequena quanto se deseje, e que não contenha quaisquer pontos do conjunto em sua fronteira. Esta propriedade é agora tomada como a definição de dimensão zero. Por questões de conveniência, dizemos que um conjunto vazio, não contendo quaisquer pontos, tem dimensão -1. Então um conjunto de pontos S terá dimensão zero se não for de dimensão -1 (isto é, se S contiver pelo menos um ponto), e se cada ponto de S puder ser encerrado em uma região arbitrariamente pequena cujos limites cortem S em um conjunto de dimensão -1 (isto é, cujos limites não contenham quaisquer pontos de S). Por exemplo: o conjunto de pontos racionais sobre a reta tem dimensão zero, uma vez que cada ponto racional pode se tornar o centro de um intervalo arbitrariamente pequeno com pontos extremos irracionais. O conjunto C de Cantor também é percebido como de dimensão zero, uma vez que, da mesma forma que o conjunto de pontos racionais, é formado removendo-se da reta um conjunto denso de pontos.

Até agora definimos apenas os conceitos de dimensão -1 e de dimensão zero. A definição de dimensão 1 sugere-se por si própria de modo imediato: um conjunto S de pontos terá dimensão 1 se não tiver dimensão -1 ou zero, e se cada ponto de S puder ser encerrado dentro de uma região arbitrariamente pequena cuja fronteira corta S em um conjunto de dimensão zero. Um segmento de reta tem esta propriedade, uma vez que a fronteira de qualquer intervalo é um par de pontos, que é um conjunto de dimensão zero de acordo com a definição precedente. Além disso, procedendo da mesma maneira, podemos sucessivamente definir os conceitos de dimensão 2, 3, 4, 5, ..., cada uma com base nas definições anteriores. Assim, um conjunto S terá dimensão n se não tiver qualquer dimensão inferior, e se cada ponto de S puder ser encerrado dentro de uma região arbitrariamente pequena cuja fronteira corte S em um conjunto de dimensão n - 1. Por exemplo: o plano tem dimensão 2, uma vez que cada ponto do plano pode ser encerrado dentro de um círculo arbitrariamente pequeno, cuja circunferência tem dimensão 1.†

---

†Esta não pretende ser uma prova rigorosa de que o plano tem dimensão 2 de acordo com nossa definição, uma vez que ela supõe que se saiba que a circunferência de um círculo tem dimensão 1, e que se saiba que o plano não tem dimensão 0 ou 1. Mas uma prova pode ser fornecida para estes fatos e para seus análogos em dimensões mais elevadas. Esta prova demonstra que a definição da dimensão de um conjunto de pontos geral não contradiz o uso comum para conjuntos simples.

Nenhum conjunto de pontos no espaço comum pode ter dimensões maiores do que 3, uma vez que cada ponto do espaço pode se tornar o centro de uma esfera arbitrariamente pequena cuja superfície tem dimensão 2. Porém, na Matemática moderna, a palavra "espaço" é utilizada para representar qualquer sistema de objetos para o qual uma noção de "distância" ou "vizinhança" é definida, e estes "espaços" abstratos podem ter dimensões maiores do que 3. Um exemplo simples é o espaço cartesiano n-dimensional, cujos "pontos" são arranjos de n números reais:

$$P = (x_1, x_2, x_3, \ldots, x_n),$$
$$Q = (y_1, y_2, y_3, \ldots, y_n);$$

com a "distância" entre os pontos P e Q definidas como

$$d(P,Q) = \sqrt{(x_1 - y_1)^2 + (x_2 - y^2)^2 + \cdots + (x_n - y_n)^2}.$$

Pode-se demonstrar que este espaço tem dimensão n. Diz-se que um espaço que não tem dimensão n para qualquer inteiro tem dimensão infinita. Muitos exemplos destes espaços são conhecidos.

Um dos fatos mais interessantes da teoria da dimensão é a propriedade característica de figuras de duas, três ou, em geral, n dimensões, mostrada a seguir. Consideremos em primeiro lugar o caso bidimensional. Se qualquer figura bidimensional simples for dividida em regiões suficientemente pequenas (cada uma delas é considerada como incluindo sua fronteira), então haverá necessariamente pontos onde três ou mais destas regiões se encontram, não importando as formas das regiões. Além disso, existirão subdivisões da figura na qual cada ponto pertence a no máximo três regiões da subdivisão. Assim, se uma figura bidimensional for um quadrado, como na Figura 131, então um ponto pertencerá às três regiões, 1, 2 e 3, enquanto que para esta subdivisão nenhum ponto pertence a mais de três regiões. De modo semelhante, no caso tridimensional pode-se provar que, se um volume está coberto por volumes suficientemente pequenos, existem sempre pontos comuns a pelo menos quatro dos últimos, enquanto que para uma subdivisão adequadamente escolhida não mais do que quatro terão um ponto em comum.

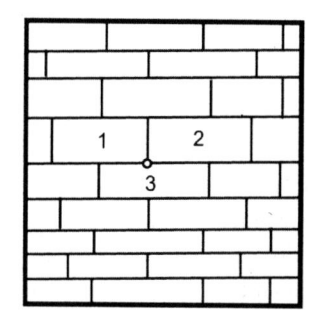

Figura 131: O teorema do ladrilhamento.

Estas observações sugerem o seguinte teorema, atribuído a Lebesgue e a Brouwer: se uma figura n-dimensional é coberta de alguma maneira por sub-regiões suficientemente pequenas, então existirão pontos que pertencem a pelo menos $n + 1$ destas sub-regiões; além disso, é sempre possível encontrar uma cobertura por regiões arbitrariamente pequenas para as quais nenhum ponto pertencerá a mais do que $n + 1$ regiões. Em razão do método de cobertura aqui considerado, este é conhecido como o teorema do "ladrilhamento". Ele caracteriza a dimensão de qualquer figura geométrica: aquelas figuras para as quais o teorema é válido são n-dimensionais, enquanto que todas as outras são de alguma outra dimensão. Por este motivo, ele pode ser tomado como a definição de dimensionalidade, como é feito por alguns autores.

A dimensão de qualquer conjunto é uma característica topológica do conjunto; duas figuras de diferentes dimensões não podem ser topologicamente equivalentes. Este é o famoso teorema topológico da "invariância da dimensionalidade", que adquire importância por comparação com o fato afirmado no Capítulo 2, de que o conjunto de pontos em um quadrado tem o mesmo número cardinal que o conjunto de pontos sobre um segmento de reta. A correspondência ali definida não é topológica porque as condições de continuidade são violadas.

*4. Um teorema de ponto fixo

Nas aplicações da Topologia a outros ramos da Matemática, teoremas de "pontos fixos" desempenham um papel importante. Um exemplo típico é o teorema de Brouwer apresentado a seguir. É muito menos óbvio para a intuição do que a maioria dos fatos topológicos.

Consideremos um disco circular no plano. Essa expressão designa a região formada pelo interior de algum círculo, juntamente com sua circunferência. Suponhamos que os pontos deste disco estejam submetidos a qualquer transformação contínua (que não precisa nem mesmo ser bijetora) na qual cada ponto permanece dentro do círculo, embora situado diferentemente. Por exemplo: um disco fino de borracha pode ser encolhido, virado, dobrado, esticado ou deformado de qualquer maneira, desde que a posição final de cada ponto do disco esteja contida dentro da circunferência original. Por sua vez, se o líquido em um copo é colocado em movimento mexendo-o de tal modo que partículas na superfície nela permaneçam, porém circulem para outras posições, então a qualquer instante a posição das partículas na superfície define uma transformação contínua da distribuição original das partículas. O teorema de Brouwer tem agora o seguinte enunciado: *cada uma destas transformações deixa pelo menos um ponto fixo;* isto é, existe pelo menos um ponto cuja posição após a transformação é a mesma que sua posição original. (No exemplo da superfície do líquido, o ponto fixo geralmente mudará com o tempo, embora para uma simples rotação circular é o centro que está sempre fixo.) A prova da existência de um ponto fixo é típica do raciocínio utilizado para demonstrar muitos teoremas topológicos.

Consideremos o disco antes e depois da transformação, e suponhamos, ao contrário do enunciado do teorema, que *nenhum* ponto permaneça fixo, de modo que sob a transformação, cada ponto se desloque para um outro ponto dentro ou sobre o círculo.

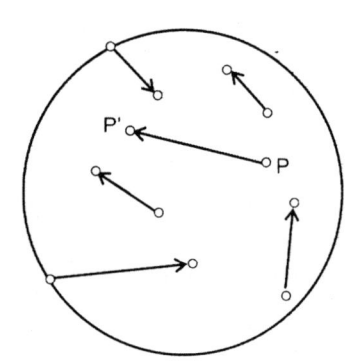

Figura 132: Vetores de transformação.

A cada ponto P do disco original aplique uma pequena flecha ou "vetor" apontando na direção PP', onde P' é a imagem de P sob a transformação. Em cada ponto do disco há uma destas flechas, uma vez que, por hipótese, qualquer ponto desloca-se para algum outro lugar. Consideremos agora os pontos sobre a borda do círculo com seus vetores associados. Todos estes vetores apontam para dentro do círculo, uma vez que, por hipótese, nenhum dos pontos seria transformado em pontos fora do círculo. Comecemos por algum ponto P_1 sobre a borda e o desloquemos no sentido anti-horário em torno do círculo. Quando fizermos isto, a direção do vetor mudará, uma vez que aos pontos sobre a borda estão associados vetores apontando em várias direções

As direções destes vetores podem ser mostradas traçando-se flechas paralelas partindo de um único ponto no plano. Observamos que, ao percorrer o círculo partindo de P_1 e voltando a P_1, o vetor gira e retorna à posição original. Chamemos o número de revoluções completas feitas por este vetor de "índice" dos vetores sobre o círculo; mais precisamente, definimos o índice como a *soma algébrica* das diferentes mudanças de ângulo dos vetores, de modo que cada porção de uma revolução no sentido horário seja considerada com um sinal negativo, enquanto que cada porção no sentido anti-horário seja considerada positiva. O índice é o resultado final, que pode, a *priori*, ser qualquer um dos números 0, ±1, ±2, ±3, ..., correspondendo a uma mudança total no ângulo de 0, ±360, ±720 graus. Afirmamos agora que o *índice é igual* a 1; isto é, a mudança total na direção da flecha equivale a exatamente uma revolução positiva.

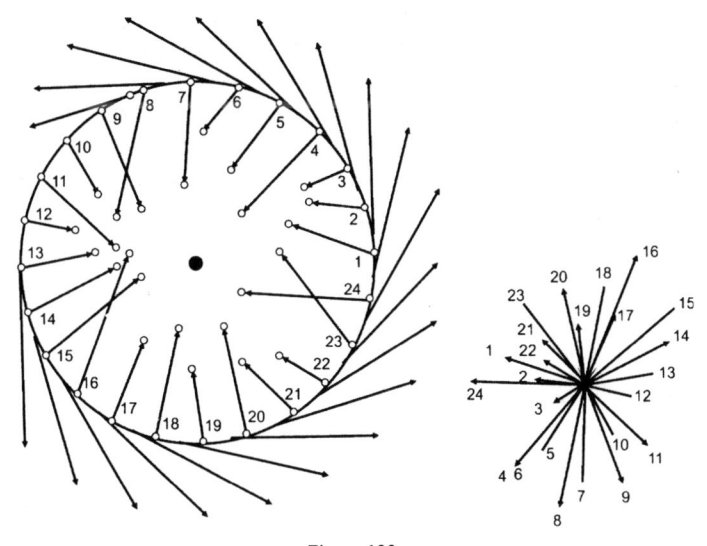

Figura 133.

Para mostrar isto, lembramos que o vetor de transformação associado a qualquer ponto P do círculo está sempre dirigido para dentro do círculo e nunca ao longo da tangente. Mas, se este vetor de transformação gira de um ângulo total diferente do ângulo total do que gira o vetor tangente (que é de 360°, porque o vetor tangente obviamente realiza uma revolução positiva completa), então a diferença entre os ângulos totais através dos quais o vetor tangente e o vetor de transformação giram será de algum múltiplo não-nulo de 360°, uma vez que cada um realiza um número inteiro de revoluções. Portanto, o vetor de transformação deve girar completamente em torno da tangente pelo menos uma vez durante o circuito completo de P_1 voltando a P_1; e uma vez que os vetores tangente e de transformação giram continuamente, em algum ponto da circunferência o vetor de transformação deve apontar diretamente ao longo da tangente. Porém, como já vimos, isto é impossível.

Se considerarmos agora qualquer círculo concêntrico à circunferência do disco e nele contido, juntamente com os vetores de transformação correspondentes sobre este círculo, então o índice dos vetores de transformação sobre este círculo deve ser também 1; isto porque à medida que passamos continuamente da circunferência para qualquer círculo concêntrico, o índice deve mudar continuamente, uma vez que as direções dos vetores de transformação variam continuamente de ponto para ponto dentro do disco. Mas o índice pode assumir apenas valores inteiros e portanto deve ser constantemente igual a seu valor original 1, uma vez que um salto de 1 para algum outro inteiro seria uma descontinuidade no comportamento do índice. (A conclusão de que uma quantidade que varia continuamente mas pode assumir apenas valores inteiros é necessariamente uma constante e representa uma parte típica do raciocínio matemático que intervém em muitas provas.) Assim, podemos encontrar um círculo concêntrico tão pequeno quanto desejarmos para o qual o índice dos vetores de transformação correspondentes seja 1. Mas isto é impossível, uma vez que pela hipótese da continuidade da transformação todos os vetores sobre um círculo suficientemente pequeno apontarão aproximadamente na mesma direção que a do vetor no centro do círculo. Assim, a mudança total e final de seus ângulos pode se tornar tão pequena quanto desejarmos, menos de 10°, digamos, tomando-se um círculo suficientemente pequeno. Portanto, o índice, que deve ser um inteiro, será zero. Esta contradição demonstra que nossa hipótese inicial de que não existe qualquer ponto fixo sob a transformação é insustentável, e isto conclui a prova.

O teorema que se acabou de provar é válido não apenas para um disco mas também para uma região triangular ou quadrada ou para qualquer outra superfície que seja a imagem de um disco sob uma transformação topológica; isto porque se A é qualquer figura transformada de um disco por uma transformação bijetora e contínua, então uma transformação contínua de A nele mesmo e que não tivesse qualquer ponto fixo definiria uma transformação contínua do disco nele mesmo sem um ponto fixo, o que provamos ser impossível. O teorema é válido também em três dimensões para esferas ou cubos sólidos, porém a prova não é tão simples.

Embora o teorema de ponto fixo de Brouwer para o disco não seja tão óbvio para a intuição, é fácil demonstrar que ele é uma conseqüência imediata do fato a seguir, cuja verdade é intuitivamente evidente: é impossível transformar continuamente um disco circular em sua circunferência isoladamente, de modo que cada ponto da circunferência permaneça fixo. Demonstraremos que a existência de uma transformação sem pontos fixos de um disco nele mesmo contradiz este fato. Suponhamos que $P \leftrightarrow P'$ fosse esta transformação; para cada ponto P do disco poderíamos traçar uma flecha começando no ponto P' e passando por P até alcançar a circunferência em algum ponto P^*. Então, a transformação $P \leftrightarrow P'$ seria uma transformação contínua de todo o disco em sua circunferência e deixaria cada ponto da circunferência fixo, contrariamente à hipótese de que esta transformação é impossível. Um raciocínio semelhante pode ser utilizado para estabelecer o teorema de Brouwer em três dimensões para a esfera ou o cubo sólido.

É fácil perceber que algumas figuras geométricas efetivamente admitem transformações contínuas nelas mesmas sem pontos fixos. Por exemplo: na região em forma de anel entre dois círculos concêntricos, uma rotação de qualquer ângulo que não seja múltiplo de 360° em torno do centro é uma transformação contínua sem ponto fixo. A superfície de uma esfera admite uma transformação contínua sem ponto fixo que leva cada ponto em seu ponto diametralmente oposto. No entanto pode ser provado, por raciocínio análogo ao que utilizamos para o disco, que qualquer transformação contínua que não leve qualquer ponto em seu ponto diametralmente oposto (p. ex., qualquer deformação pequena) tem um ponto fixo.

Teoremas de ponto fixo tais como estes fornecem um poderoso método para a prova de muitos "teoremas de existência" matemáticos que à primeira vista talvez não pareçam ser de caráter geométrico. Um exemplo famoso é um teorema de ponto fixo conjecturado por Poincaré em 1912, pouco antes de sua morte. Este teorema tem como conseqüência imediata a existência de um número infinito de órbitas periódicas no problema restrito de três corpos. Poincaré não pôde confirmar sua conjectura, e um importante feito na Matemática norte-americana foi o de G. D. Birkhoff ter conseguido prová-lo um ano depois. Desde então, os métodos topológicos têm sido aplicados com grande sucesso no estudo do comportamento qualitativo de sistemas dinâmicos.

5. Os nós

Como um último exemplo, deve-se destacar que o estudo dos nós apresenta difíceis problemas matemáticos de caráter topológico. Um nó é formado pelo entrelaçamento de um pedaço de fio e em seguida pela união das duas pontas. A curva fechada resultante representa uma figura geométrica que permanece essencialmente a mesma inclusive se for deformada puxando-a ou torcendo-a sem romper o fio. Porém, como é possível fornecer uma caracterização intrínseca que distinguirá uma curva fechada, com nós, no espaço, de uma curva sem nós como um círculo? A resposta não é de forma alguma simples, e menos ainda a análise matemática completa dos diferentes tipos de nós e das diferenças entre eles. Mesmo para os casos mais simples, isto se revelou uma enorme tarefa. Consideremos os dois nós trifólios mostrados na Figura 134. Estes dois nós são "imagens especulares" completamente simétricas uma da outra, e são topologicamente equivalentes, mas não são congruentes. O problema consiste em saber se é possível ou não deformar um destes nós no outro de uma forma contínua.

A resposta é negativa, mas a prova deste fato requer consideravelmente mais conhecimento das técnicas de Topologia e da teoria dos grupos, e vai além do que pode ser apresentado aqui.

Figura 134: Nós topologicamente equivalentes que não são deformáveis um no outro.

§4. A CLASSIFICAÇÃO TOPOLÓGICA DE SUPERFÍCIES
1. O gênus de uma superfície.

Muitos fatos topológicos simples porém importantes surgem no estudo das superfícies bidimensionais. Comparemos, por exemplo, a superfície de uma esfera com a de um toro. Fica claro a partir da Figura 135 que as duas superfícies diferem de uma maneira fundamental: na esfera, como no plano, toda curva fechada simples, tal como C, separa a superfície em duas partes. Mas no toro existem curvas fechadas tais como C'

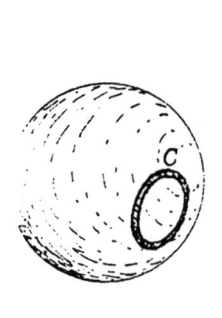

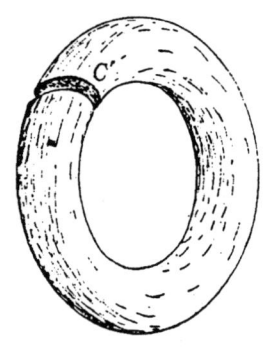

Figura 135: Cortes em uma esfera e em um toro.

que não separam a superfície em duas partes. Afirmar que *C* separa a esfera em duas partes significa que se a esfera for cortada ao longo de *C*, ela se decomporá em dois pedaços distintos e desconectados ou, o que significa a mesma coisa, que podemos encontrar dois pontos na esfera tais que qualquer curva na esfera que os una deve cortar *C*. Por outro lado, se o toro for cortado ao longo da curva fechada *C'*, a superfície resultante permanecerá junta: qualquer ponto da superfície pode ser unido a qualquer outro ponto por uma curva que não corta *C'*. Esta diferença entre a esfera e o toro identifica os dois tipos de superfícies como topologicamente distintos, e mostra que é impossível deformar uma superfície na outra de maneira contínua.

Em seguida consideremos a superfície com dois furos mostrada na Figura 136. Nesta superfície podemos traçar *duas* curvas fechadas *A* e *B* que não se tocam e não separam a superfície. O toro é sempre separado em duas partes por qualquer destas duas curvas. Por outro lado, *três* curvas fechadas que não se tocam sempre separam a superfície com dois furos.

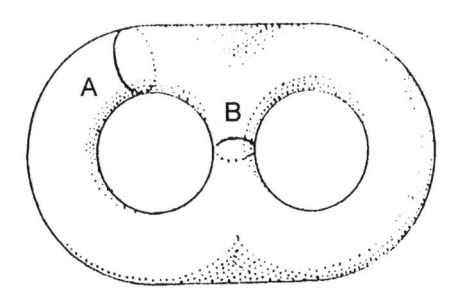

Figura 136: Uma superfície de gênus 2.

Estes fatos sugerem que definamos o *gênus* de uma superfície como o maior número de curvas fechadas simples que não se toquem e que possam ser traçadas na superfície sem separá-la. O gênus da esfera é 0, o do toro é 1, enquanto que o da superfície da Figura 136 é 2. Uma superfície semelhante com p furos tem o gênus *p*. O gênus é uma propriedade topológica de uma superfície e permanece o mesmo se a superfície for deformada. Inversamente, pode-se demonstrar (aqui omitiremos a prova) que se duas superfícies fechadas têm o mesmo gênus, então uma pode ser deformada na outra, de modo que o gênus $p = 0, 1, 2, \ldots$ de uma superfície fechada a caracteriza completamente do ponto de vista topológico. (Estamos supondo que as superfícies consideradas são superfícies fechadas "bilaterais". No item 3 desta seção, consideraremos as superfícies "unilaterais".) Por exemplo, a figura em forma de rosca com dois furos e a esfera com duas "alças" da Figura 137 são superfícies fechadas de gênus 2, e torna-se claro que qualquer destas superfícies pode ser continuamente deformada na outra. Uma vez que a rosca com p furos, ou sua equivalente, a esfera com *p* alças, é do gênus *p*, podemos utilizar qualquer uma destas superfícies como a representante topológica de todas as superfícies fechadas do gênus *p*.

*2. A característica de Euler de uma superfície

Suponhamos que uma superfície fechada *S* de gênus *p* seja dividida em um certo número de regiões marcando-se um número de vértices em *S* e unindo-os por arcos curvos. Deveremos demonstrar que

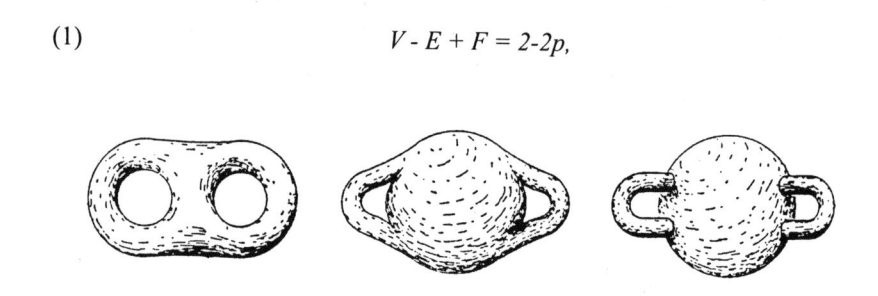

(1) $$V - E + F = 2 - 2p,$$

Figura 137: Superfícies de gênus 2.

onde V = número de vértices, E = número de arcos e F = número de regiões. O número $2 - 2p$ é chamado de característica de Euler da superfície. Já vimos que, para a esfera, $V - E + F = 2$, que está em conformidade com (1), uma vez que $p = 0$ para a esfera.

Para provar a fórmula geral (1), podemos supor que *S* é uma esfera com *p* alças; isto porque, como já afirmamos, qualquer superfície de gênus *p* pode ser continuamente deformada em tal superfície, e durante esta deformação os números $V - E + F$ e $2 - 2p$ não se alteram. Escolheremos a deformação de modo a assegurar que as curvas fechadas $A_1, A_2, B_1, B_2, \ldots$ onde as alças se unem à esfera e consistem em arcos da subdivisão dada. (Veja Figura 138, que ilustra a prova para o caso de $p = 2$.)

Figura 138.

Cortemos agora a superfície S ao longo das curvas A_2, B_2, ... e estiquemos as alças. Cada alça terá uma aresta livre limitada por uma nova curva A^*, B^*, ... com o mesmo número de vértices e arcos que A_2, B_2, ... respectivamente. Portanto, $V - E + F$ não se alterará, uma vez que os vértices adicionais contrabalançam exatamente os arcos adicionais, enquanto nenhuma região nova é criada. Em seguida, deformamos a superfície achatando as alças projetadas, até que a superfície resultante seja simplesmente uma esfera da qual $2p$ regiões foram removidas. Uma vez que se sabe que $V - E + F$ é igual a 2 para qualquer subdivisão da esfera, temos

$$V - E + F = 2 - 2p$$

para a esfera com $2p$ regiões removidas, e portanto para a esfera original com p alças, como se pretendia provar.

A Figura 121 ilustra a aplicação da fórmula (1) a uma superfície S formada por polígonos achatados. Esta superfície pode ser continuamente deformada em um toro, de modo que o gênus p seja 1 e $2 - 2p = 2 - 2 = 0$. Conforme previsto pela fórmula (1),

$$V - E + F = 16 - 32 + 16 = 0$$

Exercício: Subdivida a rosca com dois furos da Figura 137 em regiões, e demonstre que $V - E + F = -2$.

3. Superfícies unilaterais.

Uma superfície comum tem dois lados. Isto se aplica tanto a superfícies fechadas como a esfera ou o toro quanto a superfícies com bordas, como por exemplo o disco ou um toro do qual um pedaço foi removido. Os dois lados de tal superfície poderiam ser pintados com cores diferentes para distingui-los. Se a superfície for fechada, as duas cores nunca se encontrarão. Se a superfície tiver uma borda, as duas cores se encontrarão somente ao longo dela. Um inseto rastejando ao longo desta superfície e impedido de cruzar a borda, se houver, permaneceria sempre do mesmo lado da superfície.

Moebius fez a surpreendente descoberta de que existem superfícies com apenas um lado. A mais simples destas superfícies é denominada faixa de Moebius, formada por uma tira retangular de papel com as pontas coladas após uma meia torção, como na Figura 139. Um inseto rastejando sobre esta superfície, mantendo-se sempre no meio da faixa, retornará à sua posição original de cabeça para baixo. A faixa de Moebius tem apenas uma aresta, uma vez que sua borda consiste em uma única curva fechada. A superfície bilateral comum, formada pela colagem das duas pontas de um retângulo sem torção, tem borda formada por duas curvas distintas. Se esta última faixa for cortada ao longo da reta central, ela se dividirá em duas faixas diferentes do mesmo tipo. Porém, se uma faixa de Moebius for cortada ao longo desta reta (mostrada na Figura 139) verificaremos que ela continua sendo de um único pedaço. É raro alguém que não esteja familiarizado com a faixa de Moebius para prever este comportamento,

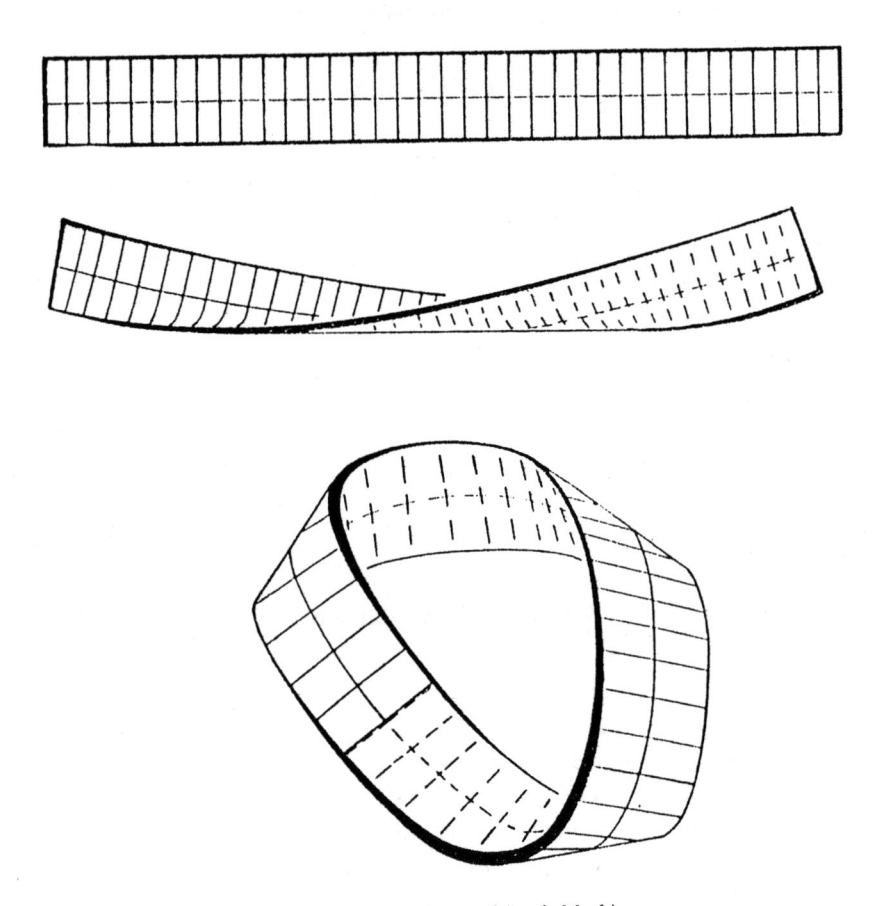

Figura 139: Formando uma faixa de Moebius.

tão contrário à intuição do que "deveria" ocorrer. Se a superfície que resulta do corte da faixa de Moebius ao longo do meio for novamente cortada ao meio, serão formadas duas tiras separadas porém entrelaçadas.

É fascinante brincar com estas tiras cortando-as ao longo de retas paralelas à borda e a uma distância de 1/2, 1/3, etc., da largura total. A borda de uma faixa de Moebius é uma curva fechada sem nós que pode ser deformada em uma curva plana como, por exemplo, um círculo.

Durante a deformação, a faixa pode se cortar de modo a resultar em uma superfície unilateral que se corte como na Figura 140, conhecida como coifa cruzada. A auto-interseção é considerada como duas curvas diferentes, cada uma pertencendo a uma das duas porções da superfície que ali se cortam.

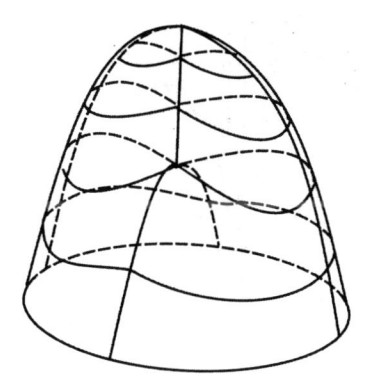

Figura 140: Coifa cruzada.

A unilateralidade da faixa de Moebius é preservada porque esta propriedade é topológica; uma superfície unilateral não pode ser continuamente deformada em uma superfície bilateral. De forma bastante surpreendente, é até mesmo possível fazer a deformação de tal modo que a borda da faixa de Moebius torne-se plana, por exemplo, triangular, enquanto a faixa permanece sem auto-interseções. A Figura 141 mostra este modelo, atribuído ao Dr. B.Tuckermann; a borda é um triângulo formado pela metade de um dos quadrados diagonais de um octaedro regular; a faixa é formada pelas seis faces do octaedro e por quatro triângulos retângulos, cada um deles um quarto de um plano diagonal.

Uma outra figura unilateral interessante é a "garrafa de Klein". Esta superfície é fechada, mas não tem parte interna ou externa. É topologicamente equivalente a um par de coifas cruzadas com suas bordas identificadas.

Pode-se demonstrar que qualquer superfície fechada *unilateral* do gênus $p = 1, 2, \ldots$ é topologicamente equivalente a uma esfera da qual p discos foram removidos e substituídos por coifas cruzadas.

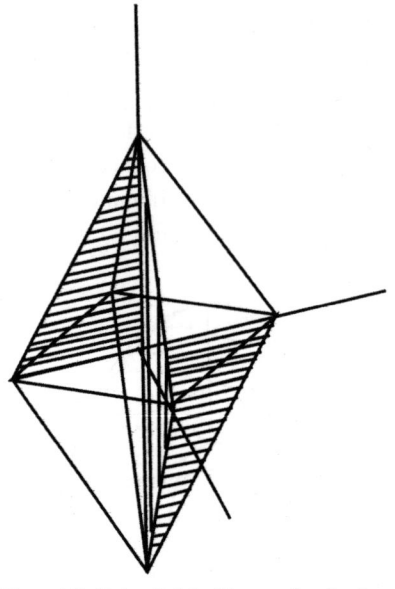

Figura 141: Faixa de Moebius com borda plana.

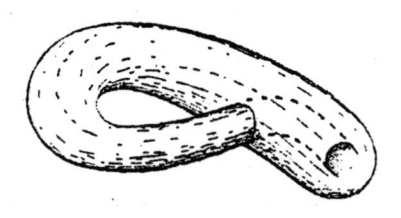

Figura 142: Garrafa de Klein.

A partir disto, deduz-se facilmente que a característica de Euler $V - E + F$ de tal superfície está relacionada a p através da equação

$$V - E + F = 2 - p$$

A prova é análoga à utilizada para superfícies bilaterais. Primeiro demonstramos que a característica de Euler de uma coifa cruzada ou faixa de Moebius é 0. Para fazer isto observamos que, cortando transversalmente uma faixa de Moebius que foi subdividida em várias regiões, obtemos um retângulo que contém mais dois vértices, mais uma aresta, e o mesmo número de regiões que a faixa de Moebius. Para o retângulo,

$V - E + F = 1$, conforme provamos no Capítulo 4. Portanto, para a faixa de Moebius, $V - E + F = 0$. Como exercício, o leitor poderá concluir a prova.

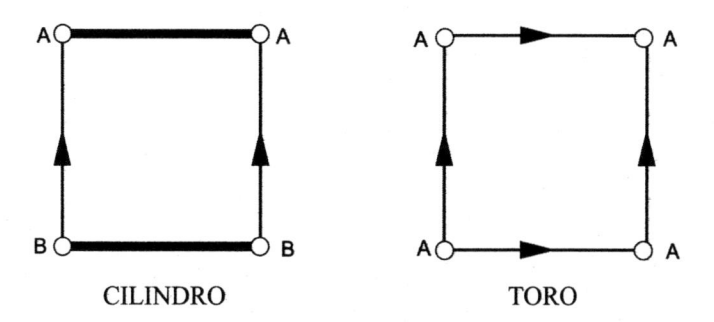

CILINDRO   TORO

É consideravelmente mais simples estudar a natureza topológica de superfícies como estas por meio de polígonos planos com certos pares de arestas conceitualmente identificadas (compare com o Capítulo IV, Apêndice, item 3). Nos diagramas da Figura 143, deve-se fazer com que flechas paralelas coincidam - efetiva e conceitualmente - em posição e direção.

Este método de identificação pode também ser utilizado para definir variedades fechadas tridimensionais, análogas às superfícies fechadas bidimensionais. Por exemplo, se identificarmos pontos correspondentes de faces

FAIXA DE MOEBIUS   GARRAFA DE KLEIN

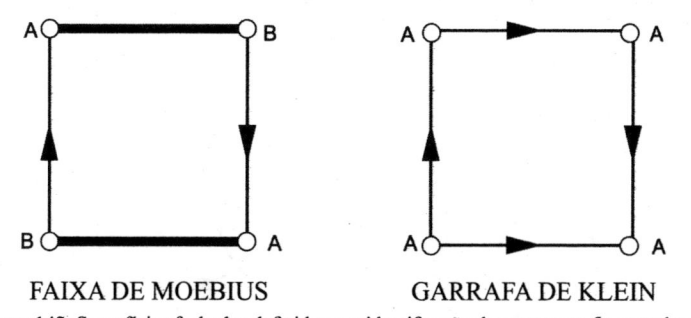

Figura 143: Superfícies fechadas definidas por identificação de arestas em figuras planas.

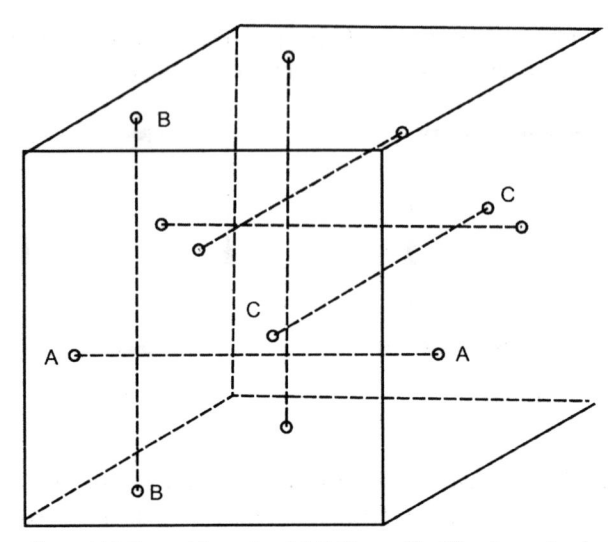

Figura 144: Toro tridimensional definido por identificações na borda.

opostas de um cubo (Figura 144), obtemos uma variedade fechada tridimensional chamada de toro tridimensional. Esta variedade é topologicamente equivalente ao espaço entre duas superfícies toroidais concêntricas, uma dentro da outra, na qual pontos correspondentes das duas superfícies do toro são identificadas (Figura 145); isto porque a última variedade é obtida a partir do cubo se dois pares de faces conceitualmente identificadas forem coladas.

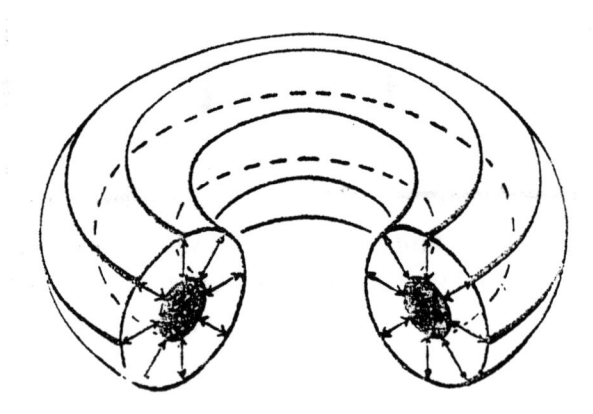

Figura 145: Outra representação de toro tridimensional. (Figura cortada para mostrar identificação.)

Apêndice
*1. O teorema das cinco cores

Com base na fórmula de Euler, podemos provar que todo mapa em uma esfera pode ser adequadamente colorido utilizando no máximo cinco cores diferentes. (De acordo com a página 277, um mapa é considerado adequadamente colorido se duas regiões tendo todo um segmento de suas fronteiras em comum não receberem a mesma cor.) Utilizaremos apenas mapas cujas regiões são limitadas por polígonos fechados simples e formados por arcos circulares. Podemos também supor que exatamente três arcos se encontrem em cada vértice; um mapa como este será chamado de regular. Isto porque, se substituirmos todo vértice no qual mais de três arcos se encontram por um pequeno círculo, e unirmos o interior de cada um destes círculos a uma das regiões que se encontram no vértice, obteremos um novo mapa no qual os vértices múltiplos são substituídos por vários vértices triplos. O novo mapa conterá o mesmo número de regiões que o mapa original. Se este novo mapa, que é regular, puder ser adequadamente pintado com cinco cores, então, encolhendo os círculos até se tornarem pontos deveremos ter o colorido desejado do mapa original. Assim, é suficiente provar que qualquer mapa regular em uma esfera pode ser colorido com cinco cores.

Em primeiro lugar, demonstraremos que todo mapa regular deve conter pelo menos um polígono com menos de seis lados. Representemos por F_n o número de regiões de n lados em um mapa regular; então, se F representa o número total de regiões,

(1) $$F = F_2 + F_3 + F_4 + \cdots.$$

Cada arco tem duas extremidades, e três arcos terminam em cada vértice. Portanto, se E representa o número de arcos no mapa, e V o número de vértices,

(2) $$2E = 3V.$$

Além disso, uma região limitada por n arcos tem n vértices, e cada vértice pertence a três regiões, de modo que

(3) $$2E = 3V = 2F_2 + 3F_3 + 4F_4 + \cdots.$$

Pela fórmula de Euler, temos

$$V - E + F = 2, \text{ ou } 6V - 6E + 6F = 12.$$

A partir de (2), observamos que $6V = 4E$ de modo que $6F = 2E = 12$. Portanto, a partir de (1) e (3),

$$6(F_2 + F_3 + F_4 + \cdots) - (2F_2 + 3F_3 + 4F_4 + \cdots) = 12,$$

ou

$$(6-2)F_2 + (6-3)F_3 + (6-4)F_4 + (6-5)F_5 + (6-6)F_6 + (6-7)F_7 + \cdots = 12.$$

Portanto, pelo menos um dos termos da esquerda deve ser positivo, de maneira que pelo menos um dos números F_2, F_3, F_4, F_5 seja positivo, como queríamos demonstrar.

Provaremos agora o teorema das cinco cores. Seja M qualquer mapa regular na esfera com n regiões ao todo. Sabemos que pelo menos uma destas regiões tem menos de seis lados.

Caso 1. M contém uma região A com 2, 3 ou 4 lados. Neste caso, remova a fronteira entre A e uma das regiões adjacentes. (Se A tiver 4 lados, uma região pode dar a volta e tocar dois lados não adjacentes de A. Neste caso, pelo teorema da curva de Jordan, as regiões tocando os outros dois lados de A serão distintas, e removeremos a fronteira entre A e uma das últimas regiões.) O mapa resultante M' será um mapa regular com $n - 1$ regiões. Se M' pode ser adequadamente pintado com 5 cores, o mesmo é válido para M. Isto porque, uma vez que no máximo quatro regiões de M ficam adjacentes a A, podemos sempre encontrar um quinta cor para A.

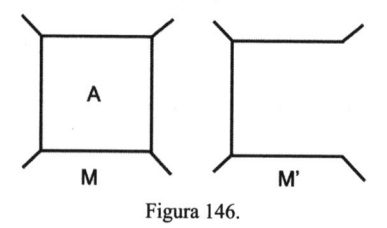

Figura 146.

Caso 2. *M* contém uma região *A* com cinco lados. Consideremos as cinco regiões adjacentes a *A* chamando-as de *B, C, D, E* e *F*. Podemos sempre encontrar entre estas regiões um par que não se toca; porque se *B* e *D* se tocarem, por exemplo, elas impedirão que *C* toque *E* ou *F*, uma vez que qualquer caminho conduzindo de *C* a *E* ou *F* terá que atravessar pelo menos uma das regiões *A, B* e *D* (Figura 147). (Fica claro que este fato, também, depende essencialmente do teorema da curva de Jordan, que é válido para o plano ou para a esfera. Não é verdadeiro para o toro, por exemplo.) Podemos portanto supor, digamos, que *C* e *F* não se tocam. Removemos os lados de A adjacentes a *C* e a *F*, formando um novo mapa *M'* com *n* - 2 regiões, que é também regular. *Se o novo mapa puder ser adequadamente pintado com cinco cores, então o mesmo poderá ser feito com o mapa original M.* Isto porque, quando as fronteiras forem reintroduzidas, *A* estará em contato com não mais do que quatro cores diferentes, uma vez que *C* e *F* têm a mesma cor, e podemos portanto encontrar uma quinta cor para *A*.

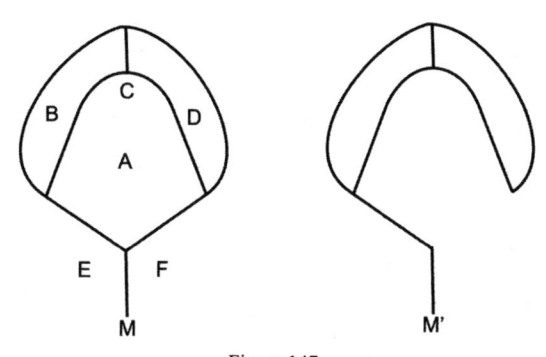

Figura 147.

Assim, em qualquer dos casos, se *M* for um mapa regular com n regiões, podemos construir um novo mapa regular *M'* tendo *n* - 1 ou *n* - 2 regiões, de tal forma que, se *M'* puder ser pintado com cinco cores, o mesmo será válido para *M*. Este processo pode novamente ser aplicado a *M'*, etc., e conduzir a uma seqüência de mapas derivados de *M*:

$$M, M', M'', \ldots .$$

Uma vez que o número de regiões nos mapas desta seqüência diminui sempre, devemos finalmente chegar a um mapa com cinco regiões ou menos. Este mapa pode ser sempre pintado com no máximo cinco cores. Portanto, retornando passo a passo a *M*, observamos que o próprio *M* pode ser colorido com cinco cores. E isto conclui a demonstração. Observe que esta prova é construtiva, pois ela fornece um método exeqüível, embora cansativo, de colorir qualquer mapa com n regiões em um número finito de etapas.

2. O teorema da curva de Jordan para polígonos

O teorema da curva de Jordan afirma que qualquer curva fechada simples C divide os pontos do plano não situados sobre C em dois conjuntos distintos (sem quaisquer pontos em comum) dos quais C é a fronteira comum. Forneceremos uma demonstração deste teorema para o caso em que C é um polígono P fechado.

Demonstraremos que os pontos do plano que não estão em P recaem em duas classes, A e B, tais que dois pontos quaisquer da mesma classe possam ser unidos por um caminho poligonal que não atravesse P, enquanto que qualquer caminho unindo um ponto de A a um ponto de B deve atravessar P. A classe A formará o "lado externo" do polígono, e a classe B o "lado interno".

Iniciaremos a prova escolhendo uma direção fixa no plano, não paralela a quaisquer dos lados de P. Uma vez que P tem apenas um número finito de lados, isto é sempre possível. Passemos agora à definição das classes A e B.

O ponto p pertencerá a A se o raio passando por p na direção fixa cortar P em um número par, 0, 2, 4, 6, ..., de pontos. O ponto p pertencerá a B se o raio passando por p na direção fixa cortar P em um número ímpar, 1, 3, 5, ..., de pontos.

No que diz respeito aos raios que cortam P em algum dos vértices, não contaremos uma interseção em um vértice onde os lados de P que se encontram no vértice estiverem no mesmo lado do raio, mas contaremos uma interseção em um vértice onde os dois lados estão em lados opostos do raio. Diremos que dois pontos p e q têm a mesma "paridade" se eles pertencerem à mesma classe, A ou B.

Primeiro observamos que todos os pontos em qualquer segmento de reta que não corta P têm a mesma paridade. Isto porque a paridade de um ponto p deslocando-se ao longo deste segmento apenas pode mudar quando o raio na direção fixa através de p passa por um vértice de P, e em nenhum dos dois casos possíveis a paridade efetivamente mudará em razão da convenção estabelecida no item precedente. A partir disto, decorre que se qualquer ponto p_1 de A é unido a um ponto p_2 de B por um caminho poligonal, então este caminho deve cortar P porque, do contrário, a paridade de todos os pontos do caminho, e em particular de p_1 e p_2, seria a mesma. Além disso, podemos demonstrar que dois pontos quaisquer da mesma classe A ou B, podem ser unidos por um caminho poligonal que não corte P. Chamemos os dois pontos de p e q. Se o segmento de reta pq unindo p a q não cortar P, será o caminho desejado. De outro modo, seja p' o primeiro ponto de interseção deste segmento com P, e seja q' o último destes

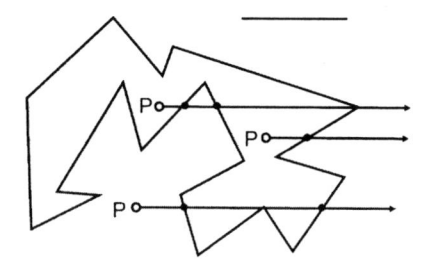

Figura 148: Interseções que são contadas.

pontos (Figura 149). Construa o caminho iniciando-o em p ao longo do segmento pp', em seguida, desviando-se pouco antes de p' e seguindo ao longo de P até que P retorne a pq em q'. Se pudermos provar que este caminho cortará pq entre q' e q, e não entre p' e q', então o caminho pode ser continuado até q ao longo de $q'q$ sem cortar P. Fica claro que dois pontos r e s quaisquer suficientemente próximos um do outro, mas em lados opostos de algum segmento de P, devem ter paridade diferente, porque o raio passando por r cortará P em um ponto a mais do que o raio passando por s. Assim, observamos que a paridade muda à medida que atravessamos o ponto q' ao longo do segmento pq. Segue-se que o caminho tracejado atravessa pq entre q' e q, uma vez que p e q (e portanto todos os pontos do caminho tracejado) têm a mesma paridade.

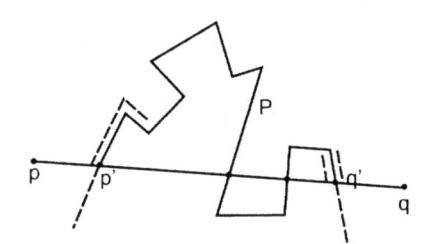

Figura 149.

Isto conclui a prova do teorema da curva de Jordan para o caso de um polígono P. O "lado externo" de P pode agora ser identificado como a classe A, uma vez que, se percorrermos uma distância suficiente ao longo de qualquer raio na direção fixa deveremos chegar a um ponto além do qual não haverá qualquer interseção com P, de modo que todos estes pontos tenham paridade 0, e portanto pertençam a A. Isto deixa o "lado interno" de P identificado com a classe B. Mesmo se o polígono fechado simples P for muito torcido, podemos sempre determinar se dado ponto p do plano está dentro ou fora de P traçando um raio e contando o número de interseções do raio com

P. Se este número for ímpar, então o ponto p será encerrado em P, e não poderá sair sem atravessar P em algum ponto. Se o número for par, então o ponto p estará fora de P. (Experimente isto para a Figura 128.)

*Pode-se também provar o teorema da curva de Jordan para polígonos do seguinte modo: defina a ordem de um ponto p_0 com relação a qualquer curva fechada C, que não passe por p_0 como o número final de revoluções completas feitas por uma flecha unindo p_0 a um ponto móvel p na curva quando p percorrer a curva uma vez. Seja

A = todos os pontos p_0 que não estejam em P e com ordem par em relação a P,
B = todos os pontos $p0$ que não estejam em P e com ordem ímpar em relação a P.

Então A e B, assim definidos, formam a parte externa e interna de P, respectivamente. A elaboração dos detalhes desta prova é deixada como um exercício.

**3. O teorema fundamental da Álgebra

O "teorema fundamental da Álgebra" afirma que se

(1) $$f(z) = z^n + a_{n-1}z^{n-1} + a_{n-2}z^{n-2} + \cdots + a_1 z + a_0,$$

onde $n \geq 1$, e $a_{n-1}, a_{n-2}, \ldots, a_0$ são quaisquer números complexos, então existe um número complexo α tal que $f(\alpha) = 0$. Em outras palavras, *no corpo dos números complexos toda equação polinomial tem uma raiz*. (No Capítulo 2 chegamos à conclusão de que $f(z)$ pode ser fatorado em n fatores lineares:

$$f(z) = (z - \alpha_1)(z - \alpha_2) \cdots (z - \alpha_n),$$

onde $\alpha_1, \alpha_2, \ldots, \alpha_n$ são os zeros de $f(z)$.) É notável o fato de que este teorema pode ser provado por considerações de caráter topológico, relacionadas àquelas utilizadas para provar o teorema do ponto fixo de Brouwer.

O leitor se lembrará de que um número complexo é um símbolo $x + yi$, onde x e y são números reais e i tem a propriedade de que $i^2 = -1$. O número complexo $x + yi$ pode ser representado pelo ponto no plano cujas coordenadas com relação a um par de eixos perpendiculares são (x, y). Se introduzirmos coordenadas polares neste plano, tomando a origem e a direção positiva do eixo dos x como pólo e eixo polar respectivamente, podemos escrever

$$z = x + yi = r(\cos\theta + i\ \text{sen}\theta),$$

onde $r = \sqrt{x^2 + y^2}$. Decorre da fórmula de De Moivre que

$$z^n = r^n(\cos n\theta + i\ sen\ n\theta).$$

(Veja no Capítulo 2) Assim, se permitirmos que o número complexo z descreva um círculo de raio r em torno da origem, z^n descreverá n vezes completas um círculo de raio r^n enquanto z descreve seu círculo uma vez. Lembramos também que r, o módulo de z, escrito $|z|$, fornece a distância de z a partir de O, e que se $z' = x' + iy'$, então $|z - z'|$ é a distância entre z e z'. Com estas observações preliminares podemos passar à prova do teorema.

Suponhamos que o polinômio (1) não tenha raiz, de modo que para todo número complexo z

$$f(z) \neq 0.$$

Com esta hipótese, se permitirmos agora que z descreva qualquer curva fechada no plano $x, y, f(z)$ descreverá uma curva fechada Γ que nunca passará pela origem (Figura 150). Podemos, portanto, definir a ordem da origem O com relação à função $f(z)$ para qualquer curva fechada C como *o número final de revoluções completas realizadas por uma flecha unindo O a um ponto sobre a curva Γ traçada pelo ponto representando $f(z)$* à medida que z percorre a curva C. Escolhemos como curva C um círculo tendo centro O e raio t, e definimos a função $\phi(t)$ como a ordem de O com relação à função $f(z)$ para o círculo em torno de O com raio t. É claro que, $\phi(0) = 0$, uma vez que um círculo com raio 0 é um ponto, e a curva Γ se reduz ao ponto $f(0) \neq 0$. Demonstraremos no parágrafo seguinte que $\phi(t) = n$ para grandes valores de t. Porém, a ordem $\phi(t)$ depende continuamente de t, uma vez que $f(z)$ é uma função contínua de z. Teremos portanto uma contradição, pois a função $\phi(t)$ pode assumir apenas valores inteiros e assim não pode passar continuamente do valor de 0 para o valor de n.

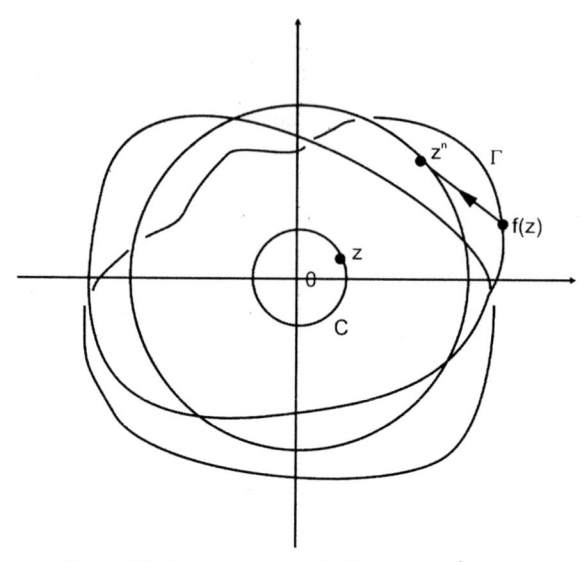

Figura 150: Prova do teorema fundamental da Álgebra.

Falta apenas demonstrar que $\phi(t) = n$ para grandes valores de t. Observemos que em um círculo de raio $z = t$ tão grande que

$$t > 1 \quad \text{e} \quad t > |a_0| + |a_1| + \cdots + |a_{n-1}|,$$

temos a desigualdade

$$\begin{aligned}
|f(z) - z^n| &= |a_{n-1} z^{n-1} + \cdots + a_0| \\
&\leq |a_{n-1}| \cdot |z|^{n-1} + |a_{n-2}| \cdot |z|^{n-2} + \cdots + |a_0| \\
&= t^{n-1} \left[|a_{n-1}| + \cdots + \frac{|a_0|}{t^{n-1}} \right] \\
&\leq t^{n-1} \left[|a_{n-1}| + |a_{n-2}| + \cdots + |a_0| \right] < t^n = |z^n|.
\end{aligned}$$

Uma vez que a expressão à esquerda é a distância entre os dois pontos z^n e $f(z)$, enquanto a última expressão à direita é a distância do ponto z^n à origem, observamos que o segmento de reta unindo os dois pontos $f(z)$ e z^n não pode passar pela origem desde que z esteja sobre o círculo de raio t em torno da origem. Dessa forma, podemos deformar continuamente a curva percorrida por $f(z)$ na curva percorrida por z^n, nunca passando pela origem, simplesmente transladando cada ponto $f(z)$ ao longo do segmento unindo-o a z^n. Como a ordem da origem variará continuamente e pode assumir apenas valores inteiros durante esta deformação, ela deverá ser a mesma para ambas as curvas. Uma vez que a ordem para z^n é n, a ordem para $f(z)$ também deve ser n. E isto conclui a prova.

Capítulo VI
Funções e Limites

Introdução

A parte principal da Matemática moderna gira em torno dos conceitos de função e de limite. Neste capítulo, analisaremos sistematicamente estas noções.

Uma expressão do tipo

$$x^2 + 2x - 3$$

não tem qualquer valor numérico definido até que seja atribuído um valor a x. Dizemos que o valor desta expressão é uma *função* do valor de x, e escrevemos

$$x^2 + 2x - 3 = f(x).$$

Por exemplo: quando $x = 2$, então, $2^2 + 2 \cdot 2 - 3 = 5$, de modo que $f(2) = 5$. Da mesma forma, podemos encontrar por substituição direta o valor de $f(x)$ para qualquer número x inteiro, fracionário, irracional, ou até mesmo complexo.

O número de primos menor do que n é uma função $\pi(n)$ do inteiro n. Quando um valor de n é dado, o valor $\pi(n)$ é determinado, embora não seja conhecida qualquer expressão algébrica para seu cálculo. A área de um triângulo é uma função dos comprimentos de seus três lados; ela varia quando há variação dos comprimentos dos lados e é determinada quando são atribuídos valores definidos a estes comprimentos. Se um plano é submetido a uma transformação projetiva ou topológica, então as coordenadas de um ponto após a transformação dependem (isto é, são funções) das coordenadas originais do ponto. O conceito de função é utilizado sempre que quantidades são associadas por uma relação física definida. O volume de um gás contido em um cilindro é uma função da temperatura e da pressão sobre o pistão. A pressão atmosférica conforme observada em um balão é uma função da altitude acima do nível do mar. O domínio completo de fenômenos periódicos - o movimento das marés, as vibrações da corda de um instrumento musical, a emissão de ondas luminosas de um filamento incandescente - é regido pelas funções trigonométricas simples sen x e cos x.

Para Leibniz (1646-1716), o primeiro a utilizar a palavra "função", e para os matemáticos do século XVIII, a idéia de uma relação funcional estava mais ou menos identificada com a existência de uma fórmula matemática simples expressando a natureza exata da relação. Este conceito provou ser demasiadamente estreito para as exigências da Física matemática, e a idéia de função, juntamente com a noção relacionada de limite, foi submetida a um longo processo de generalização e esclarecimento, que será relatado neste capítulo.

§1. Variável e função
1. Definições e exemplos

Com freqüência, ocorrem objetos matemáticos os quais temos a liberdade de escolher arbitrariamente a partir de todo um conjunto S de objetos. Denominamos então tal objeto de uma *variável* dentro do campo de *variação* ou *domínio* S. Costuma-se utilizar letras da última parte do alfabeto para variáveis. Assim, se S representa o conjunto de todos os inteiros, a variável X com o domínio S representa um inteiro arbitrário. Dizemos, "a variável X percorre o conjunto S", significando que temos liberdade para identificar o símbolo X com qualquer elemento do conjunto S. A utilização de variáveis é conveniente quando queremos fazer afirmações envolvendo objetos escolhidos ao acaso em todo um conjunto. Por exemplo: se S representa o conjunto de inteiros, e X e Y são ambos variáveis no domínio S, a proposição

$$X + Y = Y + X$$

é uma expressão simbólica conveniente do fato de que a soma de dois inteiros quaisquer é independente da ordem em que são tomados. Um caso particular é expresso pela equação

$$2 + 3 = 3 + 2,$$

envolvendo constantes; porém, para expressar a lei geral, válida para todos os pares de números, são necessários símbolos que tenham o significado de variáveis.

Não é de forma alguma necessário que o domínio S de uma variável X seja um conjunto de números. Por exemplo: S pode ser o conjunto de todos os círculos no plano; então X representaria qualquer círculo individual. Ou S poderia ser o conjunto de todos os polígonos fechados no plano, e X qualquer polígono individual. Nem é tampouco necessário que o domínio de uma variável contenha um número infinito de elementos. Por exemplo: X poderia representar qualquer membro da população S de uma determinada cidade em uma determinada época. Ou X poderia representar qualquer um dos possíveis restos quando um inteiro é dividido por 5; neste caso, o domínio S seria o conjunto dos cinco números 0, 1, 2, 3, 4.

O caso mais importante de uma variável numérica - neste caso costuma-se utilizar uma letra minúscula x - é aquele em que o domínio de variabilidade S é um intervalo $a \leq x \leq b$ do eixo de números reais. Chamamos então x de uma variável contínua no intervalo. O domínio de variabilidade de uma *variável contínua* pode ser prolongado até o infinito. Assim, S pode ser o conjunto de todos os números reais positivos, $x > 0$, ou até mesmo o conjunto de todos os números reais sem exceção. De maneira semelhante, podemos considerar uma variável X cujos valores sejam os pontos em um plano ou em algum domínio dado do plano, tal como o interior de um retângulo ou de um círculo. Uma vez que cada ponto do plano é definido por suas duas coordenadas (x, y), com respeito a um par fixo de eixos, com freqüência dizemos neste caso que temos um par de variáveis contínuas, x e y.

É possível que a cada valor de uma variável X esteja associado um valor bem definido de uma outra variável U. Então U é chamado de função de X. A maneira pela qual U está relacionado com X é expressa por um símbolo tal como

$$U = F(X) \quad \text{(leia-se, ``F de X'')}.$$

Se X percorre o conjunto S, então a variável U percorrerá um outro conjunto, digamos, T. Por exemplo: se S é o conjunto de todos os triângulos X no plano, uma função $F(X)$ pode ser definida atribuindo-se a cada triângulo X o comprimento $U = F(X)$ de seu perímetro; T será o conjunto de todos os números positivos. Aqui observamos que dois triângulos diferentes, X_1 e X_2, podem ter o mesmo perímetro, de modo que a equação $F(X_1) = F(X_2)$ seja possível, mesmo que $X_1 \neq X_2$. Uma transformação projetiva de um plano, S, em um outro, T, atribui a cada ponto X de S um único ponto U de T de acordo com uma regra bem definida que podemos expressar pelo símbolo de função $U = F(X)$. Neste caso, $F(X_1) \neq F(X_2)$, sempre que $X_1 \neq X_2$, e dizemos que a aplicação de S sobre T é bijetora (veja no Capítulo 2).

As funções de uma variável contínua são com freqüência definidas por expressões algébricas. São exemplos deste tipo as funções

$$u = x^2, \qquad u = \frac{1}{x}, \qquad u = \frac{1}{1+x^2}.$$

Na primeira e na última destas expressões, x pode variar em todo o conjunto dos números reais; já na segunda, x pode variar no conjunto de números reais, com a exceção de 0 - sendo o valor de 0 excluído, uma vez que 1/0 não é um número.

O número $B(n)$ de fatores primos de n é uma função de n, onde n varia no domínio de todos os números naturais. De maneira mais geral, qualquer seqüência de números, $a_1, a_2, a_3, ...$, pode ser considerada como o conjunto de valores de uma função $u = F(n)$, onde o domínio da variável independente n é o conjunto dos números naturais. Apenas para fins de abreviação, escrevemos a_n para exprimir o n-ésimo termo da seqüência, ao invés da notação funcional mais explícita $F(n)$. As expressões discutidas no Capítulo I,

$$S_1(n) = 1 + 2 + \cdots + n = \frac{n(n+1)}{2},$$

$$S_2(n) = 1^2 + 2^2 + \cdots + n^2 = \frac{n(n+1)(2n+1)}{6},$$

$$S_3(n) = 1^3 + 2^3 + \cdots + n^3 = \frac{n^2(n+1)^2}{4},$$

são funções da variável inteira n.

Se $U = F(X)$, normalmente reservamos para X a designação de variável *independente*, enquanto que U é chamada de *variável dependente*, uma vez que seu valor depende do valor escolhido para X.

Pode ocorrer que o mesmo valor de U seja atribuído a todos os valores de X, de modo que o conjunto T consiste em apenas um elemento. Temos então o caso especial em que o valor U da função efetivamente não varia, isto é, U é *constante*. Devemos incluir este caso sob o conceito geral de função, embora isto possa parecer estranho para o principiante, para quem a ênfase naturalmente parece recair na idéia de que U varia quando isto acontece com X. Porém não constituirá problema - e na realidade será útil - considerar uma constante como o caso especial de uma variável cujo "domínio de variação" consiste em um único elemento apenas.

O conceito de função é da maior importância, não apenas na Matemática pura, mas também em aplicações práticas. Leis físicas são nada mais do que proposições relativas à maneira como certas quantidades dependem de outras quando se permite que algumas destas variem. Assim, o tom da nota emitida por uma corda distendida de um instrumento musical depende do comprimento, peso e tensão da corda; a pressão da atmosfera depende da altitude, e a energia de um projétil depende de sua massa e velocidade. A tarefa do físico consiste em determinar a natureza exata ou aproximada desta dependência funcional.

O conceito de função permite uma caracterização matemática exata do movimento. Se uma partícula em movimento está concentrada em um ponto no espaço com coordenadas retangulares (x, y, z), e se t mede o tempo, então o movimento da partícula é completamente descrito dando-se suas coordenadas (x, y, z) como funções de t:

$$z = f(t), \qquad y = g(t), \qquad z = h(t).$$

Assim, se uma partícula cai livremente ao longo do eixo vertical z sob a influência apenas da gravidade,

$$x = 0, \qquad y = 0, \qquad z = -\frac{1}{2}gt^2,$$

onde g é a aceleração devida à gravidade. Se uma partícula gira uniformemente em um círculo de raio unitário no plano x, y, seu movimento é caracterizado pelas funções

$$x = \cos \omega t, \qquad y = \operatorname{sen} \omega t,$$

onde w é uma constante, a assim chamada *velocidade angular* do movimento.

Uma função matemática é simplesmente uma lei que rege a interdependência de quantidades variáveis. Ela não implica a existência de qualquer relação de "causa e efeito" entre elas. Embora em linguagem comum a palavra "função" seja muitas vezes utilizada com esta última conotação, devemos evitar todas estas interpretações filosóficas. Por exemplo: a lei de Boyle para um gás contido em um recipiente a uma temperatura constante afirma que o produto da pressão p pelo volume v é uma constante c (cujo valor, por sua vez, depende da temperatura):

$$pv = c.$$

Esta relação pode ser resolvida para exprimir p ou v como uma função da outra variável,

$$p = \frac{c}{v} \quad \text{ou} \quad v = \frac{c}{p},$$

sem implicar que uma alteração do volume seja a "causa" de uma alteração da pressão nem tampouco que a alteração da pressão seja a "causa" da alteração do volume. Apenas a forma da *relação* entre as duas variáveis é considerada pelo matemático.

Matemáticos e físicos divergem algumas vezes quanto ao aspecto do conceito de função que enfatizam. Os primeiros geralmente destacam a lei da correspondência, a operação matemática aplicada à variável independente x para obter o valor da variável dependente u. Neste sentido, $f(\ )$ é um símbolo de uma operação matemática; o valor $u = f(x)$ é o resultado de se aplicar a operação $f(\ )$ ao número x. Por outro lado, o físico está muito mais interessado na quantidade u do que em qualquer procedimento matemático pelo qual os valores de u podem ser calculados a partir dos valores de x. Assim, a resistência u do ar a um objeto em movimento depende da velocidade v e pode ser encontrada por experimento, quer seja ou não conhecida uma fórmula matemática explícita para calcular $u = f(v)$. O interesse fundamental do físico é a resistência efetiva e não qualquer fórmula matemática $f(v)$, exceto na medida em que o estudo desta fórmula possa auxiliá-lo na análise do comportamento da quantidade u. Esta é a atitude normalmente adotada quando se aplica a Matemática à Física ou à Engenharia. Em cálculos mais avançados com funções, pode-se muitas vezes evitar confusão apenas sabendo exatamente se o que se deseja é a operação $f(\ )$ que associa a x uma quantidade $u = f(x)$, ou a quantidade u em si, que pode também depender, de um modo bastante diferente, de alguma outra variável, z. Por exemplo: a área de um círculo é dada pela função $u = f(x) = \pi x^2$, onde x é o raio, e também pela função $u = g(x) = z^2/4\pi$, onde z é a circunferência.

Talvez os tipos mais simples de funções matemáticas de uma única variável sejam os polinômios, da forma

$$u = f(x) = a_0 + a_1 x + a_2 x^2 + \cdots + a_n x^n,$$

com "coeficientes" constantes, $a_0, a_1, ..., a_n$. Em seguida vêm as *funções racionais*, tais como

$$u = \frac{1}{x}, \quad u = \frac{1}{1+x^2}, \quad u = \frac{2x+1}{x^4+3x^2+5},$$

que são quocientes de polinômios, e as *funções trigonométricas*, cos x, sen x e tg x = sen x/cos x, que são melhor definidas por referência ao círculo unitário no plano ξ, η, $\xi^2 + \eta^2 = 1$. Se o ponto $P(\xi,\eta)$ desloca-se sobre a circunferência deste círculo, e se x é o ângulo positivo de que o eixo ξ positivo deve girar para coincidir com OP, então cos x e sen x são as coordenadas de P: cos $x = \xi$, sen $x = \eta$.

2. Medida de ângulos em radianos

Para todos os objetivos práticos, ângulos são medidos em unidades obtidas pela subdivisão de um ângulo reto em um certo número de partes iguais. Se este número for 90, então a unidade será o familiar "grau". Uma subdivisão em 100 partes seria melhor adaptada ao nosso sistema decimal, mas representaria o mesmo princípio de medição. Para fins teóricos, no entanto, é vantajoso utilizar um método essencialmente diferente para caracterizar o tamanho de um ângulo, a assim chamada *medida em radianos*. Muitas fórmulas importantes envolvendo as funções trigonométricas de ângulos têm uma forma mais simples neste sistema do que quando os ângulos são medidos em graus.

Para encontrar a medida em radianos de um ângulo, descrevemos um círculo de raio 1 em torno do vértice do ângulo. O ângulo cortará um arco s na circunferência deste círculo, e definimos o comprimento deste arco como a *medida em radianos* do ângulo. Uma vez que a circunferência total de um círculo de raio 1 tem o comprimento 2π, o ângulo de 360o tem a medida em radianos 2π. Segue-se que, se x representa a medida em radianos de um ângulo e y sua medida em graus, então x e y estão ligados pela relação $y/360 = x/2\pi$ ou

$$xy = 180x.$$

Assim, um ângulo de 90° ($y = 90$) tem a medida em radianos $x = 90\pi/180 = \pi/2$, etc. Por outro lado, um ângulo de 1 radiano (o ângulo com medida em radianos $x = 1$) é o ângulo que corta um arco igual ao raio do círculo; em graus, este será um ângulo de $y = 180/\pi = 57,2957...$ graus. Devemos sempre multiplicar a medida em radianos x de um ângulo pelo fator $180/\pi$ para obter sua medida em graus y.

A medida em radianos x de um ângulo é também igual a duas vezes a área A do setor do círculo unitário cortado pelo ângulo; isto porque a razão entre esta área e toda a área do círculo é igual à razão entre o comprimento do arco ao longo da circunferência e o comprimento de toda a circunferência: $x/2\pi = A/\pi$, $x = 2A$.

A partir de agora, o ângulo x designará o ângulo cuja medida em radianos é x. Um ângulo de x graus será escrito x^o, para evitar ambigüidade.

Ficará claro que a medida em radianos é muito conveniente para operações analíticas. Contudo, para utilização prática, seria bastante inconveniente. Uma vez que π é irracional, nunca deveremos retornar ao mesmo ponto do círculo se marcarmos repetidamente o ângulo unitário, isto é, o ângulo de medida em radianos 1. A medida comum é idealizada desta forma para que após marcarmos 1 grau 360 vezes, ou 90 graus 4 vezes, retornemos à mesma posição.

3. O gráfico de uma função. Funções inversas

O caráter de uma função é com freqüência mostrado de maneira mais clara por um simples gráfico geométrico. Se x, u são coordenadas em um plano com relação a um par de eixos perpendiculares, então funções lineares como

$$u = ax + b$$

são representadas por retas; funções quadráticas tais como

$$u = ax^2 + bx + c$$

por parábolas; a função

$$u = \frac{1}{x}$$

por uma hipérbole, etc. Por definição, o gráfico de qualquer função $u = f(x)$ é o conjunto de todos os pontos no plano cujas coordenadas (x, u) estão na relação $u = f(x)$. As funções sen x, cos x, tg x são representadas pelas curvas das Figuras 151 e 152. Estes gráficos mostram claramente como os valores das funções diminuem ou aumentam à medida que x varia.

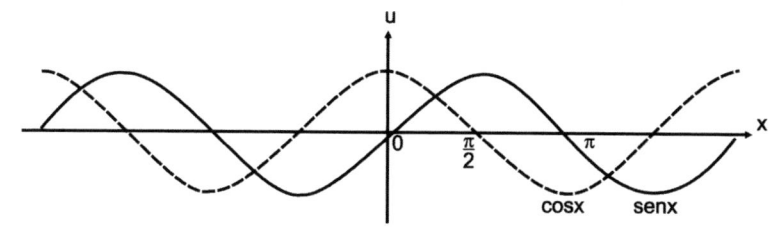

Figura 151: Gráficos de sen x e cos x.

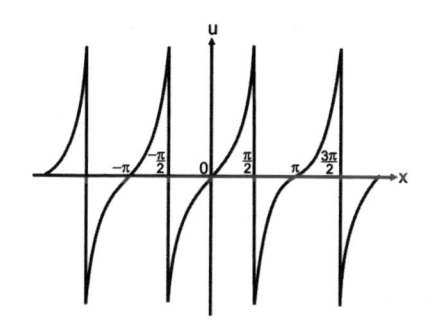

Figura 152: $u = \operatorname{tg} x$.

Um método importante para introduzir novas funções é o que se expõe a seguir. Partindo de uma função conhecida, $F(X)$, podemos tentar resolver a equação $U = F(X)$ para achar X, de modo que X apareça como uma função de U:

$$X = G(U).$$

A função $G(U)$ é então chamada de *função inversa* de $F(X)$. Este processo chega a um resultado único somente se a função $U = F(X)$ define uma aplicação bijetora do domínio de X sobre o de U, isto é, se a desigualdade $X_1 \neq X_2$ sempre implica a desigualdade $F(X_1) \neq F(X_2)$, pois somente então haverá um X unicamente definido correlacionado a cada U. Nosso exemplo anterior, no qual X representava qualquer triângulo no plano e $U = F(X)$ o seu perímetro, é um caso ilustrativo. Obviamente, esta aplicação do conjunto S de triângulos sobre o conjunto T de números reais positivos, não é bijetora, uma vez que existem muitos triângulos diferentes com o mesmo perímetro. Portanto, neste caso, a relação $U = F(X)$ não é útil para definir uma função inversa única. Por outro lado, a função $m = 2n$, onde n varia no conjunto S de inteiros e m no conjunto T de inteiros pares, proporciona efetivamente uma correspondência bijetora entre os dois conjuntos, e a função inversa $n = m/2$ é unicamente definida. Um outro exemplo de aplicação bijetora é dado pela função

$$u = x^3$$

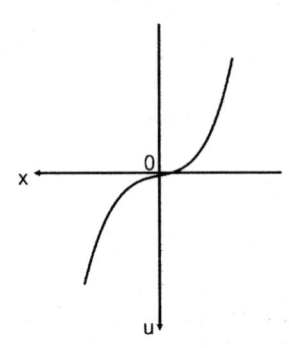

Figura 153: $u = x^3$.

À medida que x varia no conjunto de todos os números reais, u também variará no conjunto de todos os números reais, assumindo cada valor uma vez, e somente uma. A função inversa unicamente definida é

$$x = \sqrt[3]{u}.$$

No caso da função

$$u = x^2,$$

uma função inversa não é unicamente determinada; isto porque, uma vez que $u = x^2 = (-x)^2$, cada valor positivo de u terá *dois* antecedentes. Porém se, normalmente, definimos o símbolo $\sqrt{u}$ para exprimir o número positivo cujo quadrado é u, então a função inversa

$$x = \sqrt{u}$$

existe, desde que restrinjamos x e u a valores positivos.

A existência de um inverso único de uma função de uma só variável, $u = f(x)$, pode ser percebida à primeira vista no gráfico da função. A função inversa será definida unicamente se a cada valor de u corresponder apenas um único valor de x. Em termos do gráfico, isto significa que nenhuma paralela ao eixo dos x corta o gráfico em mais de um ponto. Este certamente será o caso se a função $u = f(x)$ for *monótona*, isto é, crescer sempre ou sempre diminuir uniformemente à medida que x aumenta. Por exemplo: se $u = f(x)$ é crescente, então para $x_1 < x_2$ temos sempre $u_1 = f(x_1) < u_2 = f(x_2)$. Portanto, para um dado valor de u pode haver no máximo um único x tal que $u = f(x)$, e a função inversa será unicamente definida. O gráfico da função inversa $x = g(u)$ é obtido simplesmente girando-se o gráfico original de um ângulo de 180° em torno da reta tracejada (Figura 154), de modo que as posições do eixo dos x e do eixo dos u sejam trocadas. A nova posição do gráfico representará x como uma função de u. Em sua posição original, o gráfico mostra u como a altura acima do eixo horizontal dos x, enquanto que, após a rotação, o mesmo gráfico mostra x como a altura acima do eixo horizontal dos u.

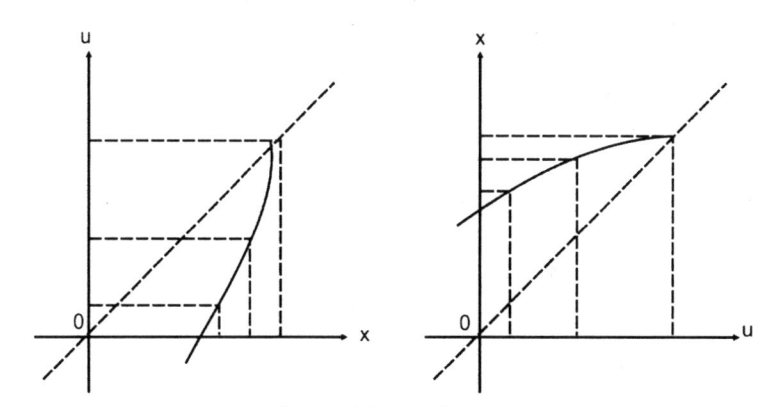

Figura 154: Funções inversas.

As considerações do parágrafo precedente podem ser ilustradas para o caso da função

$$u = tg\ x.$$

Esta função é monótona para $-\pi/2 < x < \pi/2$ (Figura 152). Os valores de u, que aumentam uniformemente com x, variam de $-\infty$ a ∞; portanto, a função inversa,

$$x = g(u),$$

é definida para todos os valores de u. Esta função é representada por $\text{tg}^{-1} u$ ou arc tg u. Assim, arc tg(1) = $\pi/4$, uma vez que tg $\pi/4$ = 1. Seu gráfico é mostrado na Figura 155.

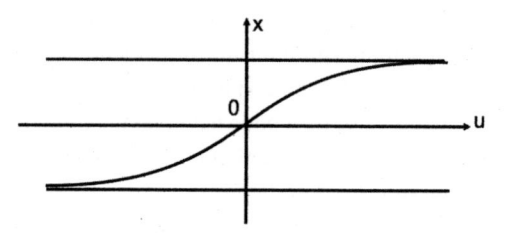

Figura 155: x = arc tg u.

4. Funções compostas

Um segundo método importante para criar novas funções a partir de duas ou mais funções são as funções compostas. Por exemplo, a função

$$u = f(x) = \sqrt{1x^2}$$

é "composta" das duas funções mais simples

$$z = g(x) = 1 + x^2, \qquad u = h(x) = \sqrt{z},$$

e pode ser escrita como

$$u = f(x) = h(g[x]) \qquad \text{(leia-se, "}h\text{ de }g\text{ de }x\text{")}.$$

Do mesmo modo,

$$u = f(x) = \frac{1}{\sqrt{1-x^2}}$$

é composta das três funções

$$z = g(x) = 1 - x^2, \quad w = h(z) = \sqrt{z}, \quad u = k(w) = \frac{1}{w}$$

de modo que

$$u = f(x) = k(h[g(x)]).$$

A função

$$u = f(x) = \operatorname{sen}\frac{1}{x}$$

é composta das duas funções

$$z = g(x) = \frac{1}{x}, \quad u = h(z) = \operatorname{sen} x.$$

A função $f(x)$ não é definida para $x = 0$, uma vez que para $x = 0$ a expressão $1/x$ não tem qualquer significado. O gráfico desta função notável é obtido a partir do gráfico da função seno. Sabemos que sen $z = 0$ para $z = k\pi$, onde k é qualquer inteiro positivo ou negativo. Além disso,

$$\operatorname{sen} x = \begin{cases} 1 & \text{para } z = (4k+1)\frac{\pi}{2}, \\ -1 & \text{para } z = (4k-1)\frac{\pi}{2}, \end{cases}$$

se k for qualquer inteiro. Portanto,

$$\operatorname{sen}\frac{1}{x} = \begin{cases} 0 & \text{para} \quad x = \frac{1}{k\pi}, \\ 1 & \text{para} \quad x = \frac{2}{(4k+1)\pi}, \\ -1 & \text{para} \quad x = \frac{2}{(4k-1)\pi}. \end{cases}$$

Se fizermos, sucessivamente

$$k = 1, 2, 3, 4, \ldots,$$

então, como os denominadores destas frações aumentam sem limite, os valores de x para os quais a função sen $(1/x)$ tem os valores 1, -1, 0, se agruparão cada vez mais próximos do ponto $x = 0$. Entre qualquer um destes pontos e a origem haverá ainda um número infinito de oscilações da função. O gráfico da função é mostrado na Figura 156.

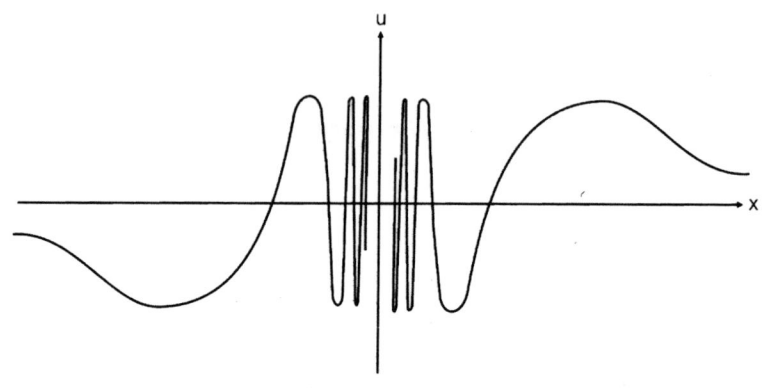

Figura 156: $u = \operatorname{sen} \frac{1}{x}$

5. Continuidade

Os gráficos das funções até agora consideradas dão uma idéia intuitiva da propriedade de continuidade. Faremos uma análise precisa deste conceito em §4, após termos colocado sobre bases rigorosas o conceito de limite. De maneira geral, dizemos que uma função é contínua se seu gráfico for uma curva ininterrupta. Uma função dada $u = f(x)$ pode ser testada em termos de continuidade permitindo-se que a variável independente x desloque-se continuamente a partir do lado direito e a partir do lado esquerdo em direção a qualquer valor especificado x_1. A menos que a função $u = f(x)$ seja constante nas proximidades de x_1, seu valor também se alterará. Se o valor de $f(x)$ tende, no limite, para o valor $f(x_1)$ da função no ponto especificado $x = x_1$, *qualquer que seja a forma como x tende para x_1, por um lado ou pelo outro*, então diz-se que a função é contínua em x_1. Se isto for válido para cada ponto x_1 de um certo intervalo, então diz-se que a função é *contínua no intervalo*.

Embora toda a função representada por um gráfico que não esteja quebrado seja contínua, é bastante simples definir funções que não sejam contínuas em todos os pontos. Por exemplo, a função da Figura 157, definida para todos os valores de x estabelecendo

$$f(x) = 1 + x \quad \text{para} \quad x > 0$$
$$f(x) = -1 + x \quad \text{para} \quad x \leq 0$$

é descontínua no ponto $x_1 = 0$, onde ela tem o valor -1. Se tentarmos desenhar um gráfico desta função, teremos que levantar o lápis do papel neste ponto. Se nos aproximarmos do valor de $x_1 = 0$ pelo lado direito, então $f(x)$ se aproximará de +1. Entretanto, este valor difere do valor efetivo, -1, neste ponto. O fato de que -1 é aproximado por $f(x)$ à medida que x tende a zero pelo lado esquerdo, não é suficiente para garantir continuidade.

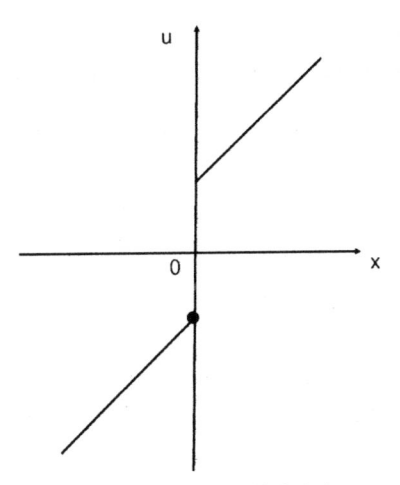

Figura 157: Descontinuidade finita.

A função $f(x)$ definida para todos os x por

$$f(x) = 0 \quad \text{para} \quad x \neq 0, \quad f(0) = 1,$$

apresenta uma descontinuidade de um tipo diferente no ponto $x_1 = 0$. Aqui, ambos os limites, dos lados direito e esquerdo, existem e são iguais à medida que x tende para 0, porém este valor limite comum difere de $f(0)$.

Um outro tipo de descontinuidade é mostrado pela função da Figura 158,

$$u = f(x) = \frac{1}{x^2},$$

no ponto $x = 0$. Caso se permita que x se aproxime de zero por um ou pelo outro lado, u tenderá para o infinito; o gráfico da função é quebrado neste ponto, e pequenas alterações de x nas proximidades de $x = 0$ podem acarretar mudanças muito grandes em u. Estritamente falando, o valor da função não é definido para $x = 0$, uma vez que não admitimos o infinito como um número e portanto não podemos dizer que $f(x)$ é infinito quando $x = 0$. Assim, dizemos apenas que $f(x)$ "tende para o infinito" à medida que x se aproxima de zero.

Um outro tipo diferente de descontinuidade aparece na função $u = \text{sen}(1/x)$ no ponto $x = 0$, como fica claro pelo gráfico daquela função (Figura 156).

Os exemplos precedentes mostram várias maneiras de como uma função pode deixar de ser contínua em um ponto $x = x_1$:

1) É possível tornar a função contínua em $x = x_1$ definindo ou redefinindo adequadamente seu valor quando $x = x_1$. Por exemplo, a função $u = x/x$ é constantemente igual a 1 quando $x \neq 0$; não é definida para $x = 0$, uma vez que $0/0$ é um símbolo sem significado. Mas se convencionarmos neste caso que o valor $u = 1$ deva também corresponder ao valor $x = 0$, então a função assim estendida torna-se contínua para todo valor de x sem exceção. O mesmo efeito é produzido se redefinirmos $f(0) = 0$ para a função definida logo abaixo da Figura 157. Diz-se que uma descontinuidade deste tipo é removível.

2) Podem existir limites distintos quando x tende para x_1, segundo o faça pela esquerda ou pela direita, como na Figura 157.

3) Até mesmo estes limites laterais podem não existir, como na Figura 156.

4) A função pode tender para o infinito à medida que x aproxima-se de x_1, como na Figura 158.

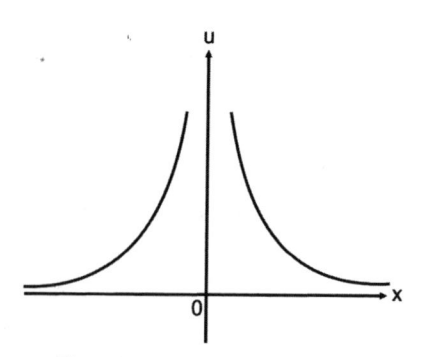

Figura 158: Descontinuidade infinita.

Diz-se que descontinuidades dos três últimos tipos são *essenciais*; elas não podem ser removidas apenas definindo ou redefinindo adequadamente a função no ponto $x = x_1$.

Exercícios: 1) Represente graficamente as funções $\frac{x-1}{x^2}$, $\frac{x^2-1}{x^2+1}$, $\frac{x}{(x^2-1)(x^2+1)}$ e encontre suas descontinuidades.

2) Represente graficamente as funções $x \operatorname{sen} \frac{1}{x}$, $x^2 \operatorname{sen} \frac{1}{x}$ e verifique se elas são contínuas em $x = 0$, caso se defina $u = 0$ para $x = 0$, em ambos os casos.

*3) Demonstre que a função arc tg $\frac{1}{x}$ tem uma descontinuidade do segundo tipo (finita) em $x = 0$.

*6. Funções de múltiplas variáveis

Retornemos à discussão sistemática do conceito de função. Se a variável independente P é um ponto do plano com coordenadas (x, y), e se a cada ponto P corresponde um único número u - por exemplo, u pode ser a distância entre o ponto P e a origem - então geralmente escrevemos

$$u = f(x, y).$$

Esta notação também será utilizada se, como ocorre com freqüência, duas quantidades x e y aparecem desde o início como variáveis independentes. Por exemplo, a pressão u de um gás é uma função do volume x e da temperatura y, e a área u de um triângulo é uma função $u = f(x, y, z)$ dos comprimentos x, y e z de seus três lados.

Do mesmo modo que um gráfico fornece uma representação geométrica de uma função de uma variável, uma representação geométrica de uma função $u = f(x, y)$ de duas variáveis é fornecida por uma superfície no espaço tridimensional com x, y, u como coordenadas. A cada ponto (x, y) no plano x, y, associamos o ponto no espaço cujas coordenadas são (x, y) e $u = f(x, y)$. Assim, a função $u = \sqrt{1 - x^2 - y^2}$ é representada por uma superfície esférica com a equação $u^2 + x^2 + y^2 = 1$, a função linear $u = ax + by + c$ por um plano, a função $u = xy$ por um paraboloide hiperbólico, etc.

Uma representação diferente da função $u = f(x,y)$ pode ser dada no plano x, y isoladamente por meio de curvas de nível. Ao invés de considerar o "panorama" tridimensional $u = f(x,y)$, traçamos, como em um mapa de curvas de nível, as curvas da função, indicando as projeções sobre o plano x, y de todos os pontos com igual elevação vertical u. Estas curvas de nível são simplesmente as curvas $u = f(x,y) = c$, onde c permanece constante para cada curva. Assim, a função $u = x + y$ é caracterizada pela Figura 163.

As curvas de nível de uma superfície esférica são um conjunto de círculos concêntricos. A função $u = x^2 + y^2$, que representa um paraboloide de revolução, é também caracterizada por círculos (Figura 165). Mediante números colocados nas diferentes curvas pode-se indicar a altura $u = c$.

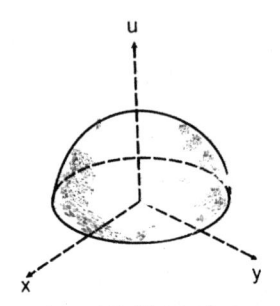

Figura 159: Meia-esfera.

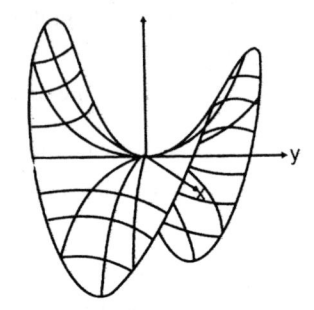

Figura 160: Paraboloide hiperbólico.

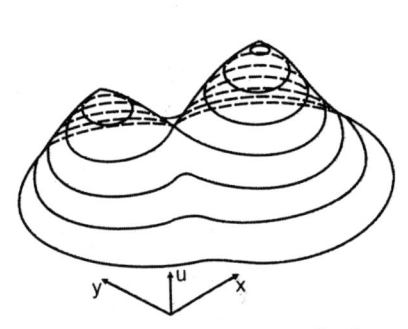

Figura 161: Uma superfície $u = f(x, y)$.

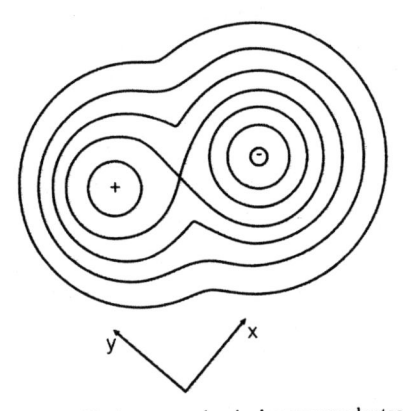

Figura 162: As curvas de nível correspondentes.

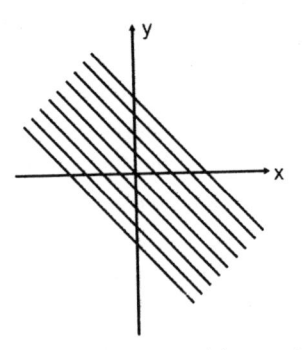

Figura 163: Curvas de nível de $u = x + y$.

Funções de múltiplas variáveis ocorrem na Física quando se deve descrever o movimento de uma substância contínua. Por exemplo: suponhamos que um fio seja esticado entre dois pontos no eixo dos x e depois deformado de modo que a partícula com a posição x seja deslocada de uma certa distância perpendicularmente ao eixo. Se o fio for em seguida liberado, vibrará de tal forma que a abscissa original x estará no instante t a uma distância $u = f(x,t)$ do eixo dos x. O movimento é completamente descrito logo que a função $u = f(x,t)$ seja conhecida.

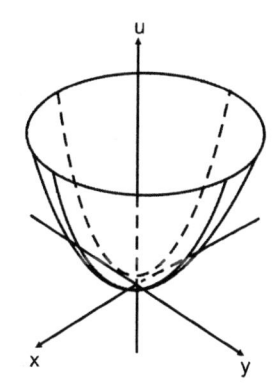

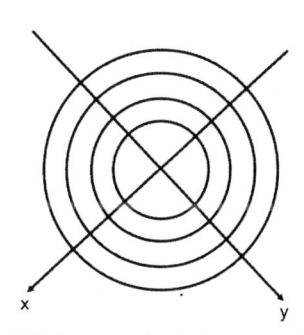

Figura 164: Paraboloide de revolução.   Figura 165: As curvas de nível correspondentes.

A definição de continuidade dada para funções de uma única variável generaliza-se diretamente para funções de múltiplas variáveis. Diz-se que uma função $u = f(x,y)$ é contínua no ponto $x = x_1, y = y_1$, se $u = f(x,y)$ sempre se aproximar do valor $u = f(x_1, y_1)$ quando o ponto (x, y) se aproximar do ponto (x_1, y_1) a partir de qualquer direção ou de qualquer maneira.

Há, contudo, uma importante diferença entre funções de uma e de múltiplas variáveis. No último caso, o conceito de uma função inversa torna-se sem sentido, uma vez que não podemos resolver uma equação $f(x,y)$, por exemplo, $u = x + y$, de tal forma que cada uma das quantidades independentes x, y possam ser expressas em termos de uma quantidade u. Porém esta diferença no aspecto das funções de uma e de múltiplas variáveis desaparece se enfatizarmos a idéia de que uma função define uma transformação.

*7. Funções e transformações

Uma correspondência entre os pontos de uma reta l, caracterizados por uma abscissa x ao longo da reta, e os pontos de uma outra reta l', caracterizados por uma abscissa x', é simplesmente uma função $x' = f(x)$. Caso a correspondência seja bijetora, temos também uma função inversa $x = g(x')$. O exemplo mais simples é uma transformação por projeção, que - afirmamos aqui, sem prova - é caracterizada em geral por uma função da forma $x' = f(x) = (ax + b)/(cx + d)$, onde a, b, c, d, são constantes. Neste caso, a função inversa é $x = g(x') = (-dx' + b)/(cx' - a)$.

Transformações em duas dimensões a partir de um plano π com coordenadas (x, y) sobre um plano π' com coordenadas (x', y') não podem ser representadas por uma única função $x' = f(x)$, e requerem duas funções de duas variáveis:

$$x' = f(x, y),$$
$$y' = g(x, y),$$

Por exemplo, uma transformação projetiva é dada por um sistema de funções

$$x' = \frac{ax + by + c}{gx + hy + k},$$
$$y' = \frac{dx + ey + f}{gx + hy + k},$$

onde a, b, ..., k são constantes, e onde (x, y) e (x', y') são coordenadas nos dois planos respectivamente. Deste ponto de vista, a idéia de uma transformação inversa faz sentido. Simplesmente temos que resolver este *sistema de equações* para achar (x, y) em termos de (x', y'). Geometricamente, isto equivale a encontrar a transformação inversa de π' sobre π. Isto será definido unicamente, desde que a correspondência entre os pontos dos dois planos seja bijetora.

As transformações do plano estudado na Topologia são dadas, não por simples equações algébricas, mas por qualquer sistema de funções,

$$x' = f(x, y),$$
$$y' = g(x, y),$$

que definem uma transformação bijetora e bicontínua.

Exercícios: *1) Demonstre que a transformação de inversão (Capítulo III) no círculo unitário é dada analiticamente pelas equações $x' = x/(x^2 + y^2), y' = y/(x^2 + y^2)$ Encontre a transformação inversa. Prove analiticamente que a inversão transforma a totalidade de retas e círculos em retas e círculos.

2) Prove que por uma transformação $x' = (ax+b)/(cx+d)$ quatro pontos do eixo dos x são transformados em quatro pontos do eixo dos x', com a mesma razão anarmônica (Veja no Capítulo 4.)

§2. Limites

1. O limite de uma seqüência a_n

Como vimos em §1, a descrição da continuidade de uma função tem por base o conceito de limite. Até agora utilizamos este conceito de uma maneira mais ou menos intuitiva. Nesta e nas seções seguintes nós a consideraremos de forma mais sistemática. Uma vez que seqüências são bem mais simples do que funções de uma variável contínua, começaremos com um estudo das seqüências.

No Capítulo II encontramos seqüências a_n de números e estudamos seus limites à medida que n aumentava indefinidamente ou "tendia para o infinito". Por exemplo, a seqüência cujo n-ésimo termo é $a_n = 1/n$,

(1) $$1, \frac{1}{2}, \frac{1}{3}, \ldots, \frac{1}{n}, \ldots,$$

tem o limite 0 para n crescente:

(2) $$\frac{1}{n} \to 0 \quad \text{à medida que} \quad n \to \infty.$$

Tentaremos expressar exatamente o que se quer dizer com isto. À medida que se vai cada vez mais longe na seqüência, os termos tornam-se cada vez menores. Após o 100°. termo, todos os termos são menores do que 1/100; após o 1000°. termo, todos os termos são menores do que 1/1000, e assim por diante. Nenhum dos termos é efetivamente igual a 0. Entretanto, se formos *suficientemente longe* na seqüência (1), podemos ter certeza de que cada um de seus termos diferirá de zero por um valor *tão pequeno quanto quisermos*.

A única dificuldade desta explicação é que o significado das palavras em itálico não fica inteiramente claro. Como distante é "suficientemente longe" e como pequeno é "tão pequeno quanto quisermos"?. Se pudermos vincular um significado preciso a estas frases então podemos dar um significado preciso à relação limite (2).

Uma interpretação geométrica ajudará a tornar a situação mais clara. Se representarmos os termos da seqüência (1) por seus pontos correspondentes na reta numérica, observamos que os termos da seqüência parecem se agrupar em torno do ponto 0. Escolhamos qualquer intervalo I sobre a reta numérica, com centro no ponto 0 e comprimento total de 2ε, de modo que o intervalo se estenda de uma distância ε de cada lado do ponto 0. Se escolhermos $\varepsilon = 10$, então, naturalmente, todos os termos $a_n = 1/n$ da seqüência recairão no intervalo I. Se escolhermos $\varepsilon = 1/10$, então os primeiros termos da seqüência recairão fora do intervalo I, porém todos os termos de a_{11} em diante,

$$\frac{1}{11}, \frac{1}{12}, \frac{1}{13}, \frac{1}{14}, ...,$$

recairão no intervalo I. Mesmo se escolhermos $\varepsilon = 1/1000$, somente os primeiros mil termos da seqüência deixarão de recair em I, enquanto que do termo a_{1001} em diante, todos os infinitos termos

$$a_{1001}, a_{1002}, a_{1003}, ...$$

recairão em I. De forma clara, este raciocínio é válido para qualquer número positivo ε: desde que um ε positivo seja escolhido, independentemente de seu pequeno tamanho, podemos então encontrar um inteiro N tão grande que

$$\frac{1}{N} < \varepsilon.$$

A partir disto, decorre que todos os termos a_n da seqüência para a qual $n \geq N$ recairá em I, e somente o número finito de termos $a_1, a_2, ..., a_{N-1}$, pode recair fora do intervalo. O ponto importante é o seguinte: primeiro, o comprimento do intervalo I é atribuído à vontade, pela escolha de ε. Depois, um inteiro N adequado pode ser encontrado. O processo de primeiro escolher um número ε e depois encontrar um inteiro N adequado pode ser feito para qualquer número positivo ε, independentemente de seu tamanho, e fornece um significado preciso à afirmação de que todos os termos da seqüência (1) diferirão de 0 pelo menor valor que se quiser, desde que se vá suficientemente longe na seqüência.

A título de resumo, seja ε qualquer número positivo. Então podemos encontrar um inteiro N tal que todos os termos a_n da seqüência (1) para os quais $n \geq N$ recaiam no intervalo I de largura total $2a$ e com centro no ponto 0. Este é o significado preciso da relação limite (2).

Com base neste exemplo, estamos agora preparados para fornecer uma definição exata do enunciado geral: "A seqüência de números reais a_1, a_2, a_3,... tem limite a". Incluímos a no interior de um intervalo I da reta numérica: se o intervalo for pequeno, alguns dos números an podem recair fora dele, mas à medida que n tornar-se suficientemente grande, digamos, maior do que ou igual a algum inteiro N, então todos os números a_n para os quais $n \geq N$ devem recair no intervalo I. Naturalmente, o inteiro N tomado deve ser muito grande se um intervalo I muito pequeno for escolhido, mas independentemente do pequeno tamanho do intervalo I, este inteiro N deve existir se a seqüência tiver a como seu limite.

O fato de que uma seqüência a_n tem o limite a é expresso simbolicamente escrevendo-se

$$\lim a_n = a \quad \text{à medida que } n \to \infty,$$

ou simplesmente

$$a_n \to a \quad \text{à medida que } n \to \infty$$

(leia-se: a_n *tende* para a, ou *converge para a*). A definição da convergência de uma seqüência a_n para a pode ser formulada mais concisamente da seguinte forma: *a seqüência a_1, a_2, a_3,... tem o limite a à medida que n tende para o infinito se, correspondendo a qualquer número positivo ***, por menor que seja, puder ser encontrado um inteiro N (dependendo de ε), tal que*

(3) $$|a - a_n| < \varepsilon$$

para todo

$$n \geq N.$$

Esta é a formulação abstrata da noção do limite de uma seqüência. Não constitui surpresa o fato de que, quando se confronta com ela pela primeira vez, não se possa compreendê-la em poucos minutos. Existe uma atitude lamentável e quase esnobe da parte de alguns autores de livros didáticos, que apresentam ao leitor esta definição sem uma preparação adequada, como se uma explicação ferisse a dignidade de um matemático.

A definição sugere uma competição entre duas pessoas, A e B. A faz a exigência de que a quantidade fixa a deve ser aproximada por a_n com um grau de precisão melhor do que uma margem escolhida $\varepsilon = \varepsilon_1$; B atende à exigência demonstrando que existe um certo inteiro $N = N_1$ tal que todos os an após o elemento a_n, satisfazem a exigência ε_1. Entao, A pode se tornar mais exigente e fixar uma nova margem, menor, $\varepsilon = \varepsilon_2$. B mais uma vez atende à exigência encontrando um inteiro (talvez maior) $N = N_2$. Se B pode atender à exigência de A por menor que seja a margem estipulada por A, então temos a situação expressa por $a_n \to a$.

Existem dificuldades psicológicas reais para apreender esta definição precisa de limite. Nossa intuição sugere uma idéia "dinâmica" de limite como o resultado de um processo de "movimento": deslocamo-nos ao longo da seqüência dos inteiros 1, 2, 3, ..., n, ... e observamos então o comportamento da seqüência a_n. Percebemos que a aproximação $a_n \to a$ deveria ser observável. Mas esta atitude "natural" não é capaz de uma formulação matemática clara. Para chegarmos a uma definição precisa devemos reverter a ordem das etapas; ao invés de primeiro observar a variável independente n e em seguida a variável dependente a_n, devemos basear nossa definição naquilo que temos que fazer se quisermos efetivamente confirmar a proposição $a_n \to a$. Neste procedimento, devemos primeiro escolher uma margem arbitrariamente pequena em torno de a e depois determinar se podemos satisfazer esta condição tomando a variável independente n suficientemente grande. E então, atribuindo nomes simbólicos, ε e N, às frases "margem arbitrariamente pequena" e "n suficientemente grande", somos conduzidos à definição precisa de limite.

Como um outro exemplo, consideremos a seqüência

$$\frac{1}{2}, \frac{2}{3}, \frac{3}{4}, \frac{4}{5}, \ldots, \frac{n}{n+1}, \ldots,$$

onde $a_n = \frac{n}{n+1}$. Afirmo que $\lim a_n = 1$. Se você escolher um intervalo cujo centro seja o ponto 1 e para o qual $\varepsilon = 1/10$, então posso atender à sua exigência (3) escolhendo $N = 10$; pois

$$0 < 1 - \frac{n}{n+1} = \frac{n+1-n}{n+1} = \frac{1}{n+1} < \frac{1}{10}$$

quando $n \geq 10$. Se você reforçar sua exigência escolhendo $\varepsilon = 1/1000$, então, novamente, posso satisfazê-la escolhendo $N = 1000$; e de modo semelhante para qualquer número positivo ε, por menor que seja, que você possa escolher; de fato, preciso apenas escolher qualquer inteiro N maior do que $1/\varepsilon$. Este processo para designar uma distância arbitrariamente pequena ε em torno do número a e depois provar que os termos da seqüência a_n estão todos a uma distância ε de a se formos suficientemente longe na seqüência, é a descrição detalhada do fato de que $\lim a_n = a$.

Se os membros da seqüência a_1, a_2, a_3, ... são expressos como decimais infinitas, então a proposição $\lim a_n = a$ simplesmente significa que para qualquer inteiro positivo m os primeiros dígitos m de a_n coincidem com os primeiros dígitos m da representação decimal infinita do número fixo a, desde que n seja suficientemente grande, digamos, maior do que ou igual a algum valor de N (dependendo de m). Isto meramente corresponde a escolhas de ε da forma 10^{-m}.

Existe uma outra maneira bastante sugestiva para expressar o conceito de limite. Se $\lim a_n = a$, e se encerrarmos a no interior de um intervalo I, então, por menor que seja I, todos os números an para os quais n é maior do que ou igual a algum inteiro N recairão em I, de modo que no máximo um *número finito*, $N - 1$, *de termos* no início da seqüência,

$$a_1, a_2, ..., a_{N-1},$$

pode estar fora de I. Se I for muito pequeno, N pode ser muito grande, digamos, cem, ou mesmo mil bilhões; não obstante, apenas um número finito de termos da seqüência recairá fora de I, enquanto que os infinitos termos restantes recairão em I.

Podemos dizer em relação aos termos de qualquer seqüência infinita que "quase todos" têm uma certa propriedade se apenas um número finito, por maior que seja, não a tiver. Por exemplo, "quase todos" os inteiros positivos são maiores do que 1.000.000.000.000. Utilizando esta terminologia, a proposição $\lim a_n = a$ é equivalente à proposição: *se I for qualquer intervalo tendo a como centro, então quase todos os números a_n recaem em I*.

Observe, em resumo, que não se deve necessariamente supor que todos os termos a_n de uma seqüência tenham valores diferentes. Permite-se que alguns, muitos, ou até mesmo todos os números a_n sejam iguais ao valor limite a. Por exemplo, a seqüência para a qual $a_1 = 0, a_2 = 0, ..., a_n = 0, ...$ é uma seqüência legítima, e seu limite, naturalmente, é 0.

Uma seqüência a_n com um limite a é chamada de *convergente*. Uma seqüência a_n que não tenha um limite é chamada de *divergente*.

Exercícios: Prove

1. A seqüência para a qual $a_n = \frac{n}{n^2+1}$ tem limite 0.
(Indicação: $a_n = \frac{1}{n+\frac{1}{n}}$ é menor do que $\frac{1}{n}$ e maior do que 0.)

2. A seqüência $a_n = \frac{n^2+1}{n^3+1}$ tem limite 0. (Indicação: $a_n = \frac{1+\frac{1}{n^2}}{n+\frac{1}{n^2}}$ recai entre 0 e $\frac{2}{n}$.)

3. A seqüência 1, 2, 3, 4, ... e as seqüências oscilantes

$$1, 2, 1, 2, 1, 2, \ldots$$

$$-1, 1, -1, 1, -1, \ldots \quad \left(\text{isto é, } a_n = (-1)^n\right)$$

e

$$1, \frac{1}{2}, 1, \frac{1}{3}, 1, \frac{1}{4}, 1, \frac{1}{5}, \ldots$$

não têm limites.

Se em uma seqüência a_n os termos tornarem-se tão grandes que eventualmente an seja maior do que qualquer número K previamente designado, então dizemos que a_n *tende para o infinito* e escrevemos lim $a_n = \infty$, ou $a_n \to \infty$. Por exemplo, $n^2 \to \infty$ e $2^n \to \infty$. Esta terminologia é útil, embora talvez não muito consistente, porque ∞ não é considerado um número a. *Uma seqüência tendendo para o infinito é também chamada de divergente.*

Exercício: Prove que a seqüência $a_n = \frac{n^2+1}{n}$ tende para o infinito; de maneira semelhante, para $a_n = \frac{n^2+1}{n+1}$, $a_n = \frac{n^3-1}{n+1}$ e $a_n = \frac{n^n}{n^2+1}$

Os iniciantes algumas vezes cometem o erro de pensar que uma passagem ao limite como $n \to \infty$ pode ser realizada simplesmente substituindo a_n por $n = \infty$. Por exemplo, $1/n \to 0$ porque "$1/\infty = 0$". Porém, o símbolo ∞ não é um número, e seu uso na expressão $1/\infty$ é ilegítimo. Tentar imaginar o limite de uma seqüência como o termo a_n "final" ou "último" quando $n = \infty$, significa desviar-se do problema e tornar a questão confusa.

2. Seqüências monótonas

Na definição geral apresentada na página 284, não foi exigida uma forma determinada de como uma seqüência convergente $a_1, a_2, a_3, \ldots$ tende para seu limite a. O tipo mais simples é o das seqüências chamadas monótonas, como

$$\frac{1}{2}, \frac{2}{3}, \frac{3}{4}, \ldots, \frac{n}{n+1}, \ldots$$

Cada termo desta seqüência é maior do que o termo anterior; porque $a_{n+1} = \frac{n+1}{n+2} = 1 - \frac{1}{n+2} > 1 - \frac{1}{n+1} = \frac{n}{n+1} = a_n$. Diz-se que uma seqüência deste tipo, onde $a_{n+1} > a_n$, é *monótona crescente*. De maneira semelhante, uma seqüência para a qual $a_n > a_{n+1}$, como 1, 1/2, 1/3,..., é chamada de *monótona decrescente*. Estas seqüências podem tender para seus limites exclusivamente de um lado. Contrastando com estas, existem as seqüências que oscilam, como -1,+1/2, -1/3, +1/4, ... Esta seqüência aproxima-se de seu limite 0 por ambos os lados (veja Figura 11, Capítulo 2).

O comportamento de uma seqüência monótona é muito fácil de determinar; ela pode não ter qualquer limite, e crescer arbitrariamente, como a seqüência

$$1, 2, 3, 4, \ldots,$$

onde $a_n = n$, ou a seqüência

$$2, 3, 5, 7, 11, 13, \ldots,$$

onde a_n é o n-ésimo número primo p_n. Neste caso, a seqüência tende para o infinito. Porém se os termos de uma seqüência monótona crescente permanecerem limitados - isto é, se cada termo for menor do que uma cota superior B, conhecida antecipadamente, então se tornará intuitivamente claro que a seqüência deve tender para um certo limite a que será menor ou no máximo igual a B. Formulamos isto como o *Princípio das seqüências monótonas: qualquer seqüência monótona crescente que tenha uma cota superior deve convergir para um limite.* (Uma proposição semelhante é válida para qualquer seqüência monótona *decrescente* com uma cota *inferior*. Cumpre destacar que o valor do limite a não precisa ser dado ou conhecido antecipadamente; o teorema enuncia que sob as condições prescritas o limite *existe*. Naturalmente, este teorema depende da introdução dos números irracionais, pois de outra forma nem sempre seria verdadeiro; isto porque, como vimos no Capítulo II, qualquer número irracional (como $\sqrt{2}$) é o limite da seqüência monótona crescente e limitada das frações decimais racionais obtidas pela aproximação, com n algarismos, de uma certa decimal infinita.

*Embora o princípio das seqüências monótonas apele para a intuição como uma verdade óbvia, será instrutivo oferecer uma prova rigorosa nos moldes modernos. Para fazer isto, devemos demonstrar que o princípio é uma conseqüência lógica das definições de número real e de limite.

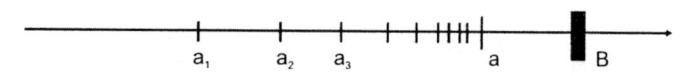

Figura 166: Seqüência monótona limitada.

Suponhamos que os números a_1, a_2, a_3, ... formem uma seqüência monótona crescente, mas limitada. Podemos expressar os termos desta seqüência como decimais infinitas,

$$a_1 = A_1 , p_1 p_2 p_3 \cdots ,$$
$$a_2 = A_2 , q_1 q_2 q_3 \cdots ,$$
$$a_3 = A_3 , r_1 r_2 r_3 \cdots ,$$
$$\cdots\cdots\cdots\cdots\cdots .$$

onde os A_i são inteiros e p_i, q_i, etc., são dígitos de 0 a 9. Percorramos agora de cima para baixo a coluna de inteiros A_1, A_2, A_3,.... Uma vez que a seqüência a_1, a_2, a_3,.... é limitada, estes inteiros não podem crescer indefinidamente, e uma vez que a seqüência é monótona crescente, a seqüência de inteiros A_1, A_2, A_3,.... permanecerá constante após atingir seu valor máximo. Chamemos este valor máximo de A, e suponhamos que ele seja atingido na N_0-ésima linha. Percorramos agora de cima para baixo a segunda coluna p_1, q_1, r_1, ..., concentrando a atenção nos termos a partir da N_0-ésima linha. Se x_1 for o maior dígito a aparecer nesta coluna após a N_0-ésima linha, então x_1 aparecerá constantemente após sua primeira aparição, que podemos supor, ocorrerá na N_1-ésima linha, onde $N_1 \geq N_0$; isto porque, se o dígito nesta coluna decrescesse posteriormente, a seqüência a_1, a_2, a_3,.... não seria monótona crescente. Consideremos agora os dígitos p_2, q_2, r_2, ... da terceira coluna. Um raciocínio semelhante mostra que após um certo inteiro $N_2 \geq N_1$ os dígitos da terceira coluna são constantemente iguais a algum dígito x_2. Se repetirmos este processo para a quarta, quinta, ... colunas, obteremos dígitos x_3, x_4, x_5,.... e inteiros correspondentes N_3, N_4, N_5,..... É fácil perceber que o número

$$a = A_1, x_1 x_2 x_3, x_4 \cdots,$$

é o limite da seqüência $a_1, a_2, a_3,\ldots$. Porque, se ε for escolhido $\geq 10^{-m}$, então para todos $n \geq N_m$ a parte inteira e as primeiras m casas de dígitos após a vírgula decimal em a_n coincidirão com as de a, de modo que a diferença $|a - a_n|$ não poderá exceder 10^{-m}. Como isto pode ser feito para qualquer ε positivo, por menor que seja, escolhendo m suficientemente elevado, prova-se o teorema.

Também é possível provar este teorema com base em qualquer uma das outras definições de números reais apresentadas no Capítulo II; por exemplo, a definição por intervalos aninhados ou pelos cortes de Dedekind. Estas provas podem ser encontradas na maioria dos textos de Cálculo avançado.

O princípio das seqüências monótonas poderia ter sido utilizado no Capítulo II para definir a soma e o produto de duas decimais infinitas positivas,

$$a = A_1, a_1 a_2 a_3 \cdots,$$
$$b = B_1, b_1 b_2 b_3 \cdots,$$

Duas expressões como estas não podem ser adicionadas ou multiplicadas da maneira comum, começando pela extremidade do lado direito, porque não existe tal extremidade. (Como exemplo, o leitor pode tentar adicionar as duas decimais infinitas 0,333333 ... e 0,989898 ... .) Mas se x_n representa a fração decimal finita obtida tomando n casas decimais das expressões para a e b e adicionando-as da maneira comum, então a seqüência x_1, x_2 será monótona crescente e limitada (pelo inteiro $A + B + 2$, por exemplo). Portanto, esta seqüência tem um limite e podemos definir $a + b = \lim x_n$. Um processo semelhante ajuda a definir o produto ab. Estas definições podem ser então estendidas pelas regras comuns de Aritmética para cobrir todos os casos, onde a e b são positivos ou negativos.

Exercício: Demonstre desta maneira que a soma das duas decimais infinitas consideradas acima é o número real 1,323232 ... = 131/99.

A importância do conceito de limite na Matemática consiste no fato de que *muitos números são definidos apenas como limites* - muitas vezes como limites de seqüências monótonas limitadas. É por isso que o corpo dos números racionais, no qual tais limites podem não existir, é demasiadamente reduzido para os requisitos da Matemática.

3. O número e de Euler

O número e tem tido um lugar destacado na Matemática ao lado do número π de Arquimedes desde a publicação, em 1748, do *Introductio in Analysin Infinitorum*, de Euler. A obra fornece uma excelente introdução de como o princípio das seqüências monótonas pode ajudar a definir um novo número real. Utilizando a abreviação

$$n! = 1 \cdot 2 \cdot 3 \cdot 4 \cdots n$$

para o produto dos primeiros n inteiros, consideremos a seqüência $a_1, a_2, a_3, \ldots$, onde

(4)
$$a_n = 1 + \frac{1}{1!} + \frac{1}{2!} + \cdots + \frac{1}{n!}.$$

Os termos a_n formam um seqüência monótona crescente, uma vez que a_{n+1} origina-se de a_n pela adição do incremento positivo $\frac{1}{(n+1)!}$. Além disso, os valores de a_n são limitados superiormente:

(5)
$$a_n < B = 3.$$

Isto porque temos $\frac{1}{s!} = \frac{1}{2}\frac{1}{3}\cdots\frac{1}{s} < \frac{1}{2}\frac{1}{2}\cdots\frac{1}{2} = \frac{1}{2^{s-1}}$, e portanto

$$a_n < 1 + 1 + \frac{1}{2} + \frac{1}{2^2} + \frac{1}{2^3} + \cdots + \frac{1}{2^{n-1}} = 1 + \frac{1-\left(\frac{1}{2}\right)^n}{1-\frac{1}{2}}$$

$$= 1 + 2\left(1 - \left(\frac{1}{2}\right)^n\right) < 3,$$

utilizando a fórmula apresentada no Capítulo 1 para a soma dos n primeiros termos de uma série geométrica. Portanto, pelo princípio das seqüências monótonas, a_n deve se aproximar de um limite à medida que n tende para o infinito, e chamamos este limite de e. Para expressar o fato de que $e = \lim a_n$, podemos escrever e como a "série infinita"

(6)
$$e = 1 + \frac{1}{1!} + \frac{1}{2!} + \frac{1}{3!} + \cdots + \frac{1}{n!} + \cdots.$$

Esta "igualdade", com uma fileira de pontos ao final, é simplesmente uma outra maneira de expressar o conteúdo das duas proposições

$$a_n = 1 + \frac{1}{1!} + \frac{1}{2!} + \cdots + \frac{1}{n!}$$

e

$$a_n \to e \text{ à medida que } n \to \infty.$$

A série (6) permite o cálculo de e com qualquer grau de precisão desejado. Por exemplo, a soma (com nove dígitos) dos termos em (6) até e inclusive 1/12! é $\sum$ = 2,71828183.... (O leitor deve confirmar este resultado.) O "erro", isto é, a diferença entre este valor e o verdadeiro valor de e, pode ser facilmente estimado. Temos para a diferença ($e - \sum$) a expressão

$$\frac{1}{13!} + \frac{1}{14!} + \cdots < \frac{1}{13!}\left(1 + \frac{1}{13} + \frac{1}{13^2} + \cdots\right)$$
$$= \frac{1}{13} \cdot \frac{1}{1 - \frac{1}{13}} = \frac{1}{12 \cdot 12!}.$$

Esta é tão pequena que não pode afetar o nono dígito de $\sum$. Portanto, permitindo-se um possível erro no último algarismo do valor dado acima, temos $e = 2{,}7182818$, com oito dígitos.

* O número e é irracional. Para provar isto, devemos proceder indiretamente supondo que $e = p/q$, onde p e q são inteiros, e depois deduzindo um absurdo a partir desta hipótese. Como sabemos que $2 < e < 3$, e não pode ser um inteiro e portanto q deve ser pelo menos igual a 2. Multipliquemos agora ambos os lados de (6) por $q! = 2.3 \ldots q$, obtendo

(7)
$$\begin{aligned}e \cdot q! &= p \cdot 2 \cdot 3 \cdots (q-1) \\ &= \left[q! + q! + 3 \cdot 4 \cdots q + 4 \cdot 5 \cdots q + \cdots + (q-1)q + q + 1\right] \\ &\quad + \frac{1}{(q+1)} + \frac{1}{(a+1)(q+2)} + \cdots.\end{aligned}$$

No lado esquerdo, obviamente temos um inteiro. No lado direito, o termo entre colchetes também é um inteiro. O resto no lado direito, contudo, é um número positivo menor do que $\frac{1}{2}$ e, portanto, não é um inteiro. Para $q \geq 2$, e portanto, os termos da série $1/(q+1) + \ldots$ são respectivamente menores do que os termos correspondentes da série geométrica $1/3 + 1/3^2 + 1/3^3 + \ldots$, cuja soma é $1/3[1/(1-1/3)] = \frac{1}{2}$. Assim, (7) apresenta uma contradição: o inteiro no lado esquerdo não pode ser igual ao número no lado direito; porque este último número, sendo a soma de um inteiro e de um número positivo menor do que $\frac{1}{2}$, não é um inteiro.

4. O número π

Como se conhece pela matemática escolar, o comprimento da circunferência de um círculo de raio unitário pode ser definido como o limite de uma seqüência de comprimentos de polígonos regulares com um número crescente de lados. O comprimento da circunferência assim definido é representado por 2π. Mais precisamente, se p_n representa o comprimento do polígono regular inscrito de n lados, e q_n o do circunscrito, então, $p_n < 2\pi < q_n$. Além disso, à medida que n aumenta, cada uma das seqüências p_n e q_n aproxima-se de 2π monotonicamente, e com cada etapa obtemos uma margem menor para o erro na aproximação de 2π fornecido por p_n ou q_n.

No Capítulo 3 encontramos a expressão

$$p_{2^m} = 2^m \sqrt{2 - \sqrt{2 + \sqrt{2 + \cdots}}}$$

contendo $m - 1$ sinais de raiz quadrada aninhados. Esta fórmula pode ser utilizada para calcular o valor aproximado de 2π.

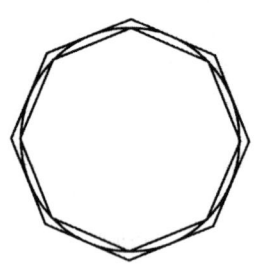

Figura 167: Círculo aproximado por polígonos.

Exercícios: 1) Encontre o valor aproximado de π fornecido por p_4, p_8 e p_{16}.

*2) Encontre uma fórmula para q_{2m}.

*3) Utilize esta fórmula para encontrar q_4, q_8 e q_{16}. Conhecendo p_{16} e q_{16}, determine limites entre os quais π deve estar contido.

O que é o número π? A desigualdade $p_n < 2\pi < q_n$ fornece a resposta completa, pois determina uma seqüência de intervalos aninhados que se aproxima do ponto 2π. Não obstante, esta resposta deixa algo a desejar porque não dá qualquer informação sobre a natureza de π como um número real: ele é racional ou irracional, algébrico ou transcendente? Como mencionamos no Capítulo 3 *.** é de fato um número transcendente, e portanto irracional. Contrastando com a prova da irracionalidade de e, a prova da irracionalidade de π, apresentada pela primeira vez por J. H. Lambert (1728-1777), é bastante difícil e não será desenvolvida aqui. Contudo, outra informação a respeito de π está ao nosso alcance. Relembrando a afirmação de que os inteiros são o material básico da Matemática, podemos indagar se o número π tem qualquer relação simples com os inteiros. O desenvolvimento decimal de π, embora calculado com várias centenas de casas, não revela qualquer traço de regularidade. Isto não é surpreendente uma vez que π e 10 não têm nada a ver um com o outro. Porém, no seculo XVIII, Euler e outros encontraram belas expressões vinculando π aos inteiros por meio de séries e produtos infinitos. Talvez a mais simples de tais fórmulas seja a seguinte:

$$\frac{\pi}{4} = 1 - \frac{1}{3} + \frac{1}{5} - \frac{1}{7} + \cdots,$$

expressando $\pi/4$ como o limite, para n crescente, das somas parciais

$$s_n = 1 - \frac{1}{3} + \frac{1}{5} - \cdots + (-1)^n \frac{1}{2n+1}.$$

Deduziremos esta fórmula no Capítulo VIII. Uma outra série infinita para π é

$$\frac{\pi^2}{6} = \frac{1}{1^2} + \frac{1}{2^2} + \frac{1}{3^2} + \frac{1}{4^2} + \frac{1}{5^2} + \frac{1}{6^2} + \cdots.$$

Há ainda outra expressão notável para π, descoberta pelo matemático inglês John Wallis (1616-1703). Sua fórmula enuncia que

$$\left\{ \frac{2}{1} \cdot \frac{2}{3} \cdot \frac{4}{3} \cdot \frac{4}{5} \cdot \frac{4}{6} \cdot \frac{6}{5} \cdot \frac{6}{7} \cdots \frac{2n}{2n-1} \cdot \frac{2n}{2n+1} \right\} \to \frac{\pi}{2} \text{ à medida que } n \to \infty.$$

Isto é algumas vezes escrito na forma abreviada

$$\frac{\pi}{2} = \frac{2}{1} \cdot \frac{2}{3} \cdot \frac{4}{3} \cdot \frac{4}{5} \cdot \frac{6}{5} \cdot \frac{6}{7} \cdot \frac{8}{7} \cdot \frac{8}{9} \cdots,$$

sendo a expressão da direita chamada de *produto infinito*.

Uma prova das duas últimas fórmulas será encontrada em qualquer livro abrangente de Cálculo (veja no Suplemento ao Capítulo 8 e no Apêndice).

*5. Frações contínuas

Processos de limite interessantes ocorrem relacionados a frações contínuas. Uma fração contínua finita, como

$$\frac{57}{17} = 3 + \cfrac{1}{2 + \cfrac{1}{1 + \cfrac{1}{5}}}$$

representa um número racional. No Suplemento ao Capítulo 1 demonstramos que todo número racional pode ser escrito desta forma por meio do algoritmo de Euclides. Para números irracionais, contudo, o algoritmo não pára após um número finito de etapas. Ao invés disso, ele conduz a uma seqüência de frações de comprimento crescente, cada uma representando um número racional. Em particular, todos os números algébricos (veja no Capítulo 2) de grau 2 podem ser expressos deste modo. Consideremos, por exemplo, o número $z = \sqrt{2} - 1$, que é uma raiz da equação quadrática

$$x^2 + 2x = 1, \quad \text{ou} \quad x = \frac{1}{x+2}.$$

Se no lado direito x for novamente substituído por $1/(2 + x)$, isto produzirá a expressão

$$x = \cfrac{1}{2+\cfrac{1}{2+x}},$$

e então

$$x = \cfrac{1}{2+\cfrac{1}{2+\cfrac{1}{2+x}}},$$

e assim por diante, de modo que após n etapas obtenhamos a equação

$$\left. \ddot{x} = \cfrac{1}{2+\cfrac{1}{2+\cfrac{1}{2+\cfrac{\ddots}{\;+\frac{1}{2+x}}}}} \right\} n \text{ etapas.}$$

À medida que n tende para o infinito, obtemos a "fração contínua infinita"

$$\sqrt{2} = 1 + \cfrac{1}{2+\cfrac{1}{2+\cfrac{1}{2+\cfrac{1}{2+\cfrac{1}{\ddots}}}}}$$

Esta fórmula notável relaciona $\sqrt{2}$ aos inteiros de forma muito mais surpreendente do que ocorre com o desenvolvimento decimal de $\sqrt{2}$, que não apresenta qualquer regularidade na sucessão de seus dígitos.

Para a raiz positiva de qualquer equação quadrática da forma

$$x^2 = ax+1, \quad \text{ou} \quad x = a + \frac{1}{x},$$

obtemos o desenvolvimento

$$x = a + \cfrac{1}{a + \cfrac{1}{a + \cfrac{1}{a + \cfrac{1}{a + \ddots}}}}.$$

Por exemplo, fazendo a = 1, encontramos

$$x = \frac{1}{2}\left(1 + \sqrt{5}\right) = 1 + \cfrac{1}{1 + \cfrac{1}{1 + \cfrac{1}{1 + \ddots}}}.$$

(cf. Capítulo 3). Estes exemplos são casos especiais de um teorema geral que enuncia que *as raízes reais de equações quadráticas com coeficientes inteiros têm desenvolvimentos em frações contínuas periódicas*, do mesmo modo que os números racionais têm desenvolvimentos em dízimas periódicas.

Euler conseguiu encontrar frações contínuas infinitas quase tão simples para e e π. As seguintes são apresentadas sem prova:

$$e = 2 + \cfrac{1}{1 + \cfrac{1}{2 + \cfrac{1}{1 + \cfrac{1}{1 + \cfrac{1}{4 + \cfrac{1}{1 + \cfrac{1}{1 + \cfrac{1}{6 + \ddots}}}}}}}};$$

$$e = 2 + \cfrac{1}{1 + \cfrac{1}{2 + \cfrac{2}{3 + \cfrac{3}{4 + \cfrac{4}{5 + \cdots}}}}};$$

$$\frac{\pi}{4} = \cfrac{1}{1 + \cfrac{1^2}{2 + \cfrac{3^2}{2 + \cfrac{5^2}{2 + \cfrac{7^2}{2 + \cfrac{9^2}{2 + \cdots}}}}}};$$

§3. Limites por aproximação contínua

1. Introdução. Definição geral

Em §2, item 1, conseguimos fornecer uma formulação precisa da proposição, "a seqüência a_n (isto é, a função $a_n = F(n)$ da variável inteira n) tem limite a à medida que n tende para o infinito." Forneceremos agora uma definição correspondente da proposição, "a função $u = f(x)$ da variável contínua x tem o limite a à medida que x tende para o valor x_1." De uma forma intuitiva, este conceito de limite por aproximação contínua da variável independente x foi utilizado em §1, item 5, para testar a continuidade da função $f(x)$.

$$f(x) - 1 = x^2$$

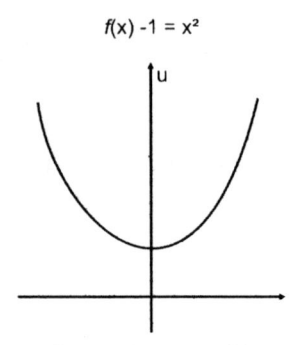

Figura 168: $u = (x + x^3)/x$.

Novamente, comecemos com um exemplo particular. A função $f(x) = \frac{(x+x^3)}{x}$ é definida para todos os valores de x distintos de $x = 0$, onde o denominador desaparece. Se desenharmos um gráfico da função $u = f(x)$ para valores de x nas proximidades de 0, fica evidente que à medida que x "aproxima-se" de 0 por qualquer dos lados, o valor correspondente de $u = f(x)$ "aproxima-se" do limite 1. Para fornecer uma descrição precisa deste fato, encontremos uma fórmula explícita para a diferença entre o valor $f(x)$ e o número fixo 1:

$$f(x) - 1 = \frac{x + x^3}{x} - 1 = \frac{x + x^3 - x}{x} = \frac{x^3}{x}.$$

Se convencionarmos em considerar apenas valores de x próximos de 0, e não o próprio valor $x = 0$ (para o qual $f(x)$ não é nem mesmo definido), podemos dividir o numerador e o denominador da expressão no lado direito desta equação por x, obtendo a fórmula mais simples

$$f(x) - 1 = x^2.$$

De forma clara, podemos tornar esta diferença *tão pequena quanto desejarmos* confinando x a uma vizinhança suficientemente pequena do valor 0. Assim, para $x = \pm\frac{1}{10}$, $f(x) - 1 = \frac{1}{100}$; para $x = \pm\frac{1}{100}$, $f(x) - 1 = \frac{1}{10.000}$; e assim por diante. De maneira mais geral, se ε é qualquer número positivo, por menor que seja, então a diferença entre $f(x)$ e 1 será menor do que ε, desde que a distância entre x e 0 seja menor do que o número $\delta = \sqrt{\varepsilon}$. Pois se

$$|x| < \sqrt{\varepsilon}$$

então

$$|f(x)-1| = |x^2| < \varepsilon.$$

A analogia com nossa definição de limite de uma seqüência é completa. Na página 326 apresentamos a definição, "a seqüência a_n tem o limite a à medida que n tende para o infinito se, correspondendo a qualquer número positivo N, por menor que seja, puder ser encontrado um inteiro N (dependendo de ε) tal que

$$|a_n - a| < \varepsilon$$

para todo n satisfazendo a desigualdade

$$n \geq N."$$

No caso de uma função $f(x)$ de uma variável contínua x à medida que x tende para um valor finito x_1, meramente substituímos o n "suficientemente grande" fornecido por N pelo x_1 "suficientemente próximo" fornecido por um número δ, e chegamos à seguinte definição de limite por aproximação contínua, apresentada pela primeira vez por Cauchy, por volta de 1820: *a função $f(x)$ tem o limite a à medida que x tende para o valor x1 se, correspondendo a todo o número positivo ε, por menor que seja, pode ser encontrado um número positivo δ (dependendo de ε) tal que*

$$|f(x) - a| < \varepsilon$$

para todos $x \neq x_1$ satisfazendo a desigualdade

$$|x - x_1| < \delta.$$

Quando é este o caso, escrevemos

$$f(x) \to a \quad \text{quando } x \to x_1.$$

No caso da função $f(x) = (x + x^3)/x$ demonstramos acima que $f(x)$ tem o limite 1 quando x tende para o valor $x_1 = 0$. Neste caso foi sempre suficiente para escolher $\delta = \sqrt{\varepsilon}$.

2. Observações sobre o conceito de limite

A definição (ε, δ) de limite é fruto de mais de uma centena de anos de tentativas e erros, e incorpora em poucas palavras o resultado de esforços persistentes para colocar este conceito sobre sólidas bases matemáticas. Somente por processos de limite é que as noções fundamentais do Cálculo - derivada e integral - podem ser definidas. Mas uma nítida compreensão e uma definição precisa do conceito de limite foi por muito tempo bloqueada por um obstáculo aparentemente intransponível.

Em seu estudo do movimento e da variação, os matemáticos dos séculos XVII e XVIII aceitavam como natural o conceito de uma quantidade x variando continuamente e tendendo, em um fluxo contínuo, para um valor limite x. Associado a este fluxo primário do tempo ou de uma quantidade x comportando-se como o tempo, eles consideravam um valor secundário $u = f(x)$ que seguia o movimento de x. O problema consistia em atribuir um significado matemático preciso à idéia de que $f(x)$ "tende para" ou "aproxima-se de" um valor fixo a à medida que x se aproxima de x_1.

No entanto, desde a época de Zenão e seus paradoxos, o conceito intuitivo físico ou metafísico de movimento contínuo tem frustrado todas as tentativas para se obter uma formulação matemática exata. Não há qualquer dificuldade em se percorrer passo a passo uma seqüência prudente de valores a_1, a_2, $a3$, ... Porém, quando se lida com uma variável contínua x que varia por todo um intervalo da reta numérica, é impossível dizer como x deve se "aproximar" do valor fixo x_1 de modo a assumir consecutivamente e ordenadamente todos os valores no intervalo; isto porque os pontos em uma reta formam um conjunto denso, e não existe qualquer ponto "seguinte" após um dado ponto ter sido alcançado. Certamente, a idéia intuitiva de um contínuo é uma realidade psicológica na mente humana. Entretanto, ela não pode ser utilizada para resolver uma impossibilidade matemática; deve permanecer uma discrepância entre a idéia intuitiva e a linguagem matemática destinada a descrever os aspectos cientificamente pertinentes de nossa intuição em termos lógicos exatos. Os paradoxos de Zenão são uma indicação evidente desta discrepância.

O feito de Cauchy foi o de compreender que, no que diz respeito aos conceitos matemáticos, qualquer referência a uma idéia intuitiva anterior de movimento contínuo pode e inclusive deve ser omitida. Como acontece com tanta freqüência, o caminho para o progresso científico foi aberto renunciando-se a uma tentativa na direção metafísica e, ao invés disso, operando unicamente com noções que em princípio correspondem a fenômenos "observáveis". Se analisarmos o que realmente exprimimos pelas palavras "aproximação contínua", como devemos proceder para verificá-la em um caso específico, então somos forçados a aceitar uma definição como a de Cauchy. Esta definição é estática; ela não pressupõe a idéia intuitiva de movimento. Ao contrário, somente uma definição estática como esta torna possível uma análise matemática precisa de movimento contínuo no tempo, e resolve os paradoxos de Zenão no que se refere à ciência matemática.

Na definição (ε, δ), a variável independente não se movimenta; ela não 'tende para" ou "aproxima-se de" um limite x_1 em qualquer sentido físico. Estas frases e o símbolo $\to$ ainda permanecem, e nenhum matemático precisa ou deve perder o sentimento intuitivo e sugestivo que eles expressam. Porém, quando se quer verificar a existência de um limite em procedimentos científicos efetivos, é a definição (ε, δ) que deve ser aplicada. Se esta definição corresponde satisfatoriamente à noção 'dinâmica" intuitiva de aproximação, esta é uma questão análoga à de saber se os axiomas da Geometria fornecem uma descrição satisfatória do conceito intuitivo de espaço. Ambas as formulações omitem algo que é real para a intuição, mas elas fornecem uma estrutura matemática adequada para expressar nosso conhecimento destes conceitos.

A exemplo do caso do limite de seqüências, a chave para a definição de Cauchy está na inversão da ordem "natural" na qual as variáveis são consideradas. Primeiro fixamos nossa atenção em um intervalo ε para a variável dependente, e em seguida procuramos determinar um intervalo δ adequado para a variável independente. A proposição "$f(x) = a$" quando $x \to x_1$," é apenas uma forma abreviada de dizer que isto pode ser feito para todo número positivo ε. Em particular, nenhuma parte desta proposição, por exemplo, "$x \to x_1$", tem um significado por si mesma.

Além disso, um outro ponto deve ser enfatizado. Permitindo que x "tenda para" x_1, podemos permitir que x seja maior ou menor do que x_1, porém expressamente excluímos igualdade exigindo que $x \neq x_1$: x tenda para x_1, mas efetivamente nunca assuma o valor x_1. Assim, podemos aplicar nossa definição a funções que não são definidas para $x = x_1$, mas têm limites definidos à medida que x tende para x_1; por exemplo, a função $f(x) = \frac{x+x^3}{x}$ considerada na página 339. Excluir $x = x_1$ corresponde ao fato de que, para limites de seqüências a_n à medida que $n \to \infty$, p. ex., $a_n = 1/n$, nunca substituímos n por $n = \infty$ na fórmula.

Contudo, à medida que x tende para x_1, $f(x)$ pode se aproximar do limite a de tal modo que existam valores $x \neq x_1$ para os quais $f(x) = a$. Por exemplo, considerando a função $f(x) = x/x$ à medida que x tende para 0, nunca permitimos que x seja igual a 0, mas $f(x) = 1$ para todo $x \neq 0$ e o limite a existe e é igual a 1, de acordo com nossa definição.

3. O limite de $\frac{\text{sen } x}{x}$

Se x representa a medida em radianos de um ângulo, então a expressão $\frac{\text{sen } x}{x}$ é definida para todos os x exceto $x = 0$, onde ela se torna o símbolo sem sentido 0/0. O leitor com acesso a uma tabela de funções trigonométricas terá condições de calcular o valor de $\frac{\text{sen } x}{x}$ para pequenos valores de x. Estas tabelas são normalmente apresentadas em termos da medida em graus dos ângulos; recordamos a partir de §1, item 2, que a medida em graus x está relacionada à medida em radianos y pela relação $x = \frac{\pi}{180} y = 0,01745 y$, com aproximação de cinco casas. A partir de uma tabela com quatro casas, verificamos que, para um ângulo de

10°, $x = 0,1745$,   sen $x = 0,1736$, $\frac{\text{sen } x}{x} = 0,9948$

5°,   0,0873,   0,0872,   0,9988
2°,   0,0349,   0,0349,   1,0000
1°,   0,0175,   0,0175,   1,0000

Embora afirmemos que estes resultados são precisos com quatro casas, pareceria que

(1)   sen $x / x \to 1$ quando $x \to 0$.

Apresentaremos agora uma prova rigorosa desta relação limite.

A partir da definição das funções trigonométricas no círculo unitário, se x é a medida em radianos do ângulo BOC, para $0 < x < \frac{\pi}{2}$ temos área do triângulo $OBC = \frac{1}{2} \cdot 1 \cdot \text{sen } x$

área do setor circular $OBC = \frac{1}{2} \cdot x$ (veja página 310)

área do triângulo $OBA = \frac{1}{2} \cdot 1 \cdot tg\ x$.

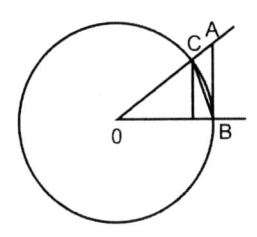

Figura 169.

Portanto,

$$\text{sen } x < x < tg\ x.$$

Dividindo por sen x, obtemos

$$1 < \frac{x}{\text{sen } x} < \frac{1}{\cos x},$$

ou

(2) $$\cos x < \frac{\text{sen } x}{x} < 1.$$

Ora, $1 - \cos x = (1 - \cos x)\frac{1+\cos x}{1+\cos x} = \frac{1-\cos^2 x}{1+\cos x} = \frac{\text{sen}^2 x}{1+\cos x} < \text{sen}^2 x$. Uma vez que sen $x < x$, isto demonstra que

(3) $$1 - \cos x < x^2,$$

ou

$$1 - x^2 < \cos x.$$

Juntamente com (2), isto produz a desigualdade final

(4) $$1 - x^2 < \frac{\operatorname{sen} x}{x} < 1.$$

Embora estejamos supondo que $0 < x < \frac{\pi}{2}$, esta desigualdade também é verdadeira para $\frac{-\pi}{2} < x < 0$, uma vez que $\frac{\operatorname{sen}(-x)}{(-x)} = \frac{-\operatorname{sen} x}{-x} = \frac{\operatorname{sen} x}{x}$, e $(-x)^2 = x^2$.

A partir de (4), a relação limite (1) é uma conseqüência imediata. Pois a diferença entre $\frac{\operatorname{sen} x}{x}$ e 1 é menor do que x^2, e isto pode ser tornado menor do que qualquer número ε escolhendo-se $|x| < \delta = \sqrt{\varepsilon}$.

Exercícios: 1) A partir da desigualdade (3) deduza a relação limite $\frac{1 - \cos x}{x} \to 0$ quando $x \to 0$.

Encontre os limites quando $x \to 0$ das seguintes funções:

2) $\frac{\operatorname{sen}^2 x}{x}$ 3) $\frac{\operatorname{sen} x}{x(x-1)}$ 4) $\frac{\operatorname{tg} x}{x}$ 5) $\frac{\operatorname{sen} ax}{x}$

6) $\frac{\operatorname{sen} ax}{\operatorname{sen} bx}$ 7) $\frac{x \operatorname{sen} x}{1 - \cos x}$ 8) $\frac{\operatorname{sen} x}{x}$ se x for medido em graus.

9) $\frac{1}{x} - \frac{1}{\operatorname{tg} x}$ 10) $\frac{1}{\operatorname{sen} x} - \frac{1}{\operatorname{tg} x}$.

4. Limites quando $x \to 0$

Se a variável x é suficientemente grande, então a função $f(x) = 1/x$ torna-se arbitrariamente pequena, ou "tende para 0". De fato, o comportamento desta função à medida que x aumenta, é essencialmente o mesmo que a da seqüência $1/n$ à medida que n aumenta. Apresentamos a seguinte definição geral: a função $f(x)$ tem o limite a quando x tende para o infinito, escrita

$$f(x) \to a \quad \text{quando} \quad x \to \infty$$

se, correspondendo a cada número positivo ε, por menor que seja, pode-se encontrar um número positivo K (dependendo de ε) tal que

$$|f(x)-a|<\varepsilon$$

desde que $|x|>K$. (Compare com a definição correspondente na página 342.)

No caso da função $f(x)=1/x$, para a qual $a=0$, é suficiente escolher $k=1/\varepsilon$, como o leitor pode verificar imediatamente.

Exercícios: Demonstre que a definição precedente da proposição

$$f(x) \to a \qquad \text{quando} \qquad x \to \infty$$

é equivalente à proposição

$$f(x) \to a \qquad \text{quando} \qquad 1/x \to 0.$$

Prove que as seguintes relações de limites são válidas:

2. $\dfrac{x+1}{x-1} \to 1$ quando $x \to \infty$ \qquad 3. $\dfrac{x^2+x+1}{x^2-x-1} \to 1$ quando $x \to \infty$.

4. $\dfrac{\operatorname{sen} x}{x} \to 0$ quando $x \to \infty$ \qquad 5. $\dfrac{x+1}{x^2+1} \to 0$ quando $x \to \infty$

6. $\dfrac{\operatorname{sen} x}{x+\cos x} \to 0$ quando $x \to \infty$ \qquad 7. $\dfrac{\operatorname{sen} x}{\cos x}$ não tem limite quando $x \to \infty$

8. Defina: "$f(x) \to \infty$ quando $x \to \infty$" Dê um exemplo.

Existe uma diferença entre o caso de uma função $f(x)$ e uma seqüência a_n. No caso de uma seqüência, n pode tender para o infinito somente aumentando, porém para uma função podemos permitir que x torne-se infinito positiva ou negativamente. Caso se deseje restringir a atenção ao comportamento de $f(x)$ quando x assume somente valores positivos grandes, podemos substituir a condição $|x|>K$ pela condição $x>K$; para valores negativos grandes de x utilizamos a condição $x<-K$. Para simbolizar estes dois métodos de aproximação "unilateral" do infinito, escrevemos

$$x \to +\infty, \qquad x \to -\infty$$

respectivamente.

§4. DEFINIÇÃO PRECISA DE CONTINUIDADE

Em §1, item 5, afirmamos o que equivale ao seguinte critério para a continuidade de uma função: uma função $f(x)$ é contínua no ponto $x = x_1$ se, quando x aproxima-se de x_1, a quantidade $f(x)$ aproxima-se do valor $f(x_1)$ como um limite. Se analisarmos esta definição, perceberemos que ela consiste em duas exigências diferentes:

a) o limite a de $f(x)$ deve existir quando x tende para x_1,

b) este limite a deve ser igual ao valor $f(x_1)$.

Se na definição de limite da página 342 fizermos $a = f(x_1)$, então a condição para continuidade passa a ter a seguinte forma: *a função f(x) é contínua para o valor $x = x_1$ se, correspondendo a todo o número positivo ε, por menor que seja, pode-se encontrar um número positivo δ (dependendo de ε) tal que*

$$|f(x) - f(x_1)| < \varepsilon$$

para todos os x satisfazendo a desigualdade

$$|x - x_1| < \delta.$$

(A restrição $x \neq x_1$ imposta na definição de limite é desnecessária aqui, uma vez que a desigualdade $|f(x_1) - f(x_1)| < \varepsilon$. é automaticamente satisfeita.)

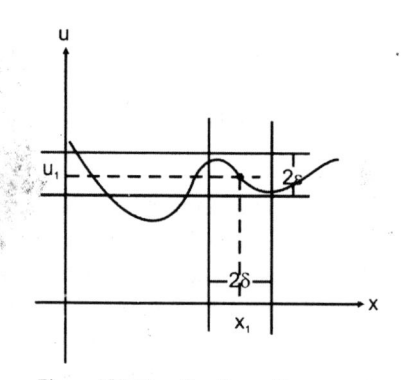

Figura 170: Uma função contínua em $x = x_1$. 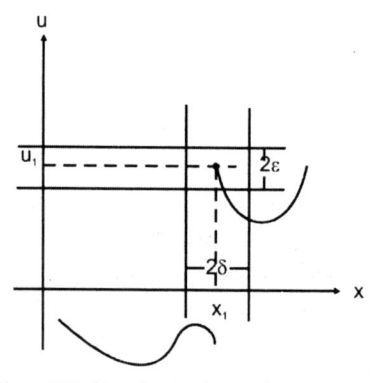   Figura 171: Uma função descontínua em $x = x_1$.

Como exemplo, verifiquemos a continuidade da função $f(x) = x^3$ no ponto $x_1 = 0$, digamos. Temos

$$f(x_1) = 0^3 = 0.$$

Atribuamos agora qualquer valor positivo a ε, por exemplo, $\varepsilon = \dfrac{1}{1000}$. Devemos então demonstrar que restringindo x a valores suficientemente próximos de $x_1 = 0$, os valores correspondentes de $f(x)$ não diferirão de 0 por mais do que $\dfrac{1}{1000}$, isto é, estarão contidos entre $\dfrac{-1}{1000}$ e $\dfrac{1}{1000}$. Percebemos imediatamente que esta margem não é excedida se restringirmos x a valores diferindo de $x_1 = 0$ por menos do que $\delta = \sqrt[3]{\dfrac{1}{1000}} \dfrac{1}{10}$; isto porque, se $|x| < \dfrac{1}{10}$, então $|f(x)| = x^3 < \dfrac{1}{1000}$. Do mesmo modo podemos substituir $\varepsilon = \dfrac{1}{1000}$ por $\varepsilon = 10^{-4}$, 10^{-6}, ou por qualquer margem que quisermos; $\delta = \sqrt[3]{\varepsilon}$ sempre satisfará a exigência, uma vez que se $|x| < \sqrt[3]{\varepsilon}$, então $|f(x)| = x^3 < \varepsilon$.

Com base na definição (ε, δ) de continuidade pode-se demonstrar de maneira semelhante que todos os polinômios, funções racionais e funções trigonométricas são contínuas, exceto para valores isolados de x onde as funções podem se tornar infinitas.

Em termos do gráfico de uma função $u = f(x)$, a definição de continuidade tem a forma geométrica apresentada a seguir. Escolhamos qualquer número positivo ε e tracemos paralelas ao eixo dos x a uma altura $f(x_1) - \varepsilon$ e $f(x_1) + \varepsilon$ acima dele. Então deve ser possível encontrar um número positivo δ tal que toda a porção do gráfico que está contido dentro da faixa vertical de largura 2δ em torno de x_1 também esteja contida dentro da faixa horizontal de largura 2ε em torno de $f(x)$. A Figura 170 mostra uma função que é contínua em x_1, enquanto que a Figura 171 mostra uma função que não o é. Neste último caso, por mais estreita que tornemos a faixa vertical em torno de x_1, ela sempre incluirá uma porção do gráfico que está contida fora da faixa horizontal correspondendo à escolha de ε.

Se eu afirmar que uma dada função $u = f(x)$ é contínua para o valor $x = x_1$, significa que estou preparado para cumprir o seguinte acordo com você. Você pode escolher qualquer número positivo ε, tão pequeno quanto quiser, porém fixo. Então, devo determinar um número positivo δ tal que $|x - x_1| < \delta$ implique $|f(x) - f(x_1)| < \varepsilon$. Não fiz um acordo para fornecer desde o início um número δ que seja suficiente para qualquer ε que você possa subseqüentemente escolher: minha escolha de δ dependerá de sua escolha de ε. Se você pode fornecer apenas um valor ε para o qual não posso fornecer um δ adequado, então minha asserção é contestada. Portanto, para provar que posso cumprir meu acordo em qualquer caso concreto de uma função $u = f(x)$, normalmente construo uma função positiva explícita

$$\delta = \varphi(\varepsilon),$$

definida para todo número positivo ε, para o qual posso provar que $|x - x_1| < \delta$ implica sempre $|f(x) - f(x_1)| < \varepsilon$. No caso da função $u = f(x) = x^3$ no valor $x_1 = 0$, a função $\delta = \varphi(\varepsilon)$ era $\delta = \sqrt[3]{\varepsilon}$.

Exercícios. 1) Prove que sen x, cos x são funções contínuas.

2) Prove a continuidade de $1/(1 + x^4)$ e de $\sqrt{1 + x^2}$.

Deve agora estar claro que a definição (ε, δ) de continuidade está de acordo com o que poderia ser chamado de fatos observáveis relativos a uma função. Como tal, está em conformidade com o princípio geral da ciência moderna que tem como critério para a utilidade de um conceito ou para a "existência científica" de um fenômeno, a possibilidade de sua observação (pelo menos em princípio) ou de sua redução a fatos observáveis.

§5. Dois teoremas fundamentais sobre funções contínuas
1. O teorema de Bolzano

O padre católico Bernard Bolzano (1781-1848), que havia se especializado no estudo da filosofia escolástica, foi um dos primeiros a introduzir o conceito moderno de rigor na análise matemática. Seu importante livreto, *Paradoxien des Unendlichen*, foi publicado em 1850. Então, pela primeira vez reconheceu-se que muitas proposições aparentemente óbvias relacionadas a funções contínuas podem e devem ser provadas caso se pretenda utilizá-las em sua completa generalidade. O teorema a seguir, sobre funções contínuas de uma variável, constitui um exemplo.

Uma função contínua de uma variável x que é positiva para algum valor de x e negativa para algum outro valor de x em um intervalo fechado $a \le x \le b$ de continuidade, deve ter o valor zero para algum valor intermediário de x. Assim, se $f(x)$ é contínua à medida que x varia no intervalo de a até b, enquanto $f(a) < 0$ e $f(b) > 0$, então existirá um valor α de x tal que $a < \alpha < b$ e $f(\alpha) = 0$.

O teorema de Bolzano corresponde perfeitamente à nossa idéia intuitiva de uma curva contínua que, para ir de um ponto abaixo do eixo dos x a um ponto acima, deve em algum lugar atravessar o eixo. O fato de que isto não precisa ser verdadeiro para funções descontínuas é mostrado pela Figura 157.

*2. Prova do teorema de Bolzano

Uma prova rigorosa deste teorema será apresentada a seguir. (Da mesma forma que Gauss e outros grandes matemáticos, pode-se aceitar e utilizar o fato sem prova.) Nosso objetivo consiste em reduzir o teorema a propriedades fundamentais do sistema dos números reais, em particular ao postulado de Dedekind-Cantor relativo a intervalos aninhados (Capítulo 2). Para isso, consideramos o intervalo $a \leq x \leq b$, no qual a função $f(x)$ é definida, e o dividimos ao meio marcando o ponto médio, $x_1 = \dfrac{a+b}{2}$. Se neste ponto médio verificamos que $f(x_1) = 0$, então nada mais resta a demonstrar. Se, no entanto, $f(x_1) \neq 0$, então $f(x_1)$ deve ser maior ou menor do que zero. Em qualquer dos casos, uma das metades de I terá novamente a propriedade de que o sinal de $f(x)$ será diferente em seus dois extremos. Chamemos este intervalo de I_1. Continuamos o processo dividindo ao meio I_1; então $f(x) = 0$ no ponto médio de I_1, ou podemos escolher um intervalo I_2, metade de I_1, com a propriedade de que o sinal de $f(x)$ será diferente em seus dois extremos. Repetindo este procedimento, obteremos, após um número finito de divisões ao meio, um ponto para o qual $f(x) = 0$, ou deveremos obter uma seqüência de intervalos encaixados $I_1, I_2, I_3, \ldots$ Neste último caso, o postulado de Dedekind-Cantor assegura a existência de um ponto α em I comum a todos estes intervalos. Afirmamos que $f(\alpha) = 0$, de modo que α é o ponto cuja existência prova o teorema.

Até agora a hipótese de continuidade não foi utilizada. Ela agora permite concluir a demonstração utilizando um pouco de raciocínio indireto. Devemos provar que $f(\alpha) = 0$ supondo o contrário e deduzindo disso uma contradição. Suponhamos que $f(\alpha) \neq 0$, por exemplo, que $f(\alpha) = 2\varepsilon > 0$. Como $f(x)$ é contínua, podemos encontrar um intervalo J (talvez muito pequeno) de comprimento 2δ com α como ponto médio, tal que o valor de $f(x)$ em todos os pontos de J difira de $f(\alpha)$ em menos de ε. Portanto, como $f(\alpha) = 2\varepsilon$, podemos ter certeza de que $f(x) > \varepsilon$ por toda parte em J, de modo que $f(x) > 0$ em J. Porém o intervalo J é fixo, e se n é suficientemente grande, o pequeno intervalo I_n deve necessariamente recair em J, uma vez que a seqüência I_n contrai-se para zero. Isto produz uma contradição; porque segue-se a partir da maneira como I_n

foi escolhido que a função *f*(*x*) tem sinais opostos nos dois extremos de todos os I_n, de modo que *f*(*x*) deve ter valores negativos em algum ponto em *J*. Assim, o absurdo de *f*(α) > 0 e (do mesmo modo) de *f*(α) < 0 prova que *f*(α) = 0.

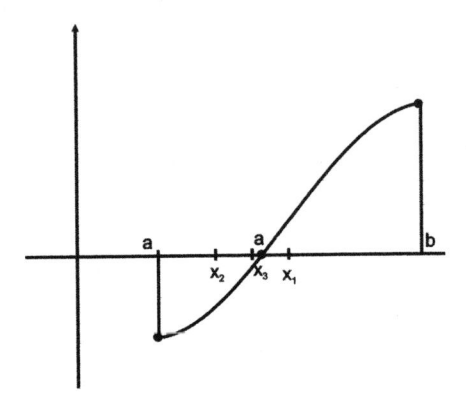

Figura 172: O teorema de Bolzano.

3. O teorema de Weierstrass sobre valores extremos

Um outro fato importante e intuitivamente plausível relativo a funções contínuas foi formulado por Karl Weierstrass (1815-1897), o qual, mais do que qualquer outro, foi responsável pela tendência moderna no sentido do rigor na análise matemática. Este teorema tem como enunciado: *se uma função f(x) é contínua em um intervalo I, a ≤ x ≤ b, incluindo os pontos terminais a e b do intervalo, então deve existir pelo menos um ponto em I onde f(x) alcança seu maior valor M, e um outro ponto onde f(x) alcança seu menor valor m*. Intuitivamente falando, isto significa que o gráfico da função contínua *u* = *f*(*x*) deve ter pelo menos um ponto mais alto e um ponto mais baixo.

É importante observar que a proposição não precisa ser verdadeira se a função *f*(*x*) deixar de ser contínua nos pontos terminais de *I*. Por exemplo, a função $f(x) = \dfrac{1}{x}$ não tem valor máximo no intervalo 0 < *x* ≤ 1, embora *f*(*x*) seja contínua em todo o interior deste intervalo. Nem tampouco uma função descontínua precisa assumir um valor máximo ou mínimo mesmo que seja limitada. Por exemplo, consideremos a função muito descontínua *f*(*x*) definida da seguinte maneira

$$f(x) = x \quad \text{para } x \text{ irracional,}$$
$$f(x) = \frac{1}{2} \quad \text{para } x \text{ racional,}$$

no intervalo $0 \leq x \leq 1$. Esta função sempre assume valores tão próximos de 1 e de 0 quanto quisermos, se escolhermos um valor irracional de x suficientemente próximo de 0 ou de 1. Porém, $f(x)$ nunca pode ser igual a 0 ou a 1, uma vez que para x racional temos $f(x) = \dfrac{1}{2}$, e para x irracional temos $f(x) = x$. Portanto, 0 e 1 nunca são alcançados.

* O teorema de Weierstrass pode ser provado de maneira bastante semelhante ao de Bolzano. Dividimos I em dois meios-intervalos fechados I' e I'' e fixamos nossa atenção sobre I' como o intervalo no qual o maior valor de $f(x)$ deve ser procurado, a menos que exista um ponto α em I'' tal que $f(\alpha)$ exceda todos os valores de $f(x)$ em I'; neste último caso selecionamos I''. Denominamos o intervalo assim selecionado de I_1. Procederemos agora com I_1 da mesma maneira como fizemos com I, obtendo um intervalo I_2, e assim por diante. Este processo definirá uma seqüência $I_1, I_2, ..., I_n, ...$ de intervalos aninhados contendo um ponto z. Demonstraremos que o valor $f(z) = M$ é o maior valor alcançado por $f(x)$ em I, isto é, que não pode haver um ponto s em I para o qual $f(s) > M$. Suponhamos que exista um ponto s com $f(s) = M + 2\varepsilon$, onde ε é um número positivo (talvez muito pequeno). Em torno de z como centro podemos então, em razão da continuidade de $f(x)$, assinalar um pequeno intervalo K, deixando s fora, e tal que em K os valores de $f(x)$ distem de $f(z) = M$ menos do que ε, de modo que certamente tenhamos $f(x) < M + \varepsilon$ em K. Porém, para n suficientemente grande, o intervalo I_n está contido dentro de K, e In foi definido de maneira que nenhum valor de $f(x)$, para x fora de I_n, pode exceder todos os valores de $f(x)$ para x em I_n. Uma vez que s está fora de I_n e $f(s) > M + \varepsilon$, enquanto em K, e portanto em I_n, temos $f(x) < M + \varepsilon$, chegamos a uma contradição.

A existência de um valor m menor pode ser provada do mesmo modo, ou decorre diretamente do que já se provou, uma vez que o menor valor de $f(x)$ é o maior valor de $g(x) = -f(x)$.

O teorema de Weierstrass pode ser provado de maneira semelhante para funções contínuas de duas ou mais variáveis $x, y,...$. Ao invés de um intervalo com seus pontos terminais, temos que considerar um domínio fechado, por exemplo, um retângulo no plano x, y que inclui sua fronteira.

Exercício: Onde, nas provas dos teoremas de Bolzano e de Weierstrass, utilizamos o fato que $f(x)$ era definida e contínua em todo o intervalo fechado $a \leq x \leq$ b e não meramente no intervalo $a < x \leq b$ ou $a < x < b$?

As provas dos teoremas de Bolzano e de Weierstrass têm um caráter decididamente não-construtivo. Elas não fornecem um método para encontrar efetivamente a localização de um zero ou o maior ou menor valor de uma função com um grau de precisão fixado com antecedência em um número finito de etapas. Prova-se apenas a mera existência ou, antes, o absurdo da inexistência dos valores desejados. Este é um outro importante exemplo onde os "intuicionistas" (veja Capítulo II) levantaram objeções; alguns inclusive insistiram para que tais teoremas fossem eliminados da Matemática. O estudante de Matemática não deveria levar isso mais a sério do que a maioria dos críticos.

*4. Um teorema sobre seqüências. Conjuntos compactos

Seja $x_1, x_2, x_3, \ldots$ qualquer seqüência infinita de números, distintos ou não, todos contidos em um *intervalo fechado I*, $a \leq x \leq b$. A seqüência pode ou não tender para um limite. Porém, de qualquer forma, *é sempre possível extrair desta seqüência, omitindo certos termos, uma subseqüência infinita,* $y_1, y_2, y_3, \ldots$, *que tende para algum limite y contido no intervalo I*.

Para provar este teorema, dividimos o intervalo I em dois subintervalos fechados I' e I'' marcando o ponto médio $\dfrac{a+b}{2}$ de I:

$$I': a \leq x \leq \frac{a+b}{2},$$

$$I'': \frac{a+b}{2} \leq x \leq b.$$

Em pelo menos um destes, que podemos chamar de I_1, devem estar contidos infinitos termos x_n da seqüência original. Escolhamos qualquer um destes termos, digamos x_{n1}, e o chamemos de y_1. Procedamos agora da mesma maneira com o intervalo I_1. Como existem infinitos termos x_n em I_1, deve haver infinitos termos em pelo menos uma das metades de I_1, que podemos chamar de I_2. Portanto, podemos certamente encontrar um termo x_n em I_2 para o qual $n > n_1$. Escolhamos um destes, e o chamemos de y_2. Procedendo desta maneira, podemos encontrar uma seqüência $I_1, I_2, I_3, \ldots$ de intervalos aninhados e uma subseqüência $y_1, y_2, y_3, \ldots$ da seqüência original, tal que y_n esteja contido em I_n para todo o n. Esta seqüência de intervalos converge para um ponto y de I, e fica claro que a seqüência $y_1, y_2, y_3, \ldots$ tem o limite a, como se pretendia provar.

*Estas considerações são passíveis do tipo de generalização característico da Matemática moderna. Consideremos uma variável x variando em um conjunto geral S no qual alguma noção de "distância" é definida. S pode ser um conjunto de pontos no plano ou no espaço. Porém isto não é necessário; por exemplo, S poderia ser o conjunto de todos os triângulos no plano. Se X e Y são dois triângulos, com vértices A, B, C e A', B', C', respectivamente, então podemos definir a "distância" entre os dois triângulos como o número

$$d(X,Y) = AA' + BB' + CC',$$

onde AA', etc., denota a distância ordinária entre os pontos A e A'. Sempre que existir esta noção de "distância" em um conjunto S podemos definir o conceito de uma seqüência de elementos $X_1, X_2, X_3, \ldots$ tendendo para um elemento limite X de S. Com isto queremos exprimir que $d(X, X_n) \to 0$ à medida que $n \to \infty$. Definiremos agora que o conjunto S é compacto se de qualquer seqüência $X_1, X_2, X_3, \ldots$ *de elementos de S pudermos sempre extrair uma subseqüência que tenda para algum elemento limite X de S.* Demonstramos no parágrafo anterior que um intervalo fechado $a \leq x \leq b$ é compacto neste sentido. Portanto, o conceito de conjunto compacto pode ser considerado como uma generalização de um intervalo fechado da reta numérica. Deve-se observar que a reta numérica como um todo não é compacta, uma vez que a seqüência de inteiros 1, 2, 3, 4, 5, ... não tende para um limite nem contém qualquer subseqüência que o faça. Nem um intervalo aberto tal como $0 < x < 1$, não incluindo seus pontos terminais, é compacto, uma vez que a seqüência $\frac{1}{2}, \frac{1}{3}, \frac{1}{4}, \ldots$ ou qualquer subseqüência dele tende para o limite 0, que não é um ponto do intervalo aberto. Da mesma maneira, pode-se mostrar que a região do plano formada pelos pontos interiores a um quadrado ou a um retângulo não é compacta, porém torna-se compacta se os pontos da fronteira forem incluídos. Além disso, o conjunto de todos os triângulos cujos vértices estão contidos dentro ou sobre a circunferência de um círculo dado é compacto.

Podemos também estender a noção de continuidade para o caso em que o domínio da função é um conjunto S no qual a noção de limite é definida. Diz-se que a função $u = F(x)$, onde u é um número real, é contínua no ponto X de S se, para qualquer seqüência de elementos $X_1, X_2, X_3, \ldots$ que tende para X como limite, a seqüência correspondente de números $F(X_1), F(X_2), \ldots$ tende para o limite $F(X)$. (Uma definição (ε, δ) equivalente também pode ser dada.) É bastante fácil demonstrar que o teorema de Weierstrass também é válido para o caso geral de uma função contínua definida em qualquer conjunto compacto:

Se u = F(x) é qualquer função contínua definida em um conjunto compacto S, então sempre existe um elemento de S para o qual F(x) alcança seu valor máximo, e também um para o qual ela atinge seu valor mínimo.

A prova é simples desde que se tenha apreendido os conceitos gerais envolvidos, porém não nos aprofundaremos neste assunto. Será observado no Capítulo VII que o teorema geral de Weierstrass é de grande importância na teoria dos máximos e mínimos.

§6. ALGUMAS APLICAÇÕES DO TEOREMA DE BOLZANO
1. Aplicações geométricas

O teorema de Bolzano, simples porém geral, pode ser utilizado para provar muitos fatos que não são de forma alguma óbvios à primeira vista. Inicialmente provaremos o seguinte: *se A e B são duas áreas quaisquer no plano, existe então um reta no plano que divide ao meio A e B simultaneamente.* "Área" quer dizer qualquer porção do plano incluída dentro de uma curva simples fechada.

Comecemos escolhendo algum ponto fixo P no plano, e traçando a partir de P um raio orientado PR, do qual os ângulos poderão ser medidos. Se tomarmos qualquer raio PS que forme um ângulo x com PR, existirá uma reta orientada no plano dividindo ao meio a área A, e com a mesma direção que o raio PS. Isto porque se tomarmos uma reta orientada l_1 com a direção de PS e contida inteiramente em um lado de A e deslocarmos esta reta paralelamente a si própria até ficar na posição l_2 (veja Figura 173), inteiramente no outro lado de A, então a função cujo valor é definido como a área de A à direita da reta (a direção leste se a flecha sobre a reta apontar para o norte) menos a área de A à esquerda da reta será positiva para a posição l_1 e negativa para a posição l_2. Como esta função é contínua, pelo teorema de Bolzano ela deve ser zero em alguma posição intermediária l_x, que portanto divide A ao meio. Para cada valor de x, a partir de $x = 0°$ a $x = 360°$, a reta l_x que divide A ao meio está unicamente definida.

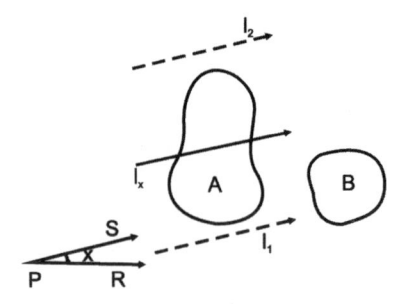

Figura 173: Bisseção simultânea de duas áreas.

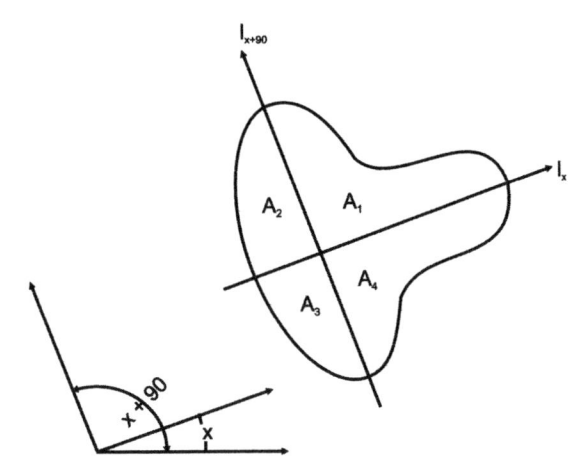

Figura 174.

Seja agora a função $y = f(x)$ definida como a área de B à direita de l_x menos a área de B à esquerda de l_x. Suponhamos que a reta l_0 que divide A ao meio e tem a direção de PR tenha mais de B à direita do que à esquerda; então, para $x = 0°$, y é positivo. Aumentemos x para $180°$, então a reta l_{180} com direção RP que divide A ao meio é a mesma que l_0, porém opostamente orientada, com direita e esquerda trocadas; portanto, o valor de y para $x = 180°$ é numericamente o mesmo que para $x = 0°$, porém com sinal oposto, e portanto negativo. Como y é uma função contínua de x à medida que l_x gira, existe algum valor α de x entre $0°$ e $180°$ para o qual y é zero. Segue-se que a reta l_α divide ao meio A e B simultaneamente. E isto conclui a prova.

Observemos que embora tenhamos provado a *existência* de uma reta com a propriedade desejada, não oferecemos qualquer procedimento para *construí-la*; isto mostra novamente a característica destacada de provas de existência matemática, em comparação a construções.

Um problema semelhante é o seguinte: dada uma área no plano deseja-se cortá-la em *quatro* partes iguais por duas retas *perpendiculares*. Para provar que isto é sempre possível, retornamos ao problema anterior no estágio em que tínhamos definido l_x para qualquer ângulo x, mas esquecendo a área B. Ao invés disso, tomamos a reta l_x+90 que é perpendicular a l_x e que também divide A ao meio. Se numerarmos os quatro pedaços de A conforme mostrado na Figura 174, temos então

$$A_1 + A_2 = A_3 + A_4$$

e

$$A_2 + A_3 = A_1 + A_4,$$

de onde decorre, subtraindo-se a segunda equação da primeira, que

$$A_1 - A_3 = A_3 - A_1,$$

isto é,

$$A_1 = A_3,$$

e portanto,

$$A_2 = A_4.$$

Assim, se podemos demonstrar a existência de um ângulo α tal que para l_α

$$A_1(\alpha) = A_2(\alpha),$$

então nosso teorema estará provado, uma vez que para esse ângulo todas as quatro áreas serão iguais. Para fazermos isto, definimos uma função $y = f(x)$ traçando l_x e definindo

$$f(x) = A_1(x) - A_2(x).$$

Para $x = 0°$, $f(0) = A_1(0) - A_2(0)$ pode ser positivo. Nesse caso, para $x = 90°$, $A_1(90) - A_2(90) = A_2(0) - A_3(0) = A_2(0) - A_1(0)$, será negativo. Portanto, uma vez que $f(x)$ varia continuamente à medida que x aumenta de $0°$ para $90°$, haverá algum valor α entre $0°$ e $90°$ para o qual $f(\alpha) = A_1(\alpha) - A_2(\alpha) = 0$. As retas l_α e $l_{\alpha+90}$ dividem então a área em quatro partes iguais.

É interessante observar que estes problemas podem ser generalizados para três ou mais dimensões. Em três dimensões, o primeiro problema torna-se: dados três volumes no espaço, encontre um plano que divida ao meio todos os três simultaneamente. A prova de que isto é sempre possível novamente depende do teorema de Bolzano. Em mais de três dimensões o teorema ainda é verdadeiro, porém a prova requer métodos mais avançados.

*2. Aplicação a um problema de Mecânica

Concluiremos esta seção discutindo um problema aparentemente difícil de Mecânica que é resolvido facilmente por um raciocínio baseado em conceitos de continuidade. (Este problema foi sugerido por H. Whitney.)

Suponhamos que um trem trafegue da estação A para a estação B ao longo de um trecho reto de ferrovia. O trajeto não precisa ser feito em velocidade ou aceleração uniformes. O trem pode se deslocar de qualquer modo, acelerando, reduzindo a velocidade, parando, ou até mesmo andando às vezes em marcha à ré, até chegar a B. Porém deve-se saber antecipadamente o movimento exato do trem; isto é, a função $s = f(t)$ é dada, onde s é a distância do trem à estação A, e t o tempo, medido a partir do instante da partida. Sobre o piso de um dos vagões, uma haste é instalada de modo que possa movimentar-se sem atrito para a frente ou para trás até tocar o piso. Se ela efetivamente toca o piso, suporemos que permaneça sobre o piso a partir de então; este será o caso se a haste não ricochetear. É possível colocar a haste em uma posição tal que, se ela for liberada no instante em que o trem partir e permitirmos que ela se desloque unicamente sob a influência da gravidade e do movimento do trem, ela não caia no piso durante todo o trajeto percorrido de A a B?

Pode parecer bastante improvável que, para qualquer lei de movimento fixada, a relação entre a gravidade e as forças de reação sempre permitirá esta manutenção de equilíbrio sob a única condição de que a posição inicial da haste seja escolhida adequadamente. Contudo, afirmamos que tal posição sempre existe.

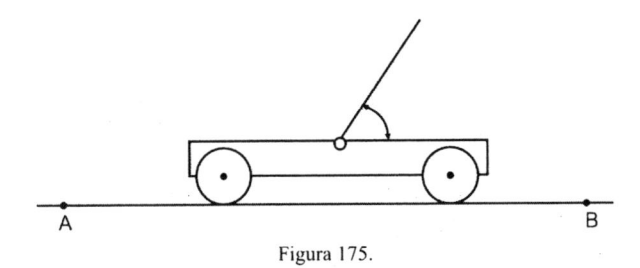

Figura 175.

Mesmo que esta asserção pareça à primeira vista paradoxal, ela pode ser provada facilmente desde que nos concentremos em seu caráter essencialmente topológico. Nenhum conhecimento detalhado das leis da Dinâmica é necessário; somente a seguinte hipótese simples de natureza física precisa ser aceita: *o movimento da haste depende continuamente de sua posição inicial*. Caracterizemos a posição inicial da haste pelo ângulo inicial x que ela forma com o piso, e por y o ângulo que a haste forma com o piso no final do trajeto, quando o trem chega ao ponto B. Se a haste caiu no piso temos $y = 0$ ou $y = \pi$. Para uma dada posição inicial x a posição final é, de acordo com nossa hipótese, unicamente determinada como uma função $y = g(x)$ que é contínua e tem os valores $y = 0$ para $x = 0$ e $y = \pi$ para $x = \pi$ (a última asserção expressando simplesmente que a haste permanecerá deitada sobre o piso se ela começar nesta posição). Lembremos agora que $g(x)$, como uma função contínua no intervalo $0 \leq x \leq \pi$, assume todos os valores entre $g(0) = 0$ e $g(\pi) = \pi$; conseqüentemente, para quaisquer destes valores y, por exemplo, para o valor $y = \dfrac{\pi}{2}$, existe um valor específico de x tal que $g(x) = y$; em particular, existe uma posição inicial para a qual a posição final da haste em B é perpendicular ao piso. (Observação: neste raciocínio não se deve esquecer de que o movimento do trem está determinado de uma vez por todas.)

Naturalmente, o raciocínio é inteiramente teórico. Se a viagem é de longa duração, ou se o horário do trem, expresso por $s = f(t)$, for muito irregular, então a faixa de posições iniciais x para a qual a posição final $g(x)$ difere de 0 ou π será excessivamente pequena, como é do conhecimento de todos os que tentaram equilibrar uma agulha sobre um plano por um razoável período de tempo. Não obstante, nosso raciocínio deve ser valioso mesmo para uma mente prática, uma vez que ele mostra como resultados qualitativos em dinâmica podem ser obtidos por simples raciocínios sem manipulação técnica.

Exercícios: 1) Utilizando o teorema da página 354, demonstre que o raciocínio acima pode ser generalizado para o caso em que a viagem seja de duração infinita.

2) Generalize para o caso em que o movimento do trem seja ao longo de qualquer curva no plano e a haste possa cair em qualquer direção. (Indicação: não é possível transformar um disco continuamente sobre sua circunferência por uma aplicação que deixa todos os pontos da circunferência fixos (veja no Capítulo 5)).

3) Demonstre que o tempo exigido para a haste cair sobre o piso, se o vagão estiver estacionário e a haste for liberada a um ângulo ε da posição vertical, tenderá para o infinito à medida que ε tende a zero.

Suplemento ao Capítulo VI
Outros exemplos sobre limites e continuidade

§1. Exemplos de limites

1. Observações gerais

Em muitos casos, a convergência de uma seqüência a_n pode ser provada por um raciocínio do tipo exposto a seguir. Encontramos duas outras seqüências, b_n e c_n, cujos termos têm uma estrutura mais simples do que as da seqüência original, e tais que

$$(1) \qquad b_n \leq a_n \leq c_n$$

para todo *n*. *Então, se pudermos demonstrar que as seqüências b_n e c_n convergem para o mesmo limite* α, *decorre que a_n também converge para o limite* α. Deixamos para o leitor a prova formal da proposição.

Fica claro que aplicações deste procedimento utilizarão desigualdades. É portanto apropriado recordar algumas regras fundamentais que regem operações com desigualdades.

1. Se $a > b$, então $a + c > b + c$ (qualquer número pode ser incluído em ambos os lados de uma desigualdade).

2. Se $a > b$ e o número c é *positivo*, então $ac > bc$ (uma desigualdade pode ser multiplicada por qualquer número positivo).

3. Se $a < b$, então $-b < -a$ (o sentido de uma desigualdade será invertido se ambos os lados forem multiplicados por -1). Assim, $2 < 3$ mas $-3 < -2$.

4. Se a e b têm o mesmo sinal, e se $a < b$, então $1/a > 1/b$.

5. $|a+b| \leq |a| + |b|$.

2. O limite de q^n

Se q for um número maior do que 1, a seqüência q^n aumentará além de qualquer limite, como acontece com a seqüência 2, 2^2, 2^3, ... para $q = 2$. A seqüência "tende para o infinito". A prova no caso geral é baseada na importante desigualdade (provada no Capítulo 1)

(2) $$(1+h)^n \geq 1 + nh > nh,$$

onde h é qualquer número positivo. Façamos $q = 1 + h$, onde $h > 0$; então

$$q^n = (1+h)^n > nh.$$

Se k for qualquer número positivo, por maior que seja, então para todo $n > k/h$ decorre que

$$q^n > nh > k;$$

portanto, $q^n \to \infty$..

Se $q = 1$, então os números da seqüência qn são todos iguais a 1, e 1 é portanto o limite da seqüência. Se q for negativo, então qn alternará valores positivos e negativos e não terá qualquer limite se $q \leq -1$.

Exercício: Apresente uma prova rigorosa da última proposição.

No Capítulo 2 demonstramos que se $-1 < q < 1$, então, $q^n \to 0$. Podemos oferecer uma outra prova, muito simples, deste fato. Primeiro consideremos o caso em que $0 < q < 1$. Então os números q, q^2, q^3, ... formam uma seqüência monótona decrescente limitada abaixo por 0. Portanto, de acordo com o Capítulo 6, a seqüência deve se aproximar de um limite: $q^n \to a$. Multiplicando ambos os lados desta relação por q, obtemos $q^{n+1} \to aq$.

Ora, q^{n+1} deve ter o mesmo limite que q^n, pois não importa se o expoente crescente é chamado de n ou de $n+1$. Portanto, $aq = a$, ou $a(q-1)$. Uma vez que $1 - q \neq 0$, isto implica que $a = 0$.

Se $q = 0$, a proposição $1 - q \neq 0$ é trivial. Se $-1 < q < 0$, então $0 < |q| < 1$; portanto $|q^n| = |q|^n \to 0$ pelo raciocínio precedente. A partir disto segue-se que sempre $q^n \to 0$ para $|q| < 1$. Isto conclui a prova.

Exercícios: Prove que para $n \to \infty$:

1) $\left(x^2 / 1 + x^2\right)^n \to 0$;

2) $\left(x / 1 + x^2\right)^n \to 0$;

3) $\left(x^3 / 4 + x^2\right)^n$ tende ao infinito para $x > 2$, a 0 para $|x| < 2$.

3. O limite de $\sqrt[n]{p}$

A seqüência $a_n = \sqrt[n]{p}$, isto é, a seqüência $p, \sqrt{p}, \sqrt[3]{3}, \sqrt[4]{p}, \ldots$, tem o limite 1 para qualquer número positivo fixo p:

(3) $\qquad \sqrt[n]{p} \to 1$ à medida que $n \to \infty$.

(Pelo símbolo $\sqrt[n]{p}$ queremos exprimir, como sempre, a n-ésima raiz positiva. Para números negativos p não existem raízes n-ésimas reais quando n é par.)

Para provar a relação (3), primeiro supomos que $p > 1$; então $\sqrt[n]{p}$ também será maior do que 1. Assim podemos escrever

$$\sqrt[n]{p} = 1 + h_n.$$

onde h_n é uma quantidade positiva dependendo de n. A desigualdade (2) mostra então que

$$p = (1 + h_n)^n > n h_n.$$

Dividindo por n observamos que

$$0 < h_n < p/n.$$

Uma vez que as seqüências $b_n = 0$ e $cn = p/n$ têm o limite 0, segue-se pelo raciocínio do item 1 que h_n tem também o limite 0 à medida que n aumenta, e assim nossa asserção é provada para $p > 1$. Aqui temos um exemplo típico onde uma relação limite, neste caso $h_n \to 0$, é reconhecida encerrando h_n entre outras duas seqüências cujos limites são mais facilmente obtidos.

A propósito, deduzimos uma estimativa para a diferença h_n entre $\sqrt{p}$ e 1; esta diferença deve ser sempre menor do que p/n.

Se $0 < p < 1$, então $\sqrt[n]{p} < 1$, e podemos escrever

$$\sqrt[n]{p} = \frac{1}{1+h_n},$$

onde h_n é novamente um número positivo dependendo de n. Decorre que

$$p = \frac{1}{(1+h_n)} < \frac{1}{nh_n},$$

de modo que

$$0 < h_n < \frac{1}{np}.$$

A partir disto concluímos que h_n tende para 0 à medida que n aumenta. Portanto, uma vez que $\sqrt[n]{p} = 1/(1+h_n)$, segue-se que $\sqrt[n]{p} \to 1$.

O efeito equalizador da extração da n-ésima raiz, que faz todo número positivo tender para 1 à medida que n aumenta, é inclusive suficientemente forte para fazer isto em alguns casos se o radicando não permanecer constante. Devemos provar que a seqüência $1, \sqrt{2}, \sqrt[3]{3}, \sqrt[4]{4}, \sqrt[5]{5}, \ldots$ tende para 1, isto é, que

$$\sqrt[n]{n} \to 1.$$

à medida que n aumenta. Mediante um pequeno artifício, pode-se novamente demonstrar que isto decorre da desigualdade (2). Ao invés da n-ésima raiz de n, tomamos a n-ésima raiz de $\sqrt{n}$. Se estabelecermos $\sqrt[n]{\sqrt{n}} = 1+k_n$, onde k_n é um número positivo dependendo de n, então a desigualdade fornece $\sqrt{n} = (1+k_n)^n > nk_n$, de modo que

$$k_n < \frac{\sqrt{n}}{n} = \frac{1}{\sqrt{n}}.$$

Portanto,

$$1 < \sqrt[n]{n} = (1+k_n)^2 = 1 + 2k_n + k_n^2 < 1 + \frac{2}{\sqrt{n}} + \frac{1}{n}.$$

O lado direito desta desigualdade tende para 1 à medida que n aumenta, de modo que $\sqrt[n]{n}$ deve também tender para 1.

4. Funções descontínuas como limites de funções contínuas

Podemos considerar limites de seqüências a_n quando a_n não é um número fixo e depende de uma variável x: $a_n = f_n(x)$. Se esta seqüência converge quando $n \to \infty$, então o limite é novamente uma função de x,

$$f(x) = \lim f_n(x).$$

Tais representações de funções $f(x)$ como limites de outras são freqüentemente úteis para reduzir funções $f(x)$ "superiores" a funções elementares $f_n(x)$.

Isto é verdadeiro, em particular, para a representação de funções descontínuas por fórmulas explícitas. Por exemplo, consideremos a seqüência $f_n(x) = \dfrac{1}{1+x^{2n}}$. Para $|x| = 1$ temos $x^{2n} = 1$ e portanto $f_n(x) = 1/2$ para todo n, de modo que $f_n(x) \to 1/2$. Para $|x| < 1$ temos $x^{2n} \to 1$, e portanto $f_n(x) \to 1$, enquanto que para $|x| > 1$ temos $x^{2n} \to \infty$, e portanto $f_n(x) \to 0$. Resumindo,

$$f(x) = \lim \frac{1}{1+x^{2n}} = \begin{cases} 1 & \text{para } |x| < 1, \\ 1/2 & \text{para } |x| = 1, \\ 0 & \text{para } |x| > 1. \end{cases}$$

Aqui a função descontínua $f(x)$ é representada como o limite de uma seqüência de funções racionais contínuas.

Um outro exemplo interessante de caráter semelhante é dado pela seqüência

$$f_n(x) = x^2 + \frac{x^2}{1+x^2} + \frac{x^2}{(1+x^2)^2} + \cdots + \frac{x^2}{(1+x^2)^n}.$$

Para $x = 0$, todos os valores $f_n(x)$ são nulos, e portanto $f(0) = \lim f_n(0) = 0$. Para $x \neq 0$ a expressão $1/(1+x^2) = q$ é positiva e menor do que 1; nossos resultados sobre séries geométricas garantem a convergência de $f_n(x)$ para $n \to \infty$. O limite, isto é, a soma das séries geométricas infinitas, é $\dfrac{x^2}{1-q} = \dfrac{x^2}{1 - \frac{1}{1+x^2}}$, que é igual a $1 + x^2$. Assim, observamos que $f(x)$ tende à função $f_n(x) = 1 + x^2$ para $x \neq 0$, e a $f(x) = 0$ para $x = 0$. Esta função tem uma descontinuidade removível em $x = 0$.

*5. Limites por iteração

Muitas vezes, os termos de uma seqüência são tais que a_{n+1} é obtido a partir de an pelo mesmo procedimento que an de a_{n-1}; o mesmo processo, indefinidamente repetido, permite obter toda a seqüência a partir de um dado termo inicial. Nestes casos, dizemos que temos um processo de "iteração".

Por exemplo, a seqüência

$$1, \sqrt{1+1}, \sqrt{1+\sqrt{2}}, \sqrt{1+\sqrt{1+\sqrt{2}}}, \ldots$$

possui esta lei de formação; cada termo após o primeiro é formado tomando-se a raiz quadrada de 1 mais seu predecessor. Assim a fórmula

$$a_1 = 1, \qquad a_{n+1} = \sqrt{1 + a_n}$$

define toda a seqüência. Encontremos seu limite. Obviamente, a_n é maior do que 1 para $n > 1$. Além disso, a_n é uma seqüência monótona crescente, porque

$$a_{n+1}^2 - a_n^2 = (1 + a_n) - (1 + a_{n-1}) = a_n - a_{n-1}.$$

Portanto, sempre que $a_n > a_{n-1}$ decorrerá que $a_{n+1} > a_n$. Porém sabemos que $a_2 - a_1 = \sqrt{2} - 1 > 0$, do que concluímos por indução matemática que $a_{n+1} > a_n$ para todos os n, isto é, que a seqüência é monótona crescente. Além disso, é limitada; isto porque, pelos resultados anteriores, temos

$$a_{n+1} = \frac{1+a_n}{a_{n+1}} < \frac{1+a_{n+1}}{a_{n+1}} = 1 + \frac{1}{a_{n+1}} < 2.$$

Pelo princípio das seqüências monótonas concluímos que, para $n \to \infty$, onde a é algum número entre 1 e 2. Percebemos facilmente que a é a raiz positiva da equação quadrática $x^2 = 1 + x$. Pois à medida que $n \to \infty$ a equação $a_{n+1}^2 = 1 + a_n$ torna-se $a^2 = 1 + a$. Resolvendo esta equação, verificamos que a raiz positiva é $a = \dfrac{1+\sqrt{5}}{2}$. Assim, podemos resolver esta equação quadrática por um processo de iteração que fornece o valor da raiz com qualquer grau de aproximação se formos suficientemente longe.

Podemos resolver muitas outras equações algébricas por iteração de modo semelhante. Por exemplo, podemos escrever a equação cúbica $x^3 - 3x + 1 = 0$ na forma

$$x = \frac{1}{3-x^2}.$$

Escolhemos agora qualquer valor para a_1, digamos $a_1 = 0$, e definimos

$$a_{n+1} = \frac{1}{3-a_n^2},$$

obtendo a seqüência $a_2 = 1/3 = 0{,}3333...$, $a_3 = 9/26 = 0{,}3461...$, $a_4 = 676/1947 = 0{,}3472...$, etc. Pode-se demonstrar que a seqüência an obtida desta forma converge para um limite $a = 0{,}3473...$ que é uma solução da equação cúbica dada. Processos de iteração como este são extremamente importantes tanto na Matemática pura, onde produzem "provas de existência", quanto na Matemática aplicada, onde fornecem métodos de aproximação para a solução de muitos tipos de problemas.

Exercícios sobre limites. Para $n \to \infty$:

1) Prove que $\sqrt{n+1} - \sqrt{n} \to 0$.
(Indicação: escreva a diferença na forma

$$\frac{\sqrt{n+1}-\sqrt{n}}{\sqrt{n+1}+\sqrt{n}} \cdot \left(\sqrt{n+1}+\sqrt{n}\right).$$

2) Encontre o limite de $\sqrt{n^2+a} - \sqrt{n^2+b}$.

3) Encontre o limite de $\sqrt{n^2+a_n+b} - n$.

4) Encontre o limite de $\dfrac{1}{\sqrt{n+1}+\sqrt{n}}$.

5) Prove que o limite de $\sqrt[n]{n+1}$ é 1.

6) Qual é o limite de $\sqrt[n]{a^n+b^n}$ se $a > b > 0$?

7) Qual é o limite de $\sqrt[n]{a^n+b^n+c^n}$ se $a > b > c > 0$?

8) Qual é o limite de $\sqrt[n]{a^n b^n + a^n c^n + b^n c^n}$ se $a > b > c > 0$?

9) Veremos mais adiante que $e = \lim(1+1/n)^n$. O que é então $\lim(1+1/n^2)^n$?

§2. Exemplo sobre continuidade

Oferecer uma prova precisa da continuidade de uma função requer a verificação explícita da definição da página 348. Algumas vezes, este é um procedimento extenso, e portanto é favorável, como veremos no Capítulo VIII, que a continuidade seja uma conseqüência da diferenciabilidade. Uma vez que esta última será estabelecida sistematicamente para todas as funções elementares, podemos seguir o curso usual de omitir cansativas provas individuais de continuidade. Porém, como outra ilustração da definição geral, devemos analisar mais um exemplo, a função $f(x) = \dfrac{1}{1+x^2}$.

Podemos restringir x a um intervalo fixo $|x| \leq M$, onde M é um número selecionado arbitrariamente. Escrevendo

$$f(x_1) - f(x) = \frac{1}{1+x_1^2} - \frac{1}{1+x^2}$$
$$= \frac{x^2 - x_1^2}{(1+x^2)(1+x_1^2)} = (x-x_1)\frac{(x+x_1)}{(1+x^2)(1+x_1^2)},$$

encontramos para $|x| \leq M$ e $|x_1| \leq M$

$$|f(x_1) - f(x)| \leq |x - x_1||x + x_1| \leq |x - x_1| \cdot 2M.$$

Portanto fica claro que a diferença no lado esquerdo será menor do que qualquer número positivo ε somente se $|x_1 - x| < \delta = \dfrac{\varepsilon}{2M}$.

Deve-se observar que estamos sendo bastante generosos em nossas avaliações. Para grandes valores de x e x_1 o leitor perceberá facilmente que um δ muito maior seria suficiente.

Capítulo VII
Máximos e mínimos

Introdução

Um segmento de reta é o caminho mais curto entre seus extremos. Um arco de grande círculo é a curva mais curta unindo dois pontos sobre uma esfera. Entre todas as curvas planas fechadas de mesmo comprimento, o círculo encerra a maior área e, entre todas as superfícies fechadas de mesma área, a esfera encerra o maior volume.

Propriedades de máximos e mínimos deste tipo eram conhecidas dos gregos, embora os resultados fossem enunciados sem uma tentativa real de prova. Uma das mais significativas descobertas gregas é atribuída a Héron, cientista alexandrino do século I, d. C. Sabia-se há muito tempo que um raio de luz partindo de um ponto P e encontrando um espelho plano L em um ponto R é refletido na direção de um ponto Q tal que PR e QR formam ângulos iguais com o espelho. Héron descobriu que se R' é outro ponto qualquer no espelho, então a distância total $PR' + R'Q$ é maior do que a distância $PR + RQ$. Este teorema, que provaremos agora, caracteriza o caminho efetivo PRQ da luz entre P e Q como o caminho mais curto de P até Q por meio do espelho - uma descoberta que pode ser considerada o embrião da teoria da óptica geométrica.

É absolutamente natural que os matemáticos se interessassem por questões desta espécie. Na vida diária, problemas de máximos e mínimos, do "melhor" e do "pior", surgem constantemente. Muitos problemas de importância prática apresentam-se nesta forma. Por exemplo, qual deveria ser a forma de um barco de modo a apresentar a menor resistência possível na água? Que recipiente cilíndrico feito de uma determinada quantidade de material tem um volume máximo?

A partir do século XVII, a teoria geral dos valores extremos - máximos e mínimos - tornou-se um dos princípios integradores sistemáticos da Ciência. Os primeiros passos de Fermat em seu cálculo diferencial foram instigados pela vontade em estudar questões de máximos e mínimos por métodos gerais. No século que se seguiu, o objetivo destes métodos foi muito ampliado com a invenção do "cálculo de variações". Tornou-se cada vez mais claro que as leis físicas da natureza são expressas da forma mais adequada em termos de um princípio de mínimo que proporcione um acesso natural a uma solução mais ou menos completa de problemas. Uma das mais notáveis realizações da Matemática contemporânea é a teoria dos valores estacionários - uma extensão da noção de valores extremos que combina Análise e Topologia. Nossa abordagem de todo este assunto será bastante elementar.

§1. Problemas de geometria elementar

1. Área máxima de um triângulo com dois lados dados

Sejam dois segmentos a e b; pede-se que se encontre o triângulo de área máxima tendo a e b como lados. A solução é simplesmente o triângulo retângulo cujos dois catetos são a e b. Consideremos qualquer triângulo de lados a e b, como na Figura 176. Se h é a altura na base a, então a

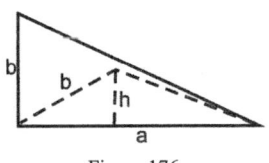

Figura 176.

área do triângulo é $A = \frac{1}{2}ah$. Ora, $\frac{1}{2}ah$ é claramente um máximo quando h é a maior e isto ocorre quando h coincide com b; isto é, para um triângulo retângulo. Portanto a área máxima é $\frac{1}{2}ab$.

2. O teorema de Héron. Propriedade extrema dos raios luminosos

Seja uma reta L e dois pontos P e Q no mesmo lado de L. Para qual ponto R sobre L $PR + RQ$ é o caminho mais curto de P a Q tocando L? Este é o problema de Héron do raio luminoso. (Se L fosse a margem de um riacho, e alguém tivesse que ir de P a Q o mais rápido possível, enchendo um balde de água a partir de L no trajeto, então teria que resolver exatamente este problema.) Para encontrar a solução, refletimos P em L como em um espelho, obtendo o ponto P' de tal forma que L seja a mediatriz de PP'. A reta $P'Q$ corta L no ponto requerido R. É simples provar que $PR + RQ$ é menor do que $PR' + R'Q$ para qualquer outro ponto R' sobre L. Isto porque $PR = P'R$ e $PR' = P'R'$; portanto, $PR + RQ = P'R + RQ = P'Q$ e $PR' + R'Q = P'R' + R'Q$. Porém $P'R' + R'Q$ é maior do que $P'Q$ (uma vez que a soma de dois lados quaisquer de um triângulo é maior do que o terceiro lado), portanto $PR' + R'Q$ é maior do que $PR + RQ$, como se pretendia demonstrar. No que se segue, suporemos que nem P nem Q estão sobre L.

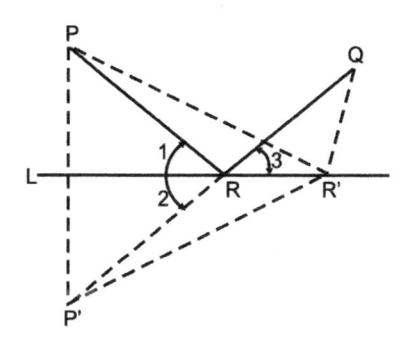

Observamos na Figura 177 que ∡3 = ∡2, e ∡2 = ∡1, de modo que ∡1 = ∡3. Em outras palavras, *R é o ponto tal que PR e QR formam ângulos iguais com L*. A partir disto, segue-se que um raio luminoso refletido em *L* (sabe-se, a partir de experimentos, que o raio luminoso forma ângulos iguais de incidência e reflexão) efetivamente segue o caminho mais curto de *P* a *Q* tocando *L*, como se afirmou acima na introdução.

Figura 177: O teorema de Héron.

O problema pode ser generalizado para incluir o caso de várias retas *L*, *M*, ... Consideremos, por exemplo, o caso em que temos duas retas *L*, *M* e dois pontos *P*, *Q* situados como na Figura 178, com o problema para encontrar o caminho de comprimento mínimo de *P* para *L*, depois para *M*, e em seguida para *Q*. Seja *Q'* a reflexão de *Q* em *M* e *Q"* a reflexão de *Q'* em *L*. Trace *PQ"* cortando *L* em *R* e *RQ'* cortando *M* em *S*; então *R* e *S* são os pontos pedidos tais que *PR + RS + SQ* é o caminho de comprimento mínimo de *P* para *L* para *M* para *Q*. A prova deste fato é muito semelhante à do problema anterior, e é deixada como exercício para o leitor. Se *L* e *M* fossem espelhos, um raio luminoso partindo de *P*, refletindo-se em *L*, em seguida em *M*, e continuando até *Q*, encontraria *L* em *R* e *M* em *S*; portanto, o raio luminoso novamente seguiria o caminho de comprimento mais curto.

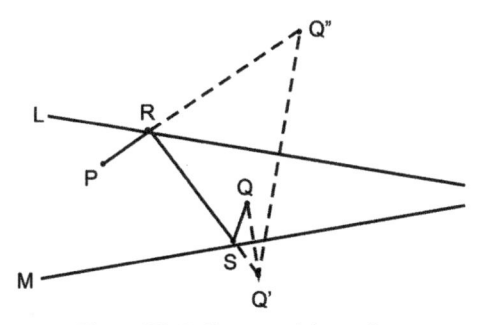

Figura 178: Reflexão em dois espelhos

Seria possível pedir o caminho mais curto primeiro de P para M, depois para L, e daí para Q. Isto daria um caminho PRSQ (veja Figura 179) determinado de forma semelhante ao caminho anterior PRSQ. O comprimento do primeiro caminho pode ser maior, igual, ou menor que o do segundo.

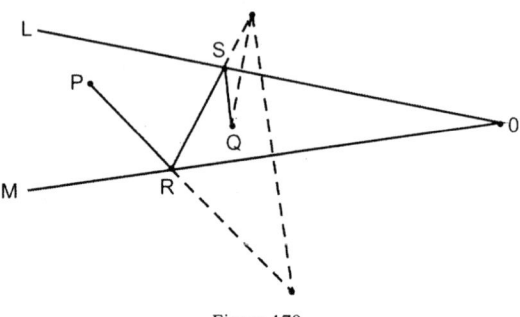

Figura 179.

Exercício: Demonstre que o primeiro caminho é menor do que o segundo se O e R estiverem contidos no mesmo lado da reta PQ. Quando os dois caminhos serão de comprimento igual?

3. Aplicações a problemas sobre triângulos

Com auxílio do teorema de Héron, as soluções dos dois problemas seguintes são facilmente obtidas.

a) Sejam dados a área A e um lado $c = PQ$ de um triângulo; entre todos os triângulos, determine aquele para o qual a soma dos outros lados a e b é a menor. Escolher o lado c e a área A de um triângulo é equivalente a escolher o lado c e a altura h sobre c uma vez que $a = \frac{1}{2}hc$. Referindo-nos à Figura 180, o problema consiste em encontrar portanto

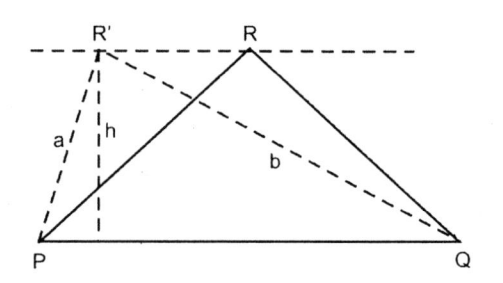

Figura 180: Triângulo de perímetro mínimo com base e área dadas.

um ponto R tal que a distância de R à reta PQ seja igual à altura h dada, e tal que a soma $a + b$ seja mínima. A partir da primeira condição, segue-se que R deve estar contido na reta paralela a PQ a uma distância h. A resposta é dada pelo teorema de Héron para o caso especial em que P e Q estão a igual distância de L: o triângulo PQR procurado é isósceles.

b) Em um triângulo, seja um lado c e a soma $a + b$ dos outros dois lados; encontre entre todos estes triângulos o de área maior. Este é exatamente o inverso do problema a). A solução é novamente o triângulo isósceles, para o qual $a = b$. Como acabamos de demonstrar, este triângulo tem o valor mínimo de $a + b$ para sua área; isto é, qualquer outro triângulo com a base c e a mesma área tem um valor máximo de $a + b$. Além disso, fica claro a partir de a) que qualquer triângulo com base c e uma área maior do que a do triângulo isósceles também tem um valor maior de $a + b$. Portanto, qualquer outro triângulo com os mesmos valores de $a + b$ e de c deve ter uma área menor, de modo que o triângulo isósceles proporcione a área máxima para c e $a + b$ dados.

4. Propriedades das tangentes à elipse e à hipérbole. Propriedades extremas correspondentes

O problema de Héron está associado a alguns importantes teoremas geométricos. Provamos que se R é o ponto em L tal que $PR + RQ$ é um mínimo, então, PR e RQ formam ângulos iguais com L. Chamaremos esta distância total mínima de $2a$. Façamos p e q representar as distâncias de qualquer ponto no plano a P e Q respectivamente e consideremos o local de todos os pontos no plano para os quais $p + q = 2a$. Este local é uma elipse, com P e Q como focos, que passa pelo ponto R sobre a reta L. Além disso, L deve ser tangente à elipse em R. Se L cortou a elipse em um ponto distinto de R, haveria um segmento de L contido na elipse;

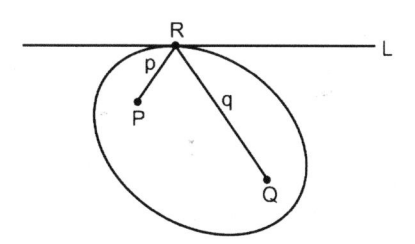

Figura 181: Propriedades das tangentes à elipse.

isto em encontrar porque cada ponto deste segmento $p + q$ seria menor do que $2a$, uma vez que é facilmente percebido que $p + q$ é menor do que $2a$ dentro da elipse e maior do que $2a$ fora dela. Como sabemos que $p + q \geq 2a$ sobre L, isto é impossível. Porta to, L deve ser tangente à elipse em R. Porém sabemos que PR e RQ formam ângul iguais com L; assim, acabamos de provar o importante teorema: uma tangente a ur elipse forma ângulos iguais com as retas ligando os focos ao ponto de tangência.

O problema apresentado a seguir está estreitamente ligado à discussão precedent dados uma reta L e dois pontos P e Q em lados *opostos* de L (veja Figura 182), enco tre um ponto R em L tal que a quantidade $|p - q|$, isto é, o valor absoluto da *diferen* das distâncias de P e Q para R, seja um *máximo*. (Devemos supor que L não é m diatriz de PQ; porque assim p - q seria zero para todo o ponto R em L e o probler não teria sentido.) Para resolver este problema, primeiro refletimos P em L, obten o ponto P', do mesmo lado de L que Q. Para qualquer ponto R' em L, temos $p = R$ $= R'P'$, $q = R'Q$. Uma vez que R', Q, e P' podem ser considerados como vértices um triângulo, a quantidade $|p - q| = |R'P' - R'Q|$ nunca é maior do que $P'Q$, porq a diferença entre dois lados de um triângulo nunca é maior do que o terceiro lado. R', P' e Q estiverem contidos em uma reta, $|p - q|$ será igual a $P'Q$, como se pode pe ceber na figura. Portanto, o ponto desejado R é a interseção de L com a reta que pas por P' e Q. Como no caso anterior, percebe-se facilmente que os ângulos que RP e R formam com L são iguais, uma vez que os triângulos RPR' e $RP'R'$ são congruente

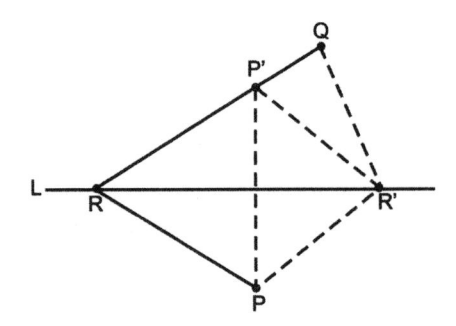

Figura 182: $|PR = QR| = $ máximo.

Este problema está relacionado a uma propriedade tangente da hipérbole, mesma forma que o precedente estava relacionado à elipse. Se a diferença máxir $|PR - QR|$ tem o valor $2a$, podemos considerar o local de todos os pontos no pla para o qual $p - q$ tem o valor absoluto $2a$. Ele é uma hipérbole com focos P e Q e pe sando pelo ponto R. Como se pode facilmente demonstrar, o valor absoluto de $p - q$ menor do que $2a$ na região entre dois ramos da hipérbole, e maior do que $2a$ naque lado de cada ramo onde o foco correspondente está contido. Segue-se, essencialmer pelo mesmo raciocínio que o adotado para elipse, que L deve ser tangente à hip bole em R. A identificação de qual dos dois ramos é tocado por L depende do fato de P ou Q estar mais próximo de L; se P estiver mais próximo, o ramo circundando P tocará L, e o mesmo será válido para Q (veja Figura 183). Se P e Q são eqüidistantes de L, então L não tocará nenhum ramo da hipérbole mas, ao invés disso, será uma das assíntotas da curva. Este resultado torna-se plausível quando se observa que para este caso a construção precedente não terá como resultado nenhum ponto .(finito) R, uma vez que a reta $P'Q$ será paralela a L.

Do mesmo modo que no caso anterior, este raciocínio prova o teorema bem conhecido: uma tangente a uma hipérbole em qualquer ponto divide ao meio o ângulo subtendido naquele ponto pelos focos da hipérbole.

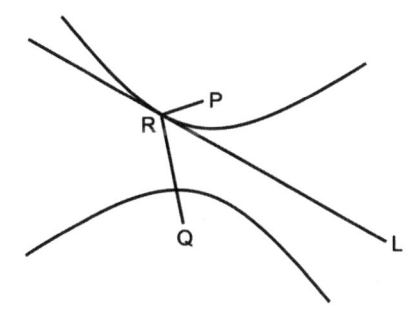

Figura 183: Propriedade das tangentes à hipérbole.

Pode parecer estranho que se P e Q estão no mesmo lado de L, temos um problema de mínimo para solucionar enquanto que se eles estiverem em lados opostos de L temos um problema de máximo. O fato disso ser natural pode ser percebido imediatamente. No primeiro problema, cada uma das distâncias p, q, e portanto sua soma, torna-se maior sem limites à medida que caminhamos ao longo de L indefinidamente em uma ou outra direção. Portanto, seria impossível encontrar um valor máximo para $p + q$, e um problema de *mínimo* é a única possibilidade. A situação é bastante diferente no segundo caso, em que P e Q estão contidos em diferentes lados de L. Aqui, para evitar confusão, temos que fazer a distinção entre a diferença $p - q$, seu negativo $q - p$, e o valor absoluto $|p-q|$; esta última é que se tornou um máximo. A situação é melhor compreendida se permitirmos que o ponto R desloque-se ao longo da reta L passando por diferentes posições R_1, R_2, R_3,.... Existe um ponto para o qual a diferença $p - q$ é zero: a interseção da mediatriz de PQ com L. Este ponto fornece portanto um mínimo para o valor absoluto $|p-q|$. Porém em um lado deste ponto, p é maior do que q, e no outro, menor; logo, a quantidade $p - q$ é positiva em um lado do ponto e negativa no outro. Conseqüentemente, $p - q$ em si não é nem um máximo nem um mínimo no ponto para o qual $|p-q|=0$. Contudo, o ponto fazendo $|p-q|$ um máximo na realidade um extremo de $p - q$. Se $p > q$, temos um máximo para $p - q$; se $q > p$, um máximo para $q - p$ e, portanto, um mínimo para $p - q$. O fato de um máximo ou um mínimo para $p - q$ ser obtenível é determinado pela posição relativa à reta L dos dois pontos dados P, Q.

Vimos que nenhuma solução do problema de máximo existe se P e Q forem eqüidistantes de L, uma vez que então a reta $P'Q$ na Figura 182 é paralela a L. Isto corresponde ao fato de que a quantidade $|p-q|$ tende para um limite à medida que R tende para o infinito ao longo de L em uma ou outra direção. Este valor limitante é igual ao comprimento da projeção perpendicular s de PQ em L (o leitor poderá provar isto como exercício). Se P e Q estão à mesma distância de L, então $|p-q|$ será sempre menor do que este limite e não existirá nenhum máximo, uma vez que para cada ponto R podemos encontrar um outro mais distante para o qual $|p-q|$ seja maior, porém ainda menor do que s.

*5. Distâncias extremas a uma determinada curva

Em primeiro lugar, determinaremos a *menor* distância e a *maior distância* de um ponto P a uma determinada curva C. Para efeito de simplicidade, suponhamos que C seja uma curva fechada simples com uma tangente em toda parte, como na Figura 184. (O conceito de tangente a uma curva é aqui aceito intuitivamente e será analisado no próximo capítulo.)

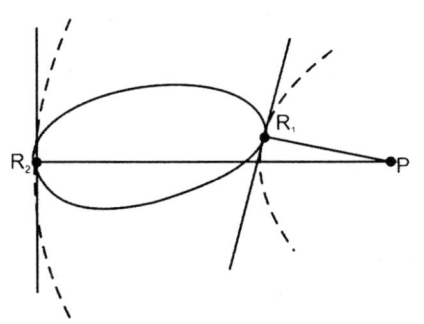

Figura 184: Distâncias extremas a uma curva.

A resposta é muito simples: um ponto R em C para o qual a distância PR tem seu valor mínimo ou seu valor máximo deve ser tal que a reta PR seja perpendicular à tangente a C em R; em outras palavras, PR é perpendicular a C. A prova é a seguinte: o círculo com centro em P e passando por R deve ser tangente à curva. Isto porque se R é o ponto de distância mínima, C deve ficar inteiramente fora do círculo, e portanto não pode atravessá-lo em R, enquanto que, se R é o ponto de distância máxima, C deve ficar inteiramente dentro do círculo, e novamente não pode atravessá-lo em R. (Isto decorre do fato óbvio de que a distância de qualquer ponto a P é menor do que RP s o ponto estiver contido dentro do círculo, e maior do que RP se o ponto ficar fora do círculo.) Portanto, o círculo e a curva C se tocarão e terão uma tangente comum em R. Ora, a reta PR, sendo um raio do círculo, é perpendicular à tangente ao círculo em R, e assim perpendicular a C em R.

A propósito, o diâmetro desta curva fechada C, isto é, sua corda mais longa, deve ser perpendicular a C em ambas as extremidades. A prova é deixada como exercício para o leitor. Uma proposição semelhante deveria ser formulada e provada em três dimensões.

Exercício: Prove que os segmentos mais curtos e mais longos ligando duas curvas fechadas que não se cortam são perpendiculares às curvas em suas extremidades.

Os problemas apresentados no item 4 relativos à soma ou diferença de distâncias podem ser agora generalizados. Consideremos, ao invés de uma reta L, uma curva fechada simples C com uma tangente em cada ponto, e dois pontos, P e Q, que não estão sobre C. Desejamos caracterizar os pontos em C para os quais a soma, $p + q$, e a diferença, $p - q$, têm valores extremos, onde p e q designam as distâncias de qualquer ponto em C para P e Q respectivamente. Não se pode fazer uso da construção simples de reflexão com a qual resolvemos os problemas para o caso em que C é uma reta. Mas podemos utilizar as propriedades da elipse e da hipérbole para resolver estes problemas. Uma vez que C é uma curva fechada e não mais uma reta estendendo-se para o infinito, ambos os problemas de mínimo e de máximo fazem sentido aqui, porque pode-se considerar que as quantidades $p + q$ e $p - q$ têm valores máximos e mínimos em qualquer segmento finito de uma curva, particularmente em uma curva fechada (veja §7).

Para o caso da soma, $p + q$, suponhamos que R seja o ponto em C para o qual $p + q$ é um máximo, e façamos $2a$ representar o valor de $p + q$ em R. Consideremos a elipse com focos em P e Q, que é o local de todos os pontos para os quais $p + q = 2a$. Esta elipse deve ser tangente a C em R (a prova é deixada como exercício para o leitor). Porém vimos que as retas PR e QR formam ângulos iguais com a elipse em R; como a elipse é tangente a C em R, as retas PR e QR devem também formar ângulos iguais com C em R. Se $p + q$ é um mínimo para R, observamos do mesmo modo que PR e QR formam ângulos iguais com C em R. Temos assim o teorema: seja uma curva fechada C e dois pontos P e Q no mesmo lado de C; então, em um ponto R de C onde a soma $p + q$ assume seu valor máximo ou mínimo em C, as retas PR e QR formam ângulos iguais com a curva C (isto é, com sua tangente) em R.

Se P está dentro de C e Q fora, este teorema também é válido para o valor máximo de $p + q$, porém não o é para o valor mínimo, uma vez que a elipse transforma-se em uma reta.

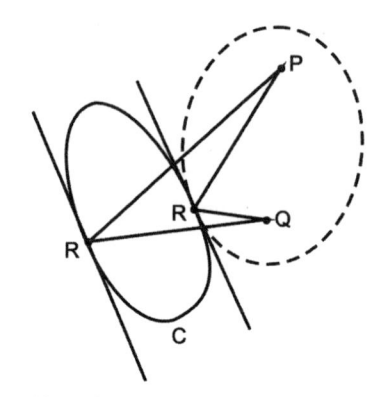

Figura 185: Valores máximos e mínimos de PR + QR

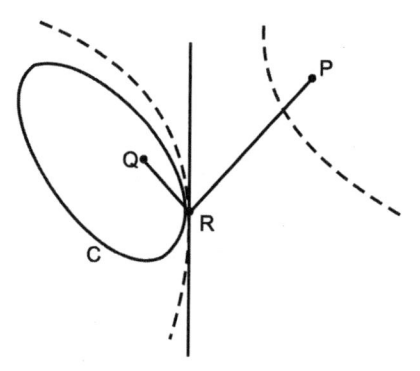

Figura 186: Valores mínimos de PR - QR.

Por um procedimento inteiramente análogo, utilizando as propriedades da hipérbole ao invés das utilizadas para a elipse, o leitor pode provar o seguinte teorema: sejam dados uma curva fechada C e dois pontos P e Q, em lados diferentes de C; então em um ponto R de C onde $p - q$ assume seu valor máximo ou mínimo em C, as retas PR e QR formam ângulos iguais com C. Mais uma vez enfatizamos que o problema para uma curva fechada C difere daquele para uma reta infinita na medida em que neste último problema foi buscado o máximo do valor absoluto $|p - q|$, enquanto que agora um máximo (bem como um mínimo) de $p - q$ existe.

*§2. Um princípio geral sobre problemas de valores extremos

1. O princípio

Os problemas anteriores são exemplos de uma questão geral que é melhor formulada em linguagem analítica. Se, no problema para encontrar os valores extremos de $p + q$, chamamos de (x, y) as coordenadas do ponto R, por (x_1, y_1) as coordenadas do ponto fixo P, e por (x_2, y_2) as de Q, então

$$p = \sqrt{(x-x_1)^2 + (y-y_1)^2}, \qquad q = \sqrt{(x-x_2)^2 + (y-y_2)^2},$$

e o problema consiste em achar os valores extremos da função

$$f(x,y) = p + q.$$

Esta função é contínua em todo o plano, porém o ponto com as coordenadas (x, y) é restrito a uma curva dada C. Esta curva será definida por uma equação $g(x,y) = 0$; por exemplo, $x^2 + y^2 - 1 = 0$ se ela for o círculo unitário. Nosso problema consiste então em encontrar os valores extremos de $f(x,y)$ quando x e y forem restritos pela condição de que $g(x,y) = 0$, e consideraremos este tipo geral de problema.

Para caracterizar as soluções, consideremos a família de curvas definida pela equação $f(x,y) = c$; isto é, as curvas dadas pelas equações desta forma, onde a constante c pode ter qualquer valor, o mesmo para todos os pontos de cada uma das curvas da família. Suponhamos que uma e somente uma curva da família $f(x,y) = c$ passe por cada ponto do plano, pelo menos se nos restringirmos à vizinhança da curva C. Então, à medida que c muda, a curva $f(x,y)$ varrerá uma parte do plano, e nenhum ponto nesta parte será tocado duas vezes no processo de varredura. (As curvas $x^2 - y^2 = c, x + y = c$ e $x = c$ são estas famílias.) Em particular, uma curva da família passará pelo ponto R_1, onde $f(x,y)$ assume seu valor máximo em C, e uma outra pelo ponto R_2 onde $f(x,y)$ assume seu valor mínimo. Chamemos de a o valor máximo e de b o valor mínimo. Em um lado da curva $f(x,y) = a$ o valor de $f(x,y)$ será menor do que a, e, no outro lado, maior do que a. Uma vez que $f(x,y) \le a$ em C, C deve estar contida inteiramente em um lado da curva $f(x,y) = a$; portanto, deverá ser tangente àquela curva em R_1. De forma semelhante, C deve ser tangente à curva $f(x,y) = b$ em R_2. Temos assim o teorema geral: *se em um ponto R de uma curva C uma função $f(x,y)$ tiver um valor extremo a, a curva $f(x,y) = a$ será tangente a C em R.*

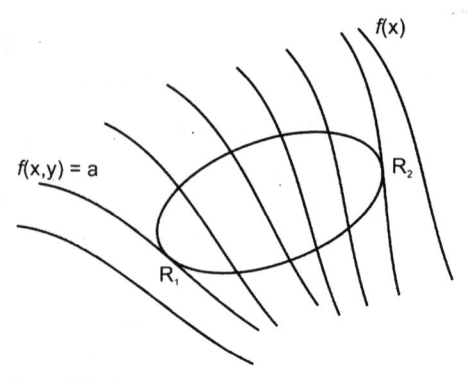

Figura 187: Extremos de uma função sobre uma curva.

2. Exemplos

Os resultados da seção precedente são facilmente percebidos como casos especiais deste teorema geral. Se $p + q$ deve ter um valor extremo, a função $f(x, y)$ é $p + q$, e as curvas $f(x, y) = c$ são as elipses confocais com os focos P e Q. Conforme antecipado pelo teorema geral, observou-se que as elipses passando pelos pontos em C, onde $f(x, y)$ atinge seus valores extremos, são tangentes a C nestes pontos. No caso em que os extremos de $p - q$ são procurados, a função $f(x, y)$ é $p - q$, as curvas $f(x, y) = c$ são as hipérboles confocais com P e Q como seus focos, observando-se que as hipérboles passando pelos pontos de valor extremo de $f(x, y)$ eram tangentes de C.

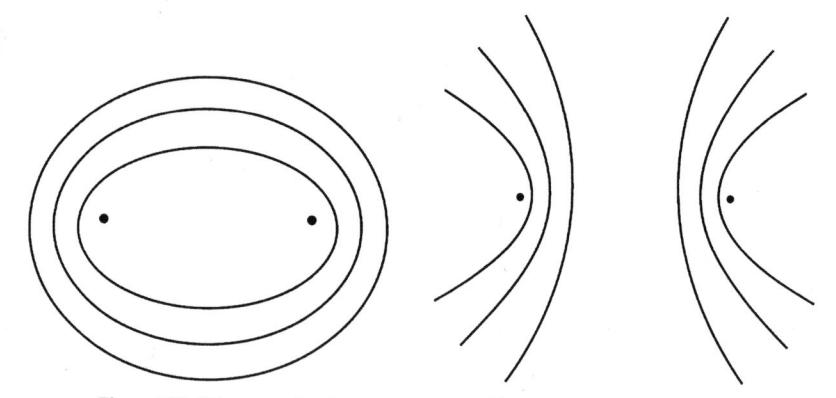

Figura 188: Elipses confocais.   Figura 189: Hipérboles confocais.

Um outro exemplo é o seguinte: seja um segmento de reta PQ e uma reta L não cortando o segmento de reta. Em que ponto de L PQ subtenderá o maior ângulo?

A função a ser maximizada aqui é o ângulo θ subtendido por PQ a partir de pontos em L. O ângulo subtendido por PQ a partir de qualquer ponto R no plano é uma função $\theta = f(x,y)$ das coordenadas de R. Com base na Geometria Elementar, sabemos que a família de curvas $\theta = f(x,y) = c$ é o feixe de círculos por P e Q, uma vez que uma corda de um círculo subtende o mesmo ângulo em todos os pontos da circunferência no mesmo lado da corda. Conforme se pode observar na Figura 190, dois destes círculos, em geral, serão tangentes a L, com centros em lados opostos de PQ.

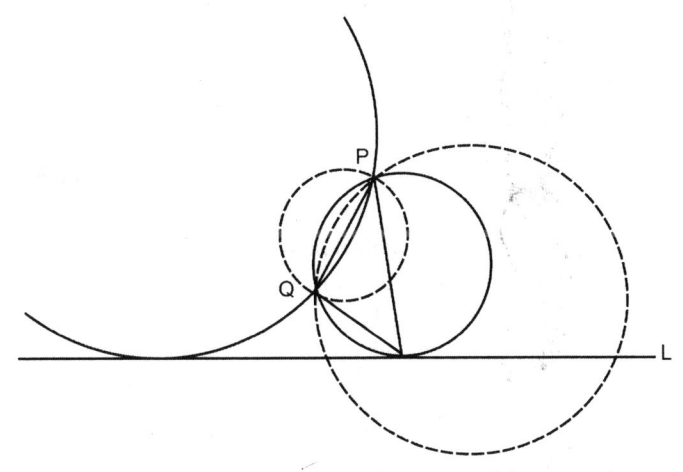

Figura 190: Ponto em L a partir do qual o segmento PQ parece maior.

Um dos pontos de tangência fornece o máximo absoluto para θ, enquanto que o outro ponto fornece um máximo "relativo" (isto é, o valor de θ será menor *em uma certa vizinhança* deste ponto do que no próprio ponto. O maior dos dois máximos, o máximo absoluto, é fornecido por aquele ponto de tangência que está contido no ângulo agudo formado pela extensão de PQ e L, e o menor pelo ponto que está contido no ângulo obtuso formado por estas duas retas. (O ponto onde a extensão do segmento PQ corta L fornece o valor mínimo de θ, zero.)

Como uma generalização deste problema, podemos substituir L por uma curva C e procurar o ponto R em C no qual um determinado segmento de reta PQ (não cortando C) subtende o maior ou o menor ângulo. Aqui, mais uma vez, o círculo passando por P, Q e R deve ser tangente a C em R.

§3. Pontos estacionários e o Cálculo Diferencial
1. Pontos extremos e estacionários

Nos raciocínios precedentes, as técnicas do Cálculo Diferencial não foram utilizadas. Na realidade, nossos métodos elementares são muito mais simples e diretos que os do Cálculo. Como regra, no pensamento científico é melhor considerar as características individuais de um problema do que se basear exclusivamente em métodos gerais, embora os esforços individuais devam ser sempre orientados por um princípio que esclareça o significado dos procedimentos especiais utilizados. Este é, na realidade, o papel do Cálculo Diferencial em problemas de extremos. Na época atual, a busca pela generalidade representa apenas um lado do caso, uma vez que a vitalidade da Matemática depende mais decididamente da aparência individual de problemas e métodos.

Em seu desenvolvimento histórico, o Cálculo Diferencial foi fortemente influenciado por problemas individuais de máximos e mínimos. A associação entre extremos e o Cálculo Diferencial surgiu do seguinte modo. No Capítulo VIII faremos um estudo detalhado da derivada $f'(x)$ de uma função $f(x)$ e de seu significado geométrico. Em resumo, a derivada $f'(x)$ é a inclinação da tangente à curva $y = f(x)$ no ponto (x, y). Torna-se geometricamente evidente que em um máximo ou mínimo de uma curva suave $y = f(x)$, a tangente à curva deve ser horizontal, isto é, sua inclinação deve ser igual a zero. Assim, temos a condição $f'(x) = 0$ para os valores extremos de $f(x)$.

Para observar o que o desaparecimento de f'(x) significa, examinaremos a curva da Figura 191. Existem cinco pontos, *A, B, C, D, E*, nos quais a tangente a esta curva é horizontal; sejam *a, b, c, d, e*, respectivamente, os valores de $f(x)$ nestes pontos.

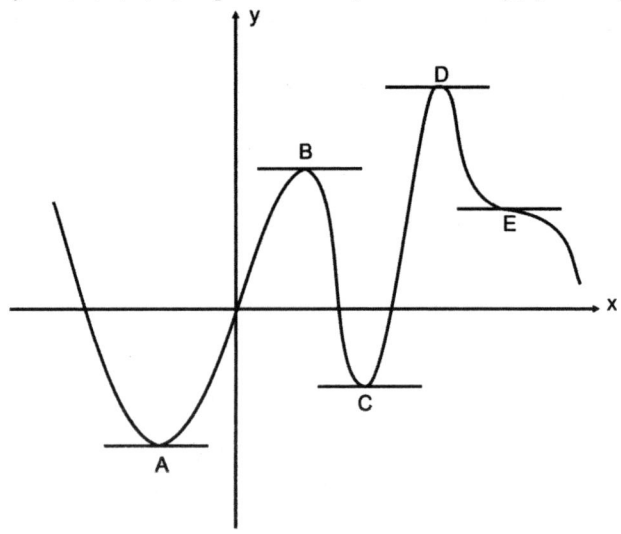

Figura 191: Pontos estacionários de uma função.

O máximo de $f(x)$ no intervalo ilustrado é em D, o mínimo em A. O ponto B também representa uma máximo no sentido de que para todos os outros pontos na *vizinhança imediata* de B, $f(x)$ é menor do que b, embora $f(x)$ seja maior do que b para pontos próximos a D. Por esta razão denominamos B de *máximo relativo* de $f(x)$, enquanto que D é o *máximo absoluto*. De modo semelhante, C representa um mínimo relativo e A o mínimo absoluto. Finalmente, em E, $f(x)$ não tem nem um máximo nem um mínimo, embora $f'(x) = 0$. A partir disto, segue-se que a anulação de $f'(x)$ é uma condição *necessária* mas não *suficiente* para a ocorrência de um extremo de uma função suave $f(x)$; em outras palavras, em qualquer extremo, relativo ou absoluto, $f'(x) = 0$, porém nem todo ponto em que $f'(x) = 0$ precisa ser um extremo. Um ponto em que a derivada desaparece, quer ele seja um extremo ou não, é chamado de ponto *estacionário*. Mediante uma análise mais refinada, é possível chegar a condições mais ou menos complicadas sobre derivadas superiores de $f(x)$ que caracterizam completamente os máximos, os mínimos, e outros pontos estacionários.

2. Máximos e mínimos de funções de diversas variáveis. Pontos de sela

Existem problemas de máximos e mínimos que não podem ser expressos em termos de uma função $f(x)$ de uma variável. O mais simples destes casos é o de encontrar os valores extremos de uma função $z = f(x, y)$ de duas variáveis.

Podemos representar $f(x, y)$ pela altura z de uma superfície acima do plano x, y, que podemos interpretar, digamos, como uma paisagem montanhosa. Um máximo de $f(x, y)$ corresponde ao topo da montanha; um mínimo, ao fundo de uma depressão ou de um lago. Em ambos os casos, se a superfície for suave, o plano tangente à superfície será horizontal. No entanto, há outros pontos além de cumes e fundos de vales nos quais o plano tangente será horizontal; estes são os pontos dados por desfiladeiros entre montanhas. Examinaremos estes pontos com mais detalhe.

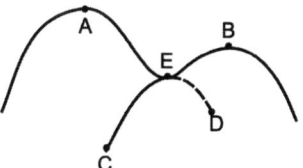

Figura 192: Um desfiladeiro.   Figura 193: O mapa correspondente de curvas de nível.

Consideremos, como na Figura 192, duas montanhas A e B em uma cordilheira e dois pontos C e D em diferentes lados da cordilheira, e vamos supor que queiramos ir de C a D. Primeiro consideramos somente os caminhos levando de C a D obtidos cortando-se a superfície com algum plano passando por C e D. Cada um destes caminhos terá um ponto mais alto. Mudando-se a posição do plano, mudamos o caminho, é haverá um caminho *CD* para o qual a altura daquele *ponto mais alto é a menor*. O ponto *E* da altura máxima deste caminho é um desfiladeiro, chamado em linguagem matemática de *ponto de sela*. Torna-se claro que *E* não é um máximo nem um mínimo, uma vez que podemos encontrar pontos tão próximos de *E* quanto quisermos que sejam mais altos ou mais baixos do que *E*. Ao invés de nos restringirmos a caminhos que estão contidos em um plano, seria melhor considerarmos caminhos sem esta restrição. A caracterização do ponto de sela *E* permanece a mesma.

De forma semelhante, se quisermos passar do pico *A* para o pico *B*, qualquer caminho terá um ponto mais baixo; se novamente considerarmos apenas seções planas, haverá um caminho *AB* para o qual este ponto mais baixo é o mais alto, e o mínimo para este caminho está novamente no ponto *E* encontrado acima. O ponto de sela *E* tem assim a propriedade de ser um mínimo mais alto ou um máximo mais baixo; isto é, um *maxi-mínimo* ou um *mini-máximo*. O plano tangente em *E* é horizontal; porque, uma vez que *E* é o ponto mínimo de *AB*, a reta tangente a *AB* em *E* deve ser horizontal e, de modo semelhante, como *E* é o ponto máximo de *CD*, a reta tangente a *CD* em E deve ser horizontal. O plano tangente, que é o plano determinado por estas retas, é portanto também horizontal. Assim, encontramos três tipos diferentes de pontos com planos tangentes horizontais: máximos, mínimos e pontos de sela; correspondendo a estes temos diferentes tipos de valores estacionários de $f(x, y)$.

Uma outra maneira de representar uma função $f(x, y)$ consiste em desenhar curvas de nível, tais como as utilizadas nos mapas representando altitudes (veja no Capítulo 6). Uma curva de nível é uma curva no plano x, y ao longo da qual a função $f(x, y)$ tem um valor constante; assim, as curvas de nível são idênticas às curvas da família $f(x, y) = c$. Por um ponto qualquer do plano passa exatamente uma curva de nível; um máximo ou um mínimo é circundado por curvas de nível fechadas; já para um ponto de sela, várias curvas de nível o atravessam. Na Figura 193 são desenhadas curvas de nível para a paisagem da Figura 192, e a propriedade máximo-mínimo de *E* torna-se evidente: qualquer caminho conectando *A* e *B* e não passando por *E* tem que passar por uma região onde $f(x,y) < f(E)$, enquanto o caminho *AEB* da Figura 192 tem um mínimo em *E*. Da mesma forma observamos que o valor de $f(x, y)$ em *E* é o menor máximo para caminhos ligando *C* e *D*.

3. Pontos minimax e Topologia

Existe uma ligação estreita entre a teoria geral dos pontos estacionários e os conceitos da Topologia. Aqui podemos oferecer apenas uma breve indicação destas idéias ligadas a um exemplo simples.

Consideremos uma paisagem montanhosa em uma ilha B em forma de anel com as duas fronteiras C e C'. Se novamente representarmos a altitude acima do nível do mar por $u = f(x,y)$, com $f(x,y)$ em C e C' e $f(x,y) > 0$ no interior de B, então deve existir pelo menos um desfiladeiro na ilha, mostrado na Figura 194 pelo ponto onde passam as curvas de nível. Intuitivamente, isto pode ser observado caso se tente ir de C a C' de tal modo que o caminho seguido não se eleve mais do que o necessário. Cada caminho de C para C' deve ter um ponto mais alto, e se escolhermos aquele caminho cujo ponto mais alto seja o mais baixo possível, então o ponto mais alto deste caminho será um ponto de sela $u = f(x,y)$. (Há uma exceção trivial quando um plano horizontal é tangente ao cume da montanha em todo o perímetro do anel). Para um domínio limitado por p curvas devem existir, em geral, pelo menos $p - 1$ pontos estacionários do tipo minimax. Relações semelhantes foram descobertas por Marston Morse para dimensões mais elevadas, onde existe uma maior variedade de possibilidades topológicas e de tipos de pontos estacionários. Estas relações constituem a base da teoria moderna dos pontos estacionários.

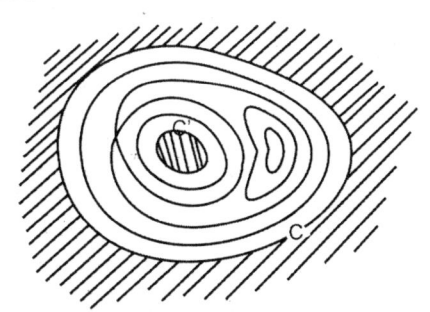

Figura 194: Pontos estacionários em uma região duplamente conexa.

4. A distância de um ponto a uma superfície

Para a distância entre um ponto P e uma curva fechada existem (pelo menos) dois valores estacionários, um mínimo e um máximo. Nada de novo acontece se tentarmos estender este resultado a três dimensões, desde que consideremos uma superfície C topologicamente equivalente a uma esfera, por exemplo, um elipsóide. Mas novos fenômenos aparecem se a superfície for de gênus maior, como por exemplo um toro. Existe ainda uma distância mais curta e outra mais longa de P a um toro C, sendo ambos os segmentos perpendiculares a C. Além disso, encontramos extremos de diferentes tipos representando máximos de mínimos ou mínimos de máximos. Para encontrá-los, traçamos no toro um círculo "meridiano" fechado L, como na Figura 195, e procuramos em L o ponto Q mais próximo de P. Em seguida, tentamos deslocar L de modo que a distância PQ torne-se:

a) um mínimo; este Q é simplesmente o ponto em C mais próximo de P.

b) um máximo; isso nos fornece um outro ponto estacionário. Poderíamos também buscar em L o ponto mais distante de P, e depois encontrar L de tal forma que esta distância máxima seja:

c) um máximo, que será alcançado no ponto em C mais distante de P.

d) um mínimo. Assim obtemos quatro valores estacionários diferentes da distância.

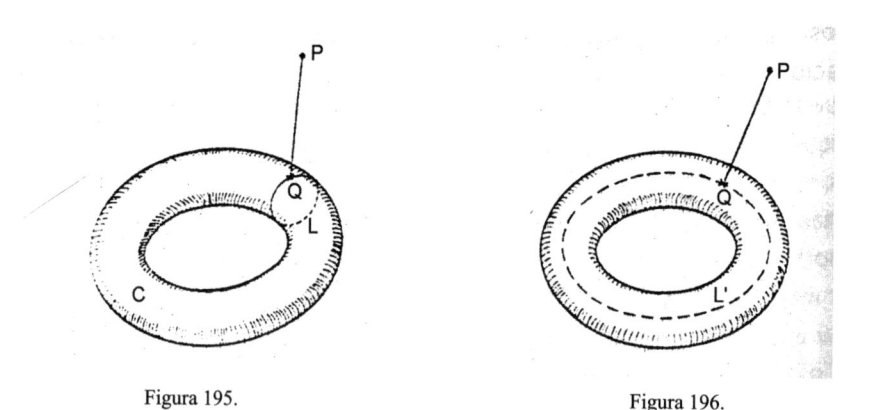

Figura 195.

Figura 196.

§4. Problema do triângulo de Schwarz

1. A prova de Schwarz

Hermann Amandus Schwarz (1843-1921) foi um destacado matemático da Universidade de Berlim e um dos maiores colaboradores da moderna teoria das funções e da análise matemática. Ele não desdenhou o fato de escrever sobre temas elementares, e um de seus trabalhos aborda o seguinte problema: dado um triângulo acutângulo, inscreva-se nele um outro triângulo com o menor perímetro possível. (Por um triângulo inscrito queremos expressar aquele que tem um vértice sobre cada lado do triângulo original.) Veremos que existe exatamente um triângulo deste tipo, e que seus vértices são os pontos de base das alturas do triângulo dado. Chamaremos este triângulo de *triângulo órtico*.

Schwarz provou a propriedade de mínimo do triângulo órtico pelo método de reflexão, com o auxílio do seguinte teorema da Geometria Elementar (veja Figura 197): em cada vértice P, Q, R, os dois lados do triângulo órtico formam ângulos iguais com o lado do triângulo original; este ângulo é igual ao ângulo no vértice oposto do triângulo original. Por exemplo, os ângulos ARQ e BRP são ambos iguais ao ângulo C, etc.

Para provar este teorema preliminar, observamos que $OPBR$ é um quadrilátero que pode ser inscrito em um círculo, uma vez que $\sphericalangle OPB$ e $\sphericalangle ORB$ são ângulos retos. Conseqüentemente, $\sphericalangle PBO = \sphericalangle PRO$, uma vez que eles subtendem o mesmo arco PO no círculo circunscrito. Ora, $\sphericalangle PBO$ é complementar a $\sphericalangle C$, uma vez que CBQ é um triângulo retângulo, e $\sphericalangle PRO$ é complementar a $\sphericalangle PRB$. Portanto, este último é igual a $\sphericalangle C$. Do mesmo modo, utilizando o quadrilátero $QORA$, observamos que $\sphericalangle QRA = \sphericalangle C$, etc.

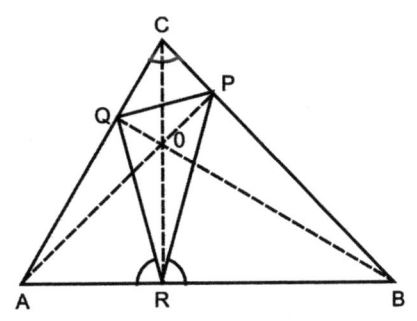

Figura 197: Triângulo órtico de ABC, mostrando ângulos iguais.

Este resultado nos possibilita enunciar a seguinte propriedade de reflexão do triângulo órtico: uma vez que, por exemplo, $\sphericalangle AQR = \sphericalangle CQP$, a reflexão de RQ no lado AC é o prolongamento de PQ, e vice-versa; isto é válido também para os outros lados.

Demonstraremos agora a propriedade de mínimo do triângulo órtico. No triângulo ABC consideremos, juntamente com o triângulo órtico, qualquer outro triângulo inscrito UVW. Refletimos toda a figura primeiro no lado AC de ABC, depois repetimos a operação com o triângulo resultante sobre seu lado AB, em seguida sobre BC, depois sobre AC e finalmente sobre AB. Desta maneira obtemos ao todo seis triângulos congruentes. O lado BC do último triângulo é paralelo ao lado original BC. Isto porque, na primeira reflexão, BC é girado no sentido horário de um ângulo $2C$, depois de $2B$ no sentido horário; na terceira reflexão não é afetado, na quarta gira de $2C$ no sentido anti-horário, e na quinta de $2B$ no sentido anti-horário. Assim, o ângulo total em que girou é zero.

Devido à propriedade de reflexão do triângulo órtico, o segmento de reta PP' é igual a duas vezes o perímetro do triângulo órtico; isto porque, PP' é composto de seis partes que são, por sua vez, iguais ao primeiro, segundo e terceiro lado do triângulo, cada lado ocorrendo duas vezes. De forma semelhante, a poligonal de U a U' é duas vezes o perímetro do outro triângulo inscrito. Esta reta não é mais curta do que o segmento de reta UU'. Como UU' é paralelo a PP', a poligonal de U a U' não é mais curta do que PP', e portanto o perímetro do triângulo órtico é o menor possível para qualquer triângulo inscrito, como se pretendia demonstrar. Assim, demonstramos ao mesmo tempo que existe um mínimo e que ele é fornecido pelo triângulo órtico. Observaremos agora que não existe qualquer outro triângulo com perímetro igual ao do triângulo órtico.

2. Uma outra prova

Talvez a solução mais simples do problema de Schwarz seja a seguinte, com base no teorema provado anteriormente neste capítulo de que a soma das distâncias de dois pontos P e Q a uma reta L é a menor naquele ponto R de L onde PR e QR formam o mesmo ângulo com L desde que P e Q estejam contidos no mesmo lado de L e nenhum deles pertença a L. Suponhamos que o triângulo PQR inscrito no triângulo ABC solucione o problema de mínimo. Então, R deve ser o ponto no lado AB em que $p + q$ é um mínimo, e portanto os ângulos ARQ e BRP devem ser iguais; de modo semelhante, $\sphericalangle AQR = \sphericalangle CQP$, $\sphericalangle BPR = \sphericalangle CPQ$. Assim, o triângulo do mínimo, se existir, deverá ter a propriedade de ângulos iguais utilizada na prova de Schwarz. Falta ainda demonstrar que o único triângulo com esta propriedade é o triângulo órtico. Além disso, uma vez que no teorema no qual esta prova está baseada supõe-se que P e Q não estejam contidos em AB, a prova não é válida no caso em que um dos pontos P, Q, R seja um dos vértices do triângulo original (caso em que o triângulo do mínimo degeneraria em duas vezes a altura correspondente); para concluir a prova, demonstraremos que o perímetro do triângulo órtico é mais curto do que duas vezes qualquer altura.

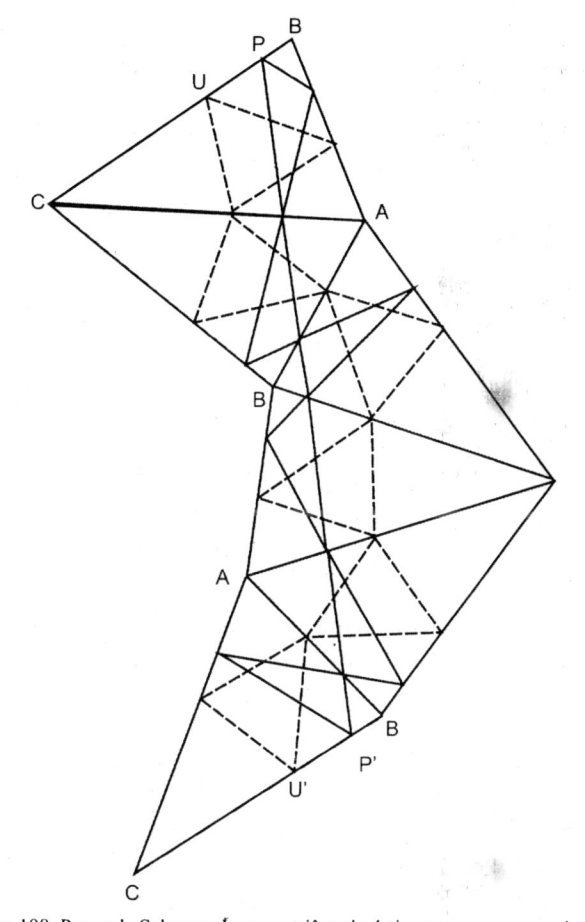

Figura 198: Prova de Schwarz de que o triângulo órtico tem o menor perímetro.

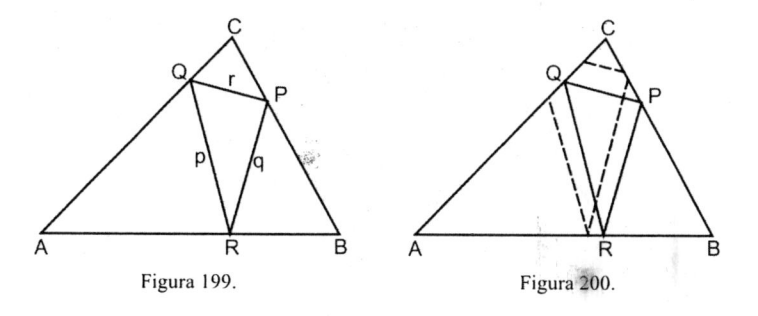

Figura 199.

Figura 200.

Para resolver o primeiro ponto, observamos que se um triângulo inscrito tem a propriedade de ângulos iguais acima mencionada, os ângulos em P, Q, R devem ser iguais a ∢A, ∢B, e ∢C, respectivamente. Pois suponha, digamos, que ∢$ARQ = $∢$C + \delta$. Então, como a soma dos ângulos de um triângulo é igual a 180°, o ângulo em Q deve ser $B - \delta$, e em P, $A - \delta$, para que os triângulos ARQ e BRP possam ter a soma de seus ângulos igual a 180°. Mas então a soma dos ângulos do triângulo CPQ é $A - \delta + B - \delta = 180° - 2\delta$ por outro lado, esta soma deve ser igual a 180°. Portanto, δ é igual a zero. Já vimos que o triângulo órtico tem esta propriedade de ângulos iguais. Qualquer outro triângulo com esta propriedade teria seus lados paralelos aos lados correspondentes do triângulo órtico; em outras palavras, teria que ser semelhante a ele e orientado do mesmo modo. O leitor pode demonstrar que nenhum outro triângulo como este pode ser inscrito no triângulo dado (veja Figura 200).

Finalmente, demonstraremos que o perímetro do triângulo órtico é menor do que duas vezes qualquer altura, desde que todos os ângulos do triângulo original sejam agudos. Prolongamos os lados QP e QR e traçamos as perpendiculares de B a QP, QR e PR, obtendo assim os pontos L, M e N. Então QL e QM são as projeções da altura QB sobre as retas QP e QR, respectivamente. Conseqüentemente, $QL + QM < 2QB$. Ora, $QL + QM$ é igual a p, o perímetro do triângulo órtico. Isto porque os triângulos MRB e NRB são congruentes, uma vez que os ângulos MRB e NRB são iguais, e os ângulos em M e N são retos. Daí, $RM = RN$; portanto, $QM = QR + RN$. Da mesma forma, vemos que $PN + PL$, de modo que $QL = QP + PN$. Temos portanto $QL + QM = QP + QR + PN + NR = QP + QR + PR = p$. Mas demonstramos que $2QB > QL + QM$. Logo, p é menor do que duas vezes a altura QB; exatamente pelo mesmo raciocínio, p é menor do que duas vezes qualquer altura, como se queria demonstrar. A propriedade de mínimo do triângulo órtico fica assim completamente provada.

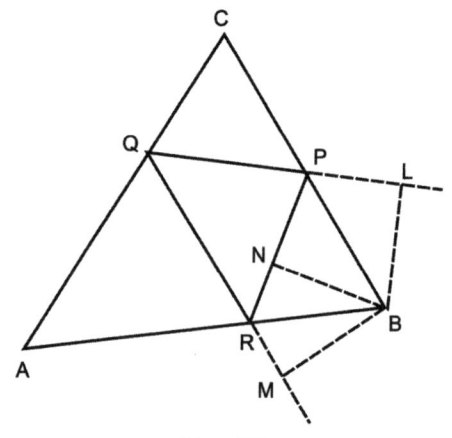

Figura 201.

A propósito, a construção precedente permite o cálculo direto de p. Sabemos que os ângulos PQC e RQA são iguais a B, e portanto $PQB = RQB = 90° - B$, de modo que $\cos(PQB) = \sen B$. Portanto, pela Trigonometria Elementar, $QM = QL = QB \sen B$, e $p = 2QB \sen B$. Da mesma forma, pode-se demonstrar que $p = 2PA \sen A = 2RC \sen C$. A partir da Trigonometria, sabemos que $RC = a \sen B = b \sen A$, etc., que produz $p = 2a \sen B \sen C = 2b \sen C \sen A = 2c \sen A \sen B$. Finalmente, uma vez que $a = 2r \sen A$, $b = 2r \sen B$, $c = 2r \sen C$, onde r é o raio do círculo circunscrito, obtemos a expressão simétrica, $p = 4r \sen A \sen B \sen C$.

3. Triângulos obtusos

Em ambas as provas anteriores, supôs-se que os ângulos A, B e C são todos agudos. Se, digamos, C for obtuso, como na Figura 202, os pontos P e Q ficarão fora do triângulo. Portanto, não se pode mais dizer, estritamente falando, que o triângulo órtico é inscrito no triângulo, a menos que por um triângulo inscrito queiramos meramente exprimir um triângulo cujos vértices estejam nos lados ou nos prolongamentos dos lados do triângulo original. De qualquer forma, o triângulo órtico não fornece agora o perímetro de mínimo, para $PR > CR$ e $QR > CR$; portanto, $p = PR + QR + PQ > 2CR$. Como o raciocínio na primeira parte da última prova mostrou que o perímetro de mínimo, caso não fosse dado pelo triângulo órtico, deve ser duas vezes uma altura, concluímos que, para triângulos obtusos, o "triângulo inscrito" de menor perímetro é a menor altura contada duas vezes, embora isto não seja adequadamente um triângulo. Não obstante, pode-se encontrar um triângulo adequado cujo perímetro seja diferente tão pouco quanto se deseje de duas vezes a altura. Para o caso limite, o triângulo retângulo, as duas soluções - duas vezes a altura mais curta, e o triângulo órtico - coincidem.

A questão interessante quanto ao fato de o triângulo órtico ter qualquer tipo de propriedade de extremos para triângulos obtusos não pode ser discutida aqui. Pode-se afirmar apenas o seguinte: o triângulo órtico fornece, não um mínimo para a soma dos lados $p + q + r$, mas um valor estacionário do tipo minimax para a expressão $p + q + r$, onde r representa o lado do triângulo inscrito oposto ao ângulo obtuso.

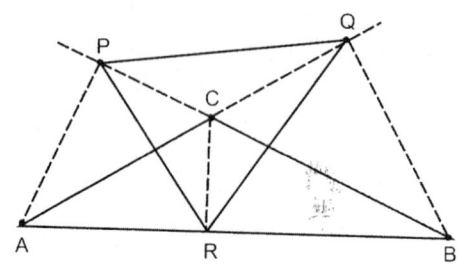

Figura 202: Triângulo órtico para o triângulo obtuso.

4. Triângulos formados por raios luminosos

Se o triângulo ABC representa uma câmara com paredes refletoras, então o triângulo órtico é o único caminho luminoso triangular possível na câmara. Outros caminhos luminosos fechados na forma de polígonos não são excluídos, conforme mostra a Figura 203, porém o triângulo órtico é o único destes polígonos com três lados.

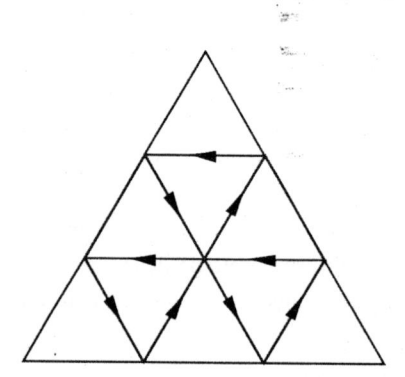

Figura 203: Caminho luminoso fechado em um espelho triangular.

Podemos generalizar este problema pedindo os possíveis "triângulos luminosos" em um domínio arbitrário limitado por uma ou até mesmo por várias curvas suaves; isto é, pedimos triângulos com seus vértices em algum lugar sobre as curvas do contorno e tais que cada dois lados adjacentes formem o mesmo ângulo com a curva. Como vimos em §1, a igualdade de ângulos é uma condição para o comprimento total máximo e também mínimo dos dois lados, de modo que possamos, de acordo com as circunstâncias, encontrar diferentes tipos de triângulos luminosos. Por exemplo, se considerarmos o interior de uma única curva suave C, então o triângulo inscrito de comprimento máximo deve ser um triângulo luminoso. Ou podemos considerar (conforme sugerido aos autores por Marston Morse) o exterior de três curvas fechadas suaves. Um triângulo luminoso ABC pode ser caracterizado pelo fato de que seu comprimento tem um valor estacionário; este valor pode ser um mínimo com respeito a todos os três pontos A, B, C; pode ser um mínimo com respeito a quaisquer das combinações tais como A e B e um máximo com respeito ao terceiro ponto C; pode ser um mínimo com respeito a um ponto e um máximo com respeito aos outros dois, ou finalmente pode ser um máximo com respeito a todos os três pontos. Ao todo, a existência de pelo menos $2^3 = 8$ triângulos luminosos é assegurada, uma vez que para cada um dos três pontos, independentemente tanto um máximo como um mínimo é possível.

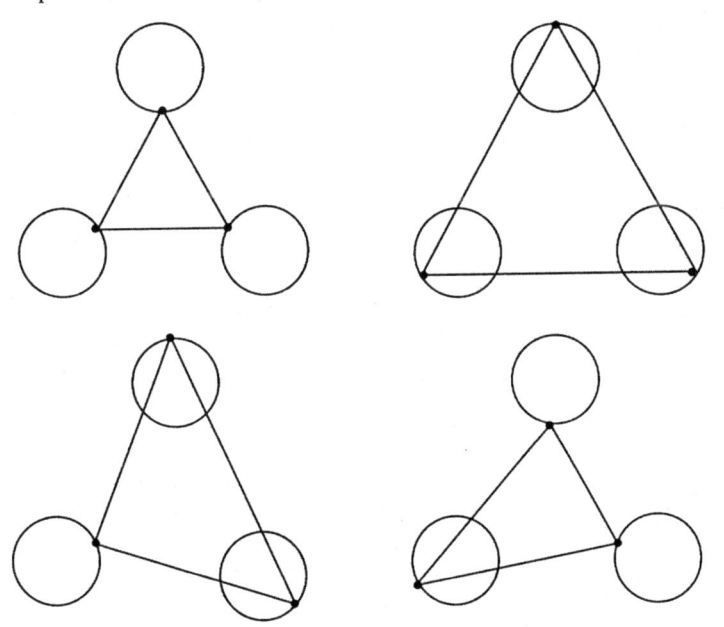

Figuras 204-7: Os quatro tipos de triângulos luminosos entre três círculos.

*5. Observações relativas a problemas de reflexão e movimento ergódico

Um problema do maior interesse para a Dinâmica e a Óptica consiste em descrever o caminho ou "trajetória" de uma partícula no espaço ou de um raio luminoso durante um período de tempo ilimitado. Se por meio de algum artifício físico a partícula ou o raio forem restritos a uma porção limitada do espaço, é de particular interesse saber se a trajetória preencherá todo o espaço com uma distribuição aproximadamente igual. Esta trajetória é chamada de *ergódica*. A hipótese de sua existência é básica para os métodos estatísticos na Dinâmica moderna e na teoria atômica. Porém são conhecidos muito poucos exemplos aplicáveis em que uma rigorosa demonstração matemática da "hipótese ergódica" possa ser dada.

Os exemplos mais simples referem-se ao caso do movimento no interior de uma curva plana C, onde se supõe que a parede C atue como um espelho perfeito, refletindo a partícula, sujeita à única restrição de que seu ângulo de incidência na fronteira seja igual a seu ângulo de reflexão. Por exemplo, um quadro retangular (uma mesa de bilhar idealizada com reflexão perfeita e um ponto de massa como um bola de bilhar) conduz em geral a um caminho ergódico; a bola de bilhar ideal continuando indefinidamente passará pela vizinhança de cada ponto, exceto para certas posições e direções iniciais singulares. Omitimos a prova aqui, embora em princípio ela não apresente dificuldades.

Um caso de particular interesse é o de uma mesa elíptica com focos F_1 e F_2. Como a tangente a uma elipse forma ângulos iguais com as retas que unem o ponto de tangência aos dois focos, toda trajetória passando por um foco será refletida passando pelo outro foco, e assim por diante. Não é difícil perceber que, independentemente da direção inicial, a trajetória após n reflexões tende com n crescente para o eixo principal F_1F_2. Se o raio inicial não passa por um foco, então há duas possibilidades. Se ele passar entre os focos, então todos os raios refletidos passarão entre os focos, e todos serão tangentes a uma certa hipérbole tendo F_1 e F_2 como focos. Se o raio inicial não separa F_1 e F_2, então nenhum dos raios refletidos o fará, e todos eles serão tangentes a uma elipse tendo F_1 e F_2 como focos. Assim, em nenhum caso o movimento será ergódico para a elipse como um todo.

Exercícios: 1) Prove que se o raio inicial passar por um foco da elipse, a n-ésima reflexão do raio inicial tenderá para o eixo principal à medida que n aumentar.

2) Prove que se o raio inicial passar entre os dois focos, todos os raios refletidos o farão, e todos serão tangentes a alguma hipérbole tendo F_1 e F_2 como focos; de modo semelhante, se o raio inicial não passar entre os focos, nenhum dos raios refletidos o fará, e todos serão tangentes a alguma elipse com F_1 e F_2 como focos. (Indicação: demonstre que o raio antes e depois da reflexão em R forma ângulos iguais com as retas RF_1 e RF_2 respectivamente, e em seguida prove que tangentes a cônicas confocais podem ser caracterizadas desta maneira.)

§5. O problema de Steiner
1. O problema e sua solução

Um problema muito simples porém instrutivo foi abordado por Jacob Steiner, famoso representante da Geometria na Universidade de Berlim no início do século XIX. Três vilarejos A, B, C deverão ser ligados por um sistema viário de comprimento total mínimo. Matematicamente, três pontos A, B, C são dados em um plano, e um quarto ponto P no plano é procurado, de modo que a soma $a + b + c$ seja um mínimo, onde a, b, c representam as três distâncias de P a A, B, C respectivamente. A resposta ao problema é a seguinte: se no triângulo ABC todos os ângulos são menores do que 120°, então P é o ponto a partir do qual cada um dos três lados AB, BC, CA subtende um ângulo de 120°. Se, contudo, um ângulo de ABC, por exemplo, o ângulo em C, for igual ou maior do que 120°, então o ponto P coincidirá com o vértice C.

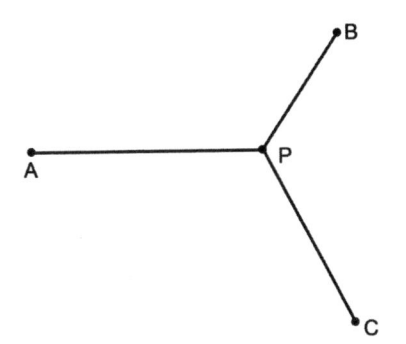

Figura 208: Menor soma de distâncias para três pontos.

Constitui tarefa simples obter esta solução se utilizarmos nossos resultados anteriores relativos aos extremos. Suponhamos que P seja o ponto mínimo procurado. Existem as seguintes alternativas: P coincide com um dos vértices A, B, C, ou P difere destes vértices. No primeiro caso, torna-se claro que P deve ser o vértice do maior ângulo C de ABC, porque a soma $CA + CB$ é menor do que qualquer outra soma de dois lados do triângulo ABC. Assim, para concluir a prova de nossa proposição, devemos analisar o segundo caso. Seja K o círculo com raio c em torno de C. Então P deve ser o ponto em K tal que $PA + PB$ seja um mínimo. Se A e B estão fora de K, como na Figura 209, então, de acordo com o resultado de §1, PA e PB devem formar ângulos iguais com o círculo K e portanto com o raio PC, que é perpendicular a K. Como o mesmo raciocínio aplica-se também à posição de P e ao círculo com o raio a em torno de A, segue-se que todos os três ângulos formados por PA, PB, PC são iguais, e conseqüentemente iguais a 120°, como afirmamos.

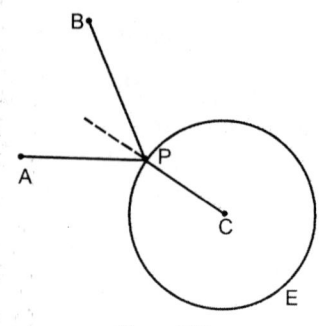

Figura 209.

Este raciocínio foi baseado na hipótese de que A e B estão ambos fora de K, que resta ser provado. Ora, se pelo menos um dos pontos A e B, digamos, A, estivesse sobre ou dentro de K, então, uma vez que P, conforme suposto, não é idêntico a A ou B, teríamos $a + b \geq AB$. Porém $AC \leq c$, uma vez que A não está fora de K. Portanto,

$$a + b + c \geq AB + AC,$$

o que significa que devemos obter a soma mais curta de distâncias se P coincidir com A, contrariamente à nossa hipótese. Isso prova que A e B estão ambos fora do círculo K. O fato correspondente é provado de maneira semelhante para as outras combinações: B, C com respeito a um círculo de raio a em torno de A, e A, C com respeito a um círculo de raio b em torno de B.

2. Análise das alternativas

Para testar qual das duas alternativas para o ponto P efetivamente ocorre, devemos examinar a construção de P. Para encontrar P, simplesmente traçamos os círculos K_1 e K_2 sobre o qual dois dos lados, digamos AC e BC, subtendem arcos de 120°. Então AC subtenderá 120° a partir de qualquer ponto sobre o arco mais curto no qual AC divide K_1, mas subtenderá 60° a partir de qualquer ponto sobre o arco mais longo. A interseção dos dois arcos mais curtos, desde que exista tal interseção, fornece o ponto P procurado, pois não apenas AC e BC subtenderão 120° em P, mas AB também o fará, e a soma dos três ângulos será de 360°.

Torna-se claro pela Figura 210 que se nenhum ângulo do triângulo ABC for maior do que 120°, então os dois arcos mais curtos se cortarão dentro do triângulo.

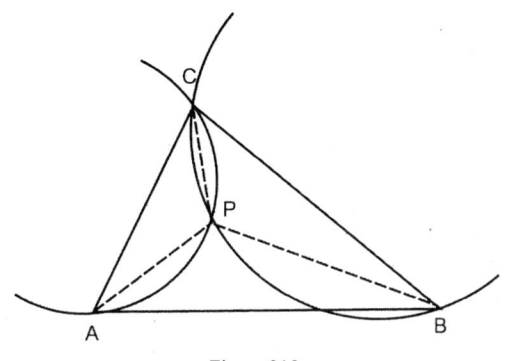

Figura 210.

Por outro lado, se um ângulo, C, do triângulo ABC for maior do que $120°$, então os dois arcos mais curtos de K_1 e K_2 não se cortarão, conforme mostrado na Figura 211. Neste caso não existe qualquer ponto P a partir do qual todos os três lados subtendem $120°$. No entanto, K_1 e K_2 determinam em seus pontos de interseção um ponto P' a partir do qual AC e BC subtendem ângulos de $60°$ cada, enquanto que o lado AB oposto ao ângulo obtuso subtende $120°$.

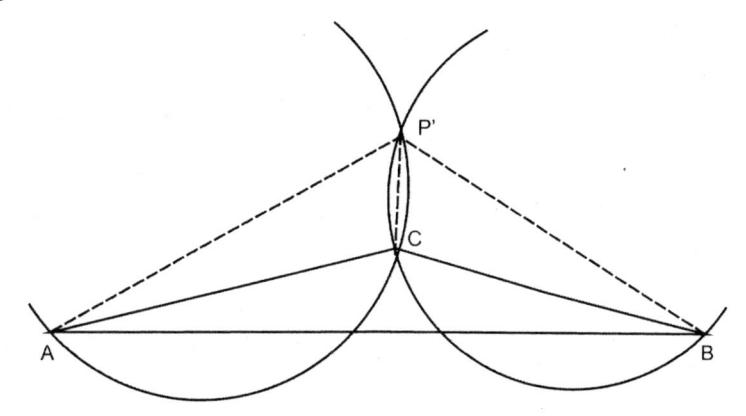

Figura 211.

Para um triângulo ABC tendo um ângulo maior do que $120°$ não existe, então, qualquer ponto no qual cada lado subtenda $120°$. Portanto, o ponto mínimo P deve coincidir com um vértice, uma vez que se mostrou ser aquela a única alternativa, e este deve ser o vértice no ângulo obtuso. Se, por outro lado, todos os ângulos do triângulo forem menores do que $120°$, observamos que um ponto P pode ser construído a partir do qual cada lado subtenda $120°$. Mas para concluir a prova de nosso teorema falta ainda demonstrar que $a + b + c$ será efetivamente menor aqui do que se P coincidisse com qualquer vértice, uma vez que demonstramos apenas que P fornece um mínimo se o menor comprimento total não for alcançado em um dos vértices. De modo correspondente, devemos mostrar que $a + b + c$ é menor do que a soma de dois lados quaisquer, digamos $AB + AC$. Para fazer isto, deve-se prolongar BP e projetar A sobre esta reta, obtendo um ponto D (Figura 212). Uma vez que $\sphericalangle APD = 60°$, o comprimento da projeção PD é $\frac{1}{2}a$. Ora, BD é a projeção de AB sobre a reta passando por B e P, e conseqüentemente $BD < AB$. Mas $BD = b + \frac{1}{2}a$, portanto, $b + \frac{1}{2}a < AB$. Exatamente da mesma forma, projetando A sobre a extensão de PC, verificamos que $c + \frac{1}{2}a < AC$. Adicionando, obtemos a desigualdade $a + b + c < AB + AC$. Como já sabemos que, se o ponto mínimo não for um dos vértices deve ser P, decorre enfim que P é efetivamente o ponto no qual $a + b + c$ é um mínimo.

3. Um problema complementar

Os métodos formais da Matemática algumas vezes vão além do que originalmente se pretendia. Por exemplo, se o ângulo em C é maior do que 120°, o procedimento de construção geométrica fornece, ao invés de uma solução P (que, neste caso, é o próprio ponto C), um outro ponto P', do qual o lado maior AB do triângulo ABC aparece sob um ângulo de 120°, e os dois lados menores sob um ângulo de 60°. Certamente P' não soluciona nosso problema de mínimo, porém suspeitamos que tenha alguma ligação com ele. A resposta é que P' resolve o seguinte problema: minimizar a expressão $a + b - c$. A prova é inteiramente análoga à fornecida acima para $a + b + c$, com base no resultado de §1, item 5, e é deixada para o leitor como exercício. Combinando com o resultado precedente, temos o seguinte teorema:

Se os ângulos de um triângulo ABC forem menores do que 120°, então a soma das distâncias a, b, c de qualquer ponto a A, B, C, respectivamente, será a menor naquele ponto onde cada lado do triângulo subtende um ângulo de 120°, e $a + b - c$ menor no vértice C; se um ângulo, digamos C, for maior do que 120°, então $a + b + c$ será o mínimo em C, e $a + b - c$ será mínimo naquele ponto onde os dois lados menores do triângulo subtendem ângulos de 60° e o lado maior subtende um ângulo de 120°.

Assim, dos dois problemas de mínimo, um é sempre resolvido pela construção do círculo e o outro por um vértice. Como $\sphericalangle C = 120°$ as duas soluções de cada problema, e na verdade as soluções dos dois problemas coincidem, uma vez que o ponto obtido pela construção é então precisamente o vértice C.

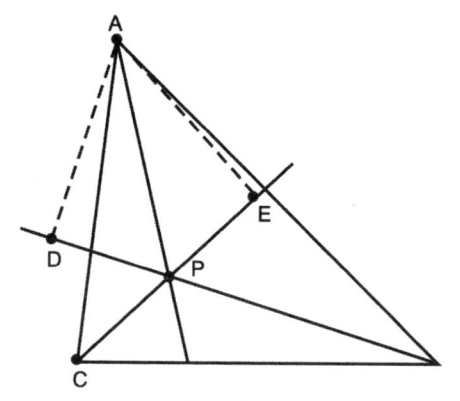

Figura 212.

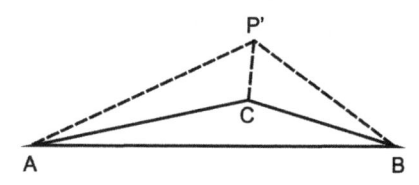

Figura 213: $a + b - c$ = mínimo.

4. Observações e exercícios

Se de um ponto P dentro de um triângulo eqüilátero UVW traçarmos três retas perpendiculares PA, PB, PC, conforme mostrado na Figura 214, então, A, B, C e P formam a figura estudada acima. Esta observação pode ajudar a resolver o problema de Steiner começando com os pontos A, B, C e em seguida encontrando U, V, W.

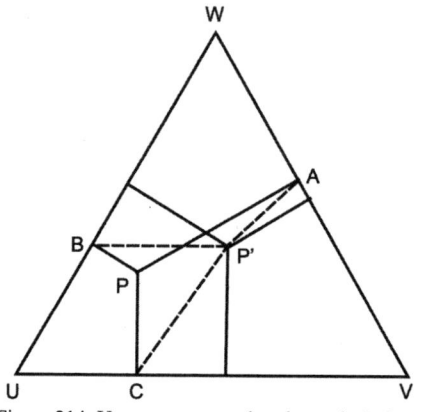

Figura 214: Uma outra prova da solução de Steiner.

Exercícios: 1) Resolva o problema seguindo a observação acima, utilizando o fato de que a partir de qualquer ponto em um triângulo eqüilátero a soma dos três segmentos perpendiculares é constante e igual à altura.

2) Utilizando o fato correspondente quando P está fora de UVW, discuta o problema complementar.

Em três dimensões seria possível estudar um problema semelhante: sejam quatro pontos A, B, C, D; deve-se encontrar um quinto ponto P tal que $a + b + c + d$ seja um mínimo.

Exercício: Investigue este problema e seu problema complementar pelo método em §1, ou utilizando um tetraedro regular.

5. Generalização do problema da rede viária

No problema de Steiner três pontos fixos A, B e C são dados. É natural generalizar este problema para o caso de n pontos dados, $A_1, A_2, ..., A_n$; pedimos o ponto P do plano para o qual a soma das distâncias $a_1, a_2, ..., a_n$ é um mínimo, onde a_i é a distância PA_i. (Para quatro pontos, dispostos como na Figura 215, o ponto P é o ponto de interseção das diagonais do quadrilátero $A_1 A_2 A_3 A_4$; o leitor pode provar isto como um exercício).

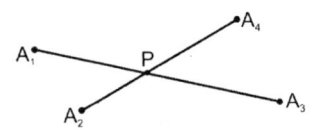

Figura 215: Menor soma de distâncias a quatro pontos.

Este problema, que também foi abordado por Steiner, não conduz a resultados interessantes; é uma das generalizações superficiais encontradas com freqüência na literatura matemática. Para encontrar a extensão realmente significativa do problema de Steiner devemos abandonar a busca de um único ponto P. Ao invés disso, devemos procurar a "rede viária" de comprimento total mais curto, expressa matematicamente do seguinte modo: *dados n pontos, $A_1, ..., A_n$, encontre um sistema conectado de segmentos de retas de comprimento total mais curto tal que quaisquer dois dos pontos dados possam ser unidos por uma polígonal formada por segmentos do sistema.*

A aspecto da solução, naturalmente, dependerá da disposição dos pontos dados. O leitor pode se beneficiar do estudo do tema com base na solução do problema de Steiner.

Vamos indicar aqui apenas a resposta nos casos típicos mostrados nas Figuras 216-8. No primeiro caso, a solução consiste em cinco segmentos com duas interseções múltiplas onde três segmentos se encontram em ângulos de 120°. No segundo caso, a solução contém três interseções múltiplas. Se os pontos forem dispostos diferentemente, figuras como estas talvez não sejam possíveis. Uma ou mais das interseções múltiplas podem degenerar e serem substituídas por um ou mais dos pontos dados, como no terceiro caso.

No caso de n pontos dados, haverá no máximo $n - 2$ interseções múltiplas, em cada uma das quais três segmentos se encontram em ângulos de 120°.

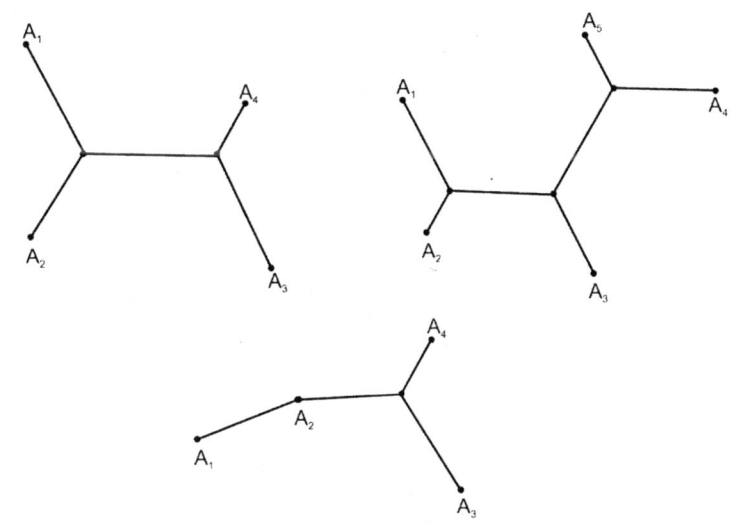

Figuras 216-8: Redes mais curtas unindo mais de três pontos.

A solução do problema não é sempre unicamente determinada. Para quatro pontos A, B, C e D formando um quadrado temos as duas soluções equivalentes mostradas nas Figuras 219-20. Se os pontos A_1, A_2, ..., A_n forem os vértices de um polígono simples com ângulos suficientemente obtusos, então o próprio polígono fornecerá o mínimo.

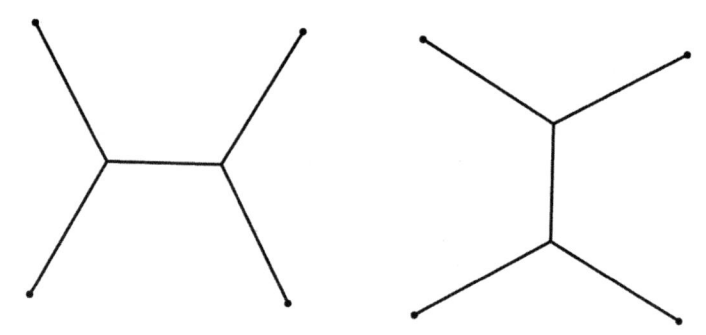

Figuras 219-20: Duas redes mais curtas unindo quatro pontos.

§6. Extremos e desigualdades

Um dos aspectos característicos da Matemática superior é o importante papel desempenhado pelas desigualdades. A solução de um problema de máximo sempre leva, em princípio, a uma desigualdade que expressa o fato de que a quantidade variável sendo considerada é menor ou no máximo igual ao valor máximo fornecido pela solução. Em muitos casos, tais desigualdades têm um interesse independente. Como exemplo, consideremos a importante desigualdade entre as médias aritmética e geométrica.

1. A média aritmética e geométrica de duas quantidades positivas

Comecemos com um simples problema de máximo que aparece com muita freqüência na Matemática pura e em suas aplicações. Em linguagem geométrica equivale ao seguinte: entre todos os retângulos com um perímetro dado, encontrar o de maior área. A solução, como se poderia esperar, é o quadrado. Para provar isto desenvolvemos o raciocínio a seguir. Seja $2a$ o perímetro dado do retângulo. Então a soma fixa dos comprimentos x e y dos dois lados adjacentes é $x + y$, enquanto a área variável xy deve se tornar a maior possível. A "média aritmética" de x e y é simplesmente

$$m = \frac{x+y}{2}.$$

Introduziremos também a quantidade

$$d = \frac{x-y}{2},$$

de modo que

$$x = m+d, \qquad y = m-d,$$

e portanto

$$xy = (m+d)(m-d) = m^2 - d^2 = \frac{(x+y)^2}{4} - d^2.$$

Uma vez que d^2 é maior do que zero exceto quando $d = 0$, obtemos imediatamente a desigualdade

(1) $$\sqrt{xy} \leq \frac{x+y}{2},$$

onde o sinal de igualdade é válido somente quando $d = 0$ e $x = y = m$.

Uma vez que $x + y$ é fixo, decorre que $\sqrt{xy}$, e portanto a área xy é um máximo quando $x = y$. A expressão

$$g = \sqrt{xy},$$

onde a raiz quadrada deve ser tomada com sinal positivo, é chamada de "média geométrica" das quantidades positivas x e y; a desigualdade (1) expressa a relação fundamental entre as médias aritmética e geométrica.

A desigualdade (1) também decorre diretamente do fato de que a expressão

$$\left(\sqrt{x} - \sqrt{y}\right)^2 = x + y - 2\sqrt{xy}$$

é necessariamente não negativa, sendo um quadrado, e zero somente para $x = y$.

Uma dedução geométrica da desigualdade pode ser dada considerando a reta fixa $x + y = 2m$ no plano, juntamente com a família de curvas $xy = c$, onde c é constante para cada uma destas curvas (hipérboles) e varia de curva para curva. Como torna-se evidente a partir da Figura 221, a curva com o maior valor de c tendo um ponto em comum com a reta dada será a hipérbole tangente à reta no ponto $x = y = m$; para esta hipérbole, portanto, $c = m^2$. Daí,

$$xy \leq \left(\frac{x+y}{2}\right)^2.$$

Deve-se observar que qualquer desigualdade, $f(x,y) \leq g(x,y)$, pode ser lida de ambos os modos e portanto dá origem a uma propriedade tanto de máximo quanto de mínimo. Por exemplo, (1) também expressa o fato de que entre todos os retângulos de uma determinada área o quadrado tem o menor perímetro.

2. Generalização para *n* variáveis

A desigualdade (1) entre as médias aritmética e geométrica de duas quantidades positivas pode ser estendida a qualquer número n de quantidades positivas, representadas por $x_1, x_2, \ldots x_n$. Denominamos

$$m = \frac{x_1 + x_2 + \cdots + x_n}{n}$$

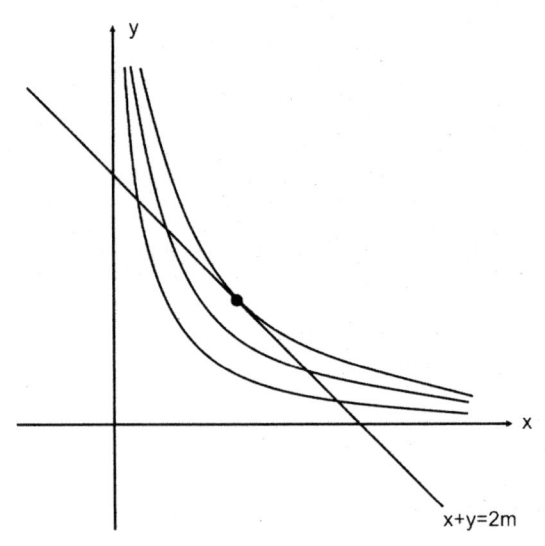

Figura 221: xy máximo para $x + y$.

sua média aritmética, e

$$q = \sqrt[n]{x_1 x_2 \cdots x_n}$$

sua média geométrica, onde a *n*-ésima raiz deve ser tomada com sinal positivo. O teorema geral enuncia que

(2) $$g \leq m,$$

e que $g = m$ somente se todos os x_i forem iguais.

Muitas provas diferentes e engenhosas deste resultado geral foram arquitetadas. A maneira mais simples consiste em reduzi-lo ao mesmo raciocínio utilizado no item 1, formulando o seguinte problema de máximo: repartir uma determinada quantidade positiva C em n partes positivas, $C = x_1 + \cdots + x_n$, de modo que o produto $p = x_1 x_2 \cdots x_2$ seja o maior possível. Comecemos com a hipótese - aparentemente óbvia, porém analisada mais adiante em §7 - de que existe um máximo para P e é obtido por um conjunto de valores

$$x_1 = a_1, \ldots, x_n = a_n.$$

Tudo o que temos de provar é que $a_1 = a_2 = \cdots = a_n$, pois neste caso $g = m$. Suponhamos que isto não seja verdadeiro - por exemplo, que $a_1 \neq a_2$. Consideremos as n quantidades

$$x_1 = s, \quad x_2 = s, \quad x_3 = a_3, \ldots, x_n = a_n,$$

onde

$$s = \frac{a_1 + a_2}{2}.$$

Em outras palavras, substituímos as quantidades a_i por um outro conjunto no qual somente os dois primeiros são alterados, tornando-se iguais, enquanto que a soma total C fica invariável. Podemos escrever

$$a_1 = s+d, \qquad a_2 = s-d,$$

onde

$$d = \frac{a_1 - a_2}{2}.$$

O novo produto é

$$p' = s^2 \cdot a_3 \cdots a_n,$$

enquanto que o antigo produto é

$$P = (s+d)\cdot(s-d)\cdot a_3 \cdots a_n = \left(s^2 - d^2\right)\cdot a_3 \cdots a_n,$$

de modo que obviamente, a não ser que $d = 0$,

$$P < P',$$

contrariamente à hipótese de que P era o máximo. Portanto, $d = 0$ e $a_1 = a_2$. Do mesmo modo podemos provar que $a_1 = a_i$, onde a_i é qualquer um dos a; decorre que todos os a são iguais. Uma vez que $g = m$ quando todos os x_i são iguais, e como demonstramos que somente isso fornece o valor máximo de g, decorre que $g < m$ em todos os outros casos, conforme enunciado no teorema.

3. O método dos mínimos quadrados

A média aritmética de n números, $x_1,..., x_n$, que não precisamos supor serem todos positivos nesta seção, tem uma importante propriedade de mínimo. Seja u uma quantidade desconhecida que desejamos determinar da maneira mais exata possível com algum instrumento de medida. Para este fim, fazemos um número n de leituras que podem fornecer resultados ligeiramente diferentes $x_1,..., x_n$, devido a fontes diversas de erro experimental. Surge então a seguinte pergunta: que valor de u deve ser aceito como o mais seguro? Habitualmente, seleciona-se para este valor "verdadeiro" ou "ótimo" a média aritmética $m = \dfrac{x_1 + \cdots + x_n}{n}$. Com o objetivo de fornecer uma justificativa real para este pressuposto, deve-se entrar em uma discussão detalhada da teoria das probabilidades. Mas podemos pelo menos indicar uma propriedade mínima de m que a torna uma escolha razoável. Seja u qualquer valor possível para a quantidade medida. Então as diferenças $u - x_1, \ldots, u - x_n$ são os desvios entre este valor e as diferentes leituras. Estes desvios podem ser parcialmente positivos, parcialmente negativos e a tendência será naturalmente supor que o valor ótimo para u seja aquele para o qual o desvio total seja, em algum sentido, o menor possível. Com base em Gauss, é habitual tomar, não os próprios desvios, mas seus quadrados, $(u - x_i)^2$, como medidas apropriadas dos erros, e escolher como valor ótimo entre todos os valores possíveis para u um valor tal que a soma dos quadrados dos desvios

$$(u-x_1)^2 + (u-x_2)^2 + \cdots + (u-x_n)^2$$

seja a menor possível. Este valor ótimo para u é exatamente a média aritmética m, e é este fato que constitui o ponto de partida do importante "método dos mínimos quadrados" de Gauss. Podemos provar a proposição em itálico de uma forma precisa. Escrevendo

$$(u-x_1) = (m-x_i) + (u+m),$$

obtemos

$$(u-x_i)^2 = (m-x_i)^2 + (u-m)^2 + 2(m-x_i)(u-m).$$

Adicionamos agora todas estas equações para $i - 1, 2, \ldots, n$. Os últimos termos fornecem $2(u-m)(nm - x_1 - \cdots - x_n)$, que é zero por causa da definição de m; como conseqüência, restam

$$(u-x_1)^2 + \cdots + (u-x_n)^2$$
$$= (m-x_1)^2 + \cdots + (m-x_n)^2 + n(m-u)^2.$$

Isto demonstra que

$$(u-x_1)^2 + \cdots + (u-x_n)^2 \geq (m-x_1)^2 + \cdots + (m-x_n)^2,$$

e que o sinal de igualdade é válido somente para $u = m$, que é exatamente o que devíamos provar.

O método geral dos mínimos quadrados toma este resultado como um princípio orientador em casos mais complicados quando o problema consiste em decidir qual o resultado plausível a partir de medições ligeiramente incompatíveis. Por exemplo, suponha que tenhamos medido as coordenadas de n pontos (x_i, y_i) de uma curva teoricamente reta, e que estes pontos medidos não recaiam exatamente sobre uma reta. Como deveremos traçar a reta que melhor se ajusta aos n pontos observados? Nosso resultado anterior sugere o seguinte procedimento que, é verdade, deve ser substituído por variantes igualmente razoáveis. Seja $y = ax + b$ a equação da reta, de modo que o problema consista em achar os coeficientes a e b. A distância na direção y da reta ao ponto (x_i, y) é dada por $y_i - (ax_i + b) = y_i - ax_i - b$, com um sinal positivo ou negativo conforme o ponto esteja acima ou abaixo da reta. Portanto, o quadrado desta distância é $(y_i - ax_i - b)^2$, e o método consiste simplesmente em determinar a e b de tal modo que a expressão

$$(y_1 - ax_1 - b)^2 + \cdots + (y_n - ax_n - b)^2$$

alcance seu mínimo valor possível. Temos aqui um problema de mínimo envolvendo duas quantidades desconhecidas, a e b. A discussão detalhada da solução, embora bastante simples, será omitida aqui.

§7. A EXISTÊNCIA DE UM EXTREMO. O PRINCÍPIO DE DIRICHLET
1. Observações gerais

Em alguns dos problemas anteriores de extremos a solução é demonstrada diretamente para proporcionar um resultado melhor do que qualquer de seus concorrentes. Um exemplo notável é a solução de Schwarz para o problema do triângulo, onde podemos perceber imediatamente que nenhum triângulo inscrito tem um perímetro menor do que o do triângulo órtico. Outros exemplos são os problemas de mínimo ou máximo cujas soluções dependem de uma desigualdade explícita, como a que ocorre entre as médias aritmética e geométrica. Mas em alguns dos nossos problemas seguimos um caminho diferente. Começamos com a hipótese de que uma solução tinha sido encontrada; em seguida analisamos esta hipótese e extraímos conclusões que finalmente permitiam descrever e construir a solução. Este foi o caso, por exemplo, com a solução do problema de Steiner e com o segundo tratamento do problema de Schwarz. Os dois métodos são logicamente diferentes. O primeiro é, de certa forma, mais perfeito, uma vez que oferece uma demonstração mais ou menos construtiva da solução. O segundo método, conforme vimos no caso do problema do triângulo, tende a ser mais simples. Porém, não é tão direto e, acima de tudo, é condicional em sua estrutura, pois principia com a hipótese de que existe uma solução para o problema. Ele apresenta tal solução somente se for admitido ou provado que ela existe. Sem esta hipótese de existência, ele meramente mostra que se uma solução existe, então ela deve ter um certo caráter.†

Em razão da aparente obviedade da premissa de que uma solução existe, os matemáticos, até o final do século XIX, não dedicaram qualquer atenção ao problema lógico envolvido, e aceitaram como natural a existência de uma solução para problemas de extremo. Alguns dos maiores matemáticos do século XIX - Gauss, Dirichlet e Riemann - utilizaram esta hipótese indiscriminadamente como base para teoremas profundos e de outra forma dificilmente acessíveis na Física matemática e na teoria das funções. O momento crítico se deu quando, em 1849, Riemann publicou sua tese de doutorado sobre os fundamentos da teoria das funções de uma variável complexa. Este trabalho, redigido de forma concisa, uma das grandes realizações pioneiras da Matemática moderna, era tão heterodoxo em sua abordagem do assunto que muitas pessoas gostariam de tê-lo ignorado. Weierstrass era na época o mais destacado matemático da Universidade de Berlim e o líder reconhecido na construção de uma rigorosa teoria das funções. Impressionado, mas até certo ponto hesitante, ele logo verificou um hiato lógico no trabalho que o autor não tinha se preocupado em preencher. A crítica destrutiva de Weierstrass, embora não tivesse perturbado Riemann, resultou inicialmente em um desprezo quase geral por sua teoria. A carreira meteórica de Riemann foi subitamente interrompida poucos anos mais tarde com sua morte por tuberculose. No entanto, suas idéias sempre foram acolhidas por alguns discípulos entusiasmados, e cinqüenta anos após a publicação de sua tese, Hilbert finalmente teve êxito em abrir caminho para uma resposta completa às questões que Riemann havia deixado por resolver. Todo este desenvolvimento na Matemática e na Física matemática tornou-se um dos grandes triunfos na história da moderna análise matemática.

No trabalho de Riemann, o ponto vulnerável ao ataque crítico é a questão da existência de um mínimo. Riemann baseou boa parte de sua teoria no que chamou de princípio de Dirichlet (Dirichlet fora professor de Riemann em Goettingen, e havia ministrado aulas mas nunca escrevera sobre este princípio.) Suponhamos, por exemplo, que parte de um plano ou de qualquer superfície esteja recoberta com uma folha de estanho e que uma corrente elétrica estacionária seja aplicada à camada de folha de estanho conectando-a em dois pontos aos pólos de uma bateria. Não há dúvidas de que o experimento físico conduz a um resultado definido. Porém, como fica o problema

---

†A necessidade lógica de verificar a existência de um extremo é ilustrada pela seguinte falácia: 1 é o maior inteiro. Representemos o maior inteiro por x. Se $x > 1$, então $x^2 > x$, portanto x não poderia ser o maior inteiro. Assim, x deve ser igual a 1.

matemático correspondente, que é da maior importância na teoria das funções e em outros campos? Segundo a teoria da eletricidade, o fenômeno físico é descrito por um "problema de valores de contorno de uma equação diferencial parcial". Este é o problema matemático que nos interessa; sua possibilidade de solução é plausível pois o problema é equivalente a um fenômeno físico, mas não é de forma alguma provada matematicamente por este raciocínio. Riemann resolveu a questão matemática em duas etapas. Primeiro, demonstrou que o problema era equivalente a um problema de mínimos: uma certa quantidade expressando a energia do fluxo elétrico é minimizada pelo fluxo efetivo em comparação a outros fluxos possíveis sob as condições dadas. Em seguida enunciou como "princípio de Dirichlet" que este problema de mínimos tinha uma solução. Riemann não deu nenhum passo no sentido de uma prova matemática para a segunda assertiva, e este foi o ponto atacado por Weierstrass. Não apenas a existência de um mínimo era de forma alguma evidente mas, como veio a ocorrer, era uma questão extremamente delicada para a qual a Matemática daquela época não estava ainda preparada, e que foi resolvida somente após muitas décadas de pesquisa intensiva.

2. Exemplos

Ilustraremos com dois exemplos o tipo de dificuldade envolvida. 1) Demarcamos dois pontos A e B separados por uma distância d sobre uma reta L, e pedimos o polígono de comprimento mais curto que comece em A em uma direção perpendicular a L e termine em B. Como o segmento de reta AB é o caminho mais curto entre A e B, podemos ter certeza de que qualquer outro caminho admissível tem um comprimento maior do que d, uma vez que o único caminho fornecendo o valor d é o segmento de reta AB, que viola a restrição imposta sobre a direção em A, e portanto não é admissível sob as condições do problema.

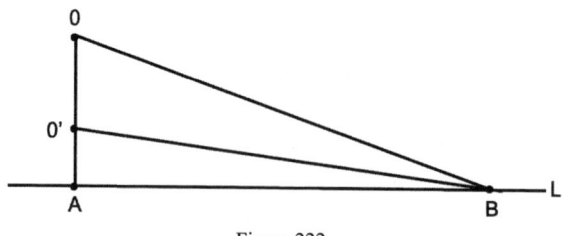

Figura 222.

Por outro lado, consideremos o caminho admissível AOB na Figura 222. Se substituirmos O por um ponto O' suficientemente próximo a A, podemos obter um caminho admissível que difira de d tão pouco quanto quisermos; portanto, se um caminho admissível mais curto existe, não pode ter um comprimento excedendo d e deve ter então exatamente o comprimento d. Mas, como vimos, o único caminho com aquele comprimento não é admissível. Portanto, nenhum caminho admissível mais curto pode existir, e o problema de mínimo proposto não tem solução.

2) Como na Figura 223, seja C um círculo e S um ponto a uma distância 1 acima de seu centro. Consideremos a classe de todas as superfícies limitadas por C que atravessam o ponto S e situam-se acima de C de tal modo que dois pontos diferentes não tenham a mesma projeção vertical no plano de C. Qual destas superfícies tem a menor área? Este problema, natural como parece, não tem solução: não existe nenhuma superfície admissível com área mínima. Se a condição de que a superfície passe por S não tivesse sido dada, a solução seria obviamente o disco plano limitado por C. Chamemos sua área de A.

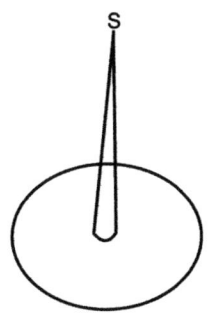

Figura 223.

Qualquer outra superfície limitada por C deve ter uma área maior do que A. Mas podemos encontrar uma superfície admissível cuja área exceda A tão pouco quanto desejarmos. Para este fim, tomamos uma superfície cônica de altura 1 e tão delgada que sua área seja menor do que qualquer valor escolhido. Coloquemos este cone sobre o disco com seu vértice em S e consideremos a superfície total formada pela superfície do cone e a parte do disco fora da base do cone. Torna-se imediatamente claro que esta superfície, que se desvia do plano somente próximo ao centro, tem uma área excedendo A por menos do que o valor dado. Como este valor pode ser escolhido tão pequeno quanto quisermos, segue-se novamente que o mínimo, se existir, não poderá ser outro que não a área A do disco. Porém entre todas as superfícies limitadas por C somente o próprio disco tem esta área, e uma vez que o disco não passa por S, ele viola as condições de admissibilidade. Em conseqüência, o problema não tem solução.

Podemos deixar de lado os exemplos mais sofisticados apresentados por Weierstrass. Os dois que acabamos de considerar demonstram suficientemente bem que a existência de um mínimo não é uma parte trivial de uma prova matemática. Situaremos a questão em termos mais gerais e abstratos. Consideremos uma classe definida de objetos, por exemplo, de curvas ou superfícies, a cada uma das quais esteja vinculado como uma função do objeto um certo número, como por exemplo, comprimento ou área. Se houver apenas um número finito de objetos na classe, deve obviamente haver um máximo e um mínimo entre os números correspondentes. Mas se houver infinitos objetos na classe, não haverá necessariamente nem um máximo nem um mínimo, mesmo que todos os números estejam contidos entre limites fixos. Em geral, estes números formarão um conjunto infinito de pontos sobre a reta numérica. Vamos supor, para efeito de simplificação, que todos os números sejam positivos. Então o conjunto tem uma "cota inferior máxima", isto é, um ponto α abaixo do qual nenhum número do conjunto está contido e que é ele mesmo um elemento do conjunto ou é aproximado com qualquer grau de precisão por elementos do conjunto. Se α pertence ao conjunto, é o menor elemento; caso contrário, o conjunto simplesmente não contém um menor elemento. Por exemplo, o conjunto de números 1, 1/2, 1/3, ... não contém um menor elemento, uma vez que seu extremo inferior, 0, não pertence ao conjunto. Estes exemplos ilustram de um modo abstrato as dificuldades lógicas ligadas ao problema da existência. A solução matemática de um problema de mínimo não está completa até que se tenha fornecido, explícita ou implicitamente, uma prova de que o conjunto de valores associados ao problema contém um menor elemento.

3. Problemas elementares de extremos

No caso de problemas elementares, exige-se apenas uma análise atenta dos conceitos básicos envolvidos para resolver a questão da existência de uma solução. No Capítulo VI, §5, foi discutida a noção geral de um conjunto compacto; afirmou-se que uma função contínua definida para os elementos de um conjunto compacto sempre assume um máximo e um mínimo em algum ponto do conjunto. Em cada um dos problemas elementares anteriormente discutidos, os valores que se discutem podem ser considerados como os valores de uma função de uma ou de múltiplas variáveis em um domínio que é compacto ou que pode facilmente se tornar compacto sem mudanças essenciais no problema. Em tais casos, a existência de um máximo e de um mínimo é assegurada. No problema de Steiner, por exemplo, a quantidade considerada é a soma de três distâncias e isto depende continuamente da posição do ponto móvel. Como o domínio deste ponto é todo o plano, nada é perdido se encerrarmos a figura em um grande círculo e restrigirmos o ponto a seu interior e à sua borda; isto porque tão logo o ponto móvel esteja suficientemente distante dos três pontos dados, a soma de suas distâncias a estes pontos certamente excederá $AB + AC$, que é um dos valores admissíveis da função. Portanto, se houver um mínimo para um ponto restrito a um grande círculo, este também será o mínimo para o problema não restrito. Mas é fácil demonstrar que o domínio formado por um círculo e seu interior é compacto; portanto, um mínimo para o problema de Steiner existe.

A importância da hipótese de que o domínio da variável independente é compacto pode ser mostrada pelo seguinte exemplo. Dadas duas curvas fechadas C_1 e C_2, existem sempre dois pontos P_1 e P_2, sobre C_1 e C_2 respectivamente, que têm a menor distância possível um do outro, e pontos Q_1 e Q_2 que têm a maior distância possível. Isto porque a distância entre um ponto A_1 sobre C_1 e um ponto A_2 sobre C_2 é uma função contínua no conjunto compacto formado pelos pares A_1, A_2 de pontos em consideração.

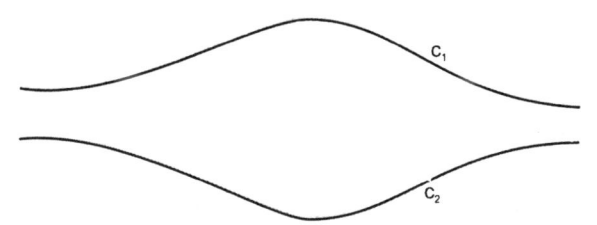

Figura 224. Curvas entre as quais não há maior ou menor distância.

Contudo, se as duas curvas não são limitadas mas se prolongam até o infinito, então o problema talvez não tenha solução. No caso mostrado na Figura 224 não existe nem mínimo nem máximo para a distância entre as curvas; o limite inferior para a distância é zero, o limite superior é o infinito, e nenhum é alcançado. Em alguns casos existe um mínimo, porém não um máximo. Para o caso dos dois ramos da hipérbole (Figura 17, Capítulo 2) somente uma distância mínima é alcançada, em A e A', uma vez que obviamente não existe nenhum par de pontos separados por uma distância máxima.

Podemos justificar esta diferença de comportamento restringindo artificialmente o domínio das variáveis. Selecionemos um número positivo arbitrário R, e restrinjamos x pela condição $|x| \leq R$. Assim, tanto um máximo quanto um mínimo existem para cada um dos dois últimos problemas. No primeiro, restringir a borda desta maneira assegura a existência de uma distância máxima e mínima, sendo ambas alcançadas na borda. Se R for aumentado, os pontos para os quais os extremos são alcançados estão novamente na borda. Portanto, à medida que R aumenta, estes pontos desaparecem em direção ao infinito. No segundo caso, a distância mínima é alcançada no interior e, independentemente de como R aumenta, os dois pontos de distância mínima permanecem os mesmos.

4. Dificuldades em casos mais complicados

Embora a questão da existência não seja de forma alguma muito importante nos problemas elementares envolvendo um, dois, ou qualquer número finito de variáveis independentes, é bastante diferente no caso do princípio de Dirichlet ou até mesmo de problemas semelhantes mais simples. A razão para isto é que ou o domínio da variável independente deixa de ser compacto, ou a função deixa de ser contínua. No primeiro exemplo do item 2 temos uma seqüência de caminhos $AO'B$ onde O' tende para o ponto A. Cada caminho da seqüência satisfaz as condições de admissibilidade. Porém os caminhos $AO'B$ tendem para o segmento de reta AB e este limite não está mais no conjunto admitido. Neste respeito, o conjunto de caminhos admissíveis é como o intervalo $0 < x \leq 1$ para o qual o teorema de Weierstrass sobre valores extremos não é válido (veja Capítulo 6). No segundo exemplo encontramos uma situação semelhante: se os cones se tornarem cada vez mais finos, então a seqüência das superfícies admissíveis correspondentes tenderá para o disco e uma reta vertical alcançando S. Esta entidade geométrica limite, contudo, não está entre as superfícies admissíveis e novamente é verdadeiro que o conjunto de superfícies admissíveis não esteja compacto.

Como exemplo de dependência não contínua podemos considerar o comprimento de uma curva. Este comprimento não é mais uma função de um número infinito de variáveis numéricas, uma vez que uma curva inteira não pode ser caracterizada por um número finito de "coordenadas", e não é uma função contínua da curva. Para observar isto, unimos dois pontos A e B, separados a uma distância d, por uma poligonal em ziguezague P_n, que, juntamente com o segmento AB forma n triângulos eqüiláteros. Torna-se claro a partir da Figura 225 que o comprimento total de P_n será exatamente de $2d$ para todo valor de n. Consideremos agora a seqüência de poligonais $P_1, P_2, \ldots$. As ondas individuais destas poligonais decrescem em altura à medida que crescem em número, e fica claro que a poligonal P_n tende para a reta AB, onde, no limite, a ondulação desaparece completamente. O comprimento de P_n é sempre $2d$, independentemente do índice n, enquanto que o comprimento da curva limite, o segmento de reta, é apenas d. Portanto, o comprimento não depende continuamente da curva.

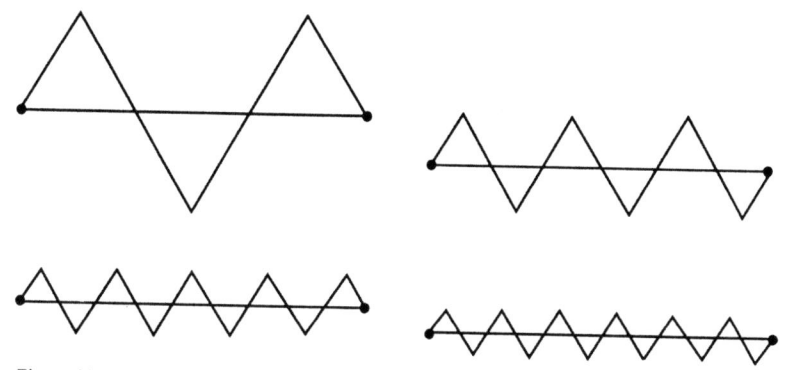

Figura 225: Aproximação a um segmento por poligonais com duas vezes seu comprimento.

Todos estes exemplos confirmam o fato de que é realmente necessário cautela no que diz respeito à existência de uma solução em problemas de mínimos de estrutura mais complexa.

§8. O problema isoperimétrico

Um dos fatos *"óbvios"* da Matemática para os quais somente métodos modernos forneceram uma prova rigorosa é que o círculo encerra a maior área entre todas as curvas fechadas com um comprimento dado. Steiner arquitetou diferentes maneiras engenhosas para provar este teorema; consideraremos aqui uma delas.

Partiremos da hipótese de que uma solução efetivamente existe. Feito isto, suponhamos que a curva C seja a exigida, com comprimento L e área máxima. Então podemos facilmente demonstrar que C deve ser convexa, no sentido de que o segmento de reta unindo dois pontos quaisquer de C deve estar contido inteiramente dentro ou sobre C. Isto porque se C não fosse convexa, como na Figura 226, então um segmento como OP poderia ser traçado entre algum par de pontos O e P sobre C tal que OP estivesse fora de C. O arco $OQ'P$, que é a reflexão de OQP na reta OP, forma, juntamente com o arco ORP, uma curva de comprimento L encerrando uma área maior do que a curva original C, uma vez que ela inclui as áreas adicionais I e II. Isto contradiz o pressuposto de que C contém a maior área para uma curva fechada de comprimento L. Portanto, C deve ser convexa.

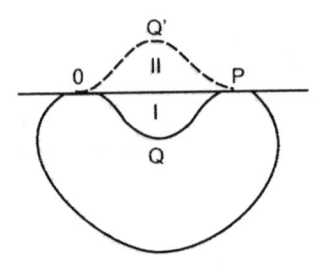

Figura 226.

Escolhamos agora dois pontos, A, B, dividindo a curva solução C em arcos de comprimento igual. Então a reta AB deve dividir a área de C em duas partes iguais, caso contrário a parte de maior área poderia ser refletida em AB (Figura 227) para dar uma outra curva de comprimento L com maior área incluída do que C. Segue-se que metade da solução C deve resolver o seguinte problema: Encontrar o arco de comprimento $L/2$ tendo seus pontos extremos A, B sobre uma reta e encerrando uma área máxima entre ele e esta reta. Mostraremos agora que a solução deste novo problema é um semicírculo, de modo que a curva inteira C resolvendo o problema isoperimétrico será um círculo. Suponhamos que o arco AOB resolva o novo problema. É suficiente demonstrar que todo ângulo inscrito tal como $\sphericalangle AOB$ na Figura 228 é um ângulo reto, porque isto provará que AOB é um semicírculo. Suponhamos, ao contrário, que o ângulo AOB não seja de 90°. Então podemos substituir a Figura 228 por uma outra, 229, na qual as áreas sombreadas e o comprimento do arco AOB não são modificados, enquanto que a área triangular é aumentada tornando $\sphericalangle AOB$ igual a ou pelo menos mais próxima de 90°. Assim, a Figura 229 fornece uma área maior do que a original (veja no Capítulo 6). No entanto, começamos com a hipótese de que a Figura 228 resolvia o problema de modo que a Figura 229 não poderia fornecer uma área maior. Esta contradição mostra que, para todo ponto O, $\sphericalangle AOB$ deve ser um ângulo reto, e isto conclui a prova.

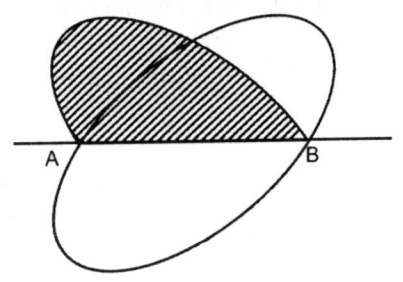

Figura 227.

A propriedade isoperimétrica do círculo pode ser expressa na forma de uma desigualdade. Se L é a circunferência do círculo, sua área é $L^2/4\pi$, e portanto devemos ter a *desigualdade isoperimétrica*, $A \leq L^2/4\pi$, entre a área A e o comprimento L de qualquer curva fechada, sendo que o sinal de igualdade é válido apenas para o círculo.

* Como fica claro a partir da discussão em §7, a prova de Steiner tem apenas um valor condicional: "se houver uma curva de comprimento L, de área máxima, então ela deverá ser um círculo."

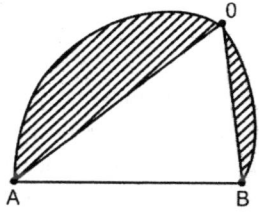

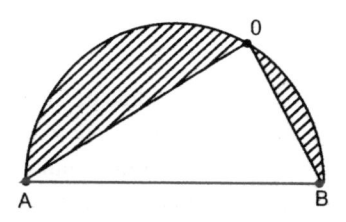

Figura 228.   Figura 229.

Para demonstrar esta premissa hipotética, um raciocínio essencialmente novo torna-se necessário. Primeiro provamos um teorema elementar referente a polígonos fechados P_n contendo um número par $2n$ de lados: Entre todos estes $2n$-ágonos de mesmo comprimento, o $2n$-ágono regular tem a maior área. A prova segue o padrão do raciocínio de Steiner com as modificações apresentadas a seguir. Não há aqui qualquer dificuldade sobre a questão de existência, uma vez que um $2n$-ágono, juntamente com seu comprimento e área, depende continuamente das $4n$ coordenadas de seus vértices, que podem, sem perda de generalidade, ser restritas a um conjunto compacto de pontos no espaço de dimensão $4n$. Por conseguinte, neste problema para polígonos podemos com segurança partir do pressuposto de que algum polígono P é a solução e, com base nisso, analisar as propriedades de P. Exatamente como na prova de Steiner, decorre que P deve ser convexo. Provaremos agora que todos os $2n$ lados de P devem ter o mesmo comprimento. Para isso, suponha que dois lados adjacentes AB e BC tenham comprimentos diferentes; então poderíamos cortar o triângulo ABC de P e substituí-lo por um triângulo isósceles $AB'C$, no qual $AB' + B'C = AB + BC$, e que tem uma área maior (veja §1). Assim, obteríamos um polígono P' com o mesmo perímetro e uma área maior, contrariamente à hipótese de que P era o polígono ótimo de $2n$ lados. Portanto, todos os lados de P devem ter comprimentos iguais, e o que falta demonstrar é que P é regular; para isto, é suficiente saber que todos os vértices de P estão contidos em um círculo.

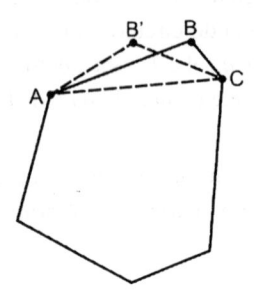

Figura 230.

O raciocínio segue o padrão de Steiner. Primeiro demonstramos que qualquer diagonal unindo vértices opostos, por exemplo, a primeira com a $(n+1)$-ésima, corta a área em duas partes iguais. Em seguida, provamos que todos os vértices de uma destas partes estão contidos em um semicírculo. Os detalhes, que seguem exatamente o padrão anterior, são deixados para o leitor como exercício.

A existência, juntamente com a solução, do problema isoperimétrico pode ser obtida agora por um processo de limite no qual o número de vértices tende para o infinito e o polígono regular ótimo, para um círculo.

O raciocínio de Steiner não é de forma alguma adequado para provar a propriedade isoperimétrica correspondente da esfera em três dimensões. Um tratamento até certo ponto diferente e mais complicado foi dado por Steiner; funciona tanto para três como para duas dimensões, mas como não pode ser tão imediatamente adaptado para oferecer a prova de existência, será omitido aqui. Na realidade, provar a propriedade isoperimétrica da esfera é uma tarefa muito mais difícil do que para o círculo; de fato, uma prova completa e rigorosa foi apresentada pela primeira vez muito mais tarde, em um trabalho bastante difícil divulgado por H. A. Schwarz. A propriedade isoperimétrica tridimensional pode ser expressa pela desigualdade

$$36\pi V^2 \leq A^3$$

entre a área de superfície A e o volume V de qualquer corpo tridimensional fechado, sendo que a igualdade é válida apenas para a esfera.

§9. Problemas de extremos com condições de contorno. Relação entre o problema de Steiner e o problema isoperimétrico.

Surgem resultados interessantes em problemas de extremos quando o domínio da variável é restrito por condições de contorno. O teorema de Weierstrass de que em um domínio compacto uma função contínua atinge um máximo e um mínimo não exclui a possibilidade de que os valores extremos sejam alcançados no contorno do domínio. Um exemplo simples, quase trivial, é proporcionado pela função $u = x$. Se x não for restrito e puder variar de $-\infty$ a ∞, então o domínio B da variável independente será toda a reta numérica; e portanto é compreensível que a função $u = x$ não tenha valor máximo ou mínimo em nenhum ponto. Porém se o domínio B for limitado, digamos, $0 \le x \le 1$, então existe um valor máximo, 1, alcançado no extremo direito, e um valor mínimo, 0, alcançado no extremo esquerdo. Contudo, estes valores extremos não são representados por um cume ou uma depressão na curva da função, isto é, não são extremos relativos a todo um intervalo. Eles mudam assim que o intervalo é ampliado porque permanecem nos pontos extremos. Para um pico ou depressão genuína de uma função, o caráter extremo sempre se refere a uma vizinhança completa do ponto onde o valor é alcançado; ele não é afetado por ligeiras alterações do limite. Um extremo como este persiste mesmo sob uma variação livre da variável independente no domínio B, pelo menos em uma vizinhança suficientemente pequena. A distinção entre estes extremos "livres" e aqueles atingidos no contorno é esclarecedora em muitos contextos aparentemente bastante diferentes. Para funções de uma variável, naturalmente, a distinção é simplesmente aquela entre funções monótonas e não-monótonas, e portanto não conduz a observações particularmente interessantes. Mas há muitos exemplos significativos de extremos alcançados no contorno do domínio de variabilidade por funções de múltiplas variáveis.

Isto pode ocorrer, por exemplo, no problema do triângulo de Schwarz. Nele, o domínio de variabilidade das três variáveis independentes é o conjunto de todos os ternos de pontos, um em cada um dos três lados do triângulo ABC. A solução do problema envolveu duas alternativas: ou o mínimo é alcançado quando cada um dos três pontos que variam independentemente, P, Q e R estão contidos nos respectivos lados do triângulo, em cujo caso o mínimo é fornecido pelo triângulo órtico, ou o mínimo é alcançado na posição do contorno quando dois dos pontos P, Q e R coincidem com o ponto extremo comum de seus respectivos intervalos, em cujo caso o "triângulo" mínimo inscrito é a altura a partir deste vértice, contada duas vezes. Assim, o caráter da solução é bastante diferente, segundo a alternativa que ocorrer.

No problema de Steiner relacionado aos três vilarejos, o domínio de variabilidade do ponto P é o plano inteiro, do qual os três pontos dados A, B e C podem ser considerados como pontos do contorno. Novamente, há duas alternativas que conduzem a dois tipos inteiramente diferentes de solução: ou o mínimo é alcançado no interior do triângulo ABC, que é o caso dos três ângulos iguais, ou é alcançado no ponto C do contorno. Duas alternativas semelhantes existem para o problema complementar.

Como último exemplo, podemos considerar o problema isoperimétrico modificado por condições de contorno restritivas. Obteremos assim uma surpreendente associação entre o problema isoperimétrico e o problema de Steiner e, ao mesmo tempo, aquele que é talvez o exemplo mais simples de um novo tipo de problema de extremos. No problema original, a variável independente, a curva fechada de comprimento dado, pode ser arbitrariamente alterada a partir da forma circular, e qualquer curva assim deformada é admissível, de modo que temos um mínimo relativo genuíno. Consideremos agora o seguinte problema modificado: as curvas C sob consideração devem incluir em seu interior três pontos dados, P, Q e R, ou passar por eles, a área A é dada, e o comprimento L deve ser minimizado. Isto representa uma condição de contorno genuína.

Torna-se claro que, se A é suficientemente grande, os três pontos P, Q e R não afetarão de forma alguma o problema. Sempre que o círculo circunscrito em torno do triângulo PQR tiver uma área menor ou igual a A, a solução simplesmente será um círculo de área A incluindo os três pontos. Mas, e se A for menor? Apresentaremos aqui a resposta mas omitiremos a demonstração algo detalhada, embora ela não esteja fora de nosso alcance. Caracterizaremos as soluções por uma seqüência de valores de A que decrescem para zero. Logo que A recai abaixo da área do círculo circunscrito, o círculo isoperimétrico original subdivide-se em três arcos, todos tendo o mesmo raio, que formam um triângulo circular convexo com P, Q e R como vértices (Figura 232).

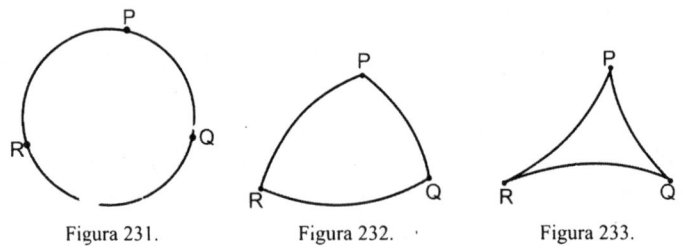

Figura 231.   Figura 232.   Figura 233.

Este triângulo é a solução; suas dimensões podem ser determinadas a partir do valor fornecido de A. Se A decresce mais, o raio destes arcos aumentará e os arcos se tornarão cada vez mais próximos de uma reta, até quando A for exatamente a área do triângulo PQR, a solução será o próprio triângulo. Se A tornar-se agora ainda menor, então a solução novamente consistirá em três arcos circulares tendo o mesmo raio e formando um triângulo com ângulos em P, Q e R. Desta vez, entretanto, o triângulo é côncavo e os arcos estao dentro do triângulo PQR (Figura 233). À medida que A continua a decrescer, haverá um momento em que, para um certo valor de A, dois dos arcos côncavo. tornam-se tangentes um ao outro em um ângulo R. Com um decréscimo adicional de A, não é mais possível construir um triângulo circular do tipo anterior. Ocorre então um novo fenômeno: a solução ainda é fornecida por um triângulo circular côncavo, porém um de seus ângulos R separa-se do ângulo R correspondente, e a solução é agora um triângulo circular PQR' e a reta RR' contada duas vezes (porque vai de R' a R e retorna). Este segmento de reta é tangente aos dois arcos tangentes um ao outro em R'. Se A decresce mais ainda, o processo de separação também se manifesta nos outros vértices. Subseqüentemente obtemos como solução um triângulo circular formado por três arcos de raio igual, tangentes entre si e formando um triângulo circular eqüilátero $P'Q'R'$ e, além disso, três segmentos de retas $P'P$, $Q'Q$ e $R'R$ contados duas vezes (Figura 234). Se, finalmente, A se reduzir a zero, então o triângulo circular se reduzirá a um ponto, e retornaremos à solução do problema de Steiner; observamos assim que este último é um caso limite do problema isoperimétrico modificado.

Se P, Q e R formarem um triângulo obtuso com um ângulo de mais de 120°, então o processo de redução conduzirá à solução correspondente do problema de Steiner, porque então os arcos circulares tenderão para o vértice obtuso. As soluções do problema generalizado de Steiner (veja Figuras 216-8) podem ser obtidas por processos de limite de natureza semelhante.

Figura 234.   Figura 235.

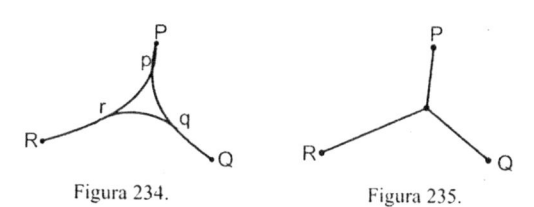

Figuras 231-5: Figuras isoperimétricas tendendo para a solução do problema de Steiner.

§10. O CÁLCULO DE VARIAÇÕES

1. Introdução

O problema isoperimétrico é um exemplo, provavelmente o mais antigo, de uma ampla classe de problemas importantes para os quais Johann Bernoulli chamou a atenção em 1696. Na *Acta Eruditorum*, destacada publicação científica da época, ele propôs o seguinte problema da "braquistócrona": imagine uma partícula forçada a deslizar sem atrito ao longo de uma certa curva unindo um ponto A a um ponto inferior B. Caso se permita que a partícula caia sob a influência da gravidade apenas, ao longo de que curva o tempo requerido para a descida será o menor? É fácil perceber que a partícula que cai gastará tempos diferentes para caminhos distintos. A reta de forma alguma proporciona o percurso mais rápido, nem o arco circular ou qualquer outra curva elementar oferece uma resposta. Bernoulli vangloriou-se de ter uma solução maravilhosa que não publicaria imediatamente, para incitar os maiores matemáticos da época a testarem sua capacidade neste novo tipo de problema matemático. Em particular, desafiou seu irmão mais velho, Jacob, com quem mantinha uma acirrada disputa, e a quem publicamente acusou de incompetente, para resolver o problema. Os matemáticos identificaram imediatamente o caráter diferente do problema da braquistócrona. Enquanto, até então, em problemas tratados pelo Cálculo Diferencial, a quantidade a ser minimizada dependia somente de uma ou mais variáveis numéricas, neste problema a quantidade em consideração, o tempo de descida, dependia da curva completa, e isto constitui uma diferença essencial, colocando o problema fora do alcance do Cálculo Diferencial ou de qualquer outro método conhecido na época.

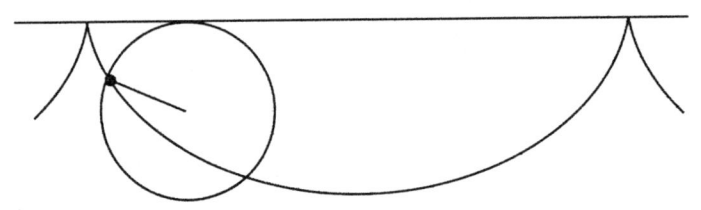

Figura 236: A ciclóide.

A inovação do problema - aparentemente a propriedade isoperimétrica do círculo não era claramente identificada como da mesma natureza - fascinou os matemáticos contemporâneos mais ainda quando a solução resultou ser a ciclóide, curva que tinha acabado de ser descoberta. (Recordamos a definição da ciclóide: é o local de um ponto sobre a circunferência de um círculo que rola sem escorregar ao longo de uma reta, conforme mostrado na Figura 236.) Esta curva havia sido associada a problemas mecânicos interessantes, especialmente à construção de um pêndulo ideal. Huygens descobrira que um ponto de massa ideal que oscilava sem atrito sob a influência da gravidade sobre uma ciclóide vertical tinha um período de oscilação independente da amplitude do movimento. Em um caminho circular, como o fornecido por um pêndulo comum, esta independência é apenas aproximadamente verdadeira, e isto foi considerado um obstáculo à utilização de pêndulos para relógios de precisão. A ciclóide foi honrada com o nome de tautócrona; adquiriu agora o novo nome de braquistócrona.

2. O cálculo de variações. O princípio de Fermat na Óptica

Dentre as diferentes maneiras pelas quais a solução do problema da braquistócrona foi encontrada pelos Bernoulli e outros, explicaremos aqui uma das mais originais. Os primeiros métodos eram de caráter mais ou menos especial, adaptados ao problema específico. No entanto, logo Euler e Lagrange (1736-1813) desenvolveram métodos mais gerais para resolver problemas de extremos nos quais o elemento independente não era uma variável numérica isolada ou um número finito destas variáveis, mas toda uma curva ou função ou até mesmo um conjunto de funções. O novo método para resolver estes problemas foi denominado *cálculo de variações*.

Não será possível descrever aqui os aspectos técnicos deste ramo da Matemática ou aprofundar a discussão de problemas específicos. O cálculo de variações tem muitas aplicações na Física. Observou-se há muito tempo que fenômenos naturais muitas vezes seguem algum padrão de máximos e mínimos. Como já vimos, Héron de Alexandria identificou que a reflexão de um raio luminoso em um espelho plano podia ser descrita por um princípio de mínimo. Fermat, no século XVII, deu o passo seguinte: ele observou que a lei de refração da luz podia também ser enunciada em termos de um princípio de mínimo. É um fato bastante conhecido que o caminho da luz propagando-se de um meio homogêneo para outro desvia-se na fronteira entre os meios. Assim, na Figura 237, um raio luminoso indo de P no meio superior, onde a velocidade é v, para R no meio inferior, onde a velocidade é w, seguirá um caminho PQR. A lei empírica encontrada por Snell (1591-1626) afirma que o caminho consiste em dois segmentos de retas, PQ e QR, formando ângulos α, α' com a normal determinada pelas condições sen α/sen α' = v/w. Por meio do Cálculo, Fermat provou que este caminho era tal que o tempo levado pelo raio luminoso para ir de P a R era mínimo, isto é, menor do que seria ao longo de qualquer outra trajetória. Assim, a lei de Héron para a reflexão foi suplementada 1600 anos depois por uma lei de refração semelhante e igualmente importante.

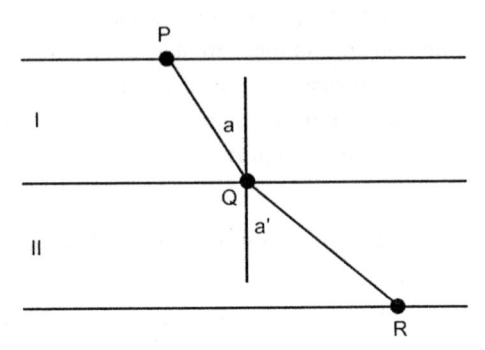

Figura 237: Refração de um raio luminoso.

    Fermat generalizou a proposição desta lei de modo a incluir superfícies curvas de separação entre os meios, tais como as superfícies esféricas utilizadas em lentes. Neste caso, ainda é válido o enunciado de que a luz segue um caminho ao longo do qual o tempo consumido é um mínimo relativo ao tempo que seria requerido para a luz descrever qualquer outro caminho possível entre os mesmos dois pontos. Finalmente, Fermat considerou qualquer sistema óptico no qual a velocidade da luz variava de uma maneira dada de ponto a ponto, como o faz na atmosfera. Ele dividiu o meio não-homogêneo contínuo em lâminas delgadas, em cada uma das quais a velocidade da luz era aproximadamente constante, e imaginou este meio substituído por um outro no qual a velocidade era efetivamente constante em cada lâmina. Assim, ele podia novamente aplicar seu princípio passando de cada lâmina para a seguinte. Permitindo que a espessura das lâminas tendesse a zero, ele chegou ao princípio geral denominado de princípio de *Fermat da Óptica Geométrica*: em um meio não-homogêneo, um raio luminoso propagando-se entre dois pontos segue um caminho ao longo do qual o tempo consumido é um mínimo com respeito a todos os caminhos unindo os dois pontos. Este princípio tem sido da maior importância, não apenas do ponto de vista teórico, mas também no que se refere à Óptica Geométrica prática. A técnica do cálculo de variações aplicada a este princípio fornece a base para calcular os sistemas de lentes.

    Princípios de mínimo tornaram-se também dominantes em outros ramos da Física. Foi observado que o equilíbrio estável de um sistema mecânico é alcançado se o sistema for disposto de tal forma que sua "energia potencial" seja um mínimo. Como exemplo, consideremos uma corrente homogênea flexível, suspensa em seus dois extremos e sujeita à ação da força da gravidade. A corrente assumirá então uma forma na qual sua energia potencial seja um mínimo. Neste caso, a energia potencial é determinada pela altura do centro de gravidade acima de algum eixo fixo. A curva adotada pela corrente suspensa é chamada de catenária, e assemelha-se superficialmente a uma parábola.

Não apenas as leis do equilíbrio, mas também as do movimento, são dominadas por princípios de máximo e de mínimo. Foi Euler quem obteve as primeiras idéias claras sobre estes princípios, enquanto especuladores filosófica e misticamente inclinados, tais como Maupertuis (1698-1759), não conseguiram separar as proposições matemáticas de nebulosas idéias sobre "as intenções de Deus para regular os fenômenos físicos por um princípio geral da maior perfeição." Os princípios variacionais de Euler para a Física, redescobertos e ampliados pelo matemático irlandês W. R. Hamilton (1805-1865) provaram estar entre os mais poderosos instrumentos na Mecânica, na Óptica e na Eletrodinâmica, com muitas aplicações na Engenharia. Desenvolvimentos recentes na Física - as teorias da relatividade e dos quanta - estão repletos de exemplos que revelam o poder do cálculo de variações.

3. A abordagem de Bernoulli ao problema da braquistócrona

Os antigos métodos desenvolvidos para o problema da braquistócrona por Jacob Bernoulli podem ser compreendidos com um conhecimento técnico relativamente pequeno. Começamos com o fato, aprendido em Mecânica, de que um ponto de massa partindo do repouso em A e caindo ao longo de qualquer curva C terá em qualquer ponto P uma velocidade proporcional a $\sqrt{h}$, onde h é a distância vertical de A a P; isto é, $v = c\sqrt{h}$, onde c é uma constante. Substituímos agora o problema dado por um outro ligeiramente diferente. Decompomos o espaço em muitas lâminas horizontais delgadas, cada uma com espessura d, e suponhamos por um momento que a velocidade da partícula móvel se altera, não continuamente, mas em pequenos saltos, de lâmina para lâmina, de modo que na primeira lâmina adjacente a A a velocidade seja $c\sqrt{d}$, na segunda, $c\sqrt{2d}$, e na n-ésima $c\sqrt{nd} = c\sqrt{h}$, onde h é a distância vertical de A a P (veja Figura 238). Se este problema for considerado, então existe realmente apenas um número finito de variáveis. Em cada lâmina o caminho deve ser um segmento de reta, nenhum problema de existência surge, a solução deve ser uma poligonal e a única questão consiste em como determinar seus ângulos. De acordo com o princípio do mínimo para a lei da refração simples, em cada par de lâminas sucessivas o movimento de P a R via Q deve ser tal que, com P e R fixos, Q fornece o tempo mais curto possível. Portanto, a seguinte "lei da refração" deve ser válida:

$$\frac{\text{sen }\alpha}{\sqrt{nd}} = \frac{\text{sen }\alpha'}{\sqrt{(n+1)d}}.$$

A aplicação repetida deste raciocínio nos fornece a sucessão de igualdades

(1) $$\frac{\operatorname{sen} \alpha_1}{\sqrt{d}} = \frac{\operatorname{sen} \alpha_2}{\sqrt{2d}} = \cdots,$$

onde α_n é o ângulo entre a poligonal na n-ésima lâmina e a vertical.

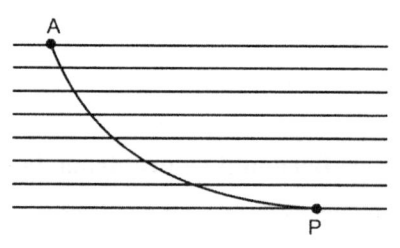

Figura 238.

Bernoulli imaginou então que a espessura d tornava-se cada vez menor, tendendo a zero, de modo que o polígono obtido como a solução do problema aproximado tendia para a solução desejada do problema original. Nesta passagem ao limite as igualdades (1) não foram afetadas, e portanto Bernoulli concluiu que a solução deveria ser uma curva C com a seguinte propriedade: se α é o ângulo entre a tangente e a vertical em qualquer ponto P de C, e h é a distância vertical de P a partir da reta horizontal passando por A, então sen $\alpha / \sqrt{h}$ é constante para todos os pontos P de C. Pode-se demonstrar de forma muito simples que esta propriedade caracteriza a ciclóide.

A "prova" de Bernoulli é um exemplo típico de raciocínio matemático engenhoso e de valor que, ao mesmo tempo, não é de forma alguma rigoroso. Existem diversas hipóteses tácitas no raciocínio, e sua justificativa seria mais complicada e extensa do que o próprio raciocínio. Por exemplo, supôs-se existência de uma solução C, e o fato de que a solução do problema aproximado tendia para a solução efetiva. A questão relativa ao valor intrínseco de considerações heurísticas deste tipo certamente merece discussão, mas nos desviaria muito do que pretendemos abordar.

4. As geodésicas em uma esfera. Geodésicas e máximos-mínimos

Na introdução a este capítulo, mencionamos o problema de encontrar os arcos mais curtos unindo dois pontos dados de uma superfície. Em uma esfera, conforme demonstrado em Geometria Elementar, estas "geodésicas" são arcos de grandes círculos. Sejam P e Q dois pontos (não diametralmente opostos) em uma esfera, e c o arco mais curto do grande círculo passando por P e Q. Então a questão que se apresenta é a seguinte: qual é o arco c' mais longo do mesmo grande círculo? Certamente ele não fornece o comprimento do mínimo, nem pode fornecer o comprimento do máximo para curvas unindo P e Q, uma vez que curvas arbitrariamente longas entre P e Q podem ser traçadas. A resposta é que c' resolve um problema de máximo-mínimo. Consideremos um ponto S em um grande círculo fixo separando P e Q; pedimos o caminho mais curto entre P e Q, sobre a esfera, passando por S. Naturalmente, o mínimo é fornecido por uma curva consistindo em dois pequenos arcos de grandes círculos PS e QS. Procuraremos agora uma posição do ponto S para a qual esta menor distância PSQ torna-se a maior possível. A solução é a seguinte: S deve ser tal que PSQ seja o maior arco c' do grande círculo PQ. Podemos modificar o problema buscando primeiro o caminho de comprimento mais curto de P a Q passando por n pontos dados, $s_1, s_2, ..., s_n$, na esfera, e em seguida procurando determinar os pontos $s_1, ..., s_n$ de modo que este comprimento mínimo torne-se o maior possível. A solução é fornecida por uma trajetória sobre o grande círculo que une P e Q, porém esta trajetória dá voltas em torno da esfera, passando pelos pontos diametralmente opostos P e Q exatamente n vezes.

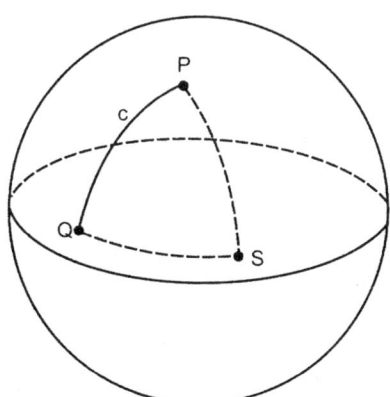

Figura 239: Geodésica em uma esfera.

Este exemplo de um problema de máximo-mínimo é típico de uma ampla classe de questões do cálculo de variações que têm sido estudadas com grande sucesso por métodos desenvolvidos por Morse e outros.

§11. Soluções experimentais para problemas de mínimos. Experimentos com películas de sabão

1. Introdução

Geralmente é muito difícil, e algumas vezes impossível, resolver problemas variacionais explicitamente em termos de fórmulas ou construções geométricas utilizando elementos simples conhecidos. Ao invés disso, fica-se muitas vezes satisfeito em meramente provar a existência de uma solução sob certas condições e posteriormente investigar as propriedades da solução. Em muitos casos, quando provas de existência como estas resultam ser mais ou menos difíceis, é estimulante compreender as condições matemáticas do problema por meio de dispositivos físicos correspondentes, ou melhor, considerar o problema matemático como uma interpretação de um fenômeno físico. A existência do fenômeno físico representa então a solução do problema matemático. Naturalmente, esta é apenas uma consideração de plausibilidade e não uma prova matemática, uma vez que a questão ainda permanece, quer a interpretação matemática do evento físico seja adequada em um sentido estrito, quer ela forneça apenas uma imagem inadequada da realidade física. Algumas vezes estes experimentos, ainda que realizados apenas na imaginação, são convincentes até mesmo para os matemáticos. No século XIX, muitos dos teoremas fundamentais da teoria das funções foram descobertos por Riemann imaginando simples experimentos relacionados ao fluxo de eletricidade em folhas metálicas delgadas.

Nesta seção queremos discutir, com base em demonstrações experimentais, um dos mais profundos problemas do cálculo de variações. Foi denominado problema de Plateau, porque o físico belga Plateau (1801-1883) realizou interessantes experimentos sobre este assunto. O problema em si é muito mais antigo e remonta às fases iniciais do cálculo de variações. Em sua forma mais simples é o seguinte: deve-se encontrar a superfície de menor área limitada por um contorno fechado no espaço. Discutiremos também experimentos sobre algumas questões relacionadas, e resultará que muitos esclarecimentos podem ocorrer sobre alguns de nossos resultados anteriores, bem como sobre certos problemas matemáticos de um novo tipo.

2. Experimentos com películas de sabão

Matematicamente, o problema de Plateau está ligado à solução de uma "equação diferencial parcial", ou a um sistema de tais equações. Euler demonstrou que todas as superfícies mínimas (não planas) devem ter forma de sela e que a curvatura média† em todo o ponto deve ser zero. Demonstrou-se que a solução existia para muitos casos especiais durante o último século, porém a existência da solução para o caso geral foi provada apenas recentemente por J. Douglas e por T. Radò.

Os experimentos de Plateau fornecem imediatamente soluções físicas para contornos muito gerais. Se qualquer contorno fechado feito de arame for mergulhado em um líquido de baixa tensão superficial e em seguida retirado, uma película na forma de uma superfície mínima de menor área se estenderá por sobre o contorno. (Estamos supondo que podemos negligenciar a gravidade e outras forças que interferem com a tendência da película em assumir uma posição de equilíbrio estável alcançando a menor área possível e assim o menor valor possível de energia potencial, devido à tensão superficial). Uma boa fórmula para este líquido é a seguinte:

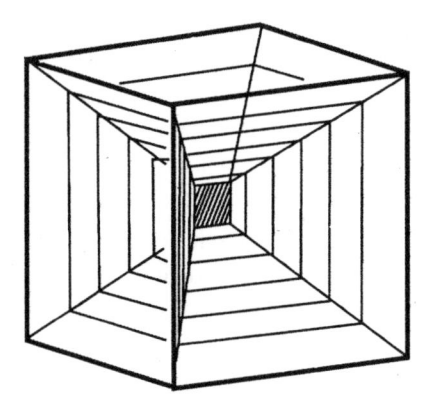

Figura 240: Grade cúbica sustentando um sistema de película de sabão formada por treze superfícies aproximadamente planas.

Dissolva 10 gramas de oleato de sódio seco puro em 500 gramas de água destilada, e misture 15 unidades cúbicas da solução com 11 unidades cúbicas de glicerina. As películas obtidas com esta solução e com grades de arame são relativamente estáveis. As grades não deverão ultrapassar cinco a seis polegadas de diâmetro.

---

† A curvatura média de uma superfície em um ponto P é definida do seguinte modo: consideremos a perpendicular à superfície em P, e todos os planos que a contêm. Estes planos cortarão a superfície em curvas que em geral têm diferentes curvaturas em P. Consideremos agora as curvaturas mínima e máxima, respectivamente. (Em geral, os planos contendo estas curvas serão perpendiculares um ao outro.) Metade da soma destas duas curvaturas é a curvatura média da superfície em P.

Com este método é muito fácil "resolver" o problema de Plateau simplesmente moldando o arame na forma desejada. Belos modelos são obtidos em estruturas de arame poligonais formadas por uma seqüência de arestas de um poliedro regular. Em particular, é interessante mergulhar toda a estrutura de um cubo nesta solução. O resultado é primeiro um sistema de superfícies diferentes encontrando-se em ângulos de 120° ao longo das curvas de interseção. (Se o cubo for retirado cuidadosamente, haverá treze superfícies aproximadamente planas.) Então é possível perfurar e destruir uma quantidade suficiente destas superfícies diferentes de modo que apenas uma superfície limitada por um polígono fechado permaneça. Diversas e belas superfícies podem ser formadas desta maneira. O mesmo experimento pode ser também realizado com um tetraedro.

3. Novos experimentos sobre o problema de Plateau

O objetivo dos experimentos sobre superfícies mínimas usando películas de sabão é mais amplo do que as demonstrações originais efetuadas por Plateau. Em anos recentes, o problema das superfícies mínimas tem sido estudado quando não apenas um mas qualquer número de contornos é dado, e quando, além disso, a estrutura topológica da superfície é mais complicada. Por exemplo, a superfície pode ser unilateral ou de gênus diferente de zero. Estes problemas mais gerais fornecem uma surpreendente variedade de fenômenos geométricos que podem ser mostrados por experimentos com película de sabão. Neste sentido, é muito útil tornar as estruturas de arame flexíveis, e estudar o efeito de deformações do contorno sobre a solução. Descreveremos a seguir diversos exemplos.

1) Se o contorno for um círculo, obteremos um disco plano. Se deformássemos continuamente o círculo de contorno, poderíamos esperar que a superfície mínima retivesse sempre o caráter topológico de um disco. Este não é o caso. Se o contorno for deformado na forma indicada pela Figura 241, obteremos uma superfície mínima que não é mais simplesmente conectada, como o disco, mas é uma faixa de Moebius unilateral. Inversamente, podemos começar com esta estrutura e com uma película de sabão na forma de uma faixa de Moebius. Podemos deformar a estrutura de arame empurrando as alças a ela soldadas (Figura 241). Neste processo, chegará um momento em que subitamente o caráter topológico da película se modifica, de modo que a superfície seja novamente do tipo de um disco simplesmente conectado (Figura 242). Revertendo a deformação, obtemos novamente uma faixa de Moebius. Neste processo de deformação alternado, a mutação de uma superfície simplesmente conectada em uma faixa de Moebius ocorre em um estágio posterior. Isto mostra que deve haver uma gama de formas do contorno para o qual a faixa de Moebius e a superfície simplesmente conectada são estáveis, isto é, fornecem mínimos relativos. No entanto, quando a faixa de Moebius tem um área muito menor do que a outra superfície, esta última é demasiadamente instável para ser formada.

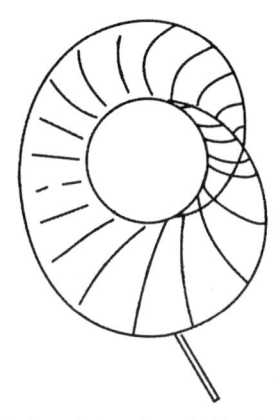

Figura 241: Superfície unilateral (faixa de Moebius).   Figura 242: Superfície bilateral.

2) Podemos distender uma superfície mínima de revolução entre dois círculos. Após a retirada das estruturas de arame da solução, encontramos não uma superfície simples, mas uma estrutura de três superfícies encontrando-se em ângulos de 120°, sendo uma delas um disco circular simples paralelo aos círculos do contorno dados (Figura 243). Destruindo esta superfície intermediária, a catenóide clássica é obtida (a catenóide é a superfície obtida pela revolução da catenária da página 452 em torno de uma reta perpendicular a seu eixo de simetria). Se os dois círculos de contorno forem separados, há um momento em que a superfície mínima duplamente conectada (a catenóide) torna-se instável. Neste momento, a catenóide transforma-se descontinuamente em dois discos separados. Este processo, naturalmente, é irreversível.

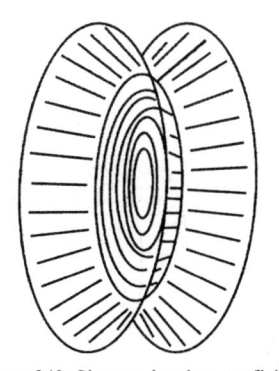

Figura 243: Sistema de três superfícies.

3) Um outro exemplo importante é proporcionado pela estrutura das Figuras 244-6 nas quais podem ser estendidas três superfícies mínimas diferentes. Cada uma é limitada pela mesma curva fechada simples; uma (Figura 244) tem o gênus 1, enquanto as outras duas são simplesmente conectadas e, de certa maneira, simétricas uma à outra. Estas últimas terão a mesma área se o contorno for completamente simétrico. Mas se não for este o caso, então somente uma fornece o mínimo absoluto da área enquanto a outra fornecerá um mínimo relativo, desde que o mínimo seja procurado entre as superfícies simplesmente conectadas. A possibilidade da solução de gênus 1 depende do fato de que admitindo superfícies do gênus 1 pode-se obter uma área menor do que exigindo que a superfície seja simplesmente conectada. Deformando a estrutura devemos, se a deformação for suficientemente radical, chegar a um ponto em que isto não é mais verdadeiro. Nesse momento, a superfície de gênus 1 torna-se cada vez mais instável e de modo súbito transforma-se descontinuamente na solução estável simplesmente conectada representada pela Figura 245 ou 246. Se começarmos com uma destas soluções simplesmente conectadas, como a da Figura 246, podemos deformá-la de tal modo que a outra solução simplesmente conectada da Figura 245 se tornará muito mais estável. A conseqüência é que, em um certo momento, ocorrerá uma transição descontínua de uma para outra. Revertendo lentamente a deformação, retornamos à posição inicial da estrutura, porém agora com a outra solução. Podemos repetir o processo na direção oposta, e desta maneira ir e voltar por meio de transições descontínuas entre os dois tipos. Com manuseio cuidadoso, pode-se também transformar descontinuamente qualquer uma das soluções simplesmente conectadas na de gênus 1. Para este fim, temos que trazer as duas partes semelhantes a discos bem próximas uma da outra, de modo que a superfície de gênus 1 torne-se marcadamente mais estável. Algumas vezes neste processo, pedaços intermediários de película aparecem primeiro e têm de ser destruídos antes que a superfície de gênus 1 seja obtida.

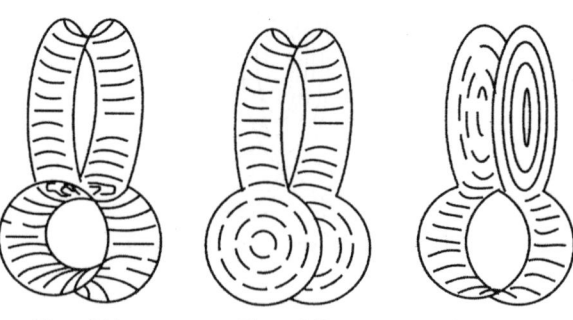

Figura 244.   Figura 245.   Figura 246.
Estrutura estendendo-se por três diferentes superfícies de gênus 0 e 1.

Este exemplo mostra não apenas a possibilidade de diferentes soluções do mesmo tipo topológico, mas também a de outros tipos diferentes em uma e mesma estrutura; além disso, ilustra mais uma vez a possibilidade de transições descontínuas de uma solução para outra enquanto as condições do problema são modificadas continuamente. É fácil construir modelos mais complicados do mesmo tipo e estudar seu comportamento experimentalmente.

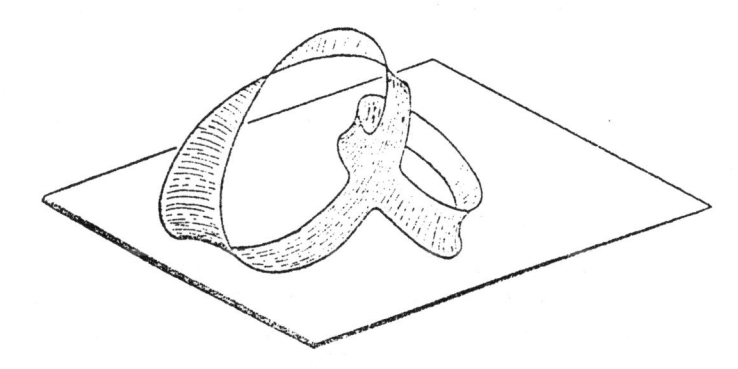

Figura 247: Superfície mínima unilateral, de estrutura topológica mais alta e com um único contorno.

Um fenômeno interessante é o aparecimento de superfícies mínimas limitadas por duas ou mais curvas fechadas entrelaçadas. Para dois círculos obtemos a superfície mostrada na Figura 248. Se, neste exemplo, os círculos forem perpendiculares um ao outro e a reta de interseção de seus planos for um diâmetro de ambos os círculos, haverá duas formas simetricamente opostas desta superfície com áreas iguais. Se as posições relativas dos círculos forem ligeiramente modificadas, a superfície será alterada continuamente, embora para cada posição somente uma forma seja um mínimo absoluto, e a outra um mínimo relativo.

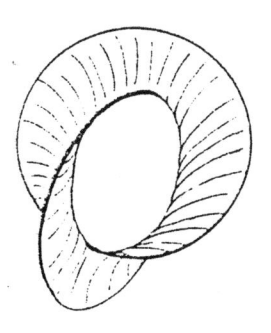

Figura 248: Curvas entrelaçadas.

Se os círculos forem deslocados de modo que o mínimo relativo seja formado, ele se transformará subitamente no mínimo absoluto em algum ponto. Aqui ambas as superfícies mínimas possíveis têm o mesmo caráter topológico, como ocorre com as superfícies das Figuras 245-6, uma das quais pode se transformar subitamente na outra por uma ligeira deformação da estrutura.

4. Soluções experimentais de outros problemas matemáticos

Devido à ação da tensão superficial, uma película de líquido estará em equilíbrio estável somente se sua área for mínima. Esta é uma fonte inesgotável de experimentos matematicamente significativos. Se partes do contorno de uma película podem se mover livremente sobre superfícies dadas, como planos, então sobre estes contornos a película será perpendicular à superfície dada.

Podemos utilizar este fato para notáveis demonstrações do problema de Steiner e suas generalizações (veja §5). Dois vidros ou chapas de plástico paralelas são unidos por três ou mais barras perpendiculares. Se imergirmos este objeto em uma solução de sabão e o retirarmos, a película formará um sistema de planos verticais entre as chapas e unindo as barras fixas. A projeção que aparece nas chapas de vidro é a solução do problema discutido na página 428.

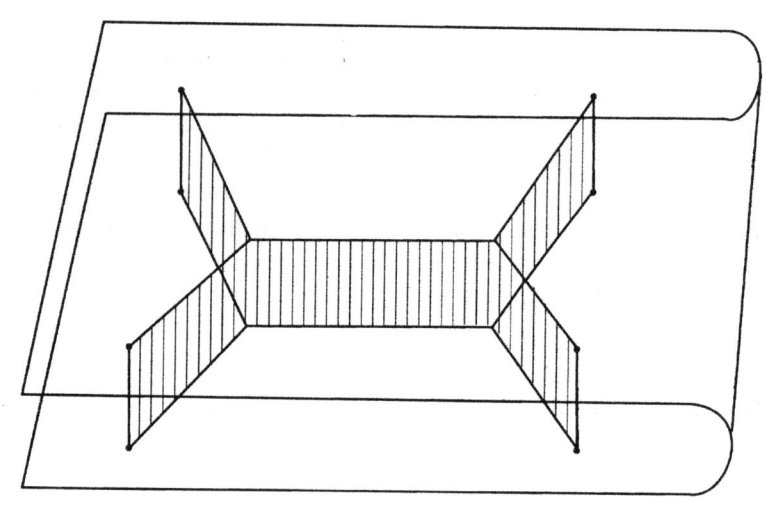

Figura 249: Demonstração da conexão mais curta entre quatro pontos.

Se as chapas não forem paralelas, se as barras não forem perpendiculares a elas, ou se as chapas forem curvas, então as curvas formadas pela película nas chapas não serão retas, mas ilustrarão novos problemas variacionais.

O aparecimento de retas onde três folhas de uma superfície mínima se encontram em ângulos de 120° pode ser considerado como a generalização para mais dimensões dos fenômenos ligados ao problema de Steiner. Isto se torna claro, por exemplo, se unirmos dois pontos, *A* e *B*, no espaço, por três curvas, e estudarmos o sistema estável correspondente de películas de sabão. Como caso mais simples, tomamos para uma curva o segmento de reta *AB*, e para as outras dois arcos circulares congruentes. O resultado é mostrado na Figura 251. Se os planos dos arcos formarem um ângulo com menos de 120o, obteremos três superfícies encontrando-se em ângulos de 120o; se girarmos os dois arcos, aumentando o ângulo que fazem entre si, a solução modifica-se continuamente em dois segmentos circulares planos.

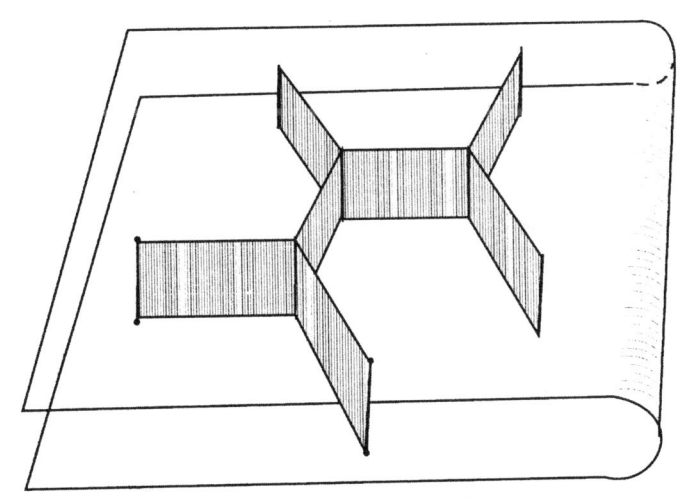

Figura 250: Conexão mais curta entre cinco pontos.

Unamos agora *A* e *B* por três curvas mais complicadas. Como exemplo, podemos tomar três poligonais, cada uma formada por três arestas do mesmo cubo que unem dois vértices diagonalmente opostos: obtemos três superfícies congruentes encontrando-se na diagonal do cubo. (Obtemos este sistema de superfícies a partir do ilustrado na Figura 240 destruindo as películas adjacentes a três arestas adequadamente selecionadas.) Se tornarmos móveis as três poligonais unindo *A* e *B*, podemos observar a curva de interseção tripla tornar-se curva. Os ângulos de 120° serão preservados (Figura 252).

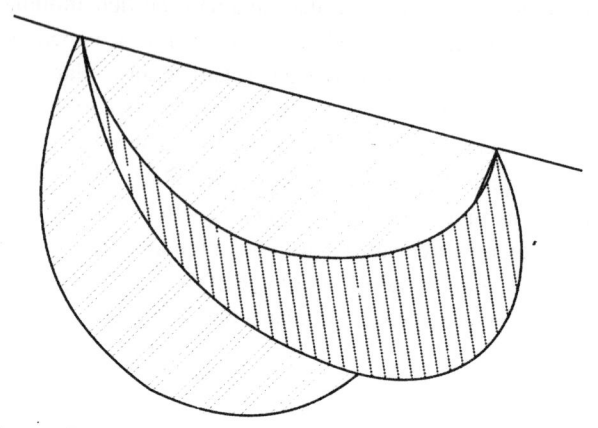

Figura 251: Três superfícies que se encontram em ângulos de 120o, estendendo-se entre três arames ligando dois pontos.

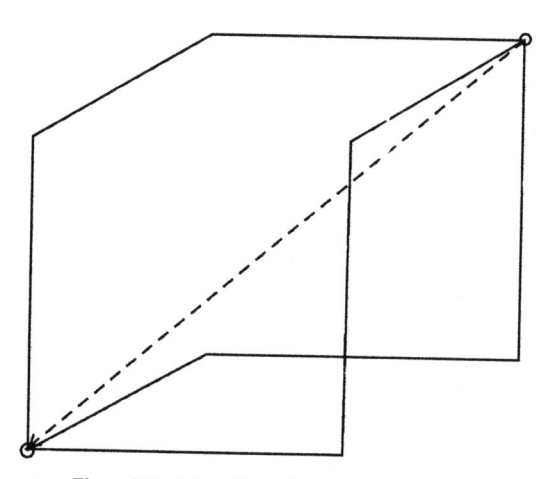

Figura 252: Três poligonais unindo dois pontos.

Todos os fenômenos em que três superfícies mínimas se encontram em certas curvas são fundamentalmente de natureza semelhante. Eles são generalizações do problema plano de unir n pontos pelo sistema mais curto de retas.

Finalmente, uma palavra sobre bolhas de sabão. As bolhas de sabão esféricas mostram que entre todas as superfícies fechadas incluindo um dado volume (definido pela quantidade de ar em seu interior), a esfera tem a menor área. Se considerarmos bolhas de sabão de um volume dado, que tendem a se contrair até uma área mínima mas que são restritas por certas condições, então as superfícies resultantes não serão esferas, nas superfícies de curvatura média constante, das quais as esferas e os cilindros circulares são exemplos especiais.

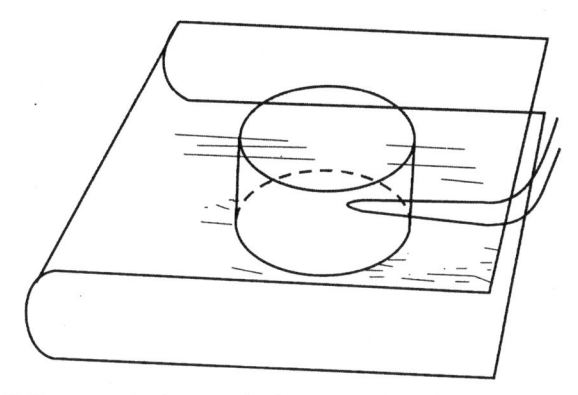

Figura 253: Demonstração de que o círculo tem o menor perímetro para uma dada área.

Por exemplo, sopramos uma bolha de sabão entre duas lâminas de vidro paralelas que foram previamente embebidas em uma solução de sabão. Quando a bolha toca uma lâmina, ela subitamente assume a forma de um hemisfério; logo que a bolha toca também a outra lâmina, assume a forma de um cilindro circular, demonstrando assim a propriedade isoperimétrica do círculo de maneira notável. O fato de que a película de sabão ajusta-se verticalmente à superfície do contorno é a chave deste experimento. Soprando bolhas de sabão entre duas lâminas com hastes de ligação perpendiculares, podemos ilustrar os problemas discutidos nas páginas 447 a 449.

Podemos estudar o comportamento da solução do problema isoperimétrico aumentando ou diminuindo a quantidade de ar na bolha, utilizando um tubo de ponta fina. Sugando ar, contudo, não obtemos as figuras da página 448 consistindo em arcos circulares tangentes um ao outro. À medida que o volume de ar incluído diminui, os ângulos do triângulo circular (teoricamente) não ficarão abaixo de 120°; obtemos as formas mostradas nas Figuras 254-5, que novamente tendem para segmentos de retas como na Figura 235, à medida que a área tende a zero. A razão matemática para que as películas de sabão deixem de formar arcos tangentes é o fato de que tão logo a bolha se separe dos vértices, as retas de conexão não devem mais ser contadas duas vezes. Os experimentos correspondentes são ilustrados pelas Figuras 256 e 257.

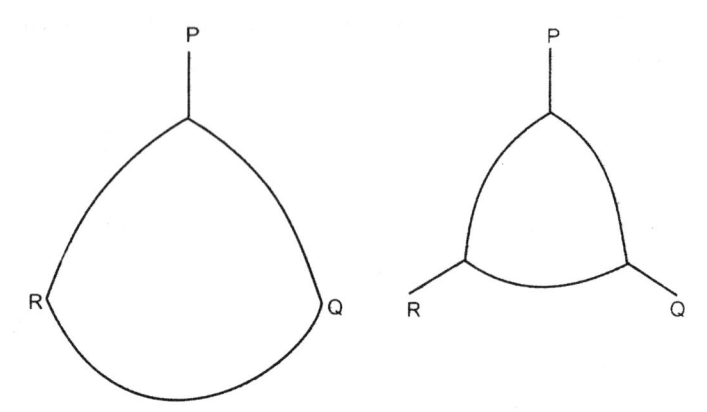

Figuras 254-5: Figuras isoperimétricas com restrições de contorno.

Exercício: Estude o problema matemático correspondente: um triângulo circular deve ser encontrado incluindo uma área dada e tal que seu perímetro mais três segmentos unindo os vértices aos pontos dados tenham um comprimento mínimo.

Uma estrutura cúbica dentro da qual sopramos uma bolha fornecerá superfícies de curvatura média constante com uma base quadrática, se a bolha abaular-se para fora da estrutura. À medida que removemos ar da bolha sugando-o com um canudo, obtemos uma seqüência de belas estruturas que resultam naquela da Figura 258. Os fenômenos de estabilidade e transição entre diferentes estados de equilíbrios são uma fonte de experimentos muito esclarecedores do ponto de vista matemático. Os experimentos ilustram a teoria dos valores estacionários, uma vez que se pode fazer com que as transições ocorram de modo a passar por uma situação de equilíbrio instável que é um "estado estacionário".

Por exemplo, a estrutura cúbica da Figura 240 exibe assimetria no momento em que um plano vertical no centro conecta as doze superfícies saindo das arestas. Portanto, deve haver pelo menos duas outras posições de equilíbrio, uma com um quadrado central vertical e outra com um horizontal. Na realidade, soprando-se por um tubo fino contra os lados deste quadrado, pode-se forçar a estrutura para uma posição em que os quadrados se reduzem a um ponto, o centro do cubo; esta posição de equilíbrio instável se transformará imediatamente em uma das outras posições estáveis obtidas a partir da original por uma rotação de 90o.

Um experimento semelhante que demonstra o problema de Steiner para quatro pontos formando um quadrado pode ser realizado com películas de sabão (Figuras 219-20).

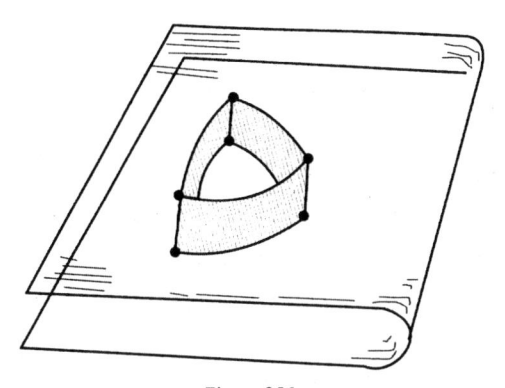

Figura 256.

Se quisermos obter as soluções destes problemas como casos limites de problemas isoperimétricos - por exemplo, se quisermos obter a Figura 240 a partir da Figura 258 - devemos sugar o ar da bolha. A Figura 258 torna-se agora completamente simétrica, e seu limite ao tender a zero o conteúdo da bolha seria um sistema simétrico de doze planos encontrando-se no centro. Isto pode ser efetivamente observado. No entanto, a posição obtida como um limite não está em equilíbrio estável; ao invés disso, ela se transformará em uma das posições da Figura 240. Utilizando um líquido um pouco mais viscoso do que o acima descrito, todo o fenômeno pode ser observado mais facilmente. Ele exemplifica o fato de que mesmo em problemas físicos a solução de um problema não precisa depender continuamente dos dados; isto porque no caso limite de volume zero, a solução, dada na Figura 240, não é o limite da solução, dada pela Figura 258, para volume ε à medida que ε tende a zero.

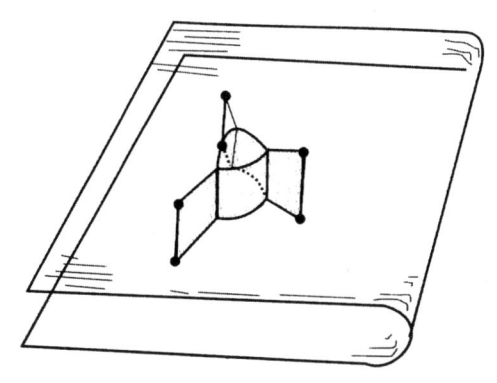

Figura 257.

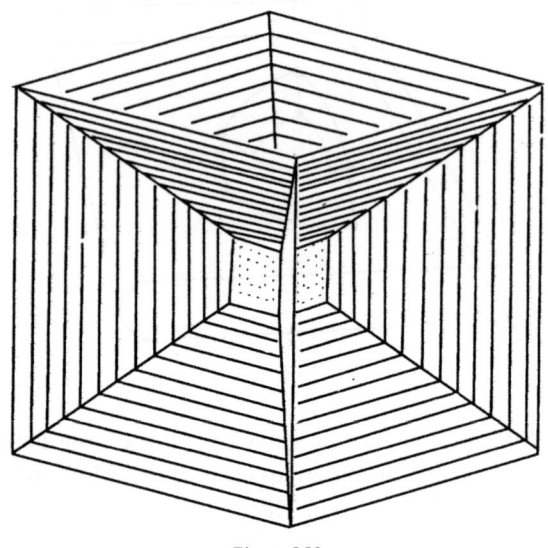

Figura 258.

Capítulo VIII
O cálculo

Introdução

Com absurdo simplismo, a "invenção" do cálculo é algumas vezes atribuída a dois homens, Newton e Leibniz. Na realidade, o cálculo é produto de uma longa evolução que não foi iniciada nem concluída por Newton e Leibniz; ambos, porém, desempenharam papel decisivo. Espalhados pela Europa do século XVII, em sua maior parte fora das escolas, havia um grupo de ativos cientistas que se empenhava em dar continuidade aos trabalhos matemáticos de Galileu e Kepler. Por meio da troca de correspondência e de viagens, estes homens mantinham entre si estreito contato. Dois problemas centrais chamavam sua atenção. Em primeiro lugar, o *problema das tangentes*: determinar as retas tangentes a dada curva, o problema fundamental do cálculo diferencial. Em segundo lugar, o *problema da quadratura*: determinar a área dentro de dada curva, o problema fundamental do cálculo integral. O grande mérito de Newton e Leibniz foi o de terem identificado claramente a estreita *associação entre estes dois problemas*. Nas mãos deles, os novos métodos unificados tornaram-se poderosos instrumentos da Ciência. Boa parte do sucesso foi devido à maravilhosa notação simbólica inventada por Leibniz. Seu feito não é de forma alguma desvalorizado pelo fato de que estava ligado a idéias nebulosas e insustentáveis capazes de perpetuar uma falta de compreensão precisa em mentes que preferiam o misticismo à lucidez. Newton, sem dúvida alguma o maior cientista, parece ter-se inspirado principalmente em Barrow (1630-1677), seu professor e predecessor em Cambridge. Leibniz aproximava-se mais de um leigo; brilhante advogado, diplomata e filósofo, uma das mentes mais ativas e versáteis de seu século, havia aprendido a nova matemática em um tempo incrivelmente curto com o físico Huygens quando visitava Paris em missão diplomática. Logo em seguida publicou resultados que continham o núcleo do cálculo moderno. Newton, cujas descobertas tinham sido feitas muito antes, era avesso à publicação. Além disso, embora houvesse originalmente encontrado muitos dos resultados em sua obra-prima, os *Principia*, pelos métodos do cálculo, preferia uma apresentação no estilo da Geometria Clássica, e quase nenhum traço de cálculo aparecia explicitamente nos *Principia*. Somente mais tarde seus trabalhos sobre o método das "fluxões" foram publicados. Logo seus admiradores iniciaram uma acirrada disputa sobre prioridade com os amigos de Leibniz. Eles acusaram este último de plágio, embora, em uma atmosfera saturada de elementos de uma nova teoria, nada fosse mais natural do que descobertas simultâneas e independentes. A disputa resultante sobre prioridade na "invenção" do cálculo constituiu um exemplo infeliz de excesso de ênfase em questões de precedência e reivindicações quanto à propriedade intelectual, o que predispôs ao envenenamento da atmosfera nos contatos científicos naturais.

Na análise matemática do século XVII e da maior parte do século XVIII, o ideal grego do raciocínio claro e rigoroso parecia ter sido abandonado. A "intuição" e o "instinto" substituíram a razão em muitas situações importantes. Isto apenas encorajou um crença acrítica no poder sobre-humano dos novos métodos. Imaginava-se de maneira geral que uma apresentação clara dos resultados do cálculo não só era desnecessária como impossível. Não estivesse a nova ciência em mãos de uma pequeno grupo de homens extremamente competentes, graves erros e até mesmo um colapso poderia ter ocorrido. Estes pioneiros foram orientados por um forte sentimento instintivo que fez com que não se afastassem muito do objetivo. No entanto, quando a Revolução Francesa abriu caminho para uma imensa ampliação dos conhecimentos avançados, quando um número cada vez maior de homens desejava participar da atividade científica, a revisão crítica da nova análise não podia mais ser adiada. Este desafio foi enfrentado com êxito no século XIX, e hoje o cálculo pode ser ensinado sem um traço de mistério e com completo rigor. Não há mais nenhuma razão para que este instrumento básico das ciências não possa ser compreendido por todas as pessoas instruídas.

Este capítulo tem por objetivo servir de introdução elementar, onde a ênfase recai na compreensão dos conceitos básicos e não na manipulação formal. A linguagem intuitiva será utilizada em todo o texto, mas sempre de maneira consistente com conceitos precisos e procedimentos claros.

§1. A INTEGRAL

1. A área como limite

Para calcular a área de uma figura plana, escolhemos como unidade de área um quadrado cujos lados sejam de comprimento unitário. Se a unidade de medida for a polegada, a unidade de área correspondente será a polegada quadrada; isto é, o quadrado cujos lados têm o comprimento de uma polegada. Com base nesta definição, torna-se muito fácil calcular a área de um retângulo. Se p e q são os comprimentos de dois lados adjacentes medidos em termos da unidade de comprimento, então a área do retângulo é pq unidades quadradas, ou, resumidamente, a área é igual ao produto pq. Isto é verdadeiro para p e q arbitrários, racionais ou não. Para p e q racionais, obtemos este resultado escrevendo $p = m/n, q = m'/n'$ com inteiros m, n, m', n'. Em seguida, encontramos a medida comum $1/N = 1/nn'$ dos dois lados, de modo que $p = mn' \cdot 1/N, q = nm' \cdot 1/N$. Finalmente, subdividimos o retângulo em pequenos quadrados de lado $1/N$ e área $1/N^2$. O número destes quadrados é $nm' \cdot mn'$ e a área total é $nm'mn' \cdot 1/N^2 = nm'mn'/n^2n'^2 = m/n \cdot m'/n' = pq$. Se p e q forem irracionais, o mesmo resultado é obtido primeiro substituindo p e q por números racionais aproximados pr e qr, respectivamente, e em seguida fazendo com que pr e qr tendam para p e q.

É geometricamente óbvio que a área de um triângulo seja igual à metade da área de um retângulo com a mesma base b e altura h; portanto, a área de um triângulo é dada pela expressão familiar $\frac{1}{2}bh$. Qualquer domínio no plano limitado por uma ou mais retas poligonais pode ser decomposto em triângulos; sua área, portanto, pode ser obtida como a soma das áreas destes triângulos.

A necessidade de um método mais geral de calcular áreas surge quando pedimos a área de uma figura limitada, não por polígonos, mas por curvas. Como podemos, por exemplo, determinar a área de um disco circular ou de um segmento de uma parábola? Esta questão crucial, que está na base do cálculo integral, foi abordada já no século III a. C. por Arquimedes, que calculou estas áreas por um processo de "exaustão". Juntamente com Arquimedes e os grandes matemáticos até a época de Gauss, podemos adotar a atitude "ingênua" de que áreas curvilíneas são entidades intuitivamente fornecidas, e que a questão não consiste em *defini-las*, mas em *computá-las* (veja, entretanto, a discussão no Suplemento ao Capítulo 8). Inscrevemos no domínio outro domínio aproximado com um contorno poligonal e uma área bem definida. Escolhendo um outro domínio poligonal que inclui o anterior, obtemos uma melhor aproximação ao domínio dado. Prosseguindo desta maneira, podemos gradualmente "exaurir" toda a área, e obtemos a área do domínio dado como o limite das áreas de uma seqüência adequadamente escolhida de domínios poligonais inscritos com um número crescente de lados. A área de um círculo de raio 1 pode ser calculada desta maneira; seu valor numérico é representado pelo símbolo π.

Arquimedes elaborou este esquema geral para o círculo e para o segmento parabólico. Durante o século XVII, muitos outros casos foram abordados com sucesso; em cada um deles, o cálculo efetivo do limite dependia de um dispositivo engenhoso especialmente adequado para o problema. Uma das principais realizações do cálculo foi substituir estes procedimentos especiais e restritos para o cálculo de áreas por um método geral e poderoso.

2. A integral

O primeiro conceito básico do cálculo é o de integral. Nesta seção, interpretaremos a integral como uma expressão da área *sob uma curva* por meio de um limite. Se uma função contínua positiva $y = f(x)$ é dada, por exemplo, $y = x^2$ ou $y = 1 + \cos x$, então consideramos o domínio limitado abaixo pelo segmento sobre o eixo dos x, de uma abscissa a a uma abscissa maior b, nos lados pelas perpendiculares ao eixo dos x nestes pontos, e acima pela curva $y = f(x)$. Nossa meta consiste em calcular a área A deste domínio.

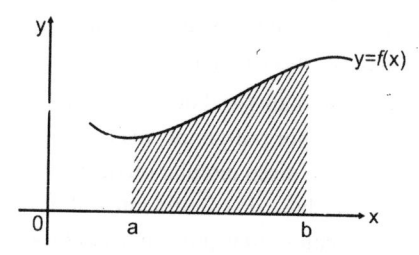

Figura 259: A integral como uma área.

Uma vez que um domínio como este não pode, em geral, ser decomposto em retângulos ou triângulos, nenhuma expressão imediata desta área A está disponível para cálculo explícito. Podemos porém encontrar um valor aproximado para A, e assim representar A como um limite, da seguinte maneira: Subdividimos o intervalo de $x = a$ a $x = b$ em um certo número de pequenos subintervalos, traçamos perpendiculares em cada ponto de subdivisão, e substituímos cada faixa do domínio sob a curva por um retângulo cuja altura é escolhida em algum lugar entre a maior e a menor altura da curva naquela faixa. A soma S das áreas destes retângulos fornece um valor aproximado para a área efetiva A sob a curva. A precisão desta aproximação será tanto melhor quanto maior for o número de retângulos e quanto menor for a largura de cada retângulo individual. Assim podemos caracterizar a área exata como um limite: se formarmos uma seqüência,

(1) $$S_1, S_2, S_3, \ldots$$

de aproximações retangulares à área sob a curva, de tal maneira que a largura do retângulo mais largo em S_n tenda para 0 à medida que n aumenta, então a seqüência (1) aproxima-se do limite A,

(2) $$S_n \to A,$$

e este limite A, a área sob a curva, é independente da maneira particular como a seqüência (1) é escolhida, desde que a largura dos retângulos aproximados tenda a zero. (Por exemplo, S_n pode surgir de S_{n-1} acrescentando-se um ou mais novos pontos de subdivisão aqueles definindo S_{n-1}, ou a escolha de pontos de subdivisão para S_n pode ser inteiramente independente da escolha para S_{n-1}. A área A do domínio expressa por este processo limite é chamada, por definição, de integral da função $f(x)$ de a até b. Com um símbolo especial, o "sinal de integral",

(3) $$A = \int_a^b f(x)dx.$$

O símbolo $\int$, o "dx", e o nome "integral" foram introduzidos por Leibniz para sugerir a maneira pela qual o limite é obtido. Para explicar esta notação, repetiremos com mais detalhes o processo de aproximação da área A. Ao mesmo tempo, a formulação analítica do processo de limite tornará possível descartar as hipóteses restritivas $f(x) \geq 0$ e $b > a$, e finalmente eliminar o conceito intuitivo prévio de área como a base de nossa definição de integral (esta última parte será feita no suplemento, §1).

Dividimos o intervalo de a a b em n pequenos subintervalos que, por simplificação, estabeleceremos como tendo larguras iguais, $(b-a)/n$. Representamos os pontos da subdivisão por

$$x_0 = a, \quad x_1 = a + \frac{b-a}{n},$$
$$x_2 = a + \frac{2(b-a)}{n}, \dots, x_n = a + \frac{n(b-a)}{n} = b.$$

Introduzimos para a quantidade $(b-a)/n$, a diferença entre valores x consecutivos, a notação Δ (leia-se "delta x"),

$$\Delta x = \frac{b-a}{n} = x_{j+1} - x_j,$$

onde o símbolo Δ significa simplesmente "diferença" (e um "operador" e não deve ser confundido com um número.) Podemos escolher como altura de cada retângulo

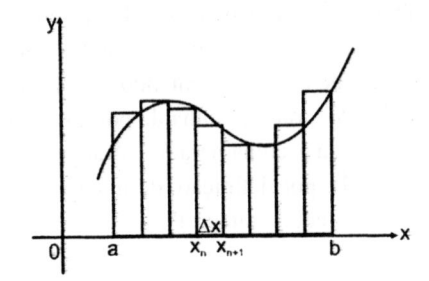

Figura 260: Área aproximada por pequenos retângulos.

aproximado o valor $y = f(x)$ no extremo direito do subintervalo. Então, a soma dos áreas destes retângulos será

(4) $\qquad S_n = f(x_1) \cdot x + f(x_2) \cdot x + \cdots + f(x_n) \cdot x,$

expressão abreviada por

(5) $\qquad S_n = \sum_{j=1}^{n} f(x_j) \cdot \Delta x.$

Aqui, o símbolo $\sum_{j=1}^{n}$ (leia-se "sigma de $j = 1$ até n") significa a soma de todas as expressões obtidas permitindo que j assuma por sua vez os valores 1, 2, 3, ..., n.

A utilização do símbolo $\sum$ para expressar de forma concisa o resultado de um somatório pode ser ilustrado pelos seguintes exemplos:

$$2 + 3 + 4 + \cdots + 10 = \sum_{j=2}^{10} j,$$

$$1 + 2 + 3 + \cdots + n = \sum_{j=1}^{n} j,$$

$$1^2 + 2^2 + 3^2 + \cdots + n^2 = \sum_{j=1}^{n} j^2,$$

$$aq + aq^2 + \cdots + aq^n = \sum_{j=1}^{n} aq^j,$$

$$a + (a+d) + (a+2d) + \cdots + (a+nd) = \sum_{j=0}^{n} (a+jd).$$

Formamos agora uma seqüência destas aproximações S_n nas quais n aumenta indefinidamente, de modo que o número de termos em cada soma (5) aumenta, enquanto que cada termo isoladamente $f(x_j)\Delta x$ aproxima-se de 0 por causa do fator $\Delta x = (-b-a)/n$. À medida que n aumenta, esta soma tende para a área A,

(6) $$A = \lim \sum_{j=1}^{n} f(x_j)\Delta x = \int_a^b f(x)dx.$$

Leibniz simbolizou esta passagem da soma aproximada S_n ao limite A, substituindo o sinal de somatório $\sum$ por $\int$ e o símbolo de diferença Δ por d. (O símbolo de somatório $\sum$ era usualmente escrito S na época de Leibniz, e o símbolo $\int$ é meramente um S estilizado. Embora o simbolismo de Leibniz seja muito sugestivo em relação à maneira pela qual a integral é obtida como o limite de uma soma finita, deve-se ser cauteloso para não atribuir excessiva importância ao que é, afinal de contas, uma pura convenção de como o limite deve ser representado. Nos primeiros tempos do cálculo, quando o conceito de limite não era claramente compreendido e certamente nem sempre lembrado, explicava-se o significado da integral afirmando que "a diferença finita Δx é substituída pela quantidade infinitamente pequena dx, e a própria integral é a soma de infinitas quantidades infinitamente pequenas $f(x)dx$." Embora o infinitamente pequeno exerça uma certa atração para mentes especulativas, não encontra espaço na Matemática. Não serve a qualquer finalidade útil cercar a noção clara da integral com frases sem sentido. Porém até mesmo Leibniz algumas vezes se empolgava com a força sugestiva de seus símbolos; eles funcionavam como se representassem uma soma de quantidades "infinitamente pequenas" com as quais se podia contudo operar até um certo ponto, como se faz com quantidades comuns. De fato, a palavra integral foi feita para indicar que o todo ou a área integral A é composta das partes "infinitesimais" $f(x)dx$. De qualquer forma, passaram-se quase cem anos depois de Newton e Leibniz para que ficasse claramente reconhecido que o conceito de limite e nada mais é a verdadeira base para a definição da integral. Permanecendo firmemente sobre esta base, podemos evitar todo o obscurecimento, todas as dificuldades, e todos os absurdos que tanto perturbaram o início do desenvolvimento do cálculo.

3. Observações gerais sobre o conceito de integral. Definição geral

Em nossa definição geométrica da integral como uma área, supomos explicitamente que $f(x)$ nunca é negativo em todo o intervalo $[a, b]$ de integração, isto é, que nenhuma porção do gráfico está contida abaixo do eixo dos x. Porém em nossa definição analítica da integral como o limite de uma seqüência de somas S_n, esta hipótese é supérflua. Simplesmente tomamos as pequenas quantidades $f(xj).\Delta x$, formamos sua soma, e passamos ao limite; este procedimento permanece perfeitamente significativo se alguns ou todos os valores $f(x_j)$ forem negativos. Interpretando isto geometricamente por meio de áreas (Figura 261), verificamos que a integral de $f(x)$ é a soma algébrica das áreas limitadas pelo gráfico e o eixo dos x, onde áreas contidas abaixo do eixo dos x são contadas como negativas e as outras positivas.

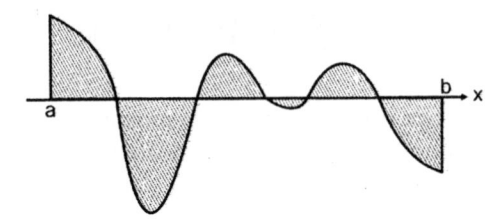

Figura 261: Áreas positivas e negativas.

Pode ocorrer que, em aplicações, sejamos levados a integrais $\int_a^b f(x)dx$ onde b é menor do que a, de modo que $(b-a)/n = \Delta x$ é um número negativo. Em nossa definição analítica temos $f(x_j) \cdot \Delta x$ negativo se $f(x_j)$ for positivo e Δx negativo, etc. Em outras palavras, o valor da integral será o negativo do valor da integral de b para a. Temos então a simples regra

$$\int_a^b f(x)dx = -\int_b^a f(x)dx.$$

Devemos enfatizar que o valor da integral permanece inalterado, mesmo que não nos restrinjamos a pontos eqüidistantes x_j de subdivisão, ou, o que vem a ser o mesmo, a diferenças de x iguais $\Delta x = x_{j+1} - x_j$. Podemos escolher o x_j de outras maneiras, de modo que as diferenças $\Delta x_j = x_{j+1} - x_j$ não sejam iguais (e devemos, de modo correspondente, distingui-las por subscritos Mesmo assim as somas

$$S_n = f(x_1)\Delta x_0 + (x_2)\Delta x_1 + \cdots + f(x_n)\Delta x_{n-1}$$

e também as somas

$$S'_n = f(x_0)\Delta x_0 + f(x_1)\Delta x_1 + \cdots + f(x_{n-1})\Delta x_{n-1}$$

tenderão para o mesmo limite, o valor da integral $\int_a^b f(x)dx$, com o único cuidado de que com *n* crescente todas as diferenças $\Delta x_j = x_{j+1} - x_j$ tendam a zero, de tal modo que a maior destas diferenças aproxime-se de zero à medida que *n* aumenta.

De modo correspondente, a *definição final da integral* é dada por

(6a) $$\int_a^b f(x)dx = \lim \sum_{j=1}^{n} f(v_i) \Delta x_i$$

à medida que $n \to \infty$. Neste limite, v_j pode representar qualquer ponto do intervalo $x_j \le v_j \le x_{j+1}$, e a única restrição à subdivisão é que o intervalo mais longo $\Delta x_j = x_{j+1} - x_j$ deva tender a zero à medida que *n* aumenta.

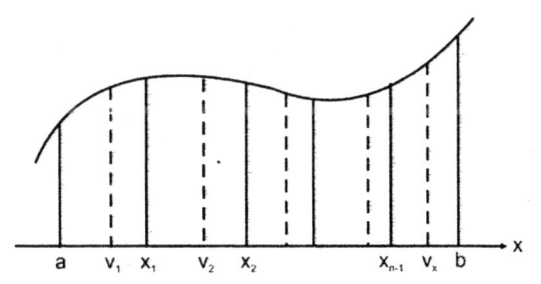

Figura 262: Subdivisão arbitrária na definição geral de integral.

A existência do limite (6a) não necessita de prova se tomarmos como verdadeiro o conceito da área sob uma curva e a possibilidade de aproximar esta área por somas de retângulos. Contudo, conforme aparecerá em discussão posterior, uma análise mais detalhada mostrará que é aconselhável e até mesmo necessário a uma apresentação logicamente completa da noção de integral provar a existência do limite para qualquer função contínua *f*(x) sem referência ao conceito geométrico anterior de área.

4. Exemplos de integração. Integração de x^r

Até agora nossa discussão de integral tem sido meramente teórica. A questão crucial é se o padrão geral para formar uma soma S_n e em seguida passar ao limite leva a resultados tangíveis em casos concretos. Naturalmente, isto exigirá algum raciocínio adicional adaptado à função *f*(x) específica cuja integral está sendo procurada. Quando Arquimedes, há dois mil anos atrás, encontrou a área do segmento parabólico, ele realizou o que agora chamamos de integração da função $f(x) = x^2$ por meio de um artifício muito engenhoso; no século XVII, os precursores do cálculo moderno obtiveram êxito em resolver problemas de integração para funções simples como x^n, novamente utilizando artifícios especiais. Somente após muitas experiências com casos específicos encontrou-se, com os métodos sistemáticos do cálculo, uma abordagem geral para o problema da integração, e assim o alcance de problemas individuais solúveis foi muito ampliado. Neste item, discutiremos alguns dos problemas especiais instrutivos pertencentes ao estágio do "pré-cálculo", porque nada pode ilustrar melhor a integração como um processo limite.

a) Começaremos com um exemplo bastante trivial. Se $y = f(x)$ é uma constante, por exemplo, $f(x) = 2$, então obviamente a integral $\int_a^b 2dx$, compreendida como uma área, é $2(b-a)$, uma vez que a área de um retângulo é igual à base vezes a altura. Compararemos este resultado com a definição da integral (6) como um limite: Se substituirmos em (5) todos os valores de j por $f(x_j) = 2$, verificamos que

$$S_n = \sum_{j=1}^n f(x_j)\Delta x = \sum_{j=1}^n 2\Delta x = 2\sum_{j=1}^n \Delta x = 2(b-a)$$

para todos os n, uma vez que

$$\sum_{j=1}^n \Delta x = (x_1 - x_0) + (x_2 - x_1) + \cdots + (x_n - x_{n-1})$$
$$= x_n - x_0 = b - a.$$

b) Quase tão simples é a integração de $f(x) = x$. Aqui $\int_a^b xdx$ é a área de um trapezóide (Figura 263), e esta, pela Geometria Elementar, é

$$(b-a)\frac{b+a}{2} = \frac{b^2 - a^2}{2}.$$

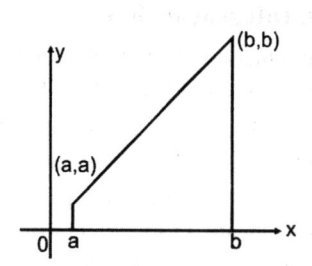

Figura 263: Área de um trapezóide.

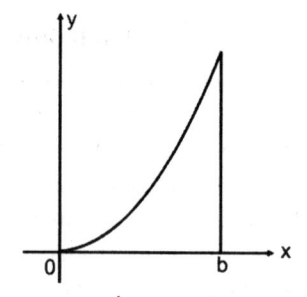

Figura 264: Área sob uma parábola.

O resultado está novamente em conformidade com a definição (6) da integral, como é percebido por uma passagem efetiva ao limite sem utilizar a figura geométrica: Se substituirmos $f(x) = x$ em (5), então a soma S_n torna-se

$$S_n = \sum_{j=1}^{n} x_j \Delta x = \sum_{j=1}^{n} (a + j\Delta x)\Delta x$$
$$= (na + \Delta x + 2\Delta x + 3\Delta x + \cdots + n\Delta x)\Delta x$$
$$= na\Delta x + (\Delta x)^2 (1 + 2 + 3 + \cdots + n).$$

Utilizando a fórmula (1) do Capítulo 1 para a série aritmética $1 + 2 + 3 + \ldots + n$, temos

$$S_n = na\Delta x + \frac{n(n+1)}{2}(\Delta x)^2.$$

Uma vez que $\Delta x = \dfrac{b-a}{n}$, isto é igual a

$$S_n = a(b-a) + \frac{1}{2}(b-a)^2 + \frac{1}{2n}(b-a)^2.$$

se agora fizermos n tender para o infinito, o último termo tenderá a zero, e obteremos

$$\lim S_n = \int_a^b x\,dx = a(b-a) + \frac{1}{2}(b-a)^2 = \frac{1}{2}(b^2 - a^2),$$

de acordo com a interpretação geométrica da integral como uma área.

c) Menos trivial é a integração da função $f(x) = x^2$. Arquimedes utilizou métodos geométricos para resolver o problema equivalente de encontrar a área de um segmento da parábola $y = x^2$. Procederemos analiticamente com base na definição (6a). Para simplificar o cálculo formal, escolhemos 0 como o "limite inferior" a da integral; então, $\Delta x = b/n$. Uma vez que $x_j = j \cdot \Delta x$ e $f(x_j) = j^2(\Delta x)^2$, obtemos para S_n a expressão

$$S_n = \sum_{j=1}^{n} f(j\Delta x)\Delta x = \left[1^2 \cdot (\Delta x)^2 + 2^2 \cdot (\Delta x)^2 + \cdots + h^2 (\Delta x)^2\right] \cdot \Delta x$$
$$= \left(1^2 + 2^2 + \cdots + n^2\right)(\Delta x)^3.$$

Podemos agora calcular efetivamente o limite. Utilizando a fórmula

$$1^2 + 2^2 + \ldots + n^2 = \frac{n(n+1)(2n+1)}{6}$$

demonstrada no Capítulo 1, e fazendo a substituição $\Delta x = b/n$, obtemos

$$S_n = \frac{n(n+1)(2n+1)}{6} \cdot \frac{b^3}{n^3} = \frac{b^3}{6}\left(1+\frac{1}{n}\right)\left(2+\frac{1}{n}\right).$$

Esta transformação preliminar torna a passagem ao limite um problema fácil, uma vez que $1/n$ tende a zero à medida que n aumenta indefinidamente. Assim obtemos como limite simplesmente $\frac{b^3}{6} \cdot 2 = \frac{b^3}{3}$, e portanto o resultado

$$\int_0^l x^2 dx = b^3/3$$

Aplicando este resultado à área de 0 a a, temos

$$\int_0^a x^2 dx = a^3/3$$

e por subtração das áreas,

$$\int_a^b x^2 dx = \frac{b^3 - a^3}{3}.$$

Exercício: Prove da mesma maneira, utilizando a fórmula (5) do Capítulo 1 que

$$\int_a^b x^3 dx = \frac{b^4 - a}{4}.$$

Desenvolvendo fórmulas gerais para a soma $1^k + 2^k + \ldots + n^k$ das k-ésimas potências dos inteiros de 1 a n, pode-se obter o resultado

(7) $\int_a^b x^k dx = \frac{b^{k+1} - a^{k+1}}{k+1}$, k qualquer inteiro positivo.

*Ao invés de prosseguirmos desta maneira, podemos obter de modo mais simples um resultado até mesmo mais geral utilizando a observação anterior de que podemos calcular a integral por meio de pontos de subdivisão não-eqüidistantes. Deduziremos a fórmula (7) não apenas para qualquer inteiro positivo k, mas para um número racional positivo ou negativo arbitrário

$$k = u/v,$$

onde u é um inteiro positivo e v é um inteiro positivo ou negativo. Somente o valor $k = -1$, para o qual a fórmula (7) torna-se sem sentido, é excluído. Suporemos também que $0 < a < b$.

Para obter a fórmula integral (7), formamos S_n escolhendo os pontos da subdivisão $x_0 = a, x_1, x_2, \ldots, x_n = b$ em *progressão geométrica*. Fazemos $\sqrt[n]{\frac{b}{a}} = q$, de modo que $b/a = q^n$, e definimos $x_0 = a, x_1 = aq, x_2 = aq^2, \ldots, x_n = aq^n = b$. Por meio deste artifício, conforme observaremos, a passagem ao limite torna-se muito fácil. Para a "soma retangular" S_n encontramos, uma vez que $f(x_j) = x_j^k = a^k a^{jk}$ e $\Delta x_j = x_{j+1} - x_j = aq^{j+1} - aq^j$,

$$S_n = a^k(aq - a) + a^k q^k (aq^2 - aq) + a^k q^{2k}(aq^3 - aq^2)$$
$$+ \cdots + a^k q^{(n-1)k}(aq^n - aq^{n-1}).$$

Como cada termo contém o fator $a^k(aq - a)$, podemos escrever

$$S_n = a^{k+1}(q-1)\{1 + q^{k+1} + q^{2(k+1)} + \ldots + q^{(n-1)(k+1)}\}.$$

Substituindo q^{k+1} por t, observamos que a expressão entre chaves é a série geométrica $1 + t + t^2 + \ldots + t^{n-1}$, cuja soma, conforme mostrado no Capítulo 1, é $\dfrac{t^n - 1}{t - 1}$. Mas $t^n = q^{n(k+1)} = \left(\dfrac{b}{a}\right)^{k+1} = \dfrac{b^{k+1}}{a^{k+1}}$. Portanto,

(8) $\qquad S_n = (q-1)\left\{\dfrac{b^{k+1} - a^{k+1}}{q^{k+1} - 1}\right\} = \dfrac{b^{k+1} - a^{k+1}}{N},$

onde $\qquad N = \dfrac{q^{k+1} - 1}{q - 1}$

Até aqui, n foi um número fixo. Façamos agora n aumentar, e determinemos o limite de N. À medida que n aumenta, a n-ésima raiz $\sqrt[n]{\dfrac{b}{a}} = q$ tenderá para 1 (veja no Suplemento ao Capítulo 6) e, portanto, tanto o numerador quanto o denominador de N tenderão a zero, o que torna precaução necessária. Suponhamos primeiro que k seja um inteiro positivo; então a divisão por $q - 1$ pode ser efetuada, e obtemos (veja no Capítulo 1) $N = q^k + q^{k-1} + \ldots + q + 1$. Se agora n aumentar, q tenderá para 1 e portanto $q^2, q^3, \ldots, q^k$ também tenderá para 1, de modo que N se aproximará de $k + 1$. Mas isto mostra que S_n tende para $\dfrac{b^{k+1} - a^{k+1}}{k+1}$, como se queria provar.

Exercício: Prove que para qualquer $k \neq -1$ racional a mesma fórmula limite, $N \to k + 1$, e portanto o resultado (7), permanece válido. Primeiro apresente a prova, de acordo com o nosso modelo, para inteiros negativos k. Então, se $k = u/v$, escrevemos $q^{1/v} = s$ e

$$N = \dfrac{s^{(k+1)v} - 1}{s^v - 1} = \dfrac{s^{u+v} - 1}{s^v - 1} = \dfrac{s^{u+v} - 1}{s - 1} \Big/ \dfrac{s^v - 1}{s - 1}.$$

Se n aumentar, s e q tenderão para 1, e portanto os dois quocientes no lado direito tenderão para $u + v$ e v respectivamente, o que fornece novamente $\dfrac{u+v}{v} = k + 1$ para o limite de N.

Em §5 observaremos como esta discussão extensa e até certo ponto artificial pode ser substituída pelos métodos do Cálculo, mais simples e mais eficazes.

Exercício: 1) Verifique a integração precedente de x^k para os casos $k = \frac{1}{2}, -\frac{1}{2}, 2, -2, 3, -3$.

2) Encontre os valores das integrais:

a) $\int_{-2}^{-1} x\,dx$. b) $\int_{-1}^{+1} x\,dx$. c) $\int_{1}^{2} x^2\,dx$. d) $\int_{-1}^{-2} x^3\,dx$. e) $\int_{0}^{n} x\,dx$.

3) Encontre os valores das integrais:

a) $\int_{-1}^{+1} x^3\,dx$. b) $\int_{-2}^{2} x^3 \cos x\,dx$. c) $\int_{-1}^{+1} x^4 \cos^2 x \, \text{sen}^5 x\,dx$. d) $\int_{-1}^{+1} \text{tg}\, x\,dx$.

(Indicação: considere os gráficos das funções sob o sinal da integral, leve em conta sua simetria com relação a $x = 0$, e interprete as integrais como áreas.)

*4) Integre sen x e cos x de 0 a b substituindo $\Delta x = h$ e utilizando as fórmulas do Suplemento ao Capítulo 8.

5) Integre $f(x) = x$ e $f(x) = x^2$ de 0 a b subdividindo em partes iguais e utilizando em (6a) os valores $v_j = \frac{1}{2}(x_j + x_{j+1})$.

*6) Utilizando o resultado (7) e a definição da integral com valores iguais de Δx, prove a relação limite:

$$\frac{1^k + 2^k + \cdots + n^k}{n^{k+1}} \to \frac{1}{k+1} \text{ à medida que } n \to \infty$$

(Indicação: estabeleça $\frac{1}{n} = \Delta x$ e demonstre que o limite é igual a $\int_{0}^{1} x^k\,dx$.).

*7. Prove para $n \to \infty$, que

$$\frac{1}{\sqrt{n}}\left(\frac{1}{\sqrt{1+n}}+\frac{1}{\sqrt{2+n}}+\cdots+\frac{1}{\sqrt{n+n}}\right) \to 2\left(\sqrt{2}-1\right)$$

(Indicação: escreva esta soma de modo que seu limite apareça como uma integral.)

8) Calcule a área de um segmento parabólico limitado por um arco P_1P_2 e a corda P_1P_2 da parábola $y = ax^2$ em termos das abscissas x_1 e x_2 dos dois pontos.

5. Regras para o "cálculo integral"

Um importante passo no desenvolvimento do Cálculo foi dado quando certas regras gerais foram formuladas; por meio delas, problemas complexos podiam se tornar mais simples e assim solucionados por um procedimento quase mecânico. Esta característica de algoritmo é particularmente enfatizada pela notação de Leibniz. Não obstante, a concentração excessiva na mecânica da resolução de problemas pode rebaixar o ensino do Cálculo ao nível de um exercício vazio e repetitivo.

Algumas regras simples para integrais decorrem imediatamente da definição (6) ou da interpretação geométrica de integrais como áreas.

A integral da soma de duas funções é igual à soma das integrais das duas funções. A integral de uma constante c vezes uma função f(x) é c vezes a integral de f(x). Estas duas regras combinadas são expressas na fórmula

(9) $$\int_a^b \left[cf(x)+dg(x)\right]dx = c\int_a^b f(x)dx + d\int_a^b g(x)dx.$$

A prova decorre imediatamente da definição da integral como o limite da soma finita (5), uma vez que a fórmula correspondente para uma soma S_n é obviamente verdadeira. A regra estende-se imediatamente a somas de mais de duas funções.

Como exemplo da utilização desta regra consideremos um polinômio

$$f(x) = a_0 + a_1 x + a_2 x^2 + \cdots + a_n x^n,$$

onde os coeficientes $a_0, a_1, ..., a_n$ são constantes. Para formar a integral de $f(x)$ de a até b procedemos termo a termo, de acordo com a regra. Utilizando a fórmula (7) encontramos

$$\int_a^b f(x)dx = a_0(b-a) + a_1\frac{b^2-a^2}{2} + \cdots + a_n\frac{b^{n+1}-a^{n+1}}{n+1}.$$

Uma outra regra, óbvia tanto a partir da definição analítica quanto da interpretação geométrica, é fornecida pela fórmula:

(10) $$\int_a^b f(x)dx + \int_b^c f(x)dx = \int_a^c f(x)dx.$$

Além disso, fica claro que a integral torna-se zero se b for igual a a. A regra da página 488,

(11) $$\int_a^b f(x)dx = -\int_b^a f(x)dx,$$

está em conformidade com as duas últimas regras, uma vez que corresponde a (10) para $c = a$.

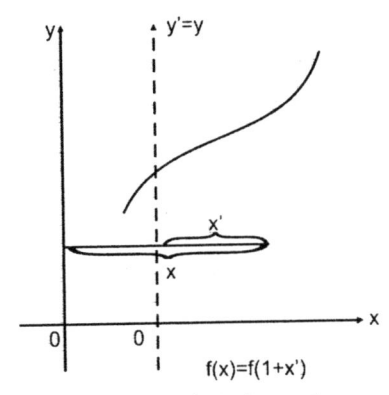

Figura 265: Translação do eixo dos y.

Algumas vezes é conveniente utilizar o fato de que o valor da integral de modo algum depende do nome x escolhido para a variável independente em $f(x)$; por exemplo,

$$\int_a^b f(x)dx = \int_a^b f(u)du = \int_a^b f(t)dt, \text{ etc.}$$

Isto porque uma mera mudança no nome das coordenadas no sistema ao qual o gráfico da função se refere não altera a área sob a curva. A mesma observação é adequada mesmo se fizermos certas alterações no próprio sistema de coordenadas. Por exemplo, translademos a origem para a direita de uma unidade, de O para O', como na Figura 265, de modo que x seja substituído por uma nova abscissa x' tal que $x = 1 + x'$.

Uma curva com equação $y = f(x)$ terá, no novo sistema de coordenadas, a equação $y = f(1+x')$. (Por exemplo, $y = 1/x = 1/(1+x')$). Uma área dada A sob esta curva, digamos entre $x = 1$ e $x = b$, é, no novo sistema de coordenadas, a área sob o arco entre $x' = 0$ e $x' = b - 1$. Assim temos

$$\int_1^b f(x)dx = \int_0^{b-1} f(1+x')dx',$$

ou, trocando x' por u,

(12) $$\int_1^b f(x)dx = \int_0^{b-1} f(1+u)du.$$

Por exemplo,

(12a) $$\int_1^b \frac{1}{2}dx = \int_0^{b-1} \frac{1}{1+u}du;$$

e para a função $f(x) = x^k$,

(12b) $$\int_1^b x^k dx = \int_0^{b-1} (1+u)^k du.$$

De modo semelhante,

(12c) $$\int_0^b x^k dx = \int_{-1}^{b-1} (1+u)^k du \qquad (k \geq 0).$$

Uma vez que o lado esquerdo de (12c) é igual a $\dfrac{b^{k+1}}{k+1}$, obtemos

(12d) $$\int_{-1}^{b-1} (1+u)^k du = \frac{b^{k+1}}{k+1}.$$

Exercícios: 1) Calcule a integral de $1 + x + x^2 + \ldots + x^n$ de 0 a b.
2) Para $n > 0$, prove que a integral de $(1+x)n$ de -1 a z é igual a

$$\frac{(1+z)^{n+1}}{(n+1)}.$$

3) Demonstre que a integral de 0 a 1 de x_n sen x é menor do que $1/(n+1)$. (Indicação: este último valor é a integral de x^n).

4) Prove diretamente e pela utilização do binômio de Newton que a integral de -1 a z de $\dfrac{(1+x)^n}{n}$ é $\dfrac{(1+z)^{n+1}}{n(n+1)}$.

Finalmente, mencionamos duas regras importantes que têm a forma de desigualdades. Estas regras permitem avaliações esboçadas, porém úteis, dos valores de integrais.

Suponhamos que $b > a$ e que os valores de $f(x)$ no intervalo em nenhum lugar excedam os de uma outra função $g(x)$. Temos então

(13) $$\int_a^b f(x)dx \leq \int_a^b g(x)dx,$$

como fica imediatamente claro a partir da Figura 266 ou da definição analítica da integral. Em particular, se $g(x) = M$ for uma constante não excedida pelos valores de $f(x)$, teremos $\int_a^b g(x)dx = \int_a^b M\,dx = M(b-a)$. Decorre que

(14) $$\int_a^b f(x)dx \leq M(b-a).$$

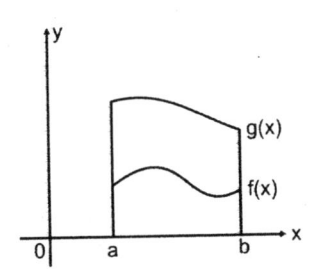

Figura 266: Comparação de integrais.

Se $f(x)$ não for negativa, então $f(x) = |f(x)|$. Se $f(x) < 0$, então $|f(x)| > f(x)$. Portanto, definindo $g(x) = |f(x)|$ em (13), obtemos a fórmula útil

(15) $$\int_a^b f(x)dx \leq \int_a^b |f(x)|dx.$$

Uma vez que $|-f(x)| = |f(x)|$, temos também

$$-\int_a^b f(x)dx \le \int_a^b |f(x)|dx,$$

que, juntamente com (15), fornece a desigualdade ate certo ponto mais forte

(16) $$\left|\int_a^b f(x)dx\right| \le \int_a^b |f(x)|dx.$$

§2. A DERIVADA
1. A derivada como inclinação

Embora o conceito de integral tenha suas raízes na Antigüidade, o outro conceito básico do Cálculo, a derivada, foi formulado apenas no século XVII por Fermat e outros matemáticos. Foi a descoberta por Newton e Leibniz da inter-relação orgânica entre estes dois conceitos aparentemente bastante diversos que inaugurou um desenvolvimento sem paralelo na ciência matemática.

Fermat estava interessado em determinar os máximos e os mínimos de uma função $y = f(x)$. No gráfico de uma função, um máximo corresponde a um cume mais alto do que todos os outros pontos vizinhos, enquanto que um mínimo corresponde ao fundo de um vale mais baixo do que todos os pontos vizinhos. Na Figura 191, Capítulo 7, o ponto B é um máximo e o ponto C, um mínimo. Para caracterizar os pontos de máximo e mínimo é natural utilizar a *noção* de tangente de uma curva. Suponhamos que o gráfico não tenha pontos angulosos ou outras singularidades, e que em cada ponto ele tenha uma direção definida fornecida por uma reta tangente. Nos pontos máximo ou mínimo a tangente do gráfico $y = f(x)$ deve ser paralela ao eixo dos x, uma vez que, de outro modo, a curva estaria se elevando ou caindo nestes pontos. Esta observação sugere a idéia de considerar, de forma bastante geral, em qualquer ponto P do gráfico $y = f(x)$, a direção da tangente à curva.

Para caracterizar a direção de uma reta no plano x, y, costuma-se dar sua inclinação, que é a tangente trigonométrica do ângulo α entre a direção do eixo dos x positivo e a reta. Se P for qualquer ponto da reta L, deslocamo-nos para a direita até um ponto R e depois acima ou abaixo do ponto Q sobre a reta; então a inclinação de L $tg\alpha = \dfrac{RQ}{PR}$. O comprimento PR é tomado como positivo, enquanto que RQ é tomado como positivo ou negativo, conforme a direção de R a Q seja para cima ou para baixo, de modo que a inclinação forneça a elevação ou a queda por comprimento unitário ao longo da horizontal quando nos deslocamos ao longo da reta, da esquerda para a direita. Na Figura 267 a inclinação da primeira reta é 2/3, enquanto que a inclinação da segunda reta é -1.

Pela inclinação de uma *curva* em um ponto P exprimimos a inclinação da tangente à curva em P. Desde que aceitemos a tangente de uma curva como um conceito matemático intuitivamente dado, permanece apenas o problema de *encontrar um procedimento para calcular a inclinação*. Por enquanto aceitaremos este ponto de vista, adiando para o suplemento uma análise mais detalhada dos problemas envolvidos.

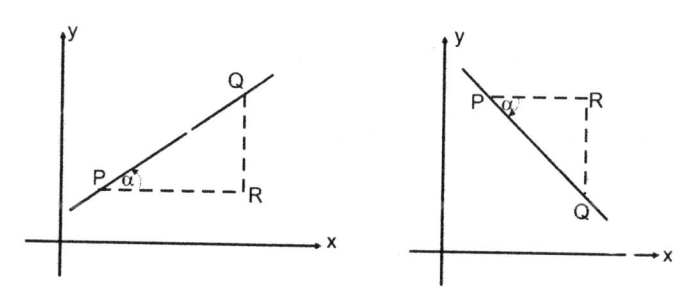

Figura 267: Inclinações de retas

2. A derivada como limite

A inclinação de uma curva $y = f(x)$ no ponto $P(x, y)$ não pode ser calculada referindo-se apenas ao ponto P da curva. Ao invés disso, deve-se lançar mão de um processo de limite muito semelhante ao envolvido no cálculo da área sob uma curva. Este processo de limite é a base do Cálculo Diferencial. Consideramos sobre a curva um outro ponto P_1, próximo a P, com coordenadas (x_1, y_1). Denominamos a reta unindo P a P_1 de t_1;

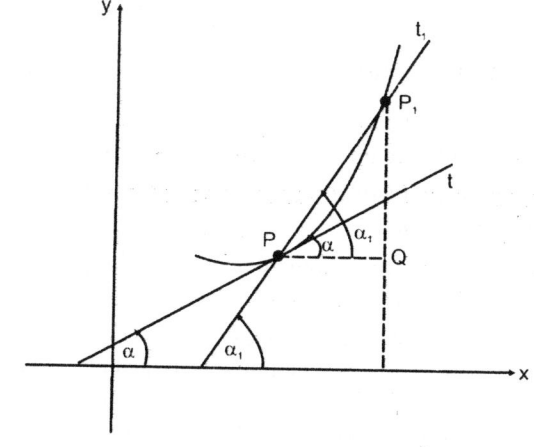

Figura 268: A derivada como limite.

é uma secante da curva que se aproxima da tangente em P quando P_1 está próxima a P. Denominamos o ângulo entre o eixo dos x e t_1 de α_1. Ora, se permitirmos que x_1 se aproxime de x, então P_1 se deslocará ao longo da curva em direção a P, e a secante t_1 se aproximará em sua posição de limite da tangente t à curva em P. Se α representa o ângulo entre o eixo dos x e t, então, como $x_1 \to x$,†

$$y_1 \to y, \quad P_1 \to P, \quad t_1 \to t \quad \text{e} \quad \alpha_1 \to \alpha.$$

A tangente é o limite da secante, e a inclinação da tangente é o limite da inclinação da secante.

Embora não tenhamos qualquer expressão explícita para a inclinação da própria tangente t, a inclinação da secante t_1 é dada pela fórmula

$$\text{inclinação de } t_1 = \frac{y_1 - y}{x_1 - x} = \frac{f(x_1) - f(x)}{x_1 - x},$$

ou, se novamente representarmos a operação de formar uma diferença pelo símbolo Δ,

$$\text{inclinação de } t_1 = \frac{\Delta y}{\Delta x} = \frac{\Delta f(x)}{\Delta x}.$$

A inclinação da secante t_1 é um "quociente das diferenças" - a diferença Δy dos valores da função, dividida pela diferença Δx dos valores da variável independente. Além disso,

$$\text{inclinação de } t = \text{limite da inclinação de } t_1 = \lim \frac{f(x_1) - f(x)}{x_1 - x} = \lim \frac{\Delta y}{\Delta x},$$

onde os limites são avaliados como $x_1 \to x_2$, isto é, como $\Delta x + x_1 - x \to 0$. *A inclinação da tangente t à curva é o limite do quociente das diferenças $\Delta y/\Delta x$ à medida que $\Delta x = x_1 - x$ se aproxima de zero.*

A função original $f(x)$ forneceu a altura da curva $y = f(x)$ para o valor x. Podemos agora considerar a inclinação da curva para um ponto P variável com as coordenadas (x, y) [$y = f(x)$] como uma nova função de x que representamos por $f'(x)$ e chamamos de derivada da função $f(x)$. O processo de limite pelo qual ela é obtida é chamado de

---

†Nossa notação aqui é ligeiramente diferente da apresentada no Capítulo VI, uma vez que ali temos $x \to x_1$, sendo este último valor fixo. Nenhuma confusão deveria ser ocasionada a partir desta troca de símbolos.

diferenciação de $f(x)$. Este processo é uma operação que atribui a uma função dada $f(x)$ uma outra função $f'(x)$ de acordo com uma regra definida, da mesma forma que a função $f(x)$ é definida por uma regra que atribui a qualquer valor da variável x o valor $f(x)$:

$f(x)$ = altura da curva $y = f(x)$ no ponto x,

$f'(x)$ = inclinação da curva $y = f(x)$ no ponto x.

A palavra "diferenciação" origina-se do fato de que $f'(x)$ é o limite da diferença $f(x_1) - f(x)$ dividida pela diferença $x_1 - x$:

(1) $$f'(x) = \lim \frac{f(x_1) - f(x)}{x_1 - x}$$ à medida que $x_1 \to x$.

Uma outra notação freqüentemente útil é

$$f'(x) = Df(x),$$

o "D" simplesmente abreviando "derivada de"; também diferente é a notação de Leibniz para a derivada de $y = f(x)$,

$$\frac{dy}{dx} \quad \text{ou} \quad \frac{df(x)}{dx}$$

que deveremos discutir em §4 e que indica o caráter da derivada como o limite do quociente das diferenças $\Delta y / \Delta x$ ou $\Delta f(x) / \Delta x$.

Se percorrermos a curva $y = f(x)$ na direção de valores crescentes de x, então uma *derivada positiva*, $f'(x) > 0$, em um ponto significa curva crescente (valores crescentes de y); uma *derivada negativa*, $f'(x) < 0$, significa *curva decrescente*, enquanto que $f'(x) = 0$ significa uma direção horizontal da curva para o valor x. Em um máximo ou em um mínimo, a inclinação deve ser zero (Figura 269).

Portanto, resolvendo a equação

$$f'(x) = 0$$

para achar x podemos encontrar as posições dos máximos e dos mínimos, como foi feito pela primeira vez por Fermat.

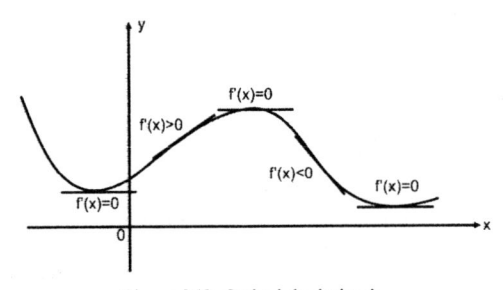

Figura 269: O sinal da derivada.

3. Exemplos

As considerações conduzindo à definição (1) podem, aparentemente, não ter valor prático. Um problema foi substituído por outro: ao invés de sermos solicitados a encontrar a inclinação da tangente a uma curva $y = f(x)$ em um ponto, somos solicitados a avaliar um limite, (1), que, à primeira vista, parece igualmente difícil. Mas logo que deixamos o domínio das generalidades e consideramos funções específicas $f(x)$, devemos obter resultados tangíveis.

A mais simples destas funções é $f(x) = c$, onde c é uma constante. O gráfico da função $y = f(x) = c$ é uma reta horizontal coincidindo com todas as suas tangentes, e é óbvio que

$$f'(x) = 0$$

para todos os valores de x. Isto também decorre da definição (1), para

$$\frac{\Delta y}{\Delta x} = \frac{f(x_1) - f(x)}{x_1 - x} = \frac{c - c}{x_1 - x} = \frac{0}{x_1 - x} = 0,$$

de modo que, trivialmente,

$$\lim \frac{f(x_1)-f(x)}{x_1-x} = 0 \text{ à medida que } x_1 \to x.$$

Em seguida, consideraremos a função simples $y = f(x) = x$, cujo gráfico é uma reta passando pela origem e dividindo ao meio o primeiro quadrante. Geometricamente, torna-se claro que

$$f'(x) = 1$$

para todos os valores de x, e a definição analítica (1) novamente nos fornece

$$\frac{f(x_1)-f(x)}{x_1-x} = \frac{x_1-x}{x_1-x} = 1,$$

de modo que

$$\lim \frac{f(x_1)-f(x)}{x_1-x} = 1 \text{ à medida que } x_1 \to x.$$

O exemplo não trivial e mais simples é a diferenciação da função

$$y = f(x) = x^2,$$

que equivale a encontrar a inclinação de uma parábola. Este é o caso mais simples que nos ensina como realizar a passagem ao limite quando o resultado não é óbvio desde o início. Temos

$$\frac{\Delta y}{\Delta x} = \frac{f(x_1)-f(x)}{x_1-x} = \frac{x_1^2-x^2}{x_1-x}.$$

Se tentássemos passar ao limite diretamente no numerador e no denominador, obteríamos a expressão sem sentido 0/0. Mas é possível evitar este impasse reescrevendo o quociente das diferenças e simplificando, *antes de passar ao limite*, o fator de perturbação $x_1 - x$. (Ao avaliar o limite do quociente das diferenças, consideramos apenas valores $x_1 \neq x$, de modo que isto é possível; veja no Capítulo 6.) Assim, obtemos a expressão

$$\frac{x_1^2 - x^2}{x_1 - x} = \frac{(x_1 - x)(x_1 + x)}{x_1 - x} = x_1 + x.$$

Agora, após a simplificação, não há mais qualquer dificuldade com o limite quando $x_1 \to x$. O limite é obtido por "substituição"; pois a nova forma $x_1 + x$ do quociente das diferenças é contínua e o limite de uma função contínua à medida que $x_1 \to x$ é simplesmente o valor da função para $x_1 + x$, no nosso caso $x + x = 2x$, de modo que

$$f'(x) = 2x \text{ para } f(x) = x^2.$$

De modo semelhante, podemos provar que, para $f(x) = x^3$, temos $f'(x) = 3x^2$. Pois o quociente das diferenças,

$$\frac{\Delta y}{\Delta x} = \frac{f(x_1) - f(x)}{x_1 - x} = \frac{x_1^3 - x^3}{x_1 - x},$$

pode ser simplificado pela fórmula $x_1^3 - x^3 = (x_1 - x)(x_1^2 + x_1 x + x^2)$; o denominador $\Delta x = x_1 - x$ é simplificado, e obtemos a expressão contínua

$$\frac{\Delta y}{\Delta x} = x_1^2 + x_1 x + x^2.$$

Agora se fizermos x_1 se aproximar de x, esta expressão simplesmente se aproximará de $x^2 + x^2 + x^2$, e obtemos como limite $f'(x) = 3x^2$.

De maneira geral, para

$$f(x) = x^n,$$

onde n é um inteiro positivo qualquer, obtemos a derivada

$$f'(x) = nx^{n-1}.$$

Exercício: Prove este resultado. (Utilize a fórmula algébrica

$$x_1^n - x^n = (x_1 - x)(x_1^{n-1} + x_1^{n-2}x + x_1^{n-3}x^2 + \cdots + x_1 x^{n-2} + x^{n-1}.)$$

Como mais um exemplo de artifícios simples que permitem a determinação explícita da derivada, consideramos a função

$$y = f(x) = \frac{1}{x}.$$

Temos

$$\frac{\Delta y}{\Delta x} = \frac{y_1 - y}{x_1 - x} = \left(\frac{1}{x_1} - \frac{1}{x}\right) \cdot \frac{1}{x_1 - x} = \frac{x - x_1}{x_1 x} \cdot \frac{1}{x_1 - x}$$

Novamente podemos simplificar, e encontramos $\dfrac{\Delta y}{\Delta x} = -\dfrac{1}{x_1 x}$, que é contínua em $x_1 = x$; portanto, temos no limite

$$f'(x) = -\frac{1}{x^2}.$$

Naturalmente, nem a derivada, nem a própria função é definida para $x = 0$.

Exercícios: Prove de maneira semelhante que para $f(x)=\frac{1}{x^2}, f'(x)=-\frac{2}{x^3}$; para $f(x)=\frac{1}{x^n}, f'(x)=-\frac{n}{x^{n+1}}$; para $f(x)=(1+x)^n, f'(x)=n(1+x)^{n-1}$.

Efetuaremos agora a diferenciação de

$$y = f(x) = \sqrt{x}.$$

O quociente das diferenças é, neste caso,

$$\frac{y_1-y}{x_1-x} = \frac{\sqrt{x_1}-\sqrt{x}}{x_1-x}$$

Pela fórmula $x_1 - x = \left(\sqrt{x_1}-\sqrt{x}\right)\left(\sqrt{x_1}+\sqrt{x}\right)$ podemos eliminar um fator e obter a expressão contínua

$$\frac{y_1-y}{x_1-x} = \frac{1}{\sqrt{x_1}+\sqrt{x}}.$$

Passando ao limite, obtemos

$$f'(x) = \frac{1}{2\sqrt{x}}.$$

Exercícios: Prove que para $f(x)=\frac{1}{\sqrt{x}}, f'(x)=-\frac{1}{2\left(\sqrt{x}\right)^3}$; para $f(x)=\sqrt[3]{x}$, $f'(x)=\frac{1}{3\sqrt[3]{x^2}}$; para $f(x)=\sqrt{1-x^2}, f'(x)=\frac{-x}{\sqrt{1-x^2}}$; para $f(x)=\sqrt[n]{x}$, $f'(x)=\frac{1}{n\sqrt[n]{x^{n-1}}}$.

4. Derivadas das funções trigonométricas

Abordaremos agora a questão muito importante da *diferenciação das funções trigonométricas*. Aqui, a medida de ângulos em radianos será utilizada exclusivamente.

Para diferenciar a função $y = f(x) = \operatorname{sen} x$, definimos $x_1 - x = h$, de modo que $x_1 = x + h$ e $f(x_1) = \operatorname{sen} x_1 = \operatorname{sen}(x+h)$. Pela fórmula trigonométrica para $\operatorname{sen}(A + B)$

$$f(x_1) = \operatorname{sen}(x+h) = \operatorname{sen} x \cos h + \cos x \operatorname{sen} h$$

Portanto,

(2)
$$\frac{f(x_1)-f(x)}{x_1 - x} = \frac{\operatorname{sen}(x+h)-\operatorname{sen} x}{h}$$

$$= \cos x \left(\frac{\operatorname{sen} h}{h}\right) + \operatorname{sen} x \left(\frac{\cos h - 1}{h}\right).$$

Se agora fizermos x_1 tender para x, então h tenderá para 0, sen h para 0, e cos h para 1. Além disso, pelos resultados do Capítulo 6,

$$\lim \frac{\operatorname{sen} h}{h} = 1$$

e
$$\lim \frac{\cos h - 1}{h} = 0.$$

Portanto, o lado direito de (2) aproxima-se de cos x, dando o resultado:

A função $f(x) = \operatorname{sen} x$ tem a derivada $f'(x) = \cos x$, ou, resumidamente,

$$D \operatorname{sen} x = \cos x.$$

Exercício: Prove que $D \cos x = -\operatorname{sen} x$.

Para diferenciar a função $f(x) = tg\, x$, escrevemos $tg x = \dfrac{\text{sen} x}{\cos x}$, e obtemos

$$\frac{f(x+h)-f(x)}{h} = \left(\frac{\text{sen}(x+h)}{\cos(x+h)} - \frac{\text{sen} x}{\cos x}\right)\frac{1}{h}$$

$$= \frac{\text{sen}(x+h)\cos x - \cos(x+h)\text{sen} x}{h} \cdot \frac{1}{\cos(x+h)\cos x}$$

$$= \frac{\text{sen} h}{h} \cdot \frac{1}{\cos(x+h)\cos x}$$

(A última igualdade decorre da fórmula sen $(A - B) =$ sen A cos $B -$ cos A sen B, com $A = x + h$ e $B = h$.) Se agora fizermos h se aproximar de zero, $\dfrac{\text{sen} h}{h}$ se aproximará de 1, cos $(x + h)$ se aproximará de *cos x*, e inferimos:

A derivada da função $f(x) = tg\, x$ é $f'(x) = \dfrac{1}{\cos^2 x}$,

ou

$$D\, tg\, x = \frac{1}{\cos^2 x}.$$

Exercício: Prove que $D \cot g\, x = -\dfrac{1}{\text{sen}^2 x}$.

*5. Diferenciação e continuidade

A *diferenciabilidade de uma função implica em sua continuidade*. Pois, se o limite de $\Delta y/\Delta x$ existe à medida que Δx tende a zero, então é fácil perceber que a mudança Δy da função $f(x)$ deve se tornar arbitrariamente pequena à medida que a diferença Δx tende a zero. Assim, sempre que pudermos diferenciar uma função, sua continuidade é automaticamente assegurada; devemos portanto prescindir de mencionar ou provar explicitamente a continuidade das funções diferenciáveis que ocorrem neste capítulo, a menos que haja uma razão particular para isto.

6. Derivada e velocidade. Segunda derivada e aceleração

A discussão precedente da derivada foi feita em conexão com o conceito geométrico do gráfico de uma função. Mas a importância do conceito de derivada não está de forma alguma limitada ao problema de encontrar a inclinação da tangente a uma curva. Nas Ciências Naturais é inclusive mais importante o problema de calcular a *taxa de variação* de alguma quantidade $f(t)$ que varia com o tempo t. Foi sob este ângulo que Newton empreendeu sua abordagem ao Cálculo Diferencial. Newton queria, em particular, analisar o fenômeno da velocidade, onde o tempo e a posição de uma partícula móvel são considerados como os elementos variáveis, ou, em suas próprias palavras, como as "quantidades fluentes".

Se uma partícula desloca-se ao longo de uma reta, o eixo dos x, seu movimento é completamente descrito quando se fornece a posição x em qualquer instante t como uma função $x = f(t)$. Um "movimento uniforme" com velocidade constante b ao longo do eixo dos x é definido por uma função linear $x = a + bt$ onde a é a abscissa da partícula no instante $t = 0$.

Em um plano, o movimento de uma partícula é descrito por duas funções,

$$x = f(t), \qquad y = g(t),$$

caracterizando as duas coordenadas como funções do tempo. Em particular, um movimento uniforme corresponde a um par de funções lineares,

$$x = a + bt, \qquad y = c + dt,$$

onde b e d são os dois "componentes" da velocidade constante, e (a, c) as coordenadas da partícula no momento $t = 0$; o caminho da partícula é uma reta com a equação $(x - a)d - (y - c)b = 0$, obtida eliminando-se o tempo t das duas relações acima.

Se uma partícula desloca-se no plano vertical sob a influência apenas da gravidade, então, conforme demonstrado na Física elementar, o movimento é descrito por duas equações,

$$x = a + bt \qquad y = c + dt - \frac{1}{2}gt^2,$$

onde a, b, c, d são constantes dependendo do estado inicial da partícula e g a aceleração devida à gravidade, aproximadamente igual a 9,81, se o tempo for medido em segundos e a distância em metros. A trajetória da partícula obtida quando se elimina t nas duas equações, é agora uma parábola,

$$y = c + \frac{d}{b}(x-a) - \frac{1}{2}g\frac{(x-a)^2}{b^2},$$

se $b \neq 0$; caso contrário, é uma parte do eixo vertical.

Se uma partícula for obrigada a se deslocar sobre uma curva dada no plano (como um trem sobre os trilhos), então seu movimento pode ser descrito fornecendo o comprimento do arco s, medido ao longo da curva a partir de um ponto inicial fixo P_0 até a posição P da partícula no instante t, como uma função de t; $s = f(t)$. Por exemplo, no círculo unitário $x^2 + y^2 = 1$ a função $s = ct$ descreve uma rotação uniforme com a velocidade c ao longo do círculo.

Exercícios: *Trace as trajetórias do movimento plano descrito por

1) $x = \text{sen}\,t$, $y = \cos t$. 2) $x = \text{sen}2t$, $y = \text{sen}3t$. 3) $x = \text{sen}2t$, $y = 2\text{sen}\,t$.

4) No movimento parabólico acima descrito, suponha a partícula na origem para $t = 0$, e $b > 0$, $d > 0$. Encontre as coordenadas do ponto mais alto da trajetória. Encontre o momento t e o valor de x para a segunda interseção da trajetória com o eixo dos x.

A primeira meta de Newton consistia em determinar a velocidade de um movimento não-uniforme. Para fins de simplificação, consideremos o movimento de uma partícula ao longo de uma reta dada por uma função $x = f(t)$. Se o movimento fosse uniforme, com velocidade constante, então a velocidade poderia ser encontrada tomando-se dois valores t e t_1 do tempo, com valores correspondentes $x = f(t)$ e $x_1 = f(t_1)$ da posição, e formando o quociente

$$v = \text{velocidade} = \frac{\text{distância}}{\text{tempo}} = \frac{x_1 - x}{t_1 - t} = \frac{f(t_1) - f(t)}{t_1 - t}.$$

Por exemplo, se t for medido em horas e x em quilômetros, então, para $t_1 - t = 1$, $x_1 - x$ será o número de quilômetros percorridos em uma hora e v será a velocidade em quilômetros por hora. A proposição de que a velocidade do movimento é constante simplesmente significa que o quociente das diferenças

(3) $$\frac{f(t_1) - f(t)}{t_1 - t}$$

é o mesmo para todos os valores de t e t_1. No entanto, quando o movimento não é uniforme, como no caso de um corpo em queda livre, cuja velocidade aumenta à medida que ele cai, então o quociente (3) não fornece a velocidade no *instante t*, mas meramente a *velocidade média* durante o intervalo de tempo de t a t_1. Para obter a velocidade exatamente no instante t, devemos tomar o limite da velocidade média à medida que t_1 aproxima-se de t. Assim, definimos, juntamente com Newton,

(4) $\quad$ velocidade no instante $t = \lim \dfrac{f(t_1) - f(t)}{t_1 - t} = f'(t)$.

Em outras palavras, a velocidade é a derivada da distância em relação ao tempo, ou "taxa de variação instantânea" da distância em relação ao tempo (distinta da *taxa de variação média* dada por (3)).

A *taxa de variação da velocidade* em si é chamada de *aceleração*. É simplesmente a derivada da derivada, geralmente representada por $f''(t)$, e chamada de *segunda derivada* de $f(t)$.

Galileu observou que, para um corpo em queda livre, a distância vertical x pela qual o corpo cai durante o tempo t é dada pela fórmula

(5) $$x = f(t) = \frac{1}{2}gt^2,$$

onde g é a constante gravitacional. Decorre, diferenciando (5) que a velocidade v do corpo no tempo t é dada por

(6) $$v = f'(t) = gt,$$

e a aceleração α por

$$\alpha = f''(t) = g,$$

que é constante.

Suponhamos que seja pedida a velocidade do corpo 2 segundos após ele ter sido lançado. A velocidade média durante o intervalo de tempo de $t = 2$ a $t = 2,1$ é

$$\frac{\frac{1}{2}g(2,1)^2 - \frac{1}{2}g(2)^2}{2,1 - 2} = \frac{16(0,41)}{0,1} = 65,6 \text{ (metros por segundo)}.$$

Mas substituindo $t = 2$ em (6) verificamos que a velocidade instantânea ao final de dois segundos é $v = 64$.

Exercício: Qual a velocidade média do corpo durante o intervalo de tempo de $t = 2$ a $t = 2,01$? De $t = 2$ a $t = 2,001$?

Para o movimento no plano, as duas derivadas $f'(t)$ e $g'(t)$ das funções $x = f(t)$ e $y = g(t)$ definem os componentes da velocidade. Para movimento ao longo de uma curva fixa, a velocidade será definida pela derivada da função $s = f(t)$, onde s é o comprimento do arco.

7. Significado geométrico da segunda derivada

A segunda derivada também é importante na Análise e na Geometria, porque $f''(x)$, expressando a taxa de variação da inclinação $f'(x)$ da curva $y = f(x)$, dá uma indicação da como a curva é dobrada. Se $f''(x)$ for positiva em um intervalo, então a taxa de variação de $f'(x)$ é positiva. Uma taxa de variação positiva de uma função significa que os valores da função aumentam à medida que *n* aumenta. Portanto, $f''(x) > 0$ significa que a inclinação $f'(x)$ aumenta à medida que *x* aumenta, de modo que a curva torna-se cada vez mais inclinada onde tem uma inclinação positiva e menos inclinada onde tem uma inclinação negativa. Dizemos que a curva é *côncava para cima* (Figura 270).

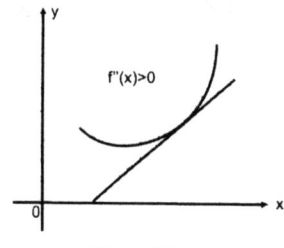

Figura 270.

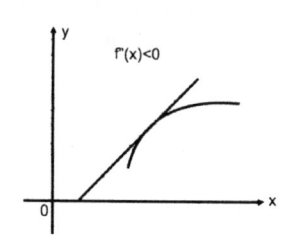

Figura 271.

De maneira semelhante, se $f''(x) < 0$, a curva $y = f(x)$ será *côncava para baixo* (Figura 271).

A parábola $y = f(x) = x^2$ é côncava para cima em todos os pontos porque $f''(x) = 2$ é sempre positiva. A curva $y = f(x) = x^3$ é côncava para cima para $x > 0$ e côncava para baixo para $x < 0$ (Figura 153) porque $f''(x) = 6x$, como o leitor pode provar facilmente. A propósito, para $x = 0$ temos $f'(x) = 3x^2 = 0$ (porém nenhum máximo ou mínimo!); também $f''(x) = 0$ para $x = 0$. Este ponto é chamado de *ponto de inflexão*. Neste ponto, a tangente, neste caso o eixo dos *x*, atravessa a curva.

Se s representa o comprimento de arco ao longo da curva, e α o ângulo de inclinação, então $\alpha = h(s)$ será uma função de s. À medida que nos deslocamos ao longo da curva $\alpha = h(s)$ mudará. A taxa de variação $h'(s)$ é chamada de *curvatura* da curva no ponto onde o comprimento do arco é s. Mencionamos sem prova que a curvatura κ pode ser expressa em termos da primeira e segunda derivadas da função $y = f(x)$ que define a curva:

$$\kappa = f''(x) / (1 + (f'(x))^2)^{3/2}.$$

8. Máximos e mínimos

Podemos encontrar os máximos e os mínimos de uma dada função $f(x)$ calculando primeiro $f'(x)$, em seguida encontrando os valores para os quais esta derivada desaparece, e finalmente investigando quais destes valores fornecem máximos e quais fornecem mínimos. Esta última questão pode ser decidida se formarmos a segunda derivada, $f''(x)$, cujo sinal determina a forma convexa ou côncava do gráfico e cujo desaparecimento normalmente indica um ponto de inflexão no qual nenhum extremo ocorre. Observando os sinais de $f'(x)$ e $f''(x)$ podemos não apenas determinar os extremos mas também encontrar a forma do gráfico da função. Este método nos fornece os valores de x para os quais ocorrem extremos; para encontrar os valores correspondentes do próprio $y = f(x)$ temos que substituir estes valores de x em $f(x)$.

Como exemplo, consideremos o polinômio

$$f(x) = 2x^3 - 9x^2 + 12x + 1,$$

e obtemos

$$f'(x) = 6x^2 - 18x + 12, \quad f''(x) = 12x - 18.$$

As raízes da equação quadrática $f'(x) = 0$ são $x_1 = 1$, $x_2 = 2$ e temos $f''(x_1) = -6 < 0$, $f''(x_2) = 6 > 0$. Portanto, $f(x)$ tem um máximo, $f(x_1) = 6$, e um mínimo, $f(x_2) = 5$.

Exercícios: 1) Esboce o gráfico da função considerada acima.

2) Discuta e esboce o gráfico de $f(x) = (x^2 - 1)(x^2 - 4)$.

3) Encontre o mínimo de $x + 1/x$, de $x + a^2/x$, de $px + q/x$, onde p e q são positivos. Estas funções têm máximos?

4) Encontre os máximos e os mínimos de sen x e sen (x^2).

§3. A TÉCNICA DA DIFERENCIAÇÃO

Até agora nossos esforços têm sido orientados para diferenciar uma diversidade de funções específicas, transformando os quocientes de diferença em preparação para a passagem ao limite. Deu-se um passo decisivo quando, com os trabalhos de Leibniz, de Newton e de seus sucessores, estes artifícios individuais foram substituídos por métodos gerais eficazes. Por meio destes métodos, pode-se diferenciar quase automaticamente qualquer função que normalmente ocorra na Matemática, desde que se tenha dominado algumas regras simples e seja possível reconhecer sua aplicabilidade. Assim, a diferenciação adquiriu o caráter de um "algoritmo" de cálculo, sendo este o aspecto da teoria que se expressa pelo termo "cálculo".

Não entraremos em detalhes com relação a esta técnica, porém algumas regras simples serão mencionadas.

(a) *Diferenciação de uma soma.* Se a e b são constantes e a função $k(x)$ é dada por

$$k(x) = af(x) + bg(x),$$

então, como o leitor pode verificar facilmente,

$$k'(x) = af'(x) + bg'(x).$$

Uma regra semelhante é válida para qualquer número de termos.

(b) *Diferenciação de um produto.* Para um produto

$$p(x) = f(x) \cdot g(x)$$

a derivada é

$$p'(x) = f(x)g'(x) + g(x)f'(x).$$

Isto é facilmente provado pelo seguinte artifício: escrevemos, adicionando e subtraindo o mesmo termo,

$$p(x+h)-p(x) = f(x+h)g(x+h)-f(x)g(x)$$
$$= f(x+h)g(x+h)-f(x+h)g(x)+f(x+h)g(x)-f(x)g(x),$$

e obtemos, combinando os dois primeiros e os dois segundos termos

$$\frac{p(x+h)-p(x)}{h} = f(x+h)\frac{g(x+h)-g(x)}{h} + g(x)\frac{f(x+h)-f(x)}{h}.$$

Deixemos agora h aproximar-se de zero; uma vez que $f(x+h)$ aproxima-se de $f(x)$, a proposição a ser provada decorre imediatamente.

Exercício: Prove que a função $p(x) = x^n$ tem a derivada $p'(x) = nx^{n-1}$..

(Indicação: escreva $x^n = x \cdot x^{n-1}$ e utilize indução matemática.)

Usando as regras (*a*) e (*b*) podemos diferenciar qualquer polinômio

$$f(x) = a_0 + a_1 x + \cdots + a_n x^n;$$

a derivada é

$$f'(x) = a_1 + 2a_2 x + 3a_3 x^2 + \cdots + na_n x^{n-1}.$$

Como uma aplicação, podemos provar o binômio de Newton (compare com o Capítulo 1). Este teorema diz respeito ao desenvolvimento de $(1 + x)^n$ como um polinômio:

(1) $$f(x) = (1+x)^n = 1 + a_1 x + a_2 x^2 + a_3 x^3 + \cdots + a_n x^n,$$

e enuncia que o coeficiente a_k é dado pela fórmula

(2) $$a_k = \frac{n(n-1)\cdots(n-k+1)}{k!}.$$

Naturalmente, $a_n = 1$.

Observamos (exercício na página 480) que o lado esquerdo de (1) diferenciado resulta em $n(1+x)^{n-1}$. Assim, pelo parágrafo precedente, obtemos

(3) $$n(1+x)^{n-1} = a_1 + 2a_2 x + 3a_3 x^2 + \cdots + na_n x^{n-1}.$$

Nesta fórmula definimos agora $x = 0$ e verificamos que $n = a_1$ que é (2) para $k = 1$. Em seguida, diferenciamos (3) novamente, obtendo

$$n(n-1)(1+x)^{n-2} = 2a_2 + 3\cdot 2 a_3 x + \cdots + n(n-1) a_n x^{n-2}.$$

Substituindo $x = 0$, encontramos $n(n-1) = 2a_2$ de acordo com (2) para $k = 2$.

Exercício: Prove (2) para $k = 3, 4$, e para k em geral por indução matemática.

(c) *Diferenciação de um quociente.* Se

$$q(x) = \frac{f(x)}{g(x)},$$

então

$$q'(x) = \frac{g(x) f'(x) - f(x) g'(x)}{(g(x))^2}.$$

A prova é deixada como exercício. (Naturalmente, devemos supor $g(x) \neq 0$.)

Exercício: Deduza por esta regra as fórmulas da página 495 para as derivadas de tg x e cotg x daquelas para sen x e cos x. Prove que as derivadas de sec $x = 1/\cos x$ e cosec $x = 1/\text{sen } x$ são sen $x/\cos^2 x$ e $-\cos x/\text{sen}^2 x$ respectivamente.

Estamos agora em condições de diferenciar qualquer função que possa ser escrita como o quociente de dois polinômios. Por exemplo,

$$f(x) = \frac{1-x}{1+x}$$

tem a derivada

$$f'(x) = \frac{-(1+x)-(1-x)}{(1+x)^2} = -\frac{2}{(1+x)^2}.$$

Exercício: Diferencie

$$f(x) = \frac{1}{x^m} = x^{-m},$$

onde m é um inteiro positivo. O resultado é

$$f'(x) = -mx^{-m-1}.$$

(d) *Diferenciação de funções inversas*. Se

$$y = f(x) \quad \text{e} \quad x = g(y)$$

são funções inversas $\left(\text{por exemplo, } y = x^2 \text{ e } x = \sqrt{y}\right)$, então suas derivadas são recíprocas:

$$g'(y) = \frac{1}{f'(x)} \quad \text{ou} \quad Dg(y) \cdot Df(x) = 1.$$

Este fato pode ser facilmente provado retornando-se aos quocientes de diferenças recíprocos $\dfrac{\Delta y}{\Delta x}$ e $\dfrac{\Delta x}{\Delta y}$, respectivamente; pode também ser percebido a partir da interpretação geométrica da função inversa dada no Capítulo 6, se nos referirmos à inclinação da tangente ao eixo dos y ao invés de fazê-lo ao eixo dos x.

Como exemplo, diferenciamos a função

$$y = f(x) = \sqrt[m]{x} = x^{\frac{1}{m}}$$

inversa de $y = y^m$. (Veja também a abordagem mais direta para $m = \dfrac{1}{2}$ na página 480.) Uma vez que esta última função tem como sua derivada a expressão my^{m-1}, temos

$$f'(x) = \frac{1}{my^{m-1}} = \frac{1}{m}\frac{y}{y^m} = \frac{1}{m}yy^{-m},$$

donde, após substituir-se $y = x^{\frac{1}{m}}$ e $y^{-m} = x^{-1}$, $f'(x) = \dfrac{1}{m}x^{\frac{1}{m}-1}$ ou

$$D(x^{1/m}) = \frac{1}{m}x^{\frac{1}{m}-1}$$

Como outro exemplo, diferenciamos a *função trigonométrica inversa* (veja no Capítulo 6):

$y =$ arc tg x, que significa o mesmo que $x = tg\ y$.

Aqui a variável y representando a medida em radianos, está restrita ao intervalo $-\dfrac{1}{2}\pi < y < \dfrac{1}{2}\pi$ de modo a assegurar uma definição única da função inversa.

Uma vez que temos (veja página 482)

$$D\ tg\ y = 1/\cos^2 y \text{ e como } 1/\cos^2 y = (\text{sen}^2 y + \cos^2 y)/\cos^2 y = 1 + tg^2 y = 1 + x^2$$

encontramos:
$$D\ \text{arctg}\ x = \frac{1}{1+x^2}.$$

Da mesma maneira, o leitor pode deduzir as seguintes fórmulas:

$$D \operatorname{arccot} x = \frac{1}{1+x^2}$$

$$D \operatorname{arcsen} x = \frac{1}{\sqrt{1-x^2}}$$

$$D \operatorname{arccos} x = -\frac{1}{\sqrt{1-x}}.$$

Finalmente, chegamos à importante regra para

(e) *Diferenciação de funções compostas.* Estas funções são compostas a partir de duas (ou mais) funções mais simples (veja no Capítulo 6). Por exemplo, $z = \operatorname{sen}(\sqrt{x})$ é composta de $z = \operatorname{sen} y$ e $y = \sqrt{x}$; a função $z = \sqrt{x} + \sqrt{x^5}$ é composta a partir de $z = y + y^5$ e $y = \sqrt{x}$; $z = \operatorname{sen}(x^2)$ é composta de $z = \operatorname{sen} y$ e $y = x^2$; $z = \operatorname{sen}\frac{1}{x}$ é composta de $z = \operatorname{sen} y$ e $y = \frac{1}{x}$.

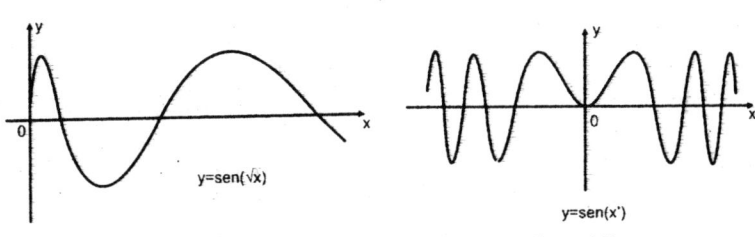

Figura 272.

Figura 273.

Se duas funções

$$z = g(y) \text{ e } y = f(x)$$

são dadas, e se esta última função for substituída na primeira, obtemos a função composta

$$z = K(x) = g[f(x)].$$

Afirmamos que

(4) $$k'(x) = g'(y)f'(x).$$

Porque se escrevermos

$$\frac{k(x_1) - k(x)}{x_1 - x} = \frac{z_1 - z}{y_1 - y} \cdot \frac{y_1 - y}{x_1 - x},$$

onde $y_1 = f(x_1)$ e $z_1 = g(y_1) = k(x_1)$, e em seguida deixarmos x_1 aproximar-se de x, o lado esquerdo aproxima-se de $k'(x)$ e os dois fatores no lado direito aproximam-se de $g'(y)$ e $f'(x)$ respectivamente, provando, assim, (4).

Nesta prova, a condição $y_1 - y \neq 0$ era necessária, pois dividimos por $\Delta y = y_1 - y$, e não podemos utilizar valores x_1 para os quais $y_1 - y = 0$. Porém a fórmula (4) permanece válida mesmo que $\Delta y = 0$ em um intervalo em torno de x; y é então constante, $f'(x) = 0$, $k(x) = g(y)$ é constante com respeito a x (uma vez que y não se altera com x), e portanto $k'(x) = 0$, como (4) enuncia neste caso.

O leitor deve verificar os seguintes exemplos:

$$k(x) = \operatorname{sen}\sqrt{x}, \qquad k'(x) = \left(\cos\sqrt{x}\right)\frac{1}{2\sqrt{x}},$$

$$k(x) = \sqrt{x} + \sqrt{x^5}, \qquad k'(x) = \left(1 + 5x^2\right)\frac{1}{2\sqrt{x}},$$

$$k(x) = \operatorname{sen}(x^2), \qquad k'(x) = \cos(x^2) \cdot 2x,$$

$$k(x) = \operatorname{sen}\frac{1}{x}, \qquad k'(x) = -\cos\left(\frac{1}{x}\right)\frac{1}{x^2},$$

$$k(x) = \sqrt{1 - x^2}, \qquad k'(x) = \frac{-1}{2\sqrt{1-x^2}} \cdot 2x = \frac{-x}{\sqrt{1-x^2}}.$$

Exercício: Combinando os resultados das páginas 507 e 508, demonstre que a função

$$f(x) = \sqrt[m]{x^s} = x^{\frac{s}{m}}$$

tem a derivada

$$f'(x) = \frac{s}{m} x^{\frac{s}{m}-1}$$

Cumpre observar que todas as nossas fórmulas relativas a potências de x podem agora ser combinadas em uma só:

Se r é qualquer número racional positivo ou negativo, então a função

$$f(x) = x^r.$$

tem a derivada

$$f'(x) = rx^{r-1}.$$

Exercícios: 1) Efetue as diferenciações dos exercícios da página 508 utilizando as regras desta seção.

2) Diferencie as seguinte funções: $x \operatorname{sen} x, \dfrac{1}{1+x^2} \operatorname{sen} nx, (x^3 - 3x^2 - x + 1)^3$.

$1 + \operatorname{sen}^2 x, x^2 \operatorname{sen} \dfrac{1}{x^2}, \operatorname{arcsen}(\cos nx), \operatorname{tg} \dfrac{1+x}{1-x}, \operatorname{arctg} \dfrac{1+x}{1-x}, \sqrt[4]{1-x^2}, \dfrac{1}{1+x^2}$.

3) Encontre as segundas derivadas de algumas das funções precedentes e de $\dfrac{1-x}{1+x}, \operatorname{arctg} x, \operatorname{sen}^2 x, \operatorname{tg} x$.

4) Diferencie $c_1(x-x_1)^2 + y_1^2 + c_2(x-x_2)^2 + y_2^2$, *e prove as propriedades de mínimo dos raios luminosos por reflexão e por refração enunciadas no Capítulo VII. A reflexão ou a refração deve ser no eixo dos x, e as coordenadas nos extremos do caminho podem ser (x_1, y_1) e (x_2, y_2), respectivamente.

(Observação: a função tem apenas um ponto com derivada que se anula; portanto, desde que ocorra um mínimo, mas obviamente nenhum máximo, não há necessidade de se estudar a segunda derivada.)

Outros problemas de máximos e mínimos: 5) Encontre os extremos das funções a seguir, esboce seus gráficos, determine os intervalos de aumento, diminuição, convexidade, e concavidade:

$$x^3 - 6x + 2, \; x/(1+x_2), \; x^2/(1+x^4), \; \cos 2x.$$

6) Estude os máximos e mínimos da função $x^3 + 3ax + 1$ em sua dependência de a.

7) Que ponto da hipérbole $2y^2 - x^2 = 2$ é o mais próximo do ponto $x = 0, y = 3$?

8) De todos os retângulos com área dada, encontre o que tem a diagonal mais curta.

9) Inscreva o retângulo de maior área na elipse $x^2/a^2 + y^2/b^2 = 1$.

10) De todos os cilindros circulares com volume dado, encontre o que tem a menor área.

§4. A NOTAÇÃO DE LEIBNIZ E O "INFINITAMENTE PEQUENO"

Newton e Leibniz sabiam como obter a integral e a derivada como limites. Mas os verdadeiros fundamentos do Cálculo foram por muito tempo obscurecidos pela relutância em reconhecer o direito exclusivo do conceito de limite como a fonte dos novos métodos. Nem Newton nem Leibniz podiam adotar uma atitude bem definida sobre esse assunto, que nos parece agora simples, quando o conceito de limite já foi completamente esclarecido. Seu exemplo dominou mais de um século de desenvolvimento matemático, durante o qual o assunto foi ocultado por debates sobre "quantidades infinitamente pequenas", "diferenciais", "razões últimas", etc. A relutância com que estes conceitos foram finalmente abandonados estava profundamente enraizada na atitude filosófica da época e na própria natureza da mente humana. Seria possível que alguém argumentasse: "Naturalmente, integrais e derivadas podem ser e são calculadas como limites. Mas o que, afinal de contas, são estes objetos em si, não importando a maneira como são descritos por processos de limite? Parece óbvio que conceitos intuitivos tais como área ou inclinação de uma curva tenham um significado absoluto em si, sem qualquer necessidade de conceitos auxiliares de polígonos inscritos ou secantes e seus limites." Na verdade, é psicologicamente natural buscar definições adequadas de área e de inclinação como "coisas em si." Mas renunciar a este desejo e ao invés disso ver nos processos de limite suas únicas definições cientificamente pertinentes, está em conformidade com a atitude amadurecida que com tanta freqüência abriu caminho para o progresso. No século XVII não havia qualquer tradição intelectual para permitir tais radicalismos filosóficos.

A tentativa de Leibniz para "explicar" a derivada começou de maneira perfeitamente correta com o quociente de diferenças de uma função $y = f(x)$,

$$\frac{\Delta y}{\Delta x} = \frac{f(x_1) - f(x)}{x_1 - x}.$$

Para o limite, a derivada, que chamamos de $f'(x)$ (seguindo o uso introduzido mais tarde por Lagrange), Leibniz escreveu

$$\frac{dy}{dx},$$

substituindo o símbolo de diferença Δ pelo "símbolo de diferencial" d. Desde que compreendamos que este símbolo é unicamente uma indicação de que o processo de limite $\Delta x \to 0$ e conseqüentemente $\Delta y \to 0$ deve ser efetuado, não existe qualquer dificuldade nem qualquer mistério. Antes de passar ao limite, o denominador Δx no quociente $\Delta y/dx$ é eliminado ou transformado de tal modo que o processo de limite possa ser completado sem problemas. Este é sempre o ponto crucial no processo efetivo de diferenciação. Caso tentássemos passar ao limite sem esta redução prévia, deveríamos ter obtido a relação sem sentido $\Delta y/\Delta x = 0/0$, na qual não estamos de forma alguma interessados. Mistério e confusão surgem apenas se seguirmos Leibniz e muitos de seus sucessores, afirmando algo como o seguinte: "Δx não se aproxima de zero. Ao invés disso, o 'ultimo valor' de Δx não é zero, mas uma 'quantidade infinitamente pequena', uma 'diferencial' chamada dx; e, de modo semelhante, Δy tem um 'último' valor dy infinitamente pequeno. O quociente destas diferenciais infinitamente pequenas é novamente um número comum, $f'(x) = dy/dx$." Leibniz, de modo correspondente, chamou a derivada de "*quociente das diferenciais.*" Estas quantidades infinitamente pequenas foram consideradas um novo tipo de número, diferente de zero, no entanto menor do que qualquer número positivo do sistema de números reais. Somente aqueles com um senso matemático real podiam apreender este conceito e o Cálculo era imaginado como genuinamente difícil porque nem todos tinham, ou podiam desenvolver, este senso. Do mesmo modo, a integral era considerada como a soma de infinitas "quantidades infinitamente pequenas" $f(x)dx$. Uma soma como esta, as pessoas pareciam perceber, é a integral ou área, enquanto que o cálculo de seu valor como o *limite de uma soma finita de números comuns* $f(x_j)\Delta x$ era considerado como algo acessório. Hoje simplesmente descartamos o desejo de uma explicação "direta" e *definimos* a integral como o limite de uma soma finita. Desta maneira, as dificuldades se desvanecem e assegura-se ao Cálculo uma base sólida.

Mesmo com este desenvolvimento posterior, a notação de Leibniz, *dy/dx* para *f'(x)* e ∫ *f(x)dx* para a integral, foi mantida e tem provado ser extremamente útil. Não há nada de mal nela se considerarmos os símbolos d apenas como símbolos de passagem ao limite. A notação de Leibniz tem a vantagem de que limites de quocientes e somas podem ser de alguma forma tratados "como se" fossem quocientes e somas efetivas. O poder sugestivo deste simbolismo tem sempre levado pessoas a atribuir a estes símbolos alguns significados completamente não-matemáticos. Se resistirmos a isto, então a notação de Leibniz será pelo menos uma excelente abreviação para a notação explícita mais incômoda do processo de limite; na realidade, é quase indispensável nas partes mais avançadas da teoria.

Por exemplo, a regra (d) da página 519 para diferenciar a função inversa $x = g(y)$ de $y = f(x)$ era a de que $g'(y)f'(x) = 1$. Na notação de Leibniz, lê-se simplesmente

$$\frac{dx}{dy} \cdot \frac{dy}{dx} = 1,$$

"como se" as "diferenciais" pudessem ser simplificadas de maneira semelhante à que ocorre em uma fração comum. Da mesma forma, a regra (e) da página 519 para diferenciar uma função composta $z = k(x)$, onde

$$z = g(y), \qquad y = f(x),$$

agora lê-se

$$\frac{dz}{dx} = \frac{dz}{dy} \cdot \frac{dy}{dx}.$$

A notação de Leibniz tem a vantagem adicional de enfatizar as *quantidades x*, *y*, *z* e não sua conexão funcional explícita. Esta última expressa um *procedimento*, uma *operação* fornecendo uma quantidade *y* a partir de uma outra *x*; por exemplo, a função $y = f(x) = x^2$ resulta em uma quantidade *y* igual ao quadrado da quantidade *x*. A operação (extração da raiz quadrada) é o objeto da atenção dos matemáticos. Mas os físicos e os engenheiros estão em geral fundamentalmente interessados nas quantidades em si. Portanto, a ênfase em quantidades na notação de Leibniz tem um apelo para as pessoas envolvidas com a Matemática aplicada.

Uma outra observação deve ser acrescentada. Embora as "diferenciais" como quantidades infinitamente pequenas estejam agora definitivamente descartadas, a palavra "diferencial" entrou de novo, furtivamente, pela porta dos fundos - desta vez para designar um conceito perfeitamente legítimo e útil. Agora significa simplesmente uma diferença Δx quando Δx é pequeno em relação às outras quantidades presentes. Não podemos entrar na discussão do valor deste conceito para cálculos aproximados. Nem tampouco podemos discutir outras noções matemáticas legítimas para as quais o nome "diferencial" tem sido adotado, algumas das quais têm provado ser bastante úteis ao Cálculo e em suas aplicações à Geometria.

§5. O TEOREMA FUNDAMENTAL DO CÁLCULO

1. O teorema fundamental

A noção de integração, e até certo ponto de diferenciação, tinha sido razoavelmente bem desenvolvida antes do trabalho de Newton e de Leibniz. Para desencadear a tremenda evolução da nova análise matemática, apenas mais uma simples descoberta era necessária. Os dois processos de limite aparentemente não relacionados, envolvidos na diferenciação e na integração de uma função, estão intimamente relacionados. São, de fato, inversos um ao outro, como as operações de adição e subtração, ou de multiplicação e divisão. Não existe um cálculo diferencial e um cálculo integral separado, mas um só *cálculo*.

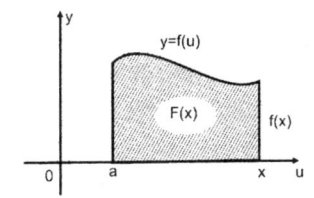

Figura 274: A integral como função de limite superior.

O grande feito de Leibniz e de Newton foi o de terem pela primeira vez identificado e explorado claramente este *teorema fundamental do Cálculo*. Naturalmente, sua descoberta situava-se no caminho correto do desenvolvimento científico, sendo perfeitamente natural que vários homens tenham chegado a uma compreensão clara da situação, de modo independente e quase ao mesmo tempo.

Para formular o teorema fundamental, consideramos a integral de uma função $y = f(x)$ a partir do limite inferior fixo a ao limite superior variável x. Para evitar confusão entre o limite superior de integração x e a variável x que aparece no símbolo $f(x)$, escrevemos esta integral na forma.

(1) $$f(x) = \int_0^x f(u)du,$$

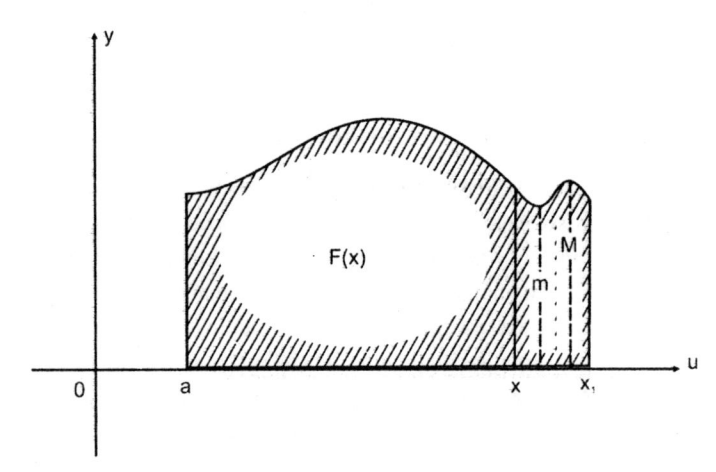

Figura 275: Prova do teorema fundamental.

indicando que desejamos estudar a integral como uma função $F(x)$ do limite superior x (Figura 274). Esta função $F(x)$ é a área sob a curva $y = f(u)$ a partir do ponto $u = a$ ao ponto $u = x$. Algumas vezes, a integral $F(x)$ com um limite superior variável é chamada de integral "indefinida".

O teorema fundamental do Cálculo é o seguinte:

A derivada da integral indefinida (1) como uma função de x é igual ao valor de f(u) no ponto x:

$$F'(x) = f(x).$$

Em outras palavras, o processo de integração, conduzindo da função f(x) a F(x), é desfeito, invertido, pelo processo de diferenciação aplicado a F(x).

Em bases intuitivas, a prova é muito fácil. Depende da interpretação da integral $F(x)$ como uma área, e seria obscurecida caso se tentasse representar $F(x)$ por um gráfico e a derivada $F'(x)$ por sua inclinação. Ao invés desta interpretação geométrica original da derivada, mantemos a explicação geométrica da integral $F(x)$, mas interpretaremos analiticamente a diferenciação de $F(x)$. A diferença

$$F(x_1) - F(x)$$

é simplesmente a área entre x e x_1 na Figura 275, e observamos que esta área está contida entre os valores $(x_1 - x)m$ e $(x_1 - x)M$,

$$(x_1 - x)m \quad \text{e} \quad (x_1 - x)M, (x_1 - x)m \le F(x_1) - F(x) \le (x_1 - x)M,$$

onde M e m são respectivamente os maiores e os menores valores de $f(u)$ no intervalo entre x e x_1. Isto porque estes dois produtos são as áreas de retângulos, um incluindo a área curva e o outro nela incluído, respectivamente. Portanto

$$m \le \frac{F(x_1) - F(x)}{x_1 - x} \le M.$$

Suporemos que a função $f(u)$ é contínua, de modo que se x_1 aproxima-se de x, então M e m aproximam-se de $f(x)$. Temos, portanto,

(2) $$F'(x) = \lim \frac{F(x_1) - F(x)}{x_1 - x} = f(x),$$

conforme enunciado. Intuitivamente, isto expressa o fato de que a taxa de variação da área sob a curva $y = f(x)$ à medida que n aumenta, é igual à altura da curva no ponto x.

Em certos livros didáticos, o ponto em destaque no teorema fundamental é obscurecido por uma nomenclatura mal escolhida. Muitos autores primeiro apresentam a derivada e a seguir definem a "integral indefinida" simplesmente como o inverso da derivada, afirmando que $G(x)$ é uma integral indefinida de $f(x)$ se

$$G'(x) = f(x).$$

Assim, o procedimento desses autores combina imediatamente diferenciação com a palavra "integral". Somente mais tarde é que a noção de "integral definida" como uma área ou como o limite de uma soma é apresentada, sem enfatizar que a palavra "integral" significa agora algo totalmente diferente. Desta forma, o fato principal da teoria é furtivamente apresentado e o estudante é seriamente tolhido em seus esforços para alcançar uma verdadeira compreensão do assunto. Preferimos denominar as funções $G(x)$ para as quais $G'(x) = f(x)$. não de "integrais indefinidas" mas de *funções primitivas* de $f(x)$. Então, o teorema fundamental simplesmente enuncia:

$F(x)$, *a integral de $f(u)$ com limite inferior fixo e um limite superior variável x, é uma função primitiva de $f(x)$.*

Dizemos "uma" função primitiva e não "a" função primitiva porque fica imediatamente claro que se $G(x)$ é uma função primitiva de $f(x)$, então

$$H(x) = G(x) + c. \quad (c \text{ qualquer constante})$$

também é uma função primitiva, uma vez que $H'(x) = G'(x)$. O inverso também é verdadeiro. *Duas funções primitivas, $G(x)$ e $H(x)$, podem diferir somente por uma constante.* Isto porque a diferença $U(x) = G(x) - H(x)$ tem a derivada $U'(x) = G'(x) - H'(x) = f(x) - f(x) = 0$, sendo portanto constante, já que uma função representada por um gráfico horizontal em todos os pontos deve ser constante.

Isto conduz a uma regra mais importante para encontrar o valor de uma integral entre a e b, contanto que conheçamos uma função primitiva $G(x)$ de $f(x)$. Segundo o nosso teorema principal,

$$F(x) = \int_a^x f(u)\,du$$

também é uma função primitiva de $f(x)$. Portanto, $F(x) = G(x) + c$, onde c é uma constante. A constante c é determinada se nos lembrarmos de que $F(a) = \int_a^a f(u)\,du = 0$. Isto resulta em $0 = G(a) + c$, de modo que $c = -G(a)$. Então, a integral definida entre os limites a e x será $f(x) = \int_a^x f(u)\,du = G(x) - G(a)$, ou, se escrevermos b ao invés de x,

(3) $$\int_a^b f(u)\,du = G(b) - G(a).$$

não importando a função primitiva G(x) que tenhamos escolhido. Em outras palavras,

Para avaliar a integral definida $\int_a^b f(x)dx$, *precisamos apenas encontrar uma função G(x) tal que* $G'(x) = f(x)$, *e em seguida, formar a diferença* $G(b) - G(a)$.

2. Primeiras aplicações. Integração de x^r, cos x, sen x. Arc tg x

Não é possível apresentar aqui uma idéia adequada do objetivo do teorema fundamental, no entanto, as ilustrações a seguir podem oferecer alguma indicação. Em problemas reais encontrados na Mecânica, na Física, ou na Matemática pura, com muita freqüência o que se quer é o valor de uma integral definida. A tentativa direta para encontrar a integral como o limite de uma soma pode ser difícil. Por outro lado, como vimos em §3, é comparativamente fácil realizar qualquer tipo de diferenciação e acumular um grande volume de informações neste campo. Cada fórmula de diferenciação, $G'(x) = f(x)$ pode ser lida inversamente fornecendo uma função primitiva $G(x)$ para $f(x)$. Por meio da fórmula (3), isto pode ser explorado para calcular a integral de $f(x)$ entre dois limites quaisquer.

Por exemplo, se quisermos encontrar a integral de x^2 ou x^3 ou x^n, podemos agora proceder de modo muito mais simples do que em §1. Sabemos, por meio de nossa fórmula de diferenciação para x^n, que a derivada de x^n é nx^{n-1}, de modo que a derivada de

$$G(x) = \frac{x^{n+1}}{n+1} \qquad (n \neq -1)$$

é

$$G'(x) = \frac{n+1}{n+1} x^n = x^n.$$

Portanto, $x^{n+1}/(n+1)$ é uma função primitiva de $f(x) = x^n$, e portanto temos imediatamente

$$\int_a^b x^n dx = G(b) - G(a) = \frac{b^{n+1} - a^{n+1}}{n+1}.$$

Este processo é muito mais simples do que o trabalhoso procedimento para encontrar a integral diretamente como o limite de uma soma.

De modo mais geral, verificamos em §3 que, para qualquer s racional, positivo ou negativo, a função x^s tem a derivada sx^{s-1}, e portanto, para $s = r + 1$, a função

$$G(x)=\frac{1}{r+1}x^{r+1}$$

tem a derivada $f(x)=G'(x)=x^r$. (Supomos que $r \neq 1$, isto é, $s \neq 0$.) Portanto, $x^{r+1}/(r+1)$ é uma função primitiva ou "integral indefinida" de x^r, e temos (para a, b positivos e $r \neq -1$)

(4) $$\int_a^b x^r dx = \frac{1}{r+1}\left(b^{r+1}-a^{r+1}\right).$$

Em (4) supomos que, no intervalo de integração, a expressão a integrar x^r é definida e contínua, o que exclui $x = 0$ se $r < 0$. Portanto supomos, neste caso, que a e b são positivos.

Para $G(x)=-\cos x$ temos $G'(x)=-\text{sen}\, x$, portanto

$$\int_0^a \text{sen}\, x dx = -(\cos a - \cos 0) = 1 - \cos a.$$

Da mesma forma, uma vez que para $G(x)=\text{sen}\, x$ temos $G'(x)=\cos x$, decorre que

$$\int_0^a \cos x dx = \text{sen}\, a - \text{sen}\, 0 = \text{sen}\, a.$$

Um resultado particularmente interessante é obtido a partir da fórmula para a diferenciação da tangente inversa, $D \text{ arctg } x = 1/(1+x^2)$. Segue-se que a função arc tg x é uma função primitiva de $1/(1+x^2)$, e obtemos da fórmula (3) o resultado

$$\text{arctg } b - \text{arctg } 0 = \int_0^b \frac{1}{1+x^2}dx.$$

Temos agora arc tg $0 = 0$, porque ao valor 0 da tangente está vinculado o valor 0 do ângulo. Logo, encontramos

(5) $$\text{arctg } b = \int_0^b \frac{1}{1+x^2}dx.$$

Se, em particular, $b = 1$, então arc tg b será igual a $\pi/4$, porque ao valor 1 da tangente corresponde um ângulo de 45°, ou, na medida em radianos, $\pi/4$. Assim, obtemos a notável fórmula

(6) $$\pi/4 = \int_0^1 \frac{1}{1+x^2} dx.$$

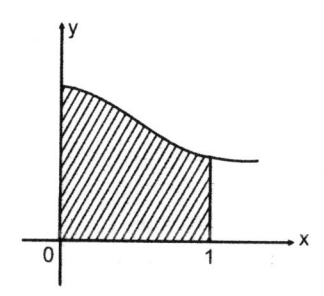

Figura 276: $\pi/4$ como área de 0 a 1 sob $y = 1/(1 + x^2)$.

Isto mostra que a área sob o gráfico da função $y = 1/(1 + x^2)$ de $x = 0$ a $x = 1$ é um quarto da área de um círculo de raio 1.

3. A fórmula de Leibniz para π

O último resultado conduz a uma das mais belas descobertas matemáticas do século XVII - a série alternada de Leibniz para π,

(7) $$\frac{\pi}{4} = \frac{1}{1} - \frac{1}{3} + \frac{1}{5} - \frac{1}{7} + \frac{1}{9} - \frac{1}{11} + \cdots.$$

Pelo símbolo $+ \ldots$ exprimimos que a seqüência de "somas parciais" finitas. formada interrompendo a expressão à direita após n termos, converge para o limite $\pi/4$ à medida que n aumenta.

Para provar esta famosa fórmula, temos apenas que recordar a série geométrica finita $\frac{1-q^n}{1-q} = 1 + q + q^2 + \cdots + q^{n-1}$, ou

$$\frac{1}{1-q} = 1 + q + q^2 + \cdots + q^{n-1} + \frac{q^n}{1-q}.$$

Nesta identidade algébrica, definimos $q = -x^2$ e obtemos

(8) $$\frac{1}{1+x^2} = 1 - x^2 + x^4 - x^6 + \cdots + (-1)^{n-1} x^{2n-2} + R_n,$$

onde o "resto" R_n é

$$R_n = (-1)^n \frac{x^{2n}}{1+x^2}.$$

A equação (8) pode ser agora integrada entre os limites 0 e 1. Pela regra (a) de §3, temos que tomar à direita a soma das integrais dos termos. Uma vez que, por (4), $\int_a^b x^m dx = (b^{m+1} - a^{m+1})/(m+1)$, encontramos $\int_0^1 x^m dx = 1/(m+1)$, e portanto

(9) $$\int_0^1 \frac{dx}{1+x^2} = 1 - \frac{1}{3} + \frac{1}{5} - \frac{1}{7} + \cdots + (-1)^{n-1} \frac{1}{2n-1} + T_n,$$

onde $T_n = (-1)^n \int_0^1 \frac{x^{2n}}{1+x^2} dx$. De acordo com (5), o lado esquerdo de (9) é igual a $\pi/4$.

A diferença entre $\pi/4$ e a soma parcial

$$S_n = 1 - \frac{1}{3} + \frac{1}{5} + \cdots + \frac{(-1)^{n-1}}{2n-1}$$

é $\pi/4 - S_n = T_n$. O que resta demonstrar é que T_n aproxima-se de zero à medida que n aumenta. Agora,

$$\frac{x^{2n}}{1+x^2} \leq x^{2n} \qquad \text{para } 0 \leq x \leq 1$$

Recordando a fórmula (13) de §1, que afirma que $\int_a^b f(x)dx \leq \int_a^b g(x)dx$ se $f(x) \leq g(x)$ e $a < b$, observamos que

$$|T_n| = \int_0^1 \frac{x^{2n}}{1+x^2} dx \leq \int_0^1 x^{2n} dx;$$

uma vez que o lado direito é igual a 1/(2n +1), como observamos anteriormente (fórmula (4)), encontramos $|T_n| < 1/(2n + 1)$. Logo

$$\left|\frac{\pi}{4} - S_n\right| < \frac{1}{2_n + 1}$$

Mas isto demonstra que S_n tende com n crescente para $\pi/4$, uma vez que $1/(2n + 1)$ tende a zero. Assim, é provada a fórmula de Leibniz.

§6. A função exponencial e o logaritmo

Os conceitos básicos do cálculo fornecem uma teoria muito mais adequada do logaritmo e da função exponencial do que o procedimento "elementar" subjacente ao ensino usual na escola; nesta, geralmente inicia-se com potências inteiras a^n de um número positivo a e depois define-se $a^{1/m} = \sqrt[m]{a}$, obtendo assim o valor de a^r para todo racional $r = n/m$. O valor de a^x para qualquer irracional x é em seguida definido de modo a tornar a^x uma função contínua de x, ponto delicado que é omitido no ensino elementar. Finalmente, o logaritmo de y na base a,

$$x = \log_a y,$$

é definido como a função inversa de $y = a^x$.

Na teoria destas funções que apresentamos a seguir, com base no cálculo, a ordem em que elas são consideradas é invertida. Começamos com o logaritmo e depois obtemos a função exponencial.

1. Definições e propriedades do logaritmo. O número e de Euler

Definimos o logaritmo, ou mais especificamente, o "logaritmo natural", $F(x) = \log x$ (a ligação deste com o logaritmo comum de base 10 será demonstrada no item 2), como a área sob a curva $y = 1/u$, a partir de $u = 1$ a $u = x$, ou, o que significa a mesma coisa, como a integral

(1) $$F(x) = \log x = \int_1^x \frac{1}{u} du$$

(veja Figura 5, no Capítulo 1). A variável x pode ser qualquer número positivo. O zero é excluído porque a expressão a integrar $1/u$ torna-se infinita à medida que u tende a zero.

É bastante natural estudar a função $F(x)$; isto porque sabemos que a função primitiva de qualquer potência x^n é uma função $x^{n+1}/(n+1)$ do mesmo tipo, exceto para $n = -1$. Neste último caso, o denominador $n + 1$ desapareceria e a fórmula (4), na página 517 não teria sentido. Assim, poderíamos esperar que a integração de $1/x$ ou $1/u$ levaria a algum novo - e interessante - tipo de função.

Embora consideremos (1) a definição da função $\log x$, não "conhecemos" a função até termos deduzido suas propriedades e encontrado meios para o seu cálculo numérico. É bastante típico da abordagem moderna que comecemos por conceitos gerais tais como área e integral, façamos, com base nelas, definições tais como (1), depois deduzamos propriedades dos objetos definidos e, apenas no final, cheguemos a expressões explícitas para o cálculo numérico.

A primeira propriedade importante de $\log x$ é uma conseqüência imediata do teorema fundamental de §5. Este teorema nos fornece a equação

(2) $$F'(x) = 1/x.$$

A partir de (2) decorre que a derivada é sempre positiva, o que confirma o fato óbvio de que a função $\log x$ é uma função crescente monótona à medida que nos deslocamos na direção de valores crescentes de x.

A principal propriedade do logaritmo é expressa pela fórmula

(3) $$\log a + \log b = \log(ab)$$

A importância desta fórmula na aplicação prática dos logaritmos a cálculos numéricos é bem conhecida. Intuitivamente, a fórmula (3) poderia ser obtida observando-se as áreas que definem as três quantidades $\log a$, $\log b$, $\log(ab)$. Mas preferimos deduzi-la por um raciocínio típico do Cálculo: juntamente com a função $F(x) = \log x$ consideramos a segunda função

$$k(x) = \log(ax) = \log w = F(w),$$

definindo $w = f(x) = ax$ onde a é qualquer constante positiva. Podemos facilmente diferenciar $k(x)$ pela regra (e) de §3: $k'(x) = F'(w)f'(x)$. Por (2), e uma vez que $f'(x) = a$, isto se torna

$$k'(x) = a/w = a/ax = 1/x.$$

Portanto, $k(x)$ tem a mesma derivada que $F(x)$; portanto, de acordo com a página 530, temos

$$\log(ax) = k(x) = F(x) + c,$$

onde c é uma constante que independe do valor de x. A constante c é determinada pelo simples procedimento de substituir x pelo número específico 1. Sabemos pela definição (1) que

$$F(1) = \log 1 = 0,$$

porque a integral de definição tem para $x = 1$ limites superiores e inferiores iguais. Daí, obtemos

$$K(1) = \log(a \cdot 1) = \log a = \log 1 + c = c,$$

que fornece $c = \log a$ e portanto para todo x a fórmula

(3a) $$\log(ax) = \log a + \log x.$$

Estabelecendo $x = b$, obtemos a fórmula desejada (3).

Em particular (para $a = x$), encontramos agora sucessivamente

$$\log(x^2) = 2 \log x$$
$$\log(x^3) = 3 \log x.$$
$$\dotfill$$

(4) $$\log(x^n) = n \log x.$$

A equação (4) mostra que para valores crescentes de x, os valores de $\log x$ tendem para o infinito. Isto porque o logaritmo é uma função crescente monótona e temos, por exemplo,

$$\log(2^n) = n \log 2,$$

que tende para o infinito com n. Além disso, temos

$$0 = \log 1 = \log\left(x \cdot \frac{1}{x}\right) = \log x + \log \frac{1}{x},$$

de modo que

(5) $$\log \frac{1}{x} = -\log x.$$

Finalmente,

(6) $$\log x^r = r \log x$$

para qualquer número racional $r = \frac{m}{n}$. Porque, definindo $x^r = u$, temos

$$n \log u = \log u^n = \log x^{\frac{m}{n} \cdot n} = \log x^m = m \log x,$$

de modo que

$$\log x^{\frac{m}{n}} = \frac{m}{n} \log x.$$

Uma vez que log x é uma função monótona contínua de x, tendo o valor 0 para $x = 1$ e tendendo para o infinito à medida que x aumenta, deve haver algum número maior do que 1 tal que para este valor tenhamos log $x = 1$. Conforme Euler, chamamos este número de e. (A equivalência com a definição do Capítulo 6 será mostrada mais adiante.) Assim, e é definido pela equação

(7) $$\log e = 1.$$

Apresentamos o número e por uma propriedade intrínseca que assegura sua existência. Logo adiante faremos uma análise mais detalhada, obtendo como conseqüência fórmulas explícitas fornecendo aproximações tão exatas quanto quisermos para o valor numérico de e.

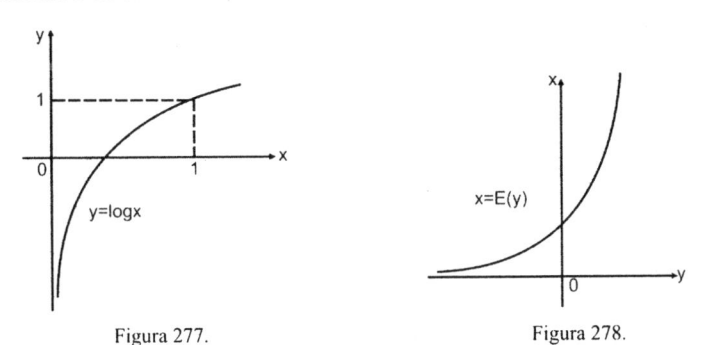

Figura 277.

Figura 278.

2. A função exponencial

Resumindo nossos resultados anteriores, observamos que a função $F(x) = \log x$ tem o valor zero para $x = 1$, aumentando monotonicamente para o infinito, porém com inclinação decrescente $1/x$, e para valores positivos de x menores do que 1 é dada pelo negativo de log $1/x$, de modo que log x torna-se negativamente infinito à medida que $x \to 0$.

Por causa do caráter monótono de $y = \log x$, podemos considerar a função inversa

$$x = E(y),$$

cujo gráfico (Figura 278) é obtido da maneira usual a partir daquela de $y = \log x$ (Figura 277), e que é definida para todos os valores de y entre $-\infty$ e $+\infty$. À medida que y tende para $-\infty$, o valor $E(y)$ tende a zero, e à medida que y tende para $+\infty$, $E(y)$ tende para $+\infty$.

A função E tem a seguinte propriedade fundamental:

(8) $$E(a) \cdot E(b) = E(a+b)$$

para qualquer par de valores a e b. Esta lei é meramente uma outra forma da lei (3) para o logaritmo. Porque se fizermos

$$E(b) = x \qquad E(a) = z \qquad (\text{isto é, } b = \log x,\ a = \log z),$$

teremos

$$\log xz = \log x + \log z = b + a,$$

e portanto

$$E(b+a) = xz = E(a) \cdot E(b),$$

como se pretendia provar.

Como, por definição, $\log e = 1$, temos

$$E(1) = e,$$

e decorre de (8) que $e2 = E(1)E(1) = E(2)$, etc. Em geral,

$$E(n) = e^n$$

para qualquer inteiro n. Da mesma forma $E(1/n) = e^{\frac{1}{n}}$, de modo que $E(p/q) = E(1/q) \cdots E(1/q) = \left[e^{\frac{1}{q}} \right]^p$; Portanto, fazendo $p/q = r$, temos

$$E(r) = e^r$$

para qualquer r racional. Logo, é apropriado definir a operação de elevar o número e a uma potência irracional fazendo

$$e^y = E(y)$$

para qualquer número real y, uma vez que a função E é contínua para todos os valores de y, e idêntica ao valor de e^y para y racional. Podemos agora expressar a lei fundamental (8) da função E, ou *função exponencial*, como é chamada, pela equação

(9) $$e^a e^b = e^{a+b},$$

que é assim demonstrada para a e b racionais ou irracionais arbitrários.

Em todas estas discussões temos relacionado o logaritmo e a função exponencial ao número e como uma "base", a "base natural" para o logaritmo. A transição da base e para qualquer outro número positivo é facilmente realizada. Começamos considerando o logaritmo (natural)

$$\alpha = \log a,$$

de modo que

$$a = e^\alpha = e^{\log a}$$

Definimos agora a^x pela expressão composta

(10) $$z = a^x = e^{\alpha x} = e^{x \log a}$$

Por exemplo,

$$10^x = e^{x \log 10}$$

Chamamos a função inversa de a^x de *logaritmo na base a*, e verificamos imediatamente que o *logaritmo natural* de z é x vezes α; em outras palavras, o logaritmo de um número z na base a é obtido dividindo-se o logaritmo natural de z pelo logaritmo natural fixo de a. Para $a = 10$ isto é (com quatro algarismos significativos)

$$\log 10 = 2{,}303.$$

3. Fórmulas para a diferenciação de e, a^x, x^s

Uma vez que definimos a função exponencial $E(y)$ como o inverso de $y = \log x$, decorre a partir da regra relativa à diferenciação de funções inversas (§3) que

$$E'(y) = \frac{dx}{dy} = \frac{1}{\frac{dy}{dx}} = \frac{1}{1/x} = x = E(y).$$

isto é,

(11) $$E'(y) = E(y).$$

A função exponencial natural é idêntica à sua derivada.

Esta é realmente a origem de todas as propriedades da função exponencial e razão básica para sua importância em aplicações, como ficará claro em seções subseqüentes. Utilizando a notação apresentada no item 2, podemos escrever (11) do seguinte modo:

(11a) $$\frac{d}{dx} e^x = e^x.$$

De forma mais geral, diferenciando-se a função composta

$$f(x) = e^{\alpha x}.$$

obtemos pela regra de §3

$$f'(x) = \alpha e^{\alpha x} = \alpha f(x).$$

Portanto, para $\alpha = \log a$, verificamos que a função

$$f(x) = a^x$$

tem a derivada

$$f'(x) = a^x \log a$$

Podemos agora definir a função

$$f(x) = x^s$$

para qualquer expoente real s e variável positiva x fazendo

$$x^s = e^{s \log x}$$

Novamente aplicando a regra para a diferenciação das funções compostas, $f(x) = e^{sz}, z = \log x$, encontramos $f'(x) = se^{sz} \cdot \dfrac{1}{x} = sx^s \cdot \dfrac{1}{x}$ e portanto

$$f'(x) = sx^{s-1},$$

em conformidade com nosso resultado anterior para s racional.

4. Expressões explícitas para e, e^x, e $\log x$ como limites

Para encontrar fórmulas explícitas para estas funções, devemos explorar as fórmulas de diferenciação para a função exponencial e o logaritmo. Como a derivada da função $\log x$ é $1/x$, pela definição da derivada obtemos a relação

$$\frac{1}{x} = \lim \frac{\log x_1 - \log x}{x_1 - x} \text{ à medida que } x_1 \to x.$$

Se escrevermos $x_1 = x + h$ e fizermos h tender a zero percorrendo a seqüência

$$h = 1/2, 1/3, 1/4, \ldots, 1/n, \ldots,$$

então, ao aplicar as regras dos logaritmos, encontramos

$$\frac{\log\left(x + \frac{1}{n}\right) - \log x}{1/n} = n \log \frac{x + \frac{1}{n}}{x} = \log\left[\left(1 + \frac{1}{nx}\right)^n\right] \to \frac{1}{x}.$$

Escrevendo $z = 1/x$ e utilizando novamente as leis dos logaritmos, obtemos

$$z = \lim \log\left[\left(1 + \frac{z}{n}\right)^n\right] \text{ à medida que } n \to \infty.$$

Em termos da função exponencial,

(12) $$e^x = \lim\left(1 + \frac{z}{n}\right)^n \text{ à medida que } n \to \infty.$$

Aqui temos a famosa fórmula definindo a função exponencial como um simples limite. Em particular, para $z = 1$, encontramos

(13) $$e = \lim(1 + 1/n)^n,$$

e para $z = -1$,

(13a) $$\frac{1}{e} = \lim(1 - 1/n)^n.$$

Estas expressões levam imediatamente a desenvolvimentos na forma de séries infinitas. Pelo binômio de Newton, verificamos que

ou
$$\left(1+\frac{x}{n}\right)^n = 1 + n\frac{x}{n} + \frac{n(n-1)}{2!}\frac{x^2}{n^2} + \frac{n(n-1)(n-2)}{3!}\frac{x^3}{n^3} + \cdots + \frac{x^n}{n^n},$$

$$\left(1+\frac{x}{n}\right)^n = 1 + \frac{x}{1!} + \frac{x^2}{2!}\left(1-\frac{1}{n}\right) + \frac{x^3}{3!}\left(1-\frac{1}{n}\right)\left(1-\frac{2}{n}\right) + \cdots$$

$$+ \frac{x^n}{n!}\left(1-\frac{1}{n}\right)\left(1-\frac{2}{n}\right)\cdots\left(1-\frac{n-2}{n}\right)\left(1-\frac{n-1}{n}\right).$$

É plausível e não é difícil justificar completamente (os detalhes são aqui omitidos) que podemos realizar a passagem ao limite à medida que $n \to \infty$ substituindo $\frac{1}{n}$ por 0 em cada termo. Isto resulta na famosa série infinita para e^x,

(14) $$e^x = 1 + \frac{x}{1!} + \frac{x^2}{2!} + \frac{x^3}{3!} + \cdots,$$

e em particular a série para e,

$$e = 1 + \frac{1}{1!} + \frac{1}{2!} + \frac{1}{3!} + \frac{1}{4!} + \cdots,$$

que demonstra a identidade de e com o número definido no Capítulo 6. Para $x = -1$, obtemos a série

$$\frac{1}{e} = \frac{1}{2!} - \frac{1}{3!} + \frac{1}{4!} - \frac{1}{5!} + \cdots,$$

que fornece uma excelente aproximação numérica com muito poucos termos, sendo o erro total até o n-ésimo termo da série menor do que o $(n + 1)$-ésimo termo.

Explorando a fórmula da diferenciação para a função exponencial podemos obter uma interessante expressão para o logaritmo. Temos

$$\lim \frac{e^h - 1}{h} = \lim \frac{e^h - e^0}{h} = 1$$

à medida que h tende para 0, porque este limite é a derivada de e^y para $y = 0$, e isto é igual a $e^0 = 1$. Nesta fórmula substituímos h pelos valores z/n, onde z é um número arbitrário e n percorre a seqüência de inteiros positivos. Isto resulta

ou
$$n\frac{e^{z/n}-1}{z} \to 1,$$
$$n\left(\sqrt[n]{e^z}-1\right) \to z$$

à medida que n tende para o infinito. Escrevendo $z = \log x$ ou $e^z = x$, finalmente obtemos

(15) $\quad \log x = \lim n\left(\sqrt[n]{x}-1\right)$ à medida que $n \to \infty$.

Uma vez que $\sqrt[n]{x} \to 1$ à medida que $n \to \infty$ (veja no Capítulo 6), isto representa o logaritmo como o limite de um produto, sendo que um de seus fatores tende a zero e o outro para o infinito.

Exemplos diversos e exercícios: incluindo a função exponencial e o logaritmo, dominamos agora uma ampla classe de funções e temos acesso a muitas aplicações.

Diferencie:

1) $x(\log - 1)$. 2) $\log(\log x)$. 3) $\log\left(x + \sqrt{1+x^2}\right)$ 4) $\log\left(x + \sqrt{1-x^2}\right)$ 5) e^{-x^2}. 6) e^{ex} (uma função composta e^z com $z = e^x$). 7) x^x (Indicação: $x^x = e^{x \log x}$). 8) $\log \tg x$. 9) $\log$ sen x; $\log \cos x$ 10) $x / \log x$.

Encontre os máximos e os mínimos de 11) xe^{-x}, 12) $x^2 e^{-x}$, 13) xe^{-ax}.

*14) Encontre o local do ponto máximo da curva $y = xe^{-ax}$ à medida que a varia.

15) Demonstre que todas as derivadas sucessivas de e^{-x^2} têm a forma e^{-x^2} multiplicadas por um polinômio em x

*16) Demonstre que a n-ésima derivada de $e^{=-1/x^2}$ tem a forma $e^{-1/x^2} \cdot 1/x^{3n}$ multiplicada por um polinômio de grau $2n - 2$.

17) Diferenciação logarítmica. Utilizando a propriedade fundamental do logaritmo, a diferenciação de produtos pode algumas vezes ser efetuada de maneira simplificada. Temos para um produto da forma

$$p(x) = f_1(x)f_2(x)\cdots f_n(x),$$
$$D(\log p(x)) = D(\log f_1(x)) + D(\log f_2(x)) + \cdots + D(\log f_n(x)),$$

e portanto pela regra para diferenciar funções compostas,

$$\frac{p'(x)}{p(x)} = \frac{f_1'(x)}{f_1(x)} + \frac{f_2'(x)}{f_2(x)} + \cdots + \frac{f_n'(x)}{f_n(x)}.$$

Utilize isto para diferenciar

a) $x(x+1)(x+2)\cdots(x+n)$. b) xe^{-ax^2}.

5. Série infinita para o logaritmo. Cálculo numérico

Não é a fórmula (15) que serve de base para o cálculo numérico do logaritmo. Uma expressão explícita bastante diferente e muito útil, de grande importância teórica, é bem mais adequada a esta finalidade. Devemos obter esta expressão pelo método utilizado na página 533 para encontrar π, utilizando a definição do logaritmo pela fórmula (1). Uma pequena etapa preparatória torna-se necessária; ao invés de utilizar log x, tentaremos expressar $y = \log(1+x)$, composta das funções $y = \log z$ e $z = 1 + x$.

Temos então $\frac{dy}{dx} = \frac{dy}{dz} \cdot \frac{dz}{dx} = \frac{1}{z} \cdot 1 = \frac{1}{1+x}$. Portanto log $(1 + x)$ é uma função primitiva de $1/(1 + x)$, e inferimos pelo teorema fundamental que a integral de $1/(1 + u)$ de 0 a x é igual a $\log(1+x) - \log 1 = \log(1+x)$; em símbolos,

(16) $$\log(1+x) = \int_0^x \frac{1}{1+u} du.$$

(Naturalmente, esta fórmula poderia muito bem ter sido obtida intuitivamente a partir da interpretação geométrica do logaritmo como uma área. Compare com a página 497.)

Na fórmula (16) inserimos, como na página 533, a série geométrica para $(1+u)^{-}$ escrevendo

$$\frac{1}{1+u} = 1 - u + u^2 - u^3 + \cdots + (-1)^{n-1} u^{n-1} + (-1)^n \frac{u^n}{1+u},$$

onde, cautelosamente, escolhemos escrever não uma série infinita, mas sim uma série finita com o resto

$$R_n = (-1)^n \frac{u^n}{1+u}.$$

Substituindo esta série em (16) podemos usar a regra de que esta soma (finita) pode ser integrada termo a termo. A integral de u^s, de 0 a x, fornece $\frac{x^{s+1}}{s+1}$, e assim obtemos imediatamente

$$\log(1+x) = x - \frac{x^2}{2} + \frac{x^3}{3} - \frac{x^4}{4} + \cdots + (-1)^{n-1}\frac{x^n}{n} + T_n,$$

onde o resto T_n é dado por

$$T_n = (-1)^n \int_0^x \frac{u^n}{1+u}du.$$

Demonstraremos agora que T_n tende a zero com n crescente desde que x seja escolhido maior do que -1 e não maior do que +1; em outras palavras, para

$$-1 < x \leq 1,$$

onde deve-se notar que $x = +1$ é incluído, enquanto que $x = -1$ não. Segundo nossa hipótese, no intervalo de integração, u é maior do que um número $-\alpha$, que pode ser próximo de -1, mas que é de qualquer forma maior do que -1, de modo que $0 < 1 - \alpha < 1 + u$. Assim, no intervalo de 0 a x temos

$$\left|\frac{u^n}{1+u}\right| \leq \frac{|u|^n}{1-\alpha},$$

e portanto

$$|T_n| \leq \frac{1}{1-\alpha}\left|\int_0^x u^n du\right|,$$

ou

$$|T_n| \leq \frac{1}{1-\alpha}\frac{|x|^{n+1}}{n+1} \leq \frac{1}{1-\alpha}\frac{1}{n+1}.$$

Uma vez que $1 - \alpha$ é um fator fixo, observamos que para n crescente esta expressão tende para 0 de modo que a partir de

(17) $$\left|\log(1+x) - \left\{x - \frac{x^2}{2} + \frac{x^3}{3} - \cdots + (-1)^n \frac{x^n}{n}\right\}\right| \leq \frac{1}{1-\alpha} \frac{1}{n+1},$$

obtemos a série infinita

(18) $$\log(1+x) = x - \frac{x^2}{2} + \frac{x^3}{3} - \frac{x^4}{4} + \cdots$$

que é válida para $-1 < x \leq 1$.

Se, em particular, escolhemos $x = 1$, obtemos o interessante resultado

(19) $$\log 2 = 1 - \frac{1}{2} + \frac{1}{3} - \frac{1}{4} + \cdots.$$

Esta forma tem uma estrutura semelhante à da série para $\pi/4$.

A série (18) não é um meio muito prático de encontrar valores numéricos para o logaritmo, uma vez que pode ser aplicada somente para valores de $1 + x$ entre 0 e 2, e sua convergência é tão lenta que deve-se incluir muitos termos antes de se obter um resultado razoavelmente preciso. Mediante o seguinte artifício, podemos obter uma expressão mais conveniente. Substituindo x por $-x$ em (18), encontramos

(20) $$\log(1-x) = -x - \frac{x^2}{2} - \frac{x^3}{3} - \frac{x^4}{4} - \cdots.$$

Subtraindo (20) de (18) e utilizando o fato de que $\log a - \log b = \log a + \log (1/b) = \log (a/b)$, obtemos

(21) $$\log \frac{1+x}{1-x} = 2\left(x + \frac{x^3}{3} + \frac{x^5}{5} + \cdots\right).$$

Não apenas esta série converge mais rapidamente, mas agora o lado esquerdo pode expressar o logaritmo de qualquer número positivo z, uma vez que $\frac{1+x}{1-x} = z$ sempre tem uma solução x entre -1 e $+1$. Assim, se quisermos calcular $\log 3$, fazemos $x = \frac{1}{2}$ e obtemos

$$\log 3 = \log \frac{1+\frac{1}{2}}{1-\frac{1}{2}} = 2\left(\frac{1}{1\cdot 2} + \frac{1}{3\cdot 2^3} + \frac{1}{5\cdot 2^5} + \cdots\right).$$

Com apenas seis termos, até $\dfrac{2}{11\cdot 2^{11}} = \dfrac{1}{11\cdot 264}$ encontramos o valor

$$\log 3 = 1{,}0986,$$

que é exato até cinco casas decimais.

§7. Equações diferenciais
1. Definição

O papel dominante das funções exponenciais e trigonométricas na análise matemática e suas aplicações a problemas físicos está no fato de que estas funções resolvem as "equações diferenciais" mais simples.

Uma equação diferencial em uma função desconhecida $u = f(x)$ com derivada $u' = f'(x)$ - a notação u' é uma abreviação muito útil para $f'(x)$ desde que a quantidade u e sua dependência de x como a função $f(x)$ não necessite ser precisamente distinguida - é uma equação envolvendo u, u', e possivelmente a variável independente x, como por exemplo

$$u' = u + \operatorname{sen}(xu)$$

ou

$$u' + 3u = x^2.$$

De modo mais geral, uma equação diferencial pode envolver uma segunda derivada, $u'' = f''(x)$, ou derivadas mais altas, como no exemplo

$$u'' + 2u' - 3u = 0.$$

De qualquer forma, o problema é encontrar uma função $u = f(x)$ que satisfaça a equação dada. Resolver uma equação diferencial é uma ampla generalização do problema de integração no sentido de encontrar a função primitiva de uma dada função $g(x)$, que equivale a resolver a equação diferencial simples

$$u' = g(x).$$

Por exemplo, as soluções da equação diferencial

$$u' = x^2$$

são as funções $u = x^3/3 + c$, onde c é uma constante qualquer.

2. A equação diferencial da função exponencial. Desintegração radioativa. Lei do crescimento. Juros compostos

A equação diferencial

(1) $$u' = u$$

tem como solução a função exponencial $u = e^x$, uma vez que a função exponencial é sua própria derivada. De modo mais geral, a função $u = ce^x$, onde c é uma constante qualquer, é uma solução de (1). De forma semelhante, a função

(2) $$u = ce^{kx},$$

onde c e k são duas constantes quaisquer, é uma solução da equação diferencial

(3) $$u' = ku.$$

Inversamente, qualquer função $u = f(x)$ satisfazendo a equação (3) deve ser da forma $u = ce^{kx}$. Isto porque, se $x = h(u)$ é a função inversa de $u = f(x)$, então, de acordo com a regra para encontrar a derivada de uma função inversa, temos

$$h' = \frac{1}{u'} = \frac{1}{ku}.$$

Porém $\dfrac{\log u}{k}$ é uma função primitiva de $\dfrac{1}{ku}$, de modo que $x = h(u) = \dfrac{\log u}{k} + b$, onde b é alguma constante. Portanto,

$$\log u = kx - bk,$$

e

$$u = e^{kx} \cdot e^{-bk}.$$

Fazendo e^{-bk} (que é uma constante) igual a c, temos

$$u = ce^{kx},$$

como se pretendia provar.

A grande importância da equação diferencial (3) está no fato de que ela rege processos físicos nos quais uma quantidade u de alguma substância é função do tempo t,

$$u = f(t),$$

e nos quais a quantidade u está mudando a cada instante com uma taxa propocional ao valor de u naquele instante. Em tais casos, a taxa de variação no instante t,

$$u' = f'(t) = \lim \frac{f(t_1) - f(t)}{t_1 - t},$$

é igual a ku, onde k é uma constante, k sendo positivo se u for crescente, e negativo se u for decrescente. Em ambos os casos, u satisfaz a equação diferencial (3); portanto,

$$u = ce^{kt}.$$

A constante c é determinada se conhecermos a quatidade u_0

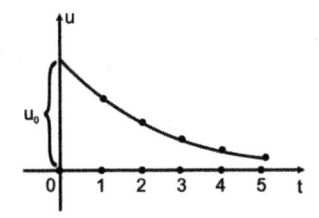

Figura 279: Declínio exponencial. $u = u_0 e^{kt}$. $k < 0$.

que existia no instante $t = 0$. Devemos obter esta quantidade se fizermos $t = 0$,

$$u_0 = ce^0 = c,$$

de modo que

(4) $$u = u_0 e^{kt}.$$

Observe que começamos com um conhecimento da *taxa de variação* de u e devemos deduzir a lei (4) que fornece a *quantidade* efetiva de u em qualquer instante t. Isto é exatamente o inverso do problema para encontrar a derivada de uma função.

Um exemplo típico é o da desintegração radioativa. Seja $u = f(t)$ o montante de alguma substância radioativa no instante t; então, na hipótese de que cada partícula individual da substância tem uma certa probabilidade de se desintegrar em um dado instante, e de que a probabilidade não é afetada pela presença de outras destas partículas, a taxa na qual u está se desintegrando em um dado instante t será proporcional a u, isto é, à quantidade total exixtente naquele instante. Assim, u satisfará (3) com uma constante negativa k que mede a velocidade do processo de desintegração, e portanto

$$u = u_0 e^{kt}.$$

Segue-se que a fração de u que se desintegra em dois intervalos de tempo iguais é a mesma; isto porque se u_1 é a quantidade exixtente no instante t_1, e u_2 a quantidade exixtente em algum instante posterior t_2, então

$$\frac{u_2}{u_1} = \frac{u_0 e^{kt_2}}{u_0 e^{kt_1}} = e^{k(t_2 - t_1)},$$

que depende apenas de $t_2 - t_1$. Para descobrir quanto tempo uma determinada quantidade da substância leva para se desintegrar até que reste apenas metade dela, devemos determinar $s = t_2 - t_1$, de modo que

$$\frac{u_2}{u_1} = \frac{1}{2} = e^{ks}.$$

do qual encontramos

(5) $\quad ks = \log\frac{1}{2}, \qquad s = (-\log 2)/k, \qquad \text{ou} \qquad k = (-\log 2)/s$.

Para qualquer substância radioativa, o valor de s é chamado de período de meia-vida, e s ou algum valor semelhante (como o valor r para o qual $u_2/u_1 = 999/1000$) pode ser encontrado experimentalmente. Para o rádio, o período de meia-vida é de cerca de 1550 anos, e

$$k = \frac{\log\frac{1}{2}}{1550} = -0{,}0000447$$

Decorre que

$$u = u_0 \cdot e^{-0{,}0000447 t}$$

Um exemplo de uma lei de crescimento aproximadamente exponencial é fornecido pelo fenômeno de juros compostos. Uma determinada quantidade de dinheiro, u_0 dólares, é aplicada a juros compostos de 3%, que deverão ser capitalizados anualmente. Após um ano, a quantidade de dinheiro será

$$u_1 = u_0 (1 + 0{,}03),$$

após dois anos será

$$u_2 = u_1 (1 + 0{,}03) = u_0 (1 + 0{,}03)^2,$$

e após t anos será

(6) $\qquad u_t = u_0 (1 + 0{,}03)^t.$

Agora, ao invés de serem capitalizados a intervalos anuais, os juros serão lançados a cada mês ou após cada n-ésima parte do ano, então após t anos a quantidade será

$$u_0\left(1+\frac{0{,}03}{n}\right)^{nt} = u_0\left[\left(1+\frac{0{,}03}{n}\right)^{n}\right]^{t}.$$

Se n for tomado muito grande, de modo que os juros sejam capitalizados todos os dias ou até mesmo a cada hora, então à medida que n tende para o infinito, a quantidade entre colchetes, segundo §6, aproxima-se de $e^{0{,}03}$, e no limite a quantidade após t anos seria

(7) $\qquad u_0 \cdot e^{0{,}03t},$

que corresponde a um processo contínuo de juros compostos. Podemos também calcular o tempo s levado para o capital original dobrar a 3% de juros compostos contínuos. Temos $\dfrac{u_0 \cdot e^{0{,}03s}}{u_0} = 2$, de modo que $s = \dfrac{100}{3}\log 2 = 23{,}10$. Assim, o dinheiro terá dobrado após cerca de 23 anos.

Em vez de seguir este procedimento passo a passo e depois passar ao limite, poderíamos ter deduzido a fórmula (7) simplesmente afirmando que a taxa de crescimento u' do capital é proporcional a u com o fator $k = 0{,}03$, de modo que

$$u' = ku, \quad \text{onde} \quad k = 0{,}03.$$

A fórmula (7) decorre então do resultado geral (4).

3. Outros exemplos. As vibrações mais simples

A função exponencial muitas vezes ocorre em combinações mais complicadas. Por exemplo, a função

(8) $$u = e^{-kx^2},$$

onde k é uma constante positiva, é uma solução da equação diferencial

$$u' = -2kxu.$$

A função (8) é de importância fundamental em probabilidades e na estatística, uma vez que ela define as distribuições de freqüência "normais".

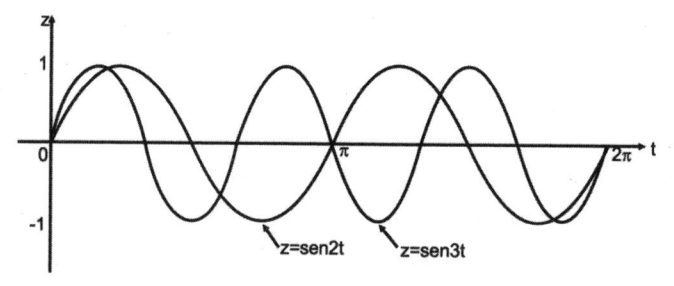

Figura 280.

As funções trigonométricas $u = \cos t$, $v = \text{sen } t$, também satisfazem uma equação diferencial muito simples. Temos primeiro

$$u' = -\text{sen } t = -v,$$
$$v' = \cos t = u,$$

que é um "sistema de duas equações diferenciais com duas funções". Diferenciando-se novamente, encontramos

$$u'' = -v' = -u,$$
$$v'' = u' = -v,$$

de modo que ambas as funções u e v da variável de tempo t possam ser consideradas como soluções da mesma equação diferencial

(9) $$z''+z=0,$$

que é uma equação diferencial muito simples de "segunda ordem", isto é, envolvendo a segunda derivada de z. Esta equação e sua generalização com uma constante positiva k^2,

(10) $$z''+k^2z=0,$$

para a qual $z = \cos kt$ e $z = \text{sen } kt$ são soluções, ocorrem no estudo das vibrações. É por isso que as curvas de oscilação $u = \text{sen } kt$ e $u = \cos kt$ (Figura 280) formam a espinha dorsal da teoria dos mecanismos vibratórios. Deve-se afirmar que a equação diferencial (10) representa o caso ideal, onde não há atrito ou resistência. A resistência é expressa na equação diferencial de mecanismos vibratórios por um outro termo rz',

(11) $$z''+rz'+k^2z=0,$$

e as soluções agora são vibrações "amortecidas", matematicamente expressas pela fórmula

$$e^{-rt/2}\cos wt, e^{-rt/2}\text{sen } wt; \quad w=\sqrt{k^2-\left(\frac{r}{2}\right)^2},$$

e graficamente representadas pela Figura 281. (Como exercício o leitor pode verificar estas soluções efetuando as diferenciações.) As oscilações aqui são do mesmo tipo que as do seno ou co-seno puro, mas têm sua intensidade diminuída por um fator exponencial, decrescendo mais ou menos rapidamente de acordo com o coeficiente de atrito r.

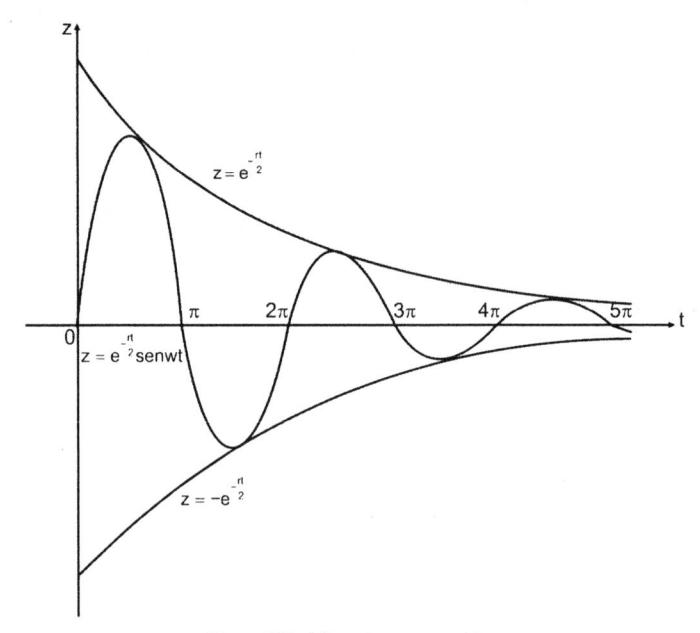

Figura 281: Vibrações amortecidas.

4. A lei da Dinâmica de Newton

Embora uma análise mais detalhada destes fatos esteja além do nosso objetivo, queremos abordá-la sob o aspecto geral dos conceitos fundamentais com os quais Newton revolucionou a Mecânica e a Física. Ele considerava o movimento de uma partícula com massa m e coordenadas especiais $x(t)$, $y(t)$, $z(t)$ que são funções do instante t, de modo que os componentes da aceleração sejam as derivadas segundas $x''(t), y''(t), z''(t)$. O passo extremamente importante foi a compreensão por Newton de que as quantidades mx'', my'', mz'' podem ser consideradas como os componentes da força que atua sobre a partícula. À primeira vista, isto poderia parecer apenas uma definição formal da palavra "força" na Física. No entanto, o grande feito de Newton foi o de ter moldado esta definição de acordo com os fenômenos efetivos da natureza, visto que a natureza com muita freqüência fornece um campo destas forças que são do nosso conhecimento antecipadamente sem que nada saibamos sobre o movimento que desejamos estudar. O maior triunfo de Newton na Dinâmica, a justificativa para a lei do movimento dos planetas de Kepler, mostra claramente a harmonia entre seu conceito matemático e a natureza. Newton primeiro supôs que a atração da gravidade fosse inversamente proporcional ao quadrado da distância. Se colocarmos o Sol na origem de um sistema de coordenadas, e se determinado planeta tem as coordenadas

(x, y, z), então decorre que os componentes da força nas direções (x, y, z) são iguais, respectivamente, a

$$-k\cdot\frac{x}{r^3}, \qquad -k\cdot\frac{y}{r^3}, \qquad -k\cdot\frac{z}{r^3},$$

onde k é uma constante gravitacional que não depende do instante, e $r = \sqrt{x^2 + y^2 + z^2}$ é a distância do Sol ao planeta. Estas expressões determinam o campo de força local, independente do movimento de uma partícula no campo. Agora este conhecimento do campo de forças é combinado com a lei geral da Dinâmica de Newton (isto é, sua expressão para a força em termos do movimento); equacionando-se as duas diferentes expressões, obtém-se as equações

$$mx'' = \frac{-kx}{\left(x^2 + y^2 + z^2\right)^{3/2}},$$

$$my'' = \frac{-ky}{\left(x^2 + y^2 + z^2\right)^{3/2}},$$

$$mz'' = \frac{-kz}{\left(x^2 + y^2 + z^2\right)^{3/2}},$$

um sistema de três equações diferenciais com três funções desconhecidas $x(t)$, $y(t)$, $z(t)$. Este sistema pode ser resolvido, e dele resulta que, de acordo com as observações empíricas de Kepler, a órbita do planeta é uma seção cônica com o Sol em um foco, as áreas varridas por uma reta unindo o Sol ao planeta são iguais para intervalos de tempo iguais, e os quadrados dos períodos de revolução completa para dois planetas são proporcionais aos cubos de suas distâncias em relação ao Sol. Omitiremos as demonstrações.

O problema das vibrações proporciona uma ilustração mais elementar do método de Newton. Suponhamos uma partícula deslocando-se ao longo de uma reta, o eixo dos x, e presa à origem por uma força elástica, como uma mola ou um elástico. Se a partícula for retirada de sua posição de equilíbrio na origem e deslocada para uma posição dada pela abscissa x, a força a puxará de volta com uma intensidade que estamos supondo ser proporcional à extensão x; uma vez que a força é orientada para a origem, ela será representada por -k^2x, onde -k^2 é um fator negativo de proporcionalidade expressando a força da mola ou do elástico. Além disso, estamos supondo que haja atrito retardando o movimento, e que este atrito seja proporcional à velocidade

x' da partícula, com um fator de proporcionalidade $-r$. Então a força total em qualquer instante será dada por $-k^2x - rx'$ e, de acordo com o princípio geral de Newton, encontramos $mx'' = -k^2x - rx'$ ou

$$mx'' + rx' + k^2x = 0$$

Esta é exatamente a equação diferencial (11) das vibrações amortecidas anteriormente mencionadas.

Este exemplo simples é de grande importância, uma vez que muitos tipos de sistemas elétricos e mecânicos vibratórios podem ser matematicamente descritos por esta equação diferencial. Temos aqui um exemplo típico em que uma formulação matemática abstrata revela de uma vez só a estrutura mais profunda de muitos fenômenos individuais aparentemente bastante diferentes e sem conexão. Esta abstração a partir da natureza de um dado fenômeno para uma formulação da lei geral que rege toda a classe de fenômenos é um dos aspectos característicos da abordagem matemática de problemas da Física.

Suplemento ao Capítulo VIII

#1. Questões fundamentais
1. Diferenciabilidade

Vinculamos o conceito de derivada de uma função $y = f(x)$ à idéia intuitiva de tangente ao gráfico da função. Como o conceito geral de função é muito amplo, é necessário, no interesse da perfeição lógica, colocar de lado esta dependência da intuição geométrica. Isto porque não temos qualquer garantia de que os fatos intuitivos familiares a partir da consideração de curvas simples tais como círculos e elipses necessariamente subsistirão para os gráficos de funções mais complicadas. Consideremos, por exemplo, a função na Figura 282,

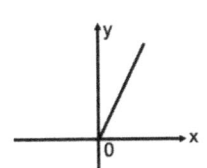

Figura 282: $y = x + |x|$. 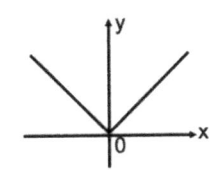   Figura 283: $y = |x|$. 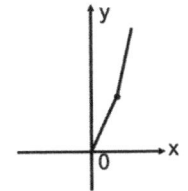   Figura 284: $y = x + |x| + (x - 1) + |x - 1|$

cujo gráfico tem uma angulosidade. Esta função é definida pela equação $y = x + |x|$, onde $|x|$ é o valor absoluto de x, isto é,

$$y = x + x = 2x \quad \text{para} \quad x \geq 0,$$
$$y = x - x = 0 \quad \text{para} \quad x < 0.$$

Outro destes exemplos é o da função $y = |x|$; outro, ainda, é o da função $y = x + |x| + (x - 1) + |x - 1|$. Os gráficos destas funções deixam de ter uma tangente ou direção definida em certos pontos; isto significa que as funções não têm derivadas para os valores correspondentes de x.

Exercícios: 1) Forme a função $f(x)$ cujo gráfico é a metade de um hexágono regular.

2) Onde estão as angulosidades do gráfico de

$$f(x) = (x+|x|) + \frac{1}{2}\left\{\left(x-\frac{1}{2}\right) + \left|x-\frac{1}{2}\right|\right\} + \frac{1}{4}\left\{\left(x-\frac{1}{4}\right) + \left|x-\frac{1}{4}\right|\right\}?$$

Quais são as descontinuidades de $f'(x)$?

Para um outro exemplo simples de não-diferenciabilidade, consideraremos a função

$$y = f(x) = x \operatorname{sen} \frac{1}{x},$$

que é obtida a partir da função sen $1/x$ (veja no Capítulo 6) por multiplicação pelo fator x; definimos $f(x)$ como sendo zero para $x = 0$. Esta função, cujo gráfico para valores positivos de x é mostrado na Figura 285, é contínua em toda parte.

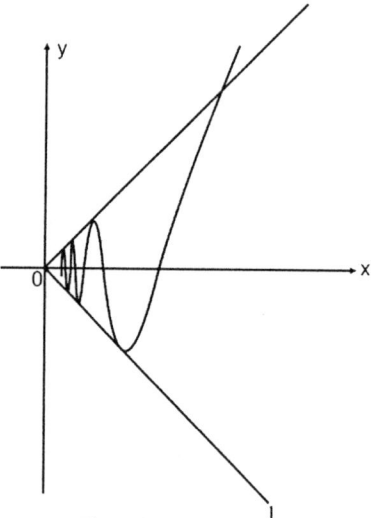

Figura 285: $y = x \operatorname{sen} \dfrac{1}{x}$.

O gráfico oscila muitas vezes nas proximidades de $x = 0$; as "ondas" tornam-se muito pequenas à medida que nos aproximamos de $x = 0$. A inclinação destas ondas é dada por

$$f'(x) = \operatorname{sen} \frac{1}{x} - \frac{1}{x} \cos \frac{1}{x}.$$

(o leitor pode verificar isto como um exercício); à medida que x tende para 0, esta inclinação oscila entre limites positivos e negativos sempre crescentes. Para $x = 0$ podemos tentar encontrar a derivada como o limite para $h \to 0$ do quociente das diferenças

$$\frac{f(0+h)-f(0)}{h} = \frac{h \operatorname{sen} \frac{1}{h}}{h} = \operatorname{sen} \frac{1}{h}.$$

No entanto, à medida que $h \to 0$, este quociente das diferenças oscila entre -1 e $+1$ e não se aproxima de um limite; logo, a função não pode ser diferenciada em $x = 0$.

Estes exemplos indicam uma dificuldade inerente ao assunto. Weierstrass ilustrou da forma mais notável a situação construindo uma função contínua cujo gráfico não tinha uma tangente em nenhum ponto. Embora diferenciabilidade implique em continuidade, isto demonstra que continuidade não implica em diferenciabilidade, uma vez que a função de Weierstrass é contínua mas não é diferenciável em nenhum ponto. Na prática, não surgem tais dificuldades. Exceto talvez em pontos isolados, as curvas serão suaves e a diferenciação não apenas será possível como produzirá uma derivada contínua. Por que então simplesmente não deveríamos estipular que fenômenos "patológicos" devem estar ausentes em problemas que estão sendo considerados? Isto é exatamente o que se faz no Cálculo, onde apenas funções diferenciáveis são consideradas. No Capítulo VIII executamos a diferenciação de uma ampla classe de funções e assim provamos diferenciabilidade delas.

Uma vez que a diferenciabilidade de uma função não é uma conseqüência lógica do conceito de continuidade, ela deve ser aceita ou demonstrada. O conceito de tangente ou direção de uma curva, originalmente a base para o conceito de derivada, é então deduzido da definição puramente analítica de derivada: Se a função $y = f(x)$ tem uma derivada, isto é, se o quociente das diferenças $\dfrac{f(x+h)-f(x)}{h}$ tem um limite único $f'(x)$ à medida que h tende a 0 por um e pelo outro lado, então diz-se que a curva correspondente tem uma tangente com a inclinação $f'(x)$. Assim, a atitude ingênua de Fermat, Leibniz e Newton é invertida no interesse da validade lógica.

Exercícios: 1) Demonstre que a função contínua definida por $x^2 \operatorname{sen}(1/x)$ tem uma derivada em $x = 0$.

2) Demonstre que a função $\operatorname{arccotg}(1/x)$ é descontínua para $x = 0$, que $x \operatorname{arccotg}(1/x)$ é contínua neste ponto mas não tem qualquer derivada, e que $x^2 \operatorname{arccotg}(1/x)$ tem uma derivada em $x = 0$.

2. A integral

A situação é semelhante com respeito à integral de uma função contínua $f(x)$. Ao invés de considerar a "área sob a curva" $y = f(x)$ como uma quantidade que obviamente existe e que pode ser expressa a posteriori como o limite de uma soma, definimos a integral por este limite, e consideramos o conceito de integral como a base fundamental a partir da qual o conceito geral de área é em seguida deduzido. Esta atitude nos é imposta por uma compreensão de como a intuição geométrica é vaga quando aplicada a conceitos analíticos tão gerais quanto os de função contínua. Começamos formando uma soma

$$(1) \qquad S_n = \sum_{j=1}^{n} f(v_i)(x_j - x_{j-1}) = \sum_{j=1}^{n} f(v_j) \Delta x_j,$$

onde $x_0 = a, x_1, ..., x_n = b$, é uma subdivisão do intervalo de integração, $\Delta x_j = x_j - x_{j-1}$ é a diferença x ou comprimento do j-ésimo subintervalo, e v_i é um valor arbitrário de x neste subintervalo, isto é, $x_{j-1} \leq v_j \leq x_j$. (Podemos tomar, por exemplo, $v_j = x_j$ ou $v_j = x_{j-1}$) Formamos agora uma seqüência destas somas nas quais o número n de subintervalos aumenta e ao mesmo tempo o comprimento máximo dos subintervalos diminui para zero. Então o fato principal é o seguinte: a soma S_n de uma função contínua dada $f(x)$ tende para um limite definido A, que é independente da maneira específica pela qual os subintervalos e pontos v_i são escolhidos. Por definição, este limite é a integral $A = \int_a^b f(x) dx$. Naturalmente, a existência deste limite requer prova analítica se não quisermos depender de uma noção geométrica intuitiva de área. Esta prova é dada em qualquer livro rigoroso de Cálculo.

Comparando diferenciação e integração, somos confrontados com a seguinte situação antitética. A diferenciabilidade é certamente uma condição restritiva sobre uma função contínua, porém a realização efetiva da diferenciação, isto é, o algoritmo do Cálculo Diferencial, é na prática um procedimento direto com base em algumas regras simples. Por outro lado, toda a função contínua sem exceção tem uma integral entre dois limites quaisquer. Mas o cálculo explícito destas integrais, mesmo para funções bastante simples, é em geral uma tarefa muito difícil. Neste ponto, o teorema fundamental do Cálculo torna-se em muitos casos o instrumento decisivo para realizar a integração. Contudo, para a maioria das funções, mesmo para aquelas muito elementares, a integração não produz expressões explícitas simples, e o cálculo numérico de integrais requer métodos avançados.

3. Outras aplicações do conceito de integral. Trabalho. Comprimento

Dissociando-se a noção analítica de integral de sua interpretação geométrica original, encontramos várias outras interpretações e aplicações igualmente importantes. Por exemplo, a integral pode ser interpretada em Mecânica expressando o conceito de trabalho. O caso mais simples a seguir será suficiente para nossa explanação. Suponhamos que uma massa se desloque ao longo do eixo dos x sob a influência de uma força direcionada ao longo do eixo. Suponhamos ainda que esta massa esteja concentrada no ponto com abscissa x, e a força seja dada como uma função $f(x)$ da posição, o sinal de $f(x)$ indicando se ela aponta na direção x positiva ou negativa. Se a força é constante, e desloca a massa de a até b, então o trabalho realizado é fornecido pelo produto, $(b - a)f$, da intensidade f da força vezes a distância percorrida pela massa. No entanto, se a intensidade varia com x, devemos definir o trabalho realizado por um processo de limite (como definimos velocidade). Para esta finalidade, dividimos o intervalo de a até b, como fizemos anteriormente, em pequenos subintervalos pelos pontos $x_0 = a, x_1, ..., x_n = b$; em seguida, imaginamos que em cada subintervalo a força seja constante e igual, digamos, para $f(x_v)$, o valor efetivo no extremo, e calculamos o trabalho que corresponderia a esta força que varia por saltos:

$$S_n = \sum_{v=1}^{n} f(x_v)\Delta x_v.$$

Se redefinirmos agora a subdivisão como antes e deixarmos n aumentar, observamos que a soma tende para a integral

$$\int_a^b f(x)dx.$$

Assim, o trabalho realizado por uma força que varia continuamente é definido por uma integral.

Como exemplo, consideraremos uma massa m presa por um elástico à origem $x = 0$. A força $f(x)$ será, em concordância com a discussão da página 546, proporcional a x,

$$f(x) = -k^2 x,$$

onde k^2 é uma constante positiva. Então o trabalho realizado por esta força se a massa deslocar-se da origem até à posição $x = b$ será

$$\int_0^b -k^2 x\, dx = -k^2 \frac{b^2}{2},$$

e o trabalho que temos de realizar contra esta força, se quisermos puxar o elástico para esta posição, é $+k^2 \frac{b^2}{2}$.

Uma segunda aplicação da noção geral de integral é em relação ao conceito de comprimento de arco de uma curva. Suponhamos que a porção de curva sendo considerada seja representada por uma função $y = f(x)$, cuja derivada $f'(x) = \frac{dy}{dx}$ seja também uma função contínua. Para definir comprimento, procedemos exatamente como se tivéssemos que medir uma curva para finalidades práticas com uma escala reta. Inscrevemos no arco AB um polígono com n pequenos lados, medimos o comprimento total L_n deste polígono, e consideramos o comprimento L_n como uma aproximação; fazendo n aumentar e o comprimento máximo dos lados do polígono decrescer para zero, definimos

$$L = \lim L_n$$

como o comprimento do arco AB. (No Capítulo VI o comprimento de um círculo foi obtido desta maneira como o limite dos perímetros de n-ágonos regulares inscritos.) Pode-se demonstrar que para curvas suficientemente suaves este limite existe e é independente da maneira específica pela qual a seqüência de polígonos inscritos é escolhida. As curvas para as quais isto é válido são chamadas de *retificáveis*. Qualquer curva "razoável" que surja em teoria ou em aplicações será retificável, e não devemos insistir na investigação de casos patológicos. Será suficiente demonstrar que o arco AB, para uma função $y = f(x)$, com uma derivada contínua $f'(x)$, tem um comprimento L neste sentido, e que L pode ser expresso por uma integral.

Para esta finalidade, representaremos as abscissas de x de A e B por a e b respectivamente, em seguida subdividiremos o intervalo x de a até b como antes pelos pontos $x_0 = a, x_1, ..., x_j, ..., x_n = b$, com as diferenças $\Delta x_j = x_j - x_{j-1}$, e consideraremos o polígono com os vértices $x_j, y_j = f(x_j)$ acima destes pontos de subdivisão.

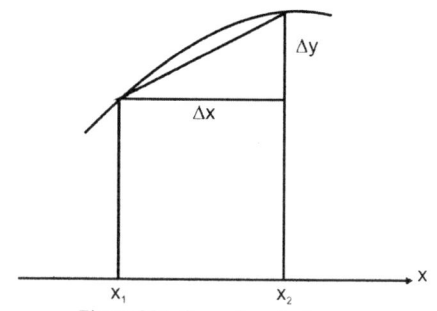

Figura 286: Comprimento do arco.

Um único lado do polígono terá o comprimento $\sqrt{(x_j - x_{j-1})^2 + (y_j - y_{j-1})^2} = \sqrt{\Delta x_j^2 + \Delta y_j^2} = \Delta x_j \sqrt{1 + \left(\dfrac{\Delta y_j}{\Delta x_j}\right)^2}$. Portanto, temos para o comprimento total do polígono

$$L_n = \sum_{j=1}^{n} \sqrt{1 + \left(\frac{\Delta y_j}{\Delta x_j}\right)^2} \, \Delta x_j.$$

Se n tende agora para o infinito, o quociente das diferenças $\dfrac{\Delta y_j}{\Delta x_j}$ tenderá para a derivada $\dfrac{dy}{dx} = f'(x)$ e obteremos para o comprimento L a expressão integral

(2) $$L = \int_a^b \sqrt{1 + (f'(x))^2} \, dx.$$

Sem entrar em maiores detalhes nesta discussão teórica, faremos duas observações suplementares. Primeiro, se B é considerado um ponto variável na curva com a abscissa x, então $L = L(x)$ torna-se uma função de x, e temos, pelo teorema fundamental,

$$L'(x) = \frac{dL}{dx} = \sqrt{1 + [f'(x)]^2},$$

uma fórmula freqüentemente utilizada. Segundo, embora a fórmula (2) apresente uma solução "geral" para o problema, ela dificilmente produz uma expressão explícita para comprimento de arcos em casos particulares. Para isto temos que substituir a função específica $f(x)$, ou melhor $f'(x)$, em (2) e depois efetuar a integração da expressão obtida. Aqui a dificuldade é em geral insuperável se nos restringirmos ao domínio das funções elementares consideradas neste livro. Devemos mencionar alguns casos nos quais a integração é possível. A função

$$y = f(x) = \sqrt{1-x^2}$$

representa o círculo unitário; temos $f'(x) = \dfrac{dy}{dx} = -\dfrac{x}{\sqrt{1-x^2}}$, donde $\sqrt{1+f'(x)^2} = \dfrac{1}{\sqrt{1-x^2}}$, de modo que o comprimento do arco de um arco circular é dado pela integral

$$\int_a^b \frac{dx}{\sqrt{1-x^2}} = \operatorname{arcsen} b - \operatorname{arcsen} a.$$

Para a parábola $y = x^2$ temos $f'(x) = 2x$ e o comprimento do arco de $x = 0$ a $x = b$ é

$$\int_0^b \sqrt{1+4x^2}\,dx.$$

Para a curva $y = \log \operatorname{sen} x$ temos $f'(x) = \operatorname{cotg} x$ e o comprimento do arco é expresso por

$$\int_0^b \sqrt{1+\cot^2 x}\,dx.$$

Devemos nos contentar em meramente registrar estas expressões integrais. Elas poderiam ser avaliadas com um pouco mais de técnica do que temos ao nosso alcance, porém não vamos nos aprofundar nesta direção.

#2. Ordens de grandeza
1. A função exponencial e potências de x

Freqüentemente encontramos na Matemática seqüências an que tendem para o infinito. Muitas vezes precisamos comparar uma seqüência deste tipo com uma outra, bn, que também tende para o infinito, porém talvez "mais rápido" do que a_n. Para tornar este conceito preciso, devemos afirmar que b_n tende para o infinito mais rapidamente do que a_n, ou tem uma ordem de grandeza mais alta do que a_n, se a razão a_n/b_n (na qual tanto o numerador como o denominador tendem para o infinito) tende a zero à medida que

n aumenta. Assim, a seqüência $b_n = n^2$ tende para o infinito mais rapidamente do que a seqüência $a_n = n$, e esta última, por sua vez, mais rápido que $c_n = \sqrt{n}$, pois

$$\frac{a_n}{b_n} = \frac{n}{n^2} = \frac{1}{n} \to 0, \qquad \frac{c_n}{a_n} = \frac{\sqrt{n}}{n} = \frac{1}{\sqrt{n}} \to 0.$$

Torna-se claro que n^s tende para o infinito mais rápido do que n^r sempre que $s > r > 0$, uma vez que então $n^r / n^s = 1/n^{(s-r)} \to 0$.

Se a razão a_n/b_n aproxima-se de uma constante finita c, diferente de zero, dizemos que as duas seqüências a_n e b_n aproximam-se do infinito no mesmo ritmo ou têm a mesma ordem de grandeza. Assim, $a_n = n^2$ e $b_n = 2n^2 + n$ têm a mesma ordem de grandeza, uma vez que

$$\frac{a_n}{b_n} = \frac{n^2}{2n^2 + n} = \frac{1}{2 + \frac{1}{n}} \to \frac{1}{2}.$$

Seria possível imaginar que com as potências de n como uma escala poderiam ser medidos os diferentes graus de crescimento para quaisquer seqüências a_n tendendo ao infinito. Para fazer isto, seria necessário encontrar uma potência adequada n^s com a mesma ordem de grandeza que a_n; isto é, tal que a_n/n^s tenda para uma constante finita diferente de zero. É um fato notável que isto não seja sempre possível, uma vez que a função exponencial a^n com $a > 1$ (por exemplo, e^n) tende para o infinito mais rapidamente do que qualquer potência de n^s, por maior que seja o s escolhido, enquanto que $\log n$ tende para o infinito mais lentamente do que qualquer potência n^s, por menor que seja o expoente positivo s. Em outras palavras, temos as relações

$$(1) \qquad \frac{n^s}{a^n} \to 0$$

e

$$(2) \qquad \frac{\log n}{n^s} \to 0$$

medida que $n \to 0$. Aqui o expoente s não precisa ser um inteiro, mas pode ser qualquer número positivo fixo.

Para provar (1), primeiro simplificamos a proposição tomando a s-ésima raiz da razão; se a raiz tender a zero, o mesmo acontecerá com a razão original. Portanto, emos de provar apenas que

$$\frac{n}{a^{n/s}} \to 0$$

à medida que n aumenta. Faça $b=a^{1/s}$; uma vez que se supõe que a seja maior do que 1, b e também $\sqrt{b} = b^{\frac{1}{2}}$ serão maiores do que 1. Podemos escrever

$$b^{\frac{1}{2}} = 1 + q,$$

onde q é positivo. Ora, pela desigualdade (6) do Capítulo 1,

$$b^{n/2} = (1+q)^n \geq 1 + nq > nq,$$

de modo que

$$a^{n/s} = b^n > n^2 q^2$$

e

$$\frac{n}{a^{n/s}} < \frac{n}{n^2 q^2} = \frac{1}{nq^2}.$$

Como esta última quantidade tende a zero à medida que n aumenta, a prova está concluída.

Na realidade, a relação

(3) $$\frac{x^s}{a^x} \to 0$$

é válida quando x torna-se infinito de qualquer maneira percorrendo uma seqüência $x_1, x_2, \ldots$, que não precisa coincidir com a seqüência 1, 2, 3, ... de inteiros positivos. Porque se $n-1 \leq x \leq n$, então

$$\frac{x^s}{a^x} < \frac{n^s}{a^{n-1}} = a \cdot \frac{n^s}{a^s} \to 0.$$

Esta observação pode ser utilizada para provar (2). Definindo $x = \log n$ e $e^s = a$, de modo que $n = e^x$ e $n^s = (e^s)x$, a razão em (2) torna-se

$$\frac{x}{a^x},$$

que é o caso especial de (3) para $s = 1$.

Exercícios: 1) Prove que para $x \to \infty$ a função $\log \log x$ tende para o infinito mais lentamente do que $\log x$. 2) A derivada de $x/\log x$ é $1/\log x - 1/(\log x)^2$. Prove que para com valor maior ela é "assintoticamente" equivalente ao primeiro termo, $1/\log x$, isto é, que sua razão tende para 1 à medida que $n \to \infty$.

2. Ordem de grandeza de log (n!)

Em muitas aplicações, por exemplo, na teoria das probabilidades, é importante conhecer a ordem de grandeza ou "comportamento assintótico" de $n!$ para grandes valores de n. Devemos nos contentar aqui em estudar o logaritmo de $n!$, isto é, a expressão

$$P_n = \log 2 + \log 3 + \log 4 + \cdots + \log n.$$

Vamos demonstrar que o "valor assintótico" de P_n é dado por $n \log n$; isto é, que

$$\frac{\log(n!)}{n \log n} \to 1$$

à medida que $n \to \infty$.

A prova é típica de um método muito utilizado para comparar uma soma com uma integral. Na Figura 287, a soma

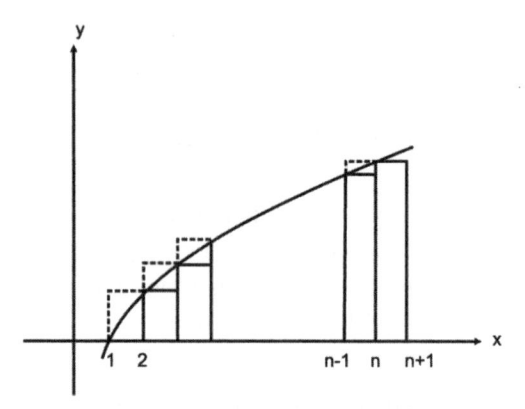

Figura 287: Estimativa de log (n!).

P_n é igual à soma das áreas dos retângulos cujos topos são marcados por retas sólidas e que, juntos, não excedem a área

$$\int_1^{n+1} = \log x\, dx = (n+1)\log(n+1) - (n+1) + 1$$

sob a curva logarítmica de 1 a $n+1$ (veja página 546, Exercício 1)). No entanto, soma P_n é também igual à área total dos retângulos cujos topos estão marcados por retas tracejadas e que, juntos, excedem a área sob a curva de 1 a n, dada por

$$\int_1^n \log x\, dx = n \log n - n + 1.$$

Temos assim

$$n \log n - n + 1 < P_n < (n+1)\log(n+1) - n,$$

e dividindo por $n \log n$

$$1 - \frac{1}{\log n} + \frac{1}{n \log n} < \frac{P_n}{n \log n} < (1+1/n)\frac{\log(n+1)}{\log n} - \frac{1}{\log n}$$

$$= (1+1/n)\frac{\log n + \log(1+1/n)}{\log n} - \frac{1}{\log n}.$$

Obviamente os dois limites tendem para 1 à medida que n tende para o infinito, icando assim provada nossa proposição.

Exercício: Prove que os dois limites são maiores do que $1 - 1/n$ e menores do que $+ 1/n$, respectivamente.

#3. Séries e produtos infinitos
1. Séries infinitas de funções

Como já afirmamos, expressar uma quantidade s como uma série infinita,

(1) $$s = b_1 + b_2 + b_3 + \ldots,$$

nada mais do que um simbolismo conveniente para a proposição de que s é o limite, medida que n aumenta, da seqüência de "somas parciais" finitas,

$$s_1, s_2, s_3, \ldots,$$

de

(2) $$s_n = b_1 + b_2 + \ldots + b_n$$

Assim, a equação (1) é equivalente à relação de limite

(3) $$\lim s_n \text{ à medida que } n \to \infty,$$

le s_n é definida por (2). Quando o limite (3) existe, dizemos que a série (1) converge a o valor s, enquanto que se o limite (3) não existir, dizemos que a série diverge. Assim, a série

$$1 - \frac{1}{3} + \frac{1}{5} - \frac{1}{7} + \ldots$$

verge para o valor $\pi/4$, e a série

$$1 - \frac{1}{2} + \frac{1}{3} - \frac{1}{4} + \ldots$$

converge para o valor log 2; por outro lado, a série

$$1 - 1 + 1 - 1 + \ldots$$

diverge (uma vez que as somas parciais alternam entre 1 e 0), e a série

$$1 + 1 + 1 + 1 +$$

diverge porque as somas parciais tendem para o infinito.

Já encontramos séries cujos termos b_i são funções de x da forma

$$b_i = c_i x^i,$$

com fatores constantes c_i. Estas séries são chamadas de séries de potências; são limi‌ de polinômios representando as somas parciais

$$S_n = c_0 + c_1 x + c_2 x^2 + \ldots + c_n x^n$$

(a adição do termo constante c_0 requer uma pequena mudança na notação (2)). desenvolvimento

$$f(x) = c_0 + c_1 x + c_2 x^2 + \ldots$$

da função $f(x)$ em uma série de potências é assim uma forma de expressar uma apr‌ mação de $f(x)$ por polinômios, as funções mais simples. Resumindo e suplementa‌ resultados anteriores, listamos os seguintes desenvolvimentos de séries de potênc‌

(4) $\dfrac{1}{1+x} = 1 - x + x^2 - x^3 + \ldots,$ válido para $-1 < x < +1$

(5) $\text{tg}^{-1} x = x - \dfrac{x^3}{3} + \dfrac{x^5}{5} - \ldots,$ válido para $-1 \le x \le +1$

(6) $\log(1+x) = x - \dfrac{x^2}{2} + \dfrac{x^3}{3} - \ldots,$ válido para $-1 < x \le +1$

(7) $\dfrac{1}{2} \log \dfrac{1+x}{1-x} = x + \dfrac{x^3}{3} + \dfrac{x^5}{5} + \ldots,$ válido para $-1 < x < +1$

(8) $e^x = 1 + x + \dfrac{x^2}{2!} + \dfrac{x^3}{3!} + \dfrac{x^4}{4!} + \ldots,$ válido para todos os x

Nesta coleção incluímos agora os seguintes desenvolvimentos importantes:

(9) $\operatorname{sen} x = x - \dfrac{x^3}{3!} + \dfrac{x^5}{5!} - \cdots,$ válido para todos os x,

(10) $\cos x = 1 - \dfrac{x^2}{2!} + \dfrac{x^4}{4!} - \cdots,$ válido para todos os x,

A prova é uma simples conseqüência das fórmulas (veja no Capítulo 8)

(a) $\displaystyle\int_0^x \operatorname{sen} u\, du = 1 - \cos x,$

(b) $\displaystyle\int_0^x \cos u\, du = \operatorname{sen} x.$

Começamos com a desigualdade

$$\cos x \le 1.$$

Integrando de 0 a x, onde x é qualquer número positivo fixo, encontramos (veja fórmula (13), no Capítulo 8)

$$\operatorname{sen} x \le x;$$

Integrando esta novamente,

$$1-\cos x \leq \frac{x^2}{2},$$

que é a mesma coisa que

$$\cos x \geq 1 - \frac{x^2}{2}.$$

Integrando mais uma vez, obtemos

$$\operatorname{sen} x \geq x - \frac{x^3}{2\cdot 3} = x - \frac{x^3}{3!}$$

Procedendo indefinidamente desta maneira, obtemos os dois conjuntos de desigualdades

$$\operatorname{sen} x \leq x \qquad \cos x \leq 1$$
$$\operatorname{sen} x \geq x - \frac{x^3}{3!} \qquad \cos x \geq 1 - \frac{x^2}{2!}$$
$$\operatorname{sen} x \leq x - \frac{x^3}{3!} + \frac{x^5}{5!} \qquad \cos x \leq 1 - \frac{x^2}{2!} + \frac{x^4}{4!}$$
$$\operatorname{sen} x \geq x - \frac{x^3}{3!} + \frac{x^5}{5!} - \frac{x^7}{7!} \qquad \cos x \geq 1 - \frac{x^2}{x!} + \frac{x^4}{4!} - \frac{x^6}{6!}$$

Ora, $x^n/n!$ à medida que n tende para o infinito. Para demonstrar isto, escolhemos um inteiro fixo m tal que $x/m < \frac{1}{2}$, e escrevemos $c = x^m/m!$. Para qualquer inteiro $n > m$ definimos $n = m + r$; então

$$0 < \frac{x^n}{n!} = c \cdot \frac{x}{m+1} \cdot \frac{x}{m+2} \cdots \frac{x}{m+r} < c\left(\frac{1}{2}\right)^r,$$

e à medida que $n \to$, r também ∞ e portanto $c\left(\frac{1}{2}\right)^r \to 0$. Decorre que

$$\begin{cases} \operatorname{sen} x = x - \dfrac{x^3}{3!} + \dfrac{x^5}{5!} - \dfrac{x^7}{7!} + \cdots \\ \cos x = 1 - \dfrac{x^2}{2!} + \dfrac{x^4}{4!} - \dfrac{x^6}{6!} + \cdots \end{cases}$$

Uma vez que os termos da série são de sinais alternados e decrescentes (pelo menos para $|x| \leq 1$), decorre que *o erro cometido quando somamos somente um certo número n de termos, n arbitrário, não excederá o valor do primeiro termo desprezado.*

Observações: Estas séries podem ser utilizadas para o cálculo de tabelas. Exemplo: Qual é o seno de 1^0? 1^0 é $\pi/180$ em radianos; portanto

$$\operatorname{sen}\frac{\pi}{180} = \frac{\pi}{180} - \frac{1}{6}\left(\frac{\pi}{180}\right)^3 + \cdots.$$

O erro cometido aqui não é maior do que $\dfrac{1}{120}\left(\dfrac{\pi}{180}\right)^5$, que é menor do que 0,000 000 000 02. Portanto, sen 1^0 = 0,017 452 406 4, com dez casas decimais.

Finalmente, mencionamos sem prova a "série binomial"

(11) $$(1+x)^a = 1 + ax + C_2^a x^2 + C_3^a x^3 + \cdots,$$

onde C_s^a é o "coeficiente binomial"

$$C_s^a = \frac{a(a-1)(a-2)\cdots(a-s+1)}{s!}$$

Se $a = n$ for um inteiro positivo, então teremos $C_n^a = 1$ e para $s > n$ todos os coeficientes C_s^a em (11) serão nulos, de modo que simplesmente obteremos a fórmula finita do teorema comum de Newton. Uma das grandes descobertas de Newton, feita no começo de sua carreira, foi de que o teorema binomial elementar podia ser estendido de expoentes inteiros positivos n a expoentes a arbitrários racionais ou irracionais, positivos ou negativos. Quando a não for um inteiro, o lado direito de (11) produzirá uma série infinita, válida para $-1 < x < +1$. Para $|x| > 1$, a série (11) é divergente e assim o sinal de igualdade não tem significado.

Em particular, encontramos, substituindo $a = \frac{1}{2}$ em (11), o desenvolvimento

(12) $$\sqrt{1+x} = 1 + \frac{1}{2}x - \frac{1}{2^2 \cdot 2!}x^2 + \frac{1 \cdot 3}{2^3 \cdot 3!}x^2 - \frac{1 \cdot 3 \cdot 5}{2^4 \cdot 4!}x^4 + \cdots.$$

Da mesma forma que os outros matemáticos do século XVIII, Newton não ofereceu uma prova real para a validade de sua fórmula. Uma análise satisfatória da convergência e alcance da validade de tais séries infinitas não foi apresentada até o século XIX.

Exercício: Escreva a série de potências para $\sqrt{1-x^2}$ e para $1/\sqrt{1-x}$.

Os desenvolvimentos (4) - (11) são casos especiais da fórmula geral de Brook Taylor (1685-1731), cujo objetivo consiste em desenvolver uma ampla classe de funções *f(x)* na forma de uma série de potências,

(13) $$f(x) = c_0 + c_1 x + c_2 x^2 + c_3 x^3 + \cdots.$$

encontrando uma lei que expressa o coeficiente c_i em termos da função *f* e de suas derivadas. Não é possível aqui fornecer uma prova precisa da fórmula de Taylor expondo e estabelecendo as condições para a sua validade. No entanto, as seguintes considerações de plausibilidade esclarecerão as relações entre os fatos matemáticos pertinentes.

Suponhamos experimentalmente que um desenvolvimento (13) seja possível. Além disso, suponhamos que *f(x)* possa ser diferenciada, que *f'(x)* possa ser diferenciada, e assim por diante, de modo que a sucessão sem fim de derivadas

$$f'(x), f''(x), \ldots, f^{(n)}(x), \ldots$$

efetivamente exista. Finalmente, aceitemos como verdadeiro que uma série de potências infinita possa ser diferenciada termo a termo da mesma forma que um polinômio finito. Segundo estas hipóteses, podemos determinar os coeficientes cn a partir de uma compreensão do comportamento de *f(x)* nas proximidades de $x = 0$. Primeiro, substituindo $x = 0$ em (13), encontramos

$$c_0 = f(0),$$

uma vez que todos os termos da série contendo x desaparecem. Diferenciamos agora (13) e obtemos

(13') $\quad f'(x) = c_1 + 2c_2 x + 3c_3 x^2 + \cdots + nc_n x^{n-1} + \cdots.$

Novamente substituindo $x = 0$, mas desta vez em (13') e não em (13), encontramos

$$c_1 = f'(0).$$

Diferenciando (13), obtemos

(13") $\quad f''(x) = 2c_2 + 2 \cdot 3 \cdot c_3 x + \cdots + (n-1) \cdot n \cdot c_n x^{n-2} + \cdots;$

depois substituindo $x = 0$ em (13"), verificamos que

$$2!c_2 = f''(0).$$

De modo semelhante, diferenciando (13") e depois substituindo $x = 0$,

$$3!c_3 = f'''(0),$$

e, continuando com este processo, obtemos a fórmula geral

$$c_n = \frac{1}{n!} f^{(n)}(0),$$

onde $f(n)$ é o valor da n-ésima derivada de $f(x)$ em $x = 0$. O resultado é a série de Taylor

(14) $\quad f(x) = f(0) + x f'(0) + \dfrac{x^2}{2!} f''(0) + \dfrac{x^3}{3!} f'''(0) + \cdots.$

Como exercício em diferenciação, o leitor pode verificar que, nos exemplos (4)-(11) esta lei de formação dos coeficientes de uma série de Taylor é satisfeita.

2. A fórmula de Euler, $\cos x + i \operatorname{sen} x = e^{ix}$

Um dos resultados mais fascinantes das manipulações formais de Euler é uma relação estreita no domínio dos números complexos entre as funções seno e co-seno por um lado, e a função exponencial por outro. Deve-se afirmar antecipadamente que a "prova" de Euler e nosso raciocínio subseqüente não têm em nenhum sentido um caráter rigoroso; são exemplos típicos de manipulação formal do século XVIII.

Começaremos com a fórmula de De Moivre provada no Capítulo II,

$$(\cos n\varphi + i \operatorname{sen} n\varphi) = (\cos \varphi + i \operatorname{sen} \varphi)^n.$$

Nela fazemos a substituição $\varphi = x/n$, obtendo a fórmula

$$(\cos x + i \operatorname{sen} x) = \left(\cos \frac{x}{n} + i \operatorname{sen} \frac{x}{n} \right)^n.$$

Agora se x for dado, então $\frac{x}{n}$ diferirá apenas ligeiramente de $\cos 0 = 1$ para n com grande valor; além disso, uma vez que

$$\frac{\operatorname{sen} \frac{x}{n}}{\frac{x}{n}} \to 1 \quad \text{à medida que} \quad \frac{x}{n} \to 0$$

(veja no Capítulo 6) observamos que $\operatorname{sen} \frac{x}{n}$ é assintoticamente igual a $\frac{x}{n}$. Podemos portanto achar plausível passar à fórmula limite

(14) $\qquad \cos x + i \operatorname{sen} x = \lim \left(1 + \frac{ix}{n} \right)^n$ à medida que $n \to \infty$

Comparando o lado direito desta equação com a fórmula (Capítulo 6)

$$e^z = \lim\left(1+\frac{z}{n}\right)^n \text{ à medida que } n \to \infty$$

temos

(15) $$\cos x + i \operatorname{sen} x = e^{ix},$$

que é o resultado de Euler.

Podemos obter o mesmo resultado de um modo formal a partir do desenvolvimento de e^z,

$$e^z = 1 + \frac{z}{1!} + \frac{z^2}{2!} + \frac{z^3}{3!} + \cdots,$$

substituindo nela $z = ix$, sendo x um número real. Se nos lembrarmos de que as potências sucessivas de i são $i, -1, -i, +1$, e assim por diante periodicamente, então agrupando as partes real e imaginária encontramos

$$e^{ix} = \left(1 - \frac{x^2}{2!} + \frac{x^4}{4!} - \frac{x^6}{6!} + \cdots\right) + i\left(x - \frac{x^3}{3!} + \frac{x^5}{5!} - \frac{x^7}{7!} + \cdots\right);$$

comparando o lado direito com as séries para sen x e cos x novamente obtemos a fórmula de Euler.

Este raciocínio não é de forma alguma uma demonstração efetiva da relação (15). A objeção ao nosso segundo raciocínio é a de que o desenvolvimento em série de e^z foi deduzido segundo a hipótese de que z fosse um número real; portanto, a substituição $z = ix$ requer justificativa. Da mesma forma, a validade do primeiro raciocínio é destruída pelo fato de que a fórmula

$$e = \lim (1 + z/n)^n \text{ à medida que } n \to \infty$$

foi deduzida somente para valores reais de z.

Liberar a fórmula de Euler da esfera do mero formalismo e dar-lhe uma justificativa matemática rigorosa, exigiu os resultados da teoria das funções de uma variável complexa, um dos grande feitos matemáticos do século XIX. Muitos outros problemas estimularam este desenvolvimento de longo alcance. Vimos, por exemplo, que os desenvolvimentos de funções em séries de potências convergem para diferentes intervalos de x. Por que alguns desenvolvimentos sempre convergem, isto é, para todos os x, enquanto outros tornam-se sem sentido para $|x| > 1$?

Consideremos, por exemplo, a série geométrica (4), página 574, que converge para $|x| < 1$. O lado esquerdo desta equação é perfeitamente significativo quando $x = 1$, assumindo o valor $\frac{1}{1+1} = \frac{1}{2}$, enquanto a série do lado direito comporta-se de modo bastante singular, tornando-se

$$1 - 1 + 1 - 1 + \ldots .$$

Esta série não converge, uma vez que suas somas parciais oscilam entre 1 e 0. Isto indica que as funções podem dar origem a séries divergentes, mesmo quando as próprias funções não apresentam qualquer irregularidade. Naturalmente, a função $\frac{1}{1+x}$ torna-se infinita quando $x \to -1$. Como se pode facilmente demonstrar que a convergência de uma série de potências para $x = a > 0$ sempre implica em convergência para $-a < x < a$, podemos encontrar como "explicação" para o comportamento singular deste desenvolvimento a descontinuidade de $\frac{1}{1+x}$ para $x = -1$. Mas a função $\frac{1}{1+x^2}$ pode ser desenvolvida na série

$$\frac{1}{1+x^2} = 1 - x^2 + x^4 - x^6 + \cdots$$

substituindo por x por x^2 em (4). Esta série também convergirá para $|x| < 1$, enquanto que para $x = 1$ ela novamente conduz à série divergente $1 - 1 + 1 - 1 + \ldots$, e para $|x| > 1$ ela diverge explosivamente, embora a própria função seja regular em todos os pontos.

Em verdade, uma explicação completa de tais fenômenos é possível apenas quando as funções são estudadas para valores complexos da variável x, bem como para valores reais. Por exemplo, a série para $\frac{1}{1+x^2}$ deve divergir para $x = i$ porque o denominador da fração torna-se zero. Decorre que a série deve também divergir para todos os x tais que $|x| > |i| = 1$, uma vez que se pode demonstrar que sua convergência para quaisquer destes x implicaria em sua convergência para $x = i$. Assim, a questão da convergência das séries, completamente negligenciada no período inicial do desenvolvimento do Cálculo, tornou-se um dos principais fatores na criação da teoria das funções de uma variável complexa.

3. A série harmônica e a função zeta. O produto de Euler para o seno

Séries cujos termos constituem simples combinações dos inteiros são particularmente interessantes. Como exemplo, consideraremos a "série harmônica"

$$(16) \qquad 1 + \frac{1}{2} + \frac{1}{3} + \frac{1}{4} + \cdots + \frac{1}{n} + \cdots,$$

que difere da série para log 2 apenas pelos sinais dos termos de ordem par.

Indagar se esta série converge é indagar se a seqüência

$$s_1, s_2, s_3, \ldots,$$

onde

$$(17) \qquad s_n = 1 + \frac{1}{2} + \frac{1}{3} + \cdots + \frac{1}{n},$$

tende para um limite finito. Embora os termos da série (16) aproximem-se de 0 à medida que nos afastamos cada vez mais, é fácil perceber que a série não converge, porque, tomando um número suficiente de termos, podemos exceder qualquer número positivo, de modo que s_n aumente sem limite e portanto a série (16) "diverge para infinito". Para perceber isto, observamos que

$$s_2 = 1 + \frac{1}{2},$$
$$s_4 = s_2 + \left(\frac{1}{3} + \frac{1}{4}\right) > s_2 + \left(\frac{1}{4} + \frac{1}{4}\right) = 1 + \frac{2}{2},$$
$$s_6 = s_4 + \left(\frac{1}{5} + \cdots + \frac{1}{8}\right) > s_4 + \left(\frac{1}{8} + \cdots + \frac{1}{8}\right) = s_4 + \frac{1}{2} > 1 + \frac{3}{2},$$

e, em geral

(18) $$s_{2^m} > 1 + \frac{m}{2}.$$

Assim, por exemplo, as somas parciais s_{2^m} excedem 100 logo que $m \geq 200$. Embora a série harmônica não convirja, pode-se mostrar que a série

(19) $$1 + \frac{1}{2^s} + \frac{1}{3^s} + \frac{1}{4^s} + \ldots + \frac{1}{n^s} + \ldots$$

converge para qualquer valor de s maior do que 1, e define para todo $s > 1$ a assim chamada função zeta,

(20) $$\varsigma(s) = \lim \left(1 + \frac{1}{2^s} + \frac{1}{3^s} + \frac{1}{4^s} + \cdots + \frac{1}{n^s} \right) \text{ à medida que } n \to \infty$$

como uma função da variável s. Existe uma relação importante entre a função zeta e os números primos, que podemos deduzir utilizando nosso conhecimento das séries geométricas. Seja $p = 2, 3, 5, 7, \ldots$ qualquer primo; então para $s \geq 1$,

$$0 < \frac{1}{p^s} < 1,$$

de modo que

$$\frac{1}{1 - 1/p^s} = 1 + \frac{1}{p^s} + \frac{1}{p^{2s}} + \frac{1}{p^{3s}} + \ldots .$$

Multiplicamos estas expressões entre si para todos os primos $p = 2, 3, 5, 7, \ldots$ sem nos preocuparmos com a validade desta operação. À esquerda obtemos o "produto" infinito

$$\left(\frac{1}{1 - 1/2^s} \right) \cdot \left(\frac{1}{1 - /3^s} \right) \cdot \left(\frac{1}{1 - 1/5^s} \right) \ldots$$

$$= \text{limite à medida que } n \to \infty \text{ de } \left[\frac{1}{1 - 1/p_1^s} \cdots \frac{1}{1 - 1/p_n^s} \right],$$

enquanto que no outro lado obtemos a série

$$1+\frac{1}{2^s}+\frac{1}{3^s}+\ldots = \zeta(s),$$

em virtude do fato de que todo o inteiro maior do que 1 pode ser expresso unicamente como o produto de potências de primos distintos. Assim representamos a função zeta como um produto:

(21) $$\zeta(s) = \left(\frac{1}{1-1/2^s}\right)\left(\frac{1}{1-1/3^s}\right)\left(\frac{1}{1-1/5^s}\right)\cdots.$$

Se houvesse apenas um número finito de primos distintos, digamos, $p_1, p_2, p_3, \ldots, p_r$, então o produto no lado direito de (21) seria um produto finito ordinário e portanto teria um valor finito, mesmo para $s = 1$. Porém, como vimos, a série zeta para $s = 1$

$$\zeta(1) = 1 + \frac{1}{2} + \frac{1}{3} + \cdots$$

diverge para o infinito. Este raciocínio, que pode ser facilmente transformado em uma prova rigorosa, demonstra que existem muitos primos. Naturalmente, isto é muito mais complicado e sofisticado do que a prova dada por Euclides (veja no Suplemento ao Capítulo 1); mas tem o fascínio de uma difícil escalada ao topo de uma montanha, que poderia ser alcançado pelo outro lado seguindo um caminho suave.

Produtos infinitos tais como (21) são algumas vezes tão úteis quanto séries infinitas para representar funções. Um outro produto infinito, cuja descoberta foi mais uma realização de Euler, diz respeito à função trigonométrica sen x. Para compreender esta fórmula, começaremos com uma observação sobre polinômios. Se $f(x) = a_0 + a_1 x + \ldots + a_n x^n$ for um polinômio de grau n e tiver n zeros distintos, $x_1, \ldots, x_n$, então sabe-se, pela Álgebra, que $f(x)$ pode ser decomposto em fatores lineares:

$$f(x) = a_n(x-x_1)\cdots(x-x_n)$$

(veja no Capítulo 2). Fatorando o produto $x_1 x_2, \ldots x_n$, podemos escrever

$$f(x) = C\left(1 - \frac{x}{x_1}\right)\left(1 - \frac{x}{x_2}\right) \cdots \left(1 - \frac{x}{x_n}\right),$$

onde C é uma constante que, pela definição de $x = 0$, é identificada como $C = a_0$. Ora, se ao invés de polinômios considerarmos funções mais complicadas $f(x)$, surge a questão da decomposição em produto por meio dos zeros de $f(x)$ ser ou não ainda possível. (Em geral, isto não pode ser verdadeiro, conforme demonstrado pelo exemplo da função exponencial que não tem quaisquer zeros, uma vez que $e^x \neq 0$ para todo o valor de x.) Euler descobriu que para a função do seno tal decomposição é possível. Para escrever a fórmula da maneira mais simples, consideramos não sen x, mas sen πx. Esta função tem os zeros $x = 0, \pm 1, \pm 2, \pm 3,\ldots$, uma vez que sen $\pi n = 0$ para todos os inteiros n e para nenhum outro número. A fórmula de Euler agora enuncia que

(22) $$\operatorname{sen} \pi x = \pi x \left(1 - \frac{x^2}{1^2}\right)\left(1 - \frac{x^2}{2^2}\right)\left(1 - \frac{x^2}{3^2}\right)\left(1 - \frac{x^2}{4^2}\right)\cdots.$$

Este produto infinito converge para todos os valores de x, e é uma das mais belas fórmulas da Matemática. Para $x = \frac{1}{2}$ obtém-se

$$sen\,\frac{\pi}{2} = 1 = \frac{\pi}{2}\left(1 - \frac{1}{2^2 \cdot 1^2}\right)\left(1 - \frac{1}{2^2 \cdot 2^2}\right)\left(1 - \frac{1}{2^2 \cdot 3^2}\right)\left(1 - \frac{1}{2^2 \cdot 4^2}\right)\cdots$$

Se escrevermos

$$1 - \frac{1}{2^2 \cdot n^2} = \frac{(2n-1)(2n+1)}{2n \cdot 2n},$$

obteremos o produto de Wallis,

$$\frac{\pi}{2} = \frac{2}{1} \cdot \frac{2}{3} \cdot \frac{4}{3} \cdot \frac{4}{5} \cdot \frac{6}{5} \cdot \frac{6}{7} \cdot \frac{8}{7} \cdot \frac{8}{9} \cdots,$$

mencionado no Capítulo 6.

Para provas de todos estes fatos, indicamos livros de Cálculo ao leitor (veja também o Apêndice).

**§4. O TEOREMA DO NÚMERO PRIMO OBTIDO POR MÉTODOS ESTATÍSTICOS

Quando são aplicados métodos matemáticos ao estudo de fenômenos naturais fica-se normalmente satisfeito com raciocínios que, em seu desenvolvimento, têm a linha lógica restrita interrompida por hipóteses mais ou menos plausíveis. Até mesmo na Matemática pura encontram-se raciocínios que, embora não forneçam um prova rigorosa, não obstante sugerem a solução correta e apontam a direção na qual uma prova rigorosa pode ser buscada. A solução de Bernoulli para o problema da braquistócrona (veja no Capítulo 7) tem esta característica, como acontece com a maioria dos primeiros trabalhos em Análise.

Utilizando um procedimento típico da Matemática aplicada e particularmente da Mecânica estatística, apresentaremos aqui um raciocínio que pelo menos torna plausível a famosa lei de Gauss da distribuição dos primos. (Um procedimento afim foi sugerido a um dos autores pelo físico experimental Gustav Hertz.) Este teorema, discutido empiricamente no suplemento ao Capítulo I, enuncia que o número $A(n)$ de primos não excedendo n é assintoticamente equivalente à quantidade $n/\log n$:

$$A(n) \sim \frac{n}{\log n}.$$

Com isto queremos exprimir que a razão de $A(x)$ para $n/\log n$ tende ao limite 1 à medida que n tende ao infinito.

Iniciamos fazendo a hipótese de que existe uma lei matemática que descreve a distribuição dos primos no seguinte sentido: para grandes valores de n a função $A(n)$ é aproximadamente igual à integral $\int_2^n W(x)dx$, onde $W(x)$ é uma função que mede a "densidade" dos primos. (Escolhemos 2 como limite inferior da integral porque para $x < 2$ claramente $A(x) = 0$.) De modo mais preciso, seja x um número grande e Δx um outro número grande, mas tal que a ordem de grandeza de x seja maior que a de Δx. (Por exemplo, poderíamos convencionar em estabelecer $\Delta x = \sqrt{x}$.) Estamos então supondo que a distribuição dos primos é tão uniforme que o número de primos no intervalo de x a $x + \Delta x$ é aproximadamente igual a $W(x) \cdot \Delta x$ e, além disso, que $W(x)$ como uma função de x muda tão lentamente que a integral $\int_2^n W(x)dx$ pode ser substituída por uma aproximação retangular subseqüente sem alterar seu valor assintótico. Com estas observações preliminares, estamos preparados para iniciar o raciocínio.

Já provamos que para inteiros com valor grande $\log n!$ é assintoticamente igual a $n.\log n$,

$$\log n! \sim n \cdot \log n.$$

Prosseguiremos fornecendo uma segunda fórmula para log n! envolvendo os primos e comparando as duas expressões. Contamos quantas vezes um primo arbitrário p menor do que n está contido como fator no inteiro $n! = 1 \cdot 2 \cdot 3 \ldots n$. Devemos denotar por $[a]p$ o maior inteiro k tal que p^k divida a. Uma vez que a decomposição de primos de qualquer inteiro é única, decorre que $|ab|_p = |a|_p + |b|_p$ para dois inteiros a e b quaisquer. Portanto,

$$|n!|_p = |1|_p + |2|_p + |3|_p + \cdots + |n|_p.$$

Os termos na seqüência 1, 2, 3, ..., n que são divisíveis por p^k são p^k, $2p^k$, $3p^k$, ...; seu número N_k para n com valor grande é aproximadamente n/p^k. O número M_k destes termos que são divisíveis por p^k e nenhuma potência mais alta de p é igual a $N_k - N_{k+1}$. Portanto,

$$\begin{aligned}|n!|_p &= M_1 + 2M_2 + 3M_3 + \cdots \\ &= (N_1 - N_2) + 2(N_2 - N_3) + 3(N_3 - N_4) + \cdots \\ &= N_1 + N_2 + N_3 + \cdots \\ &= \frac{n}{p} + \frac{n}{p^2} + \frac{n}{p^3} + \cdots = \frac{n}{p-1}.\end{aligned}$$

(Estas igualdades são, naturalmente, aproximadas.)

Decorre que para n com valor grande o número $n!$ é fornecido aproximadamente pelo produto de todas as expressões $p^{\frac{n}{p-1}}$ para todos os primos $p < n$. Temos assim a fórmula

$$\log n! \sim \sum_{p<n} \frac{n}{p-1} \log p.$$

Comparando esta com as relações assintóticas anteriores para log n! encontramos, escrevendo x ao invés de n,

(1) $$\log x \sim \sum_{p<x} \frac{\log p}{p-1}$$

A próxima e decisiva etapa consiste em obter uma expressão assintótica em termos de W(x) para o lado direito de (1). Quando x tem valor muito alto, podemos subdividir o intervalo de 2 a x = n em um grande número r de subintervalos grandes escolhendo pontos $2 = \xi_1, \xi_2, \ldots, \xi_r, \xi_{r+1} = x$, com incrementos correspondentes $\Delta \xi_j = \xi_{j+1} - \xi_j$. Em cada subintervalo pode haver primos, e todos os primos no j-ésimo subintervalo terão aproximadamente o valor ξ_j. Com nossa hipótese sobre W(x) existem aproximadamente $W(\xi_j) \cdot \Delta \xi_j$ primos no j-ésimo subintervalo; portanto a soma no lado direito de (1) é aproximadamente igual a

$$\sum_{j=1}^{r+1} W(\xi_j) \frac{\log \xi_j}{\xi_j - 1} \cdot \Delta \xi_j.$$

Substituindo esta soma finita pela integral da qual ela se aproxima, temos como uma conseqüência plausível de (1) a relação

(2) $$\log x \sim \int_2^x W(\xi) \frac{\log \xi}{\xi - 1} d\xi.$$

A partir desta, devemos determinar a função desconhecida W(x). Se substituirmos o sinal ~ pela igualdade ordinária e diferenciarmos ambos os lados com respeito a x, então, pelo teorema fundamental do Cálculo

(3)
$$\frac{1}{x} = W(x) \frac{\log x}{x - 1},$$
$$W(x) = \frac{x - 1}{x \log x}.$$

Supomos, no início da abordagem, que A(x) é aproximadamente igual a $\int_2^x W(x) dx$; portanto, A(x) é aproximadamente fornecido pela integral

(4) $$\int_2^x \frac{x - 1}{x \log x} dx.$$

Para avaliar esta integral, observamos que a função $f(x) = x/\log x$ tem a derivada

$$f'(x) = \frac{1}{\log x} - \frac{1}{(\log x)^2}.$$

Para grandes valores de x as duas expressões

$$\frac{1}{\log x} - \frac{1}{(\log x)^2}, \qquad \frac{1}{\log x} - \frac{1}{x \log x}$$

são aproximadamente iguais, uma vez que para x com valor grande o segundo termo em ambos os casos será muito menor do que o primeiro. Portanto, a integral (4) será assintoticamente igual à integral

$$\int_2^x f'(x)dx = f(x) - f(2) = \frac{x}{\log x} - \frac{2}{\log 2}$$

uma vez que os termos a integrar serão quase iguais sobre a maior parte do intervalo de integração. O termo 2/log 2 pode ser negligenciado para x com valor grande, uma vez que ele é uma constante, e assim obtemos o resultado final

$$A(x) \sim \frac{x}{\log x}.$$

que é o teorema dos números primos.

Não podemos alegar que o raciocínio precedente tenha mais do que um valor sugestivo. Mas em uma análise mais detalhada os seguintes fatos emergem. Não é difícil apresentar uma justificativa completa para todas as etapas que tão corajosamente seguimos; em particular para a equação (1), para a equivalência assintótica entre esta soma e a integral em (2), e para a etapa conduzindo de (2) a (3). É muito mais difícil provar a *existência* de uma função $W(x)$ de densidade uniforme; admitimos, no início, essa existência. Uma vez que aceitamos isto, a *avaliação* da função é um assunto comparativamente simples; deste ponto de vista, a prova da existência de tal função é a dificuldade central do problema dos números primos.

APÊNDICE

Observações suplementares, problemas e exercícios

Muitos dos problemas apresentados a seguir destinam-se ao leitor até certo ponto avançado. Eles têm por objetivo não tanto desenvolver técnicas rotineiras, mas estimular a capacidade criativa.

Aritmética e Álgebra

(1) Como sabemos que 3 não divide nenhuma potência de 10, conforme se enunciou no Capítulo 2?

(2) Prove que o princípio da boa ordenação é uma conseqüência do teorema da indução matemática. (Veja no Capítulo 1.)

(3) Pelo binômio de Newton aplicado ao desenvolvimento de $(1 + 1)^n$, demonstre que $C_0^n + C_1^n + C_2^n + \cdots + C_n^n = 2^n$.

(*4) Tome qualquer inteiro $z = abc...$, forme a soma de seus dígitos, $a + b + c + ...$ subtraia esta de z, elimine qualquer um dos dígitos do resultado, e represente a soma dos dígitos restantes por w. Conhecendo apenas w, uma regra pode ser encontrada para determinar o valor do dígito eliminado? (Haverá um caso ambígüo, quando $w = 0$.) Da mesma forma que outros fatos simples sobre congruências, isto pode ser utilizado como base para passatempos.

(5) Uma progressão aritmética da primeira ordem é uma seqüência de números, a, $a + d, a + 2d, a + 3d, ...$, tal que a diferença entre membros sucessivos da seqüência é uma constante. Uma progressão aritmética de segunda ordem é uma seqüência de números $a_1, a_2, a_3, ...$ tal que as diferenças $a_{i+1} - a_i$ formam uma progressão aritmética de primeira ordem. De maneira semelhante, uma progressão aritmética de k-ésima ordem é uma seqüência tal que as diferenças formam uma progressão aritmética de ordem $K - 1$. Prove que os quadrados dos inteiros formam uma progressão aritmética de segunda ordem, e prove por indução que as k-ésimas potências dos inteiros formam uma progressão aritmética de ordem k. Prove que qualquer seqüência cujo n-ésimo termo, a_n, é dado pela expressão $c_0 + c_1 n + c_2 n^2 + \cdots + c_k n^k$, onde os c são constantes, é uma progressão aritmética de ordem k. *Prove o inverso desta proposição para $k = 2$; $k = 3$; para k em geral.

(6) Demonstre que a soma dos n primeiros termos de uma progressão aritmética de ordem k é uma progressão aritmética de ordem $k + 1$.

(7) Quantos divisores tem 10.296? (Veja no Suplemento ao Capítulo 1)

(8) A partir da fórmula algébrica $(a^2+b^2)(c^2+d^2)=(ac-bd)^2+(ad+bc)^2$ prove por indução que qualquer inteiro $r=a_1a_2\cdots a_n$, onde todos os a são somas de dois quadrados, é ele próprio uma soma de dois quadrados. Verifique isto com $2=1^2+1^2+1^2, 5=1^2+2^2, 8=2^2+2^2$, etc, para $r=160, r=1600, r=1300, r=625$. Se possível, dê várias representações diferentes destes números como somas de dois quadrados.

(9) Aplique o resultado do Exercício 8 para construir novos ternos pitagóricos a partir dos que forem dados.

(10) Deduza regras para divisibilidade semelhantes às do Suplemento ao Capítulo 1 para os sistemas numéricos com bases 7, 11 e 12 respectivamente.

(11) Demonstre que para dois números racionais positivos, $r = a/b$ e $s = c/d$, a desigualdade $r > s$ é equivalente a $ac - bd > 0$.

(12) Demonstre que para r e s positivos, com $r < s$, temos sempre

$$r < \frac{r+s}{2} < s \quad e \quad \frac{2}{[(1/r)+(1/s)]^2} < 2rs < (r+s)^2$$

(13) Se z é qualquer número complexo, prove por indução que $z^n + 1/z^n$ pode ser expresso como um polinômio de grau n na quantidade $w = z + 1/z$ (Veja no Capítulo 2)

(*14) Introduzindo a abreviação $\cos \varphi + i \operatorname{sen} \varphi = E(\varphi)$, temos $[E(\varphi)]^m = E(m\varphi)$
Utilize estas e as fórmulas do Capítulo 1 sobre séries geométricas, que são válidas para quantidades complexas, de modo a provar que

$$\operatorname{sen} \varphi + \operatorname{sen} 2\varphi + \operatorname{sen} 3\varphi + \cdots + \operatorname{sen} n\varphi = \frac{\cos\frac{\varphi}{2} - \cos\left(n+\frac{1}{2}\right)\varphi}{2\operatorname{sen}\frac{\varphi}{2}},$$

$$\frac{1}{2} + \cos \varphi + \cos 2\varphi + \cos 3\varphi + \cdots + \cos n\varphi = \frac{\operatorname{sen}\left(n+\frac{1}{2}\right)\varphi}{2\operatorname{sen}\frac{1}{2}\varphi}.$$

(15) Encontre o que a fórmula do Exercício 3 do Capítulo 1 fornece se substituirmos $q = E(\varphi)$.

Geometria Analítica

Um cuidadoso estudo dos exercícios apresentados a seguir, suplementados por desenhos e exemplos numéricos, ajudará a dominar os elementos da Geometria Analítica. As definições e os fatos mais simples da Trigonometria são pressupostos.

Será muitas vezes útil imaginar uma reta ou um segmento como *orientado* de um de seus pontos para outro. A expressão reta *orientada PQ* (ou o segmento orientado *PQ*) representará a reta (ou o segmento) tendo o sentido de *P* para *Q*. Na ausência de especificações explícitas, uma reta orientada l deverá ter um sentido fixo porém arbitrário; com a exceção de que o eixo orientado dos *x* será considerado orientado de O para um ponto sobre ele com abscissa positiva, e de modo semelhante para o eixo orientado dos *y*. Diremos então que retas orientadas (ou segmentos orientados) são paralelas somente se tiverem o mesmo sentido. O sentido de um segmento orientado sobre uma reta orientada pode ser indicado atribuindo um sinal de adição ou de subtração à distância entre as extremidades do segmento, conforme o segmento tenha o mesmo sentido que a reta ou o sentido oposto. Será conveniente estender a terminologia "segmento *PQ*" ao caso em que *P* e *Q* coincidam; para este "segmento" devemos claramente atribuir comprimento zero, porém nenhuma orientação.

(16) Prove: Se $P_1(x_1, y_1)$ e $P_2(x_2, y_2)$ são dois pontos quaisquer, as coordenadas do ponto médio, $P_0(x_0, y_0)$, do segmento P_1P_2 são $x_0 = (x_1 + x_2)/2$, $y_0 = (y_1 + y_2)/2$. De maneira mais geral, demonstre que se P_1 e P_2 são distintos, então o ponto P_0 sobre a reta orientada P_1P_2 para a qual a razão $P_1P_0 : P_1P_2$ dos comprimentos orientados possui o valor *k*, tem as coordenadas

$$x_0 = (1-k)x_1 + kx_2, \qquad y_0 = (1-k)y_1 + ky_2$$

(Indicação: retas paralelas cortam duas transversais em segmentos proporcionais.)

Assim, os pontos sobre a reta P_1P_2 têm coordenadas da forma $x = \lambda_1 x_1 + \lambda_2 x_2$, $y = \lambda_1 y_1 + \lambda_2 y_2$ com $\lambda_1 + \lambda_2 = 1$. Os valores $\lambda_1 = 1$ e $\lambda_1 = 0$ caracterizam os pontos P_1 e P_2 respectivamente. Valores negativos de λ_1 caracterizam pontos além de P_2, e valores negativos de λ_2 caracterizam pontos antes de P_1.

(17) Caracterize a posição de pontos sobre a reta de maneira semelhante por meio dos valores de *k*.

É igualmente importante utilizar números positivos e negativos para indicar os sentidos das rotações, como fizemos para distâncias. Por definição, o sentido da rotação que faz com que o eixo orientado dos *x* coincida com o eixo orientado dos *y* após uma rotação de 90° é tomado como positivo. No sistema de coordenadas usual, com o eixo positivo dos x orientado para a direita e o eixo positivo dos y para cima, este é o sentido anti-horário de rotação. Agora definimos o ângulo entre uma reta orientada l_1 e uma reta orientada l_2 como o ângulo através do qual l_1 deve girar para se tornar paralelo a l_2. Naturalmente, este ângulo é determinado somente até múltiplos inteiros de uma revolução completa de 360°. Assim, o ângulo entre o eixo orientado dos x e o eixo orientado dos y é 90° ou -270°, etc.

(18) Se α é o ângulo entre o eixo orientado dos x e a reta orientada l, se P_1, P_2 são dois pontos quaisquer sobre l, e se d representa a distância orientada de P_1 a P_2, demonstre que

$$\cos \alpha = \frac{x_2 - x_1}{d}, \quad \text{sen } \alpha = \frac{y_2 - y_1}{d}, (x_2 - x_1)\text{sen } \alpha = (y_2 - y_1)\cos \alpha.$$

Se a reta l não for perpendicular ao eixo dos x, a inclinação de l será definida como

$$m = \text{tg } \alpha = \frac{y_2 - y_1}{x_2 - x_1}.$$

O valor de m não depende da escolha do sentido sobre a reta, uma vez que $\text{tg } \alpha = \text{tg}(\alpha + 180°)$, ou, de modo equivalente, $(y_1 - y_2)/(x_1 - x_2) = (y_2 - y_1)/(x_2 - x_1)$

(19) Demonstre: A inclinação de uma reta é zero, positiva, ou negativa, conforme uma paralela a ela e passando pela origem estiver contida no eixo dos x, no primeiro e terceiro quadrantes, ou no segundo e quarto quadrantes, respectivamente.

Distinguimos um lado positivo e um lado negativo de uma reta orientada l da seguinte maneira. Seja P qualquer ponto não pertencente l, e seja Q a base da perpendicular a l passando por P. Então P está no lado positivo ou negativo de l conforme o ângulo entre l e a reta orientada QP seja de 90° ou de -90°.

Determinaremos agora a equação de uma reta orientada l. Traçamos através da origem O uma reta m perpendicular a l, e direcionamos m de modo que o ângulo entre ela e l seja de 90°. O ângulo entre o eixo orientado dos x e m será chamado de β. Então, $\alpha = 90° + \beta$, $\text{sen}\alpha = \cos\beta$, $\cos\alpha = -\text{sen}\beta$. Seja R com coordenadas (x_1, y_1) o ponto onde m encontra l. Devemos representar por d a distância orientada OR sobre m orientado.

(20) Demonstre que d é positivo se e somente se O estiver contido no lado negativo de l.

Temos $x_1 = d \cos\beta$, $y_1 = d \text{ sen}\beta$ (compare com o Exercício 18). Portanto, $(x - x_1)\text{sen}\alpha = (y - y_1)\cos\alpha$, ou $(x - d\cos\beta)\cos\beta = -(y - d\text{ sen}\beta)\text{sen}\beta$, que fornece a equação

$$x\cos\beta + y\,\text{sen}\beta - d = 0.$$

Esta é a *forma normal* da equação da reta *l*. Observe que esta equação não depende do sentido atribuído a *l*, porque uma alteração no sentido alteraria também o sinal de todos os termos no lado esquerdo e portanto deixaria a equação inalterada.

Multiplicando a equação normal por um fator arbitrário, obtemos a forma geral da equação da reta:

$$ax + by + c = 0.$$

Para recuperar, desta forma geral, a forma normal geometricamente significativa, devemos multiplicar a equação por um fator que transforme os dois primeiros coeficientes em $\cos\beta$ e $\text{sen}\,\beta$, cuja soma dos quadrados é 1. Isto pode ser feito multiplicando a equação por $1/\sqrt{a^2+b^2}$, o que resulta na forma normal

$$\frac{a}{\sqrt{a^2+b^2}}x + \frac{b}{\sqrt{a^2+b^2}} + \frac{c}{\sqrt{a^2+b^2}} = 0.$$

de modo que temos

$$\frac{a}{\sqrt{a^2+b^2}} = \cos\beta, \quad \frac{b}{\sqrt{a^2+b^2}} = \text{sen}\,\beta, \quad -\frac{c}{\sqrt{a^2+b^2}} = d.$$

(21) Demonstre: (a) que os únicos fatores que reduzirão a forma geral à forma normal são $1/\sqrt{a^2+b^2}$ e $-1/\sqrt{a^2+b^2}$; (b) que a escolha de um ou outro destes fatores determina que sentido é atribuído à reta; e (c) que, quando um destes fatores é utilizado, a origem está no lado positivo ou negativo da reta orientada resultante, ou está sobre a reta, conforme *d* seja negativo, positivo, ou nulo.

(22) Prove diretamente que a reta com inclinação *m* e passando por um ponto dado $P_0(x_0, y_0)$ é fornecida pela equação

$$y - y_0 = m(x - x_0), \quad \text{ou} \quad y = mx + y_0 + mx_0$$

Prove que a reta passando por dois pontos dados, $P_1(x_1, y_1)$, $P_2(x_2, y_2)$, tem uma equação

$$(y_6 - y_1)(x - x_1) = (x_2 - x_1)(y - y_1).$$

A abscissa de um ponto no qual uma reta ou curva corta o eixo dos x é chamada de *interseção* do eixo dos x com a curva; o mesmo se aplica à *interseção* com o eixo dos y.

(23) Dividindo-se a equação geral do Exercício 20 por um fator apropriado, demonstra-se que a equação de uma reta pode ser escrita na forma segmentária,

$$\frac{x}{a} + \frac{y}{b} = 1$$

onde a e b são as interseções com o eixo dos x e dos y respectivamente. Que exceções existem?

(24) Por um procedimento semelhante, demonstre que a equação de uma reta não paralela ao eixo dos x pode ser escrita na forma

$$y = mx + b.$$

Se a reta é paralela ao eixo dos y, sua equação pode ser escrita como $x = a$.)

25) Sejam $ax + by + c = 0$ e $a'x + b'y + c' = 0$ equações de retas não orientadas l e l', com inclinações m e m' respectivamente. Demonstre que l e l' são paralelas ou perpendiculares na medida em que: (a) $m = m'$ ou $mm' = -1$; (b) $ab' - a'b = 0$ ou $aa' + bb' = 0$ (Observe que (b) se mantém, mesmo quando uma reta não tiver inclinação, isto é, quando for paralela ao eixo dos y.)

(26) Demonstre que a equação de uma reta passando por um ponto dado $P_0(x_0, y_0)$ e paralela a uma reta dada l com equação $ax + by + c = 0$ tem a equação $ax + by = ax_0 + by_0$. Demonstre que uma fórmula semelhante $bx - ay = bx_0 - ay_0$, é válida para a equação da reta passando por P_0 e perpendicular a l. (Observe que, em cada caso, se a equação de l estiver na forma normal, o mesmo acontecerá com a nova equação.)

(27) Sejam $x\cos\beta + y\,\text{sen}\beta - d = 0$ e $ax+by+c = 0$ as formas normal e geral, respectivamente, da equação de uma reta l. Demonstre que a distância orientada h de l a qualquer ponto $Q(u,v)$ é dada por

$$h = u\cos\beta + v\,\text{sen}\beta - d,$$

ou por

$$h = \frac{au+bv+c}{\pm\sqrt{a^2+b^2}};$$

e que h é positivo ou negativo conforme Q esteja no lado positivo ou negativo da reta orientada l (o sentido tendo sido determinado por β ou pela escolha do sinal antes de $\sqrt{a^2+b^2}$. (Indicação: escreva a forma normal da equação da reta m passando por Q, paralela a l, e encontre a distância de l a m.)

(28) Seja $l(x, y) = 0$ representando a equação $ax+by+c = 0$ de uma reta l; de modo semelhante, para $l'(x, y) = 0$. Sejam λ e λ' constantes, com $\lambda + \lambda' = 1$. Demonstre que, se l e l' se cortarem em $P_0(x_0, y_0)$, então toda reta passando por P_0 terá uma equação

$$\lambda\, l(x,y) + \lambda'\, l'(x,y) = 0,$$

e inversamente; e que toda reta como esta é unicamente determinada pela escolha de um par de valores para λ e λ'. (Indicação: P_0 está contido em l se e somente se $l(x_0, y_0) = ax_0 + by_0 + c = 0$.) Que retas são representadas se l e l' forem paralelas? Observe que a condição $\lambda + \lambda' = 1$ é desnecessária, porém ajuda a determinar uma equação única para cada reta passado por P_0.

(29) Utilize o resultado do exercício anterior para encontrar a equação de uma reta passando pela interseção P_0 de l e l' e por um outro ponto, $P_1(x_1, y_1)$, sem encontrar as coordenadas de P_0. (Indicação: encontre λ e λ' a partir das condições $\lambda l(x_1, y_1) + \lambda' l'(x_1, y_1) = 0, \lambda + \lambda' = 1$.) Verifique encontrando as coordenadas de P_0 (veja no Capítulo 2) e demonstrando que P_0 está contido na reta cuja equação você encontrou.

(30) Prove que as equações das bissetrizes dos ângulos formados cortando as retas l e l' são

$$\sqrt{a'^2+b'^2}\, l(x,y) = \pm\sqrt{a^2+b^2}\, l'(x,y).$$

(Indicação: veja Exercício 27.) O que estas equações representam se l e l' forem paralelas?

(31) Encontre a equação da mediatriz do segmento P_1P_2 por meio de cada um dos seguintes métodos: (a) Encontre a equação da reta P_1P_2; encontre as coordenadas do ponto médio P_0 do segmento $P_1P_2$2; encontre a equação da reta passando por P_0 e perpendicular a P_1,P_2. (b) Escreva a equação expressando o fato de que a distância (Capítulo 2) entre P_1 e qualquer ponto $P(x, y)$ sobre a mediatriz é igual à distância entre P_2 e P; eleve ao quadrado ambos os lados da equação e simplifique.

(32) Encontre a equação do círculo passando por três pontos não-colineares, P_1, P_2, $P3$, mediante cada um dos seguintes métodos: (a) Encontre as equações das mediatrizes dos segmentos P_1P_2 e P_2P_3; encontre as coordenadas do centro como o ponto de interseção destas retas; encontre o raio como a distância entre o centro e P_1. (b) A equação deve ser da forma $x^2 + y^2 - 2ax - 2by = k$ (veja no Capítulo 2). Uma vez que cada um dos pontos dados estão contidos no círculo, devemos ter

$$x_1^2 + y_1^2 - 2ax_1 - 2by_1 = k,$$
$$x_2^2 + y_2^2 - 2ax_2 - 2by_2 = k,$$
$$x_3^2 + y_3^2 - 2ax_3 - 2by_3 = k,$$

porque um ponto está contido em uma curva somente se suas coordenadas satisfazem a equação da curva. Resolva estas equações simultâneas para achar a, b, k.

(33) Para encontrar a equação da elipse com eixo maior $2p$, eixo menor $2q$, e focos em $F(e, 0)$ e $F(-e, 0)$, onde $e^2 = p^2 - q^2$, utilize as distâncias r e r' de F e F' a qualquer ponto sobre a curva. Pela definição da elipse, $r + r' = 2p$. Utilizando a fórmula da distância do Capítulo 2, demonstre que

$$r'^2 - r^2 = (x+e)^2 - (x-e)^2 = 4ex$$

Uma vez que

$$r'^2 - r^2 = (r+r)(r'-r) = 2p(r'-r),$$

demonstre que $r' - r = 2ex/p$. Resolva esta equação e $r + r' = 2p$ para encontrar as importantes fórmulas

$$r = -\frac{e}{p}x + p, \qquad r' = \frac{e}{p}x + p$$

Uma vez que (novamente pela fórmula da distância) $r_2^2 = (x-e)^2 + y^2$, iguale esta expressão para r^2 com a expressão $\left(-\frac{e}{p}x + p\right)^2$ imediatamente acima,

$$(x-e)^2 + y^2 = \left(-\frac{e}{p}x + p\right)^2.$$

Desenvolva, ponha fatores em evidência, substitua e^2 por $p^2 - q^2$, e simplifique. Demonstre que o resultado pode ser expresso na forma

$$\frac{x^2}{p^2} + \frac{y^2}{q^2} = 1.$$

Utilize o mesmo procedimento para a hipérbole, definida como o local de todos os pontos P para os quais o valor absoluto da diferença $r - r'$ é igual a uma quantidade dada $2p$. Aqui $e^2 = p^2 + q^2$.

(34) A parábola é definida como o local de um ponto cuja distância de uma reta fixa (a diretriz) é igual a sua distância de um ponto fixo (o foco). Se escolhermos a reta $x = -a$ como diretriz e o ponto $F(a, 0)$ como foco, demonstre que a equação da parábola pode ser escrita na forma $y^2 = 4ax$.

Construções geométricas

(35) Prove a impossibilidade de construir com régua e compasso os números $\sqrt[3]{3}, \sqrt[3]{4}, \sqrt[3]{5}$. Prove que a construção de $\sqrt[3]{a}$ somente é possível se a for o cubo de um número racional. (Veja no Capítulo 3)

(36) Encontre os lados de um $3.2n$-ágono e de um $5.2n$-ágono e caracterize as seqüências correspondentes de corpos de extensão.

(37) Prove a impossibilidade de trissecar um ângulo de 120 ou 30 graus com régua e compasso. (Indicação para o caso de 30°: a equação a ser discutida é $4z^3 - 3z = \cos 30° = \frac{1}{2}\sqrt{3}$. Introduza uma nova incógnita, $u = z\sqrt{3}$, e obtenha uma equação para z a partir da qual decorre a não-construtibilidade de z como no texto, Capítulo 3.)

(38) Prove que o eneágono (9 lados) regular não é construtível.

(39) Prove que a inversão de um ponto P(x, y) em um ponto P'(x', y') no círculo com o raio r em torno da origem é dada pelas equações

$$x' = \frac{xr^2}{x^2 + y^2}, \quad y' = \frac{yr^2}{x^2 + y^2}.$$

Encontre algebricamente as equações fornecendo x, y em termos de x', y'.

(*40) Prove analiticamente, utilizando o Exercício 39, que, por inversão, o conjunto formado pelos círculos e retas é transformado nele mesmo. Verifique as propriedades a) - d) do Capítulo 3 separadamente, e também as transformações correspondentes à Figura 61.

(41) O que acontece com as duas famílias de retas, x = const. e y = const., paralelas aos eixos das coordenadas após a inversão no círculo unitário em torno da origem? Encontre a resposta sem e com o auxílio da Geometria Analítica. (Veja no Capítulo 3.)

(42) Execute as construções de Apolônio em casos simples de sua livre escolha. Experimente a solução analiticamente de acordo com o método do Capítulo 4.

Geometria Projetiva e não-euclidiana

(43) Encontre todos os valores da razão anarmônica λ de quatro pontos harmônicos, se os pontos estiverem sujeitos a permutações. (Resposta: $\lambda = -1, 2, \frac{1}{2}$).

(44) Para que configurações de quatro pontos alguns dos seis valores da razão anarmônica do Capítulo 4 coincidem? (Resposta: para λ = -1 ou λ = 1 apenas; há também um valor imaginário de λ para o qual λ = 1/(1 - λ), a razão anarmônica "equianarmônica".)

(45) Demonstre que a razão anarmônica (ABCD) = 1 significa coincidência dos pontos C e D.

(46) Prove as proposições sobre a razão anarmônica de planos, Capítulo 4.

(47) Prove que se P e P' forem inversos em relação a um círculo e se o diâmetro AB for colinear com P, P', então os pontos A, B, P, P' formam um quádruplo harmônico. (Indicação: utilize a expressão analítica (2) do Capítulo 4, tome o círculo como o círculo unitário e AB como o eixo.)

(48) Encontre as coordenadas do quarto ponto harmônico a três pontos P_1, P_2, P_3. O que acontece se P_3 deslocar-se para o ponto médio de $P_1 P_2$? (Veja no Capítulo 4)

(*49) Utilize as esferas de Dandelin para desenvolver a teoria das seções cônicas. Em particular, prove que todas são (exceto o círculo) locais geométricos de pontos cujas distâncias de um ponto fixo F e uma reta fixa l têm uma razão constante k. Para $k > 1$ temos uma hipérbole, para $k = 1$ uma parábola, para $k < 1$ uma elipse. A reta l é obtida cortando-se o plano da cônica com o plano que contém o círculo no qual a esfera de Dandelin toca o cone. (Uma vez que o círculo não se inclui nesta caracterização exceto como um caso limite, não é inteiramente adequado escolher esta propriedade como uma definição das cônicas, embora algumas vezes isto seja feito.)

(50) Discuta: "Uma cônica, considerada tanto como um conjunto de pontos como um conjunto de retas, é autodual." (Veja Capítulo 4)

(*51) Tente provar o teorema de Desargues no plano, realizando a passagem ao limite da configuração tridimensional da Figura 73. (Veja Capítulo 4.)

(*52) Quantas retas cortando quatro retas oblíquas dadas podem ser traçadas? Como podem ser caracterizadas? (Indicação: Trace um hiperbolóide passando por três das retas dadas. (Veja Capítulo 4.)

(*53) Se o círculo de Poincaré é o círculo unitário de um plano complexo, então dois pontos z_1 e z_2 e os valores w_1 e w_2 dos dois pontos de interseção da "reta" através destes dois pontos com o círculo unitário definem uma razão anarmônica $\dfrac{z_1 - w_1}{z_1 - w_2} : \dfrac{z_2 - w_1}{z_2 - w_2}$ que, de acordo com o Exercício 8 do Capítulo 2, é real. Seu logaritmo é, por definição, a distância hiperbólica entre z_1 e z_2.

(*54) Mediante uma inversão, transforme o círculo de Poincaré no semiplano superior. Desenvolva o modelo de Poincaré e suas propriedades para este semiplano diretamente e por meio desta inversão. (Veja Capítulo 5.)

Topologia

(55) Verifique a fórmula de Euler para os cinco poliedros regulares e para outros poliedros. Realize as reduções da rede de polígonos correspondentes.

(56) Na prova da fórmula de Euler (Capítulo 5) somos solicitados a reduzir qualquer rede plana de triângulos, por aplicação sucessiva de duas operações fundamentais, a uma rede consistindo em um único triângulo, para o qual $V - E + F = 3 - 3 + 1 = 1$. Como podemos ter certeza de que o resultado final não será um par de triângulos com nenhum vértice em comum, de modo que $V - E + F = 6 - 6 + 2 = 2$? (Indicação: podemos supor que a rede original seja *conexa*, isto é, que seja possível passar de qualquer vértice para outro ao longo de arestas da rede. Demonstre que esta propriedade não pode ser destruída pelas duas operações fundamentais.)

(57) Admitimos somente duas operações fundamentais na redução da rede. Não poderia acontecer que em algum estágio aparecesse um triângulo tendo apenas um vértice em comum com os outros triângulos da rede? (Construa um exemplo.) Isto exigiria uma terceira operação: a remoção de dois vértices, três arestas e uma face. Isto afetaria a prova?

(58) Um elástico largo pode ser enrolado três vezes em torno de um cabo de vassoura de modo a ficar destorcido sobre o cabo de vassoura? (Naturalmente, o elástico deve passar sobre ele próprio em algum ponto.)

(59) Demonstre que um disco circular do qual o ponto no centro foi removido admite uma transformação contínua nele mesmo e sem ponto fixo.

(*60) A transformação que muda cada ponto de um disco uma unidade em uma direção dada, obviamente não tem pontos fixos. Naturalmente, esta não é uma transformação do disco nele mesmo, uma vez que alguns pontos serão transformados em pontos fora do disco. Por que o raciocínio do Capítulo 5, com base na transformação $P \to P^*$, não é válido neste caso?

(61) Suponhamos que haja uma câmara de ar, com o interior pintado de branco e o exterior de preto. É possível, fazendo um pequeno furo, deformando a câmara de ar, e depois vedando o furo, virar a câmara pelo avesso, de modo que o interior seja preto e o exterior branco?

(*62) Demonstre que não existe o "problema das quatro cores" em três dimensões, provando que para qualquer número n desejado, n corpos podem ser colocados no espaço de modo que cada um toque todos os outros.

(*63) Utilizando uma superfície de toro (câmara de ar, anel de ancoragem) ou uma região plana com identificações na borda (Figura 143), construa um mapa consistindo em sete regiões, cada uma das quais tocando todas as outras. (Veja no Capítulo 5.)

(64) O tetraedro quadridimensional da Figura 118 tem cinco pontos $a, b, c, d, e,$ cada um dos quais unido aos outros quatro. Mesmo que se permita que as retas de conexão sejam curvadas, a figura não pode ser traçada no plano de tal maneira que nenhuma das duas conexões se cruzem. Uma outra configuração, contendo dez conexões, que não pode ser traçada no plano sem cruzamentos, consiste em seis pontos, a, b, c, a', b', c', tais que cada um dos pontos $a, b, c,$ esteja conectado a cada um dos pontos a', b', c'. Verifique estes fatos experimentalmente e tente arquitetar uma prova, utilizando o teorema da curva de Jordan como base. (Provou-se que qualquer configuração de pontos e retas que não possam ser representadas no plano sem cruzamentos, deve conter uma destas duas configurações como parte.)

(65) Uma configuração é formada tomando-se os seis lados de um tetraedro tridimensional e adicionando-se uma reta unindo os pontos médios de dois lados opostos.

(Dois lados de um tetraedro são opostos se não tiverem extremidades comuns.) Demonstre que esta configuração é equivalente à descrita no exercício precedente.

(*66) Sejam p, q, r as três pontas do símbolo **E**. O símbolo é deslocado de uma certa distância, transformando-se em outro **E**, com pontas p', q', r'. Pode-se unir p a p', q a q', e r a r' por três curvas que não se cruzem e não cruzem os símbolos?

Se percorrermos o contorno de um quadrado, mudamos de direção quatro vezes, cada vez 90°, perfazendo uma mudança total de $\Delta = 360°$. Se percorrermos o contorno de um triângulo, sabe-se pela Geometria Elementar que $\Delta = 360°$.

(67) Prove que se C é qualquer polígono fechado simples, então $\Delta = 360°$. (Indicação: recorte o interior de ^{C} em triângulos, depois remova os segmentos dos contornos como no Capítulo 5. Sejam os limites sucessivos $B_1, B_2, B_3, ..., B_n$. Então $B_1 = C$, e B_n é um triângulo. Demonstre que se Δ_i corresponde a B_i, então $\Delta_i = \Delta_{i-1}$.)

(*68) Seja C qualquer curva fechada simples com um vetor tangente girando continuamente. Se Δ representa a alteração total no ângulo da tangente à medida que percorremos a curva uma vez, demonstre que aqui também $\Delta = 360°$. (Indicação: sejam $p_0, p_1, p_2, ..., p_n, p_0$ pontos cortando C em pequenos segmentos aproximadamente retos. Seja C_i a curva com os segmentos $p_0p_1, p_1p_2, ..., p_i-1p_i$, e os arcos originais $p_ip_{i+1}, ..., p_np_0$. Então $C_0 = C$, e C_n é composto de segmentos de reta. Demonstre que $\Delta_i = \Delta_{i+1}$, e utilize o resultado do exercício precedente). Isto se aplica ao hipociclóide da Figura 55?

(69) Demonstre que se no diagrama da garrafa de Klein no Capítulo 6 todas as quatro flechas forem desenhadas no sentido horário, será formada uma superfície equivalente a uma esfera com um disco substituído por uma coifa cruzada. (Esta superfície é topologicamente equivalente ao plano ampliado da Geometria Projetiva.)

(70) A garrafa de Klein da Figura 142 pode ser cortada por um plano em duas metades simétricas. Demonstre que o resultado consiste em duas faixas de Moebius.

(*71) Na faixa de Moebius da Figura 139 as duas extremidades de cada segmento transversal são identificadas. Demonstre que o resultado é topologicamente equivalente à garrafa de Klein.

Todos os pares ordenados de pontos possíveis sobre um segmento de reta (os dois pontos coincidindo ou não) formam um quadrado, no seguinte sentido. Se os pontos do segmento são designados por suas distâncias x, y de uma extremidade A, os pares ordenados de números (x, y) podem ser considerados como coordenadas cartesianas de um ponto do quadrado.

Todos os pares de pontos possíveis, sem considerar uma ordem (isto é, x, y sendo o mesmo que y, x), formam uma superfície S que é topologicamente equivalente a um quadrado. Para verificar isto, escolha a representação que tem o primeiro ponto mais próximo da extremidade A do segmento se $x \neq y$. Assim, S é o conjunto de todos os pares (x, y) em que x é menor do que y ou $x = y$. Utilizando coordenadas cartesianas, isto resulta no triângulo no plano com vértices $(0, 0)$, $(0, 1)$, $(1, 1)$.

(*72) Que superfície é formada pelo conjunto de todos os pares ordenados de pontos, dos quais o primeiro pertence a uma reta e o segundo à circunferência de um círculo? (Resposta: um cilindro.)

(73) Que superfície é formada pelo conjunto de todos os pares ordenados de pontos em um círculo? (Resposta: um toro.)

(*74) Que superfície é formada pelo conjunto de todos os pares não ordenados de pontos em um círculo? (Resposta: uma faixa de Moebius.)

(75) Apresentamos a seguir as regras de um jogo, utilizando moedas de idêntico valor sobre uma grande mesa circular: A e B, alternadamente, colocam moedas sobre a mesa. As moedas não se tocam necessariamente, e uma moeda pode ser colocada em qualquer lugar da mesa, desde que não ultrapasse a borda ou se sobreponha a outra moeda já na mesa. Uma vez colocada, uma moeda não pode ser removida. Com o passar do tempo, a mesa ficará coberta de moedas de tal forma que não reste espaço suficiente para mais nenhuma. O jogador que conseguir colocar a última moeda sobre a mesa é o vencedor. Se A jogar primeiro, prove que, não importando como B jogue, A pode ter certeza de que ganhará, desde que jogue corretamente.

(76) Se, no jogo do Exercício 75, a mesa tiver a forma da Figura 125, *b*, prove que B sempre pode ganhar.

Funções, limites e continuidade

(77) Encontre o desenvolvimento da fração contínua para a razão *OB:AB* do Capítulo 3.

(78) Demonstre que a seqüência $a_0 = \sqrt{2}, a_{n+1} = \sqrt{2 + a_n}$ é monótona crescente, limitada por $B = 2$, e portanto tem um limite. Demonstre que este limite deve ser o número 2. (Veja Capítulos 3 e 6.)

(*79) Tente provar, por métodos semelhantes aos utilizados no Capítulo 6, que dada uma curva fechada suave, um quadrado cujos lados são tangentes à curva pode ser sempre desenhado.

A função $u = f(x)$ é chamada de *convexa* se o ponto médio do segmento unindo dois pontos quaisquer do gráfico da função estiver contido acima do gráfico. Por exemplo, $u = e^x$ (Figura 278) é convexa, enquanto que $u = \log x$ (Figura 277) não.

(80) Prove que a função $u = f(x)$ é convexa se, e somente se,

$$\frac{f(x_1)+f(x_2)}{2} \geq f\left(\frac{x_1+x_2}{2}\right),$$

com igualdade apenas para $x_1 = x_2$.

(*81) Prove que para funções convexas a desigualdade mais geral

$$\lambda_1 f(x_1) + \lambda_2 f(x_2) \geq f(\lambda_1 x_1 + \lambda_2 x_2)$$

é válida, onde λ_1, λ_2 são duas constantes quaisquer tais que $\lambda_1 + \lambda_2 = 1$ e $\lambda_1 \geq 0$, $\lambda_2 \geq 0$. Isto é equivalente à proposição de que nenhum ponto do segmento unindo dois pontos do gráfico está contido abaixo do gráfico.

(82) Utilizando a condição do Exercício 80, prove que as funções $u = \sqrt{1+x^2}$ e $u = 1/x$ (para $x > 0$) (para $x > 0$) são convexas, isto é, que

$$\frac{\sqrt{1+x_1^2}+\sqrt{1+x_2^2}}{2} \geq \sqrt{1+\left(\frac{x_1+x_2}{2}\right)^2},$$

$$\frac{1}{2}\left(\frac{1}{x_1}+\frac{1}{x_2}\right) \geq \frac{2}{x_1+x_2} \quad \text{para } x_1 \text{ e } x_2 \text{ positivos.}$$

(83) Faça o mesmo para $u = x^2$, $u = x^n$ para $x > 0$, $u = \operatorname{sen} x$ para $\pi \leq x \leq 2\pi$, $u = \operatorname{tg} x$ para $0 \leq x \leq \pi/2$, $u - \sqrt{1-x^2}$ para $|x| \leq 1$.

Máximos e mínimos

(84) Encontre o caminho de comprimento mais curto entre P e Q como na Figura 178, caso o caminho deva encontrar alternadamente as duas retas dadas n vezes.

(85) Encontre a conexão mais curta entre dois pontos P e Q dentro de um triângulo com ângulos agudos se for solicitado que o caminho encontre os lados do triângulo em uma determinada ordem. (Veja no Capítulo 7.)

(86) Trace as curvas de nível e verifique a existência de pelo menos dois pontos de sela em uma superfície sobre um domínio triplamente conectado cujo contorno está no mesmo nível. (Veja Capítulo 7.) Novamente devemos excluir o caso em que o plano tangente à superfície é horizontal ao longo de toda uma curva fechada.

(87) Começando com dois números racionais positivos e arbitrários, a e b, forme, passo a passo, os pares $a_{n+1} = \sqrt{a_n b_n}$, $b_{n+1} = \dfrac{1}{2}(a_n + b_n)$. Prove que eles definem uma seqüência de intervalos aninhados. (O ponto limite à medida que $n \to \infty$, a chamada média aritmético-geométrica de a_0 e b_0, desempenhou um importante papel nas primeiras pesquisas de Gauss).

(88) Encontre o comprimento do gráfico da Figura 219, e compare o resultado com o comprimento total das duas diagonais.

(*89) Encontre condições que determinam se quatro pontos A_1, A_2, A_3, A_4, se enquadram no caso da Figura 216 ou da Figura 218.

(*90) Encontre sistemas de cinco pontos para os quais existem diferentes redes viárias que satisfaçam as condições angulares. Somente algumas delas produzirão mínimos relativos. (Veja no Capítulo 7.)

(91) Prove a desigualdade de Schwarz,

$$(a_1 b_1 + \cdots + a_n b_n)^2 \leq (a_1^2 + \cdots + a_n^2)(b_1^2 + \cdots + b_n^2),$$

válida para qualquer conjunto de pares de números a_i, b_i; prove que o sinal de desigualdade é válido somente se os a_i forem proporcionais aos b_i. (Indicação: generalize a fórmula algébrica do Exercício 8.)

(*92) Com n números positivos $x_1, \ldots, x_n$ formamos as expressões sk definidas por

$$s_k = (x_1 x_2 \cdots x_k + \cdots)/C_k^n,$$

onde o símbolo "+ ..." significa que todos os C_n^k, produtos de combinações de k destas quantidades deverão ser adicionados. Então prove que

$$\sqrt[k+1]{s_k + 1} \leq \sqrt[k]{s_k},$$

onde o sinal de igualdade será válido somente se todas as quantidades x_i forem iguais.

(93) No caso $n = 3$, estas desigualdades enunciam que para três números positivos a, b, c

$$\sqrt[3]{abc} \leq \sqrt{\frac{ab+ac+bc}{3}} \leq \frac{a+b+c}{3}.$$

Que propriedades de extremo decorrem destas desigualdades?

(*94) Encontre um arco de uma curva do comprimento mínimo unindo dois pontos A, B e limitando com o segmento AB, uma área dada. (Resposta: o arco deve ser circular.)

(*95) Dados dois segmentos AB e $A'B'$, encontre um arco unindo A e B e um arco unindo A' a B' tais que os dois arcos limitem, com os dois segmentos, uma área dada e tenham um comprimento total mínimo. (Resposta: os arcos são circulares com o mesmo raio.)

(*96) Faça o mesmo para qualquer número de segmentos, AB, $A'B'$, etc.

(*97) Sobre duas retas cortando-se em O encontre dois pontos A e B respectivamente, e una A com B por um arco de comprimento mínimo tal que a área limitada por ele e pelas retas seja dada. (Resposta: o arco é circular e perpendicular às retas.)

(*98) Resolva o mesmo problema, porém agora o perímetro total do domínio incluído, isto é, o arco mais OA mais OB deverá ser um mínimo. (Resposta: a solução é dada pelo arco de um círculo protuberante e que toca as duas retas.)

(*99) Resolva o mesmo problema para vários setores angulares.

(*100) Prove que as superfíies quase planas na Figura 240 não são planas, exceto para a superfície estabilizadora do centro. Observação: encontrar ou caracterizar analiticamente estas superfícies curvas é um problema desafiador e não resolvido. O mesmo vale para as superfícies na Figura 251. Na Figura 258 temos efetivamente doze planos simétricos encontrando-se nas diagonais em ângulos de 120°.

Recomendações para alguns experimentos adicionais com películas de sabão. Realize os experimentos indicados nas Figuras 256 e 257 para mais de três hastes. Estude os casos limites quando o volume de ar tende a zero. Realize experimentos com planos não paralelos ou outras superfícies. Sopre a bolha cúbica da Figura 258 até que ela preencha o cubo inteiro e ultrapasse as arestas. Depois sugue o ar novamente, revertendo o processo.

(*101) Encontre dois triângulos eqüiláteros com perímetro total e área mínima dados. (Resposta: os triângulos devem ser congruentes (utilize o cálculo).)

*(102) Encontre dois triângulos com perímetro total e área máxima dados. (Resposta: um triângulo transforma-se em um ponto; o outro deve ser eqüilátero.)

*(103) Encontre dois triângulos com área total e perímetro mínimo dados.

(*104) Encontre dois triângulos eqüiláteros com área total e perimetro máximo dados.

O Cálculo

(105) Diferencie as funções $\sqrt{1+x}, \sqrt{1+x^2}, \sqrt{\frac{x+1}{x-1}}$, aplicando diretamente a definição de derivada, formando e transformando o quociente das diferenças até que o limite possa ser obtido facilmente substituindo $x_1 = x$. (Veja no Capítulo 8.)

(106) Prove que a função $y = e^{-1/x}$, com $y = 0$ para $x = 0$, tem todas as suas derivadas zero em $x = 0$.

(107) Demonstre que a função do Exercício 106 não pode ser desenvolvida em uma série de Taylor. (Veja no Suplemento ao Capítulo 8.)

(108) Encontre os pontos de inflexão $(f''(x)=0)$ das curvas $y = e^{-x^2}$ e $y = xe^{-x^2}$.

(109) Prove que para um polinômio $f(x)$ com todas as raízes n $x_1, ..., x_n$ distintas temos

$$\frac{f'(x)}{f(x)} = \sum_{i=1}^{n} \frac{1}{x - x_i}.$$

*(110) Utilizando a definição direta da integral como limite de uma soma, prove que para $n \to \infty$ temos

$$n\left(\frac{1}{1^2 + n^2} + \frac{1}{2^2 + n^2} + \cdots + \frac{1}{n^2 + n^2}\right) \to \frac{\pi}{4}.$$

(*111) Prove de maneira semelhante que

$$\frac{b}{n}\left(\operatorname{sen}\frac{b}{n} + \operatorname{sen}\frac{2b}{n} + \cdots + \operatorname{sen}\frac{nb}{n}\right) \to \cos b - 1.$$

(112) Traçando a Figura 276 em grande escala sobre papel milimetrado e contando os pequenos quadrados na área sombreada, encontre um valor aproximado para π.

(113) Utilize a fórmula (7), Capítulo 8, para o cálculo numérico de π com uma precisão garantida de pelo menos 1/100.

(114) Prove $e^{\pi i} = -1$. (Veja no Suplemento ao Capítulo 8).

(115) Uma curva de forma dada é ampliada na razão $1:x$. $L(x)$ e $A(x)$ representam o comprimento e a área da curva ampliada. Demonstre que $L(x)/A(x) \to 0$ à medida que $x \to \infty$ e, de maneira mais geral, $L(x)/A(x)^k \to 0$ à medida que $x \to \infty$, se $k > \dfrac{1}{2}$. Faça a verificação para o círculo, quadrado e elipse. (A área é de uma ordem de magnitude mais alta do que o perímetro. Veja no Suplemento ao Capítulo 8.)

(116) Muitas vezes a função exponencial ocorre em combinações para as quais se emprega a notação a seguir

$$u = \operatorname{senh} x = \frac{1}{2}\left(e^x - e^{-x}\right), \quad v = \cosh x = \frac{1}{2}\left(e^x + e^{-x}\right)$$

$$w = \operatorname{tgh} x = \frac{e^x - e^{-x}}{e^x + e^{-x}},$$

chamadas *seno hiperbólico, co-seno hiperbólico* e *tangente hiperbólica*, respectivamente. Estas funções têm muitas propriedades análogas às das funções trigonométricas; elas estão vinculadas à hipérbole $u^2 - v^2 = 1$ tanto quanto as funções $u = \cos x$ e $v = \operatorname{sen} x$ estão vinculadas ao círculo $u^w + v^w = 1$. Os seguintes fatos devem ser provados pelo leitor e comparados com os fatos correspondentes no que diz respeito às funções trigonométricas:

$D \cosh x = \operatorname{senh} x, \quad D \operatorname{senh} x = \cosh x, \quad D \operatorname{tgh} x = 1/\cosh^2 x,$

$\operatorname{senh}(x + x') = \operatorname{senh} x \cdot \cosh x' + \cosh x \cdot \operatorname{senh} x',$
$\cosh(x + x') = \cosh x \cdot \cosh x' + \operatorname{senh} x \cdot \operatorname{senh} x'.$

As funções inversas são chamadas de $x = \operatorname{arcsenh} u = \log\left(u + \sqrt{u^2 + 1}\right)$
$x = \operatorname{arccosh} v = \log\left(v + \sqrt{v^2 - 1}\right) (v \geq 1).$

Suas derivadas são dadas por

$$D \operatorname{arcsenh} u = \frac{1}{\sqrt{1+u^2}};\qquad D \operatorname{arccosh} v = \frac{1}{\sqrt{v^2-1}}$$

$$D \operatorname{arctg} w = \frac{1}{1-w^2},\qquad (|w|>1).$$

(117) Com base na fórmula de Euler, verifique a analogia entre as funções hiperbólicas e trigonométricas.

(*118) Encontre fórmulas simples para os somatórios

$$\operatorname{senh} x + \operatorname{senh} 2x + \cdots + \operatorname{senh} nx$$

e

$$\frac{1}{2} + \cosh x + \cosh 2x + \cdots + \cosh nx$$

análogas às do Exercício 14 para funções trigonométricas.

Técnicas de integração

O teorema da Capítulo 8 reduz o problema de integrar uma função $f(x)$ entre os limites a e b ao de encontrar uma função primitiva $G(x)$ para $f(x)$, isto é, uma função para a qual $G'(x) = f(x)$. A integral é então simplesmente a diferença $G(b) - G(a)$. É habitual dar a estas funções primitivas, determinadas por $f(x)$ (exceto quanto a uma constante aditiva arbitrária), o nome de "integral indefinida" e a sugestiva notação

$$G(x) = \int f(x)dx,$$

sem limites de integração. (Esta notação pode ser enganosa para o principiante; veja a observação no Capítulo 8.)

Toda formula de diferenciação contém a solução de um problema de integração indefinida simplesmente interpretando-a inversamente como uma fórmula de integração. Podemos estender este procedimento até certo ponto empírico mediante duas regras importantes, que são nada mais do que os equivalentes das regras de diferenciação de uma função composta e de um produto de funções. Em sua forma integral, estas são chamadas de regras de *integração por substituição e integração por partes*.

A) A primeira regra resulta da fórmula para a diferenciação de uma função composta

$$H(u) = G(x),$$

onde

$$x = \psi(u) \quad \text{e} \quad u = \varphi(x)$$

devem ser funções inversas uma da outra, bem determinadas no intervalo sob consideração. Temos então

$$H'(u) = G'(x)\psi'(u).$$

Se

$$G'(x) = f(x),$$

podemos escrever

$$G(x) = \int f(x)dx$$

e também

$$G'(x)\psi'(u) = f(x)\psi'(x),$$

que, em conseqüência da fórmula acima para $H'(u)$, é equivalente a

$$H(u) = \int f(\psi(u)) \psi'(u)du.$$

Portanto, como $H(u) = G(x)$,

(I) $$\int f(x)dx = \int (\psi(u)) \psi'(u)du.$$

Escrita na notação de Leibniz (veja no Capítulo 8) esta regra toma a sugestiva forma

$$\int f(x)dx = \int f(x)\frac{dx}{du}du,$$

que significa que o símbolo dx pode ser substituído pelo símbolo $\frac{dx}{du}du$, exatamente como se dx e du fossem números e $\frac{dx}{du}$ uma fração.

A utilidade da fórmula (I) será ilustrada por alguns exemplos.

a) $J = \int \frac{1}{u \log u} du$. Começamos com o lado direito de (I), substituindo $x = \log u = \psi(u)$. Temos então $\psi'(u) = \frac{1}{u}$, $f(x) = \frac{1}{x}$; portanto

$$J = \int \frac{dx}{x} = \log x,$$

ou

$$\int \frac{du}{u \log u} = \log \log u.$$

Podemos verificar este resultado diferenciando ambos os lados. Encontramos $\frac{1}{u \log u} = \frac{d}{du}(\log \log u)$, que é correto, como facilmente se demonstra.

b) $J = \int \cot u\, du = \int \frac{\cos u}{\sen u} du$. Definindo $x = \sen u = \psi(u)$, encontramos

$$\psi'(u) = \cos u, \qquad f(x) = x,$$

portanto,

$$J = \int \frac{dx}{x} = \log x$$

ou

$$\int \cot u\, du = \log \sen u.$$

Este resultado pode novamente ser verificado por diferenciação.

c) Em geral, se tivermos uma integral da forma

$$J = \int \frac{\psi'(u)}{\psi(u)} du,$$

definimos $x = \psi(u), f(x) = x$ e encontramos

$$J = \int \frac{dx}{x} = \log x = \log \psi(u).$$

d) $J = \int \operatorname{sen} x \cos x \, dx$. Fazemos $\operatorname{sen} x = u$, $\cos x = \dfrac{du}{dx}$. Então

$$J = \int u \frac{du}{dx} dx = \int u \, du = \frac{u^2}{2} = \frac{1}{2} \operatorname{sen}^2 x.$$

e) $J = \int \dfrac{\log u}{u} du$. Definimos $\log u = x, \dfrac{1}{u} = \dfrac{dx}{du}$. Então

$$J = \int x \frac{dx}{du} du = \int x \, dx = \frac{x^2}{2} = \frac{1}{2} (\log u)^2$$

Nos exemplos abaixo (I) é utilizado, começando a partir do lado esquerdo.

f) $J = \int \dfrac{dx}{\sqrt{x}}$. Definimos $\sqrt{x} = u$. Então $x = u^2$ e $\dfrac{dx}{du} = 2u$. Portanto

$$J = \int \frac{1}{u} \cdot 2u \, du = 2u = 2\sqrt{x}.$$

g) Pela substituição de $x = au$, onde a é uma constante, encontramos

$$\int \frac{dx}{a^2 + x^2} = \int \frac{dx}{du} \cdot \frac{1}{a^2} \cdot \frac{1}{1+u^2} du = \int \frac{1}{a} \frac{du}{1+u^2} = \frac{1}{a} \cdot \operatorname{arcotg} \frac{x}{a}.$$

h) $J = \int \sqrt{1-x^2}\, dx$. Definimos $x = \cos u, \dfrac{dx}{du} = -\text{sen } u$ Então

$$J = -\int \text{sen}^2 u\, du = -\int \frac{1-\cos 2u}{2} du = -\frac{u}{2} + \frac{\text{sen } 2u}{4}.$$

Utilizando $2u = 2\text{sen } u \cos u = 2\cos u \sqrt{1-\cos^2 u}$, temos

$$J = -\frac{1}{2}\arccos x + \frac{1}{2}x\sqrt{1-x^2}.$$

Calcule as seguintes integrais indefinidas e verifique os resultados por diferenciação:

119) $\int \dfrac{u\, du}{u^2 - u + 1}$.

120) $\int u e^{u^2}\, du$.

121) $\int \dfrac{du}{u(\log u)^n}$.

122) $\int \dfrac{8x}{3+4x}\, dx$.

123) $\int \dfrac{dx}{x^2 + x + 1}$.

124) $\int \dfrac{dx}{x^2 + 2ax + b}$.

125) $\int t^2 \sqrt{1+t^2}\, dt$.

126) $\int \dfrac{t+1}{\sqrt{1-t^2}}\, dt$.

127) $\int \dfrac{t^4}{1-t}\, dt$.

128) $\int \cos^n t \cdot \text{sen } t\, dt$.

129) Prove que $\int \dfrac{dx}{a^2 - x^2} = \dfrac{1}{a}\,\text{actg}\,\dfrac{x}{a}$; $\int \dfrac{dx}{\sqrt{a^2 - x^2}} = \text{arcsn } h\dfrac{x}{a}$. (Compare os exemplos g, h.)

B) A regra (Capítulo 8) para a diferenciação de um produto,

$$(p(x).q(x))' = p(x) + q'(x) + p'(x) + q(x),$$

pode ser escrita como uma fórmula integral:

$$p(x).q(x) = \int p(x).q'(x)\, dx + \int p'(x).q(x)\, dx$$

ou

(II) $$\int p(x).q'(x)dx = p(x).q(x) - \int p'(x).q(x)dx$$

Nesta forma é chamada de regra de *integração por partes*. Esta regra é útil quando a função a ser integrada pode ser escrita como um produto da forma p(x)q'(x), onde a função primitiva q(x) de q'(x) é conhecida. Neste caso, a fórmula (II) reduz o problema de encontrar a integral indefinida de p(x)q'(x) ao da integração da função p'(x)q(x), que é muitas vezes mais simples de resolver.

Exemplos:

a) $J = \int \log x dx$. Faça $p(x) = \log x, q'(x) = 1$, de modo que $q(x) = x$.

Então (II) fornece

$$\int \log x dx = x \log x - \int \frac{x}{x} dx = x \log x - x.$$

b) $J = \int x \log x dx$. Faça $p(x) = \log x, q'(x) = x$. Então

$$J = \frac{x^2}{2} \log x - \int \frac{x^2}{2x} dx = \frac{x^2}{2} \log x - \frac{x^2}{4}.$$

c) $J = \int x \operatorname{sen} x dx$. Aqui definimos $p(x) = x, q(x) = -\cos x$, e encontramos

$$\int x \operatorname{sen} x dx = -x \cos x + \operatorname{sen} x.$$

Calcule as seguintes integrais utilizando integração por partes.

130) $\int x e^x dx$. 132) $\int x^a \log x dx$ $(a \neq -1)$

131) $\int x^2 \cos x dx$. 133) $\int x^2 e^x dx$

(Indicação: Aplique (II) duas vezes) (Indicação: use o Exercício 130.)

A integração por partes da integral $\int \operatorname{sen}^m x dx$ conduz a uma notável expressão para o número π como um produto infinito. Para deduzi-la, escrevemos a função $\operatorname{sen}^m x$ na forma $\operatorname{sen}^{m-1} x \cdot \operatorname{sen} x$ e integramos por partes entre os limites 0 e $\pi/2$. Isto conduz à fórmula

$$\int_0^{\pi/2} \operatorname{sen}^m x dx = (m-1) \int_0^{\pi/2} \operatorname{sen}^{m-2} x \cos^2 x dx$$

$$= -(m-1) \int_0^{\pi/2} \operatorname{sen}^m x dx + (m-1) \int_0^{\pi/2} \operatorname{sen}^{m-2} x$$

ou

$$\int_0^{\pi/2} \operatorname{sen}^m x dx = \frac{m-1}{m} \int_0^{\pi/2} \operatorname{sen}^{m-2} x dx,$$

porque o primeiro termo no lado direito de (II), pq, é igual a zero para os valores 0 e $\pi/2$. Por aplicação repetida da última fórmula encontramos o seguinte valor para $I_m = \int_0^{\pi/2} \operatorname{sen}^m x dx$ (as fórmulas diferem conforme m seja par ou ímpar):

$$I_{2n} = \frac{n-1}{2n} \cdot \frac{2n-3}{2n-2} \cdots \frac{1}{2} \cdot \frac{\pi}{2},$$

$$I_{2n+1} = \frac{2n}{2n+1} \cdot \frac{2n-2}{2n-1} \cdots \frac{2}{3}.$$

Uma vez que $0 < \operatorname{sen} x < 1$ para $0 < x < \pi/2$, temos $\operatorname{sen}^{2n-1} x > \operatorname{sen}^{2n} > \operatorname{sen}^{2n+1}$, de modo que

$$I_{2n-1} > I_{2n} > I_{2n+1} \text{ (veja no Capítulo 8)}$$

ou

$$\frac{I_{2n-1}}{I_{2n+1}} > \frac{I_{2n}}{I_{2n+1}} > 1.$$

Substituindo I_{2n-1} pelos valores calculados acima, etc., nas últimas desigualdades, encontramos

$$\frac{2n+1}{2n} > \frac{1 \cdot 3 \cdot 3 \cdot 5 \cdot 5 \cdot 7 \cdots (2n-1)(2n-1)(2n+1)}{2 \cdot 2 \cdot 4 \cdot 4 \cdot 6 \cdot 6 \cdots (2n)(2n)} \cdot \frac{\pi}{2} > 1.$$

Se agora passarmos ao limite à medida que $n \to \infty$, verificamos que o termo médio tende para 1, portanto obtemos a representação do produto de Wallis para $\pi/2$:

$$\frac{\pi}{2} = \frac{2.2.4.4.6.6...2n.2n}{1.3.3.5.5.7...(2n-1)(2n-1).(2n+1)...}$$

$$= \lim \frac{2^{4n}(n!)^4}{[(2n)!]^2(2n+1)} \quad \text{à medida que } n \to \infty.$$

Sugestões para Leituras Adicionais

Referências gerais

W. Ahrens. *Mathematische Unterhaltungen und Spiele*, 2nd edition, 2 vols. Leipzig: Teubner, 1910.

W.W. Rouse Ball. *Mathematical Recreations and Essays*, 11th edition, revised by H. S. M. Coxeter. New York: Macmillan, 1939.

E. T. Bell. *The Development of Mathematics*. New York: McGraw-Hill, 1940.

----. Men of Mathematics. New York: Simon and Schuster, 1937.

T. Dantzig. *Aspects of Science*. New York: Macmillan, 1937.

A. Dresden. *An Invitation to Mathematics*. New York: Holt, 1936.

F. Henriques. *Questioni riguardanti le matematiche elementari*, 3rd edition, 2 vols. Bologna: Zanichelli, 1924 and 1926.

E. Kasner and J. Newman. *Mathematics and the Imagination*. New York: Simon and Shuster, 1940.

F. Klein. *Elementary Mathematics from an Advanced Standpoint*, translated by E. R. Hedrick and C. A. Noble, 2 vols. New York: Macmillan, 1932 and 1939.

M. Kraitchik. *La Mathématique des Jeux*. Brussels: Stevens, 1930.

O. Neugebauer. *Vorlesungen über Geschichte der antiken mathematischen Wissenschaften*. Erster Band: Vorgriechiche Mathematik. Berlin: Springer, 1934.

H. Poincaré. *The Foundations of Science*. Lancaste, Pa.: Science Press, 1913.

H. Rademacher und O. Toeplitz. V*on Zahlen und Figuren*, 2nd edition. Berlin: Springer, 1933.

B. Russel. *Introduction to Mathematical Philosophy*. London: Allen and Unwin, 1924.

----. *The Principles of Mathematcis*, 2nd edition. New York: Norton, 1938.

D. E. Smith. *A Source Book in Mathematics*. New York: McGraw-Hill, 1929.

H. Steinhaus. *Mathematical Snapshots*. New York: Stechert, 1938.

H. Weyl. *"The Mathematical Way of Thinking"*, Science, XCII (1940), p. 437ff.

H. Weyl. *Philosophie der Mathematik und Naturwissenschaft*, Handbuch der Philosophie, Bd. II. Munich: Oldenbourg, 1926, pp. 3-162.

Capítulo I

L. E. Dickson. *Introduction to the Theory of Numbers*. Chicago: University of Chicago Press, 1931.

----. *Modern Elementary Theory of Numbers*. Chicago: University of Chicago Press, 1939.

G. H. Hardy. *Än Introduction to the Theory of Numbers*, " Bulletin of the American Mathematical Society, XXXV (1929), p. 789ff.

G. H. Hardy and E. M.. Wright. *An Introduction to the Theory of Numbers*. Oxford: Clarendon Press, 1938.

J V. Uspensky and M. H. Heaslet. *Elementary Number Theory*. New York: McGraw-Hill, 1939.

Capítulo II

G. Birkholl and S. MacLane. *A Survey of Modern Algebra*. New York: Macmillan, 1941.

M. Black. *The Nature of Mathematics*. New York: Harcourt, Brace, 1935.

T. Dantcig. *Number, the Language of Science*, 3rd edition. New York: Macmillan, 1939.

G. H. Hardy. *A Course of Pure Mathematics*, 7th edition. Cambridge: University Press, 1938.

K. Snoop. *Theory ans Application of Infinite Series*, translated by Miss R. C. Young London: Blackie, 1928.

A. Tarski. *Introduction to Logic*. New York : Oxford University Press, 1939.

F. Enriques. *The Historic Development of Logic*, Translated by J. Rosenthal. New York: Holt, 1929.

Capítulo III

J. L. Coolidge. *A History og Geometrical Methods*. Oxford: Clarendon Press, 1940.

A. De Morgan. *A Budget of Paradoxes*, 2 vols. Chicago: Open Court, 1915.

L. E. Dickson. *New First Course in the Theory of Equations*. New York: Wiley, 1939.

F. Enriques (editor). *Fragen der Elementargeometrie*, 2nd edition, 2 vols. Leipzig: Teubner, 1923.

E. W. Hobson. *"Squaring the Circle", a History of the Problem*. Cambridge: University Press, 1913.

A. B. Kempe. *How to Draw a Straight Line*. London: Macmillan, 1877.

F. Klein. *Famous Problems of Geometry*, translated by W. W. Beman and D. E. Smith, 2nd edition. New York: Stechert, 1930.

L. Mascheroni. *La geometria del compasso*: Palermo: reber, 1901.

G. Mohr. *Euclides Danicus*. Copenhagen: Holst, 1928.

J. M. Thomas. *Theory of Equations*. New Yok; McGraw-hill, 1938.

L. Weisner. *Introction to the Theory of Equations*. New York: Wiley, 1939.

Capítulo IV

W. C. Graustein. *Introduction to higher Geometry*. New York:Macmillan, 1930.

D. Hilbert. *The Foundations of Geometry*, translated by E. J. Townsend, 3rd edition. La Salle, III.: Open Court, 1938.

C. W. O'Hara and D. R. Ward. *An Introduction to Projective Geometry*. Oxford: Clarendon Press, 1940.

G. de B. Robinson . *The Foundations of Geometry*. Toronto: University of Toronto Press, 1940.

Girolamo Saccheri. *Euclides ab omni naevo vindicatus*, translated by G. B. Halsted. Chicago: Open Court, 1920.

R. G. Sanger. *Synthetic Projective Geometry*. New York: McGraw-Hill, 1939.

O. Veblen and J. W. Young. *Projective Geometry*, 2 vols. Boston: Ginn, 1910 and 1918.

J. W. Young. *Projective Geometry*. Chicago: Open Court, 1930.

Capítulo V

P. Alexandroff. *Einfachste Grundbegriffe der Topologie*. Berlin: Springer, 1932.

D. Hilbert und S. Cohn-Vossen. *Anschauliche Geometrie*. Berlin: Springer, 1932.

M. H. A. Newman. *Elements of the Topology of plane Sets of Points*. Cambridge: University Press, 1939.

H. Sefert und W. Threlfall. *Lehrbuch der Topologie*. Leipzig: Teubner, 1934.

Capítulo VI

R. Courant. *Differential and Integral Calculus*, translated by E. J. McShane, revised edition, 2 vols. New York: Nordemann, 1940.

G. H. Hardy. *A Course of Pure Mathematics*, 7th edition. Cambridge: University Press, 1938.

W. L. Ferrar. *A Text-Book of Convergence*. Oxford: Clarendon Press, 1938.

For the theory of continued fractions see, e.g.

S. Barnard and J. M. Child. *Advanced Algebra*. London: Macmillan, 1939.

Capítulo VII

R. Courant. *"Soap Film Experiments with Minimal Surfaces,"* American Mathematical Monthly, XLVII (1940), pp. 167-174.

J. Plateau. *"Sur les figures d'équilibre d'une masse liquide sans pésanteur"*, Mémoires de l'Académie Royale Belgique, nouvelle série, XXIII (1849).

---. *Statique expérimentale et théoretique des Liquides*. Paris: 1873.

Capítulo VIII

C. B. Boyer. *The Concepts of the Calculus*. New York: Columbia University Press, 1939.

R. Courant. *Differential and Integral Calculus*, translated by E. J. McShane, revised edition, 2 vols. New York: Nordemann, 1940.

G. H. Hardy. *A Course of Pure Mathematics*, 7th edition. Cambridge: University Press, 1938.

ÍNDICE

A

aceleração 483
adição de conjuntos 130
adição de números complexos 107
adição de números naturais 1
adição de números racionais 62
adição de números reais 79
álgebra, teorema fundamental da 118
álgebra booleana 134
álgebra de conjuntos 131
algoritmo de Euclides 49
algoritmo euclidiano 49
análise matemática do infinito 89
ângulo de número complexo 109
área 454, 579
Aritmética, teorema fundamental da, leis da 28, 62
assíntotas da hipérbole 87
assintoticamente igual 34
axiomas 212
axiomática 195

B

bicontínuo (= contínuo em ambas as direções) 278
binômio de Newton 471

C

cálculo de variações 381
característica de Euler 296
círculo unitário 110
classificação (topológica) de superfícies 296
coifa cruzada 575
complemento de um conjunto 131
comprimento da curva 426
comprimento de uma curva 426
condições de contorno em problemas de extremos 431
conectividade 280
congruência de figuras geométricas 255
cônica de pontos 243
cônica de retas 243
conjugado complexo 106
conjugado harmônico 206
conjunto de Cantor 285
constante 314
construções por compasso 69
contagem 90
continuidade das funções compostas 326
continuidade de funções de múltiplas variáveis 329
continuidade de funções de uma única variável 331
contínuo de números reais 101
convergência
  de seqüência 371
  de séries 550
coordenadas 224
coordenadas cartesianas 575
Coordenadas homogêneas 225
corpos 65
corpos de extensão 571
correspondência projetiva 208, 239
corte (no sistema de números reais) 82
corte de Dedekind 82
crivo de Eratóstenes 30
curvas de nível 395, 577
curvatura média 441
curva fechada simples 575

D

decimais infinitas 337
delta 457

densidade dos números racionais 61
derivada 580
Descontinuidade finita 327
Desintegração radioativa 523
diferenciação 475
diferenciais 522
dimensão 285
Dinâmica Newtoniana 530
distâncias extremas a curvas dadas 388
divisão por zero 65
domínio de uma variável 315

E

École Polytechnique 197
eixos de cônicas 88
eixos de coordenadas 84
elementos ideais na Geometria Projetiva 214
elementos no infinito 214
enumerabilidade dos números racionais 91
equação ciclotômica 115
equação da curva 570
equação quadrática 487
equações algébricas 121, 377
Equações diferenciais 522
Equações diofantinas 57
equivalência dos conjuntos 90
ergódico 405
existência matemática 367
experimentos com películas de sabão 440
Extremos e desigualdades 414

F

faixa de Moebius 297, 575
fatores primos 316
fórmula de Leibniz 505
Frações contínuas 57
frações contínuas infinitas 348
frações decimais 70
função exponencial 581

função monótona 511
função zeta 555
Funções compostas 324
funções compostas 493
Funções descontínuas como limites de funções contínuas 375
Funções e Limites 313
funções hiperbólicas 582
funções inversas 581
funções primitivas 502
funções trigonométricas 109

G

garrafa de Klein 299
geodésica 439
Geometria Analítica 84, 224
  axiomas 212
  combinatória 266
  Elíptica 260
  hiperbólica 253
  não-euclidiana 249
  problemas de extremos 394
  projetiva 195
  Riemanniana 260
  topológica 313
Geometria Analítica de n dimensões 83, 224, 565
Geometria Combinatória 266
Geometria Elíptica 260
Geometria Hiperbólica 255
Geometria Métrica 199
geometria n-dimensional 287
Geometria não-euclidiana 198
Geometria Projetiva 209
geometria riemanniana 261
Geometria sintética 211
gráfico de uma função 472
grupos 198

H

hipérbole 233
hiperbolóide 247

Hipótese do Contínuo 101

I

incidência 200
indução empírica 11
infinidade dos primos 31
infinitamente pequeno 459
integral 536, 537, 580, 588
interseção de conjuntos 130
intervalos aninhados 79
intuicionismo 99
Invariância da razão anarmônica 204

J

Juros compostos 523
juros compostos 526

L

leis associativas
  para conjuntos 128
  para números naturais 2
  para números racionais 62
leis comutativas
  conjuntos compactos 127
  para números naturais 2
  para números racionais 61
lei de crescimento 526
lei distributiva 64
lei do terceiro excluído 133
limites 371
  de decimais infinitas 93
  exemplos sobre 371
  por aproximação contínua 349
  por iteração 376
limites por iteração 376
logaritmo natural 33
Lógica Matemática 249
lógica matemática 132

M

mapa regular 303

máximos e mínimos IX
máximo divisor comum 134
média aritmética 414
média geométrica 415, 417
medida em radianos 492
método de exaustão 455
minimax 397
mínimos quadrados 418
modelo de Klein 254
módulo d 37
movimento ergódico 405
movimento rígido 196

N

não-enumerabilidade do contínuo 91
nós 293
notação posicional 5
Números algébricos 120
números complexos 107
números imaginários 106
números irracionais 67
  como decimais infinitas 83
  definidos por intervalos aninhados 79
números naturais 1
números negativos 101
números pitagóricos 46
números transcendentes 121
número cardinal 101
número de Euler 507

O

operações inversas 63
ordem de grandeza de log n! 560
Ordens de grandeza 540

P

parabolóide 329
paradoxos de Zenão 352
paradoxos do infinito 100
Paralelismo e infinito 211
planos coaxiais 207

plano no infinito 215
poliedros regulares 573
poliedro simples 272
pontos colineares 215
pontos elípticos 262
Pontos estacionários 394
ponto no infinito 211
postulados XIII
postulado das paralelas 253
princípio da boa ordenação 22
Princípio da generalização 63
princípio de dirichlet 420
princípio de Fermat 435
probabilidade 525
problemas de extremos 394
problemas isoperimétricos 451
problema da braquistócrona 559
problema da rede viária 412
problema de Plateau 440
problema de steiner 407
Problema do triângulo de schwarz 398
produtos infinitos 345
produto de Wallis 589
produto lógico 129
programa de Erlangen 197
progressão geométrica 14
progressões aritméticas 31
provas de existência 367
prova indireta 93

Q

quadrante 566
quadrilátero completo 209

R

raios luminosos 404
Razão anarmônica 202
razão anarmônica 572
relatividade 437
Resíduos quadráticos 44

retangulares (cartesianas) 229
retas concorrentes 200
reta no infinito 213

S

Segmentos incomensuráveis 67
Segunda derivada 483
seqüências monótonas 377
seqüência limite 339
seqüência monótona 372
séries geométricas 564
Séries infinitas 545
série binomial 549
série de pontos 242
série de Taylor 580
série harmônica 555
simplesmente conectado 442
sistema diádico 10
sistema duodecimal 7
sistema numérico 61
sistema setimal 6
soma lógica 129
subscritos 6
superfícies quádricas 247
Superfícies unilaterais 297

T

teorema das cinco cores 284
teorema da curva de Jordan 281
teorema de Bolzano 360
Teorema de Brianchon 221
teorema de Desargues 200
teorema de De Moivre 111
teorema de Fermat 284
teorema de Goldbach 35
teorema de Héron 382
teorema de Liouville 121
teorema de Pascal 219
teorema dos números primos 562
teorema do ponto fixo 308

teorema fundamental da Álgebra 308
teorema fundamental da Aritmética 27
teorema fundamental do Cálculo 536
teorema sobre valores extremos de Weierstrass 535
teoria dos conjuntos infinitos de Cantor 100
teoria dos números 68
Topologia 573
toro 284
transformação projetiva 229
transformação topológica 278
triângulos luminosos 404

Triângulo de Pascal 19

U

último Teorema de Fermat 46

V

valor absoluto 571
variável complexa 554
variável contínua 333
variável dependente 316
variável independente 469
vibrações 313

Impressão e Acabamento
Gráfica da Editora Ciência Moderna Ltda.
Tel. (21) 2201-6662